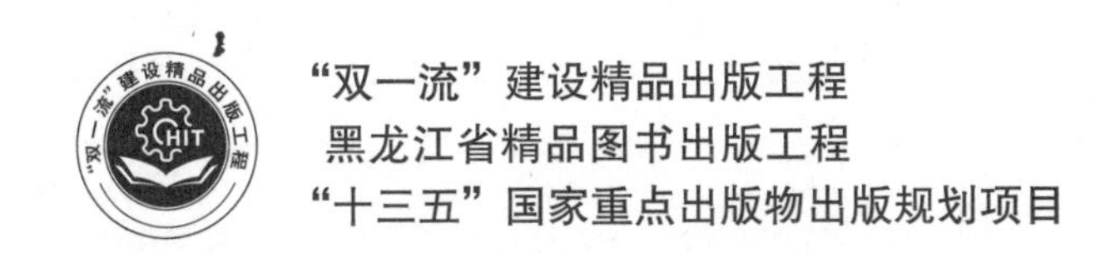

材料物理性能及其在材料研究中的应用

PHYSICAL PROPERTIES OF MATERIALS AND THEIR APPLICATION IN THE RESEARCH

何 飞 赫晓东 编著

内容简介

本书系统地介绍了材料的各种物理性能，并对其在材料研究中的应用进行介绍和评述。本书内容包括：绪论，材料物理基础知识，材料的导电性能、介电性能、热学性能、光学性能、磁学性能以及弹性与内耗。内容涵盖材料各种物理性能的物理学概念、物理学原理与机制、物理参量的影响规律分析、物理性能分析在材料的科研和生产中的应用，以及各种物理性能测试和分析方法等。

本书涉及的内容知识面宽、信息量大、基础性强，可作为材料科学与工程学科领域的专业基础教材，也可供材料科学领域的科研人员和相关高等院校的师生阅读参考。

图书在版编目(CIP)数据

材料物理性能及其在材料研究中的应用/何飞，赫晓东编著. —哈尔滨：哈尔滨工业大学出版社，2020.11(2024.11 重印)

ISBN 978-7-5603-9134-2

Ⅰ.①材… Ⅱ.①何…②赫… Ⅲ.①材料科学—物理学 Ⅳ.①TB303

中国版本图书馆 CIP 数据核字(2020)第 208791 号

策划编辑 许雅莹 李长波
责任编辑 王 娇 陈 洁 付中英 范业婷
封面设计 屈 佳
出版发行 哈尔滨工业大学出版社
社 址 哈尔滨市南岗区复华四道街 10 号 邮编 150006
传 真 0451-86414749
网 址 http://hitpress.hit.edu.cn
印 刷 哈尔滨久利印刷有限公司
开 本 787mm×1092mm 1/16 印张 25.25 字数 596 千字
版 次 2020 年 11 月第 1 版 2024 年 11 月第 4 次印刷
书 号 ISBN 978-7-5603-9134-2
定 价 48.00 元

前 言

材料是人类赖以生存和发展的物质基础，是国民经济发展、国防基础建设和人民生活物资的重要组成部分。材料科学和技术的发展与人类文明的进步息息相关，材料科学领域的研究在国际科学研究领域中占有重要的地位。

材料物理性能是材料研究和应用过程中非常重要的一类研究内容，是构成现代材料研究领域不可缺少的基础组成之一，在新型材料研究及各类材料生产领域发挥越来越重要的作用，其先进性在一定程度上标志着当前的研究水平。在材料研究中，材料在不同物理环境下的宏观性能及其规律实际上都体现了材料的微观结构特征，是材料研究中建立宏观性能与微观结构特征之间关系的重要手段和研究内容。而在材料应用中，材料的各种物理性能数据是材料功能性优劣的重要参考，相关物性分析的方法和技巧也有助于专业人员高效开展相关学术研究。因此，材料物理性能在材料科研的生产过程中起到非常重要的作用，了解与材料物理性能相关的应用知识，将拓宽对各种功能材料研究的眼界和思路。

“材料物理性能”的相关知识是材料科学与工程一级学科相关专业必须掌握的核心内容之一，相关内容在整个专业体系中起承上启下的作用。从内容上讲，“材料物理性能”的内容涉及面广、专业交叉点多，需要具备如晶体学、物理学、化学、传热学、力学等相关基础知识，并且“材料物理性能”自身存在理论和实践相结合的特征，综合性较强，有些知识内容较为繁杂、抽象，这都为课程的学习带来较大挑战。

本书从材料物理基础出发，系统介绍材料的导电性能、介电性能、热学性能、光学性能、磁学性能以及弹性和内耗等几种物理性能的物理学基础、微观机理、影响规律和必要的分析测试方法，重点讨论材料在不同物理环境下的宏观性能及其规律与材料微观结构特征间的关系。同时，本书的另一部分重要内容，将结合相关科研成果，总结并评述多种物理性能在材料研究中的作用和应用情况，增加读者对物理性能规律普遍性和特殊性的认识，使读者清楚了解材料物理性能在材料研究中的作用。

本书共 7 章。第 1 章介绍材料物理基础知识，重点关注用于描述固体中电子能量结构和状态的相关物理概念。这些基本概念和内容是后续讨论材料某一具体物理性能特征的基础知识。第 2 章介绍材料的导电性能，主要讨论导体、半导体和超导体等材料的导电机理、影响材料导电的因素，列举了导电性能在材料科学研究中的应用实例。第 3 章讨论绝缘材料在外电场下的极化行为，介绍与材料介电性能有关的物理概念、变化规律，揭示电介质材料宏观介电性能的微观机制，并对压电材料、热释电材料和铁电材料等的相关知识进行讨论，同时对介电性在材料研究中的应用进行介绍。第 4 章介绍材料的热容、热膨胀、导热性、热电性等热学性能，重点关注与材料热学性能相关的宏/微观本质、影响规律等方面的内容，拓展热分析方法在材料研究中应用的相关知识。第 5 章根据光与物体相互作用的现象及原理，分别讨论光的反射、折射、吸收、散射以及与材料发光相关的理论，增加透光性和光学效应在材料研究中的作用。第 6 章介绍各种磁性能参数及其物理学和材料学本质，分析材料的成分、微观组织结构对各种磁性能参数的影响规律，并讨论磁学效应在材料研究中的应用。第 7 章介绍引起材料弹性现象的物理本质，分析弹性模量的影响因素，讨论有关滞弹性和内耗的概念和机制。基于“材料物理性能”的内容特点，本书每一章节的内容都相对独立。除了第 1 章作为材料物理性能分析的基础知识准备以外，其他章节每种材料物理性能的介绍基本涵盖物理参量的概念、物理原理和机制、材料成分和微观组织结构对物理参量的影响规律、物理性能分析在材料的科研和生产中的应用以及各种物理性能测试和分析方法等内容。

本书是根据作者多年一线教学经验进行撰写的。书中表达尽量以较为平实易懂的文字介绍枯燥和深奥的理论知识。同时，针对阅读对象具备的不同知识衔接水平，对可能遗忘或欠缺的物理学基础知识进行详细的补充说明。为了方便读者查阅相关概念的初始来源，了解著名科学家对相关理论的贡献，书中对重要的专业名词和科学家都辅以英文全称，并纠正类似图书中可能出现的歧义知识点。

本书的相关内容是材料科学与工程一级学科相关专业必须学习的重要专业基础知识，可供材料科学领域的科研人员和相关高等院校的师生阅读参考。本书内容整体沿用了传统的知识构架体系，并根据作者自身对内容的理解进行了重新整理和撰写，力求使本书条理更加清晰、内容更加丰富，并更具可读性，也便于读者通过书中“关键词”拓展相关知识。在撰写过程中，作者参考了大量国内外前辈和同行们编撰的书籍和发表的学术论文资料。这里对书中所引用和参考相关文献的同行表示衷心感谢。

由于作者的知识范围和水平有限，书中难免有疏漏，敬请同行和广大读者批评指正。

作　者

于哈工大科学园

2020 年 10 月

目　　录

绪　　论

“材料物理性能”的相关知识是材料科学与工程一级学科相关专业必须掌握的核心内容之一，相关内容在整个专业体系中起承上启下的作用。在学习与“材料物理性能”相关知识之前，需要具备“材料科学与工程基础”或“材料科学导论”等基础知识，需要对与材料科学相关的基本概念有一定了解。继学习本书内容之后，可以继续学习如“材料分析测试方法”以及其他各种与具体功能材料相关的专业知识，依此构建起较为完整的与材料科学相关的知识体系。一般认为，“材料物理性能”是与“材料力学性能”并列的、与材料性能相关的知识，前者侧重于描述与材料热学性能、光学性能、电学性能、磁学性能等相关的内容，而后者则倾向于，如弹性、塑性、韧性、断裂、强度等，与材料力学性能相关的内容。有的文献则将这两者统一为“材料性能学”。

1. 本书内容及学习方法

在学习本书内容时，需要了解本书涉及的“材料物理性能”的内容特点，并需要在学习中把握与本书特点相关的一些学习方法，达到事半功倍的效果。

从内容特点上讲，本书的内容设置和知识脉络明确清晰。除第 1 章讲解与材料物理相关的基本概念和理论以外，其余各章分别系统介绍材料的某一具体物性。按照顺序，主要讲解材料的导电性能、介电性能、热学性能、光学性能、磁学性能以及材料的弹性与内耗。各章节内容相对独立，但每章的知识脉络分布具有共同点。首先，第 1 章是为后续材料具体物性学习的知识准备，主要介绍基于量子力学的、与材料物理相关的基本概念和理论。从第 2 章介绍材料具体的物理性能开始，每章都大体遵循着这样的顺序，即描述材料物理性能的基本参量、物理性能的微观机理、环境与材料因素对该物理参量的影响规律及分析、物理性能测试与分析方法，以及相关知识点在材料研究领域中的应用。从学习内容的侧重上来看，基本参量、微观机理和影响因素是学习的重点和难点所在。

从学习方法上讲，需要明确以下两个方面：

(1)材料物理性能是建立材料宏观特性与微观结构特征之间的桥梁。在科学研究中，材料在不同物理环境下的宏观性能参数及其规律，实际上都是对材料微观结构特征的体现。例如，我们在日常生活中经常看到的，材料在宏观上的受热膨胀现象，实际上，反映着材料在微观上原子间距随温度的升高而增大的微观特征。通过建立材料受热膨胀的基本概念，可以从理论上对受热膨胀进行定量描述，同时，还需要从理论上解释这一现象出现的原因。因此，在阅读本书时要积极思考，材料在宏观上体现的各种物性现象，在微观上反映着材料怎样的内部组织结构变化，相关理论建立时，如何实现宏观现象与微观机理间的“统一”。

(2)要及时总结材料物理性能差异化表述方式的“共性特征”。“材料物理性能”知识体系本身就涉及多种材料的物理性能，如导电性、导热性、磁性等。虽然描述各种物性的形式和方法不同，但实际上，在物性表述方式上存在许多共通点。例如，在电导率、热导率、热容、弹性模量等物理参量概念的基本表达上，这些参量都是"在材料上施加的物理作用"和"材料自身对这些物理作用响应"数据间的比例系数。再比如，学习铁电性和铁磁性时，反映电极化强度落后于外加电场的"电滞回线"，与反映磁化强度落后于外加磁场的"磁滞回线"，虽然描述的物理性能不同，但在描述方法上非常类似。因此，把握这些"共性特征"，则有助于在繁杂的物性知识中，建立统一的学习思维，达到事半功倍的效果。

2. 本书内容的作用

为更进一步体现"材料物理性能"知识学习的重要性，可从以下三个方面说明本书内容在科研和生产过程中的作用。

(1)掌握材料物理性能及其分析方法，可使材料研究的效率大为提高，克服传统材料分析的烦琐步骤。

例如，建立共析碳钢过冷奥氏体的等温转变图，即建立过冷奥氏体的 C 曲线，如图 1 所示。

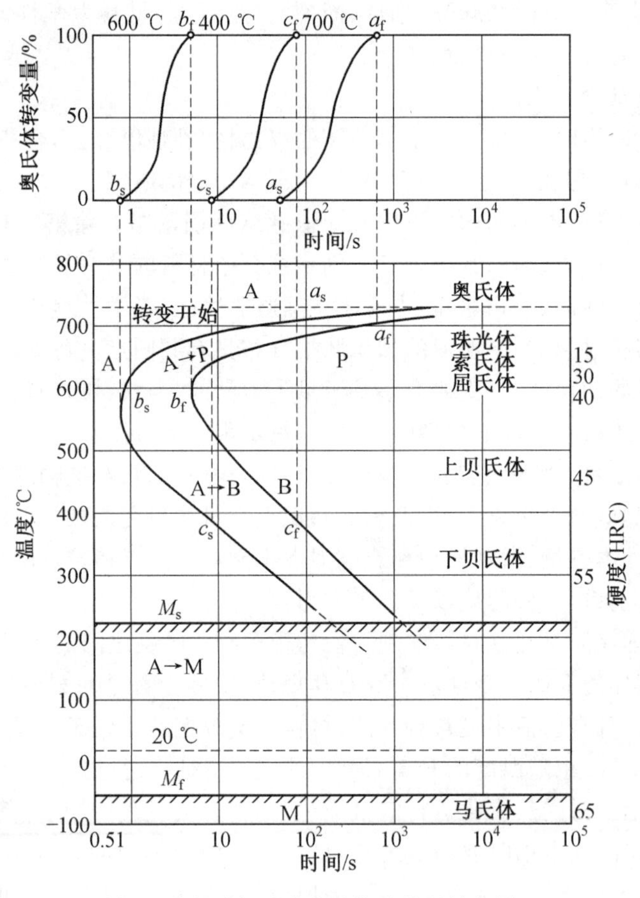

图 1　共析碳钢过冷奥氏体的等温转变图

在传统方法上，根据"材料科学与工程基础"的知识，要建立这条 C 曲线，首先需要获得过冷奥氏体不同温度下的 S 曲线，再汇总成 C 曲线。这里的 S 曲线，横轴是时间，纵轴是奥氏体转变量，是一条反映奥氏体冷却后相转变量的动力学曲线。实验中，首先需要把一组共析碳钢试样加热至完全奥氏体化，置于一定温度的恒温浴槽中冷却，停留不同的时间后，逐个取出试样，并迅速淬火激冷，使尚未转变的奥氏体转变为马氏体，获得的马氏体量即为未转变的过冷奥氏体量。等温时间不同，过冷奥氏体转变产物的量就不同。如果利用传统的金相法，需要对每个不同等温时间的试样进行金相观察，确定奥氏体转变量。通过金相法获得的每个试样的奥氏体转变量仅为S曲线上的一个点。可以看到，整个过程需要大量的试样，并需要重复相同的实验过程，直至找到不同冷却温度下相转变的开始点和结束点，才能绘制出相应冷却温度下C曲线上的对应点。整个过程操作烦琐、测量精度低，且周期长。

根据"材料物理性能"的知识，奥氏体过冷转变过程中，实际伴随着材料体积的变化，若在实验中，测定奥氏体在某一冷却温度下，材料长度随时间的变化关系，则可借助一个试样，在等温冷却过程中，测定试样长度随时间的变化关系，间接表示奥氏体相转变量随时间的变化关系，这样大大提高了研究的效率。

(2)材料物理性能的某些理论知识，可成为特殊条件下材料特性的主要或唯一的测试和评定方法。例如，若实现高纯度金属的纯度表征，通过学习可知，需要测定金属在极低温度下的电阻率，并以相对电阻率的数据作为衡量金属纯度的重要指标。因此，只有掌握与材料导电性相关的知识，才能知晓该方法的理论依据。

(3)更一般的情况，材料物理性能及其分析是材料研究和应用过程中非常重要的一类研究内容和手段，在新材料研究及各类材料生产领域发挥越来越重要的作用，是构成现代材料研究领域不可缺少的基础组成之一。材料物理性能参数的好坏，在一定程度上更标志了新材料研究或产品水平的高低。因此，在各类材料研究的科技文献中，可以看到各种不同物性的测试数据。根据这些物性数据随某一条件的变化规律，可间接表示材料微观组织结构的变化规律，并可利用相关理论对这一规律的出现进行解释说明。本书在每章都列举了一些物理性能在材料研究中的应用实例。这些实例和方法对分析材料研究中的某些具体问题具有一定的指导意义。

3. 可以达到的目标

总之，通过本书内容的学习，可以达到如下的学习目标：

(1)掌握与材料物理性能相关的基本概念、基础理论和物理本质；掌握材料成分与微观组织结构等内部因素和不同外部因素对材料物理性能的影响规律及原因。

(2)能够建立材料宏观性能与微观组织结构特征之间的理论联系，具备对材料基本物理规律的普遍性、特殊性的认知和分析能力，并能够对结论的有效性和正确性进行分析和判断。

(3)对常规物理性能的测试方法有一定的了解，同时，使学术视野得以扩展。

第1章　材料物理基础知识

各种材料在宏观上所表现出来的诸如电、光、磁、热等各种物理性能，与材料微观上原子间的键合形式、晶体结构以及电子的能量状态有关。人们通过各种实验手段获得材料的物理性能参数，借助微观的分析方法，可将宏观的信息与微观的机理建立联系，从而明确材料各种物理性能产生的原因和机理。因此，了解与材料微观机理方面有关的基础知识是进行材料物理性能分析的基础。

本章将围绕与材料相关的量子理论基础知识展开论述，重点介绍用于描述固体中电子能量结构和状态的相关物理概念。这些基本概念和内容将是后续讨论材料某一具体物理性能特征的基础，对理解和解释材料的宏观物理性能是必不可少的。

1.1　量子力学基础

量子力学是基于对微观粒子行为的描述而建立起来的。经典力学用于处理宏观物体运动的理论则是量子力学的一个成功近似。若用经典力学的相关方法描述微观粒子，往往得出错误的结果。因而，微观粒子运动的特殊性使其运动规律与宏观物体有着本质的区别。

为了清楚地介绍与本书关联的微观粒子相关基础知识，本节将按照量子力学的建立过程，针对每个关键理论节点，循序渐进地引入相关量子力学基础理论，为后续材料物理性能理论知识的学习做准备。

1.1.1　微观粒子的运动特征

微观粒子运动特征的研究是以光学研究为起点的。以英国物理学家牛顿(Isaac Newton，1643—1727)为代表的微粒学说认为光是微粒流，从光源发生，在均匀介质中遵守力学规律做匀速运动，对于光的反射用弹性球的反跳来解释，对于光的折射则用介质的吸引来阐释。另外，牛顿还对光的色散、衍射等现象也给出解释，尽管有些解释十分牵强，尤其是对光的衍射、色散、干涉的解释。荷兰物理学家惠更斯(Christiann Huygens，1629—1695)则是光学波动学说的代表。他从波阵面的观点出发，认为将光振动看作是在一种特殊介质——“以太(ether)”中传播的弹性脉动，而“以太”这种介质充满了宇宙的全部空间，这便是著名的惠更斯原理。在惠更斯原理中，他未提出波长的概念，因而对光直线传播的解释十分勉强，而且无法解释偏振现象和光的色散现象。

牛顿为经典力学的建立做出了空前绝后的贡献，这就很容易使人们用经典力学中机械论的观点去理解光的本性；而惠更斯的波动学说尽管对光的干涉、衍射的解释比较完美，但其理论构架本身还很粗糙，在许多方面还不够完善。但由于牛顿在物理学界的泰斗地位，因而在之后长达100多年的时间里，微粒学说一直占据主导地位。值得一提的是，牛顿并未从根本上否定波动学说，他曾多次提到光可能是一种振动并与声音相类比。他说，当光投射到一个物体上时，可能会引起物体中“以太”粒子的振动，就好像投入水中的石块在水面激起波纹一样，并设想可能正是由于这种波引起了干涉现象。但总体来看，他仍对波动学说持否定态度。

19世纪以后，随着英国物理学家托马斯·杨(Thomas Young，1773—1829)的双缝干涉实验、法国物理学家菲涅尔(Augustin-Jean Fresnel，1788—1827)的衍射实验等现象的发现，以及英国物理学家麦克斯韦(James Clerk Maxwell，1831—1879)电磁学说的提出，光的波动学说渐成真理。有意思的是，德国物理学家赫兹(Heinrich Rudolf Hertz，1857—1894)，先于1887年发现了反映光粒子性特征的光电效应，1888年又证实了反映光波动性特征的电磁波的存在。这一有关光学的矛盾现象的出现，使利用微粒学说还是利用波动学说解释光的原理陷入了困境。

1. 光的波粒二象性

量子力学是在众多物理学家的共同努力下建立起来的，其理论的建立是从与光相关的研究开始的。19世纪末之前，光的干涉和衍射现象以及光的电磁理论从实验和理论上都肯定了光的波动性。但黑体辐射(black-body radiation)和光电效应(photoelectric effect)等现象揭示了光波动性的局限性。

针对黑体辐射这一问题，1900年，德国物理学家普朗克(Max Karl Ernst Ludwig Planck，1858—1947)首次引入了量子(quantum)的概念。普朗克假定认为，黑体是以能量为单位不连续地发射和吸收一定频率的辐射，而不是经典理论所认为的可以连续地发射和吸收辐射能量。这一结果严重背离了经典物理学包括能量在内的物理量都是连续的原则。普朗克的量子概念完全脱离了经典物理，是一场自然科学的革命。由于普朗克在量子理论方面的贡献，他于1918年获得诺贝尔物理学奖。

光电效应的发现是物理学中一个重要而奇妙的现象。在高于某特定频率的电磁波照射下，某些物质内部的电子(electron)会因光的照射激发出来形成电流。这一光照射引起物质电性质发生变化的光致电的现象被统称为光电效应，如图1.1所示。针对光电效应这一问题，1905年，美籍德裔物理学家爱因斯坦(Albert Einstein，1879—1955)引进光子(photon)的概念，并给出了光子的能量、动量与辐射的频率和波长的关系，成功地解释了光电效应。正是由于爱因斯坦在光电效应方面的贡献，他于1921年获得诺贝尔物理学奖。其后，他又提出固体的振动能量也是量子化的，从而解释了低温下固体比热问题。这一研究使物理学家对光的量子性质有了更加深入的了解，并对波粒二象性概念的提出产生重大影响。

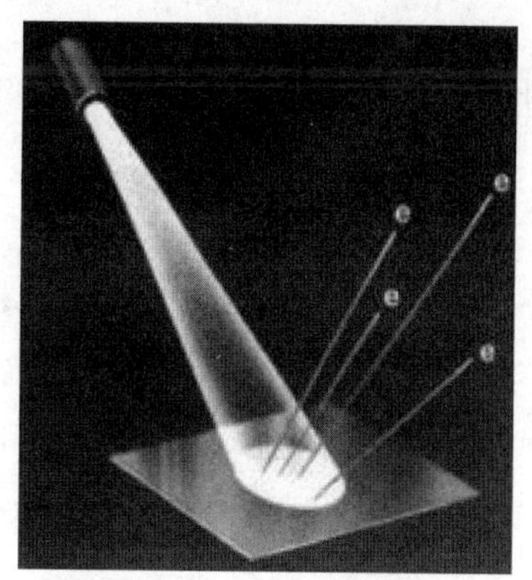

图1.1 光电效应示意图

爱因斯坦关于光电效应的解释，首次肯定了光具有波粒二象性，同时建立了光子的能量与频率、动量与波长之间的关系，表示如下：

$$E = h\nu \tag{1.1}$$

式中 E—— 能量；

h—— 普朗克常量，$h = 6.626 \times 10^{-34}$ J·s；

ν—— 线频率。

$$p = \frac{h}{\lambda} \tag{1.2}$$

式中 p—— 动量；

λ—— 波长。

这里需要说明的是，式(1.1) 和式(1.2) 等号左边的物理量 E 和 p 表示了光所具有的粒子性，而右边的物理量 ν 和 λ 则表示了光所具有的波动性。粒子性和波动性通过这个微小的普朗克常量 h 联系起来，体现出光同时具有粒子性和波动性两种性质，因而是波粒二象性(wave-particle duality) 的统一。

2. 德布罗意关系

在光波粒二象性的启示下，1924 年，法国物理学家德布罗意(Louis Victor de Broglie，1892—1987) 大胆提出一个假设，认为"二象性"并不只限于光而具有普遍意义，即一切微观粒子都具有波粒二象性。这一假设认为，具有确定能量 E 和确定动量 p 的自由粒子，相当于频率为 ν 和波长为 λ 的平面波，二者之间的关系如同光子与光波的关系一样，也满足式(1.1) 和式(1.2) 的关系。德布罗意假设把实物粒子的波动性和粒子性联系起来，称为德布罗意波或物质波，其波长 λ 称为德布罗意波长。德布罗意也凭借"物质波理论"于 1929 年获得诺贝尔物理学奖。

在量子力学中，德布罗意关系还常以式(1.3) 和式(1.4) 的形式出现：

$$E = h\nu = \hbar\omega \tag{1.3}$$

$$p = \frac{h}{\lambda} = \hbar k \tag{1.4}$$

式中 $\hbar$—— 约化普朗克常量(reduced planck constant)，又称合理化普朗克常数，满足关系：$\hbar = \frac{h}{2\pi}$，其数值为 $1.054\,5 \times 10^{-34}$ J·s，是量子力学中常用的符号，为纪念英国理论物理学家保罗·狄拉克(Paul Adrien Mauric Dirac，1902—1984)，有时也称为狄拉克常数(Dirac Constant)，狄拉克因其在量子力学基本方程方面的贡献于 1933 年获得诺贝尔物理学奖；

ω—— 角频率，与线频率 ν 之间满足关系：$\omega = 2\pi\nu$；

k—— 波矢(wave vector)，其数值大小称为波数(wave number)，与波长 λ 之间满足关系：$k = \frac{2\pi}{\lambda}$，表示距离 2π 范围内波的个数。

对于质量为 m，运动速度为 v 的粒子，其动量满足关系：$p = mv$。将该动量关系代入式(1.4) 后，德布罗意波长 λ 可表示为

$$\lambda = \frac{h}{p} = \frac{h}{mv} \tag{1.5}$$

由式(1.5) 可计算出目标粒子的德布罗意波长。

下面通过一个例子，分别计算宏观物体与微观物体的德布罗意波长，进而比较经典理

论和量子理论的差别。

对宏观物体而言，例如，一个质量为 0.02 kg、运动速度为 500 m/s 的子弹，根据式(1.5)，其德布罗意波长 λ 为

$$\lambda=\frac{h}{p}=\frac{h}{mv}=\frac{6.626\times10^{-34}\,\mathrm{J\cdot s}}{0.02\ \mathrm{kg}\times500\ \mathrm{m\cdot s^{-1}}}=6.626\times10^{-35}\,\mathrm{m}$$

上述结果说明，对于宏观物体来说，其物质波波长的数量级只有 10^{-35} m，通常观察不到波动性，因而波动性可以忽略不计。所以，宏观物体的运动特征用经典力学来处理是合适的。

对微观物体而言，例如，一个质量 m 为 9.1×10^{-31} kg 的电子，被电势差 U 加速后，具有的动能 E 为 eU 电子伏。其中，动能 E 满足 $E=\frac{1}{2}mv^2$；e 为电子的带电量，其数值为 1.602×10^{-19} C。如果该电子经 100 V 电压加速后，其德布罗意波长 λ 可按下式计算得到：

$$\begin{aligned}\lambda&=\frac{h}{p}=\frac{h}{mv}=\frac{h}{\sqrt{2mE}}=\frac{h}{\sqrt{2meU}}\\&=\frac{6.626\times10^{-34}\,\mathrm{J\cdot s}}{\sqrt{2\times9.1\times10^{-31}\,\mathrm{kg}\times1.602\times10^{-19}\,\mathrm{C}\times100\ \mathrm{V}}}\\&\approx1.22\times10^{-10}\,\mathrm{m}\end{aligned}$$

虽然这一计算所得的波长仍很短，但其 10^{-10} m 的数量级已经与 X 射线波长相当。对微观粒子而言，这一数量级的波长足以使这一微小粒子的波动性在一定条件下体现出来。因此，像电子这样的微观粒子运动状态，通常不能用经典力学处理，而要用量子力学处理。

3. 德布罗意关系的典型验证实验 —— 电子衍射实验

德布罗意的物质波虽然以假设的形式提出，但这一假设随后被实验所证实。其中，最著名的就是 1927 年美国物理学家戴维森(Clinton Joseph Davission，1881—1958) 和革末(Laster Halbert Germer，1896—1977) 合作完成的电子束在镍单晶上的散射实验，以及英国物理学家汤姆孙(George Paget Thomson，1892—1975) 在多晶体上完成的电子衍射实验。衍射(diffraction) 是当波遇到障碍物时偏离原来直线传播的现象。戴维森－革末实验是将样品从晶体生长的单晶镍切割下来的，经过研磨并腐蚀后，取晶体点阵最为密集的方向(111) 面正对电子束，记录不同加速电压下，电子束最大值所在的散射角数值，从而发现了散射束强度随空间分布的不连续性，即晶体对电子的衍射现象。这一结果与德布罗意公式计算的结果基本相符。图 1.2 是戴维森－革末电子衍射实验中低能电子束以不同方向射向镍晶体(111) 面造成电子散射示意图。几乎与此同时，汤姆孙采用高能电子束透过金、铝、铂等金属多晶体薄膜为光栅的电子衍射实验时，在底片上也获得了透射电子衍射图样。图 1.3 为汤姆孙电子衍射实验示意图，图 1.4 为电子在某多晶体上的衍射图样。由该实验所得的电子波波长与德布罗意关系计算结果相符合。这些电子衍射现象的发现证实了德布罗意提出的电子具有波动性这种设想的正确性，并奠定了现代量子物理学的实验基础。随后发现质子、中子、原子和分子等微观粒子都有衍射现象，并且都符合德布罗意关系式，这说明波粒二象性是微观世界的普遍现象。1937 年，诺贝尔物理学奖授予戴维森和汤姆孙，以表彰他们的实验发现。

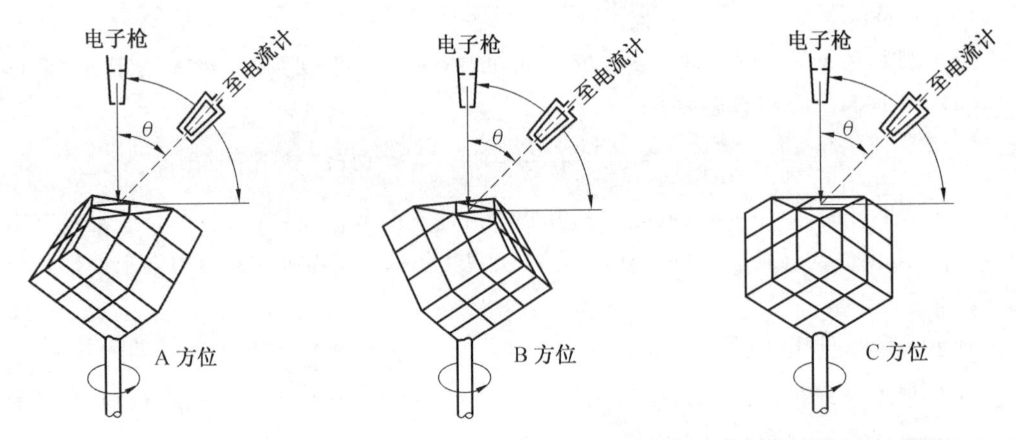

图 1.2　戴维森－革末电子衍射实验中低能电子束以不同方向射向镍晶体(111)面造成电子散射示意图

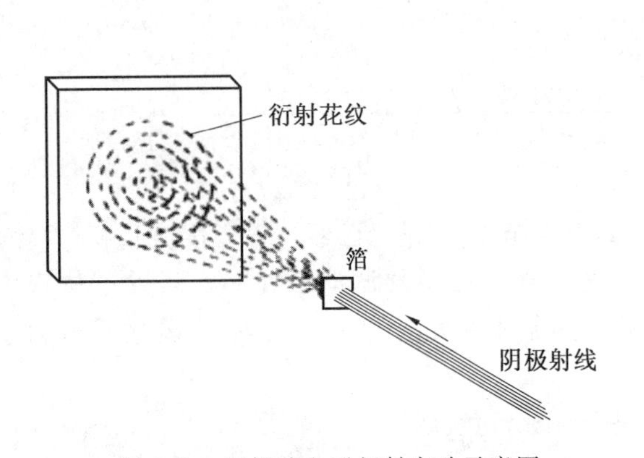

图 1.3　汤姆孙电子衍射实验示意图

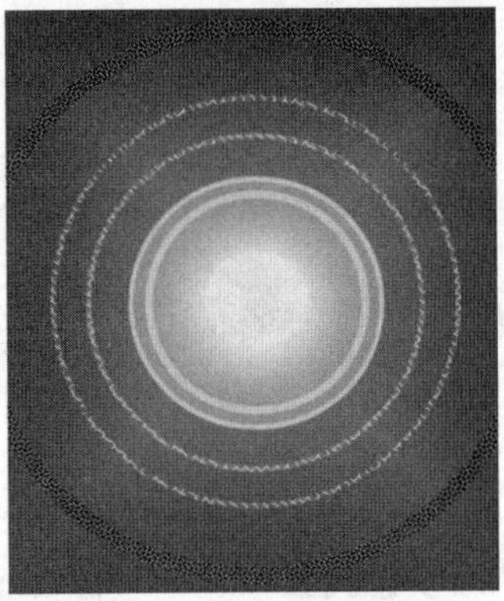

图 1.4　电子在某多晶体上的衍射图样

4. 海森堡测不准原理

波粒二象性是微观粒子的重要特性，是区别于宏观物体运动规律的根本原因。也就是说，当描述微观粒子的运动状态时，波粒二象性在微观粒子上同时起作用，将造成微观粒子与宏观物体不同的运动规律。

对我们所熟知的宏观物体而言，基于经典力学的概念，一个物体或质点在任意时刻 t，其坐标和速度将同时具有确定值。为简化描述，这里只考虑一维 x 方向上的某一质量为 m 的质点。在任意时刻 t，该质点的坐标 x 和速度 v 同时具有确定值。其动量 p 满足 $p=mv$，所以 t 时刻该质点的坐标 x 和动量 p 同时具有确定值。在此基础上，可以认为经间隔 $\mathrm{d}x$ 之后，质点的位置可以表示为

$$x+\mathrm{d}x=x+\frac{\mathrm{d}x}{\mathrm{d}t}\mathrm{d}t=x+\frac{p}{m}\mathrm{d}t \tag{1.6}$$

式(1.6)说明，质点在某一时刻后的位置是可以确定的，这样可以得出质点的运动轨迹。

与宏观物体不同，由于电子等微观粒子具有波粒二象性，其坐标和动量则不能同时具有确定值。针对这一难以理解的问题，下面以电子束通过狭缝的衍射实验进行形象的说明。图 1.5 为通过狭缝的电子衍射实验的示意图。该实验是将一条带有狭缝的隔板平行

于 x 轴放置，狭缝的宽度为 d，隔板后的一段距离放置一感光板。一束电子以动量 p 沿 y 轴方向运动。电子束通过狭缝后，将在感光板上产生衍射花样。感光板上的衍射强度分布如图 1.5 所示。峰值越高，代表衍射强度越大，电子越多地落在峰值范围内。从实验结果来看，衍射强度的主峰位于感光板正对着狭缝方向的不大范围内。图中的衍射角 α 为衍射强度主峰偏离入射 y 方向的角度，表示电子通过狭缝后的偏离程度。这是由于衍射使电子的运动方向发生了变化，也就是电子的动量发生了变化。正是由于存在电子衍射后运动方向的变化，才造成感光板在不同位置具有不同的衍射强度。衍射实验结果表明，电子束通过狭缝的宽度 d 越小，衍射角 α 越大，产生的衍射主峰范围越大，即电子运动方向的变化范围 p(动量) 越大。其中，电子位置的不确定范围 Δx 就是狭缝宽度 d；动量的不确定范围 Δp 就是电子运动方向的变化范围。也就是说，狭缝 d 越小，电子通过狭缝时的位置确定性越高；但随后该电子落在感光板上可能的位置范围越大，即电子运动方向偏离入射方向的可能性越大。这一实验结果说明，电子位置测得越精确，则电子的动量就测得越不精确。

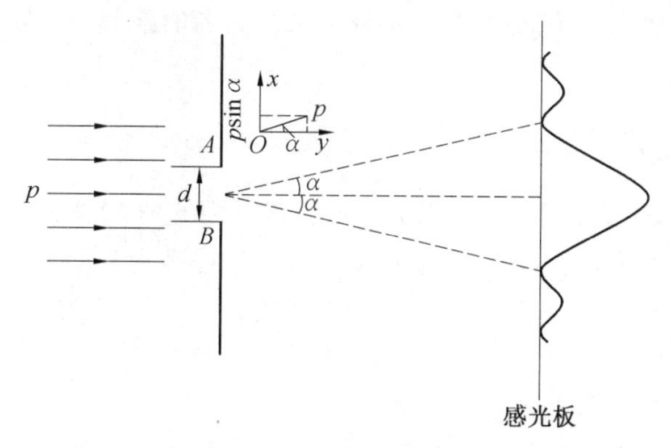

图 1.5 通过狭缝的电子衍射实验的示意图

针对这一问题，德国物理学家沃纳·海森堡(Werner Karl Heisenberg，1901—1976)在 1927 年提出了深具影响力的“测不准原理(uncertainty principle)”，奠定了从物理学上解释量子力学的基础。海森堡因在量子力学方面的贡献，于 1932 年获得诺贝尔物理学奖。海森堡测不准原理表明：一个微观粒子的位置和动量不可能同时具有确定的数值，其中一个量越确定，另一个量的不确定程度就越大。也就是说，测量 1 个粒子的位置不确定范围是 $\Delta\delta$，那么同时测得的动量也有 1 个不确定范围 Δp，并且 $\Delta\delta$ 和 Δp 的乘积总是大于一定的数值，即满足

$$\Delta\delta \cdot \Delta p \geqslant \frac{\hbar}{2} \tag{1.7}$$

测不准关系表明：具有波动性的粒子，位置和动量不能同时具有精确值。类似的不确定性关系式也存在于能量和时间、角动量和角度等物理量之间。

值得注意的是，测不准原理不仅适用于微观粒子，同样也适用于宏观物体。下面通过一个例子对此进行说明。

例如，一个质量为 0.02 kg、运动速度为 500 m/s 的子弹，如果速度测量准确到运动速度的十万分之一，则其位置的不确定程度 $\Delta\delta$ 为

$$\Delta\delta=\frac{\hbar}{2m\cdot\Delta v}=\frac{1.05\times10^{-34}\,\mathrm{J\cdot s}}{2\times0.02\ \mathrm{kg}\times500\ \mathrm{m\cdot s^{-1}}\times10^{-5}}=5.3\times10^{-31}\,\mathrm{m}$$

对于电子(质量为 9.1×10^{-31}kg) 来说,以相同的速度和相同的速度测量精度引起的位置不确定程度 $\Delta\delta$ 为

$$\Delta\delta=\frac{\hbar}{2m\cdot\Delta v}=\frac{1.05\times10^{-34}\,\mathrm{J\cdot s}}{2\times9.1\times10^{-31}\mathrm{kg}\times500\ \mathrm{m\cdot s^{-1}}\times10^{-5}}=1.2\times10^{-2}\,\mathrm{m}$$

上述计算结果说明,对于宏观物体来说,在子弹的速度具有高度精确性的同时,其位置测量同样具有高度的精确度,其数量级达到 10^{-31} m。这一不确定性对宏观物体而言可以忽略不计。但对于微观粒子而言,以相同的速度测量精度则引起很高的位置不确定性。数量级为 10^{-2} m 的位置测量精度,远大于微观粒子(如电子、原子或分子) 的自身尺寸,即不可能同时精确测量其位置和动量。这一不确定性对微观粒子而言是不可忽略的。

测不准原理限制了经典力学的适用范围。当不确定关系施加的限制可以忽略时,则可以用经典理论来研究粒子的运动;当不确定关系施加的限制不可以忽略时,只能用量子理论来处理问题。

1.1.2 波函数

在经典力学中,宏观运动粒子某时刻的状态可用此时刻粒子的坐标和动量精确确定。但对微观粒子而言,具有波粒二象性的微观粒子的坐标和动量不能同时具有确定值,因此,微观体系运动状态的描述需要引入新的描述方式。量子力学认为,微观体系的状态可用波函数 Ψ 来描述。

1. 波函数概念的引入

以图 1.5 所示的电子衍射实验为例,讨论波函数概念的引入。

在电子衍射实验中,当以一束强度较大的电子束射向光栅时,单位时间内大量电子通过狭缝,感光板上很快出现了衍射花纹图样。当降低入射电子流的强度时,使电子一个一个通过狭缝,最初感光板上只能出现一个个无规则的电子撞击的孤立斑点,如图 1.6(a) 所示,这显示了电子的粒子性。随着实验时间的延长,感光板上的斑点增多,并逐渐显示出规律性。最后得到的衍射图样和用强电子束衍射的结果一样,如图 1.6(b) 所示。衍射现象是波动性的特征,这显示了电子的波动性。逐个通过狭缝的电子在感光板上形成的衍射图样与大量电子同时通过狭缝形成的衍射图样相同,说明电子衍射不是大量电子相互作用的结果。这两个实验证明,电子的波动性是许多电子在同一实验中的统计结果,或者是一个电子在许多相同实验中的统计结果。

由电子衍射实验的结果分析可知,感光板上衍射强度大,该处的电子出现数目多;衍射强度小,该处的电子出现数目少。而某处电子出现数目多,则电子在该处出现的概率大;电子出现数目少,则电子在该处出现的概率小。因此,电子的波动性是和微观粒子在某处出现的统计规律性(即电子在该处的出现概率) 联系在一起的。如果统一电子的波动性和粒子性的概念,则电子的波动性是许多电子在同一实验中的统计结果,或一个电子在许多相同实验中的统计结果。所以,某一时刻、某位置电子的衍射强度和电子在该处出

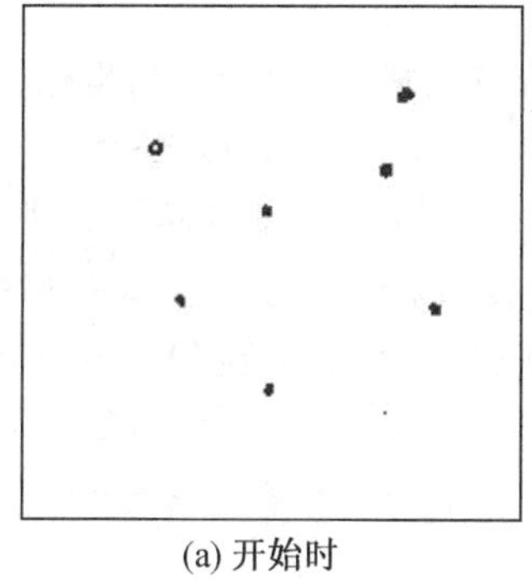

(a) 开始时

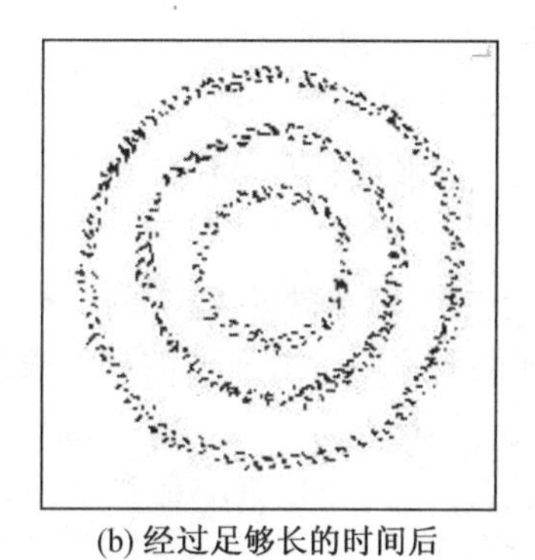

(b) 经过足够长的时间后

图 1.6　慢速电子衍射实验结果

现的概率具有一定的联系。

微观粒子(如电子)的波粒二象性决定其不可能用经典力学的方式描述其运动特征。从上述分析中,可以隐约感觉到,微观粒子在某处出现的概率和粒子在该处的衍射强度间存在一定的联系。如果用描述微观粒子衍射强度的方式描述其在某处出现的概率,则可采用一种新的方式,建立微观粒子运动特征的描述方法。这种描述方法与经典力学关注某一质点在某一时刻具有什么样的运动状态的描述方法不同,该方法关注的是大量相同粒子在某一时刻某一位置出现的概率。这一出现概率的高低可从该位置处粒子衍射强度的大小得知。也就是说,衍射强度大,粒子出现概率高;衍射强度小,粒子出现概率低。如此,可用微观粒子衍射强度的数学表达方式描述粒子在该处出现的概率大小。这种用衍射强度描述概率大小的方法,将微观粒子的波动性和粒子性建立了统一,从而对微观粒子的波粒二象性形成了清晰的物理图像。微观粒子在空间各处出现的概率反映了大量电子的运动服从一种统计规律。这种由大量单个微观粒子集中反映出的规律,并没有确认每个微观粒子在某时刻必定在哪里出现,而是反映出微观粒子可能在哪里出现,即衍射强度大的地方,粒子出现的概率高;衍射强度小的地方,粒子出现的概率低。

接下来的问题就是,如何用衍射强度的数学表达方式来描述微观粒子出现的概率。事实证明,微观粒子某时刻在某处德布罗意波(也就是物质波)的强度与粒子在该处出现的概率成正比,这就是德布罗意波的统计解释。在量子力学中,用来描述微观粒子的德布罗意波的函数就是波函数(wave function)。

2. 波函数的数学表述

波函数的概念最早由德布罗意于 1924 年提出。他对德布罗意波进行了统计解释,认为在某处德布罗意波的强度,与粒子在该处出现的概率成正比。因此,波函数又称为德布罗意函数。但此时,波函数并没有明确的物理意义,也没有实验根据。1926 年,德国犹太裔理论物理学家、量子力学奠基人之一玻恩(Max Born,1882—1970)给出了波函数的统计解释,即把德布罗意提出的电子波认为是电子出现的概率波,也就是认为波函数在空间中某一点的强度和在该点找到粒子的概率成比例。这为波函数的具体数学表述奠定了基础。同年,薛定谔提出了波函数遵循的运动方程,即薛定谔方程。1927 年,戴维森和革末用电子在晶体中的衍射实验证实了德布罗意波的正确性。至此,波函数有了完整的物理理论和数学表述。玻恩也因对量子力学的基础性研究,尤其是对波函数的统计学诠释,于

1954 年获得诺贝尔物理学奖。

根据波动学，波函数 $\Psi(x,y,z,t)$ 是描写微观粒子状态的时间 t 与坐标 (x, y, z) 的函数。衍射花样的强度分布可用波函数绝对值的平方 $|\Psi(x,y,z,t)|^2$ 表示。在此基础上，玻恩提出了波函数的统计解释：t 时刻在空间 (x, y, z) 位置处找到粒子的概率与 t 时刻波函数在 (x, y, z) 位置处的绝对值的平方 $|\Psi(x,y,z,t)|^2$ 成正比。这一解释将微观粒子在某处出现的概率用衍射强度的数学表达式表现出来，从而为波函数赋予了明确的物理意义。

空间某点 (x,y,z) 附近小体积单元为 $\mathrm{d}\tau=\mathrm{d}x\mathrm{d}y\mathrm{d}z$，$t$ 时刻在该体积单元中找到粒子的概率是

$$\mathrm{d}W(x,y,z,t)=|\Psi(x,y,z,t)|^2\mathrm{d}\tau \tag{1.8}$$

单位体积中的概率称为概率密度（probability density），即

$$w(x,y,z,t)=\frac{\mathrm{d}W(x,y,z,t)}{\mathrm{d}\tau}=|\Psi(x,y,z,t)|^2=\Psi(x,y,z,t)\cdot\Psi^*(x,y,z,t) \tag{1.9}$$

式中 $\Psi^*(x,y,z,t)$——$\Psi(x,y,z,t)$ 的共轭复数（conjugate complex number）；

$|\Psi(x,y,z,t)|^2$—— 概率密度，代表粒子在时空中的概率密度分布。

下面用一个最简单的自由粒子的例子来建立波函数的直观表达。自由粒子是不受外力作用的粒子，其能量 E 和动量 p 是不随时间 t 变化的常量。根据德布罗意关系，如式(1.3) 和式(1.4) 所示，相应的自由粒子的波的角频率 $\omega=\frac{E}{\hbar}$ 和波矢 $k=\frac{p}{\hbar}$ 均是常量。为简便起见，将空间坐标 (x, y, z) 由矢量 $\boldsymbol{r}$ 代表。由波动学可知，这样的波是单色平面波，这一平面波的波函数可表示为

$$\Psi(\boldsymbol{r},t)=A\mathrm{e}^{\mathrm{i}(k\boldsymbol{r}-\omega t)}=A\mathrm{e}^{\frac{\mathrm{i}}{\hbar}(p\boldsymbol{r}-Et)} \tag{1.10}$$

式中 A—— 函数 $\Psi(\boldsymbol{r},t)$ 的振幅；

i—— 虚数单位，$\mathrm{i}=\sqrt{-1}$。

式(1.10) 是描述自由粒子状态的波函数，它是时间 t 和坐标 $\boldsymbol{r}$ 的复函数。

由上述概率密度的表述可知，波函数绝对值的平方 $|\Psi(x,y,z,t)|^2$ 即为概率密度，表示粒子出现的概率。式(1.10) 波函数绝对值的平方 $|\Psi(x,y,z,t)|^2$ 由于共轭复数的关系，实际等于波函数振幅 A 的平方。在量子力学中，物质波不代表任何实际物质的波动，它是借助于物理学有关波动学中波的描述方式表达粒子出现的概率，即用波的振幅的平方 $|\Psi(x,y,z,t)|^2$ 表示粒子于 t 时刻在 (x, y, z) 处的单位体积中出现的概率。因此，物质波就是概率波。

波函数用于描述微观粒子状态时，由于 $|\Psi(x,y,z,t)|^2$ 表示粒子于 t 时刻在 (x, y, z) 处的单位体积中出现的概率，因此波函数应该满足一定的条件。第一，波函数必须满足“单值、有限、连续”的条件，称为波函数的标准条件。这是由于粒子在某一个时刻 t、在空间某点 (x, y, z) 上出现的概率应该是唯一的、有限的，所以波函数必须是单值的、有限的；又因为粒子在空间的概率分布不会发生突变，所以波函数还必须是连续的。也就是说，波函数必须连续可微，且一阶导数也连续可微。第二，由于粒子必定要在空间中的某一点出

现,所以,任意时刻在整个空间发现粒子的总概率应为1,这称为波函数的归一化条件,即

$$\int_{-\infty}^{+\infty} |\Psi(x,y,z,t)|^2 \mathrm{d}\tau = 1 \tag{1.11}$$

量子力学中的波函数还具有一个独特的性质,即波函数 Ψ 与波函数 $\Psi' = c \cdot \Psi$(c 为任意常数)所描写的是粒子的同一状态。这是因为粒子在空间各点出现的概率只决定于波函数在空间各点的相对强度,而不决定于强度的绝对大小。如果把波函数在空间各点的振幅同时增大一倍,并不影响粒子在空间各点的概率。所以,将波函数乘上一个常数后,所描写的粒子状态并不改变。

量子力学中描述微观粒子状态的方式与经典力学中同时用坐标和动量的确定值来描述质点的状态完全不同。这种差别来源于微观粒子的波粒二象性。波函数概念的形成是量子力学完全摆脱经典观念、走向成熟的标志。波函数和概率密度是构成量子力学理论的最基本的概念。

1.1.3 薛定谔方程

量子力学中最核心的问题就是要解决这两个问题:① 在各种情况下,找出描述系统各种可能的波函数;② 波函数如何随时间演化。微观粒子某一时刻所具有的量子状态可用波函数完全描述。而要知道波函数随时间和空间的变化规律,则需要用薛定谔方程(Schrödinger equation)进行描述。薛定谔方程是由奥地利物理学家薛定谔(Erwin Schrödinger,1887—1961)在1926年提出的有关量子力学中的一个基本方程,是量子力学的基本假设之一,其正确性只能靠实验来检验。该方程反映了描述微观粒子的状态随时间变化的规律,它在量子力学中的地位相当于牛顿定律对于经典力学一样。薛定谔因其在量子力学基本方程所做的贡献,于1933年和狄拉克一起获得诺贝尔物理学奖。图1.7形象地给出了经典力学和量子力学关于研究对象的状态和运动方程所采用的描述方式。

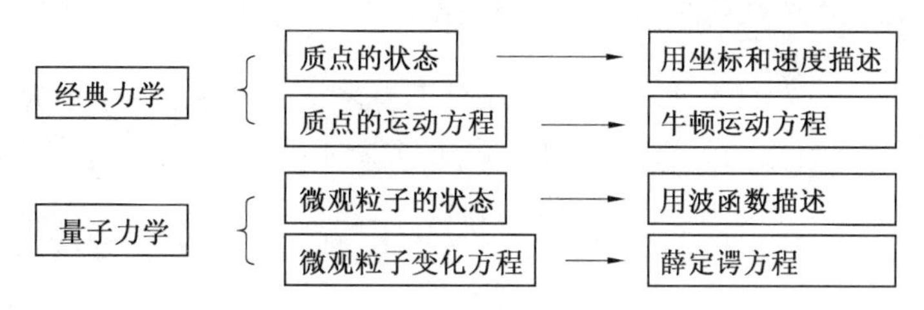

图1.7 经典力学和量子力学关于研究对象的状态和运动方程所采用的描述方式

1. 薛定谔方程的引入

经典力学和量子力学都可描述研究对象的状态和运动方程,这两者间的对应关系,说明薛定谔方程在量子力学中的地位与牛顿运动方程在经典力学中的地位相仿。在引入薛定谔方程之前,先来回顾经典粒子运动方程,以从中获得启发。

对经典力学而言,经典粒子在 $t=t_0$ 时刻,初态是 $\boldsymbol{r}_0$ 时的运动状态为

$$\boldsymbol{p}_0 = m\frac{\mathrm{d}\boldsymbol{r}}{\mathrm{d}t}\bigg|_{t=t_0} \tag{1.12}$$

粒子满足牛顿运动方程，即

$$\boldsymbol{F}=m\frac{\mathrm{d}^2\boldsymbol{r}}{\mathrm{d}t^2} \tag{1.13}$$

从上述两个公式可以看出，经典粒子某一时刻的运动状态是坐标 $\boldsymbol{r}$ 及其对时间 t 的一阶导数，而牛顿运动方程是坐标 $\boldsymbol{r}$ 对时间 t 的二阶微分方程。也就是说，如果已知经典粒子的初始条件 t_0 和 $\boldsymbol{r}_0$，求解牛顿运动方程后所得的解，即为粒子在以后任何时刻 t 时的状态 $\boldsymbol{r}$ 和 $\boldsymbol{p}$。

对量子力学而言，以自由粒子的波函数为例，介绍薛定谔方程建立的思路，然后再推广到普遍的薛定谔方程。

如前所述，对自由粒子(不受外力作用的粒子)来说，E 和 p 是不随时间 t 变化的常量，由波动学可知，这样的波是平面波，其波函数满足式(1.10)。此处只考虑一维方向(如 x 方向)传播的平面波，则其波函数可简化为

$$\Psi(x,t)=A\mathrm{e}^{\mathrm{i}(kx-\omega t)}=A\mathrm{e}^{\frac{\mathrm{i}}{\hbar}(px-Et)} \tag{1.14}$$

该式表示一个动量为 p、能量为 E 的自由粒子沿 x 方向运动的波函数。

波函数是薛定谔方程的解。现已知自由粒子的波函数如式(1.14)，下面对该式做相应变换，从而建立自由粒子的薛定谔方程。

首先，对式(1.14)的时间分量求偏导，则

$$\frac{\partial\Psi}{\partial t}=-\frac{\mathrm{i}}{\hbar}E\Psi \tag{1.15}$$

其次，对坐标 x 求二次偏导，则

$$\frac{\partial^2\Psi}{\partial x^2}=-\frac{p^2}{\hbar^2}\Psi \tag{1.16}$$

自由粒子的动量 p 和能量 E(仅为动能)之间满足

$$E=\frac{p^2}{2m} \tag{1.17}$$

结合式(1.15)～(1.17)可得到一维条件下自由粒子的薛定谔方程为

$$\mathrm{i}\hbar\frac{\partial\Psi}{\partial t}=-\frac{\hbar^2}{2m}\cdot\frac{\partial^2\Psi}{\partial x^2} \tag{1.18}$$

如果考虑自由粒子在力场中势能 $U(x)$ 的作用，粒子的总能量 E 应是势能 $U(x)$ 和动能 $\frac{1}{2}mv^2$ 之和，则动量 p 和能量 E 之间满足

$$E=\frac{p^2}{2m}+U(x) \tag{1.19}$$

此时的一维条件下自由粒子的薛定谔方程为

$$\mathrm{i}\hbar\frac{\partial\Psi}{\partial t}=-\frac{\hbar^2}{2m}\cdot\frac{\partial^2\Psi}{\partial x^2}+U(x)\Psi \tag{1.20}$$

因此，很容易将式(1.20)推广为三维条件下自由粒子的薛定谔方程，即

$$\mathrm{i}\hbar\frac{\partial\Psi(x,y,z,t)}{\partial t}=-\frac{\hbar^2}{2m}\left(\frac{\partial^2\Psi}{\partial x^2}+\frac{\partial^2\Psi}{\partial y^2}+\frac{\partial^2\Psi}{\partial z^2}\right)+U(x,y,z)\cdot\Psi(x,y,z,t) \tag{1.21}$$

如果采用拉普拉斯(Laplace)算子,即$\nabla^2=\frac{\partial^2}{\partial x^2}+\frac{\partial^2}{\partial y^2}+\frac{\partial^2}{\partial z^2}$,则式(1.21)可写为

$$i\hbar\frac{\partial\Psi}{\partial t}=-\frac{\hbar^2}{2m}\nabla^2\Psi+U\Psi \tag{1.22}$$

式(1.22)便是薛定谔方程的一般式。薛定谔方程也称波动方程,该方程的解即为波函数。式(1.22)中的拉普拉斯算子(Laplace operator)是用法国物理学家、天体力学家拉普拉斯(Pierre-Simon de Laplace,1749—1827)的名字命名的。

薛定谔方程是将物质波的概念和波动方程相结合建立的二阶偏微分方程,可描述微观粒子的运动,每个微观系统都有一个相应的薛定谔方程式,通过解方程可得到波函数的具体形式以及对应的能量,从而了解微观系统的性质。薛定谔方程是作为一个基本假设提出来的,它的正确性已被大量实验证明,可正确描述微观粒子的运动规律。薛定谔方程在非相对论量子力学中的地位与牛顿方程在经典力学中的地位相仿,也就是说,只要给出粒子在初始时刻的波函数,由薛定谔方程即可求得粒子在以后任一时刻的波函数。薛定谔方程描述在势场中粒子状态随时间的变化,反映了微观粒子的运动规律。

2. 定态波函数和定态薛定谔方程

所谓的定态(stationary state)是微观粒子所处状态中的一种类型。此时微观粒子运动所在势场的势能不随时间变化,粒子在其中的运动状态总会达到一个稳定值。由于势能与时间t无关,薛定谔方程可用分离变量法进行简化。

定态下自由粒子的波函数如式(1.14),可分离时间t与坐标$\boldsymbol{r}$的分量,则

$$\Psi(\boldsymbol{r},t)=Ae^{\frac{i}{\hbar}(pr-Et)}=\varphi(\boldsymbol{r})f(t)=\varphi(\boldsymbol{r})\cdot e^{-\frac{i}{\hbar}Et} \tag{1.23}$$

其中,位置的分量部分

$$\varphi(\boldsymbol{r})=Ae^{\frac{i}{\hbar}pr} \tag{1.24}$$

式中,$\varphi(\boldsymbol{r})$是波函数中只与坐标有关,而与时间无关的部分。如果粒子处于定态,则求出波函数的位置部分$\varphi(\boldsymbol{r})$即可,而不必再去考虑时间因子。因此,通常把$\varphi(\boldsymbol{r})$称为振幅(amplitude)波函数或振幅函数,甚至直接称其为定态波函数。

凡是可以写成式(1.23)形式的波函数称为定态波函数。这种波函数所描述的状态称为定态。如果粒子运动所在势场的势能只是坐标的函数$U=U(\boldsymbol{r})$,则粒子在其中的运动状态总会达到一个稳定态。

对定态波函数而言,概率密度$|\Psi(\boldsymbol{r},t)|^2$满足

$$|\Psi(\boldsymbol{r},t)|^2=\Psi(\boldsymbol{r},t)\cdot\Psi(\boldsymbol{r},t)^*=\varphi(\boldsymbol{r})e^{-\frac{i}{\hbar}Et}\cdot\varphi(\boldsymbol{r})e^{\frac{i}{\hbar}Et}=|\varphi(\boldsymbol{r})|^2 \tag{1.25}$$

该结果表明,空间各处单位体积中找到粒子的概率与时间无关,因此,定态是一种力学性质稳定的状态。

将式(1.23)代入式(1.22),则

$$\nabla^2\varphi+\frac{2m}{\hbar^2}(E-U)\varphi=0 \tag{1.26}$$

式(1.26)即为定态薛定谔方程的一般式。其中,E是与时间t、坐标$\boldsymbol{r}$都无关的常数。

有时为了研究方便,也可将式(1.26)写成

$$\left(-\frac{\hbar^2}{2m}\nabla^2+U\right)\varphi=E\varphi \tag{1.27}$$

根据量子力学原理，借助于哈密顿(Hamilton)算符 $\hat{H}$，可将定态薛定谔方程式(1.27)写成

$$\hat{H}\varphi = E\varphi \tag{1.28}$$

其中，$\hat{H} = -\frac{\hbar^2}{2m}\nabla^2 + U$。

哈密顿算符是用爱尔兰数学家、物理学家哈密顿(William Rowan Hamilton，1805—1865)的名字命名的。哈密顿为经典场理论以及后来量子力学的发展做出了贡献。

这种不含时间分量的定态薛定谔方程就是哈密顿算符的本征方程(eigen equation)。由于本征值 E 是能量，所以式(1.28)也称能量本征方程，哈密顿算符也称能量算符。

如果考虑时间的分量，则由式(1.22)，薛定谔方程可写成

$$\hat{H}\Psi = \mathrm{i}\hbar\frac{\partial\Psi}{\partial t} \tag{1.29}$$

根据上述讨论，可将定态薛定谔方程的物理意义概括如下：对于一个质量为 m、在势能为 U 的外场中运动的粒子，有一个与这个粒子的稳定态相联系的波函数 $\varphi(\boldsymbol{r})$，这个波函数满足式(1.26)的定态薛定谔方程。该方程的每个有物理意义的解 $\varphi(\boldsymbol{r})$，表示粒子运动的某个稳定状态，与这个解相应的常数 E，就是粒子在该稳定态的能量。

3. 薛定谔方程的应用 —— 势阱模型

薛定谔方程在量子力学中占有重要位置。现以一个简单的势阱模型(well potential)为例，讨论薛定谔方程如何被运用。

一维势阱模型如图 1.8 所示。设质量为 m 的粒子，只能在 $0<x<L$ 的区域内自由运动，粒子的势能函数为：当 $0<x<L$ 时，势能 $U(x)=0$；当 $x=0$ 或 L 时，$U(x)\to\infty$。这一假设相当于在 $x=0$ 和 $x=L$ 处存在不可跨越的"势垒"，粒子只能在 $0<x<L$ 范围的"势阱"内移动。接下来，应用定态薛定谔方程式(1.26)，求被限制在势阱中粒子的波函数及其能量。

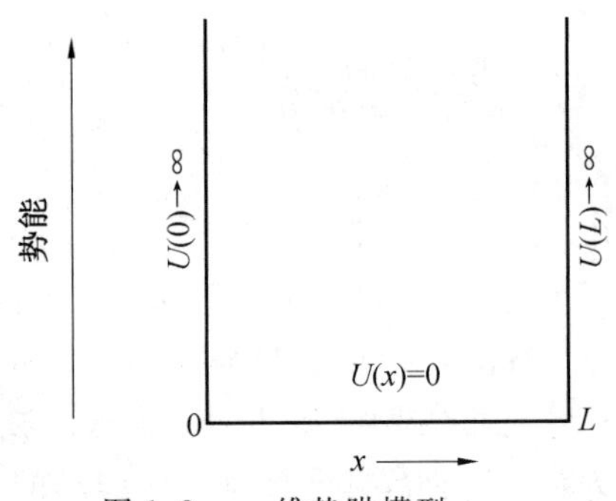

图 1.8　一维势阱模型

根据式(1.26)，一维自由粒子定态薛定谔方程可写为

$$\frac{\mathrm{d}^2\varphi}{\mathrm{d}x^2} + \frac{2m}{\hbar^2}(E-U)\varphi = 0 \tag{1.30}$$

当 $x=0$ 或 $x=L$ 时，因为 $U(x)\to\infty$，所以此处发现粒子的概率为零，即 $\varphi(x)=0$。当 $0<x<L$ 时，因为 $U(x)=0$，所以此时的薛定谔方程可以写成

$$\frac{\mathrm{d}^2\varphi}{\mathrm{d}x^2} + \frac{2m}{\hbar^2}E\varphi = 0 \tag{1.31}$$

由于能量 E 满足

$$E=\frac{p^2}{2m}=\frac{h^2}{2m\lambda^2}=\frac{\hbar^2}{2m}k^2 \tag{1.32}$$

将式(1.32) 代入式(1.31),经化简得

$$\frac{d^2\varphi}{dx^2}+k^2\varphi=0 \tag{1.33}$$

式(1.33) 就是自由粒子在一维势阱中的定态薛定谔方程。这是一个简单的微分方程,其通解为

$$\varphi(x)=A\cos kx+B\sin kx \tag{1.34}$$

式中,A 和 B 为常数。

将边界条件 $x=0,\varphi(x)=0$ 代入式(1.34),则 $A=0$,此时 $\varphi(x)=B\sin kx$。

由波函数的归一化条件:$\int_0^L|\varphi(x)|^2dx=1$,可求得系数 $B=\sqrt{\frac{2}{L}}$。

又由边界条件 $x=L,\varphi(L)=0$,得 $\varphi(L)=\sqrt{\frac{2}{L}}\sin kL=0$。若此关系成立,必须满足 $kL=n\pi$,则 k 取值仅限于 $k=\frac{\pi}{L},\frac{2\pi}{L},\cdots,\frac{n\pi}{L}$。其中,$n$ 取 1,2 等正整数,称为自由粒子能级的量子数(注意:由于势阱模型中 x 取值为 $0<x<L$,所以 n 只取正整数)。由此可得自由粒子一维势阱模型下的定态波函数(实际为振幅波函数):

$$\varphi(x)=\sqrt{\frac{2}{L}}\sin\frac{\pi n}{L}x \tag{1.35}$$

如果考虑时间 t 的分量,则自由粒子的定态波函数为

$$\Psi(x,t)=\varphi(x)\cdot f(t)=\sqrt{\frac{2}{L}}\sin\frac{\pi n}{L}x\cdot e^{-\frac{i}{\hbar}Et} \tag{1.36}$$

势阱模型中自由粒子的能量 E 为

$$E=\frac{\hbar^2}{2m}k^2=\frac{\hbar^2}{2m}\left(\frac{n\pi}{L}\right)^2=\frac{h^2}{8mL^2}n^2 \tag{1.37}$$

将一维势阱中粒子的前三个能级和波函数绘制成图 1.9,则可看出势阱中粒子的能量是量子化的,它只能取一系列不连续分布的值。一维势阱中粒子能量为最低态,即基态($n=1$) 时,其能量 $E=\frac{\hbar^2}{2m}k^2=\frac{h^2}{8mL^2}\neq 0$,称为零点能(zero-point energy)。当 $n>1$ 时,使波函数 $\varphi(x)=0$ 的点(节点)的数目为($n-1$)。在节点处发现粒子的概率为 0。随着节点数增多,能量值增大。

另外,相邻能级的能级差 ΔE 为

$$\Delta E=E_{n+1}-E_n=(2n+1)\frac{h^2}{8mL^2} \tag{1.38}$$

式(1.38) 表明,能级差 ΔE 与量子数 n 成正比,与粒子的质量 m、势阱宽 L 成反比。能级越高,相邻能级之间的差异越大。势阱宽度 L 越小,能级差越大。如果 L 小到原子的线度,能级差就很大,因而电子在原子内运动时,能量的量子化就特别显著;如果 L 大到宏观的线度,能级差就很小,能量的量子化不显著,此时可以把粒子的能量视为连续变化。

对于图 1.10 所示的边长为 L 的立方三维势阱,可导出三维势阱内粒子的波函数,即

$$\varphi(x,y,z)=\frac{1}{\sqrt{L^3}}\sin\frac{\pi n_x}{L}x\cdot\sin\frac{\pi n_y}{L}y\cdot\sin\frac{\pi n_z}{L}z \tag{1.39}$$

式中　n_x、n_y、n_z——x、y、z 方向上的量子数。

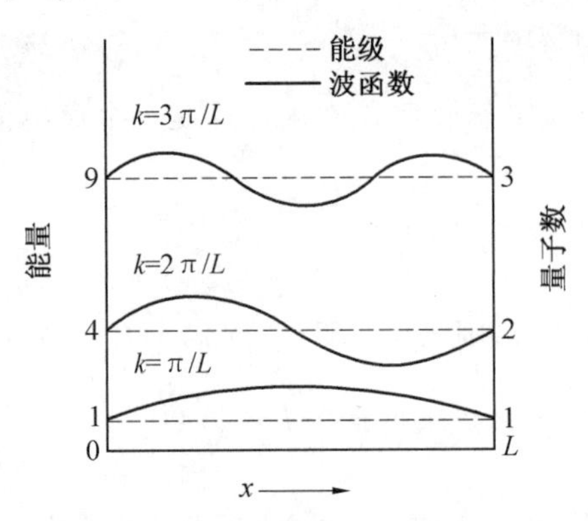

图 1.9　一维势阱中粒子头三个能级和波函数

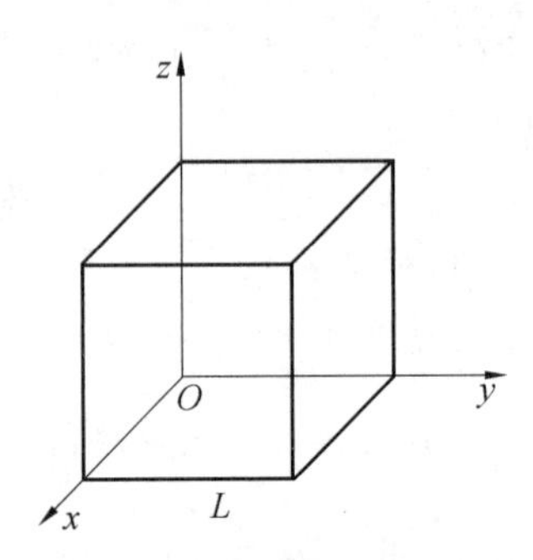

图 1.10　边长为 L 的立方三维势阱模型

粒子在 x、y、z 方向上的能量 E 分别为 $E_x=\frac{h^2}{8mL^2}n_x^2$、$E_y=\frac{h^2}{8mL^2}n_y^2$、$E_z=\frac{h^2}{8mL^2}n_z^2$，则

$$E_n=\frac{h^2}{8mL^2}(n_x^2+n_y^2+n_z^2) \tag{1.40}$$

由式(1.40)可以发现，对三维情况下粒子的能量来说，不同的量子数 n_x、n_y、n_z 将构成不同的波函数，却有可能对应同一能级。例如，当 $n_x=n_y=1,n_z=2$；$n_x=n_z=1,n_y=2$；$n_y=n_z=1,n_x=2$ 时，能量 E 均相等。这种不同量子数对应同一能级的现象称为能级的简并(degeneracy)。g 个不同的状态对应同一能级则称该能级为 g 重简并。能级的简并现象是系统对称性的必然结果。若系统对称性遭到破坏，能级的简并性将部分或全部消失。例如，在 $a\neq b\neq c$ 的三维势阱中，每个能级均为非简并的，此时对所有的能级来说，都有 $g=1$。

综上所述，对于微观粒子状态的描述，通常的做法是：① 根据粒子的相互作用关系列出薛定谔方程。② 根据微观粒子所处的势能状态，把薛定谔方程进行化简，写成所需的形式。此时，由于势能的存在，往往给薛定谔方程的求解带来困难。因此，通常会根据情况，对粒子的存在环境或描述方式进行一系列的假设，在不破坏研究粒子运动范围的前提下，降低薛定谔方程求解的难度。③ 求解薛定谔方程，并获得方程的通解，即波函数。④ 通过归一化条件确定波函数系数。⑤ 根据边界条件，实现波函数的量子化。⑥ 根据所得波函数具有的量子特性，分析微观粒子的能量。

1.2　量子自由电子理论基础

金属的许多物理性质，如良好的导电性和导热性、具有光泽和延展性等，都与金属键(metallic bond)有关系。金属键是有别于共价键(covalent bond)和离子键(ionic bond)的一种特殊化学键。通常，由金属键构成的金属晶体原子间具有很强的化学结合能，比范德瓦耳斯力(van der Waals force)和氢键(hydrogen bond)大得多。相对于共价键和离子键而言，金属元素的原子在形成金属时，原子间的价电子(valence electron)可以自由地从一个原子跑到另一个原子，就好像是价电子为许多原子所共有。由金属离子与自由电子之间形成的较强作用即是金属键。随着认识的不断深入，人们对金属和固体的理解大致可以分成三个理论阶段，即经典自由电子理论(free electronic theory)、量子自由电子理论(quantum free electron theory)和能带理论(energy band theory)。

经典自由电子理论最早在1900年，由德国物理学家德鲁德(Paul Karl Ludwig Drude,1863—1906)提出。他首先将金属中的价电子与理想气体类比，提出了金属自由电子气理论，其理论模型如图1.11所示，其中，Z为自由电子数、Z_a为质子数、q为基本电荷。他认为，当金属原子凝聚在一起时，原子封闭壳层内的电子和原子核一起构成不可移动的离子实(ioncore)；原子封闭壳层外的电子会脱离原子而在金属中自由地运动。这些电子构成自由电子气系统，可以用理想气体的运动学理论进行处理。1904年，荷兰理论物理学家洛伦兹(Hendrik Antoon Lorentz,1853—1928)将麦克斯韦－玻耳兹曼(Maxwell－Boltzmann)统计分布规律引入电子气，据此可用经典力学定律对金属自由电子气体模型作出定量计算，这就构成了德鲁德－洛伦兹自由电子气理论(Drude－Lorentz free electron gas theory)，称为经典自由电子理论。这里的麦克斯韦－玻耳兹曼统计分布规律是指描述独立定域(独立定域表示粒子间没有任何相互作用，互不影响，各个不同粒子间可以相互区别)粒子分布状态的统计规律。

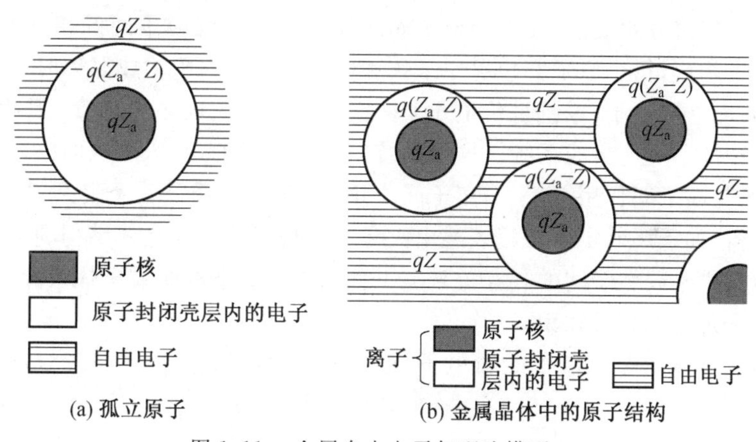

图1.11 金属自由电子气理论模型

q— 基本电荷；Z_a— 质子数；Z— 自由电子数

电子气模型可以解释很多金属晶体的宏观性质。例如，在外电场作用下，金属晶体中存在自由电子的定向运动，产生电流，因而具有良好的导电性。加热时，由于金属原子振动加剧，阻碍了自由电子的运动，因而金属电阻率一般和温度呈正比。而在温度梯度场中，金属中的自由电子很容易将热能从高温侧传向低温侧，因而金属具有良好的导热性。当光照到金属上时，自由电子可吸收所有波长的可见光，因此金属不透明。同时，自由电子很容易被激发，可以吸收在光电效应截止频率以上的光，并发射各种可见光，所以大多数金属具有光泽。当金属晶体受外力作用而变形时，离子实可看作同尺寸圆球堆积，在外力作用下容易滑动，但自由电子的连接作用没有变，金属键没有被破坏，故金属晶体具有良好的延展性和可塑性。

经典自由电子理论的成功在于抓住了金属中存在大量自由电子这个关键所在，因此成功地说明了欧姆定律、导电与导热的正比关系等问题。但是，这一理论在解释许多问题时遇到了困难。例如，实际测量的电子平均自由程比经典理论估计的大许多；金属电子比热容测量值只有经典自由电子理论估计值的百分之一；金属导体、绝缘体、半导体的导电性为什么存在巨大差异；霍尔系数按经典自由电子理论只能为负，但在某些金属中发现有正值等。造成这些问题的主要原因在于自由电子模型过于简单化，并且其理论根源在于牛顿力学。因此，用经典力学去处理微观质点的运动，并不能正确反映微观质点的运动规律。根据 1.1 节所讨论的问题，对于微观粒子的运动，需要用量子力学的概念来解决。

把量子力学的理论引入对金属电子状态的认识，称之为量子自由电子理论，具体来说就是金属的费米－索末菲(Fermi－Sommerfeld) 自由电子理论。该理论同意经典自由电子学说认为的价电子完全自由，但不同的是，量子自由电子学说认为，自由电子的状态不服从麦克斯韦－玻耳兹曼统计规律，而是服从费米－狄拉克(Fermi－Dirac) 的量子统计规律。本节主要对费米－索末菲自由电子理论进行论述。

1.2.1 晶体中电子的薛定谔方程

如 1.1 节所述，若要讨论由大量原子构成的金属晶体结构的状态，基于量子力学基础，需要从求解薛定谔方程开始。

在列出薛定谔方程之前，先来分析金属晶体内大量微观粒子间的相互作用关系。晶体由大量原子构成，每个原子都包含原子核和电子。由于原子构成晶体时，内层电子的状态基本不变，而外层电子(也就是价电子) 是影响晶体性质的主要因素，因此可将晶体看成由价电子和离子实构成的系统。这个系统内存在电子的运动、离子的振动、电子与电子间作用、电子与离子间作用、离子与离子间作用，因此该体系是一个复杂的多粒子体系。基于上述分析，如果用薛定谔方程表述由大量原子构成的金属晶体结构的状态，则方程中应该含有体系中不同粒子间的相互关系。下面借助于复杂的多粒子体系薛定谔方程讨论量子自由电子理论的相关知识。

设该多粒子体系中含有 N 个价电子，根据量子力学原理，由式(1.28)，该体系的哈密顿算符 $\hat{H}$ 可写为

$$\hat{H}=\sum_{i}^{N}\left(-\frac{\hbar^{2}}{2m}\nabla_{i}^{2}\right)+\sum_{i}^{N}u\ (\boldsymbol{r})_{i}+\frac{1}{2}\sum_{i}\sum_{j\neq i}v(\boldsymbol{r})_{ij}+\hat{H}_{\text{离子}} \tag{1.41}$$

式中 $\sum_{i}^{N}\left(-\frac{\hbar^{2}}{2m}\nabla_{i}^{2}\right)$——$N$ 个电子的动能总和；

$-\frac{\hbar^{2}}{2m}\nabla_{i}^{2}$—— 第 i 个电子的动能；

$\sum_{i}^{N}u\ (\boldsymbol{r})_{i}$—— 电子和离子间的相互作用势能；

$\frac{1}{2}\sum_{i}\sum_{j\neq i}v(\boldsymbol{r})_{ij}$—— 电子和电子间的相互作用势能；

$\hat{H}_{\text{离子}}$—— 离子的能量。

对于式(1.41),并不用关注每项所代表的严格的具体数学表达式。借助这一模糊的函数关系式,不影响下面进行有关量子自由电子理论的讨论。其实,式(1.41) 所表示的这一多体系问题,用薛定谔方程无法进行严格求解。也就是说,如果要基于薛定谔方程获得金属晶体内大量微观粒子的运动状态,必须使薛定谔方程这一复杂的微分方程可解。因此,如果想进一步分析这一复杂的多体系问题,必须将式(1.41) 进行化简。

首先,由于电子的质量远远小于离子的质量,因此,离子的运动速度远小于电子的运动速度。在分析电子的问题时,可将离子近似看成静止于其平衡位置上。这样,可将电子运动和离子运动分开考虑,即在式(1.41) 中,第四项可以消去。这时的多体系问题简化为多电子问题。这一近似称之为绝热近似(adiabatic approximation),它是由美籍犹太裔理论物理学家奥本海默(Julius Robert Oppenheimer,1904—1967) 和他的导师德国理论物理学家玻恩(Max Born) 在 1927 年共同提出的,因此也称为玻恩 - 奥本海默近似(Born - Oppenheimer approximation) 或定核近似。这一近似的核心是:分子系统中原子核的运动与电子的运动可以分离,由于电子和原子核运动的速度具有高度的差别,研究电子运动时可以近似地认为原子核是静止不动的,而研究原子核的运动时则不需要考虑空间中电子的分布。

其次,可忽略电子间瞬时的相互作用,认为任何一个电子是在其他$(N-1)$ 个电子的平均势场中独立运动。这就把相互作用的系统转化为无相互作用的系统。经此步简化后,式(1.41) 中的第三项可以用电子间相互作用势能 $\sum_{i}^{N}\bar{v}_i$ 表示。经分离变量法处理后,式(1.41) 中的前三项的下角标 i 可去掉,这就实现了多电子问题向单电子问题的简化。这样,晶体中任意一个电子的薛定谔方程的哈密顿算符可以写为

$$\hat{H}=-\frac{\hbar^2}{2m}\nabla^2+u(\boldsymbol{r})+\bar{v} \tag{1.42}$$

该式表明晶体中的电子都是在所有离子的势场 $u(\boldsymbol{r})$ 和其他电子的平均势场 $\bar{v}$ 中运动的,总的势能为 $U=u(\boldsymbol{r})+\bar{v}$。这一简化过程又称为自洽场近似(self-consistent field approximation)。该近似是一种求解全同多粒子系统的定态薛定谔方程的近似方法。它近似地用一个平均场来代替其他粒子对任一个粒子的相互作用,这个平均场又能用单粒子波函数表示,从而将多粒子系统的薛定谔方程简化成单粒子波函数所满足的非线性方程组来解。

最后,可认为晶体中电子的势场 U 具有晶格的周期性。由于离子在空间中是规则周期性排列,它们所产生的势场应该是周期场,即 $u(\boldsymbol{r})$ 具有晶格周期性,而 $\bar{v}$ 表示电子的平均势能,因此,认为在晶体中运动的电子势能 U 仍具有周期性是合理的。

经上述三步近似处理后,可得到周期性势场中运动的单电子薛定谔方程为

$$\left(-\frac{\hbar^2}{2m}\nabla^2+U\right)\varphi=E\varphi \tag{1.43}$$

由式(1.43) 可以获得晶体中电子的能量 E 和波函数 $\varphi(\boldsymbol{r})$,进而可进一步讨论晶体中电子的相关特征。这里需要注意的是,经第三步简化后讨论的晶体中电子运动的相关内容属于能带理论的范畴,相关内容将在 1.3 节进行讨论。

如果假定晶体中的势场U处处相等，此时电子将在均匀恒定的势场内运动，则可将薛定谔方程进一步简化。这种近似称为自由电子近似(free electron approximation)。此时，可选择势能零点，使$U=0$，则薛定谔方程可写成

$$-\frac{\hbar^2}{2m}\nabla^2\varphi=E\varphi \tag{1.44}$$

式(1.44)就是接下来要论述的量子自由电子理论的基础。

1.2.2 自由电子的波函数和能量

经上述讨论，若干近似后，已经获得了自由电子的薛定谔方程，如式(1.44)所示。随后可求解薛定谔方程，获得自由电子的波函数，进而分析自由电子的能量。这里必须明确，式(1.44)是经过两个近似后获得的。经过近似，薛定谔方程变得可解。但是，所谓的近似，其实就是忽略了研究中的一些其他具体问题，所以严格来说，近似必然会降低结果的准确性。

德国物理学家索末菲(Arnold Sommerfeld，1868—1951)在讨论自由电子气模型时，认为金属中的价电子好像理想气体的分子一样，彼此间无相互作用，各自独立地在恒定势场中运动。由于价电子之间没有相互作用，可采用单电子近似，这样把多电子问题变成单电子问题。另外，把晶体势场用一个处处相等的恒定势场来代替。通常，选择势能零点，使恒定势场为零。索末菲所做的这两个假设，其实与上节讨论的近似相同。除此以外，索末菲还假设电子只能在金属内运动而不可逸出金属外，依此给出边界条件。

为了满足索末菲假设中关于电子不逸出金属的要求，通常采用玻恩－卡曼边界条件(Born－von Kármán boundary condition)，也称为周期性边界条件。该条件是由德国理论物理学家玻恩和美籍匈牙利裔航天工程学家卡曼(Theodore von Kármán，1881—1963)提出的，常在固体物理学中用于描述理想晶体的性质。在固体物理学中，以一维晶体为例，玻恩－卡曼边界条件假设一维晶体首尾晶格处原胞(即晶体内晶格的最小重复单元)上的原子振动情况相同。图1.12为一维链的玻恩－卡曼边界条件示意图。

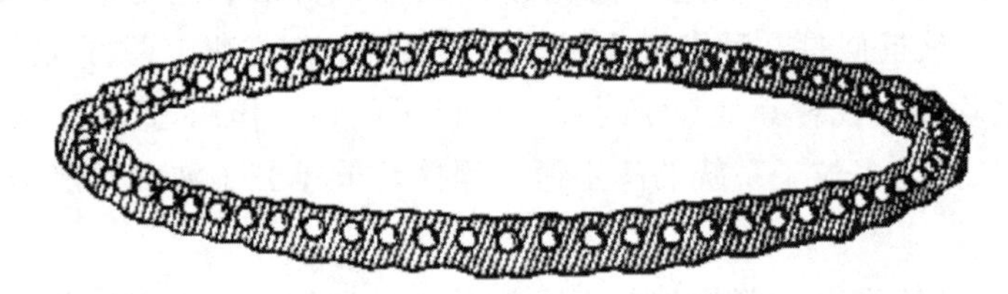

图1.12 固体物理学中一维链的玻恩－卡曼边界条件

借助玻恩－卡曼边界条件的数学表达和物理意义，可将此关系用于描述电子的运动状态。

设想长度为L的一维有限晶体，每个晶体内相对应的位置上，电子的运动状态相同，即

$$\cdots=\varphi(x-L)=\varphi(x)=\varphi(x+L)=\varphi(x+2L)=\cdots$$

于是，边界条件可以表示为

$$\varphi(x)=\varphi(x+L) \tag{1.45}$$

如果 $x=0$，则有 $\varphi(0)=\varphi(L)$，这表明边界两端的电子运动状态相同。这一关系确保了电子没有逸出晶体的要求。

对三维晶体，假设晶体是由边长为 L 的立方体组成，如图 1.13 所示，此时电子运动的玻恩－卡曼周期性边界条件可表示为

$$\varphi(x,y,z)=\varphi(x+L,y,z)=\varphi(x,y+L,z)=\varphi(x,y,z+L) \tag{1.46}$$

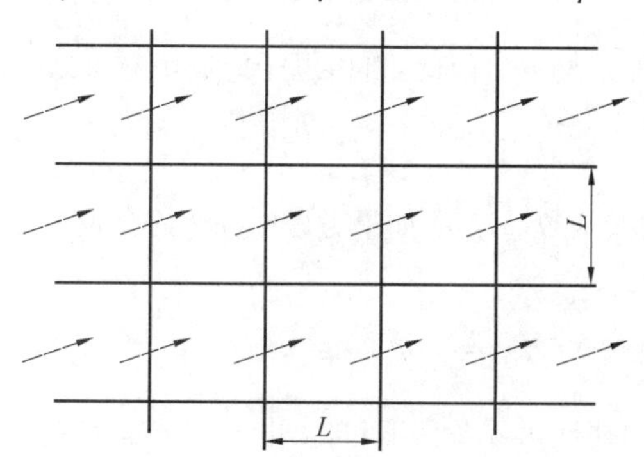

图 1.13 玻恩－卡曼周期性边界条件

L— 晶体长度

这样的波函数边界条件，其图像是电子从一个小立方体的边界进入，然后从另一侧进入另一个小立方体，对应点的情况完全相同。这样便可以满足在体积 V 内的金属自由电子数 N 不变。因此，这一周期性边界条件符合索末菲假设的要求。

基于索末菲假设，可对自由电子的薛定谔方程，即式(1.44)，进行求解。

首先，考虑一维情况，此时式(1.44) 变成

$$\frac{\mathrm{d}^2\varphi}{\mathrm{d}x^2}+\frac{2m}{\hbar^2}E\varphi=0 \tag{1.47}$$

由自由电子的能量关系 $E=\dfrac{p^2}{2m}=\dfrac{\hbar^2}{2m}k^2$，式(1.47) 可写成

$$\frac{\mathrm{d}^2\varphi}{\mathrm{d}x^2}+k^2\varphi=0 \tag{1.48}$$

该方程的通解形式为：$\varphi(x)=A\mathrm{e}^{\mathrm{i}kx}+B\mathrm{e}^{-\mathrm{i}kx}$。此处考虑边界条件 $\varphi(0)=\varphi(L)$，即 $B=0$，所以该方程的通解形式可以写为

$$\varphi(x)=A\mathrm{e}^{\mathrm{i}kx} \tag{1.49}$$

由波函数归一化条件

$$1=\int_0^L|\varphi(x)|^2\mathrm{d}x=\int_0^L\varphi^*(x)\cdot\varphi(x)=A^2L \tag{1.50}$$

可求得系数

$$A=\frac{1}{\sqrt{L}} \tag{1.51}$$

此时，自由电子的波函数为

$$\varphi(x)=\frac{1}{\sqrt{L}}\mathrm{e}^{\mathrm{i}kx} \tag{1.52}$$

根据边界条件(1.45)，有

$$\frac{1}{\sqrt{L}}e^{ikx}=\frac{1}{\sqrt{L}}e^{ik(x+L)}=\frac{1}{\sqrt{L}}e^{ikx}\cdot e^{ikL} \tag{1.53}$$

将式(1.53)首尾化简后，得

$$1=e^{ikL}=\cos kL+i\sin kL \tag{1.54}$$

通过分析发现，只有当 $kL=2n\pi$ 时，即满足 $k=\frac{2\pi}{L}n$ 时，式(1.54)才可成立。其中，n 为量子数，其取值范围是整数。因此，自由电子的波函数可以表示为

$$\varphi(x)=\frac{1}{\sqrt{L}}e^{ikx}=\frac{1}{\sqrt{L}}e^{i\frac{2\pi}{L}nx} \tag{1.55}$$

获得的自由电子的波函数(1.55)如果考虑时间 t 的分量关系，则自由电子的定态波函数为

$$\Psi(x,t)=\varphi(x)f(t)=\frac{1}{\sqrt{L}}e^{ikx}\cdot e^{-\frac{i}{\hbar}Et}=\frac{1}{\sqrt{L}}e^{ikx}\cdot e^{-i\omega t}=\frac{1}{\sqrt{L}}e^{i(kx-\omega t)} \tag{1.56}$$

根据上述讨论，在周期性边界条件下，自由电子的能量 E 满足

$$E=\frac{\hbar^2k^2}{2m}=\frac{h^2}{2mL^2}n^2 \tag{1.57}$$

对式(1.55)～(1.57)而言，这一关系式表明，金属中自由电子的波函数 φ(或 Ψ)和能量 E 只能取分立值，是量子化的，其量子数为整数 n。由于每个量子数 n 对应一个波矢 k，因此每个确定的波矢 k，都对应一个波函数和能量。所以，波矢 k 实际也可以看成一个量子数。如果对式(1.57)以 k 为横坐标、以 E 为纵坐标建立 $E-k$ 之间的函数关系，则可获得图1.14(a)所示的自由电子的 $E-k$ 关系曲线。该曲线关系中，由于 k 是量子化的，所以 E 也是量子化的。但相邻能量 E 之间的能级间隔非常小，通常可以认为 k 和 E 都是准连续变化的，也就是说，自由电子的能级是在 $0\sim\infty$ 范围内准连续分布，如图1.14(b)所示。

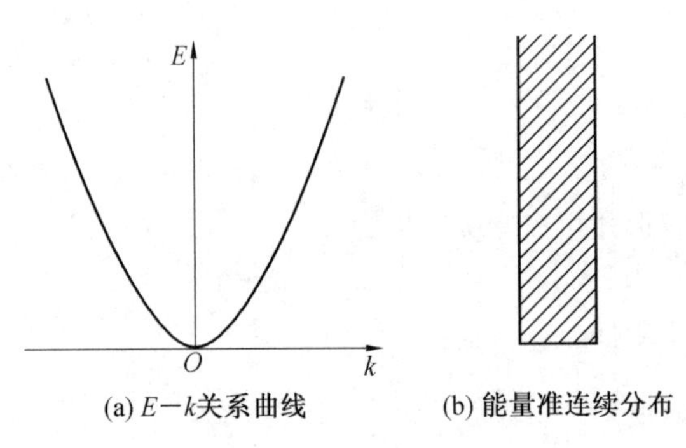

(a) $E-k$关系曲线　　(b) 能量准连续分布

图1.14　自由电子的 $E-k$ 关系

当电子处于式(1.55)表示的状态时，金属内电子的概率密度是常数，即

$$|\varphi(x)|^2=\frac{1}{\sqrt{L}}e^{-ikx}\cdot\frac{1}{\sqrt{L}}e^{ikx}=\frac{1}{L} \tag{1.58}$$

这表明自由电子在金属内的分布是均匀的。

对三维情况，设金属是边长为 L 的立方体，根据式(1.47)，可将三维情况下的薛定谔方程写成

$$\left(\frac{\partial^2}{\partial x^2}+\frac{\partial^2}{\partial y^2}+\frac{\partial^2}{\partial z^2}\right)\varphi(x,y,z)+\frac{2m}{\hbar^2}E\varphi(x,y,z)=0 \tag{1.59}$$

令能量 E 满足

$$E=\frac{\hbar^2\boldsymbol{k}^2}{2m}=\frac{\hbar^2}{2m}(k_x^2+k_y^2+k_z^2) \tag{1.60}$$

这里的波矢是矢量,表示为 $\boldsymbol{k}=k_x\boldsymbol{i}+k_y\boldsymbol{j}+k_z\boldsymbol{l}$,其数值大小为 $|\boldsymbol{k}|=\sqrt{k_x^2+k_y^2+k_z^2}$。

经分离变量法可计算得到三维情况下自由电子的波函数为

$$\varphi(x,y,z)=A\mathrm{e}^{\mathrm{i}(k_x x+k_y y+k_z z)}=A\mathrm{e}^{\mathrm{i}\boldsymbol{kr}} \tag{1.61}$$

由归一化条件:

$$\int_0^L\varphi(\boldsymbol{r})\cdot\varphi^*(\boldsymbol{r})\mathrm{d}\tau=A^2\cdot L^3=1 \tag{1.62}$$

式中的积分元 $\mathrm{d}\tau=\mathrm{d}x\mathrm{d}y\mathrm{d}z$,由此得到归一化常数:$A=\frac{1}{\sqrt{L^3}}$。

因此,自由电子的波函数为

$$\varphi(x,y,z)=\frac{1}{\sqrt{L^3}}\mathrm{e}^{\mathrm{i}(k_x x+k_y y+k_z z)}=\frac{1}{\sqrt{L^3}}\mathrm{e}^{\mathrm{i}\boldsymbol{kr}} \tag{1.63}$$

再由周期性边界条件,如式(1.52),可得

$$\mathrm{e}^{\mathrm{i}k_x L}=\mathrm{e}^{\mathrm{i}k_y L}=\mathrm{e}^{\mathrm{i}k_z L}=1 \tag{1.64}$$

因此,式(1.60)成立的条件是波矢 $\boldsymbol{k}$ 满足

$$k_x=\frac{2\pi}{L}n_x \tag{1.65}$$

$$k_y=\frac{2\pi}{L}n_y \tag{1.66}$$

$$k_z=\frac{2\pi}{L}n_z \tag{1.67}$$

其中,n_x、n_y、n_z可以取 0,±1,±2 等整数。

因此,自由电子的波函数也可以写成

$$\varphi(x,y,z)=\frac{1}{\sqrt{L^3}}\mathrm{e}^{\mathrm{i}\boldsymbol{kr}}=\frac{1}{\sqrt{L^3}}\mathrm{e}^{\mathrm{i}(k_x x+k_y y+k_z z)}=\frac{1}{\sqrt{L^3}}\mathrm{e}^{\mathrm{i}\frac{2\pi}{L}(n_x x+n_y y+n_z z)} \tag{1.68}$$

而自由电子的能量满足

$$E=\frac{\hbar^2\boldsymbol{k}^2}{2m}=\frac{\hbar^2}{2m}(k_x^2+k_y^2+k_z^2)=\frac{h^2}{2mL^2}(n_x^2+n_y^2+n_z^2) \tag{1.69}$$

上述计算结果表明,金属中自由电子的波函数 $\varphi(x,y,z)$ 和能量 E 都是量子化的,其量子数 n_x、n_y、n_z 只取整数。每组量子数(n_x, n_y, n_z)表示电子的一种运动状态,同时也对应一种能量。同样,由于量子数(n_x, n_y, n_z)对应着相应的波数关系(k_x, k_y, k_z),两者相差$\frac{2\pi}{L}$倍,因此,也可直接用波数(k_x, k_y, k_z)表示电子的状态,或者把波数(k_x, k_y, k_z)直接当成量子数。

这里需要说明的是,本节所采用的周期性边界条件与介绍的以势阱模型为边界条件计算所得的自由电子的波函数,两者结果存在差别。以势阱模型为边界条件(如一维势阱

模型的边界条件为 $\varphi(0)=\varphi(L)=0$）求解薛定谔方程，获得的解是驻波（standing wave）形式，如式（1.35）和式（1.39）所示。以势阱模型为边界条件的物理意义表明：电子不能逸出金属表面，可看作电子波在其内部来回反射。但这一处理方式没有考虑金属表面状态对其内部电子运动状态的影响，也没有充分考虑晶体结构的周期性。玻恩－卡曼周期性边界条件既考虑了避免电子逸出，又保持电子总数不变，同时还兼顾到晶体结构的周期性。以这一方式求解薛定谔方程，获得的解是行波（travelling wave）形式。

1.2.3　k 空间和能级密度

如前所述，以索末菲假设为基础计算得到的自由电子的波函数和能量都是量子化的，其中，量子数（n_x，n_y，n_z）或（k_x，k_y，k_z）的不同取值均对应着一种电子的状态（也就是波函数）和能量。因此，可以只借助于量子数来表示电子的状态或能量。通常，这种描述状态的方式可用"k 空间"形象地表示出来。

k 空间是以波数 k_x、k_y 和 k_z 为坐标轴构成的空间，也称为波矢空间（wave-vector space）。由波数 k_x、k_y 和 k_z 构成的 k 空间中的状态分布如图 1.15（a）所示。

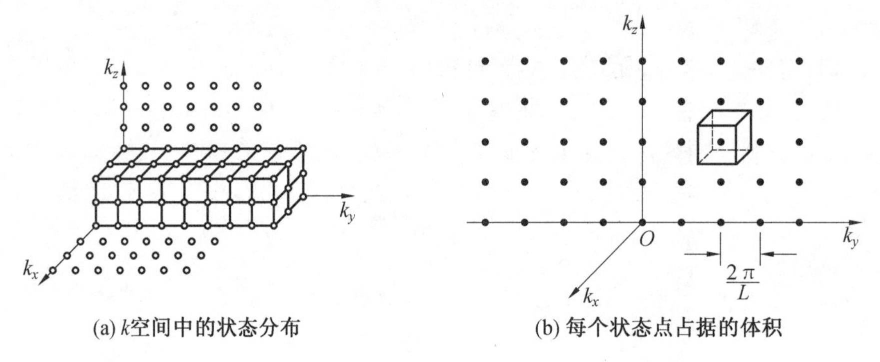

(a) k空间中的状态分布　　(b) 每个状态点占据的体积

图 1.15　k 空间示意图

在 k 空间上，每个由量子数（n_x，n_y，n_z）确定的点（k_x，k_y，k_z）均表示电子所允许的一种能量状态，称为代表点。由量子数 n 与 k 之间的关系，如式（1.65），k 空间中沿三个坐标轴方向相邻的两个代表点之间的距离均为 $\frac{2\pi}{L}$，因此，每个代表点都均匀分布在 k 空间中。如果把每个代表点都想象为边长是 $\frac{2\pi}{L}$ 的正方体的中心，如图 1.15（b）所示，则每个代表点在 k 空间中的体积满足

$$\left(\frac{2\pi}{L}\right)^3=\frac{(2\pi)^3}{L^3}=\frac{(2\pi)^3}{V} \tag{1.70}$$

因此，k 空间中单位体积内（假定单位体积为 1）代表点的数目（也就是状态的数目）等于

$$\frac{1}{(2\pi)^3/V}=\frac{V}{(2\pi)^3}=\left(\frac{L}{2\pi}\right)^3 \tag{1.71}$$

由前可知，波矢 $\boldsymbol{k}$ 的数值大小为 $|\boldsymbol{k}|=\sqrt{k_x^2+k_y^2+k_z^2}$。根据自由电子能量 E 与 $\boldsymbol{k}$ 的关系 $E=\frac{\hbar^2\boldsymbol{k}^2}{2m}=\frac{\hbar^2}{2m}(k_x^2+k_y^2+k_z^2)$，如式（1.69）所示，可以发现，具有相同波矢大小 $|\boldsymbol{k}|=$

$\sqrt{k_x^2+k_y^2+k_z^2}$ 的电子状态，不论波矢方向如何都具有相同的能量 E。在 k 空间中，$k=\sqrt{k_x^2+k_y^2+k_z^2}$ 表示从代表点(k_x, k_y, k_z)到原点的距离。因此，从原点到代表点之间，所有距离相等的代表点都具有相同的能量。此时，如果以某一长度 $k=\frac{\sqrt{2mE}}{\hbar}$ 为半径、以原点为球心作一球面，所有落在此球面上的代表点，均具有相同的能量 E。这一球面称为自由电子的等能面。图 1.16 为在 k 空间中，以 k 为半径所作的等能面示意图。

下面，讨论 k 空间中图 1.17 所示的阴影区域内包含的电子的状态数。

如图 1.17 所示，假设该阴影区域是半径为 k 到$(k+\mathrm{d}k)$的两个等能面之间的球壳层，对应的能量为 E 到$(E+\mathrm{d}E)$。该阴影区域的体积为 $4\pi k^2\mathrm{d}k$。根据式(1.71)可知，该阴影区域体积内包含的代表点的数量为$\frac{V}{(2\pi)^3}\cdot 4\pi k^2\mathrm{d}k$。如果每个代表点可以容纳自旋相反的两个电子，则该壳层内可容纳的电子状态数目为

$$\mathrm{d}N=2\cdot\frac{V}{(2\pi)^3}\cdot 4\pi k^2\mathrm{d}k \tag{1.72}$$

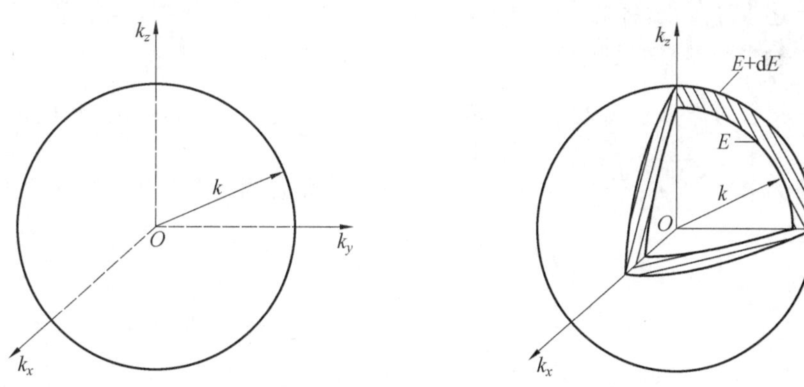

图 1.16 在 k 空间中，以 k 为半径所作的等能面示意图 图 1.17 k 空间能量 $E\sim(E+\mathrm{d}E)$ 的球壳层

对波矢 $\boldsymbol{k}$ 与能量 E 之间的大小关系 $k=\frac{\sqrt{2mE}}{\hbar}$ 两侧求导，则

$$\mathrm{d}k=\frac{\sqrt{2m}}{\hbar}\cdot\frac{\mathrm{d}E}{2\sqrt{E}} \tag{1.73}$$

将式(1.73)代入式(1.72)，结合 $h=2\pi\hbar$，经整理可得

$$\mathrm{d}N=\frac{V}{2\pi^2}\left(\frac{2m}{\hbar^2}\right)^{\frac{3}{2}}\sqrt{E}\,\mathrm{d}E=4\pi V\left(\frac{2m}{h^2}\right)^{\frac{3}{2}}\sqrt{E}\,\mathrm{d}E=C\sqrt{E}\,\mathrm{d}E \tag{1.74}$$

式中，$C=\frac{V}{2\pi^2}\left(\frac{2m}{\hbar^2}\right)^{\frac{3}{2}}=4\pi V\left(\frac{2m}{h^2}\right)^{\frac{3}{2}}$。

将式(1.74)右侧的 $\mathrm{d}E$ 移至左侧，并令$\frac{\mathrm{d}N}{\mathrm{d}E}=Z(E)$，则

$$Z(E)=\frac{\mathrm{d}N}{\mathrm{d}E}=C\sqrt{E} \tag{1.75}$$

$Z(E)=\frac{\mathrm{d}N}{\mathrm{d}E}$ 具有明确的物理意义，表示单位能量间隔范围内所能容纳的电子状态数，

称为状态密度(density of states)，也称能级密度(level density)。

如果按照式(1.75)作能级密度 $Z(E)$ 随能量 E 变化的关系曲线，可得到图1.18(a)所示的关系，说明 $Z(E)$ 随能量 E 呈抛物线关系，能量 E 越大，能级密度 $Z(E)$ 越高，单位能量间隔范围内所能容纳的电子状态数越多。

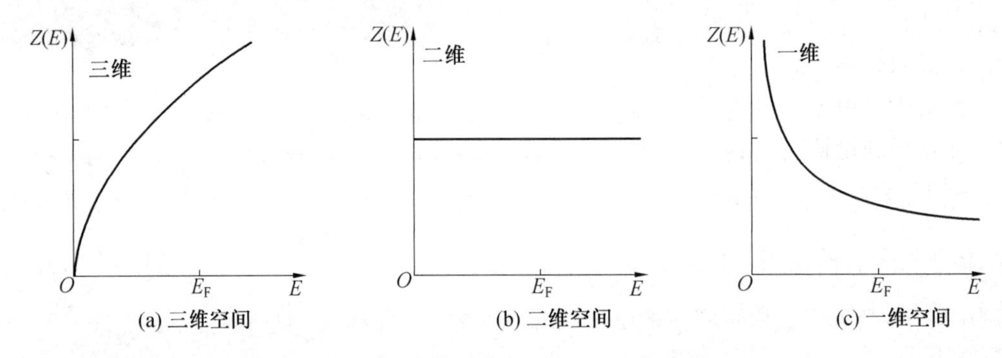

(a) 三维空间　(b) 二维空间　(c) 一维空间

图 1.18　能级密度随能量的变化曲线

仿照上述推导过程，针对二维情况，简单来说，在二维 k 空间中，半径为 k 到 $(k+\mathrm{d}k)$ 的两个等能线之间围成的圆环形面积为 $2\pi k\mathrm{d}k$。这一圆环面积内包含的代表点的数量为 $\left(\frac{L}{2\pi}\right)^2\cdot 2\pi k\mathrm{d}k$；同样每个代表点可以容纳自旋相反的两个电子，则该面积内可容纳的电子状态数目为 $\mathrm{d}N=2\cdot\left(\frac{L}{2\pi}\right)^2\cdot 2\pi k\mathrm{d}k$；将上述 k 与 E 之间的关系代入并化简可得

$$\mathrm{d}N=2\cdot\left(\frac{L}{2\pi}\right)^2\cdot 2\pi k\mathrm{d}k=\frac{mL^2}{2\pi^2}\mathrm{d}E=C\mathrm{d}E \tag{1.76}$$

式中，$C=\frac{mL^2}{2\pi\hbar^2}$。

因此，二维空间下自由电子的能级密度是常数，即 $Z(E)=\frac{\mathrm{d}N}{\mathrm{d}E}=C$。这表明二维空间下，单位能量间隔范围内所能容纳的电子状态数不随能量的变化而变化，如图1.18(b)所示。

在一维 k 空间中，k 到 $(k+\mathrm{d}k)$ 的两个等能点之间的长度为 $\mathrm{d}k$。这个长度内包含的代表点的数量为 $\frac{L}{2\pi}\mathrm{d}k$；每个代表点可以容纳自旋相反的两个电子，则该长度下可容纳的电子状态数目为 $\mathrm{d}N=2\cdot\frac{L}{2\pi}\mathrm{d}k$。同样将上述 k 与 E 之间的关系代入并化简可得

$$\mathrm{d}N=2\cdot\frac{L}{2\pi}\mathrm{d}k=\frac{L}{\pi}\cdot\frac{\sqrt{2m}}{2\hbar}\cdot\frac{1}{\sqrt{E}}\mathrm{d}E=\frac{C}{\sqrt{E}}\mathrm{d}E \tag{1.77}$$

式中，$C=\frac{L}{\pi}\cdot\frac{\sqrt{2m}}{2\hbar}$。

由此可知，一维空间下自由电子的能级密度 $Z(E)=\frac{\mathrm{d}N}{\mathrm{d}E}=\frac{C}{\sqrt{E}}$，$Z(E)$ 与能量 $\frac{1}{\sqrt{E}}$ 呈正比。也就是说，一维空间下，单位能量间隔范围内所能容纳的电子状态数不随能量的增加

而减少，如图 1.18(c) 所示。

另外，值得注意的是，上述讨论都是在自由电子体系中进行的，在真实晶体中情况就变得复杂了。

1.2.4 费米分布和费米能

1. 费米分布函数

金属中自由电子的能量是量子化的，构成准连续谱。量子自由电子学说，即费米－索末菲电子理论认为，自由电子的状态不服从麦克斯韦－玻耳兹曼统计规律，而服从费米－狄拉克(Fermi－Dirac) 量子统计规律。这一规律表明，在热平衡时，电子处在能量为 E 状态的概率可用费米－狄拉克分布函数描述，简称费米分布(Fermi distribution)，即

$$f(E)=\frac{1}{\exp\left(\frac{E-E_{\mathrm{F}}}{k_{\mathrm{B}}T}\right)+1} \tag{1.78}$$

式中 $f(E)$—— 费米分布函数，表征在热平衡状态下，一个费米子(fermion) 系统(如电子系统) 中属于能量 E 的一个量子态被一个电子占据的概率；

k_{B}—— 玻耳兹曼常数，$k_{\mathrm{B}}=1.38\times10^{-23}$ J/K；

T—— 温度；

E_{F}—— 费米能级(Fermi level)，具有能量的量纲，表示电子占据概率为50%的量子态所对应的能级。

这里需要解释的是，所谓的费米子，得名于美籍意大利裔物理学家费米(Enrico Fermi，1901—1954)，是依随费米－狄拉克统计、角动量的自旋量子数为半奇数整数倍的粒子，遵从泡利不相容原理(Pauli exclusion principle)。另外，费米因其发现第 93 号元素(实际是第 56 号元素钡的新现象) 而获得 1938 年诺贝尔物理学奖。之后，费米领导的小组建立了人类第一台可控核反应堆，为第一颗原子弹的成功爆炸奠定基础，因此也被誉为“原子能之父”。

下面对费米分布函数与温度的关系进行讨论。图 1.19 给出了费米分布函数随温度的变化关系。

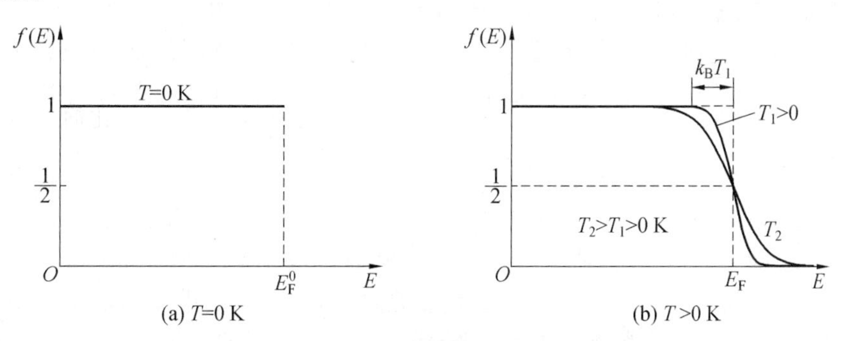

图 1.19 费米分布函数随温度的变化关系

(1) $T=0$ K 状态下，如图 1.19(a) 所示，对应的费米能级 E_{F} 记为 E_{F}^{0}。当 $E>E_{\mathrm{F}}^{0}$ 时，

$\exp\left(\frac{E-E_F^0}{k_B T}\right)=e^{\infty}\rightarrow\infty$，则 $f(E)=0$；当 $E<E_F^0$ 时，$\exp\left(\frac{E-E_F^0}{k_B T}\right)=e^{-\infty}=0$，则 $f(E)=1$。

这一结果表明，在 $T=0$ K 时，凡是能量高于 E_F^0 的状态全空，此时电子出现的概率为0，也就是没有电子占据高于 E_F^0 的能级；凡是能量低于 E_F^0 的状态全满，此时电子出现的概率为1，即电子全部占据低于 E_F^0 的能级。由图1.19(a)中 $T=0$ K所对应线段可以清楚地看到这一结果。因此，E_F^0 是热力学温度为0 K时电子所能具有的最高能级。把在该能级下对应的能量称为费米能(Fermi energy)，表示0 K时金属基态系统中电子所占有的能级最高的能量。

(2) $T>0$ K状态下，如图1.19(b)所示。当 $E=E_F$ 时，$f(E)=\frac{1}{2}$，即在能量等于 E_F 的状态下，电子占有的概率和不占有的概率相等；当 $E>E_F$ 时，$f(E)<\frac{1}{2}$，即在能量高于 E_F 的状态下，少部分为电子占据；当 $E<E_F$ 时，$f(E)>\frac{1}{2}$，即在能量低于 E_F 的状态下，大部分为电子占据。

图1.19(b)中温度 T_1 和 T_2 所对应的曲线给出了费米分布函数的图像。该图像具有重要意义。从图1.19(b)可以看到，$f(E)$ 只有在 $E=E_F$ 附近发生很大变化，并且变化范围随温度的升高而变宽，变化范围为 $E_F\pm k_B T$。具体而言，当 $T>0$ K时，自由电子受到热激发将具有高于 E_F 的能量，但只有在 E_F 附近 $k_B T$ 范围内的电子，才能吸收能量，从 E_F 以下能级跃迁到 E_F 以上能级，也就是只有少量高于 E_F 能量的电子存在。随着温度升高，如温度 T_1 升至 T_2，此时将有更多电子具有高于 E_F 的能量，并且高于 E_F 能量电子的能级范围将从 $k_B T_1$ 扩大至 $k_B T_2$。这一结果也说明，金属在熔点以下，虽然自由电子都受到热激发，但只有能量在 E_F 附近 $k_B T$ 范围内的一小部分电子能受到温度的影响，获得更高的能量，大部分电子仍保持较低的能量水平。

这里需要说明的是，实际上，E_F 会随着温度的升高而降低。因此，严格来说，图1.19(b)中 E_F 的位置应该随着温度的升高而向坐标轴左侧移动。但是，由于 E_F 随温度变化的数值改变很小，因此，图1.19(b)通常忽略 E_F 随着温度变化而发生的改变。

费米分布函数随温度发生变化是电子受热激发的结果。根据泡利不相容原理，在费米子组成的系统中，不能有两个或两个以上的粒子处于完全相同的状态。也就是说，每个能级只能容纳自旋相反的两个电子，并且从最低能级逐渐向高能级填充，直到把所有电子填满。根据对费米分布函数的分析可知，0 K时电子最后填充的最高能级就是 E_F^0，图1.20(a)示意性地标出了这一结果。图1.20(a)右侧对应着该温度下费米分布的 $f(E)-E$ 曲线。0 K时的电子不可能全部填充到最低能级，说明即使绝对零度下，自由电子仍具有相当大的能量。当温度升高，电子受热激发，将会得到 $k_B T$ 数量级的能量。但此时，对于远低于 E_F 能级的电子，即使获得能量有可能发生跃迁，如果相应高能级处已经被其他电子所占据，则该电子也不会发生跃迁，也就是说，低能级上的电子其实不能获得热能而激发。而对于稍低于 E_F 能级的电子，则有可能获得 $k_B T$ 数量级的能量跃迁至 E_F 能级之上的空能级，同时将空出其低于 E_F 的能级，如图1.20(b)所示。这也说明，金属中虽然有大量的自由电子，但只有能量在 E_F 附近约 $k_B T$ 范围内的少数电子受热激发，才能跃迁到更高的能级。

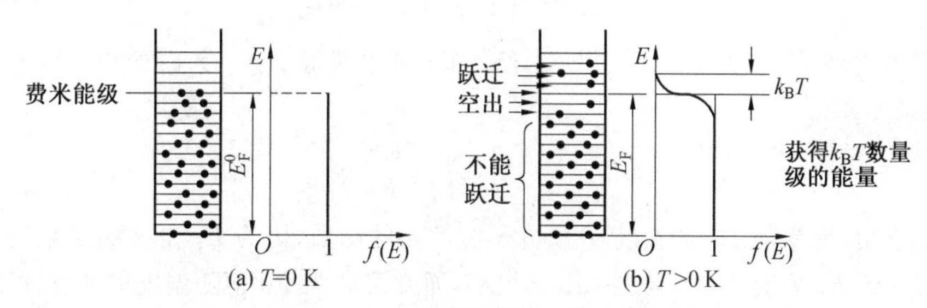

图 1.20 能级被电子占据的情况

2. 费米能的确定

下面对费米能的表达式进行推导。

(1) $T=0$ K 时 E_F^0 的计算。

如前所述，自由电子系统中，三维 k 空间内的能量 E 和 $(E+\mathrm{d}E)$ 之间可能的电子状态数可用式(1.74) 表示，即

$$\mathrm{d}N=Z(E)\mathrm{d}E=C\sqrt{E}\,\mathrm{d}E$$

而能量为 E 的状态被电子占有的概率满足费米分布函数 $f(E)$，因此，E 和 $(E+\mathrm{d}E)$ 之间的电子数为

$$\mathrm{d}N=f(E)\cdot C\sqrt{E}\,\mathrm{d}E \tag{1.79}$$

当 $T=0$ K 时，电子全部填充 E_F^0 以下的能级，且这些能级上电子的占有概率 $f(E)=1$，则系统中总的电子数为

$$N=\int_0^{E_F^0} f(E)\cdot C\sqrt{E}\,\mathrm{d}E=\int_0^{E_F^0} C\sqrt{E}\,\mathrm{d}E=\frac{2}{3}C(E_F^0)^{\frac{3}{2}}=\frac{8\pi V}{3h^3}(2mE_F^0)^{\frac{3}{2}} \tag{1.80}$$

如果用 $n=\dfrac{N}{V}$ 代表单位体积中的自由电子数(也就是电子浓度)，则 E_F^0 的表达式可写为

$$E_F^0=\frac{h^2}{2m}\left(\frac{3n}{8\pi}\right)^{\frac{2}{3}} \tag{1.81}$$

已知能量 $E\sim(E+\mathrm{d}E)$ 之间的状态数为 $\mathrm{d}N$，此时具有的能量为 $E\mathrm{d}N$，那么在 $0\sim E_F^0$ 之间的能量之和为 $\int_0^{E_F^0} E\mathrm{d}N$。因此，0 K 时，自由电子系统内每个电子的平均能量为

$$\bar{E}_0=\frac{\int_0^{E_F^0} E\mathrm{d}N}{N}=\frac{\int_0^{E_F^0}\cdot CE^{\frac{3}{2}}\mathrm{d}E}{N}=\frac{3}{5}E_F^0 \tag{1.82}$$

式(1.82) 的计算结果表明，0 K 时，自由电子仍具有较大的平均动能，这是电子满足泡利不相容原理的缘故。

(2) $T>0$ K 时 E_F 的计算。

当 $T>0$ K 时，能量高于 E_F 的能级上可能被电子占有，能量低于 E_F 的可能未被电子占满，$f(E)$ 不再是常数。系统总的电子数 N 等于能量从 0 到无穷大范围内各个能级上电子的总和，即

$$N=\int_0^{\infty}\mathrm{d}N=\int_0^{\infty}f(E)\cdot C\sqrt{E}\,\mathrm{d}E \tag{1.83}$$

在固体物理学中，从式(1.83)出发，经计算，可以获得 $T>0$ K时的费米能 E_F 的表达式，即

$$E_\mathrm{F}=E_\mathrm{F}^0\left[1-\frac{\pi^2}{12}\left(\frac{k_\mathrm{B}T}{E_\mathrm{F}^0}\right)^2\right] \tag{1.84}$$

该式表明，费米能 E_F 是温度 T 和电子浓度 n 的函数(因为 E_F^0 是 n 的函数)。当温度升高时，E_F 比 E_F^0 略有下降，但这一影响很小，通常可认为 E_F 不随温度的变化而变化。

另外，还可以计算得到 $T>0$ K 时电子的平均能量为

$$\bar{E}=\frac{\int_0^{\infty}E\mathrm{d}N}{N}=\frac{\int_0^{E_\mathrm{F}^0}f(E)\cdot CE^{\frac{3}{2}}\mathrm{d}E}{N}$$

$$=\frac{3}{5}E_\mathrm{F}^0\left[1+\frac{5\pi^2}{12}\left(\frac{k_\mathrm{B}T}{E_\mathrm{F}^0}\right)^2\right]=\bar{E}_0\left[1+\frac{5\pi^2}{12}\left(\frac{k_\mathrm{B}T}{E_\mathrm{F}^0}\right)^2\right] \tag{1.85}$$

3. 费米面

对自由电子来说，等能面是球面，其中特别有意义的是 $E=E_\mathrm{F}$ 的等能面，称为费米面(Fermi surface)。费米面是 k 空间的球面，其半径为 $k_\mathrm{F}=\frac{\sqrt{2mE_\mathrm{F}}}{\hbar}$，称为费米半径或费米波矢(图 1.21)。

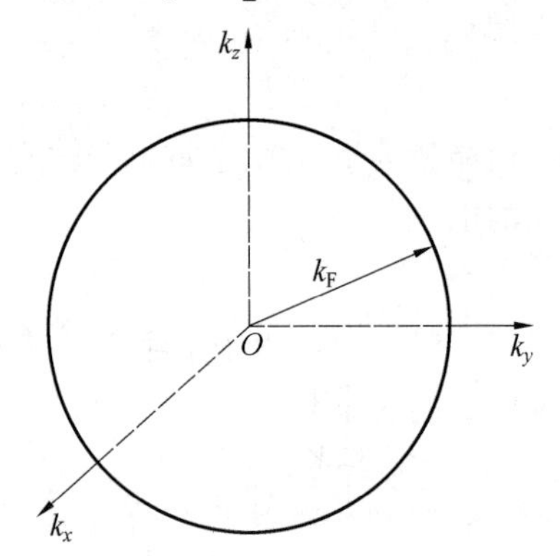

图 1.21 自由电子的费米面

在 0 K 时，费米球面以内的状态都被电子占有，球外没有电子，所以，此时费米面是电子占有态和未占有态的分界面。在 $T>0$ K 时，费米半径 k_F 比 0 K 时费米半径略小(图 1.22)，此时，费米面以内离 E_F 约 $k_\mathrm{B}T$ 范围的能级上的电子被激发跃迁到 E_F 之上 $k_\mathrm{B}T$ 范围的能级上。

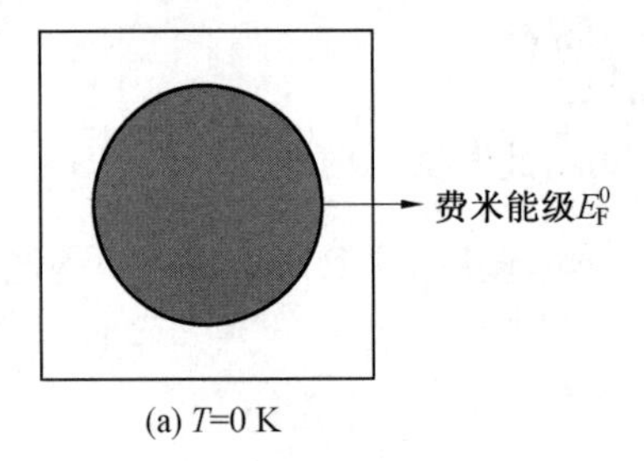

(a) T=0 K

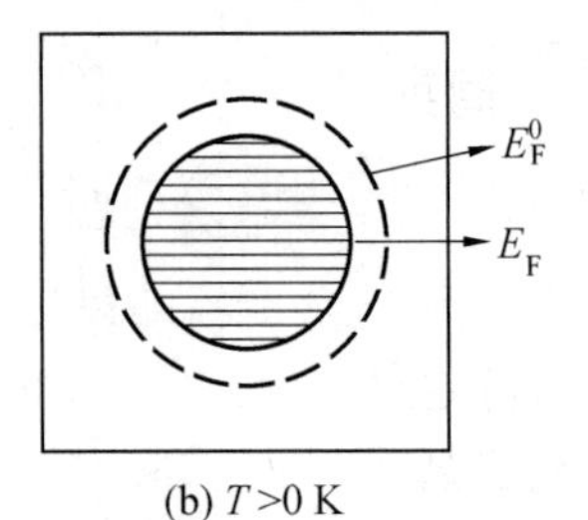

(b) T>0 K

图 1.22 费米面随着温度的变化而有所缩小

费米面是近代金属理论的基本概念之一，这是因为金属的很多物理性质主要取决于费米面附近的电子，因此，研究费米面附近电子的状况有重要意义。

1.3 能带理论基础

索末菲在讨论自由电子气模型时,假设价电子之间没有相互作用,将晶体势场用一个处处相等的恒定势场来代替,并认为电子只能在金属内运动而不可逸出金属外。这些假设抓住了讨论自由电子作为金属宏观性质表现的关键,使薛定谔方程简化并可解。因此,量子自由电子理论较经典电子理论有巨大的进步。但这一理论在解释一些实际问题时仍然存在困难,比如,镁是二价金属,为什么导电性比一价金属铜还差?导体、半导体、绝缘体的差别怎么解释?这些问题的出现与量子自由电子理论模型过于简化有关。实际上,电子在晶体中运动时,晶体格点位置上的离子以及其他电子都会对电子的运动产生影响。严格说来,要了解固态晶体内的电子状态,必须首先写出晶体中所有相互作用着的离子和电子系统的薛定谔方程,然后求解。然而这是一个极其复杂的多系统问题,很难得到精确解,所以只能采用近似处理的方法来研究电子状态。

能带理论是讨论晶体(包括金属、绝缘体和半导体)中的电子状态及其运动的一种重要的近似理论,通常采用"单电子近似理论(single electron approximation theory)"来处理晶体中的电子运动问题。单电子近似法假设:固体中的原子核按一定周期性固定排列在晶体中,每个电子在固定原子核势场(也就是离子势场)$v(\boldsymbol{r})$ 和其他电子的平均势场 $\bar{u}(\boldsymbol{r})$ 中运动。由于晶体中的离子构成空间点阵,所以在晶体中运动的电子势能满足 $U(\boldsymbol{r}) = v(\boldsymbol{r}) + \bar{u}(\boldsymbol{r})$。其中,$U(\boldsymbol{r})$ 是一等效势场,具有与晶格相同的周期性。因此,电子在晶体中的状态研究需要考虑晶体中这一等效周期性势场的影响。这是构成能带理论近似方法的基础。能带理论是目前较好的近似理论,是半导体材料和器件发展的理论基础,在金属领域中可以半定量地解决问题。能带理论经多年发展,内容十分丰富。要深入理解和掌握能带理论,需要固体物理、量子力学和群论的知识。本节只介绍一些能带理论的基本知识,并引入一些基本概念,以便为理解材料物理性能中涉及的理论问题打下基础。

1.3.1 周期势场中的电子状态和布洛赫定理

晶体是由原子(或离子、分子)在空间周期性规则排列组成的。在构成晶体之前,孤立原子中的电子只受原子核的束缚绕核运动,称为原子束缚态(atom bound state)电子。通过求解薛定谔方程可知,孤立原子中电子的能量是一系列分立的能级。当孤立原子彼此靠近构成晶体时,一个原子的电子会受到相邻原子核的作用,可以从一个原子转移到相邻原子中,从而可以在整个晶体中运动,这称为电子共有化运动(electron common movement)。做共有化运动的电子,并不再束缚于某一原子核,可以在整个晶体中运动,称为共有化电子。共有化电子的波函数有一定的交叠,相邻原子外层电子的波函数交叠大,内壳层交叠较少,因此最外层电子共有化显著。图 1.23 为原子结合成晶体时晶体中电子的共有化运动示意图。

晶体内电子的运动与原子束缚态电子和自由电子不同,它既具有从一个原子过渡到另一个原子的共有化运动的特点,也具有在一个原子附近运动的特点。因此,晶体内电子

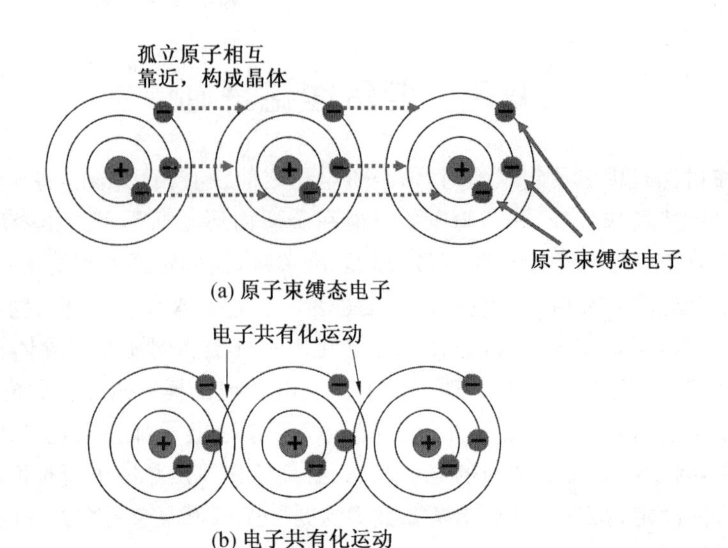

图 1.23 原子结合成晶体时晶体中电子的共有化运动

的运动状态必然会同时反映这两个特点。这里，可以把在晶体内运动的电子称为准自由电子(quasi-free electron)。接下来分析晶体中电子的运动状态。

以一维晶体为例，晶体中的周期势场可表示为

$$U(x)=U(x+na) \tag{1.86}$$

式中 n—— 整数，对应着与当前位置相差 n 个晶格的位置；

a—— 离子间距或晶格常数。

周期势场在一维晶格中的分布曲线如图 1.24 所示。

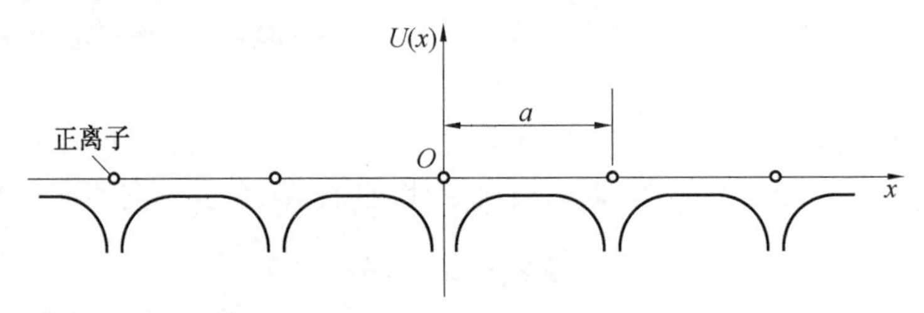

图 1.24 周期势场在一维晶格中的分布曲线

一维条件下晶体中电子的薛定谔方程为

$$-\frac{\hbar^2}{2m}\cdot\frac{\mathrm{d}^2\varphi(x)}{\mathrm{d}x^2}+U(x)\varphi(x)=E\varphi(x) \tag{1.87}$$

其中，势场 $U(x)$ 满足如式(1.86) 所示的周期性关系：$U(x)=U(x+na)$。

若求解式(1.87) 所示的薛定谔方程，需要找出 $U(x)$ 的表达式，而 $U(x)$ 的存在给方程的求解带来了困难。针对此问题，瑞士物理学家布洛赫(Felix Bloch，1905—1983) 曾证明，在周期势场中运动的电子，其波函数必定是按晶格周期函数调幅的平面波，这就是布洛赫定理。布洛赫因其在核磁精密测量新方法上的贡献于 1952 年获得诺贝尔物理学奖。

根据布洛赫定理，具有周期势场的方程式(1.87) 的解必定有如下形式，即

$$\varphi_k(x)=u_k(x)\mathrm{e}^{ikx} \tag{1.88}$$

其中，$u_k(x)$ 是一个具有晶格周期性的函数，满足 $u_k(x)=u_k(x+na)$。

由布洛赫定理获得的周期势场中描述电子状态的波函数，即式(1.88)，是由平面波 e^{ikx} 和周期性函数 $u_k(x)$ 相乘的调幅平面波，称为布洛赫波，而形如式(1.88)的函数称为布洛赫函数。布洛赫函数中的 $u_k(x)$ 是布洛赫波的振幅，并做周期性变化，所以晶体中的电子是以一个具有周期性调制振幅的平面波在晶体中传播的。如果布洛赫函数中的振幅 $u_k(x)$ 为常数，则过渡到自由电子的平面波形式。周期性振幅使得晶体中各点找到电子的概率密度也具有周期性，即

$$|\varphi_k(x)|^2=|u_k(x)|^2=|u_k(x+na)|^2=|\varphi_k(x+na)|^2 \tag{1.89}$$

相对于自由电子而言，自由电子的概率密度为常数，如式(1.58)结果所示，说明自由电子在金属中等概率做自由运动，这与自由电子理论没有考虑晶体周期性势场有关。另外，布洛赫波函数中的波矢 k 也是一个量子数，不同的 k 表示了不同的共有化运动状态。

布洛赫定理决定了周期性势场中电子波函数的形式，但要知道波函数具体的表达式，必须知晓晶体势场 $U(x)$ 的具体函数形式，这是非常困难的。为了克服这一困难，在能带理论中，常常对晶体势场进行近似。常见的近似方法主要有近自由电子近似(nearly free electron approximation)和紧束缚近似(tight binding approximation)两种方法。

1.3.2 周期势场中电子的能量——近自由电子近似

根据能带理论，可以认为固体内部电子不再束缚在单个原子周围，而是在整个固体内部运动，仅仅受到离子实势场的微扰(perturbation)，这就是近自由电子近似的理论基础。接下来，根据近自由电子近似的要求，对周期势场中的自由电子进行讨论，为了简单起见，只讨论一维情况。

1. 近自由电子近似的数学关系描述

设一维晶体长度为 L，有 N 个原胞，a 是原胞长度，则晶体线度为 $L=Na$。需要说明的是，根据玻恩－卡曼周期性边界条件的假设，一维晶体首尾相接，因此，该晶体内的原子数实际和原胞数 N 是相同的。如前所述，在这样的一维晶格周期势场中运动的自由电子薛定谔方程为

$$-\frac{\hbar^2}{2m}\cdot\frac{\mathrm{d}^2\varphi(x)}{\mathrm{d}x^2}+U(x)\varphi(x)=E\varphi(x)$$

其中，势场 $U(x)$ 满足周期性关系：$U(x)=U(x+na)$。

接下来的分析，不直接给出具体的函数表达式，仅用模糊的符号，将关键问题进行说明。

将势场 $U(x)$ 用傅里叶级数展开，该函数可分为两部分，即

$$U(x)=U_0+U' \tag{1.90}$$

式中 U_0——势能的平均值；

U'——势能随坐标周期性变化的部分。

近自由电子模型认为，晶体内的电子基本上在一个恒定势场 U_0 内运动，势场的周期性变化 U' 相对于恒定势场 U_0 很小，可以视为微扰。

在这样一种近似下，对式(1.87)所示的薛定谔方程而言，电子处于恒定势场U_0中的运动状态即为自由电子的运动，其波函数和能量的表达如1.2.2节所示。而晶体中的电子受微扰的影响，根据微扰理论(perturbation theory)，其波函数和能量分别为

$$\varphi_k = \varphi_k^{(0)} + \Delta\varphi_k \tag{1.91}$$

$$E_k = E_k^{(0)} + \Delta E_k \tag{1.92}$$

式中 $\varphi_k^{(0)}, E_k^{(0)}$——零级近似后得到的波函数和能量；

$\Delta\varphi_k, \Delta E_k$——考虑微扰后，晶体的波函数和能量的修正值，下角标k表示波矢，是指由量子数n决定的波矢k所对应的相应表达式。

需要说明的是，零级近似(zeroth order approximation)就是在周期势场中，仅考虑恒定势场U_0部分的作用，选取势能零点使$U_0=0$，求解后获得的近似值。对$\varphi_k^{(0)}$和$E_k^{(0)}$而言，其函数表达式就是自由电子的波函数和能量，如1.2.2节所示。

经过计算可知，当k与$\frac{n\pi}{a}$相差较大时，晶体中电子的状态φ_k类似自由电子，电子的能量修正值$\Delta E_k \approx 0$，此时的电子能量E_k与自由电子的能量几乎无差别。因此，能量E_k与k的关系基本上与自由电子的$E-k$抛物线关系相同。

当$k=\frac{n\pi}{a}$时，波长λ满足

$$\lambda = \frac{2\pi}{k} = \frac{2a}{n} \tag{1.93}$$

式(1.93)正好满足入射角为$\theta=90°$时的布拉格(Bragg)反射条件：

$$2a\sin\theta = n\lambda \tag{1.94}$$

此时，周期势场对$k=\frac{n\pi}{a}$的电子影响很大，ΔE_k不能忽略。经计算，$k=\frac{n\pi}{a}$时的晶体电子能量满足

$$E_k = E_k^{(0)} \pm |U_n| \tag{1.95}$$

其中，$E_k^{(0)} = \frac{\hbar^2 k^2}{2m} = \frac{\hbar^2}{2m}\left(\frac{n\pi}{a}\right)^2$，该数值与自由电子的波数$k=\frac{n\pi}{a}$时的能量相等。

由于周期势场的作用，准自由电子的能级在$k=\frac{n\pi}{a}$时分裂成两个能级，即$E_k^+ = E_k^{(0)} + |U_n|$和$E_k^- = E_k^{(0)} - |U_n|$。此时，晶体中的电子不能具有$E_k^-$到$E_k^+$之间的能量，这个范围称为禁带(forbidden band)。该范围的宽度称为禁带宽度(band gap)或能隙(energy gap)，其大小为

$$E_g = E_k^+ - E_k^- = 2|U_n| \tag{1.96}$$

图1.25绘出了上述$k=\frac{n\pi}{a}$附近的$E(k)-k$的关系曲线。从图1.25中可以看到，在$k=\frac{n\pi}{a}$时，对应两个能级E_k^-和E_k^+，在E_k^-到E_k^+之间产生了禁带，禁带宽度为$2|U_n|$。也就是说，当$k=\frac{n\pi}{a}$时，晶体中的准自由电子将出现从能量E_k^-到E_k^+的跳跃，不可能存在E_k^-到E_k^+之间能量的电子。

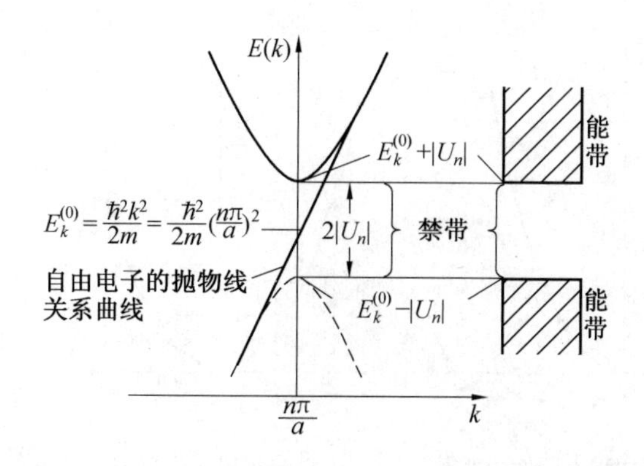

图 1.25 $k=\frac{n\pi}{a}$ 附近的 $E(k)-k$ 的关系曲线

另外，与 $E_k^+=E_k^{(0)}+|U_n|$ 对应的波函数为

$$\varphi(x)_+=\sqrt{\frac{2}{L}}\,\mathrm{isin}\,\frac{n\pi}{a}x \tag{1.97}$$

与 $E_k^-=E_k^{(0)}-|U_n|$ 对应的波函数为

$$\varphi(x)_-=\sqrt{\frac{2}{L}}\cos\frac{n\pi}{a}x \tag{1.98}$$

对于 $k\approx\frac{n\pi}{a}$ 附近的能量，经计算，此时的 $E-k$ 曲线将偏离自由电子的抛物线关系曲线。在能量 E_k^+ 对应的能带底部，E_k^+ 对应的波矢 k 右侧小范围内，$E-k$ 曲线的变化关系呈向上开口的抛物线；而在能量 E_k^- 对应的能带顶部，E_k^- 对应的波矢 k 左侧小范围内，$E-k$ 曲线的变化关系呈向下开口的抛物线(图 1.25)。

综上所述，晶体中电子的能量取值，既不像原子束缚态电子那样形成分立的能级，也不像自由电子的能量在 $0\sim\infty$ 范围内准连续分布(图 1.26(a))，而是由一定能量范围内准连续分布的能级组成的能带，两个相邻能带之间存在禁带(图 1.26(b))。受晶体周期势场的影响，晶体中的电子在波数 $k=\frac{n\pi}{a}(n=\pm1,\pm2,\pm3,\cdots)$ 处，能量发生跳跃，产生大小为 $2|U_n|$ 的禁带。波数 k 越接近 $\frac{n\pi}{a}$，$E-k$ 关系越偏离自由电子的抛物线关系。而对于远离 $\frac{n\pi}{a}$ 的电子，$E-k$ 关系则与自由电子的抛物线关系相似。因此，将研究周期势场中电子运动状态的理论称为能带理论。

2. 禁带出现的物理解释

如上所述，周期势场中电子的能量取值在 $k=\frac{n\pi}{a}$ 处出现禁带，如果从物理方法的角度解释，是由于满足布拉格定律(Bragg's law)。该定律是英国物理学家威廉·亨利·布拉格(William Henry Bragg,1862—1942)与其子威廉·劳伦斯·布拉格(William Lawrence Bragg,1890—1972)通过对X射线谱的研究共同建立的。这两人也因在对晶体结构X射线衍射分析中的贡献共同于1915年获得诺贝尔物理学奖。

假设一入射电子波 A_0e^{ikx} 沿着 x 方向且垂直于一组晶面传播，如图 1.27 所示。当这

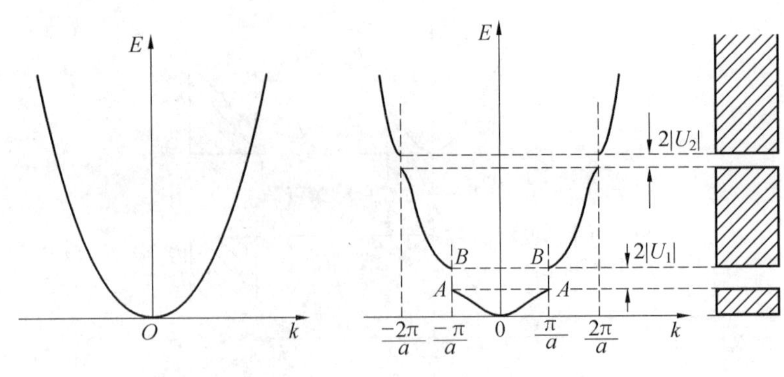

(a)自由电子模型的E—k曲线　(b) 准自由电子模型的E—k曲线　(c) 与图(b)对应的能带

图 1.26　晶体中电子能量 E 与波矢 k 的关系

个电子波通过原子点阵时,每个点阵上的原子都可以成为新的次波源,向周围发射同相位的子波。这些子波的波速与频率等于初级波的波速和频率,满足惠更斯原理(Huygens principle)。点阵中,同一列原子传播出去的所有子波相位相同,结果这些子波因相互干涉而形成两个与入射波同类型的波。这两个合成波中一个向前传播,与入射波不能区分;另一个合成波向后传播,相当于反射波。一般来说,对于任意 $\boldsymbol{k}$ 值,不同列原子的反射波相位不同,由于干涉而相抵消,即反射波为 0。这个结果表明,具有这样波矢 $\boldsymbol{k}$ 值的电子波,在晶体中的传播不受影响,好像整齐排列的点阵,对电子完全是“透明”的,这种状态的电子在点阵中是完全自由的。

当入射电子波 $A_0 e^{ikx}$ 的波矢 $\boldsymbol{k}$ 满足布拉格定律,即

$$2d \cdot \sin\theta = n\lambda \tag{1.99}$$

式中　n—— 整数;

λ—— 入射波的波长;

d—— 原子晶格内的面间距;

θ—— 入射波与晶间的夹角。

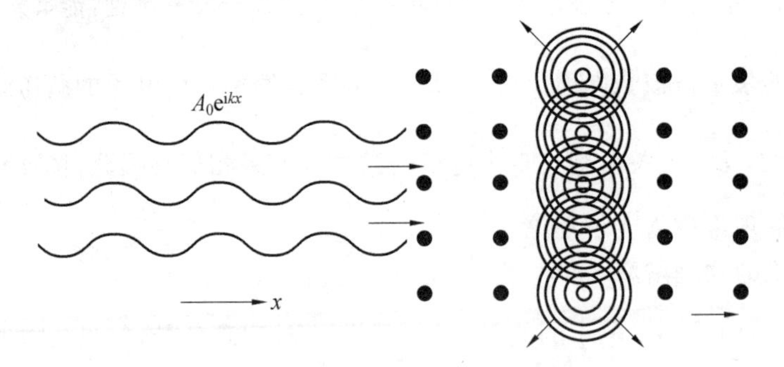

图 1.27　点阵对电子波的散射

此时,将产生另一加强的反射波 $A_1 e^{ikx}$。由于 $\lambda = \frac{2\pi}{k}$,则当 $d = a$,$\theta = 90°$ 时,可得到 $k = \pm\frac{n\pi}{a}$,其中 $n = 1,2,3,\cdots$。在此条件下,大量反射波叠加起来,总的反射波强度将接

近于入射波强度,即 $A_1 \approx A_0$。此时,无论入射波进入点阵多远,它基本上都被反射掉。也就是说,满足 $k=\pm\frac{n\pi}{a}$ 条件的电子波将被完全反射,入射波不能在晶体内传播,也不存在相应波长的能量,所以形成能隙,产生禁带。

3. 布里渊区

对一维情况而言,由图 1.26 可以看到,当 $k=\frac{n\pi}{a}$ $(n=\pm1,\pm2,\pm3,\cdots)$ 时,能量出现不连续。这里,能量不连续的点把一维 k 空间(一维 k 空间就是 k 轴)分成许多区域,这些区域称为布里渊区(Brillouin zone),这些能量不连续的点构成布里渊区的边界。布里渊区边界位于 $k=\pm\frac{\pi}{a},\pm\frac{2\pi}{a},\pm\frac{3\pi}{a},\cdots$。其中,波矢 $\boldsymbol{k}$ 介于 $\pm\frac{\pi}{a}$ 之间的区域称为第一布里渊区;波矢 $\boldsymbol{k}$ 介于 $\left(-\frac{2\pi}{a},-\frac{\pi}{a}\right)$ 以及 $\left(\frac{\pi}{a},\frac{2\pi}{a}\right)$ 的区域称为第二布里渊区;其余类推。在同一个布里渊区内,电子的能级 $E(k)$ 随 k 准连续变化,在边界处发生突变。因此,属于同一个布里渊区内的电子能级构成一个能带。不同的布里渊区对应于不同的能带。图 1.28 给出了准自由电子的 $E(k)-k$ 关系曲线图和能带。

仍以一维 k 空间为例,设 L 为晶体的长度,a 为点阵常数,N 为晶体内原胞数量(与原子个数相等),则 $L=Na$。根据前面关于 k 空间的介绍可知,每个波矢在 k 空间占有的线度为 $\frac{2\pi}{L}$,则 $\frac{2\pi}{L}=\frac{2\pi}{Na}$。由图 1.28 可以看出,每个布里渊区的宽度为 $\frac{2\pi}{a}$。因此,每一能带中包含的状态数(或能级数)为 $\frac{2\pi}{a}\Big/\frac{2\pi}{Na}=N$,也就是每个布里渊区所能容纳的波矢 $\boldsymbol{k}$ 的点数正好等于晶格点阵原子数 N,并且每个能带中有 N 个能级。如果考虑电子自旋,每个能带可以容纳 $2N$ 个电子。

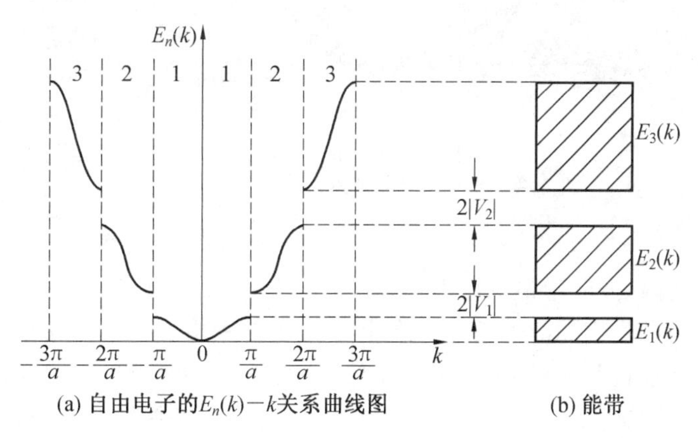

图 1.28 准自由电子的 $E(k)-k$ 关系曲线图和能带

需要说明的是,布里渊区的概念是由法国物理学家布里渊(Léon Nicolas Brillouin, 1889—1969)提出的,他用倒易点阵(reciprocal lattice)矢量的垂直中分平面来划分波矢空间的区域,因此称为布里渊区。倒易点阵就是呈周期性关系的晶体点阵经傅里叶变换(Fourier transform)后形成的点阵,是晶体结构周期性的数学抽象。原来空间点阵中用垂直于晶面的法线方向作为晶面方向，经过倒易变换，法线方向则可以用一个新的坐标表示，这样就完成了由面到点的转变，得到倒易点阵。倒易点阵的外形也很像点阵，其上的倒易点对应着真实空间点阵中一组晶面间距相等的点格平面，由此可以分析晶体的X射线衍射图样。倒易点阵的空间称为倒易空间(reciprocal space)。在倒易空间中，作出由原点出发的各个倒易点阵矢量的垂直中分平面，这些平面所完全封闭的最小体积就是第一布里渊区。

按照上述方法，对于二维情况，由于布里渊区边界垂直平分倒格矢，因此通常在倒格子中取一个倒格点作为原点，从原点向其他倒格点引一个个倒格矢，再作各倒格矢的垂直平分线，这样便围绕原点构成了一层层多边形。其中，最里面一个面积最小的多边形就称为第一布里渊区，第二层与第一布里渊区间的区域为第二布里渊区，如此等等。图1.29给出了二维正方晶格的布里渊区及其绘制步骤。具体而言，在倒易点阵中选择一点作为原点，从原点向最近的四个点作倒格矢，并作这个四个倒格矢的垂直平分线，由这些垂直平分线围成的多边形就是第一布里渊区。随后，再次从原点出发向第二近的点作倒格矢，并作这些倒格矢的垂直平分线，这些垂直平分线与构成第一布里渊区的垂直平分线之间的区域就是第二布里渊区，依此类推。图1.29绘出了二维正方晶格的第一、第二和第三等布里渊区，图中每个圆点代表一个倒格点。尽管每个布里渊区的形状各不相同，但可以证明，每个布里渊区的面积都是相同的。

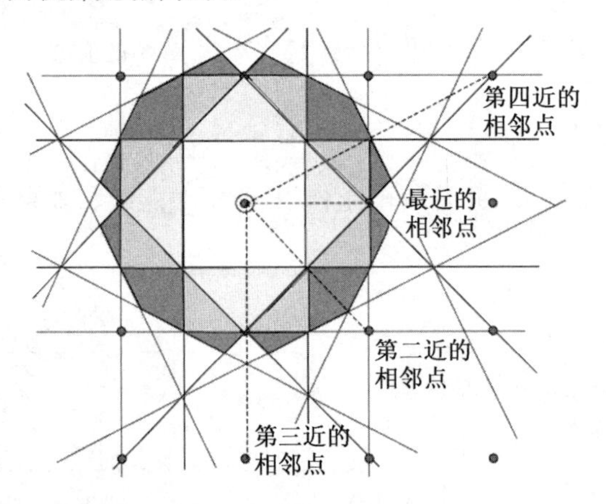

图1.29　二维正方晶格的布里渊区及其绘制步骤

在二维k空间内，按能量最低原理(minimum energy principle)的要求，电子将从能量低的能级逐渐向能量高的能级填充。在由二维k空间构成的二维布里渊区内，如果将能量相等的波矢$\boldsymbol{k}$连接起来，则能绘成一条线，称为等能线。从图1.30(a)的曲线1和曲线2可以看出，远离布里渊区边界时，一维布里渊区内的等能线为一组以原点为中心的圆。这是由于远离布里渊区时，这些电子的状态与自由电子相同，周期势场对它们的运动没有影响，所以在不同方向的运动都有同样的$E-\boldsymbol{k}$关系。当接近布里渊区时，等能线逐渐向外凸，如图1.30(a)中的曲线3所示。这是因为接近布里渊区边界时，周期势场的影响加强，能量E的增加率降低，也就是只有提高k的值才能满足等能增量的要求。这一关系也能从图1.30(b)的$E-\boldsymbol{k}$曲线看出，当靠近布里渊区边界时，$E-\boldsymbol{k}$曲线逐渐呈向下开口的抛物线，此时该曲线的 $dE/d\boldsymbol{k}$（即斜率）降低，相等的能量增量 ΔE 将对应更大的 $\boldsymbol{k}$ 增量。位于布里渊区顶角的能级，在该区中能量最高，如图 1.30(a) 的位置 Q。等能线到达布里渊区边界时，不能穿过该边界，将出现能量跳跃，即能隙。图 1.30(a) 中的 P 点到 R 点，实现了能量跳跃。

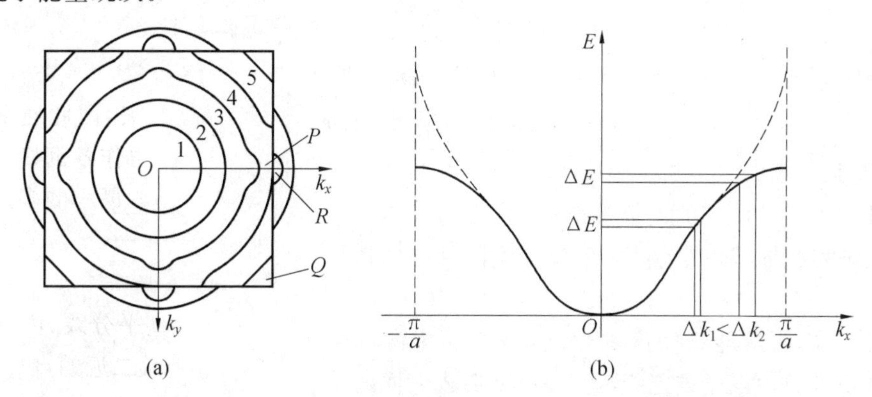

图 1.30　二维正方晶格 k 空间内第一布里渊区的等能线分布情况

另外，值得注意的是，并不是二维晶体所有方向上都一定存在能隙，这是因为有可能发生能带之间的交叠，此时不一定存在禁带。如图 1.31(a) 中 OA 和 OC 两个方向，$\boldsymbol{k}$ 沿这两个方向趋向于布里渊区边界时，相应的 $E-\boldsymbol{k}$ 曲线如图 1.31(b) 和图 1.31(c) 所示。此时的布里渊区边界虽然存在能隙，但不同方向上的能隙间断范围不同，可能出现能带交叠，如图 1.31(d) 所示。

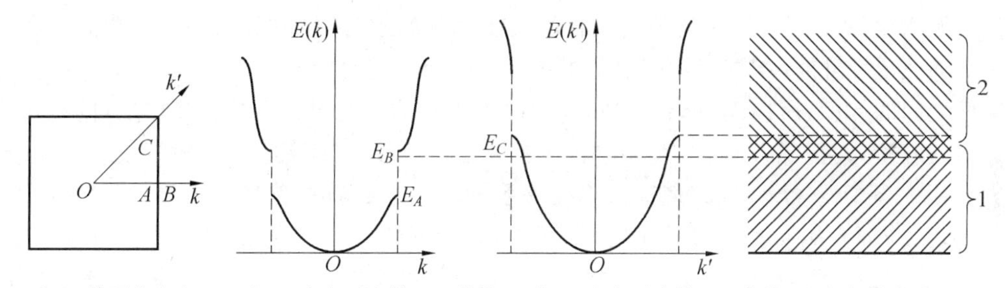

(a) OA和OC的两个方向　(b) 与OA方向对应的$E-k$曲线　(c) 与OC方向对应的$E-k$曲线　(d) 能带交叠

图 1.31　一维布里渊区内出现的能带交叠

三维晶体布里渊区为多面体，几何形状复杂。晶体结构不同，布里渊区的形状也不同。图 1.32 为不同晶体结构第一布里渊区的形状。其中，简单立方晶格第一布里渊区边界由 6 个 $\{100\}$ 晶面围成；体心立方晶格第一布里渊区边界由 12 个 $\{110\}$ 晶面围成；面心立方晶格第一布里渊区边界由 8 个 $\{111\}$ 面和 6 个 $\{100\}$ 面围成。与一维和二维情况类似，三维布里渊区内能量准连续分布，边界上能量出现突变；同一晶格内尽管各布里渊区形状不同，但体积都相同；每个布里渊区对应一个能带，每个波矢 $\boldsymbol{k}$ 对应一个能级。另外，三维晶体的布里渊区也会出现能带交叠。

如果按与二维 k 空间相似的方式，将三维 k 空间内能量相等的波矢 $\boldsymbol{k}$ 连接起来，则构成一个面，称为等能面(constant energy surface)。同样，在三维 k 空间内的布里渊区内，远离布里渊区边界，等能面呈球面；接近布里渊区边界，等能面向边界凸出；在布里渊区边

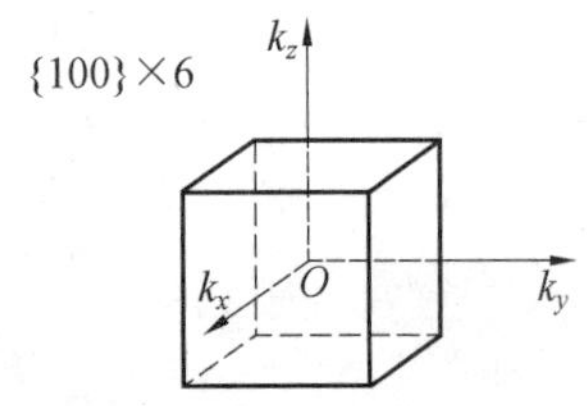

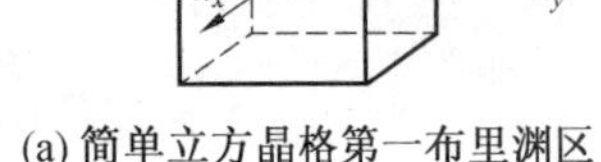

(a) 简单立方晶格第一布里渊区

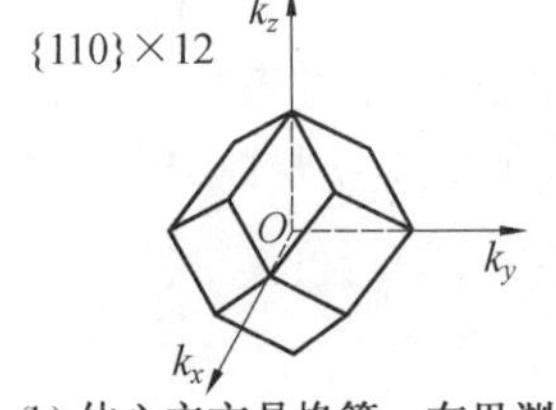

(b) 体心立方晶格第一布里渊区

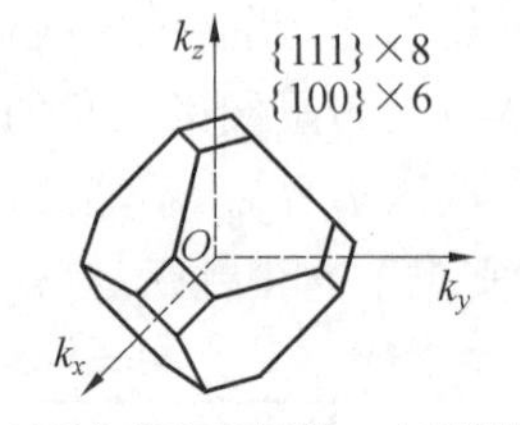

(c) 面心立方晶格第一布里渊区

图 1.32　不同晶体结构第一布里渊区的形状

界两侧，则出现能量跳跃。图 1.33 给出了铜的第一布里渊区以及其内部的一个等能面，此时的等能面已经逐渐接近布里渊区边界，出现等能面外凸的情况。

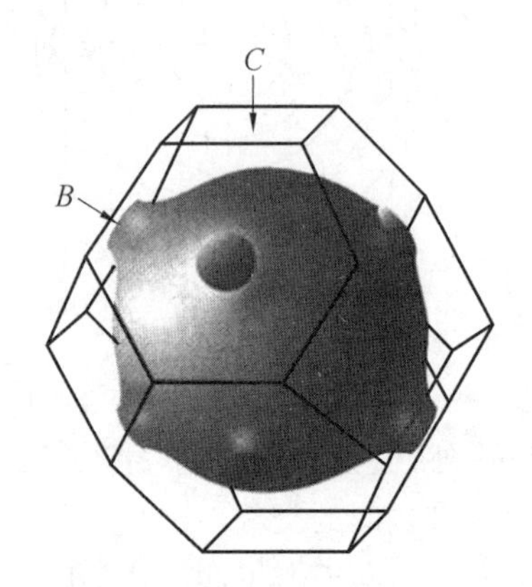

图 1.33　铜的第一布里渊区以及其内部的一个等能面

接下来，再从能级密度的角度，分析布里渊区的存在对准自由电子的能级密度 $Z(E)$ 造成怎样的影响。如图 1.34(a) 所示，图中的虚线显示出在三维空间下，自由电子的能级密度 $Z(E)$ 随能量 E 的变化呈抛物线关系，能量 E 越大，能级密度 $Z(E)$ 越高，单位能量间隔范围内所能容纳的电子状态数越多。而对于三维空间下准自由电子来说，E 较低时，离布里渊区边界较远，$Z(E)$ 遵循与自由电子类似的抛物线，如图1.34(a) 与虚线重合的实线部分所示。当接近边界时，等能面向布里渊区边界凸出。此时，相同能量间隔范围内，存在凸出的等能面之间的体积要大于同位置处球面之间的体积，所以单位能量间隔范围内所能容纳的电子状态数较多，包含的状态代表点也就较多，使得晶体内准自由电子的能级密度 $Z(E)$ 在接近边界时要比自由电子的大。因此，$Z(E)-E$ 曲线将偏离抛物线关系，如图 1.34(a) 中偏离虚线的实线部分所示。越接近边界，等能面外凸得越厉害，$Z(E)$ 增加得越多。当等能面到达布里渊区边界时，$Z(E)$ 达到最大值，即图 1.34(a) 中的 B 点。为了对此进行更加形象地说明，此处的 B 点可与图 1.33 中的 B 点相对应，由此可以直观看到，铜的等能面到达第一布里渊区边界 B 点时，其体积增量达到最大。此后，能量再继续增加，由于布里渊区边界的限制，在第一布里渊区内的等能面出现残缺，只有布里渊区角落部分的能级可以填充。此时，相同能量间隔范围内，等能面之间的体积迅速下降，$Z(E)-E$ 曲线也迅速下降。当等能面布满全部布里渊区时，已经不存在可以填充的能级，$Z(E)$ 为 0，即图1.34(a) 中的 C 点。因此，准自由电子受布里渊区的影响，将出现与自由电子不同的能级密度分布。

如果出现能带交叠，总的 $Z(E)$ 曲线是各区 $Z(E)$ 曲线的叠加，如图 1.34(b) 所示。其中虚线是第一、第二布里渊区的能级密度，实线是叠加的能级密度，阴影部分是已填充的能级。

1.3.3　原子能级的分裂——紧束缚近似

上节讨论的近自由电子近似认为晶格内的势场起伏小，电子近似在一个恒定的势场

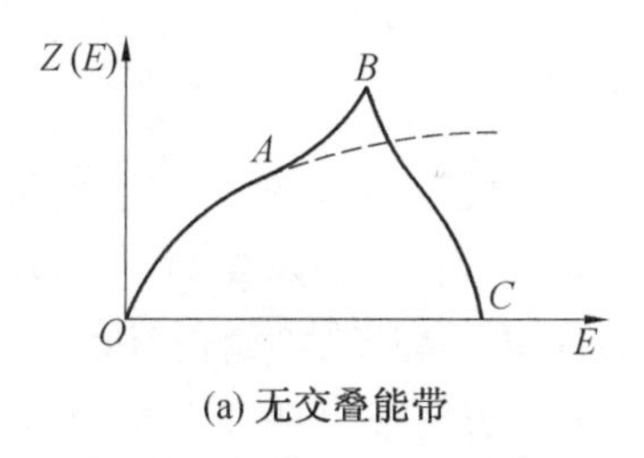

(a) 无交叠能带

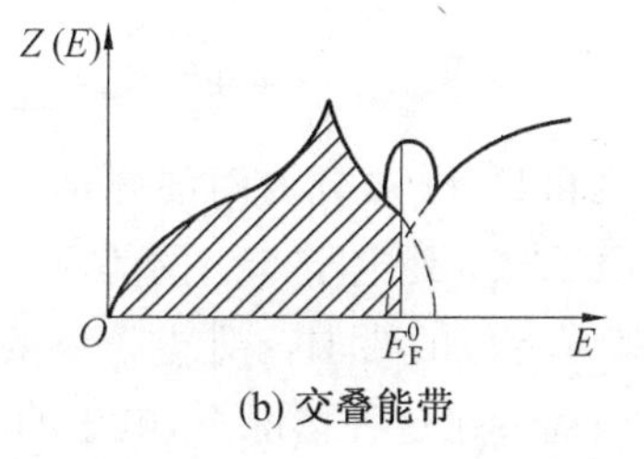

(b) 交叠能带

图 1.34　能级密度曲线

内运动，仅仅由于受到离子实势场的微扰，而引起在布里渊区边界处的能级跳跃。这一近似适合于价电子比较自由的金属，如碱金属、Au、Ag、Cu 等最外层电子。对于绝缘体及过渡金属的原子间距较大或电子处于原子内层，晶格周期势场变化剧烈，此时则采用紧束缚近似更为贴合。紧束缚近似认为，电子运动到某个离子实附近，受到这个离子实势场的强烈束缚，其他离子实对该电子的作用很小，可以看成微扰。这样，在离子实附近，晶体内电子的行为与孤立原子中的电子相似。

这里，考虑由 N 个相同原子构成简单晶格的晶体。

如果不考虑晶体内原子的相互作用，在晶体某格点位置 $\boldsymbol{R}_m$ 的原子对 $\boldsymbol{r}$ 处电子产生的势场可表示为 $U(\boldsymbol{r}-\boldsymbol{R}_m)$。这里的 $\boldsymbol{R}_m$ 和 $\boldsymbol{r}$ 分别为位置矢量，其矢量关系如图 1.35 所示。由于不考虑原子间相互作用，则可将该原子看成一个孤立原子，在此势场中运动的电子的薛定谔方程可写成

$$\left[-\frac{\hbar^2}{2m}\nabla^2+U(\boldsymbol{r}-\boldsymbol{R}_m)\right]\varphi_i(\boldsymbol{r}-\boldsymbol{R}_m)=E_i\varphi_i(\boldsymbol{r}-\boldsymbol{R}_m) \tag{1.100}$$

式中　$\varphi_i(\boldsymbol{r}-\boldsymbol{R}_m)$——在此势场内运动的电子的波函数，即 $\boldsymbol{R}_m$ 格点附近电子以电子束缚态的形式绕 $\boldsymbol{R}_m$ 点运动的波函数；

i——原子中的某一量子态，如 1s、2s、2p 等量子态；

E_i——$\varphi_i(\boldsymbol{r}-\boldsymbol{R}_m)$ 状态下对应的能量。

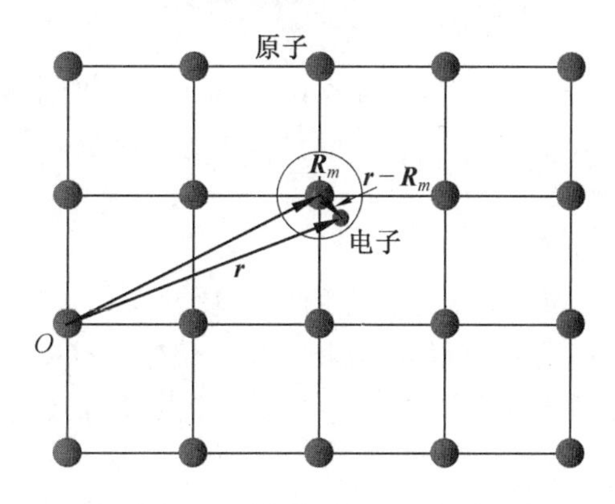

图 1.35　晶体内某格点位置 $\boldsymbol{R}_m$ 的原子与位于 $\boldsymbol{r}$ 处电子间的矢量关系

如果考虑 N 个原子之间的相互作用，在晶体内对 $\boldsymbol{r}$ 处电子产生的势场应为晶格周期势场内各原子势场之和，则

$$U(\boldsymbol{r})=\sum_{m=1}^{N}U(\boldsymbol{r}-\boldsymbol{R}_m) \tag{1.101}$$

这一势场之和 $U(\boldsymbol{r})$ 可分为两部分，即位于 $\boldsymbol{R}_m$ 处原子对 $\boldsymbol{r}$ 处电子产生的势场 $U(\boldsymbol{r}-\boldsymbol{R}_m)$ 以及其他原子对 $\boldsymbol{r}$ 处电子产生的势场 $\Delta U(\boldsymbol{r}-\boldsymbol{R}_m)$，则 $\Delta U(\boldsymbol{r}-\boldsymbol{R}_m)=U(\boldsymbol{r})-U(\boldsymbol{r}-\boldsymbol{R}_m)$。根据紧束缚近似的要求，$\boldsymbol{r}$ 处电子主要受 $U(\boldsymbol{r}-\boldsymbol{R}_m)$ 势场的影响，而 $\Delta U(\boldsymbol{r}-\boldsymbol{R}_m)$ 的影响则可看成微扰。在这种情况下，电子的薛定谔方程可写成

$$\left[-\frac{\hbar^2}{2m}\nabla^2+U(\boldsymbol{r}-\boldsymbol{R}_m)\right]\varphi(\boldsymbol{r})+\Delta U(\boldsymbol{r}-\boldsymbol{R}_m)\varphi(\boldsymbol{r})=E\varphi(\boldsymbol{r}) \tag{1.102}$$

在紧束缚近似中，孤立原子的薛定谔方程(1.100)看作式(1.102)的零级近似方程。此时，对由 N 个原子组成的晶格而言，环绕每个原子运动的电子都有类似的波函数 $\varphi_i(\boldsymbol{r}-\boldsymbol{R}_m)$，这样的波函数共有 N 个，并且都对应同一个能级 E_i，因而是 N 重简并的。构成晶体后，原子相互靠近，原子间有了相互作用，简并解除，晶体中的电子做共有化运动。共有化轨道由 $\varphi_i(\boldsymbol{r}-\boldsymbol{R}_m)$ 的线性组合构成。考虑到微扰后，晶体中电子运动波函数为 N 个原子轨道波函数的线性组合，也就是用孤立原子的电子波函数 $\varphi_i(\boldsymbol{r}-\boldsymbol{R}_m)$ 的线性组合来构成晶体中电子共有化运动的波函数，即

$$\varphi(\boldsymbol{r})=\sum_{m=1}^{N}a_m\varphi_i(\boldsymbol{r}-\boldsymbol{R}_m) \tag{1.103}$$

式(1.103)相当于在每个原子格点附近，将 $\varphi(\boldsymbol{r})$ 近似为该处原子的波函数。因此，紧束缚近似也称原子轨道线性组合法(Linear Com bination of Atomic Orbitals, LCAO)，即晶体中共有化的轨道是由原子轨道 $\varphi_i(\boldsymbol{r}-\boldsymbol{R}_m)$ 的线性组合构成的。

对于式(1.103)，可以证明其满足布洛赫定理，具有布洛赫波的形式，并满足归一化条件。由此，根据紧束缚近似理论分析的结果，对于在周期势场运动的单电子的波函数 $\varphi(\boldsymbol{r})$，可写成

$$\varphi(\boldsymbol{r})=\frac{1}{\sqrt{N}}\sum_{m=1}^{N}\mathrm{e}^{\mathrm{i}\boldsymbol{k}\cdot\boldsymbol{R}_m}\varphi_i(\boldsymbol{r}-\boldsymbol{R}_m) \tag{1.104}$$

将式(1.104)代入式(1.102)中，经推算，可以获得相应的能量 E 的关系：

$$E(k)=E_i-\sum_{s}\left[\mathrm{e}^{-\mathrm{i}\boldsymbol{k}\cdot\boldsymbol{R}_s}\cdot J(\boldsymbol{R}_s)\right]\approx E_i-J_0-\sum_{\boldsymbol{R}_s\neq 0}^{\text{最邻近}}\left[\mathrm{e}^{-\mathrm{i}\boldsymbol{k}\cdot\boldsymbol{R}_s}\cdot J(\boldsymbol{R}_s)\right] \tag{1.105}$$

式中　J_0—— 常数且大于 0；

　　　$\boldsymbol{R}_s$—— 从参考格点 $\boldsymbol{R}_m$ 到邻近格点的矢量差。

当 $\boldsymbol{R}_s\neq 0$ 时，$J(\boldsymbol{R}_s)$ 称为重叠积分(或相互作用积分)，$J(\boldsymbol{R}_s)$ 的大小决定了能带的宽度。式(1.105)最右端的求和符号表示只对与参考格点 $\boldsymbol{R}_m$ 最邻近的原子求和，这是一个简化处理。

经过上述的数学关系推导，可以看出，晶体内电子的能量 E 是波矢 $\boldsymbol{k}$ 的函数。对单个原子而言，在 i 一定的情况下，每个 $\boldsymbol{k}$ 对应一个能级 E_i。N 个原子则具有相同的 N 个能级 E_i。当这 N 个原子相互靠近，形成由 N 个格点构成的晶格时，由式(1.105)可以看出，波矢 $\boldsymbol{k}$ 共有 N 种取值，相应地具有 N 个能级 $E(\boldsymbol{k})$，这些能级 $E(\boldsymbol{k})$ 可以取 N 个不同的值，并且这 N 个非常接近的能级可形成一个准连续的能带。图 1.36 为孤立原子中电子与晶体

中电子的能带的能级关系图。从图 1.36 中可以看到，孤立原子中相同的 N 个能级 E_i，形成晶体后，这一能级 E_i 将按照式(1.105) 计算得到新的数值，形成 N 个非常接近的值 $E(\boldsymbol{k})$。这一变化实际是发生了原子能级的分裂。造成这一结果的根本原因在于，形成晶体后，原子间出现相互作用，此时电子的波函数会发生交叠。分裂后，能级的数目与晶格的数目相等。能级间数值差异不大，可看成准连续的能带。波函数交叠越多，能级分裂越厉害，形成的能带越宽。

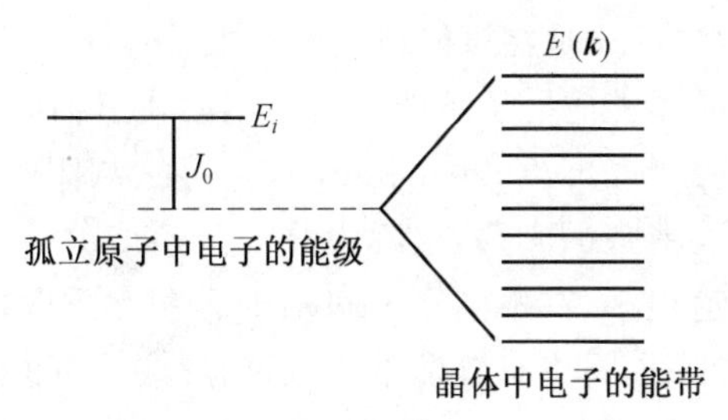

图 1.36　孤立原子中电子与晶体中电子的能带的能级关系

下面，按照紧束缚近似的结果，以 Li 为例，简要说明能级的分裂和能带的形成及其特点。

根据分子轨道理论(molecular orbital theory)，Li 的原子轨道为 $1s^2$、$2s^1$、$2p^0$。这里的 1s 轨道充满 2 个电子，2s 轨道只有 1 个电子，2p 轨道中无电子。假设两个 Li 原子相互靠近，每个原子中的电子除受本身原子的势场作用外，又受到另一原子的势场作用。此时，根据紧束缚近似式(1.105) 的计算结果，以 2s 轨道为例，将发生能级的分裂，形成具有一定能量差的两个能级。原本每个孤立原子中 2s 轨道上具有能量相等的一个电子，将按照电子能级排布三原则，即泡利不相容原理(Pauli exclusion principle)、能量最低原理和洪特定则(Hunds rule)，填充至分裂的低能级上，每个能级填充两个自旋方向相反的电子。泡利不相容原理是由美籍奥地利裔物理学家泡利(Wolfgang Pauli，1900—1958) 在 1925 年发现的，他也因此于 1945 年获得诺贝尔物理学奖。洪特定则是由德国理论物理学家洪特(Friedrich Hund，1896—1997) 根据大量的光谱实验所提出的，即电子在能量相同的轨道(即等价轨道) 上排布时，总是尽可能分占不同的轨道且自旋方向同向，因为这样的排布方式总能量最低。图 1.37 示意性地绘出了两个 Li 原子的 2s 轨道发生能级分裂以及电子填充的情况。当 N 个 Li 原子构成晶体时，将形成 N 个 Li 金属的分子轨道，构成 2s 能带。

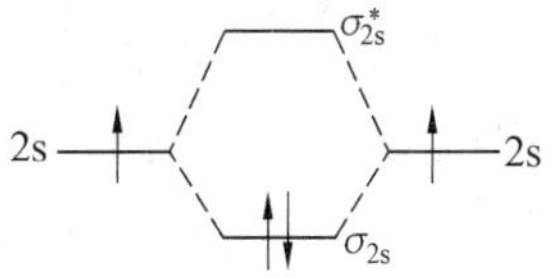

图 1.37　两个 Li 原子的 2s 轨道发生能级分裂以及电子填充示意图

按照上述说法，由 N 个原子构成的 Li 金属，不同能级上均会出现能级的分裂，形成能带。电子仍将按照能级排布三原则填充能级，具体的能带结构及电子填充结果如图 1.38 所示。从图中可以看到，Li 金属的 1s 轨道构成 N 个 1s 能级，而 Li 原子 1s 轨道上存在两个电子，每个能级上均可填充两个电子，所以组成的能带充满电子。这种由已充满电子的原子轨道所形成的低能量能带称为满带(filled band)。Li 原子的 2s 轨道同样构成 N 个 2s 能级,但由于 Li 原子 2s 轨道上只有一个电子,而每个能级上可填充两个电子,因此分裂后的 2s 能级上只有一半的能级可被电子充满,所以组成的能带上电子半充满。这种由未充满电子的原子轨道所形成的能带称为导带(conduction band)。处于导带上的电子可在电场作用下定向移动,实现导电的功能。对于只有三个核外电子的 Li 原子而言,此时的电子已经全部填满能级。对于更高的能级而言,如 2p 轨道,由分子轨道理论可知,2p 轨道实际由 $3N$ 个 2p 能级组成,只是在该能级上没有电子存在。这种未填充电子的能带称为空带(vacant band)。晶体中的电子不能具有由不同轨道构成的能带之间的能级,这种相邻两能带间的能带称为禁带(forbidden band)。另外,从图 1.38 中可以看出,2s 能级和 2p 能级之间实际存在着能带的交叠,这称为叠带(overlap band)。能量最低的带对应于最内层电子,它们的轨道很小,在不同原子间很少有相互重叠,因而能带较窄。能量较高的外层电子轨道在不同原子间将有较多重叠,从而形成较宽的能带。

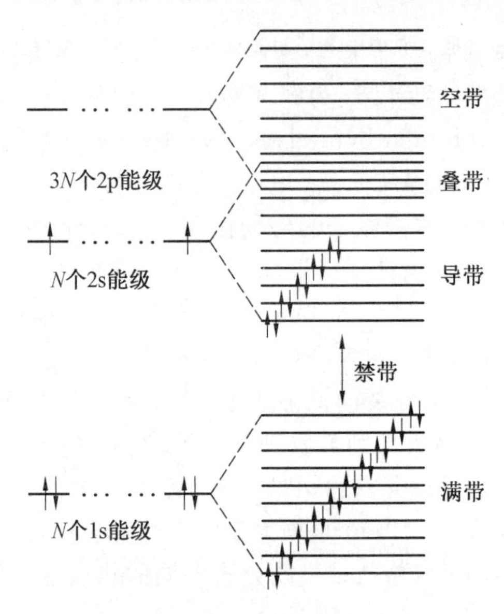

图 1.38 N 个原子构成的 *Li* 金属能带结构及电子填充示意图

在构成晶体的过程中,随着原子间距离的接近,由于外层电子(或价电子)的波函数先发生交叠,因此能级的分裂首先从外层电子开始。内层电子的能级只有在原子非常接近时,才开始分裂。图 1.39 为原子构成晶体时原子能级分裂示意图。

采用紧束缚近似方法,利用解薛定谔方程的数学方法可以得出和近自由电子近似一致的结果。两种方法是互相补充的。对于碱金属和铜、银、金,由于其价电子更接近自由电子的情况,则用近自由电子近似方法处理较为合适。当元素的电子比较紧密地束缚于原来所属的原子时,应用紧束缚近似方法更合适。紧束缚近似方法对原子的内层电子是相当好的近似,它还可用来近似地描述过渡金属的 d 带、类金刚石晶体以及惰性元素晶体的价带,是定量计算绝缘体、化合物及半导体特性的有效工具。

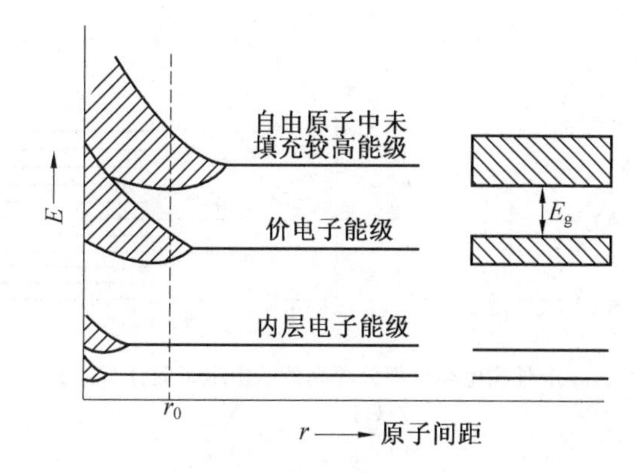

图 1.39 原子构成晶体时原子能级的分裂

1.3.4 晶体能带理论应用举例

利用上述能带理论的结果，可以阐明固体的众多物理性质，因此能带理论的应用范围很广。本节利用导体、绝缘体、半导体的能带结构，基于能带理论的结果来讨论其差别。

在电场中，各种物体对电流的通过有不同的阻碍能力。依据物体在电场中的导电能力可将其分为导体、绝缘体和半导体。能带理论建立后，成功地解释了各种物体导电性差异的原因。为简便起见，以一维 k 空间第一布里渊区为例，讨论电子在填满能带和不填满能带两种情况下对导电性的贡献。

对于一个能带中所有能级都被电子填满的满带，电子波矢 $\boldsymbol{k}$ 在布里渊区内是均匀对称分布的，如图 1.40 所示。外加电场后，所有电子将向电场反方向运动。满带内由于电子占据全部能级，如果外电场不足以破坏电子结构，即满带中的电子不能跨过禁带被激发到更高能级，则实际该满带内电子均匀对称填充情况不变，也就是不能发生定向移动。所以，满带内的电子不参与导电。

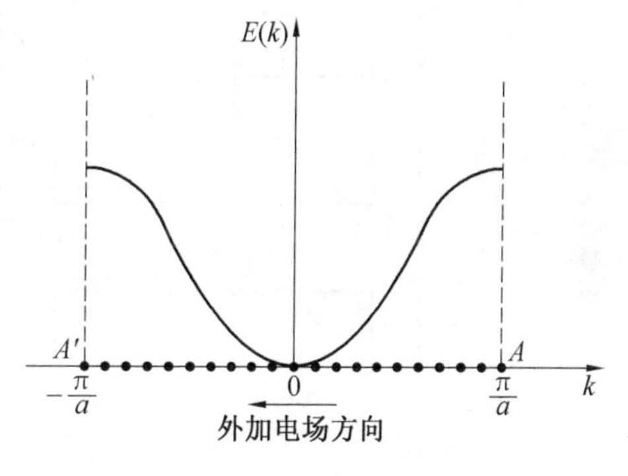

图 1.40 满带中电子的运动

如果一个能带中只有部分能级被电子填充，根据电子填充能级的原则，从最低能级向高能级填充，并且每个能级上填充两个自旋方向相反的电子，这两个电子能量相等，状态在 k 空间内对称分布。未外加电场时，所有成对出现的电子速度大小相等、方向相反，因此，对电流的贡献相互抵消，总电流为 0，如图 1.41(a) 所示。当外加电场后，在此电场的驱动下，电子开始向更高的、没有被填充的能级运动，并最终达到稳定的不对称分布，如图1.41(b) 所示。此时，除了部分电子相互抵消以外，未抵消部分电子实际已经实现了定向的迁移，也就是实现了导电。因此，这种部分填充的能带在外加电场下对导电有贡献，称为导带。

根据能带理论的结果，导体、绝缘体、半导体分别具有图 1.42 所示的经典能带模型。下面，借助于这一模型，对导体、绝缘体和半导体的导电性进行解释。

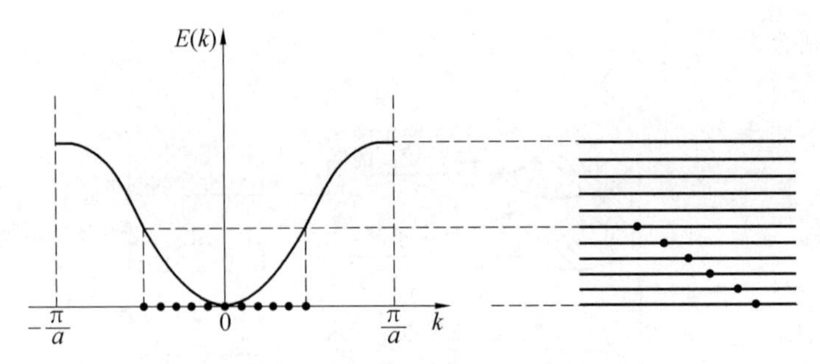

(a) 未外加电场时部分填充能带中电子的分布情况

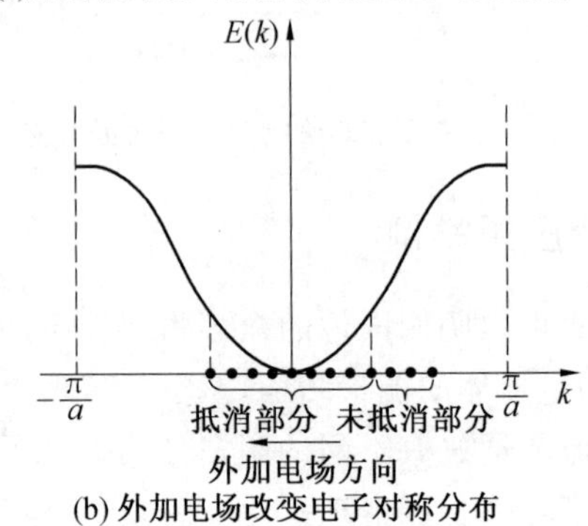

(b) 外加电场改变电子对称分布

图 1.41　部分填充能带中电子状态随外加电场的变化

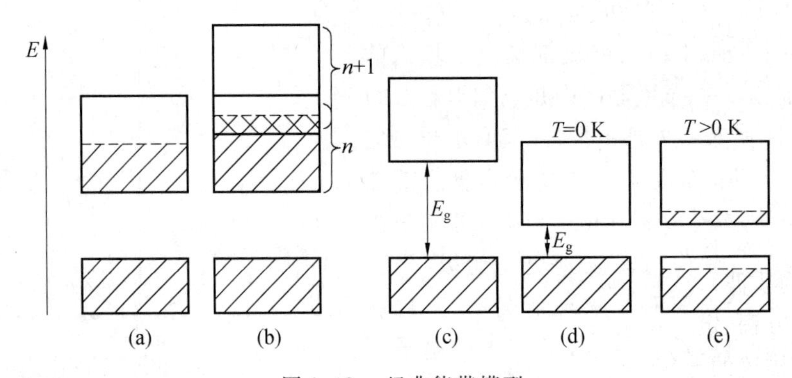

图 1.42　经典能带模型

对一价金属而言，由 N 个原子组成晶体后，含有 N 个价电子。如前关于 Li 金属的能带结构描述，一价金属的价电子所在能带中有 N 个能级，当 N 个价电子填入 N 个能级后，由于每个能级可填充两个电子，则能带只能填充一半，也就是半充满状态，如图 1.42(a) 所示。这种由价电子填充的能带称为价带(valence band)。此时的价带处于半充满状态，未充满电子的空能级准连续分布，此时位于价带中的电子比较容易获得能量向更高的空能级跃迁。如果这一能量由电场给予，大量电子向高能级跃迁时发生定向移动，则实现导电。此时的价带实际就是导带。需要说明的是，由于原子内部电子对固体的性能影响很小，因此通常不关注由原子内部电子能级构成的能带，仅关注外层具有较高能量的电子(如价电子)的能带结构。图 1.42(a) 中，半充满状态的价带下面的能带结构为满带。满带和价带间存在禁带。具有这种部分充满能带结构的晶体大都是导体。例如，元素周期表中ⅠA族的碱金属Li、Na、K、Rb、Cs，ⅠB族的Cu、Ag、Au，形成晶体时最外层的s电子成为传导电子，其价带只能填充至半满。因此，它们都是良导体。

二价碱土金属含有两个价电子，由N个原子组成晶体后，则含有$2N$个价电子。如果按上面的讨论，每个原子给出两个价电子，则得到充满的能带结构，应该是绝缘体。但实际对于三维晶体，由于能带之间发生交叠，在费米能级以上不存在禁带，因此二价元素也是金属，其能带结构如图1.42(b)所示。具有这种能带结构的元素如周期表中ⅡA族的碱土族Be、Mg、Ca、Sr、Ba和ⅡB族的Zn、Cd、Hg。

三价元素Al、Ga、In、Tl每个单胞含有一个原子，每个原子给出三个价电子，因此，可填满一个带和一个半满的带，故也是金属。

绝缘体的价电子正好将价带填满(也就是满带)，更高的能带则全空，称为空带。在空带和价带之间存在宽的禁带，其能隙E_g一般大于5 eV。绝缘体的能带结构如图1.42(c)所示。在电场中，这样的高能间隙使绝缘体价带上的电子很难获得高于E_g的能量而跃迁至空带，因此，绝缘体内不会出现电子的移动，也就不会在电场下产生电流。

半导体材料通常是四价元素，其能带结构具有特殊性。从能带结构看，如图1.42(d)所示，在0 K时，半导体的价带全部填满，更高能带则是空带。价带与空带间存在禁带。这一能带结构与绝缘体相同。但是，半导体的禁带宽度(即能隙E_g)较小，当温度升高，价带顶部的电子受热激发即可跨过禁带进入空带底部，这样两个能带均变成不满带，使其具有了一定的导电能力，如图1.42(e)所示。随着温度增加，价带顶部的电子受热激发进入空带底部的数量增多，因此导电性增强。

习　题

1. 请说明以下基本物理概念：

波粒二象性、德布罗意关系、位置与动量的不确定性、海森堡测不准原理、波函数、德布罗意波(物质波)、波函数的统计解释、概率密度、波函数归一化条件、薛定谔方程、定态、定态薛定谔方程、定态波函数、微观粒子的状态、微观粒子的状态方程、势阱模型、简并、微观粒子状态描述的方法、玻恩－卡曼周期性边界条件、索末菲假设、k空间、费米能、费米分布、能级密度、布洛赫定理、原子束缚态电子、电子的共有化运动、准自由电子、布里渊区、能级分裂

2. 德布罗意关系是什么？能量与波矢间的关系如何建立？
3. 写出测不准原理的表述式，概述基本含义。
4. 什么是费米能？费米能随温度如何变化？费米能在费米分布中的作用是什么？
5. 费米－狄拉克分布函数是什么？有何含义？
6. 什么是布里渊区？请解释禁带出现的原因。
7. 解释金属材料导电行为的量子自由电子理论相对经典自由电子理论有哪些改进？
8. 请用能带理论说明导体、半导体、绝缘体的导电原因。
9. 在能带理论的发展中，近自由电子近似和紧束缚近似的理论差异是什么？
10. 什么是k空间、等能面、能级密度？为何微观粒子的能量会出现量子化？

11. 请解释布里渊区的存在对准自由电子的能级密度造成怎样的影响?

12. 从电子能级的角度辨析满带、导带、价带、空带、禁带这 5 个概念。

13. 为什么满带中的电子不导电,而导带中的电子导电?

14. 请根据费米－狄拉克分布函数 $f(E)$ 回答以下问题。

(1) 在图 1.43 中示意性地画出 $f(E)$ 在 0 K、T_1 和 T_2($T_1 < T_2$)时的能量分布,并说明 $f(E)$ 的物理意义。

(2) 解释 E_F 的物理意义。

(3) 能带理论与量子自由电子理论的理论基础差异在哪里?禁带如何出现?

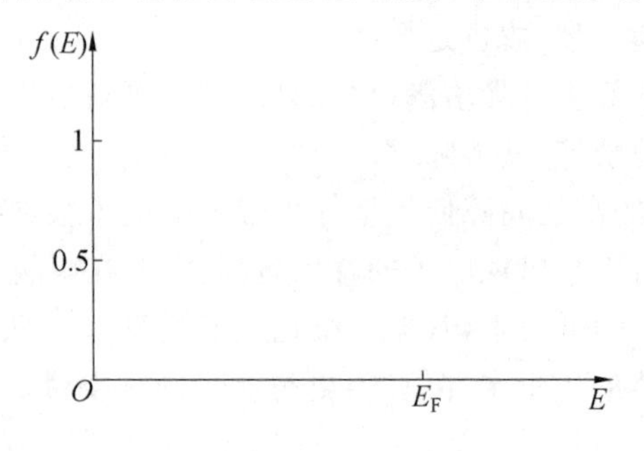

图 1.43　14 题图

15. 某晶体二维 k 空间内的第一布里渊区如图 1.44 所示,请回答如下问题。

(1) 什么是 k 空间和布里渊区? 0 K 时,k 空间内最有意义的球面有什么含义?

(2) 请判断并解释图中 A、B、C 三点的能量高低,并说明禁带出现的原因。

16. 请描述从图 1.45 的 k 空间中能获得的信息。

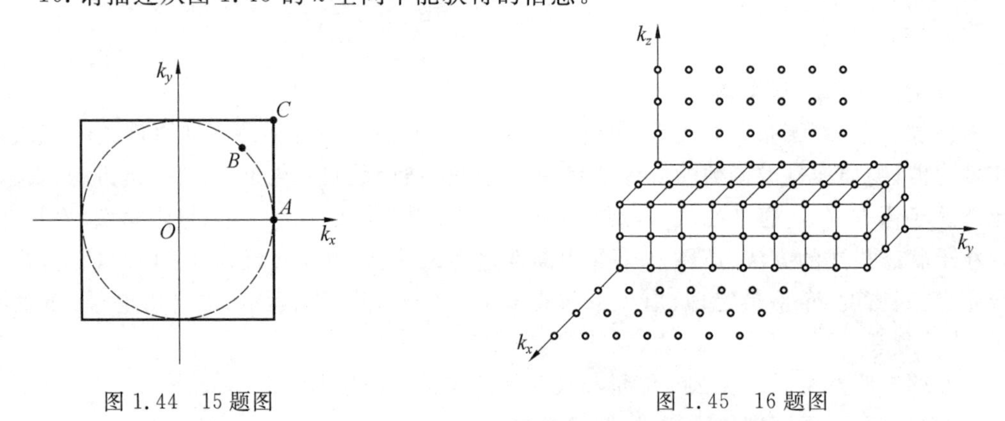

图 1.44　15 题图　　　图 1.45　16 题图

17. 什么是能级密度? 请自行推导一维、二维和三维情况下能级密度 $Z(E)$ 与能量 E 的对应关系。

第 2 章　材料的导电性能

材料的导电性(electrical conductivity)是指在电场作用下,材料中的带电粒子发生定向移动从而形成宏观电流的现象,属于材料的电荷输运特性。一般来说,金属、半导体、电解质溶液或熔融态电解质和一些非金属都可以导电。物体导电能力的大小,与物质内参与导电的微观粒子有关。例如,金属材料的导电性主要与金属中大量自由电子的定向移动有关;对于离子类材料,则主要与离子的扩散有关;还有些混合型导体,有多种类型的粒子同时参与导电。从导电角度出发,根据导电性机理,参照材料导电性的高低,习惯上将材料划分为导体(conductor)、半导体(semiconductor)和绝缘体(insulator);另外,还有一类电阻率趋于0的超导材料(superconductor)。本章将根据材料导电机制的不同,分别讨论材料的导电机理、影响材料导电性能的因素以及导电性能在材料研究中的应用。

2.1　导电的基本特征

2.1.1　电阻率和电导率

一个长度为L、截面积为S的均匀导体,其电阻值为R。当在该导体两端加电压U时,材料中有电流I通过,根据欧姆定律,电流I满足

$$I=\frac{U}{R} \tag{2.1}$$

电阻R不仅与材料的性质有关,还与其长度L和截面积S有关,即

$$R=\rho\frac{L}{S} \tag{2.2}$$

式中　ρ—— 电阻率(electrical resistivity)。

将式(2.2)变形后,可写为

$$\rho=R\frac{S}{L} \tag{2.3}$$

电阻率ρ表示单位截面积、单位长度的电阻值,单位是欧姆·米(Ω·m),有时也用微欧姆·厘米(μΩ·cm)或欧姆·厘米(Ω·cm)表示,工程上也常用欧姆·毫米²/米(Ω·mm²/m)表示。电阻率ρ是一个只与材料本身性能有关的物理量,而与导体的几何尺寸无关。因此,评定材料导电性的基本参数是电阻率ρ,而不是R。电阻的国际单位"欧姆"是用德国物理学家欧姆(Georg Simon Ohm,1787—1854)的名字命名的,以纪念他发现的有关电阻中电流与电压的正比关系,即著名的欧姆定律。

在研究材料的导电性时,除了ρ以外,还常用电导率(electrical conductivity)来表示。电导率σ是电阻率ρ的倒数,即

$$\sigma = \frac{1}{\rho} \tag{2.4}$$

电导率 σ 的单位是西门子 / 米(S/m)。电阻率 ρ 越小,电导率 σ 越大,材料导电性越好。需要说明的是,电阻率的倒数是电导率,而电阻的倒数则称为电导。电导的国际单位"西门子",是用德国电气工程学家、企业家西门子(Ernst Werner von Siemens,1816—1892)的名字命名的。

对于长度为 L、截面积为 S、规则形状的均匀材料而言,当其两端施加电压 U 时,电流 I 在材料中是均匀的,如图 2.1 所示。定义单位截面积上的电流为电流密度(current density)J,此时该导体中各处的 J 是一样的,即

$$J = \frac{I}{S} \tag{2.5}$$

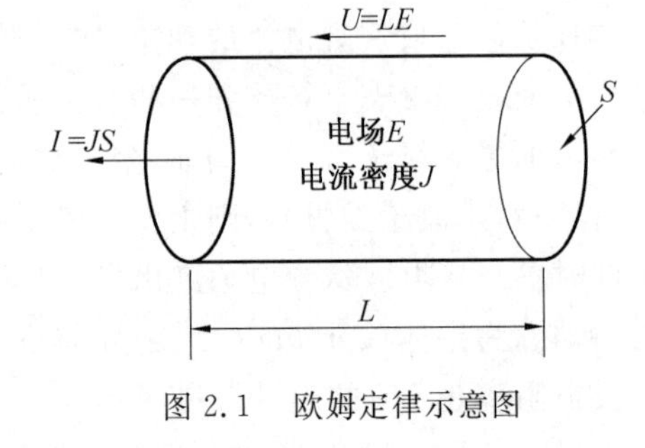

图 2.1　欧姆定律示意图

同样,此时单位长度上的电压,即电场强度(electric field intensity)E,也是均匀的,则

$$E = \frac{U}{L} \tag{2.6}$$

式(2.5)和式(2.6)中,电流密度 J 为面电流密度,单位是安培 / 平方米(A/m^2);电场强度 E 的单位是伏特 / 米(V/m)。其中,电流的国际单位"安培",是用法国物理学家安培(André－Marie Ampère,1775—1836)的名字命名的;电压的国际单位"伏特",是用意大利物理学家伏特(Count Alessandro Giuseppe Antonio Anastasio Volta,1745—1827)的名字命名的。

将式(2.5)和式(2.6)代入式(2.1),可得

$$J = \frac{1}{\rho}E = \sigma E \tag{2.7}$$

这就是欧姆定律的微分形式,也适用于非均匀导体。

工程上常用相对电导率(International Annealed Copper Standard,IACS)来表征导体材料的导电性能。国际上规定,采用密度为 8.89 g/cm^3、长度为 1 m、质量为 1 g、电阻为 0.153 28 Ω 的退火铜线作为测量标准。在 20 ℃ 下,该退火铜线的电阻率 ρ = 0.017 24 $\Omega \cdot mm^2/m$(或电导率 σ=58.0 μS/m)。将该标准软纯铜 20 ℃ 的电导率 σ_{Cu} 作为 100%,则其他导体材料的电导率与该软纯铜电导率之比的百分数作为该导体材料的相对电导率,即

$$\text{IACS} = \frac{\sigma}{\sigma_{Cu}} \times 100\% \tag{2.8}$$

材料的导电性是材料的基本物理性能之一。不同材料的导电性差别很大。例如,铜、银等金属材料的电导率约为 10^8 S/m,而 99Al_2O_3 陶瓷电导率仅为 10^{-19} S/m,两者相差 27 个数量级。根据电导率的大小,可将材料进行区分。通常,将电导率大于 10^4 S/m 的材料称为导体材料,例如,常见的金属材料、导电有机晶体、含石墨烯的化合物等;电导率在

$10^{-3} \sim 10^{4}$ S/m之间的材料称为半导体材料，如硅(Si)、锗(Ge)以及各种掺杂形式的半导体等；电导率小于 10^{-3} S/m 的材料称为绝缘材料，如常见的各种陶瓷材料、有机高分子材料等。当然，还有一类在一定条件下电导率趋于无穷大的超导材料。图 2.2 给出了材料电导率的排序关系示意图。材料导电性的巨大差异，是由材料的结构与导电机制所决定的。

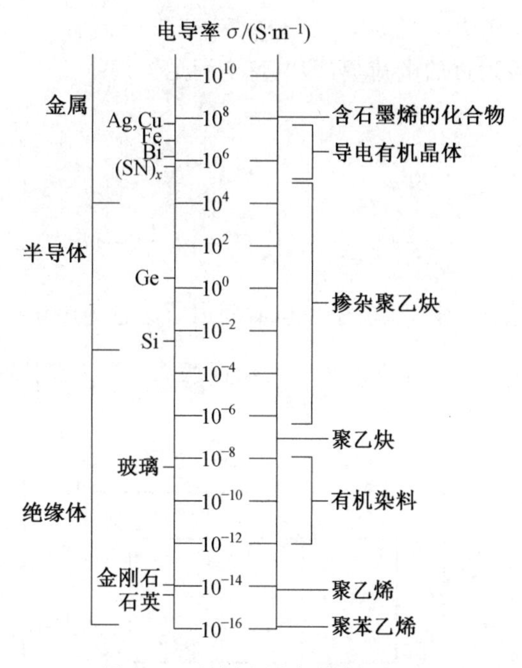

图 2.2 材料电导率排序

2.1.2 电导的物理特性

在物理学中，将可以自由移动的带有电荷的物质微粒称为载流子(charge carrier)，如电子和离子。当载流子在电场作用下发生定向移动时，即产生电流。金属中的载流子是自由电子。半导体中有两种载流子，即电子和空穴。很多无机非金属材料中的载流子可以是电子和离子(包括正离子和负离子)。根据载流子的不同，将载流子为电子的电导称为电子电导，载流子为离子的电导称为离子电导。电子电导和离子电导具有不同的物理效应。

由于载流子的多样性(如电子、空穴、正离子、负离子)，往往不同载流子对材料导电性的贡献不同。因此，常用迁移数 t_x 表征材料导电载流子种类对导电的贡献，定义为

$$t_x = \frac{\sigma_x}{\sigma_T} \tag{2.9}$$

式中 t_x—— 迁移数(transference number 或 transport number)，也称为输运数；

σ_x—— 某种载流子输运电荷的电导率；

σ_T—— 各种载流子输运电荷形成的总电导率。

通常以 t_i^+、t_i^-、t_e^-、t_h^+ 分别表示正离子、负离子、电子和空穴的迁移数。如果离子迁移

数 $t_i > 0.99$,则将导体称为离子导体,将 $t_i < 0.99$ 的导体称为混合导体。

物体的导电现象,其微观本质就是载流子在电场作用下的定向迁移。如图 2.3 所示,假定截面积为 S 的某金属导体,其截面 A 和截面 B 垂直于电场 E 的方向,A、B 面间距为 L,单位体积内载流子数为 n,每个载流子的电荷量为 q。假定在电场 E 作用下,A 面的载流子经时间 t 全部到达 B 面,时间 t 内通过 A 面的所有载流子的电量 Q 满足

$$Q = nqSL \tag{2.10}$$

已知单位时间内通过的电荷量,即电流 I 满足关系

$$I = \frac{Q}{t} \tag{2.11}$$

根据电流密度 J 的定义,可得

$$J = \frac{I}{S} = \frac{nqSL}{St} = nq\frac{L}{t} = nq\bar{v} \tag{2.12}$$

式中 $\bar{v}$—— 平均速度,表示载流子单位时间内所经过的距离,$\bar{v} = \frac{L}{t}$。

由式(2.12) 可以看出,电流密度 J 的物理意义实际为单位时间内通过单位截面积的电荷量。

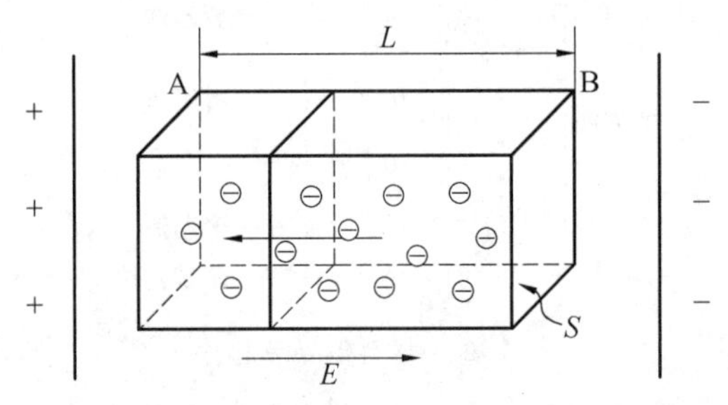

图 2.3 载流子在电场作用下的定向迁移示意图

结合欧姆定律的微分形式,如式(2.7) 所示,可得电导率 σ 满足

$$\sigma = \frac{J}{E} = \frac{nq\bar{v}}{E} = nq\mu \tag{2.13}$$

式中 μ—— 载流子的迁移率(mobility),满足关系:$\mu = \frac{\bar{v}}{E}$,其物理意义为载流子在单位电场中的迁移速度。

如果材料中有多种载流子,则电导率 σ 的一般表达式为

$$\sigma = \sum_i \sigma_i = \sum_i n_i q_i \mu_i \tag{2.14}$$

式(2.14) 反映了电导率 σ 的微观本质,即宏观电导率 σ 与微观载流子种类、每种载流子的单位体积数 n、每种载流子的电荷量 q 以及每种载流子的迁移率 μ 有关。

2.2 电子类载流子导电

电子类载流子导电的物质指以电子、空穴载流子导电的材料,主要是金属或半导体。金属中存在大量的自由电子。在电场中,金属内参与导电的载流子为自由电子。半导体

中参与导电的载流子是电子和空穴，空穴是电子离开后留下的空位，实际上仍旧是电子的移动。本节主要讨论金属中自由电子的导电情况。半导体导电的情况将在2.4节介绍。

2.2.1 金属导电机制

1. 导电理论

关于材料导电性物理本质的讨论是从金属开始的。随着相关理论的逐渐完善，有关金属导电的机制经历了从经典自由电子理论、量子自由电子理论到能带理论的发展。

(1) 经典自由电子理论。

1.2节中曾讨论过经典自由电子理论的有关模型。该理论的出发点是基于经典理论，认为金属中自由电子的运动规律遵循经典力学气体分子的运动规律。自由电子之间以及自由电子与正离子(可考虑成离子实)之间的相互作用是类似于经典的机械碰撞。在没有外电场的情况下，自由电子沿各个方向的运动概率相同，因而不产生电流。当自由电子在电场内发生定向运动，即沿与外电场方向相反的方向运动时，产生电流。电子在运动过程中，不断与正离子发生碰撞，造成电子的运动受阻，即产生电阻。

如果质量为 m_e 的电子带电量为 e，在电场强度为 E 的电场中运动，则所受的电场力为 eE。该电子以加速度 $a_e = \frac{eE}{m_e}$ 做定向运动。当电子与正离子发生碰撞后，电子失去原有速度，又重新开始在电场作用下做加速运动。假设电子每次碰撞后均从静止开始运动，电子从上次碰撞开始到下次碰撞发生之间的平均运动时间为弛豫时间(relaxation time)τ，则电子在下一次碰撞前的最大速度 v_m 为

$$v_m = a_e \tau = \frac{eE}{m_e}\tau \tag{2.15}$$

因此，电子两次碰撞间的平均速度 $\bar{v}$ 为

$$\bar{v} = \frac{1}{2}(0 + v_m) = \frac{1}{2}v_m \tag{2.16}$$

由式(2.12)、式(2.15)和式(2.16)可得

$$J = nq\bar{v} = \frac{ne^2E}{2m_e} \cdot \tau \tag{2.17}$$

设 l 为电子的平均自由程(mean free path)，则电子的弛豫时间 τ 满足

$$\tau = \frac{l}{\bar{v}} \tag{2.18}$$

因此，由式(2.7)、式(2.17)和式(2.18)，可得到金属的电导率 σ 为

$$\sigma = \frac{J}{E} = \frac{ne^2}{2m_e} \cdot \tau = \frac{ne^2}{2m_e} \cdot \frac{l}{\bar{v}} \tag{2.19}$$

相应地，金属的电阻率 ρ 为

$$\rho = \frac{1}{\sigma} = \frac{2m_e}{ne^2} \cdot \frac{\bar{v}}{l} \tag{2.20}$$

从式(2.19)可以看到，经典自由电子电导率表明，单位体积中，自由电子数越多、电子运动的平均自由程越大，金属的导电性越好。该理论能在一定程度上解释金属的导电本质，但仍面临很多问题。例如，不能解释二价、三价的金属比一价的金属导电性差的原

因，不能解释金属导体、半导体、绝缘体导电性的巨大差异，不能解释超导现象的产生。同时，实际测量的电子平均自由程比经典理论估计的大许多。这些问题的出现，是由于该理论利用了经典力学的理论处理微观质点的运动，因而不能正确反映微观质点的运动规律。量子自由电子理论则解决了经典电子理论无法克服的矛盾。

(2) 量子自由电子理论。

1.2 节已经对量子自由电子理论的相关知识进行了讨论。

量子自由电子理论建立时认为，金属离子构成晶体点阵，其形成的电场是均匀的，势场为 0。自由电子(即价电子) 与金属离子间没有相互作用，可以在整个金属中自由运动。内层电子保持单个原子时的能量状态，因而通常将内层电子与原子核共同视为带正电的离子实。在这种情况下，根据量子力学，电子的波粒二象性使电子具有不同能级，并且是量子化的。此时，自由电子的波矢 k、动量 p、能量 E、速度 v 都是量子化的。自由电子的能量 E 与波矢 k 之间的关系为 $E=\frac{\hbar^2}{2m^2}k^2$。根据此关系，可建立 $E-k$ 呈准连续分布的抛物线关系，如图 2.4 所示。图 2.4 清楚地表明，金属中的价电子具有不同的能量状态。根据泡利不相容原理，每一能态只能存在沿正反方向运动的一对电子，自由电子从低能态向高能态填充。由于以某一速度沿正方向运动的电子与以同一速度沿反方向运动的电子的概率相等，因此金属中将不会产生电流。在 0 K 时，电子所能填充的最高能级就是费米能 E_F^0。

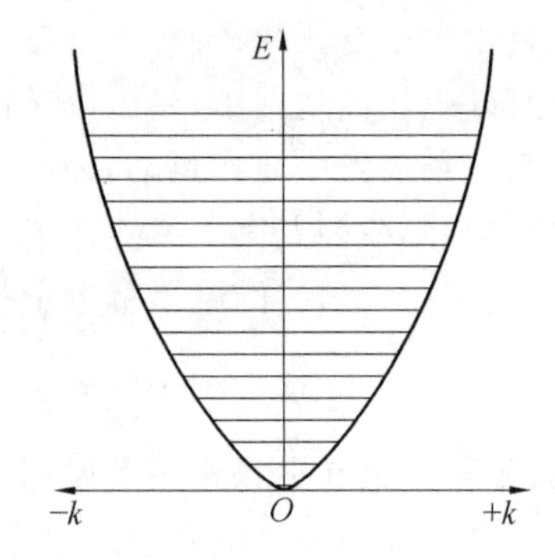

图 2.4　自由电子的 $E-k$ 关系曲线

假设金属处于沿 k 轴反方向的外加电场中，如图 2.5 所示，外加电场使接近费米能附近的电子转向电场正向运动的能级，从而向正向和反向运动的电子数发生变化，使金属导电。其中，实际参与导电的电子是除了部分相互抵消电子以外的未抵消部分电子，这部分未抵消电子实现了定向迁移，从而实现了导电。实际上，在外电场的作用下，只有能量接近 E_F 的少部分电子参与导电，也就是只有费米面附近能级的电子才能对导电做出贡献。这种真正参与导电的自由电子被称为有效电子 (effective electron)。

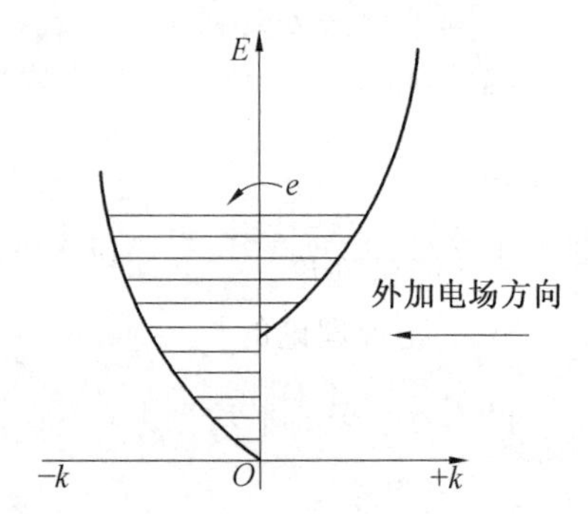

图 2.5　外加电场对自由电子 $E-k$ 关系的影响

量子力学证明，对于一个绝对纯的理想完整晶体，0 K 时电子波的传播不受阻碍，形成无阻传播，电阻为 0。而实际金属内部存在缺陷和杂质，缺陷和杂质产生的静态点阵畸变和热振动引起的动态点阵畸变，对电子波造成散射，这就是金属产生电阻的原因。电子散射是指高速电子进入固体中，与单个原子的原子核及核外电子发生相互作用，从而发生能量和方向上的改变。一般而言，根据散射前后能量是否发生损失，散射分为弹性散射和非弹性散射。

基于上述讨论，最终可推导出电导率为

$$\sigma=\frac{n_{\mathrm{eff}}e^2}{2m_{\mathrm{e}}}\cdot\frac{l_{\mathrm{F}}}{v_{\mathrm{F}}}=\frac{n_{\mathrm{eff}}e^2}{2m_{\mathrm{e}}}\cdot\tau \tag{2.21}$$

式中 n_{eff}—— 有效电子浓度，表示单位体积内实际参加传导过程的电子数；

l_{F}—— 费米面附近实际参加导电电子的平均自由程；

v_{F}—— 费米面附近实际参加导电电子的平均速度；

τ—— 电子在两次散射之间的平均时间，满足关系：$\tau=\frac{l_{\mathrm{F}}}{v_{\mathrm{F}}}$。

相应地，电阻率为

$$\rho=\frac{1}{\sigma}=\frac{2m_{\mathrm{e}}}{n_{\mathrm{eff}}e^2}\cdot\frac{v_{\mathrm{F}}}{l_{\mathrm{F}}}=\frac{2m_{\mathrm{e}}}{n_{\mathrm{eff}}e^2}\cdot\frac{1}{\tau}=\frac{2m_{\mathrm{e}}}{n_{\mathrm{eff}}e^2}\cdot\mu_{\mathrm{s}} \tag{2.22}$$

式中 μ_{s}—— 散射概率(scattering probability)，表示单位时间内电子的散射次数，满足关系：$\mu_{\mathrm{s}}=\frac{1}{\tau}$。

比较式(2.21)和式(2.19)可以发现，基于经典理论和量子理论获得的电导率数据，从公式外形上看几乎一致。不一样的是，量子自由电子理论中，参与导电的电子数是有效电子数 n_{eff}。不同材料的 n_{eff} 不一样。由于一价金属的 n_{eff} 比二价、三价金属多，因此，一价金属的导电性更好。由于参与导电的电子数不同，这两种理论中实际电子运动的弛豫时间 τ 不同，即散射概率也不同。

经上述讨论可知，由于自由电子运动具有波动性，故金属电阻的产生并不是电子与离子间简单的机械碰撞，而是电子波被正离子点阵散射的结果。量子力学证明，电子不会被完整的、没有缺陷的晶体所散射(碰撞)，所以在 0 K 时，理想晶体的电阻应为 0，电导率无穷大。当电子波在有点阵缺陷的晶体中传播时，发生电子与声子、电子与杂质离子或电子与缺陷的散射，从而产生电阻，导电性下降。由于考虑了电子的波粒二象性特性，量子自由电子理论较经典自由电子理论有巨大进步。但由于模型中认为离子实所产生的势场为 0 过于简化，因此在解释和预测实际问题时仍遇到不少困难。

(3) 能带理论。

关于能带理论的相关知识，1.3 节已经进行了讨论。

相较于量子自由电子理论，由于考虑到离子势场的周期性作用，能带理论中的能量 E 和波矢 k 之间的关系，将在布里渊区边界发生能级跳跃，出现能带。两能带之间存在禁带，如图 2.6 所示。

在给出基于能带理论获得的电导率 σ 之前，先引出电子有效质量(electronic effective mass)的概念。

根据量子力学，电子的运动可以看作波包(wave packet)的运动，波包的群速(group velocity)就是电子运动的平均速度。设波包由许多频率 ν 差不多的波组成，则波包中心的运动速度(群速)为

$$v_{\mathrm{g}}=2\pi\frac{\mathrm{d}\nu}{\mathrm{d}k} \tag{2.23}$$

式中 ν—— 德布罗意波的频率；

k—— 波矢。

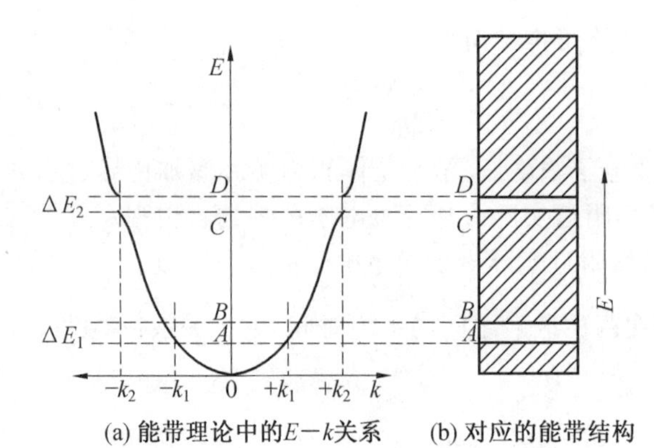

图 2.6 能带理论中的 $E-k$ 关系及对应的能带结构

根据德布罗意关系 $E=h\nu$，则

$$v_g=\frac{2\pi}{h}\cdot\frac{dE}{dk} \tag{2.24}$$

电子运动的加速度满足

$$a=\frac{dv_g}{dt}=\frac{2\pi}{h}\cdot\frac{d}{dt}\left(\frac{dE}{dk}\right)=\frac{2\pi}{h}\cdot\frac{d^2E}{dk^2}\cdot\frac{dk}{dt} \tag{2.25}$$

假设电子被电场 E_0 加速，则电子所受电场力为 eE_0。如果电子在电场力 eE_0 的驱动下，在时间 dt 内移动了 dx 距离，则能量增量为

$$dE=eE_0dx \tag{2.26}$$

其中，$dx=v_gdt$，则式(2.26) 可写成

$$dE=eE_0\cdot v_gdt \tag{2.27}$$

将式(2.24) 代入式(2.27)，得

$$\frac{dE}{dk}\cdot dk=\frac{2\pi eE_0}{h}\cdot\frac{dE}{dk}\cdot dt \tag{2.28}$$

因此

$$\frac{dk}{dt}=\frac{2\pi}{h}\cdot eE_0 \tag{2.29}$$

将式(2.29) 代入加速度 a 的关系式(2.25)，则

$$a=eE_0\cdot\frac{4\pi^2}{h^2}\cdot\frac{d^2E}{dk^2}=\frac{eE_0}{m_e^*} \tag{2.30}$$

式中 m_e^* —— 电子的有效质量，满足关系：$m_e^*=\frac{h^2}{4\pi^2}\left(\frac{d^2E}{dk^2}\right)^{-1}=\hbar^2\left(\frac{d^2E}{dk^2}\right)^{-1}$。

从式(2.30) 可以看出，eE_0 实际为电场力，a 为加速度。当定义 m_e^* 概念后，式(2.30) 其实可以写成类似牛顿第二定律 $F=m_e^*a$ 的形式。

这里需要注意的是，式(2.30) 中的外力，也就是电场力 eE_0，不是电子受力的总和，这是因为晶体中的电子即使没有在外加电场的作用下，也会受到晶体内部原子及其他电子的势场作用。当电子在外力作用下运动时，电子一方面会受到外加电场力 eE_0 的作用，同时还与晶体内部原子、电子相互作用，电子的加速度应该是内部势场和外加电场共同作用的结果。但是，要找出内部势场的具体形式存在困难。有效质量引入后，直接把外电场力和电子的加速度联系起来,而内部势场则由有效质量加以概括。因此,引进有效质量的意义在于它概括了晶体内部势场的作用,使得在解决晶体中电子在外力作用下的运动规律时,可以不涉及晶体内部势场的作用。

对自由电子而言,m_e^* 与自由电子的真实质量 m_e 相同。对于晶体中的电子,m_e^* 与 m_e 不同,m_e^* 已经将晶格场对电子的作用包括在内,使电场力与电子加速度之间的关系可简单表示为 $F=m_e^* a$ 的形式。这也是 m_e^* 称为电子有效质量的原因之一。

有了电子有效质量的概念后,由迁移率的定义,可计算出晶格场中电子的迁移率为

$$\mu=\frac{\bar{v}}{E}=\frac{a\tau}{2E}=\frac{eE\tau}{2Em_e^*}=\frac{e\tau}{2m_e^*} \tag{2.31}$$

式中　τ—— 电子在两次散射之间的平均时间,且满足 $\tau=\frac{l_F}{v_F}$。

将式(2.31)代入式(2.13),可得基于能带理论获得的电导率的关系式为

$$\sigma=\frac{n_{eff}e^2\tau}{2m_e^*} \tag{2.32}$$

同样,此时的电阻率为

$$\rho=\frac{2m_e^*}{n_{eff}e^2}\cdot\frac{1}{\tau}=\frac{2m_e^*}{n_{eff}e^2}\cdot\mu_s \tag{2.33}$$

式中　μ_s—— 散射系数,表示电子在晶格中移动时单位时间内散射的次数,$\mu_s=\frac{1}{\tau}$。

μ_s 越大,电子在移动中遭遇散射的次数越多,电阻率越大。因此,金属中,宏观电阻率数据的高低与微观上电子的散射次数成正比。

比较经典的自由电子理论、量子自由电子理论和能带理论所计算出的电导率关系式,即式(2.19)、式(2.21)和式(2.32),可以发现,这三个公式的表达形式相同。不同的是,在不同理论下,实际考虑的参与导电的电子数不同、电子质量不同以及弛豫时间不同。这些差异造成了描述金属导电机制的不同。

2. 马西森定律

根据式(2.33)可知,金属产生电阻的主要原因在于电子在晶格内运动时受到散射。电子散射越大,则电阻越高。当电子波通过一个理想晶体点阵时(0 K),它不受散射;只有在晶体点阵完整性遭到破坏的地方,电子波才受到散射(不相干散射),这就是金属产生电阻的根本原因。

电子在晶格中运动时受到的散射和温度与金属中含有的杂质有关。图 2.7 给出了电子散射示意图。从图中可以看到,温度升高,晶格格点上的离子振幅越大,电子越易受到散射。通常,可认为散射系数 μ_s 与温度 T 成正比,因为电子速度和数目基本上与温度无关。若金属中含有少量杂质,则杂质原子会使金属晶格发生畸变,电子在晶格中运动时会引起额外的散射。因此,散射系数 μ_s 由两部分组成,即

$$\mu_s=\mu_s(T)+\Delta\mu_s \tag{2.34}$$

式中　$\mu_s(T)$—— 与温度成正比的部分;

　　　$\Delta\mu_s$—— 与杂质浓度有关,与温度无关。

因此,由式(2.34)的结果并结合式(2.33)可知,金属总的电阻包括其基本电阻(与温度有关)和由杂质浓度引起的电阻(与温度无关),这就是著名的马西森定律(Matthiessen

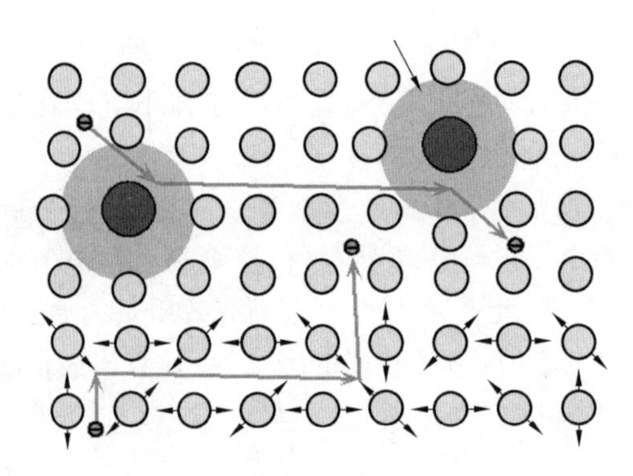

图 2.7 电子散射示意图

rule)，是由英国化学家、物理学家马西森(Augustus Matthiessen，1831—1870)于1861年提出的。马西森定律的公式为

$$\rho = \rho(T) + \rho_r \tag{2.35}$$

式中 $\rho(T)$—— 与温度有关的电阻率；

ρ_r—— 与杂质浓度或结构缺陷有关的电阻率。

需要说明的是，这里的杂质包括各种引起理想晶体点阵周期性破坏的异类原子、点缺陷及位错等。

不难看出，高温时，金属的电阻率主要由 $\rho(T)$ 项起作用；低温时，ρ_r 项起主要作用。通常，把在极低温度下(一般为 4.2 K) 测得的金属电阻率称为剩余电阻率(residual resistance resistivity，RRR)。可采用剩余电阻率(RRR) 作为衡量金属纯度的重要指标，即

$$\mathrm{RRR} = \frac{\rho_{300\ \mathrm{K}}}{\rho_{4.2\ \mathrm{K}}} \tag{2.36}$$

式中 $\rho_{300\ \mathrm{K}}$—— 金属在温度 300 K 下的电阻率；

$\rho_{4.2\ \mathrm{K}}$—— 金属在液氦温度 4.2 K 下的电阻率。

2.2.2 影响金属导电性的因素

1. 电阻率与温度的关系

温度是强烈影响材料物理性能的外部因素之一。温度升高会引起点阵的热振动和振幅加强，会伴随出现材料的组织和结构变化，还可能引起材料的相变、回复和再结晶。这些材料在微观上的变化，往往可从对材料电阻值的测量反映出来。温度升高可能对导体电阻产生两方面的影响：① 温度升高使导体分子热运动加剧，电子在导体中迁移时，散射次数增多，从而使导体电阻增加。② 温度升高时，导体中参与导电的自由电子数量增加，使其更容易导电，造成电阻减小。在一般金属导体中，由于自由电子数几乎不随温度的升高而增加，所以温度升高时电阻增加。

通常，金属电阻率随温度的变化关系可写成

$$\rho_T = \rho_0(1 + \alpha T) \tag{2.37}$$

式中 ρ_T—— 金属在 T(℃) 时的电阻率；

ρ_0—— 金属在 0 ℃ 时的电阻率；

α—— 电阻温度系数(Temperature Coefficient of Resistance,TCR),表示当温度改变 1 ℃ 时,电阻率的相对变化,单位为 $℃^{-1}$。

根据式(2.37),可得到电阻温度系数的表达式为

$$\alpha = \frac{\rho_T - \rho_0}{\rho_0} \cdot \frac{1}{T} \tag{2.38}$$

式(2.38)实际上给出的是 0 ~ T(℃)温度区间内的平均电阻温度系数(mean temperature coefficient of resistance)。

当温度区间逐渐趋于 0 时,则可得到 T(℃)下金属的真电阻温度系数,即

$$\alpha_T = \frac{d\rho}{dT} \cdot \frac{1}{\rho_T} \tag{2.39}$$

对长度为 L、截面积为 S 的均匀导体而言,根据电阻率与电阻之间的关系,即式(2.2),在式(2.37)两侧分别乘以 L/S,则可得到金属导体电阻随温度的变化关系为

$$R_T = R_0(1 + \alpha T) \tag{2.40}$$

实际应用时,如果关注 T_1 ~ T_2(℃)区间电阻随温度的变化关系,则通常采用平均电阻温度系数 $\bar{\alpha}$ 表示,即

$$\bar{\alpha} = \frac{R_2 - R_1}{R_1} \cdot \frac{1}{T_2 - T_1} \tag{2.41}$$

表 2.1 给出了常见材料的电阻率和电阻温度系数。一般而言,除过渡族金属以外,所有纯金属的电阻温度系数 α 都近似等于 4×10^{-3} $℃^{-1}$。电阻值随温度升高而增大的材料,其温度系数为正值。绝大部分金属都是正温度系数。凡电阻值随温度升高而减小的材料,其温度系数为负值,大部分电解液和非金属导体(如碳)都是负温度系数,而且大部分电解液的温度系数都在 -0.021 $℃^{-1}$ 左右。

表 2.1 常用材料的电阻率和电阻温度系数

材料	电阻率 ρ(20 ℃)/(Ω·m)	平均电阻温度系数 α (0 ~ 100 ℃)/$℃^{-1}$
银	1.62×10^{-8}	3.5×10^{-3}
铜	1.75×10^{-8}	4.1×10^{-3}
铝	2.85×10^{-8}	4.2×10^{-3}
黄铜(铜锌合金)	$(2 \sim 6) \times 10^{-8}$	2.0×10^{-3}
铁(铸铁)	5×10^{-7}	1.0×10^{-3}
钨	5.48×10^{-8}	5.2×10^{-3}
铂	2.66×10^{-8}	2.47×10^{-3}
钢	1.3×10^{-7}	5.77×10^{-3}
汞	4.8×10^{-8}	5.7×10^{-4}
康铜	4.4×10^{-7}	5.0×10^{-6}
锰铜	4.2×10^{-7}	5.0×10^{-6}
镍铬合金	1.08×10^{-6}	1.3×10^{-6}
铁铬铝合金	1.2×10^{-6}	8.0×10^{-5}
碳	1.0×10^{-5}	-5.0×10^{-4}
硬橡胶	1×10^{16}	—

金属电阻率在不同温度范围随温度的变化关系不同，其特征曲线如图 2.8 所示。在图 2.8 中，金属的电阻温度变化曲线分为三个区域：① 第 Ⅰ 区域，在温度 $T > \frac{2}{3}\Theta_D$ 时，电阻率正比于温度，即 $\rho(T) \propto T$。Θ_D 为德拜温度，其概念和物理意义见第 4 章。这一关系实际上就是式(2.37) 所给出的金属电阻率随温度的变化关系，即满足马西森定律。② 第 Ⅱ 区域，在温度 $T \ll \Theta_D$ 时，电阻率与温度的 n 次方呈正比关系，即 $\rho(T) \propto T^n$。对于大多数金属，$n=5$；对于过渡族金属，$n=2 \sim 5.3$。这一电阻率与温度的五次方关系，称为布洛赫－格律乃森温度五次方定律(Bloch－Grüneisen T^5 law)。③ 第 Ⅲ 区域，也就是在极低温度(2 K)时，电阻率与温度呈二次方关系，即 $\rho(T) \propto T^2$。一般认为，纯金属在整个温度范围内电阻产生的机制是电子－声子(离子) 散射。在极低温度时，由于离子热振动很弱，电阻产生的机制主要是电子－电子散射。图 2.8 中，接近 0 K 时的电阻率 ρ_r 表示金属的剩余电阻率，由金属自身存在的杂质等因素引起。对于金属电阻率温度曲线来说，将曲线外推到 0 K，就可以得到金属的剩余电阻率。杂质与缺陷的存在可以改变金属电阻率的数值，但不改变电阻率的温度系数。有些金属在接近 0 K 以上的某一临界温度时，电阻率突然降为 0，产生超导现象。

大多数金属在熔化成液态时，电阻率会突然增大 1 ～ 2 倍。这是由原子长程排列被破坏，从而引起电子散射加强造成的，如图 2.9 中 K、Na 金属电阻率随温度变化的曲线。但也有些金属，如 Sb、Bi、Ga 等，在熔化时电阻率反而下降。Sb 固态为层状结构，具有小的配位数，主要为共价键型晶体结构。在熔化时，共价键结合被破坏，转变为金属键结合，故电阻率下降。Bi 和 Ga 在熔化时电阻率的下降也是由于短程原子排列的变化造成的。

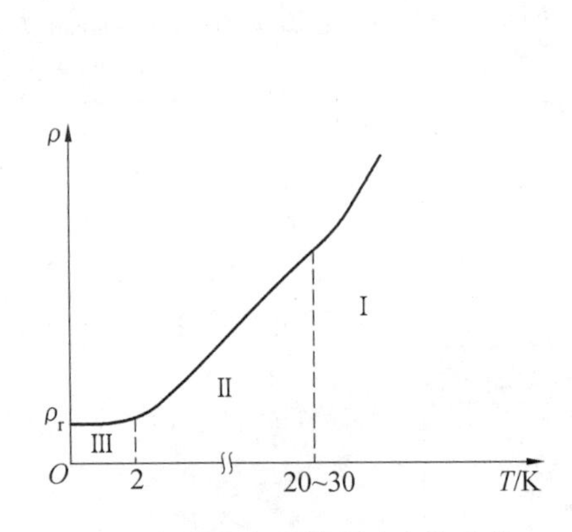

图 2.8 金属的电阻随温度变化曲线

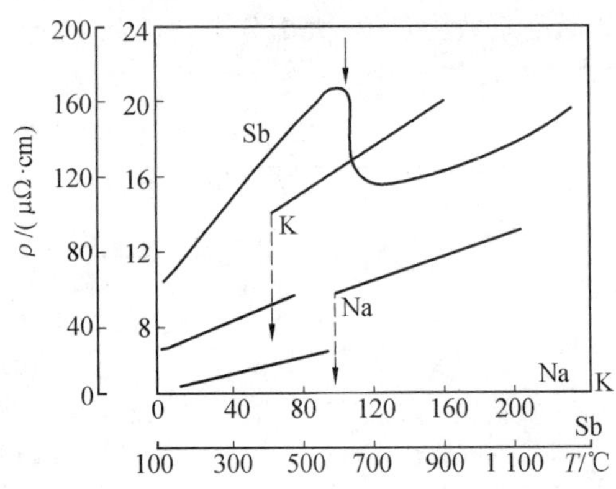

图 2.9 Sb、K、Na 熔化时电阻率的变化曲线

过渡族金属的电阻率与温度的关系经常出现反常，特别是具有铁磁性的金属在发生磁性转变时，电阻率会出现反常，如图 2.10(a) 所示。有关磁性的概念详见第 6 章。一般金属的电阻率与温度的一次方呈正比关系，对铁磁性金属在居里点(Curie point 或 Curie temperature) 以下的温度都不适用。如图 2.10(b) 所示，Ni 的电阻率随温度变化，在居里点以下温度偏离线性。研究表明，在接近居里点时，铁磁金属或合金的电阻率反常，降低量 $\Delta\rho$ 与其自发磁化强度 M_s 的平方成正比，即

$$\Delta\rho \propto M_s^2 \tag{2.42}$$

铁磁性金属电阻率随温度变化的特殊性是由于铁磁性金属内 d 及 s 壳层电子云相互

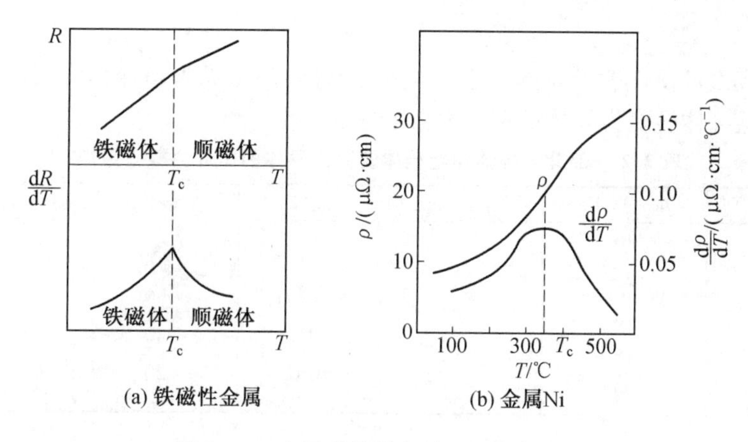

图 2.10　金属磁性转变对电阻率的影响

作用的特点决定的。

2. 电阻率与应力的关系

对大多数金属来说，在受三向压应力（通常小于 1.2 GPa）的情况下，电阻率降低。受压时金属的电阻率 ρ_p 可用下式计算

$$\rho_p = \rho_0(1 + \varphi p) \tag{2.43}$$

式中　ρ_0—— 在真空条件下的电阻率；

p—— 压应力；

φ—— 电阻压应力系数，为负值，大小为 $-10^{-5} \sim -10^{-6}$。

同样，根据式(2.43)，可得到电阻压应力系数的表达式为

$$\varphi = \frac{\rho_p - \rho_0}{\rho_0} \cdot \frac{1}{p} \tag{2.44}$$

造成受压后电阻率降低的主要原因是：在压力条件下，原子间距缩小，点阵的畸变减小，缺陷及声子的散射影响减弱。此时，内部缺陷形态、电子结构、费米能和能带结构都将发生变化。图 2.11 给出了压应力对金属导电性的影响。

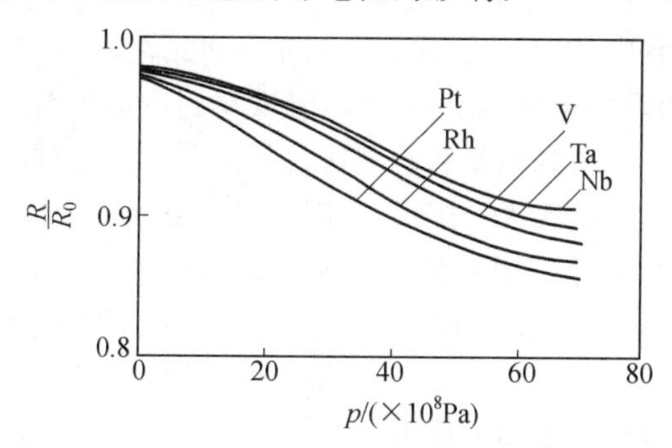

图 2.11　压应力对金属导电性的影响

按压应力对金属导电性的影响，可把金属分成两类：正常金属和反常金属。正常金属是指随压应力增大，金属的电阻率下降；反之为反常金属。例如，Fe、Co、Ni、Pd、Pt、Ir、Cu、Ag、Au、Zr、Hf 等均为正常金属。碱金属和稀土金属大部分属于反常金属，还有 Ca、Sr、Sb、Bi 等也属于反常金属。这一反常现象可能与在压应力作用下引起材料发生相变

有关。

极高压应力可使许多半导体和绝缘体变为导体，甚至成为超导体。表 2.2 给出了部分半导体和绝缘体转变为导体的压应力极限数据。

表 2.2　部分半导体和绝缘体转变为导体的压应力极限数据

元素	$p_{极限}$/GPa	$\rho/(\mu\Omega\cdot cm)$	元素	$p_{极限}$/GPa	$\rho/(\mu\Omega\cdot cm)$
S	40	—	H	200	—
Se	12.5	—	金刚石	60	—
Si	16	—	P	20	60 ± 20
Ge	12	—	AgO	20	70 ± 20
I	22	500			

当金属受拉应力情况下，电阻率增加。受拉应力时金属的电阻率 ρ_t 可用下式计算

$$\rho_t=\rho_0(1+\alpha_t\sigma) \tag{2.45}$$

式中　ρ_0—— 未加载时的电阻率；

σ—— 拉应力；

α_t—— 电阻拉应力系数，为正值。

造成这一结果的主要原因是：弹性范围内的单向拉应力能使原子间的距离增大，从而点阵的动畸变增大，由此导致金属的电阻增大。

3. 冷加工和缺陷对电阻率的影响

冷加工变形使金属电阻率增加。这是由于冷加工变形使晶体点阵畸变和晶体缺陷密度增大，特别是空位浓度增加，造成点阵的不均匀，加剧了对电子的散射作用。同时，冷加工也可能引起金属晶体原子结合键的改变，导致原子间距变化。图 2.12 给出了变形量对金属电阻的影响。从图 2.12 中可以看出，室温下测得经相当大的冷加工变形后，纯金属(Ag、Fe、Au) 的电阻率比未经冷加工变形的增加 2% ~ 6%。一般单相固溶体经冷加工后，电阻可增加 10% ~ 20%。而有序固溶体电阻增加 100%，甚至更高。

若对冷加工变形的金属进行退火处理，使其产生回复和再结晶，则电阻下降。回复过程，可明显降低点缺陷密度，进而明显恢复电阻率。再结晶过程，由于形成了新的晶粒，因此可消除变形时引起的晶格畸变和缺陷，使电阻恢复到冷加工前金属的电阻值。图 2.13 给出了退火对冷加工变形 Fe 的电阻影响规律。从图 2.13 中可以看到，不同变形量下 Fe 的相对电阻不同，但经过高温退火处理后，电阻均可恢复到冷变形之前的数值。

当温度降到 0 K 时，未经冷加工变形的纯金属电阻率将趋向于 0，而冷加工的金属在任何温度下都保留有高于退火态金属的电阻率。在 0 K，冷加工金属仍保留某一极限电阻率，称为剩余电阻率。

根据马西森定律，冷加工金属的电阻率可写成

$$\rho=\rho_r+\rho_M \tag{2.46}$$

式中　ρ_M—— 与温度有关的退火金属电阻率；

ρ_r—— 剩余电阻率，与温度无关。

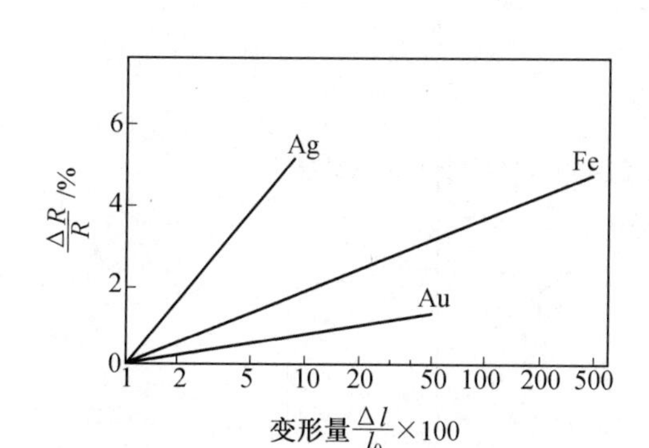

图 2.12 变形量对金属电阻的影响

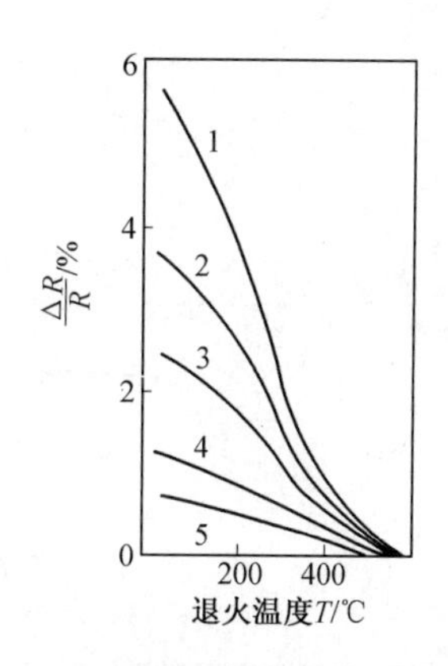

图 2.13 退火对冷加工变形 Fe 的电阻的影响
1— 变形量 99.8%；2— 变形量 97.8%；3— 变形量 93.5%；4— 变形量 80%；5— 变形量 44%

在低温下，ρ_r 在总电阻率 ρ 中所占比例较大，因此，低温时用电阻法研究金属冷加工更为合适。

冷加工对金属电阻率的影响也有相反的情况。如 Ni－Cr、Ni－Cu－Zn、Fe－Cr－Al 等一些由过渡族金属组成的合金，它们的电阻随着形变的增加而降低，而退火使电阻升高。造成这一现象的主要原因是溶质原子的不均匀分布，这种不均匀固溶状态称为 K 状态。不均匀固溶体(nonuniform solid solution)属于原子偏聚现象，偏聚区的成分与固溶体的平均成分不同。偏聚造成对电子波的附加散射，使电阻增大。这种不均匀状态是在加热或冷却过程中一定的温度范围内形成的，高于这个温度范围即消散。例如，对于图 2.14 所示的 80Ni20Cr 合金，温度高于 300 ℃ 时，电阻便开始异常增大，即开始出现不均匀状态；400 ～ 450 ℃ 时电阻上升得最快，即不均匀状态急剧发展；720 ℃ 以上，电阻的变化恢复正常规律，不均匀固溶状态完全消失。应当指出，这种不均匀状态如果一旦形成，冷却过程中也不会消散。另外，从高温缓冷经过上述情况形成温度区时，也会产生不均匀状态，只有快速冷却才能抑止它的形成，这就是为什么退火状态下的电阻反而比淬火状态下的电阻高，如图 2.15 所示。冷加工在很大程度上促使固溶体不均匀组织发生破坏，获得普通无序的固溶体，因此合金电阻率明显降低。

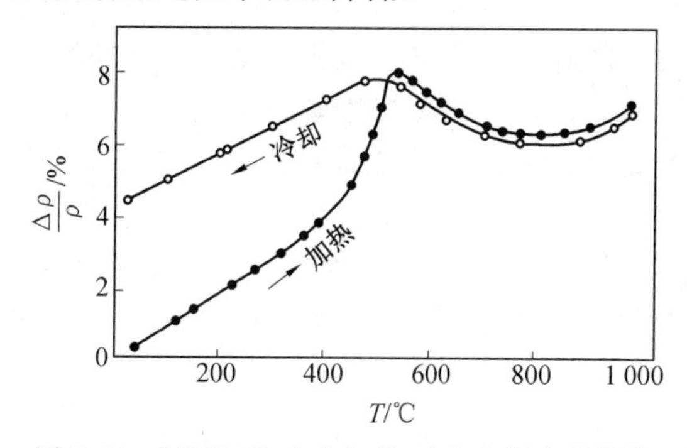

图 2.14 80Ni20Cr 合金加热、冷却电阻变化曲线

冷加工造成的塑性变形中，由于晶格畸变和晶体缺陷引起电阻率的变化，则电阻率增加值 $\Delta\rho$ 可写成分别由不同缺陷引起的电阻率增加值之和，即

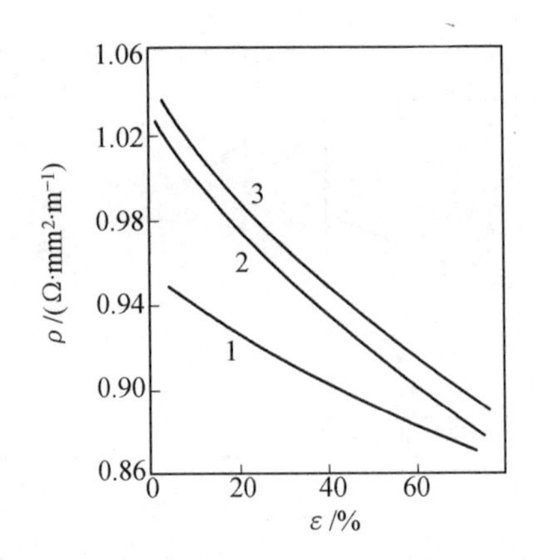

图 2.15　80Ni20Cr 合金电阻率与冷加工变形的关系
1—800 ℃ 水淬；2—800 ℃ 水淬 + 400 ℃ 回火；3— 形变 + 400 ℃ 回火

$$\Delta\rho = \Delta\rho_{空位} + \Delta\rho_{位错} \tag{2.47}$$

式中　$\Delta\rho_{空位}$—— 电子在空位处的散射所引起的电阻率的增加值，当退火温度足以使空位扩散时，这部分电阻将消失；

$\Delta\rho_{位错}$—— 电子在位错处的散射所引起的电阻率的增加值，这部分电阻保留到再结晶温度。

电阻率随变形 ε 变化的表达式为

$$\Delta\rho = C\varepsilon^{n} \tag{2.48}$$

式中　C—— 比例常数，与金属纯度有关；

n—— 在 0 ～ 2 变化。

考虑到空位、位错的影响，可将式(2.47) 和式(2.48) 写成

$$\Delta\rho = A\varepsilon^{n} + B\varepsilon^{m} \tag{2.49}$$

式中　A,B—— 常数；

n,m—— 在 0 ～ 2 变化。

关系式(2.49) 对许多面心立方金属和体心立方的过渡族金属是成立的。如对于 Pt，$n = 1.9$，$m = 1.3$；对于 W，$n = 1.73$，$m = 1.2$。

冷加工引起材料内部缺陷的出现，不同类型的缺陷对于电阻率的贡献不同。通常，分别用 1% 原子空位浓度或 1% 原子间隙浓度、单位体积中位错线的单位长度、单位体积中晶界的单位面积所引起的电阻率变化，来表征点缺陷、线缺陷和面缺陷对金属电阻率的影响。它们相应的符号分别为(Ω · cm)/ 原子百分数、(Ω · cm)/(cm · cm^{-3}) 和(Ω · cm)/(cm · cm^{-3})。表 2.3 列出了一些金属的空位、位错对其电阻率的影响。

空位和间隙原子对剩余电阻率的影响和金属中杂质原子的影响相似，其影响大小是同一数量级，见表 2.4。

表 2.3　空位、位错对一些金属电阻率的影响

金属	$\Delta\rho_{位错}/\Delta N_{位错}$ /($\times 10^{-19}$ ($\Omega\cdot$cm)$\cdot$(cm$\cdot$cm^{-3})	$\Delta\rho_{空位}/C_{空位}$ /($\times 10^{-6}\Omega\cdot$cm$\cdot$(原子百分数)$^{-1}$)	金属	$\Delta\rho_{位错}/\Delta N_{位错}$ /($\times 10^{-19}$ ($\Omega\cdot$cm)$\cdot$(cm$\cdot$cm^{-3})	$\Delta\rho_{空位}/C_{空位}$ /($\times 10^{-6}\Omega\cdot$cm$\cdot$(原子百分数)$^{-1}$)
Cu	1.3	2.3;1.7	Pt	1.0	9.0
Ag	1.5	1.9	Fe	—	2.0
Au	1.5	2.6	W	—	29
Al	3.4	3.3	Zr	—	100
Ni	—	9.4	Mo	11	—

表 2.4　低浓度碱金属的剩余电阻率

金属基	x(杂质) = 1%	$\rho/(\mu\Omega\cdot$cm)		金属基	x(杂质) = 1%	$\rho/(\mu\Omega\cdot$cm)	
		实验	计算			实验	计算
K	空位	0.56	0.975	Rb	Na	0.04,0.13	2.166
	Na		1.272		K		0.134
	Li		2.914		空位		1.050

在塑性形变和高能粒子辐射过程中，金属内部将产生大量缺陷。此外，高温淬火和急冷也会使金属内部形成远远超过平衡状态浓度的缺陷。当温度接近熔点时，由于急速淬火而“冻结”下来的空位引起的附加电阻率为

$$\Delta\rho = A\mathrm{e}^{-E/k_B T} \tag{2.50}$$

式中　E—— 空位形成能；

　　T—— 淬火温度；

　　A—— 常数；

　　k_B—— 玻耳兹曼常数。

大量的实验结果表明，点缺陷所引起的剩余电阻率变化远比线缺陷的影响大。

从式(2.50)可以看出，空位形成能E越大，电阻率增量$\Delta\rho$越小，表明材料空位形成所需的能量越高，即空位形成需要更多的能量，因此材料内的空位越难形成，反映在电阻率变化上即为电阻率增量越小。温度T越高，电阻率增量越大，表明材料的点缺陷随着温度的升高而增大。需要说明的是，形如式(2.50)的公式，实际上具有阿伦尼乌斯方程的形式。阿伦尼乌斯方程的表达式为$k=A\exp\left(-\frac{E_a}{RT}\right)$，其中，$k$为化学反应速率，$E_a$表示反应活化能。该方程是由瑞典物理化学家阿伦尼乌斯(Svante August Arrhenius，1859—1927)所创立的化学反应速率常数随温度变化关系的经验公式。阿伦尼乌斯也因电离学说于1903年获得诺贝尔化学奖。与阿伦尼乌斯方程相比，式(2.50)中的$\Delta\rho$与阿伦尼乌斯方程中的k其实是一个概念，都是反应速率的概念。电阻的变化速率表示电阻率随温度的变化速率，材料自身的空位形成能决定了这个速率是快还是慢。另外，两个公式中的常数R和k_B，由于两者满足$R=k_B\cdot N_A$(N_A是阿伏伽德罗常数)关系，因此，从公

式表达上实际是一致的。形如阿伦尼乌斯方程形式的公式，在后续内容中还会多次出现。

4. 电阻率的尺寸效应

当导电电子的自由程和试样尺寸是同一量级时，材料的导电性与试样几何尺寸有关。这一结论对于金属薄膜和细丝材料的电阻尤其重要。因为电子在薄膜表面会产生散射，构成新的附加电阻。如果载流子为电子的导体，当垂直于导电方向的几何尺寸很小时（如薄膜厚度为 d），电阻率增大，产生尺寸效应，即

$$\rho_d = \rho_\infty (1 + \frac{l}{d}) \tag{2.51}$$

式中 ρ_d—— 薄膜试样的电阻率；

ρ_∞—— 大尺寸试样的电阻率，称为体电阻率；

l—— 电子在试样中的散射自由程。

从式(2.51) 可以看出，对大尺寸试样而言，由于传导方向的几何尺寸远大于电子在试样中的散射自由程，因此 l/d 可忽略，此时，$\rho_d \approx \rho_\infty$，尺寸效应不存在。对薄膜材料而言，电流沿薄膜厚度方向传导时，薄膜厚度越接近电子在试样中的散射自由程，则 l/d 的贡献越大，不可忽略，此时尺寸效应凸现。电阻率的尺寸效应在超纯单晶体和多晶体中发现最多。尺寸效应这一现象对低维材料的研究至关重要。图 2.16 分别给出了 Mo 和 W 的单晶体厚度对电阻的影响。

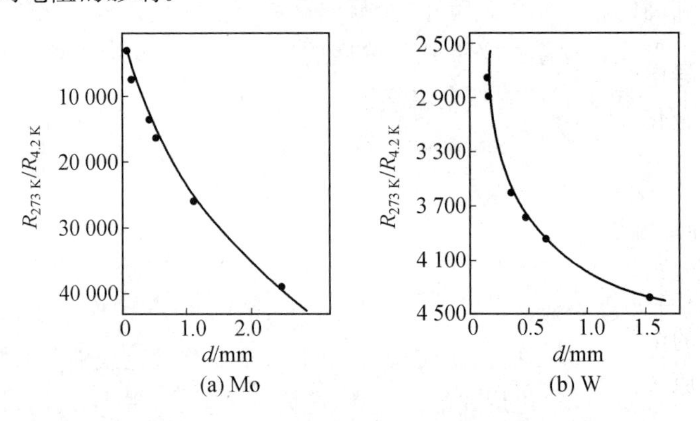

图 2.16 单晶体厚度对电阻的影响

5. 电阻率的各向异性

对对称性较差的材料而言，不同方向上对电子的散射不同，必然引起电阻率的各向异性。通常，立方晶系金属由于多晶体的各向同性，电阻率也呈各向同性。而对于对称性较差的六方晶系、四方晶系、斜方晶系和菱面体等金属，其电阻率则呈各向异性。

电阻率在垂直或平行于晶轴方向的数值有所差异，这一电阻的各向异性可用电阻各向异性系数(anisotropic coefficient) 表示，即

$$K = \frac{\rho_{(h_1k_1l_1)}}{\rho_{(h_2k_2l_2)}} = \frac{\rho_\perp}{\rho_{/\!/}} \tag{2.52}$$

式中 $\rho_{(h_1k_1l_1)}$—— 垂直特定晶向的电阻率，记为 $\rho_\perp$；

$\rho_{(h_2k_2l_2)}$—— 平行特定晶向的电阻率，记为 $\rho_{/\!/}$。

不同金属和不同温度下的$\rho_{\perp}$和$\rho_{/\!/}$是不相等的。常温下某些金属各向异性系数见表2.5。

表 2.5 一些金属电阻的各向异性

金属	晶格类型	$\rho/(\mu\Omega\cdot cm)$		$\rho_{\perp}/\rho_{/\!/}$	金属	晶格类型	$\rho/(\mu\Omega\cdot cm)$		$\rho_{\perp}/\rho_{/\!/}$
		$\rho_{\perp}$	$\rho_{/\!/}$				$\rho_{\perp}$	$\rho_{/\!/}$	
Be	六方密排	4.22	3.83	1.1	Cd	六方密排	6.54	7.79	0.84
Y	六方密排	72	35	2.1	Bi	菱面体	100	127	0.74
Mg	六方密排	4.48	3.74	1.2	Hg	菱面体	2.35	1.78	1.32
Zn	六方密排	5.83	6.15	0.95	Ga	斜方晶系	54(c轴)	8(b轴)	6.75
Sc	六方密排	68	30	2.2	Sn	四方晶系	9.05	13.3	0.69

多晶试样的电阻可通过晶体不同方向的电阻率表达，即

$$\rho_{多晶}=\frac{1}{3}(2\rho_{\perp}+\rho_{/\!/}) \tag{2.53}$$

在实际过程中，多晶体金属材料经过冷加工或经其他一些冶金、热处理过程后(如铸造、电镀、气相沉积、热加工、退火等)，多晶体的取向分布状态可以明显偏离随机分布状态，呈现一定的规则性，即形成织构(texture)。借助于电阻的各向异性特征，可用来研究金属材料的织构问题。

6. 合金化对导电性的影响

金属材料合金化后，其导电性变得较为复杂。这是由于异类原子进入金属基体后，往往引起基体晶格的畸变，组元间的相互作用会引起有效电子数量、能带结构以及合金组织结构的变化，这些因素都会对材料的导电性造成明显的影响。

(1) 固溶体的导电性。

一般情况下，当形成固溶体时，合金的导电性能降低，电阻率升高。这一规律对于即使是在导电性好的金属溶剂中溶入导电性很高的溶质金属时也是如此。造成这一变化的原因主要与溶质原子的溶入造成溶剂晶格曲畸变有关。晶格畸变将引起电子散射概率增加，从而使电阻率增高。原子半径差别越大，固溶体的电阻增加越大。除晶格畸变对电阻率的影响外，固溶体组元的化学相互作用(能带、电子云分布等)也会起到作用。通常，简单金属之间，双组元各占50%(原子百分数)时，固溶体电阻率出现最大值。图2.17给出了Ag－Au合金电阻率与成分之间的关系。从图2.17中可以看到，这一合金的电阻最大值出现在组元成分各占50%处。而对过渡族金属组成的固溶体，它的电阻率一般不在50%处。这是由于它们的价电子可以转移到过渡族金属的d层或f层中去，从而使有效导电电子数减少。这种电子的转移，可以看作固溶体组元之间的化学作用加强。图2.18给出了Cu、Ag、Au与Pd分别组成合金的电阻率与成分间的关系。

当溶质浓度较低时，低浓度固溶体的电阻率ρ变化规律符合马西森定律，即

$$\rho=\rho(T)+\rho_{r}=\rho(T)+C\Delta\rho \tag{2.54}$$

式中　$\rho(T)$—— 固溶体溶剂的电阻率，与温度有关，且随着温度的升高而增大；

ρ_r—— 溶质引起的电阻率，也就是剩余电阻率，ρ_r 与温度无关，只与溶质原子的浓度有关，满足关系：$\rho_r = C\Delta\rho$；

C—— 溶质原子浓度；

$\Delta\rho$—— 溶入 1% 溶质原子所引起的附加电阻率。

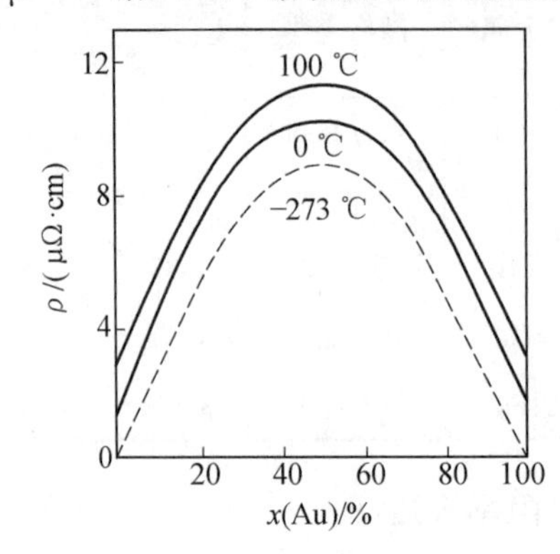

图 2.17 Ag－Au 合金电阻率与成分之间的关系

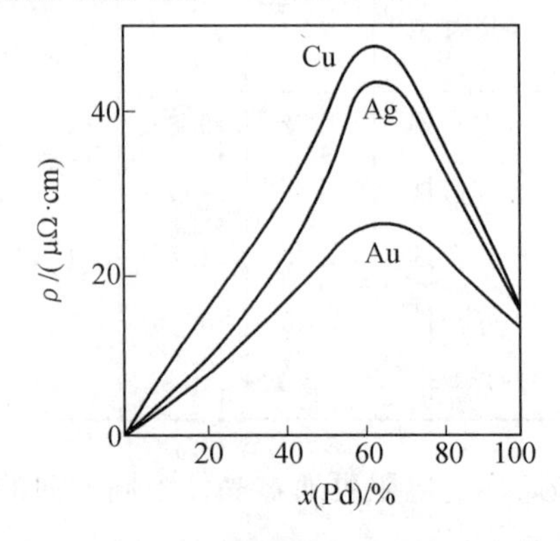

图 2.18 Cu、Ag、Au 与 Pd 组成合金的电阻率与成分间的关系

需要注意的是，目前已经发现不少低浓度固溶体（非铁磁性）偏离式(2.54) 给出的规律。这主要是由于式(2.54) 假定 ρ_r 与温度无关。实际上，固溶体的电阻既取决于温度对溶剂电阻的影响，也取决于温度对溶质所引起的 ρ_r 的影响。因此，通常把固溶体电阻率写成由三部分组成，即

$$\rho = \rho(T) + \rho_r + \Delta \tag{2.55}$$

式中 Δ—— 偏离马西森定律的值，与温度和溶质浓度有关。

另外，除过渡族金属外，在同一溶剂中溶入 1%（原子百分数）的溶质金属，其所引起的电阻率的增加由溶剂和溶质金属的价数而定，其价数差越大，增加的电阻率越大。这一结论可用诺伯里－林德法则(Norbury－Lide rule) 描述，即

$$\Delta\rho = a + b\,(\Delta Z)^2 = a + b\,(Z_Z - Z_J)^2 \tag{2.56}$$

式中 a、b—— 常数；

ΔZ—— 低浓度合金溶剂原子价数(Z_J) 和溶质原子价数(Z_Z) 间的差值。

有时，溶质原子在固溶体中的分布可达到有序状态，也就是形成溶质原子呈完全有序分布的有序固溶体(ordered solid solution)。当固溶体有序化(ordering) 后，合金的电阻将有明显的变化。这一有序化的影响作用主要体现在两方面：一方面，固溶体有序化后，其合金组元的化学作用增强，电子结合比无序固溶体增强，导致导电电子数减少，从而使合金的剩余电阻增加；另一方面，有序化后使晶体点阵的规律性加强，从而减少电子的散射，使电阻降低。其中后一因素占优势，因此，有序化后，合金的电阻总体呈下降趋势。图 2.19 为 Cu_3Au 合金有序化对电阻率的影响。从图中可以看到，合金的无序状态下（淬火态）电阻率与温度的关系与一般合金的电阻率相似。而 Cu_3Au 合金有序状态下（退火态）电阻率与温度的关系低于无序状态下的电阻率变化关系曲线，并且随着温度的升高逐渐向无序态电阻率曲线靠近。当温度达到有序－无序转变温度后，合金由有序态转变

为无序态，此时则进入与无序状态下的电阻率曲线变化一致的规律。在图 2.20 中可以看到，曲线 1 为正常 Cu－Au 合金中 Au 溶质原子百分数增加引起合金电阻率增加的变化规律。当 Au 溶质原子百分数达到约 50% 时，合金的电阻率最高。对于曲线 2 而言，当对 Cu－Au 合金有序化处理，则当合金成分出现 Cu_3Au 和 CuAu 时，电阻开始下降。曲线 2 中，合金 Au 的原子百分数分别为 25% 和 50% 时，合金电阻率最低。虚线 3 为与温度有关的部分电阻率，这部分电阻率不受两组元间的相互作用的影响。曲线 2 中的 n 和 m 点应当落在虚线 3 上。而实际上 n 和 m 点偏离虚线 3（也就是存在一个残余电阻），这是固溶体不能完全有序和合金组元的化学作用加强造成的。

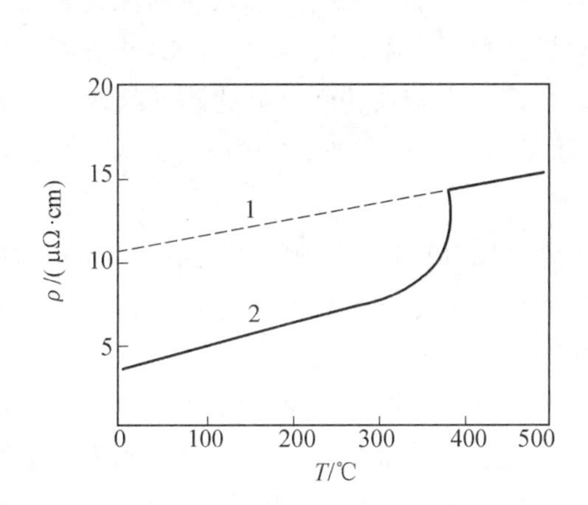

图 2.19 Cu_3Au 合金有序化对电阻率的影响

1— 无序（淬火态）；2— 有序（退火态）

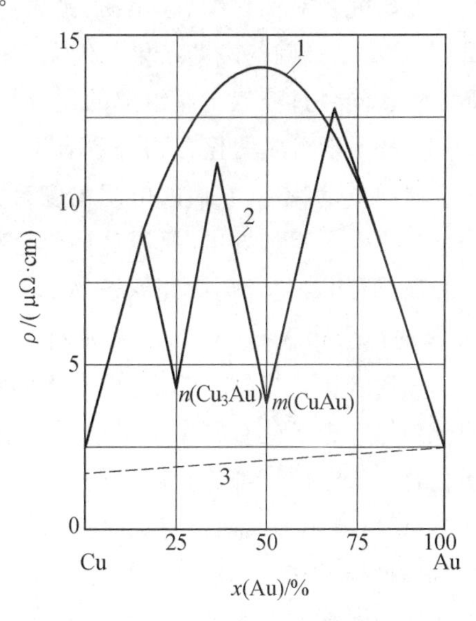

图 2.20 Cu－Au 合金电阻率曲线

1— 淬火；2— 退火；3— 只与温度有关的电阻率

冷形变对固溶体电阻的影响，如同对纯金属一样，能使电阻增大，所不同的是，形变对固溶体合金电阻的影响比纯金属大得多。例如，$w(Zn)=28\%$ 的 Cu－Zn 合金和 $w(Zn)=23\%$ 的 Ag－Zn 合金，形变使电阻提高可达 20%。Cu_3Au 合金淬火后为无序状态，因此它的电阻较高，而退火后处于有序状态，电阻较低。对有序固溶体进行形变，由于破坏了原子的有序状态，电阻的变化就十分显著，形变量越大，Cu_3Au 合金的电阻上升得越多。当形变量相当大的时候，合金的有序遭到完全破坏，电阻升高到接近无序状态的数值。

除此以外，在有些合金中，可形成不均匀固溶体（K 状态），即固溶体中溶质原子产生偏聚，从而使电子散射增加，金属的电阻增大。冷加工将破坏固溶体的不均匀组织，引起电阻率降低。这一关系与前所述的冷加工对电阻率的影响关系一致。

(2) 化合物、中间相、多相合金的导电性。

金属化合物的导电能力都比较差，其电阻率比各组元的要大得多。造成这一现象的原因是组成化合物后，原子间的金属键部分改换为共价键或离子键，使传导电子数减少。正是由于结合性质发生了变化，所以还常因为形成了化合物而变成半导体，甚至完全失掉导体的性质。表 2.6 给出了化合物及其各组元的电导率数据。该表中三行数据依次代表第一组元、第二组元和化合物的电导率。

表 2.6 化合物及其各组元的电导率 ($\times 10^{-2}$ S/m)

行序	$MgCu_2$	Mg_2Cu	Mg_2Al_3	Mn_2Al_3	$FeAl_3$	$NiAl_3$	Ag_2Al	Ag_3Al_2	Ag_2Mg_3	Cu_3As
1	23.0	23.0	23.0	22.7	11.0	3.51	68.1	68.1	68.1	64.1
2	64.1	64.1	35.1	35.1	35.1	35.1	35.1	35.1	23.0	2.85
3	19.4	8.38	2.63	0.20	0.71	3.47	2.75	3.85	6.16	1.70

有研究曾对铝化物、硅化物、锗化物、硼化物、氮化物和碳化物的电阻进行过系统的测量，并给出了详细的测量结果。结果表明，铝化物电阻具有金属的特征，比纯组元的电阻高。铝和同一过渡族金属组成的化合物中，含铝量越少，电阻越高。Al 和 O、H、P、Se、S、B、Mn 等元素组成的化合物都具有半导体的特性。氯化物、硼化物和碳化物都具有明显的金属导电的特性，它们的电阻温度系数的数量级和固溶体的一样。由于 C、N、B 能给出一部分价电子参加导电，所以这些化合物的结合键具有金属特性。硅化物的结合也类似于金属，但随着化合物中硅原子的增多，在硅原子间形成共价结合的倾向增大，因此，金属和 Si 的化合物 MSi_2 和 Si 一样具有半导体的性质。

一般来讲，中间相的导电性介于固溶体和金属化合物之间。中间相包括电子化合物、间隙相等。电子化合物主要呈金属键结合，其导电性介于固溶体和金属化合物之间。电子化合物的电阻率都比较高，而且在温度升高时，电阻率增高，这符合纯金属的规律。但在熔点时，电阻率反而下降。这是由于熔化后金属键的加强，并且在熔点以上电子化合物分解的过程是在某一温度区间逐步完成的，故在熔点以上随温度的升高，其电阻率仍继续下降。间隙相主要是指过渡族金属与 H、N、C、B 组成的化合物。此时，非金属元素处在金属原子点阵的间隙之中。这类相绝大部分是属于金属型化合物，具有明显的金属导电性，其中一些(如 TiN、ZrN)是良好的导体，比相应的金属组元的导电性还好。这些相的正电阻温度系数与固溶体电阻温度系数有相同的数量级。这些相具有金属性结合，并且非金属(如 H、N、C)还会给出部分价电子成为传导电子，使有效电子数增加，从而提高电导率。

多相合金的导电性与其组成相的导电性有关，即和合金的组织有关。当合金由两个以上的相组成多相合金时，其合金的导电性应当由组成相的导电性来决定。影响多相合金导电性的因素很多，不仅决定于相组成，还与晶粒形貌及其分布有关。只有当各相均为等轴晶且电阻率相差不大时，才满足如下规律，即

$$\sigma = \varphi_\alpha \sigma_\alpha + \varphi_\beta \sigma_\beta \tag{2.57}$$

式中 σ—— 多相合金的电导率；

$\sigma_\alpha, \sigma_\beta$—— 各相的电导率；

$\varphi_\alpha, \varphi_\beta$—— 各相的体积分数，且 $\varphi_\alpha + \varphi_\beta = 1$。

图 2.21 为电阻率与合金不同状态关系示意图。图 2.21 中标有 ρ 的曲线表示状态图相应的相的电阻率变化。图 2.21(a) 表示连续固溶体电阻率随成分的变化。在低浓度

区，ρ迅速增大，符合马西森定律；在高浓度区，ρ增大趋势减缓，溶质原子百分数达50%时出现最大值，因此ρ变化曲线呈非线性特征。图2.21(b)所示的($\alpha+\beta$)的双相区中，电阻率变化与成分呈线性关系。在相图两端固溶体(边际固溶体)区域，其电阻率变化不是线性关系，其变化规律与电阻率随溶质元素的增多而增大的规律一致。图2.21(c)表示具有AB化合物的电阻率变化。在单相AB化合物混合区，随着化合物的增多，电阻率增大。电阻率在完全形成AB化合物时达到最高值。图2.21(d)表示具有某种间隙相的电阻率变化。在端部单相区，ρ迅速增大，符合马西森定律；中部($\alpha+\gamma$)及($\beta+\gamma$)双相区，电阻率与成分呈线性关系；在中部间隙γ相区，呈分段线性关系，此时，电阻率较形成它的组元下降。这一与金属间化合物以及中间相导电性有关的研究还有待继续开展。

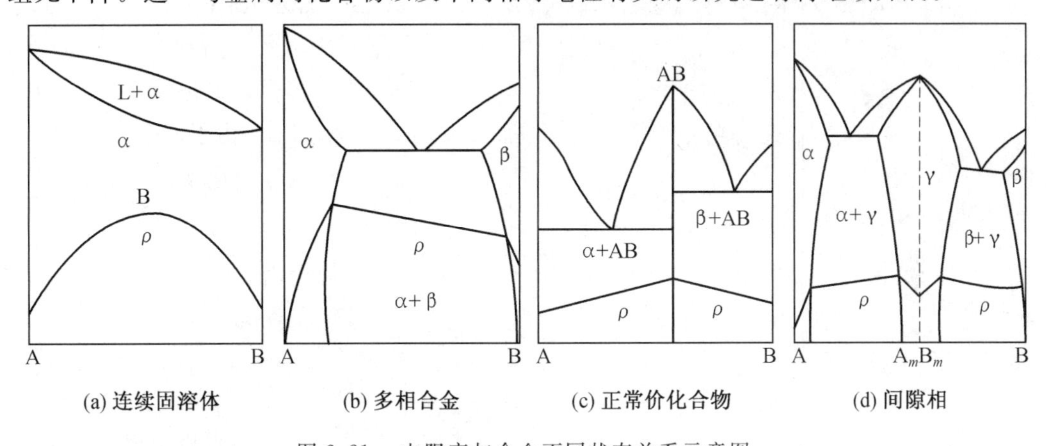

图2.21 电阻率与合金不同状态关系示意图

2.3 离子类载流子导电

离子导电(ionic conduction)是带电荷的离子载流子在电场作用下的定向运动。晶体的离子导电可以分为两类。一类是晶体点阵的基本离子随着热振动离开晶格形成热缺陷(thermal defects)，这种热缺陷不论是离子或是空位(vacancy)都带电，可作为离子导电载流子在电场作用下发生定向迁移从而实现导电。这种导电称为本征导电或固有导电(intrinsic conduction)。很明显，这种情况通常需要在高温条件下发生。另一类参加导电的载流子主要是杂质，称为杂质导电(impurity conduction)。杂质离子是晶格中结合比较弱的离子，因此，杂质在电场作用下的定向迁移可以在较低温度发生。这里需要说明的是，晶格点阵节点位置上若缺少离子，就形成空位。这一空位可容纳临近的离子，而空位本身看起来就像移到临近离子留下的位置上。因此，空位的移动实际上是异性离子的移动。通常认为，阳离子空位带负电，阴离子空位带正电。另外，在电场作用下，空位做定向运动引起电流实际是离子"接力式"的运动，而不是某一离子连续不断的运动。

导电性离子的特点是离子半径较小，电价低，在晶格内的键型主要是离子键。由于离子间的库仑引力较小，故易迁移。通常，可移动的阳离子有H^+、NH_4^+、Li^+、Na^+、K^+、Rb^+、Cu^+、Ag^+、Ga^+、Tl^+等；可移动的阴离子有O^{2-}、F^-、Cl^-等。表2.7给出了一些典型固体电解质(solid electrolyte) 的电导率数据。

表 2.7 一些典型固体电解质的电导率

	导电性离子	固体电解质	电导率 /($S\cdot cm^{-1}$)
阳离子导电体	Li^+	Li_3N	0.003(25 ℃)
		$Li_{14}Zn(GeO_4)_4$(锂盐)	0.13(300 ℃)
	Na^+	$Na_2O\cdot 11Al_2O_3(\beta-Al_2O_3)$	0.2(300 ℃)
		$Na_3Zr_2Si_2PO_{12}$(钠盐)	0.3(300 ℃)
		$Na_5MSi_4O_{12}(M=Y,Cd,Er,Sc)$	0.3(300 ℃)
	K^+	$K_xMg_{x/2}Ti_{8-x/2}O_{16}(x=1,6)$	0.017(25 ℃)
	Cu^+	$RbCu_3Cl_4$	0.022 5(25 ℃)
	Ag^+	$\alpha-AgI$	3(25 ℃)
		Ag_3SI	0.01(25 ℃)
		$RbAg_4I_5$	0.27(25 ℃)
	H^+	$H_3(PW_{12}O_{40})\cdot 29H_2O$	0.2(25 ℃)
阴离子导电体	F^-	$\beta-PbF_2(+25\%BiF_3)$	0.5(350 ℃)
		$(CeF_3)_{0.95}(CaF_2)_{0.05}$	0.01(200 ℃)
	Cl^-	$SnCl_2$	0.02(200 ℃)
	O^{2-}	$(ZrO_2)_{0.85}(CaO)_{0.25}$(稳定二氧化锆)	0.025(1 000 ℃)
		$(Bi_2O_3)_{0.75}(Y_2O_3)_{0.25}$	0.08(600 ℃)

2.3.1 离子导电理论

离子类载流子导电是离子类载流子在电场作用下,通过材料的长距离的迁移。其导电能力可用$\sigma=nq\mu$关系进行评估。因此,需要了解与离子导电有关的载流子数量n、离子带电量q和离子迁移率μ的表达方式。

1. 载流子浓度

对于本征电导,可参与导电的载流子由晶体本身热缺陷 —— 弗伦克尔缺陷(Frenkel defects) 和肖特基缺陷(Schottky defects) 提供。这两类缺陷分别是以苏联物理学家雅科夫·弗伦克尔(Яков Френкель,英文名 Yakov Frenkel,1894—1952) 和德国物理学家瓦尔特·肖特基(Walter Hermann Schottky,1886—1976) 名字命名的。如图 2.22(a) 所示,弗伦克尔缺陷是离子脱离格点平衡位置挤入晶体间隙,形成间隙离子,先占据的格点处留下一个空位。这种缺陷的特点是间隙离子和空位是成对出现的。肖特基缺陷是由于热运动引起的,晶体中阳离子及阴离子脱离平衡位置,跑到晶体表面或晶界位置上,构成一层新的界面,而产生阳离子空位及阴离子空位,如图 2.22(b) 所示。

弗伦克尔缺陷的填隙离子和空位的浓度是相等的,都可表示为

$$N_f=N\exp(-E_f/2k_BT) \tag{2.58}$$

同样,肖特基空位浓度在离子晶体中可表示为

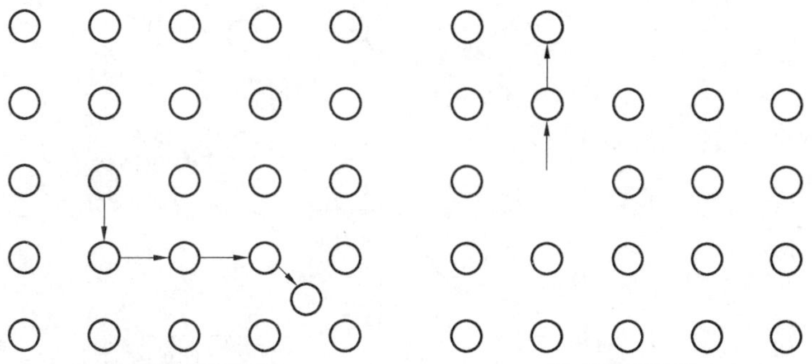

(a) 弗伦克尔缺陷　　(b) 肖特基缺陷

图 2.22 热缺陷示意图

$$N_s = N\exp(-E_s/2k_B T) \tag{2.59}$$

式中 N_f—— 弗伦克尔缺陷数目；

N_s—— 肖特基缺陷数目；

N—— 单位体积内离子结点数；

T—— 温度；

k_B—— 玻耳兹曼常数；

E_f—— 形成一个弗伦克尔缺陷，即同时生成一个填隙离子和一个空位所需的能量；

E_s—— 形成一个肖特基缺陷，即离解一个阴离子和一个阳离子并到达表面所需的能量。E_f 和 E_s 均称为离解能(dissociation energy)。

从这两式中可以看到，热缺陷的浓度 N 决定于温度 T 和离解能 E。常温下 $k_B T$ 比起 E 来很小，因而只有在高温下，热缺陷浓度才显著大起来，即本征电导在高温下显著。实际上，这两个关系式都具有阿伦尼乌斯方程的公式外形，也反映着缺陷浓度变化快慢的概念。其中，材料自身离解能 E 的高低是决定缺陷浓度形成快慢的关键。离解能 E 越大，产生热缺陷的难度越高，因此热缺陷的浓度越低。一般肖特基缺陷形成能比弗伦克尔缺陷形成能低许多，只有在结构很松、离子半径很小的情况下，才容易形成弗伦克尔缺陷。

杂质离子载流子的浓度取决于杂质的数量和种类。低温下，离子晶体的电导主要由杂质载流子浓度决定。杂质离子的存在不仅增加了电流载体数，而且使点阵发生畸变，杂质离子的离解活化能变小。

2. 离子迁移率

热运动能是间隙离子迁移所需要能量的主要来源。假设一间隙离子位于间隙位置，受周围离子的影响，处于一定的平衡位置，如图 2.23 所示。由于间隙位置处于格点离子间距离 δ 的一半位置处，因此称为半稳定位置。如果间隙离子由于热运动，越过势垒(potential barrier)U_0，从一个间隙位置进入相邻原子的间隙位置，则实现了离子的迁移，其迁移的距离为 δ。

根据玻耳兹曼统计(Boltzmann statistics) 规律，间隙离子单位时间内沿某一方向的跃迁次数为

$$P = \frac{\nu_0}{6}\exp(-U_0/k_B T) \tag{2.60}$$

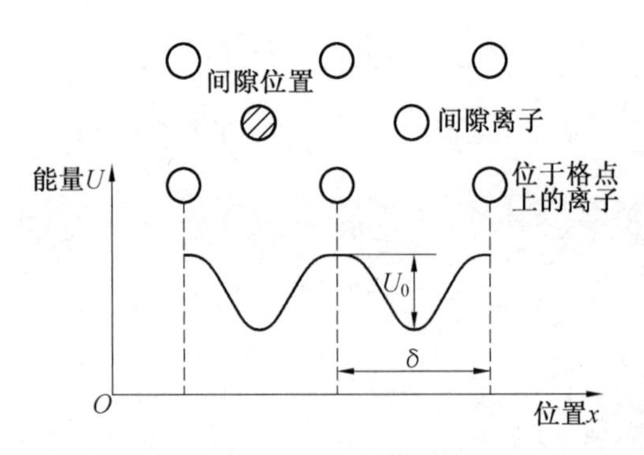

图 2.23 间隙离子的势垒

式中 ν_0—— 间隙离子在半稳定位置上的振动频率；

T—— 温度；

k_B—— 玻耳兹曼常数；

U_0—— 势垒。

当无外加电场时，间隙离子在晶体中各个方向的迁移次数都相同，宏观上没有电荷定向运动，介质中无电导现象。

加上电场后，晶体间隙离子的势垒不再对称，如图 2.24 所示。假设在离子晶体中加上图 2.24 所示方向的电场E，此时电荷数为q的正间隙离子受到的电场力为$F=qE$，且电场力 F 的方向与电场 E 方向一致，则电场 E 在$\delta/2$ 距离上的电势差为

$$\Delta U = F \cdot \frac{\delta}{2} = qE \cdot \frac{\delta}{2} \tag{2.61}$$

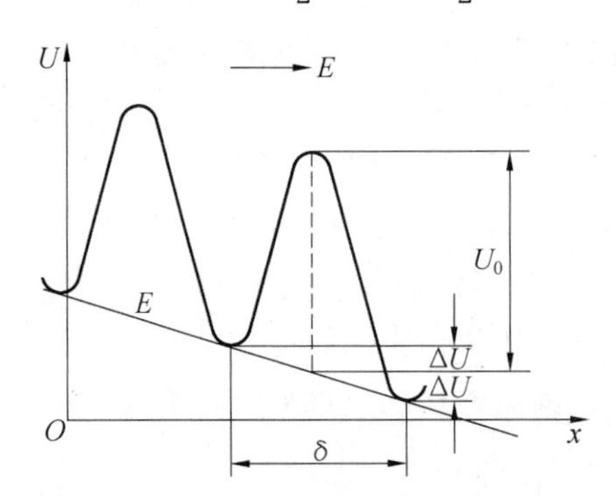

图 2.24 电场下晶体中间隙离子的势垒变化

单位时间内，顺电场方向间隙离子跃迁次数 P^+ 和逆电场方向间隙离子跃迁次数 P^- 分别为

$$P^+ = \frac{\nu_0}{6}\exp\left(-\frac{U_0 - \Delta U}{k_B T}\right) \tag{2.62}$$

$$P^- = \frac{\nu_0}{6}\exp\left(-\frac{U_0 + \Delta U}{k_B T}\right) \tag{2.63}$$

由于外加电场的存在，间隙离子在顺、逆电场方向需要克服的势垒发生变化，即顺电场方向跃迁次数 P^+ 大于逆电场方向跃迁次数 P^-，则剩余迁移次数为

$$\Delta P = P^+ - P^- \tag{2.64}$$

间隙离子每跃迁一次的距离为 δ,那么,离子载流子沿电场方向的迁移速度满足

$$\begin{aligned} v &= \frac{\delta}{t} = \Delta P \cdot \delta = (P^{+} - P^{-}) \cdot \delta \\ &= \frac{\nu_0 \delta}{6} \exp\left(-\frac{U_0}{k_B T}\right) \left[\exp\left(\frac{\Delta U}{k_B T}\right) - \exp\left(-\frac{\Delta U}{k_B T}\right)\right] \end{aligned} \tag{2.65}$$

这里,时间 t 的例数 $\frac{1}{t}$ 表示单位时间内的迁移次数,即 $\frac{1}{t} = \Delta p$。

当电场 E 不大时,$\Delta U \ll k_B T$,则式(2.65)中的 exp 指数部分可分别近似为

$$\exp\left(\frac{\Delta U}{k_B T}\right) \approx 1 + \frac{\Delta U}{k_B T} \tag{2.66}$$

$$\exp\left(-\frac{\Delta U}{k_B T}\right) \approx 1 - \frac{\Delta U}{k_B T} \tag{2.67}$$

将式(2.61)、式(2.66)和式(2.67)代入式(2.65),则

$$v = E \cdot \frac{\delta^2 \nu_0 q}{6 k_B T} \exp\left(-\frac{U_0}{k_B T}\right) \tag{2.68}$$

因此,载流子沿电流方向的迁移率 μ 满足

$$\mu = \frac{v}{E} = \frac{\delta^2 \nu_0 q}{6 k_B T} \exp\left(-\frac{U_0}{k_B T}\right) \tag{2.69}$$

3. 离子电导率

载流子浓度及迁移率确定以后,离子载流子的电导率可按 $\sigma = nq\mu$ 确定。

如果本征导电由肖特基缺陷引起,将式(2.59)和式(2.69)代入电导率的计算公式,则

$$\sigma = N \cdot \frac{\delta^2 q^2 \nu_0}{6 k_B T} \cdot \exp\left[-\left(\frac{U_s + \frac{1}{2} E_s}{k_B T}\right)\right] = A_s \exp\left(-\frac{W_s}{k_B T}\right) \tag{2.70}$$

式中 W_s——电导活化能(activation energy for conduction),包括缺陷形成能(E_s)和迁移能(U_s);

A_s——在温度不高的范围内为常数。

此时,电导率主要由指数部分决定。

如果令 $B_s = \frac{W_s}{k_B}$,则式(2.70)可以写为

$$\sigma = A_s \exp\left(-\frac{B_s}{T}\right) \tag{2.71}$$

将式(2.71)两边取对数,可得到双对数关系:

$$\ln \sigma = A_1 - \frac{B_s}{T} \tag{2.72}$$

由式(2.72)也可获得电阻率与温度的变化关系,即

$$\ln \rho = A + \frac{B_s}{T} \tag{2.73}$$

以 $\ln \sigma - \frac{1}{T}$ 或 $\ln \rho - \frac{1}{T}$ 关系作图,可得到一直线关系。通过斜率的结果可获得电导

活化能 W_s。

式(2.72) 或式(2.73) 给出的这一关系是离子类载流子导电的半对数线性规律，是离子导体的电阻分析基本规律，也是研究离子迁移热力学参数一种便捷、重要的手段。图 2.25 给出了离子玻璃的电阻率关系。从图 2.25 中可以看到，该类材料的电阻率与温度的变化关系与上述表达一致。

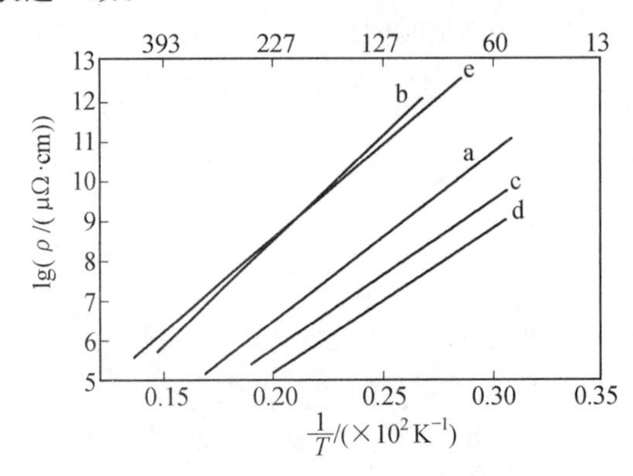

图 2.25 离子玻璃的电阻率

a—$18Na_2O \cdot CoCaO \cdot 72SiO_2$；b—$10Na_2O \cdot 20CaO \cdot 70SiO_2$；

c—$12Na_2O \cdot 88SiO_2$；d—$24Na_2O \cdot 76SiO_2$；e— 硼硅酸玻璃(Pyrex)

如果物质多种载流子都参与导电，则该物质总的电导率为

$$\sigma = \sum_i A_i \exp\left(-\frac{B_i}{T}\right) \tag{2.74}$$

需要说明的是，不论本征离子导电还是杂质导电，均可以仿照式(2.74) 的形式写出。

2.3.2 离子电导与扩散

离子类载流子在电场作用下的移动方式是从一个平衡位置移动至另一个平衡位置，因此，可以将离子导电看作离子在电场作用下的定向扩散(diffusion) 现象。因此，离子导电与扩散间必然存在一定的数学关系。

离子扩散机制主要有空位扩散(vacancy diffusion 或 substitutional diffusion)、间隙扩散(intersitial diffusion) 和填隙扩散(interstitialcy diffusion)，如图 2.26 所示。空位扩散是以空位为媒介进行的扩散，空位周围相邻的离子(或原子) 跃入空位，该离子原来占有的点阵格点位置变成空位，这个新空位周围的离子再跃入这个空位，依此类推。由于空位的存在，周围邻近离子跳入空位所需的势垒较低，因此，以此方式实现的扩散较为容易。间隙扩散是扩散的离子(或原子) 在晶格间隙的位置之间的运动。此时，离子从一个间隙位置到达相邻间隙位置时，必须把点阵上间隙离子周围点阵上的离子挤开，使晶格发生局部的瞬时畸变，这部分畸变能便是离子扩散时所必须克服的势垒，因此，间隙扩散往往较难进行。在填隙机制中，两个离子(或原子) 同时移位运动，其中一个是间隙离子，另一个是处于点阵上的离子。间隙离子取代附近点阵上的离子进入点阵位置，而被取代的点阵离子则进入间隙位置。这种扩散运动由于晶格变形小，因此也比较容易产生。

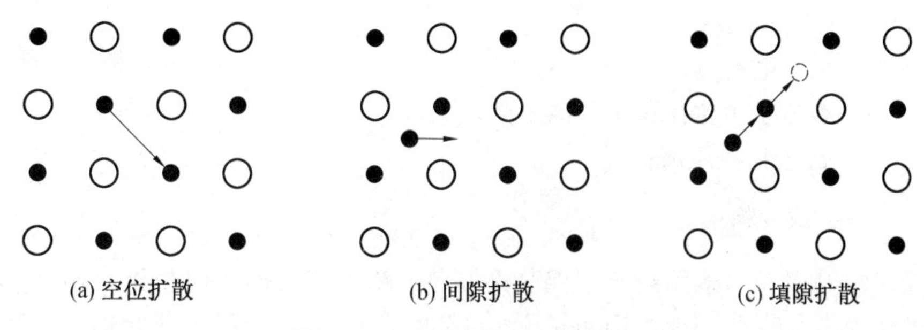

图 2.26 离子扩散机制示意图

晶体中的离子进行扩散时，不论以何种机制进行扩散，首先均需要得到足以克服势垒所必需的额外能量，从而实现从一个平衡位置向另一个平衡位置的跃迁，这部分能量称为扩散激活能(activation energy of diffusion)。扩散系数(diffusion coefficient)D 随温度 T 的变化关系满足

$$D = D_0 \exp\left(-\frac{W}{RT}\right) \tag{2.75}$$

式中 D_0—— 扩散常数；

R—— 气体常数；

W—— 扩散激活能。

实际上，扩散系数 D 可由实验测得。结合 D 与温度 T 之间的关系，对式(2.75) 两侧均取对数，即可获得 $\ln D$ 与 $1/T$ 的对应关系满足线性关系。由该关系中的截距可求得 D_0，由斜率可求得 W。扩散激活能受很多因素的影响，如固溶体类型、晶体结构类型、晶体缺陷及化学成分等。表 2.8 给出了某些扩散系统的 D_0 和 W。

表 2.8 某些扩散系统的 D_0 和 W(近似值)

扩散组元	基体金属	$D_0/(\times 10^{-5}\ m^2 \cdot s^{-1})$	$W/(\times 10^3\ J \cdot mol^{-1})$	扩散组元	基体金属	$D_0/(\times 10^{-5}\ m^2 \cdot s^{-1})$	$W/(\times 10^3\ J \cdot mol^{-1})$
碳	γ 铁	2.0	140	锰	γ 铁	5.7	277
碳	α 铁	0.20	84	铜	铝	0.84	136
铁	α 铁	19	239	锌	铜	2.1	171
铁	γ 铁	1.8	270	银	银(体积扩散)	1.2	190
镍	γ 铁	4.4	283	银	银(晶界扩散)	1.4	96

能斯特－爱因斯坦(Nernst-Einstein) 方程建立了扩散系数 D 和电导率 σ 之间的关系。能斯特(Wallter Hermann Nerst,1864—1941) 是德国著名的物理学家、物理化学家，因他在热化学方面的卓越贡献，于 1920 年获得诺贝尔化学奖。

根据菲克第一定律(Fick's first law)，离子类载流子在单位时间内通过垂直于扩散方向的单位截面积的扩散离子流量 J_1 与该截面处的浓度梯度(concentration gradient)成正比，即

$$J_1 = -Dq \frac{\partial n}{\partial x} \tag{2.76}$$

式中 J_1—— 扩散离子流量，对离子类载流子来说，J_1 实际就是离子流密度；

D—— 扩散系数；
q—— 离子电荷量；
n—— 载流子单位体积中的离子数；
x—— 离子扩散距离；
$\frac{\partial n}{\partial x}$—— 浓度梯度。

式(2.76) 中的负号表示离子的扩散流方向与浓度梯度的方向相反。菲克扩散方程是由德国生理学家菲克(Adolf Eugen Fick,1829—1901) 于 1855 年提出的。

当存在电场 E 时,产生的电流密度 J_2 可用欧姆定律的微分形式表示,即

$$J_2 = \sigma E = \sigma \frac{\partial U}{\partial x} \tag{2.77}$$

式中 U—— 电压。

总的电流密度 J 满足

$$J = J_1 - J_2 = -Dq \frac{\partial n}{\partial x} - \sigma \frac{\partial U}{\partial x} \tag{2.78}$$

根据玻耳兹曼分布规律,在电场中单位体积的离子数满足

$$n = n_0 \exp(-qU/k_B T) \tag{2.79}$$

式中 n_0—— 常数。

在热平衡条件下,可认为总的电流密度 $J = 0$。将式(2.79) 代入式(2.78),则

$$J = \frac{nDq^2}{k_B T} \cdot \frac{\partial U}{\partial x} - \sigma \frac{\partial U}{\partial x} = 0 \tag{2.80}$$

因此,可以得到电导率 σ 和扩散系数 D 之间的关系,即能斯特 — 爱因斯坦方程:

$$\sigma = D \cdot \frac{nq^2}{k_B T} \tag{2.81}$$

根据电导率关系 $\sigma = nq\mu$ 并结合式(2.81),可建立扩散系数 D 和离子迁移率 μ 的关系,即

$$D = \frac{\mu}{q} k_B T = B k_B T \tag{2.82}$$

式中 B—— 离子绝对迁移率,$B = \frac{\mu}{q}$。

2.3.3 离子导电的影响因素

1. 温度的影响

从式(2.70) 可以看出温度对离子导电的影响规律,即温度以指数关系影响着电导率,呈半对数线性规律。温度升高,电导率呈指数形式增加。图 2.27 给出了温度对离子导电的影响。从图 2.27 中可以看到,随着温度的增加,其电阻率对数的斜率(即电导活化能) 会发生变化,出现拐点 A。在低温下,杂质电导占主导;随着温度的升高,热运动能量升高,本征导电的载流子增多,离子晶体的本征导电占主导。由于杂质活化能较点阵离子的活化能低,因此在 $\ln \sigma - \frac{1}{T}$ 关系中出现了拐点。对多数陶瓷材料而言,这一拐点的出现

与离子导电机构改变有关。

造成拐点的原因,除了离子导电机构变化以外,导电载流子种类发生变化也可能引起拐点出现。例如,刚玉在低温下为杂质离子导电,在高温下则为电子导电。

2. 离子性质、晶体结构的影响

离子性质和晶体结构对离子导电的影响是通过改变电导活化能实现的。如前所述,电导活化能包括缺陷形成能和迁移能。这一能量大小实际与材料自身的结合力有关。结合力越大,电导活化能越高,离子离开平衡位置所需的外部能量(主要是指热能和电能)越高,则离子定向迁移越难,也就造成离子晶体的电导率越低。如高熔点晶体,其离子间结合力大,因此电导率低。在研究碱卤化合物的导电性时发现,负离子半径增大,其正离子活化能显著降低。例如,NaF的活化能为216 kJ/mol,NaCl为169 kJ/mol,而NaI只有118 kJ/mol,因此其电导率较前两者提高。这实际也反映出碱卤化合物中,随着负离子半径的增大,正负离子间的结合力实际是降低的。另外,离子电荷的高低对活化能也有影响。一价正离子尺寸小、荷电量少、活化能低;相反,高价正离子价键强、激活能高,故迁移率低,电导率也低。

晶体的结构状态对离子活化能也有影响。结构紧凑的离子晶体由于可供移动的间隙小,则间隙离子迁移困难,其活化能高,电导率较低。如果晶体结构有较大间隙,离子则易于运动,电导率增加。图2.28给出了不同半径的二价离子在$20Na_2O \cdot 20MO \cdot 60SiO_2$玻璃中对电阻率的影响,其中,MO代表不同半径的二价离子氧化物。从图2.28中可以看到,相同基体材料中,半径越大的二价离子氧化物电阻率越高,电导率越低。

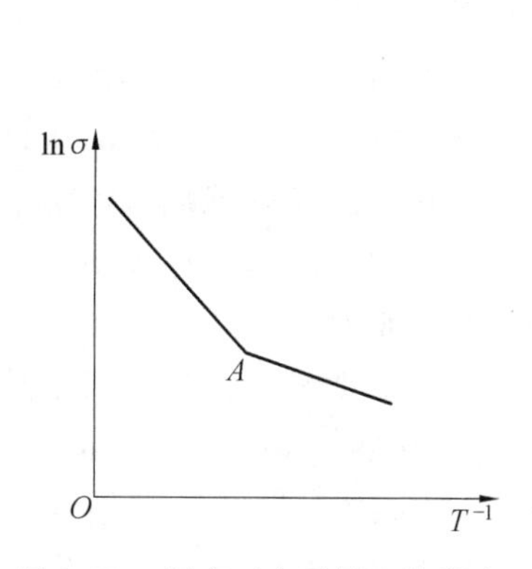

图2.27 温度对离子导电的影响

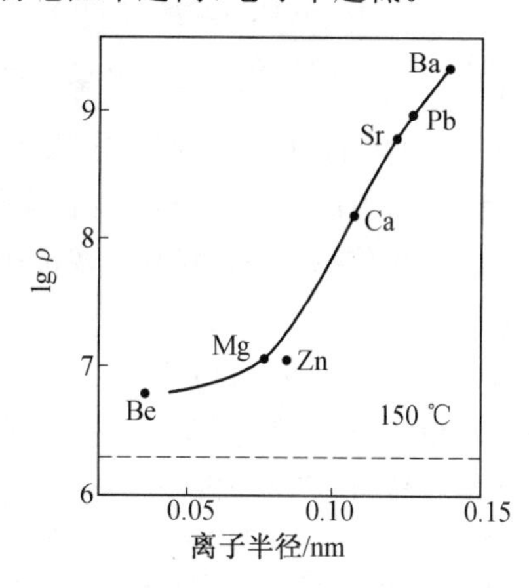

图2.28 不同半径的二价离子对玻璃电阻率的影响

注:图中虚线为$20Na_2O \cdot 80SiO_2$玻璃的电阻率

3. 点缺陷的影响

对离子晶体而言,只有当其自身的电子类载流子浓度小、点缺陷(仍然主要是指弗伦克尔缺陷和肖特基缺陷)浓度大并参与导电时,才可能具备离子类载流子导电的特性。因此,离子晶体中点缺陷的生成和浓度大小是决定离子导电的关键。

影响晶体缺陷生成和浓度大小的主要原因是:① 由于热激励生成晶体缺陷,对理想晶体而言,晶体中的离子不能脱离点阵位置而移动。当热激活后,晶体中才产生弗伦克尔缺陷或肖特基缺陷,通常后者更容易产生。② 不等价固溶掺杂形成晶格缺陷。例如,一

价 Ag^{+} 构成的晶体 AgBr 中掺杂由二价 Cd^{2+} 构成的晶体 $CdBr_2$，则 Cd^{2+} 容易进入 AgBr 的晶格中取代 Ag^{+}，从而形成晶格缺陷。③ 缺陷也可能是由于晶体所处环境气氛发生变化，使离子型晶体的正负离子的化学计量比发生改变，而生成晶格缺陷。例如，稳定型 ZrO_2 由于氧的脱离而生成氧空位。

2.3.4 快离子导体

上节讨论的普通离子晶体中的离子扩散可以形成导电。这些离子晶体按照扩散方式可划分为肖特基(Schottky)导体和弗伦克尔(Frenkel)导体。图 2.29 给出了肖特基导体和弗伦克尔导体电导率与温度的关系。从图中可以看出，这些晶体的电导率很低。例如，氯化钠的室温电导率只有 10^{-15} S/cm，200 ℃ 时也只有 10^{-8} S/cm。

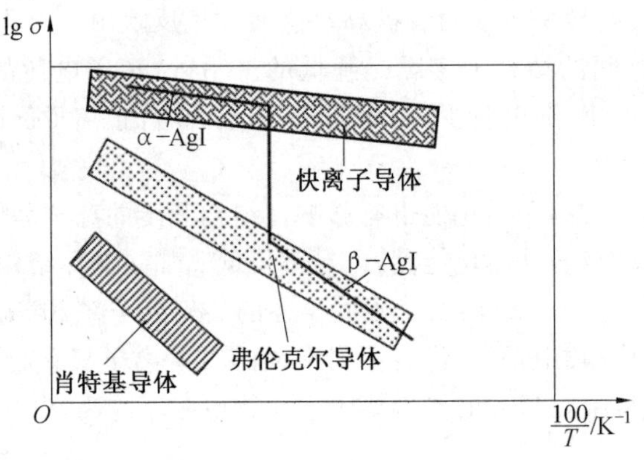

图 2.29 各种离子导体电导率与温度的关系

另有一类离子晶体，室温下电导率可以达到 10^{-2} S/cm，几乎可与液体电解质或熔盐的电导率媲美。通常，将这类具有优良离子导电能力(电导率高达 $10^{-1} \sim 10^{-2}$ S/cm，活化能低至 $0.1 \sim 0.2$ eV) 的材料称为快离子导体(Fast Ion Conductor，FIC) 或固体电解质(solid electrolyte)，也称作超离子导体(super ion conductor)。快离子导体的电导率与温度的关系也满足式(2.70)，但其活化能比经典离子晶体的活化能低很多。由于快离子导体的活化能很低，从图 2.29 中可以明显看到，快离子导体的电导率明显高于经典离子晶体的电导率。从图 2.29 还可看到，β－AgI 是碘化银的室温相，它是经典晶体中的弗伦克尔导体，而高温相 α－AgI 才是快离子导体。也就是说，一般普通固体随温度升高，在某一温度(如碘化银为 146 ℃) 发生相变后，呈现出高电导率的相就是快离子导体相。从电导和结构两方面看，快离子导体相可以视为普通离子固体和离子液体之间的一种过渡状态。

固体中快离子导电现象可以追溯到 19 世纪。19 世纪 80 年代，E. Warburg 最早证明了固体化合物中存在纯粹的离子导电(pure ionic conductivity) 现象。德国物理化学家能斯特(Walther Hermann Nernst，1864—1941) 首次考虑了高温下离子在固体氧化物中的运动，并发明了称之为“Nernst glower” 的能斯特光源。20 世纪 20 年代初，C. Tubandt 和他的合作者发现了大量的银离子和铜离子导体。其中，他们发现 AgI 在接近熔点时的固体电导率高于其熔融状态的电导率约 20%。随后，J. Frenkel、W. Schottky 和

C. Wagner 等解释了固体中缺陷形成与运动的机理。E. Baur 和 H. Preis 探究了燃料电池中 ZrO_2 的能量转换问题。固体中快离子导体研究的另一个重要阶段是19世纪60年代中期有关室温下 Ag_4RbI_5 以及 $\beta-Al_2O_3$ 材料的研究，把快离子导体的应用从高温推向室温。20世纪70年代，美国福特汽车公司已把 $Na-\beta-Al_2O_3$ 快离子导体制成 Na－S电池，锂快离子制成的电池可用于计算机、电子表、心脏起搏器等。1991年索尼公司发布首个商用锂离子电池。随后，锂离子电池革新了消费电子产品的面貌。此类以钴酸锂作为正极材料的电池，至今仍是便携电子器件的主要电源。自此以后，国际上对快离子导体开展了极为广泛的研究：一方面对已发现的快离子导体进行深入工作，同时进一步探索新的离子导体；另一方面，从晶体结构、离子传导机理及传导动力学等角度进行广泛研究，以期获得高离子电导的结构条件及对快离子传导理论获得一个统一概括的认识。目前，在已发现的快离子导体中，绝大多数是快离子导体陶瓷，是集金属电学性质和陶瓷结构特性于一身的高性能功能材料，具有优良的抗氧化、抗腐蚀、耐高温、高机械强度等特点。由快离子导体制作的化学传感器、电池等已广泛应用于生产、生活各个方面。

快离子导体中参与导电的载流子主要是离子，并且其在固体中可流动的数量相当大。例如，经典晶体氯化钠、氯化银、氯化钾以及 $\beta-AgI$ 中可流动的离子的数量不大于 $10^{18}\ cm^{-3}$，而快离子导体中可流动的离子数目达到 $10^{22}\ cm^{-3}$，高4个数量级。

快离子导体的类型，可从载流子和离子传递通道两个角度来划分其类型。根据载流子的类型，可将快离子导体分为：正离子作为载流子的快离子导体，主要包括银离子导体、铜离子导体、钠离子导体、锂离子导体以及氢离子导体等；负离子作为载流子的快离子导体，如氧离子导体和氟离子导体等。根据离子传递通道，可将快离子导体划分为：一维导体，其中隧道为一维方向的通道，如四方钨青铜，这种传导特征都出现在具有链状结构的化合物中；二维导体，其中隧道为二维平面交联的通道，如 $Na-\beta-Al_2O_3$ 快离子导体，这种传导特征都出现在层状结构的化合物中；三维导体，其中隧道为三维网络交联的通道，如 $NaZr_2P_3O_{12}$ 等，此时，离子可以在三维方向上迁移，因而传导性能基本上是各向同性的。与晶态物质相比，在非晶态离子导体结构网络内，没有明确而特定的离子传输通道，所以非晶态离子导体的传输性能是各向同性的。上述这些大量的可供离子迁移占据的空位置连接成网状的敞开隧道，可供离子的迁移流动。

快离子导体材料往往不是指某一组成的某一类材料，而是指其中某一特定的相。例如，对碘化银而言，它存在 α、β、γ 三个相，但只有 α 相为快离子导体。因此，相变是快离子导体普遍存在的一个过程。也就是说，某一组成物质，存在有从非传导相（经典晶体）到传导相（快离子导体）的转变。

快离子导电的机理遵循一般离子导电的机理，即导电源于晶格中存在的一定浓度的点缺陷，同时在导电过程中伴随着宏观物质的迁移。但快离子导体的导电性较高则主要与其晶体结构有关。按照点阵的概念，如 NaCl 晶体，可将晶体结构单元（Na＋Cl）看作一个格点，形成面心立方格子。也可以分别以 Na 和 Cl 离子为格点，看作是 Na 的一套亚晶格和 Cl 的一套亚晶格穿插在一起形成 NaCl 的结构。在这种亚晶格的思路下，对快离子导体而言，通常采用液态亚晶格（liquid sublattices）的概念解释其导电性。例如 AgI，可看成由2套亚晶格构成，其中，传导离子组成一套亚晶格，非传导离子组成另一套亚晶格。当加热升高温度到相变点转变为快离子导体时，传导相离子亚晶格呈液态，而非传导相亚晶格呈刚性，起骨架作用。此时，对 AgI 的非传导相到传导相的转变，可以看作传导相离子亚晶格的熔化或有序到无序的转变。此时，由于存在固相的相态转变，按照这一亚晶格模型，可以看作是两套亚晶格的两次熔化过程。第一次熔化，是非传导相转变为传导相的固体相变，可视为传导离子亚晶格熔化。此时的熵值，称为固－固相变熵，亚晶格概念上则称为传导离子亚晶格熔化熵。第二次熔化是另一套亚晶格熔化，全部转化为液态，此时为非传导离子亚晶格熔化熵，一般概念上则称为熔化熵。对于正常固体，由于不存在传导亚晶格和非传导亚晶格两套格子，其加热只存在一个熔化过程，正负离子均转化为无序状态，过程的熵值也是熔化熵。此时的熔体也有相当大的电导值，例如，碱金属卤化物熔化熵约为 12 J/(K·mol)，电导率增大 3～4 个数量级。熔化熵反映了固态转变为液态时无序度或混乱度的增大程度，这与离子化合物的组成类型有关。实验证实，同类型组成的快离子导体的两步熵值与普通离子化合物的熔化熵的大小相似，从实验热力学上支持了亚晶格熔化模型。表 2.9 给出一些快离子导体相变熵与经典晶体熔化熵的对比数据。

表 2.9　快离子导体相变过程的相变熵和熔化熵数值对比　　J/(K·mol)

材料	化合物	固态相变熵	固态熔化熵	总熵值
快离子导体	AgI	14.5(419)	11.3(830)	25.8
	Ag_2S	9.3(452)	12.6(1 115)	21.9
	CuBr	9.0(664)	12.6(761)	21.6
	$SrBr_2$	13.3(918)	11.3(930)	24.6
经典固体	NaCl	—	24	—
	MgF_2	—	－35	—

注：括号内为对应的相变温度(K)。

总体来说，快离子导体的晶格具有如下特点：由不运动的骨架离子占据特定的位置构成刚性晶格，为迁移离子的运动提供通道；由迁移离子构成传导亚晶格。在亚晶格中，缺陷浓度很高，以至于迁移离子位置的数目远超过迁移离子本身数目，使所有离子都能迁移，增加载流子浓度。同时，还可以发生离子的协同运动，降低电导活化能，使电导率增加。

2.4　半导体导电

半导体(semiconductor)是指常温下导电性能介于导体(conductor)与绝缘体(insulator)之间的材料。半导体的导电性是可控的，范围可从绝缘体至几欧姆之间。半导体材料对当今世界的科技和经济的发展起到了重要的作用。今日大部分电子产品中的核心单元都和半导体有着极为密切的关联。与导体和绝缘体相比，半导体材料的发现是最晚的，直到 20 世纪 30 年代，当材料的提纯技术改进以后，半导体的存在才真正被学术界认可。1947 年，美国贝尔实验室发明了半导体点接触式晶体管，从而开创了人类的硅文明时代。常见的半导体材料有 Si、Ge、GaAs 等，而 Si 更是各种半导体材料中，在商业应用上最具有影响力的一种。

半导体的导电性是指在外加电场作用下，半导体材料中电子(electron) 和空穴(hole) 两种载流子向相反的方向运动，从而引起宏观电流的性质。实际上，半导体的导电就是电子导电，也就是说，前述关于电子类载流子导电的相关理论，对半导体而言也适用。需要区分的是，金属材料和半导体材料由于两者间能带结构存在差异，因此，对导电方式的描述有所不同。后者还需要考虑空穴对于导电的贡献。本节将介绍与半导体导电有关的基本概念、物理意义及影响因素。

2.4.1 本征半导体

1. 本征半导体概述

本征半导体(intrinsic semiconductor) 是指完全不含杂质且无晶格缺陷的高纯度半导体，是一类共价键晶体。主要常见的代表有 Si、Ge 这两种元素的单晶体结构。以半导体 Si 为例，Si 具有金刚石结构，每个 Si 原子最外层有四个价电子。每个价电子与相邻 Si 原子的一个价电子共同形成一个共价键，从而形成以共价键结合的硅晶体。在绝对零度下，根据能带理论可知，本征半导体的价带被价电子填满形成满带。满带之上的导带是空带。而在满带和导带之间存在一定宽度的禁带。为了使电子运动，则必须给电子超过禁带宽度的能量使其越过禁带，到达导带。绝对零度时，Si 本征半导体结构示意图如图 2.30(a) 所示。当共价键中的电子因热、光、电场等因素的作用获得足够的能量时，则能够克服共价键的束缚，从价带跨越禁带跃迁到达导带而成为自由电子。图 2.30(b) 给出了 Si 本征半导体在高于 0 K 时的结构示意图。从图 2.30(b) 可以看到，由于温度升高，某些电子获得足够的热能脱离共价键，形成自由电子，相应的共价键上缺少一个电子而出现空穴。空穴就是价电子挣脱共价键的束缚成为自由电子而留下的一个空位置。这个空穴可认为带正电荷。因为整个半导体呈电中性，如果认为一个共价键上失去一个电子破坏了局部电中性，则可认为同时出现一个未被抵消的正电荷确保整体的电中性。从能带角度讲，当半导体的温度 $T>0$ K 时，有电子从价带激发到导带上，同时价带中产生了空穴，这就是所谓的本征激发(intrinsic excitation)。本征激发的容易程度受到禁带宽度的影响。图 2.31 给出了本征半导体的能带结构。其中，E_C 表示导带(conduction band) 底部的能级，E_V 表示价带(valence band) 顶部的能级。

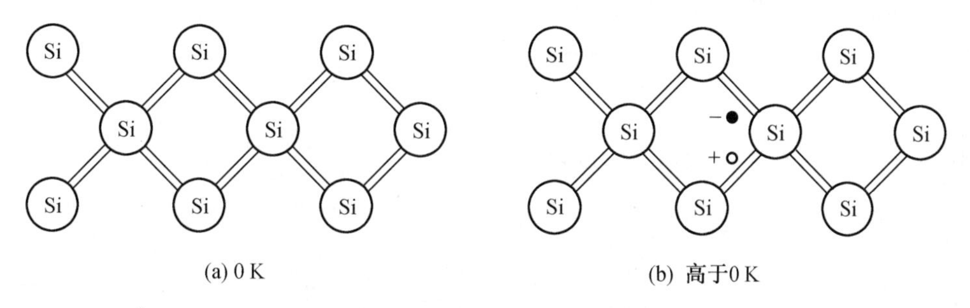

图 2.30 Si 本征半导体结构示意图

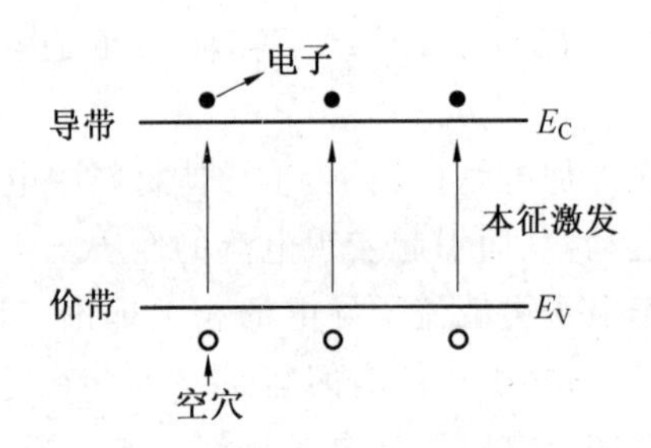

图 2.31　本征半导体的能带结构

2. 本征半导体中的费米能级分布

本征半导体在一定温度下，由于本征激发，一些电子从价带顶部激发到导带底部，并在价带相应位置形成数目相等的空穴。

对于导带而言，其可以分成为很多、很小的能量间隔，根据能级密度 $Z(E)$ 的概念，在 $E \sim (E+\mathrm{d}E)$ 间有 $Z(E)\mathrm{d}E$ 个量子状态。电子能够占据能量为 E 的量子态满足费米分布，即概率为 $f(E)$，则在 $E \sim (E+\mathrm{d}E)$ 间被电子占据的量子态 $\mathrm{d}N$ 为

$$\mathrm{d}N = f(E)Z(E)\mathrm{d}E \tag{2.83}$$

对费米分布函数，室温下，$f(E)$ 中的 $E-E_F \gg k_B T$，则电子费米分布函数可近似为

$$f(E) \approx \exp\left(-\frac{E-E_F}{k_B T}\right) \tag{2.84}$$

如第 1 章关于能级密度的关系所述，导带中电子的能级密度 $Z(E)$ 可以写成

$$Z(E) = \frac{V}{2\pi^2}\left(\frac{8\pi^2 m_e^*}{h^2}\right)^{\frac{3}{2}}(E-E_C)^{\frac{1}{2}} \tag{2.85}$$

式中　m_e^* —— 电子有效质量。

将式(2.84)和式(2.85)代入式(2.83)，则在能量 $E \sim (E+\mathrm{d}E)$ 间单位体积中的电子数为

$$\mathrm{d}n_e = \frac{\mathrm{d}N}{V} = \frac{1}{2\pi^2}\left(\frac{8\pi^2 m_e^*}{h^2}\right)^{\frac{3}{2}}(E-E_C)^{\frac{1}{2}} \cdot \exp\left(-\frac{E-E_F}{k_B T}\right)\mathrm{d}E \tag{2.86}$$

对式(2.86)积分，则

$$n_e = \int_{E_C}^{\infty} \frac{1}{2\pi^2}\left(\frac{8\pi^2 m_e^*}{h^2}\right)^{\frac{3}{2}}(E-E_C)^{\frac{1}{2}} \cdot \exp\left(-\frac{E-E_F}{k_B T}\right)\mathrm{d}E \tag{2.87}$$

经积分，得到导带中电子的浓度为

$$n_e = 2\left(\frac{2\pi m_e^* k_B T}{h^2}\right)^{\frac{3}{2}} \cdot \exp\left(-\frac{E_C-E_F}{k_B T}\right) \tag{2.88}$$

式中　N_C —— 导带的有效状态密度，满足关系：$N_C = 2\left(\frac{2\pi m_e^* k_B T}{h^2}\right)^{\frac{3}{2}}$。

因此，导带中电子的浓度 n_e 可表示为

$$n_e = N_C \exp\left(-\frac{E_C-E_F}{k_B T}\right) \tag{2.89}$$

仿照上述推导过程，价带中空穴的浓度 n_h 满足

$$
\begin{aligned}
n_{\mathrm{h}} &= \int_{-\infty}^{E_{\mathrm{V}}} Z(E) f(E) \mathrm{d}E \\
&= 2\left(\frac{2\pi m_{\mathrm{h}}^{*} k_{\mathrm{B}} T}{h^{2}}\right)^{\frac{3}{2}} \cdot \exp\left(-\frac{E_{\mathrm{F}}-E_{\mathrm{V}}}{k_{\mathrm{B}} T}\right) \\
&= N_{\mathrm{V}} \exp\left(-\frac{E_{\mathrm{F}}-E_{\mathrm{V}}}{k_{\mathrm{B}} T}\right)
\end{aligned} \tag{2.90}
$$

式中　m_{h}^{*}—— 空穴的有效质量；

N_{V}—— 价带的有效状态密度，满足关系：$N_{\mathrm{V}}=2\left(\frac{2\pi m_{\mathrm{h}}^{*} k_{\mathrm{B}} T}{h^{2}}\right)^{\frac{3}{2}}$。

对本征半导体，由于导带中电子的浓度与价带中空穴的浓度相等，即

$$
n_{\mathrm{e}}=n_{\mathrm{h}} \tag{2.91}
$$

将式(2.89) 和式(2.90) 代入式(2.91)，则

$$
E_{\mathrm{F}}=\frac{E_{\mathrm{C}}+E_{\mathrm{V}}}{2}+\frac{k_{\mathrm{B}} T}{2} \ln \frac{N_{\mathrm{V}}}{N_{\mathrm{C}}} \approx \frac{E_{\mathrm{C}}+E_{\mathrm{V}}}{2} \tag{2.92}
$$

这里，由于 k_{B} 很小，且 $N_{\mathrm{V}} \neq N_{\mathrm{C}}$，所以可近似认为 $\frac{k_{\mathrm{B}} T}{2} \ln \frac{N_{\mathrm{V}}}{N_{\mathrm{C}}} \approx 0$。

式(2.92) 表明，室温下本征费米能级(Fermi level) 近似位于禁带中央，如图 2.32 所示。

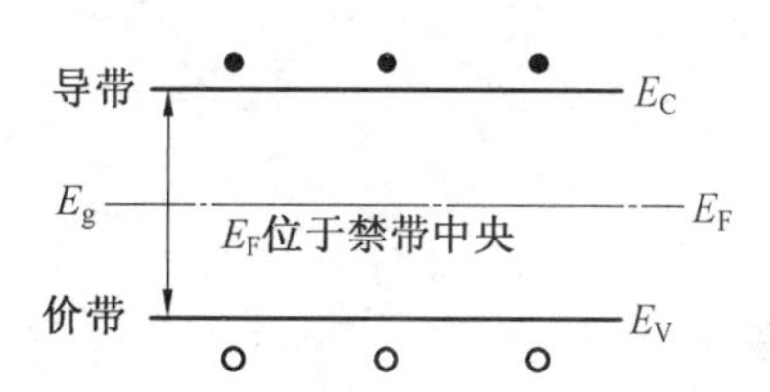

图 2.32　本征半导体的费米能级近似位于禁带中央

将式(2.92) 近似前的部分分别代入式(2.89) 和式(2.90)，则

$$
n_{\mathrm{e}}=n_{\mathrm{h}}=\left(N_{\mathrm{C}} N_{\mathrm{V}}\right)^{\frac{1}{2}} \exp\left(\frac{-E_{\mathrm{g}}}{2 k_{\mathrm{B}} T}\right)=N \exp\left(\frac{-E_{\mathrm{g}}}{2 k_{\mathrm{B}} T}\right) \tag{2.93}
$$

式中　E_{g}—— 禁带宽度，满足关系：$E_{\mathrm{g}}=E_{\mathrm{C}}-E_{\mathrm{V}}$；

N—— 等效状态密度，满足关系：$N=\left(N_{\mathrm{C}} N_{\mathrm{V}}\right)^{\frac{1}{2}}=2\left(\frac{2\pi k_{\mathrm{B}} T}{h^{2}}\right)^{\frac{3}{2}}\left(m_{\mathrm{e}}^{*} m_{\mathrm{h}}^{*}\right)^{\frac{3}{4}}$。

式(2.93) 表明，n_{e} 与 n_{h} 将随禁带宽度 E_{g} 的增加呈指数下降。

2.4.2　杂质半导体

1. 杂质半导体概述

在本征半导体中掺入某些微量元素作为杂质，可使半导体的导电性发生显著变化。掺入杂质的本征半导体称为杂质半导体(impurity semiconductor)。根据掺入杂质性质的不同，杂质半导体分为 n 型半导体(n－type semiconductor) 和 p 型半导体(p－type semiconductor) 两种。前者 n 为英文 negative 的字头，由于电子带负电荷而得此名；后者 p 为 positive 的字头，由于空穴带正电而得此名。

例如，在四价的半导体硅单晶体中掺杂 V 族元素(如 P)，一个 P 原子取代一个 Si 原子，由于 P 有五个价电子，因此其中的四个与 Si 原子构成共价键后，还剩余一个价电子。同时，P 原子所在处多一个正电荷。此时，形成一个正电中心 P^{+} 和一个多余的价电子。这个多余的价电子束缚在正电中心 P^{+} 周围。这种束缚比共价键的束缚作用弱得多，在很

小的能量下，这个价电子即可脱离束缚成为导电电子在晶格中运动。这一结构形式如图2.33(a)所示。其中，提供多余价电子并形成正电中心的杂质，称为施主杂质(donor center)。将被施主杂质束缚的电子的能量状态称为施主能级(donor level)，记为E_D。很明显，施主能级位于距离导带底部很近的禁带中。当温度升高，施主能级上的电子将很容易跃迁到导带成为自由电子。在纯净的本征半导体中掺入施主杂质，杂质电离后，导带中的导电电子增多，增强了半导体的导电能力。这种掺入施主杂质的半导体称为n型半导体，其能带结构如图2.33(b)所示。在n型半导体中，载流子以电子为主，即多子(majority carrier)为电子。

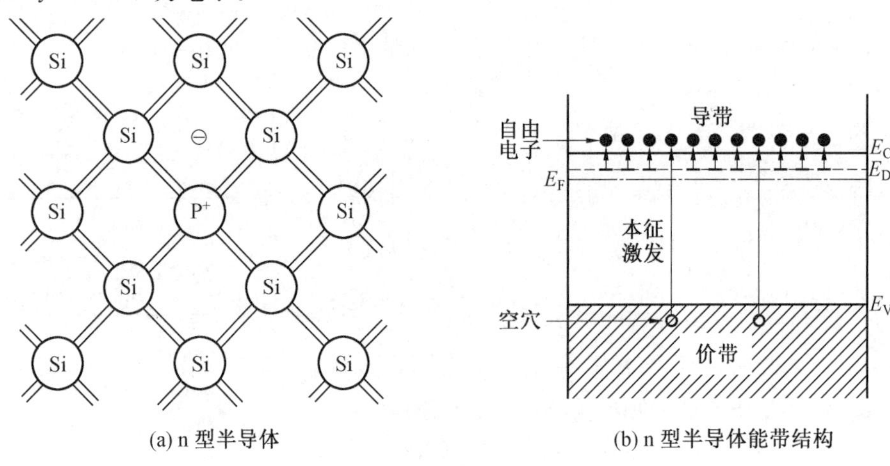

图2.33 n型半导体及其能带结构示意图

如果在四价的半导体Si单晶体中掺杂Ⅲ族元素(如B)，同样，一个B原子取代一个Si原子，由于B有三个价电子，与Si原子构成共价键时，还缺少一个电子，必须从别处的Si原子夺取一个价电子，因而在Si晶体的共价键中产生了一个空穴。B原子接受一个电子后，成为带负电的B离子，称为负电中心。B^-对空穴的束缚很弱，很小的能量即可使空穴脱离束缚，成为在晶体中自由移动的导电空穴，这一结构形式如图2.34(a)所示。同样，能够接受电子形成空穴成为负电中心的杂质，称为受主杂质(acceptor center)。将被受主杂质束缚的空穴的能量状态称为受主能级(acceptor level)，记为E_A。受主能级位于距离价带顶部很近的禁带中。由于受主的电离过程实际上是电子的运动，当温度升高时，价带中的电子得到能量，很容易跃迁到受主能级上，与束缚在受主能级上的空穴复合，并在价带相应位置上产生一个空穴。在纯净的本征半导体中掺入受主杂质，杂质电离后，价带中的导电空穴增多，同样可增强半导体的导电能力。这种掺入受主杂质的半导体称为p型半导体，其能带结构如图2.34(b)所示。在p型半导体中，载流子以空穴为主，即多子(majority carrier)为空穴，少子(minority carrier)为电子。

对于杂质半导体而言，参与导电的主要是由杂质提供的多子。但需要注意的是，在杂质半导体中，除了由杂质提供的多子以外，由本征激发引起的电子和空穴依然存在。

2. 杂质半导体中的费米能级分布

n型半导体的载流子主要为导带中的电子。设单位体积内含有N_D个施主原子，施主能级为E_D，具有电离能(ionization energy)$E_i = E_C - E_D$。温度不高时，$E_i \ll E_g$，此时，导

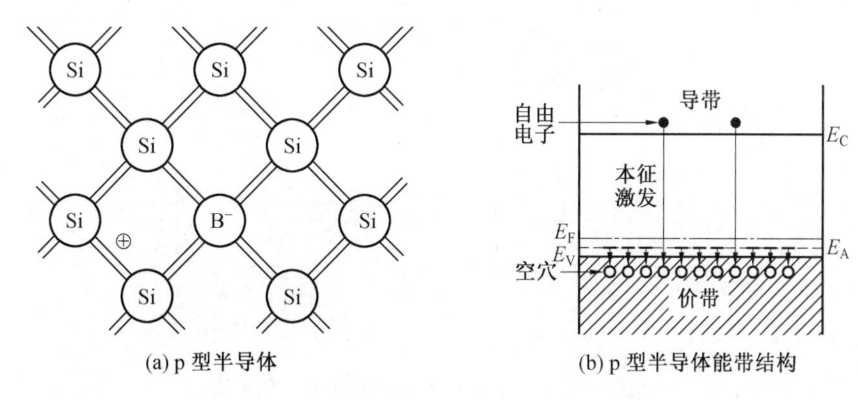

(a) p 型半导体
(b) p 型半导体能带结构

图 2.34 p 型半导体及其能带结构示意图

带中的电子几乎由施主能级提供。按照上述的推导,将式(2.93)中涉及的 E_V、N_V 换成 E_D、N_D,则导带中电子浓度为

$$n_e = (N_C N_D)^{\frac{1}{2}} \exp\left(-\frac{E_C - E_D}{2k_B T}\right) = (N_C N_D)^{\frac{1}{2}} \exp\left(-\frac{E_i}{2k_B T}\right) \tag{2.94}$$

式中 N_D—— 施主杂质浓度,即施主的有效状态密度;

E_i—— 电离能,表示施主杂质激发一个电子所需要的最小能量,满足关系:$E_i = E_C - E_D$。

n 型半导体的费米能为

$$E_{Fn} = \frac{E_C + E_D}{2} - \frac{k_B T}{2} \ln\left(\frac{N_C}{N_D}\right) \tag{2.95}$$

对于 p 型半导体的载流子主要为价带中的空穴,在温度不高的情况下,可仿照上述写法写出价带中的空穴浓度为

$$n_h = (N_V N_A)^{\frac{1}{2}} \exp\left(-\frac{E_A - E_V}{2k_B T}\right) = (N_V N_A)^{\frac{1}{2}} \exp\left(-\frac{E_i}{2k_B T}\right) \tag{2.96}$$

式中 N_A—— 受主杂质浓度,即受主的有效状态密度;

E_i—— 电离能,满足关系:$E_i = E_A - E_V$。

p 型半导体的费米能为

$$E_{Fp} = \frac{E_V + E_A}{2} - \frac{k_B T}{2} \ln\left(\frac{N_A}{N_V}\right) \tag{2.97}$$

由式(2.95)和式(2.97)可知,半导体的费米能与温度有关,如图 2.35 所示。低温时,可忽略减号后的分量,即 n 型半导体的费米能位于导带底部和施主能级之间,p 型半导体的费米能位于价带顶部和受主能级之间。随着温度的升高,温度的影响逐渐增大。n 型半导体上施主能级上的电子大量跃迁至导带,此时 $N_C > N_D$;而 p 型半导体的受主能级上大量接受价带的电子,在价带上留下空穴,此时 $N_A < N_V$。因此,费米能逐渐向本征半导体费米能级接近。到更高温度,杂质能级上的电子已经全部激发,半导体成为本征半导体,费米能位于禁带中央。

2.4.3 温度对半导体导电的影响

半导体中有两种载流子,即电子和空穴。半导体的导电性仍然可以根据电导率的关

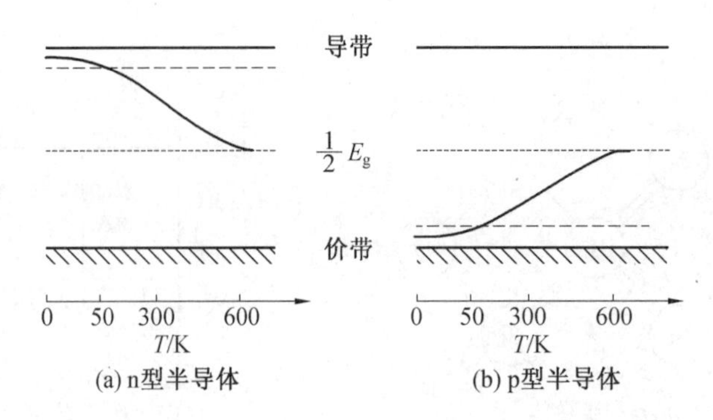

图 2.35 半导体费米能随温度的变化关系

系 $\sigma = nq\mu$ 进行计算。

结合式(2.93),本征半导体的电导率可以写为

$$\sigma = \sum_i nq\mu = q(n_e\mu_e + n_h\mu_h) = N\exp\left(-\frac{E_g}{2k_BT}\right)(\mu_e + \mu_h)q \tag{2.98}$$

式中 n_e、n_h—— 电子和空穴的浓度,$n_e = n_h$;

μ_e、μ_h—— 电子和空穴的迁移率;

q—— 带电量,电子和空穴的带电量分别用 $-q$ 和 $+q$ 表示;

N—— 等效状态密度。

影响半导体载流子迁移率的因素主要是各种散射作用,主要包括晶格散射和杂质散射。温度越高,晶格振动越大,晶格散射越明显,因此,载流子迁移率越低,如图 2.36(a)所示。

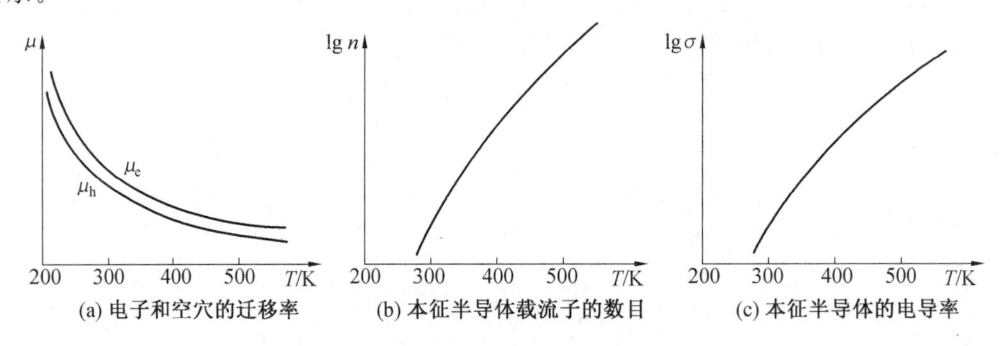

图 2.36 不同参量随温度的变化关系

另一方面,如式(2.93)给出的关系,本征半导体中的载流子浓度随着温度的升高呈指数增加。因此,本征半导体的电导率随温度的升高而增大。图 2.36(b)和图 2.36(c)分别给出了本征半导体载流子数目和电导率随温度的变化关系,这与金属的情况截然相反。这是由于在一般金属导体中,自由电子数几乎不随温度的升高而增加,电导率主要受晶格散射的影响。

对杂质半导体而言,其电导率与温度的关系相对复杂。以 n 型半导体为例,结合式(2.94),其电导率可写为

$$\sigma = q(n_e\mu_e + n_h\mu_h) + (N_CN_D)^{\frac{1}{2}}\exp\left(-\frac{E_i}{2k_BT}\right)\mu_eq$$

$$=N\exp\left(-\frac{E_g}{2k_BT}\right)(\mu_e+\mu_h)q+(N_CN_D)^{\frac{1}{2}}\exp\left(-\frac{E_i}{2k_BT}\right)\mu_eq \tag{2.99}$$

式中,第一项表示本征半导体对其电导率的贡献,与杂质浓度无关;第二项表示施主杂质对电导率的贡献,与杂质浓度 N_D 有关。

低温下,由于 $E_g>E_i$,所以第二项起主要作用。高温下,杂质能级上的电子全部离解激发,电导率的贡献主要由本征激发为主。因此,在高温下,本征半导体或杂质半导体的电导率与温度的关系(式(2.98))可简写为

$$\sigma=\sigma_0\exp\left(-\frac{E_g}{2k_BT}\right) \tag{2.100}$$

式中,σ_0 随温度变化不大,可视为常数。

因此,仿照前述方法,可将式(2.100)两边取对数,建立 $\ln\sigma-\frac{1}{T}$ 的半对数直线关系,由直线斜率可求出禁带宽度 E_g。

同样的,p 型半导体电导率可写成

$$\sigma=q(n_e\mu_e+n_h\mu_h)+(N_VN_A)^{\frac{1}{2}}\exp\left(-\frac{E_i}{2k_BT}\right)\mu_hq$$

$$=N\exp\left(-\frac{E_g}{2k_BT}\right)(\mu_e+\mu_h)q+(N_VN_A)^{\frac{1}{2}}\exp\left(-\frac{E_i}{2k_BT}\right)\mu_hq \tag{2.101}$$

结合上述讨论,对杂质半导体而言,其电导率随温度的变化关系如图 2.37 所示。在 AB 段,此时为低温区,施主和受主杂质没有完全电离,温度升高,杂质电离提供的载流子数目不断增加,使电导率增加,这一温度区域称为杂质区。在 BC 段,随着温度的升高,施主和受主杂质完全电离,且本征激发弱,电子和空位数目变化不大,但温度升高造成晶格振动加剧,使电导率降低,这一温度区域称为饱和区。在 CD 段,当温度继续升高,本征激发产生的载流子数目随温度升高而迅速增加,则电导率上升,这一温度区域称为本征区。

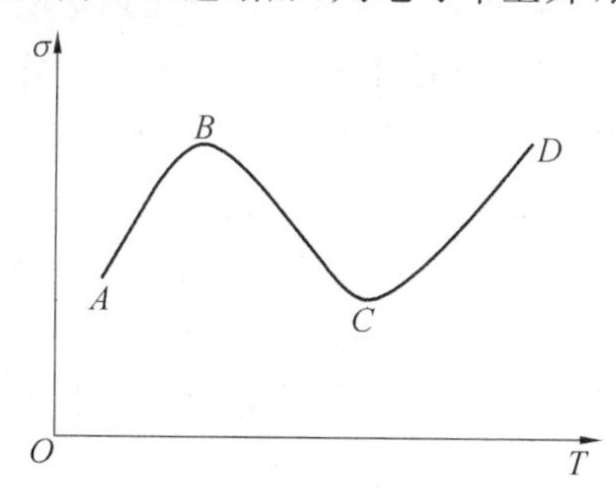

图 2.37 杂质半导体电导率随温度的变化关系

如前所述,半导体中参与导电的载流子为电子和空穴,金属中参与导电的载流子为电子,但实际上参与导电的载流子都是电子。由于分析问题的思考方式不同,在半导体中引入了空穴的概念。造成这一差异的原因与两者的能带结构差异有关。

对本征半导体而言,价带顶端的电子激发后,越过禁带到达导带底部,在价带顶端电子离开后的相应位置出现空穴。若此时半导体处于电场中,则可参与导电的载流子为导带底部的电子和价带顶端的空穴。价带顶端的这些空穴实际为价带更低能级处的电子占

据该空穴位置提供了移动空间。因此，对半导体而言，实际参与导电的载流子就是导带底部的电子和价带顶端的空穴。半导体的这一分析视角与金属只考虑电子的移动不同。其根本原因在于实际参与导电的能带结构不同。金属是导带上的电子参与导电，此时只需考虑未填满的导带即可，不用考虑导带下面的禁带和满带。而半导体由于有窄的禁带存在，所以把参与导电的载流子分成导带底部的电子（与金属一样）和价带顶端的空穴。在电场中，半导体导带底部的电子往高能级移动，价带顶端的空穴往低能级移动。这实际上反映的都是电子的运动。

对 n 型杂质半导体而言，n 型半导体电导率满足式(2.99)。由式(2.99)可以发现，n 型半导体载流子的本征部分（公式的第一项）考虑的是电子和空穴，这个原因与本征半导体的描述一致。而由施主杂质提供的参与导电的载流子主要考虑的是电子（公式的第二项）。低温下，本征部分可以忽略；高温下，忽略杂质部分。

对 p 型杂质半导体而言，p 型半导体电导率满足式(2.101)。由式(2.101)可以发现，p 型半导体载流子的本征部分仍旧考虑的是电子和空穴，原因与上述描述一致。而由受主杂质提供的参与导电的载流子主要考虑的是空穴。同样，低温下，本征部分可以忽略；高温下，可忽略杂质部分。

2.4.4 pn 结

采用不同的掺杂工艺，通过扩散作用，将 p 型半导体与 n 型半导体制作在同一块半导体（通常是 Si 或 Ge）基片上。由此所构成的器件称为 pn 结（pn junction）。pn 结具有单向导电性，是电子技术中许多半导体器件的核心，如半导体二极管、双极性晶体管等。

考虑两块半导体单晶，一块是 n 型半导体，另一块是 p 型半导体。在 n 型半导体中，电离施主与少量空穴的正电荷严格平衡电子电荷；在 p 型半导体中，电离受主与少量电子的负电荷严格平衡电子电荷。这两块单独的半导体单晶均呈电中性。当两块半导体以一定工艺方法结合形成 pn 结后，n 型半导体中的自由电子浓度高，p 型半导体的空穴浓度高，由于不同载流子的浓度梯度，因此电子从 n 型半导体向 p 型半导体扩散，而空穴则从 p 型半导体向 n 型半导体扩散，如图 2.38(a) 所示。n 区的自由电子扩散至 p 区，破坏了 n 区内的电荷平衡，在 n 区内出现由电离施主构成的一个正电荷区。与此相对的，p 区内空穴扩散至 n 区，则留下了不可移动的带负电荷的电离受主，形成负电荷区。因此，n 型和 p 型费米能级不同，引起电子和空穴的流动，在接触面两侧形成正负电荷积累，产生一定

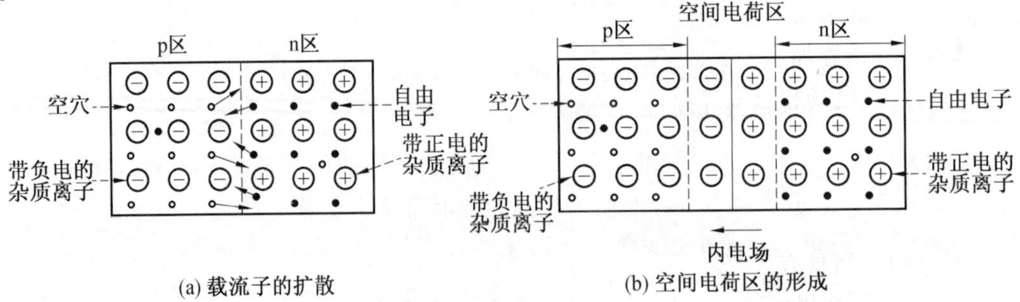

图 2.38 pn 结的形成

的接触电势差，此时形成了空间电荷区(space charge layer)，如图 2.38(b) 所示。

空间电荷区内的电荷产生了从 n 区指向 p 区的电场，称为内建电场(built-in field)。在内建电场的作用下，空间电荷区内的电子从 p 区向 n 区漂移(drift)，空穴从 n 区向 p 区漂移。这种载流子在热运动的同时，由于电场作用而产生的沿电场力(这里指内建电场)方向的定向运动称作漂移运动，所构成的电流为漂移电流(drift current)。随着载流子扩散运动的不断进行，空间电荷区不断扩大，内建电场不断增强，载流子的漂移运动也增强。在无外电场的情况下，最终载流子的扩散运动与漂移运动达到动态平衡，扩散电流与漂移电流相抵消，通过 pn 结的电流为 0，此时构成热平衡状态下的 pn 结。

平衡状态下 pn 结的情况，可用能带图表示，如图 2.39 所示。下面讨论 pn 结能带结构的变化。

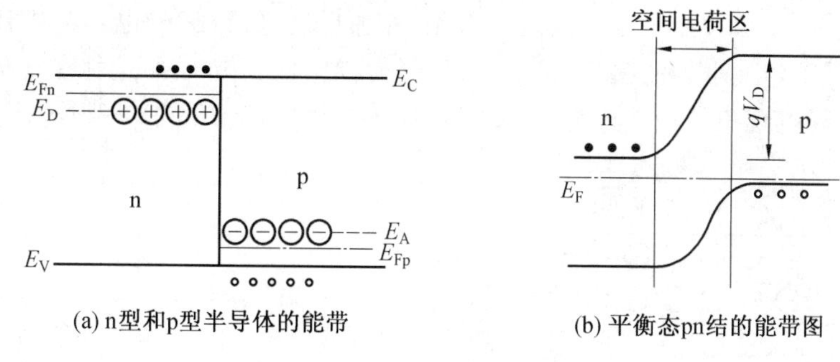

图 2.39 pn 结的能带图

如前所述，n 型半导体的费米能级位于禁带的上部，接近导带；p 型半导体的费米能级位于禁带的下部，接近价带，如图 2.39(a) 所示。这两种半导体的载流子浓度可分别用式(2.94) 和式(2.96) 表示。当 n 型半导体和 p 型半导体接触时，由于两者的费米能级不相等，电子将从费米能高的 n 区向费米能低的 p 区流动，空穴则从 p 区流向 n 区。因此，E_{Fn} 不断下降，而 E_{Fp} 则不断上升，直到 $E_{Fn}=E_{Fp}$ 为止，从而形成 pn 结统一的费米能 E_F，如图 2.39(b) 所示。n 区和 p 区内能带的相对移动是 pn 结空间电荷区存在内建电场的结果。随着内建电场的不断增加，空间电荷区内电势 $V(x)$ 由 n 区向 p 区不断降低。当费米能处处相等时，pn 结达到平衡状态。能带弯曲处相当于 pn 结的空间电荷区，对 n 区电子或 p 区空穴来说，这都为高度是 qV_D 的势垒。这一势垒电场刚好能阻止 n 区电子向 p 区扩散，由于电荷符号相反，这一势垒电场也能阻止 p 区空穴向 n 区扩散。

当 pn 结两端接有外加电压时，pn 结处于非平衡态。

如果 pn 结施加正向偏压 V，即 p 区接电源正极、n 区接电源负极，则在空间电荷区内产生了与内建电场相反的电场，因而减弱了空间电荷区的势垒强度，使空间电荷区宽度减小，势垒高度从 qV_D 降到 $q(V_D-V)$，如图 2.40 所示。这一外加正向偏压 V 的施加，破坏了载流子的扩散运动和漂移运动间的平衡，使扩散流大于漂移流，从而产生了电子从 n 区向 p 区、空穴从 p 区向 n 区的净扩散流。因此，外加正向电压时，外电场能够克服内建电场的阻碍，使 pn 结具有导电性。

与此相对，如果 pn 结施加反向偏压 V，则在空间电荷区内产生了与内建电场相同的电场，进而加强了空间电荷区的势垒强度，使空间电荷区宽度变大，势垒高度从 qV_D 提升

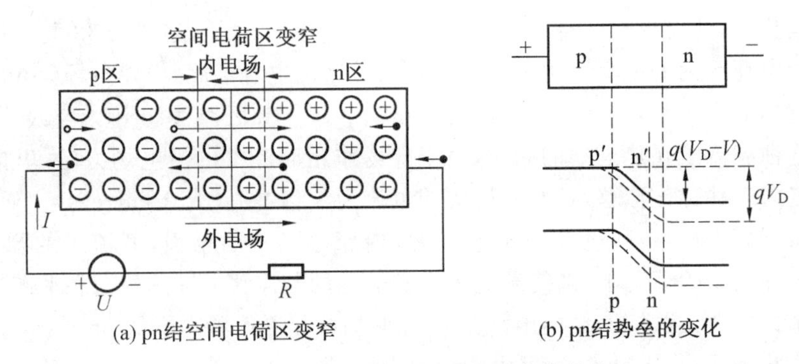

图 2.40　外加正向电压的 pn 结及其能带结构

到 $q(V_D+V)$，如图 2.41 所示。这一外加反向偏压 V 同样破坏了载流子的扩散运动和漂移运动间的平衡，使漂移流大于扩散流。因此，外加反向电压时，外电场与内建电场同方向，相当于增强了内建电场的阻力，使 pn 结不具有导电性。pn 结的这种在外加电场中正反接呈现相反导电现象的特性称为 pn 结的单向导电性(unilateral conductivity)。

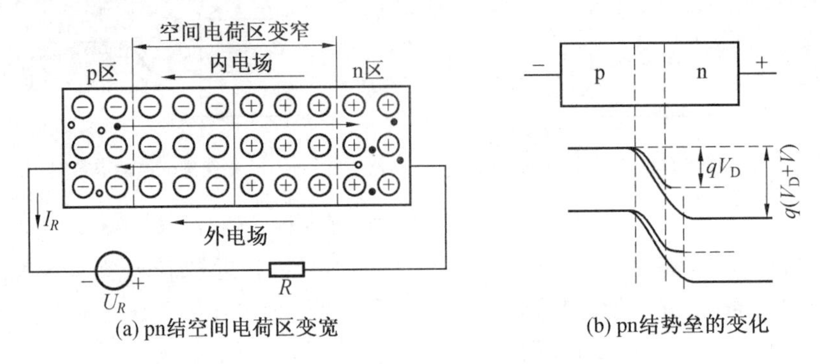

图 2.41　外加反向电压的 pn 结及其能带结构

另外，当反向电压增大至某一数值时，因少子的数量和能量都增大，会碰撞破坏内部的共价键，使原来被束缚的电子和空穴被释放出来，不断增大电流，最终 pn 结将被反向击穿(reverse breakdown)，变为导体，此时反向电流将急剧增大。反向击穿时的临界电压称为反向击穿电压(reverse breakdown voltage)。

2.5　材料的超导特性

2.5.1　超导材料概述

材料的电阻随着温度的降低而降低。某些材料当温度降低到某一程度时出现电阻突然消失的现象，称之为超导现象。超导体的发现与低温研究密不可分。在 18 世纪，由于低温技术的限制，人们认为存在不能被液化的“永久气体”，如氢气、氦气等。1908 年，荷兰物理学家昂内斯(Heike Kamerlingh Onnes，1853—1926) 成功将氦气液化，并通过降低液氦蒸气压的方法，获得 1.15 ～ 4.25 K 的低温。这一低温研究的突破，为超导体的发现奠定了基础。1911 年，他用液氦冷却汞时发现，当温度下降到 4.2 K 时，汞的电阻完全消失，如图 2.42 所示为汞的电阻与温度的关系。昂内斯将这种现象称为超导电性(superconductivity)。由于其对低温物理所做出的突出贡献，昂内斯于 1913 年获得诺贝尔物理学奖。

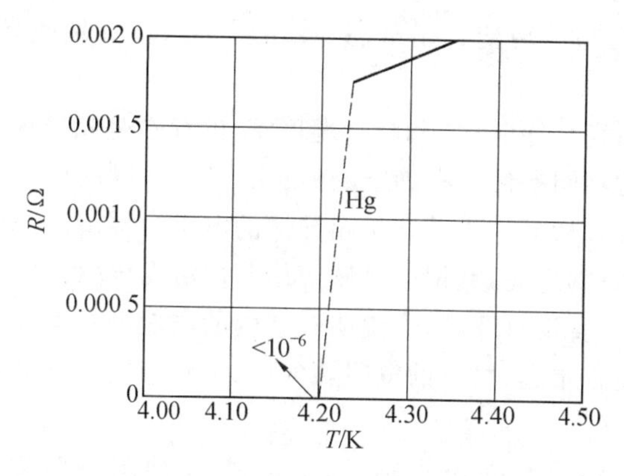

图 2.42 汞的电阻与温度的关系

在这之后，科学家们又发现了包括锡、铅、镍等在内的众多金属元素超导体。随后，又发现了许多具有超导电性的合金，以及具有 NaCl 结构的过渡金属碳化物和氮化物。但是，这些物质发生超导现象的温度只有几开。1966 年，发现氧缺陷钙钛矿型 $SrTiO_{3-\delta}$ 有超导性，虽然温度只在 0.55 K，但其意义在于超导物质已扩充到了无机非金属材料。随着超导理论的提出，1973 年美国科学家发现 Nb_3Ge 的临界温度为 23.2 K。1986 年，德国物理学家贝德诺尔茨(Johannes Georg Bednorz，1950—)和瑞士物理学家米勒(Karl Alexander Müller，1927—)首先发现钡－镧－铜－氧(La－Ba－Cu－O)高温氧化物超导体，将超导温度提高到 30 K，从而引发了全球范围内关于高温超导体的研究。他们也因此于 1987 年获得诺贝尔物理学奖。随后，美籍华裔科学家朱经武(Paul Ching－Wu Chu，1941—)将超导温度提高到 40.2 K，液氢的“温度壁垒”被跨越。1987 年 2 月，朱经武和我国科学家赵忠贤相继在 Y－Ba－Cu－O 系材料上把临界超导温度提高到 90 K 以上，液氮的禁区(77 K)也被突破了。1987 年底，Ta－Ba－Ca－Cu－O 系材料又把临界超导温度提高到 125 K。自从高温超导材料发现以后，一阵超导热席卷了全球。科学家还发现铊系化合物超导材料的临界温度可达 125 K，汞系化合物超导材料的临界温度则可达 135 K。如果将汞置于高压条件下，其临界温度更能达到 164 K。1997 年，研究人员发现金铟合金在接近绝对零度时，既是超导体同时也是磁体。1999 年科学家发现钌铜化合物在 45 K 时具有超导电性。由于该化合物独特的晶体结构，它在计算机数据存储中的应用潜力将非常巨大。进入 21 世纪，新的超导材料，如掺氟镨氧铁砷化合物的超导临界温度可达 52 K，在压力环境下合成的无氟缺氧钐氧铁砷化合物，其超导临界温度可进一步提升至 55 K。这些成果由于脱开了铜系超导化合物而引起世界学术界的极大关注。由此，超导研究进入了化合物超导时代，新兴超导陶瓷材料的各种新产品的出现，预示着人们期望的新的划时代电气和电子革命的到来。

2.5.2 材料的超导特性和三个基本指标

材料的电阻随着温度的降低而降低。当温度降低到某一程度时，某些材料的电阻突然消失，这一现象称为超导现象，具有超导现象的材料称为超导体。这种以零电阻为特征的材料状态称为超导态。超导体从正常状态(电阻态)过渡到超导态(零电阻态)的转变称为正常态－超导态转变，转变时的温度 T_C 称为这种超导体的临界温度(critical temperature)。物质由超导转变为正常态，或由正常态转变到超导态，是一种可逆的相变。

零电阻特性(也叫完全导电性)和临界温度 T_C 的存在是超导体的第一特性。T_C 是物质常数，同一种材料在相同条件下有确定的值。T_C 值因材料而异，目前，已测得超导材料 T_C 值最低的是钨，为0.012 K。为了证实超导体的电阻为零，科学家将一个铅质的圆环放入温度低于 T_C(7.2 K)的空间，利用电磁感应使环内激发出感应电流。结果发现，环内电流在两年半的时间内一直没有衰减，这说明圆环内的电能没有损失。当温度升到高于 T_C 时，圆环由超导状态变正常态，材料的电阻骤然增大，感应电流立刻消失，这就是著名的昂内斯持久电流实验。

超导态的第二个特性是完全抗磁性。1933 年，德国科学家迈斯纳(Fritz Walter Meissner，1882—1974)和奥克森菲尔德(Robert Ochsenfeld，1901—1993)共同发现了超导体的这一极为重要的性质。他们对锡单晶球超导体进行磁场分布测量时发现，在小磁场中放入处于超导状的金属，金属体内的磁力线一下被排出，磁力线不能穿过材料体内。也就是说，材料一旦进入超导态，把原来存在于体内的磁场排挤出去，超导体内的磁感应强度恒为零。并且，不论导体是先降温后加磁场(图 2.43(a))，还是先加磁场后降温(图 2.43(b))，只要进入超导态，超导体就把全部的磁通量排出体外。这种超导体从一般状态相变至超导态的过程中对磁场的排斥现象，这就是著名的迈斯纳效应(Meissner effect)。

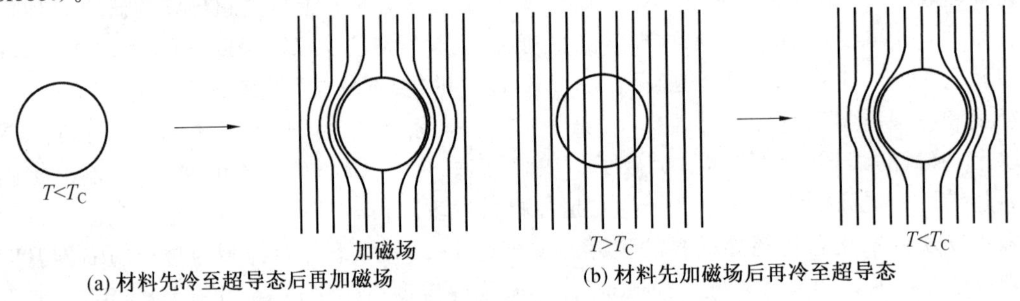

(a) 材料先冷至超导态后再加磁场　　(b) 材料先加磁场后再冷至超导态

图 2.43　迈斯纳效应示意图

超导体呈现完全抗磁性是由于外磁场的作用在试样表面产生感应电流，此电流所经路径电阻为 0，故产生的附加磁场总是与外磁场大小相等、方向相反，因而使超导体内的合成磁场为 0。由于此感应电流能将外磁场从超导体内排出，故称抗磁感应电流，因其能起屏蔽磁场的作用，又称屏蔽电流。实际上，磁场还是能穿透超导样品表面上一个薄层的。薄层的厚度称为穿透深度，它与材料的温度有关，典型的大小有几十纳米。

迈斯纳效应和零电阻现象是实验上判定一个材料是否为超导体的两大要素。迈斯纳效应指明了超导态是一个热力学平衡状态，与如何进入超导态的途径无关。超导态的零电阻现象和迈斯纳效应是超导态的两个既相互独立，又相互联系的基本属性。单纯的零电阻并不能保证迈斯纳效应的存在，但是零电阻效应又是迈斯纳效应的必要条件。因此，衡量一种材料是否是超导体，必须看是否同时具备零电阻和迈斯纳效应。

超导态的第三个特性是磁通量量子化，或超导隧道效应，是一种量子效应在宏观尺度上表现的典型实例。1962 年，英国理论物理学家约瑟夫森（Brian David Josephson，1940— ）在研究超导电性的量子特性时，从理论上提出了隧道超导电流的预言，也就是著名的约瑟夫森效应（Josephson effect），此效应是在弱连接超导体中发现的。通常，由绝缘膜或微桥将两超导体相互弱结合在一起的类似夹层很薄的三明治结构，也称约瑟夫森结，或超导隧道结，如图 2.44 所示。约瑟夫森隧道结通常的制备方法是在衬底板（substrate）上用蒸发等方法沉积一层超导膜 SC2，用热氧化等方法生长很薄的一层绝缘膜（thin insulating layer）后，再蒸发另一层超导膜 SC1。在 SC2 和 SC1 交叉处形成超导结。超导结的临界电流一般介于十微安到几十毫安之间。当两超导材料之间有一薄绝缘层（厚度约几纳米），即构成超导体（superconductor）－绝缘体（insulator）－超导体（superconductor）结构（即 S－I－S 结构），而形成低电阻连接时，会有“电子对”穿过绝缘层形成隧道电流，可以产生超导电流，而绝缘层两侧没有电压，也就是绝缘层也成了超导体。约瑟夫森效应，即超导隧道效应理论认为，电子对能够以隧道效应穿过绝缘层，在势垒两边电压为零的情况下，将产生直流超导电流，而在势垒两边有一定电压时，还会产生特定频率的交流超导电流。该理论也是超导电子学产生的基础。这一预言随后被实验所证实。约瑟夫森由于预言了隧道超导电流的存在，因此于 1973 年获得诺贝尔物理学奖。

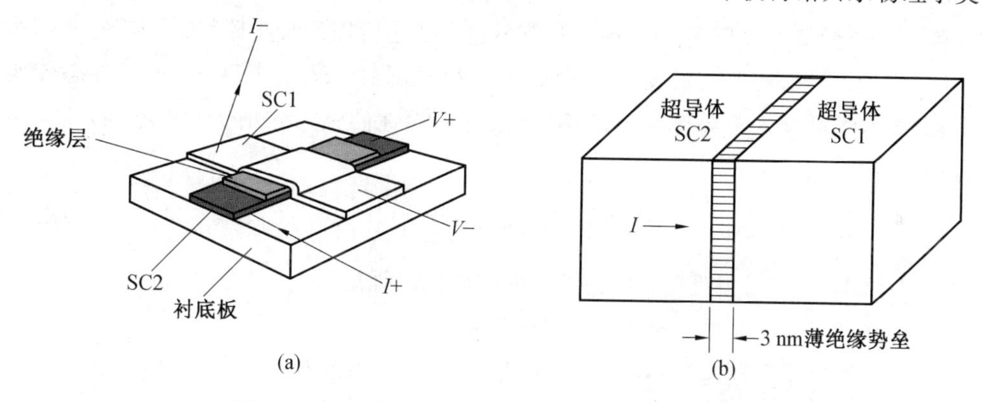

图 2.44 约瑟夫森隧道结和 S－I－S 结构示意图

约瑟夫森效应分为直流约瑟夫森效应和交流约瑟夫森效应。利用直流约瑟夫森效应可以测量较弱的磁场强度，而且精度很高，利用该理论制成的磁强计，灵敏度可达 10^{-12}Gs。而利用交流约瑟夫森效应可以精确测定电压值，并制成精度很高的测压装置，也可以制成保持和比较电动势的装置。此外，人们还利用交流约瑟夫森效应作辐射源。约瑟夫森效应已成为当代电子技术极为重要的课题之一。迄今为止，它已经在国防、医学、科学研究和工业等各方面都得到了应用，在电压标准、磁场探测等方面的发展则更加迅速。现在，在计算机领域，该效应已经被作为逻辑及记忆元件使用。随着人们研究的不断深入，这种应用将会更加成熟和广泛。

用于描述超导材料的指标主要有三个。

第一个指标是临界温度 T_C，即外磁场为零时超导材料由正常态转变为超导态的温度。目前，T_C 的最高值已提高到100 K左右。图2.45给出了超导体发现的年份与临界温度 T_C 的关系。从图中可以看到，随着不同族别材料的发现，临界温度 T_C 不断提高。

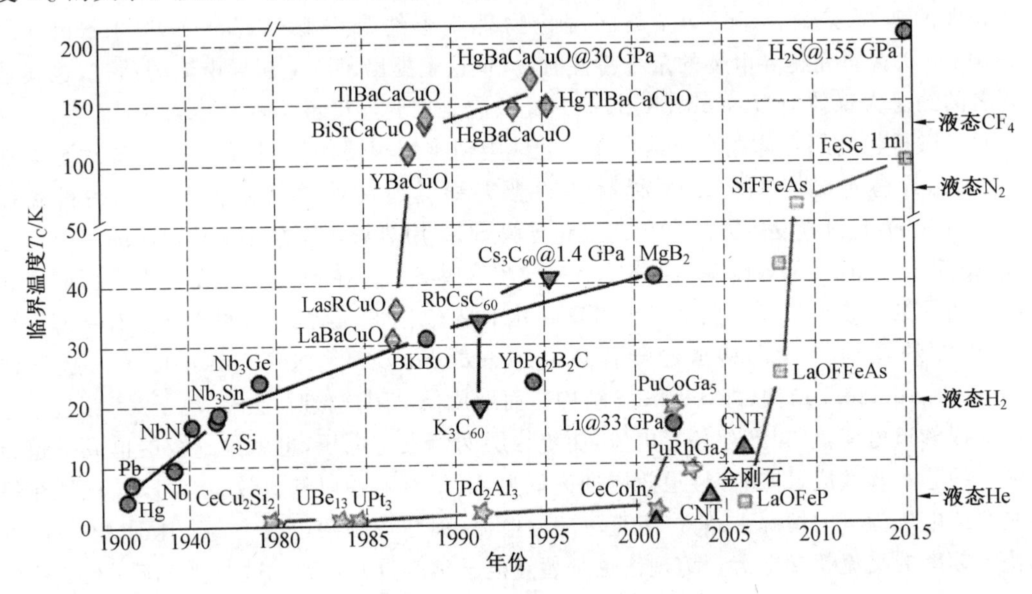

图2.45 超导体发现的年份与临界温度的关系

第二个指标是临界磁场强度 H_C，即破坏超导状态所需的最小磁场。当 $T<T_C$ 时，将超导体放入磁场中，如果磁场强度高于某一临界磁场强度 H_C，则超导体由超导态转变为正常态，磁力线可穿入超导体。温度不同，破坏超导性的临界磁场 H_C 也不同，其与温度 T 的关系为：

$$H_C(T)=H_C(0)\left[1-\left(\frac{T}{T_C}\right)^2\right] \tag{2.102}$$

式中 $H_C(T)$——某温度 T 时，超导体的临界磁场强度；

$H_C(0)$——0 K时超导体的临界磁场强度。

图2.46给出了不同超导体临界磁场 H_C 与温度 T 的关系。临界磁场 H_C 的大小与超导材料的性质有关，不同材料 H_C 变化范围很大。H_a 为外加磁场，μ_0 为真空磁导率，曲线为不同温度 T 下对应的临界磁场 H_C)，对某一材料来说，曲线下的区域为超导态，曲线外的区域为正常态。

第三个指标是临界电流 I_C 和临界电流密度 J_C。临界电流 I_C，即破坏超导所需的最小电流，单位截面积上所承载的 I_C 称为临界电流密度 J_C。

临界温度 T_C、临界磁场强度 H_C 和临界电流 I_C 是约束超导现象的三大临界条件。这三个物理量相互依存和相互影响，如图2.47所示。若把温度降到 T_C 以下，则超导体的 H_C 随之增加。如果输入电流产生的磁场和外加磁场之和超过 H_C，则超导态被破坏。此时通过的电流或电流密度即为临界值 I_C 或 J_C。随着外加磁场或温度的增加，I_C 或 J_C 相应减小，进而保持材料的超导态。只有当上述三个条件均满足超导材料本身的临界值时，才能发生超导现象。

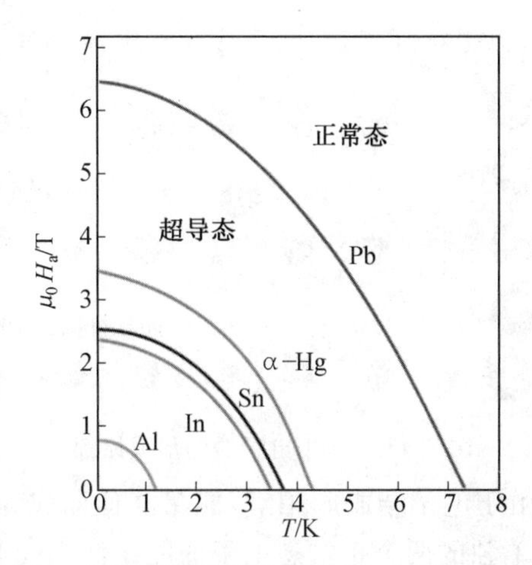

图 2.46　不同超导体临界磁场 H_C 与温度 T 的关系

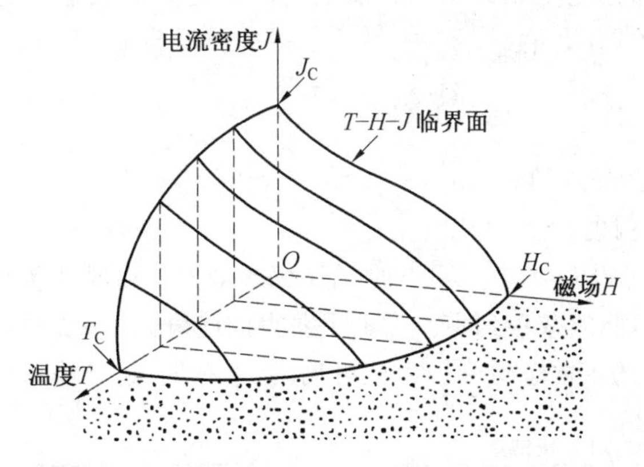

图 2.47　超导状态的 $T-H-J$ 临界面，临界面内为超导状态，临界面外为正常状态

2.5.3　超导现象的物理本质

解释超导现象最著名的理论是 BCS 理论。该理论于 1957 年由美国物理学家巴丁(John Bardeen，1908—1991)、库珀(Leon Cooper，1930—　)和施里弗(John Robert Schrieffer，1931—2019)提出，并以三人名字首字母所命名。这三人也因其在超导领域的贡献于 1972 年获得诺贝尔物理学奖。BCS 理论把超导现象看作一种宏观量子效应，并指出，金属中自旋和动量相反的电子可以配对形成所谓"库珀电子对"(Cooper pair)，简称"库珀对"。

常规导体在传输电流时，电子会与导体原子组成的晶体点阵发生相互作用，将能量传递给晶格原子，晶格原子振动产生热量，造成电能的损失。当在超导临界温度以下时，晶格振动(声子)为媒介的间接作用使电子之间产生某种吸引力，克服库仑排斥，从而导致自由电子将不再无序地"单独行动"，并形成"电子对"。库珀电子对的形成原理可用图 2.48 来描述：电子在晶格中移动时会吸引邻近格点上的正电荷，导致格点的局部畸变，形成一个局域的高正电荷区。这个局域的高正电荷区会吸引自旋相反的电子，和原来的电子以一定的结合能相结合配对。在很低的温度下，电子对将不会和晶格发生能量交换，也就没有电阻，在晶格当中可以无损耗地运动，形成超导电流。

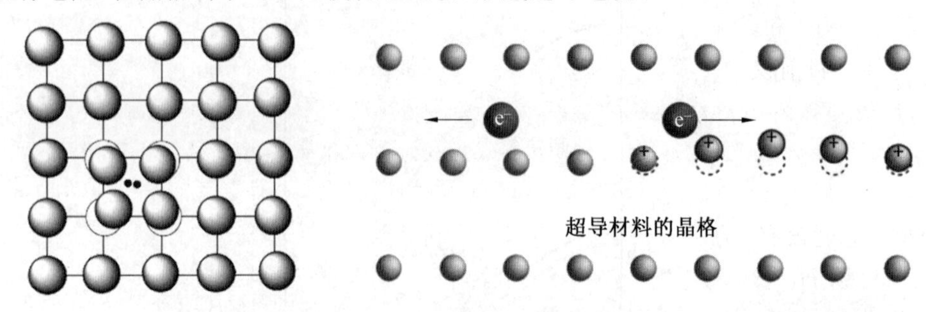

图 2.48　库珀电子对的形成原理

材料变为超导态后，由于电子结成库珀对，能量降低而成为一种稳定态。形成一个超导电子对的能量比形成单独的两个正常态电子的能量低 2Δ，这个降低的能量 2Δ 称为超导体的能隙，而正常态电子则处于能隙以上的能量更高的状态，如图 2.49 所示。能隙 2Δ 的大小与温度有关，且满足

$$2\Delta = 6.4k_B T_C\left[1-\left(\frac{T}{T_C}\right)\right]^{\frac{1}{2}} \tag{2.103}$$

式中　k_B—— 玻耳兹曼常数；

T_C—— 临界温度。

从式(2.103)中可以看到，当 $T=0$ 时，能隙 2Δ 最大。当温度 T 增大到 T_C，或外加磁场强度增加到 H_C 时，能隙减小到零。当电子获得的能量大于 2Δ 时，进入正常态，也就是库珀对变成两个独立的正常态电子。由此可见，温度越低，超导体越稳定。

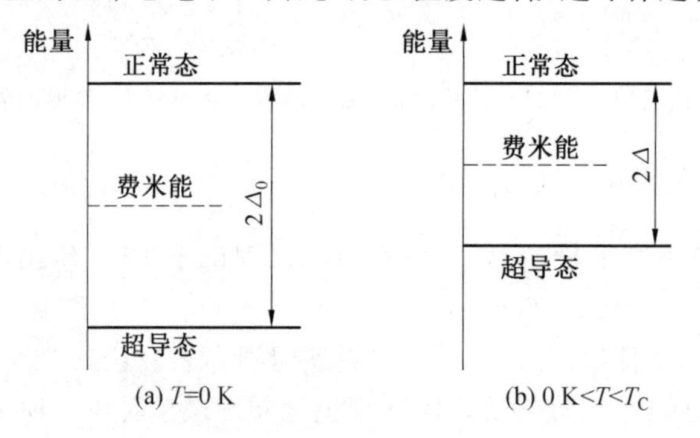

图 2.49　超导体的能隙

BCS 理论对金属的超导性能进行了较好的阐述，但不能解释 30 K 以上的超导现象。BCS 理论的影响远远超出了超导理论本身，巴丁等人为解决超导问题采用的研究方法及数学技巧，在与超导不同的方向，如核物理、基本粒子等领域也得到了广泛应用。BCS 理论不仅从微观上解释了超导电性，而且还开拓出许多新的研究领域。因此，它被认为是自量子理论发展以来对理论物理最重要的贡献之一。

2.5.4　超导体的分类

超导体依据它们在磁场中的磁化特性可划分为两大类。

第Ⅰ类超导体(type I superconductors),又称 Pippard 超导体或软超导体,除金属元素钒(V)、铌(Nb)和钽(Ta)以外,其余金属元素,如铝(Al)、铅(Pd)、汞(Hg)等都属于第Ⅰ类超导体。目前仅知的属于第Ⅰ类超导体的合金材料是 $TaSi_2$,大量 B 沉积的 SiC 也属于第Ⅰ类超导体。该类超导体的熔点较低、质地较软,亦被称为“软超导体”。第Ⅰ类超导体只有一个 H_C,低于 H_C 为超导态,高于 H_C 为正常态,也就是说,一旦外加磁场突破临界磁场 H_C,将发生一级相变,超导态突然消失,如图 2.50(a) 所示。其特征是由正常态过渡到超导态时没有中间态,并且具有完全抗磁性。第Ⅰ类超导体由于其临界电流密度 J_C 和临界磁场 H_C 较低,因而没有很好的实用价值。

第Ⅱ类超导体(type II superconductors),又称 London 超导体或硬超导体,这类超导体主要包括金属元素钒(V)、铌(Nb)和钽(Ta),以及金属化合物及其合金。该类超导体往往具有两个临界磁场 H_C,即上临界磁场强度 H_{C2} 和下临界磁场强度 H_{C1}。当 $H < H_{C1}$ 时为超导态;当 $H \geqslant H_{C2}$ 时为正常态;H 介于 H_{C1} 和 H_{C2} 之间为混合态。混合态时超导体内有磁力线穿过,有一定超导性,如图 2.50(b) 所示。第Ⅱ类超导体因其具有很高的上临界磁场,因而被广泛应用于高磁场超导线圈领域。

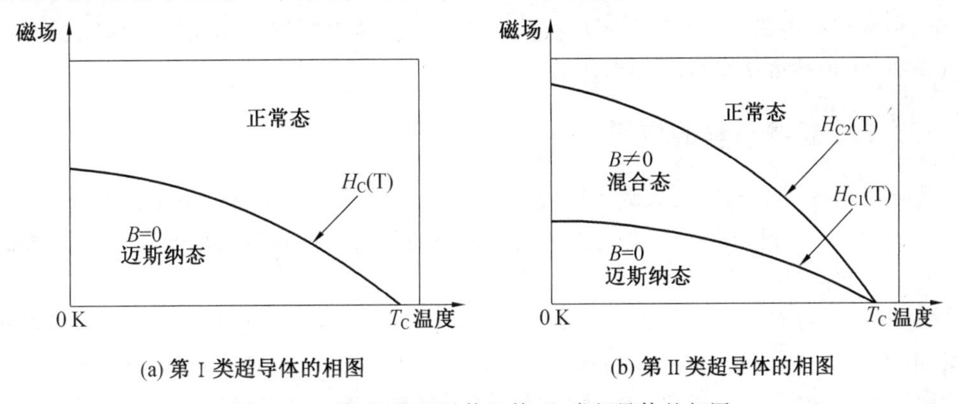

(a) 第Ⅰ类超导体的相图 (b) 第Ⅱ类超导体的相图

图 2.50 第Ⅰ类超导体和第Ⅱ类超导体的相图

第Ⅱ类超导体和第Ⅰ类超导体的区别主要在于:

(1) 第Ⅱ类超导体由正常态转变为超导态时有一个中间态(混合态)。

(2) 第Ⅱ类超导体的混合态中有磁通线存在,而第Ⅰ类超导体没有。

(3) 第Ⅱ类超导体比第Ⅰ类超导体有更高的临界磁场、更大的临界电流密度和更高的临界温度。

第Ⅱ类超导体不存在迈斯纳效应。当其处于混合态时,正常导体部分通过的磁力线与电流作用,产生了洛伦兹力,使磁通在超导体内发生运动,要消耗能量。但超导体内总是存在阻碍磁通运动的“钉扎点”,如缺陷、杂质、第二相等。随着电流的增加,洛伦兹力超过了钉扎力,磁力线开始运动,此状态下的电流是该超导体的临界电流。洛伦兹力是用荷兰理论物理学家 H. 洛伦兹(Hendrik Antoon Lorentz,1853—1928) 的名字命名的。

第Ⅱ类超导体根据其是否具有磁通“钉扎”中心而分为理想第Ⅱ类超导体和非理想第Ⅱ类超导体。只有体内组分均匀分布,不存在各种晶体缺陷,其磁化行为才呈现完全可逆,称为理想第Ⅱ类超导体。反之,则称为非理想第Ⅱ类超导体或硬超导体。理想第

Ⅱ类超导体的晶体结构比较完整，不存在磁通钉扎中心，并且当磁通线均匀排列时，在磁通线周围的涡旋电流将彼此抵消，其体内无电流通过，从而不具有高临界电流密度。非理想第Ⅱ类超导体的晶体结构存在缺陷，并且存在磁通钉扎中心，其体内的磁通线排列不均匀，体内各处的涡旋电流不能完全抵消，出现体内电流，从而具有高临界电流密度。实际上，真正适合于实际应用的超导材料是非理想第Ⅱ类超导体。

物理上，可由式(2.104)的大小决定超导体属于第Ⅰ类还是第Ⅱ类，即

$$\kappa=\lambda/\xi \tag{2.104}$$

式中 λ——伦敦穿透深度(London penetration depth)；

ξ——超导关联长度(the superconducting coherence length)；

κ——金兹堡－朗道参数(Ginzburg－Landau parameter)。

第Ⅰ类超导体满足 $0<\kappa<1/\sqrt{2}$，而第Ⅱ类超导体满足 $\kappa>1/\sqrt{2}$。

κ 这个参数源自于金兹堡－朗道理论(Ginzburg－Landau Theory,GL理论)。该理论由苏联物理学家金兹堡(Vitaly Lazarevich Ginzburg,1916—2009)和朗道(Lev Davidovich Landau,1908—1968)共同提出。朗道因其在凝聚态，特别是液氦的先驱性理论，于1962年获得诺贝尔物理学奖；金兹堡则因在超导体和超流体领域中做出的开创性贡献于2003年获得诺贝尔物理学奖。

2.5.5 超导材料的应用

超导材料的发展与应用大致可以分为三个阶段：

① 从1911年到1957年，是人类对超导现象的基本探索和认知阶段。这一阶段的很长时间里，超导只限于科学研究，基本上没有实际的应用。

② 从1958年到1985年，是人类对超导技术应用的准备阶段。在这一阶段，随着非理想第Ⅱ类超导体、约瑟夫森效应和量子干涉效应的发现，以及超导磁体和超导量子干涉器的研制成功，超导的应用研究逐步展开。这一阶段主要有四大方面的发展，即实用超导材料的发展、超导电子器件的发展、大量技术应用的实验室初探、高超导转变温度超导材料的研究。1986年以前，超导的实际应用受到低 T_C 的制约，主要局限在科研机构、高校和某些尖端工业部门内。

③1986年以后，随着 T_C 为35 K的镧－钡－铜－氧(La－Ba－Cu－O)高温氧化物超导体的发现，高温超导材料的研究才取得了重大突破。随后，T_C 超过90 K的钇－钡－铜－氧(Y－Ba－Cu－O)等一系列高温氧化物超导体的发现，成为高温超导材料研究领域中一个划时代的标志，使高温超导材料的研究不只是停留在理论阶段，这也成为超导大规模应用阶段的真正开始。

超导体的应用范围很广，包括：电能输运、电力工程、磁流体发电、受控热核反应、超导线圈储能技术、超导电子计算机、超导电子学器件、超导磁体技术、超导磁悬浮列车、地球物理探矿技术、地震研究技术、军事应用、生物磁学、医学临床应用、强磁场下物性学、有机超导研究等。美国超导物理学家马蒂亚斯(Bernd Theodor Matthias,1918—1980)曾讲过："如能在常温下，例如300 K左右实现超导电性，那么现代文明的一切技术都将发生变化。"为纪念马蒂亚斯而设立的"马蒂亚斯奖"(Bernd Matthias Prize)是超导学

术界最为重要的奖项。

超导体的应用,基本上可以分为强电强磁应用和弱电弱磁应用两大类。强电强磁的应用,主要基于超导体的零电阻特性和完全抗磁性,以及非理想第 Ⅱ 类超导体所特有的高临界电流密度和高临界磁场等特性。弱电弱磁的应用,主要以约瑟夫森效应为基础,发展以建立极灵敏的电子测量装置为目标的超导电子学、低温电子学,同时,利用约瑟夫森的交流伏安特性可以进行微波检测。图 2.51 给出了超导体按电性的应用分类。

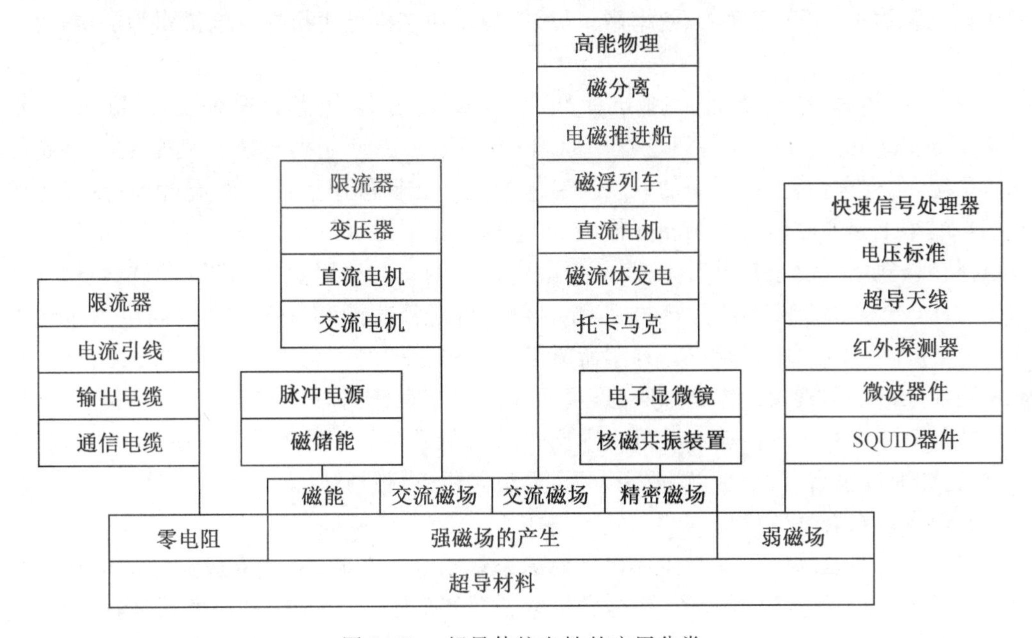

图 2.51 超导体按电性的应用分类

1. 超导强电强磁的应用

超导体在低温下可以实现稳定的零电阻超导态,这意味着线圈可以通过较大的电流而无焦耳热的损失。一方面利用超导输电线进行远程输电,大大降低输电过程的能量损失;另一方面,如果给闭合超导线圈通上电流,可以维持较强的恒稳磁场,也就是超导磁体。

超导材料应用于电力领域,可使一些过去无法实现的电力装备得到解决,包括超导电缆、超导限流器、超导储能装置和超导电机等。高温超导电缆通常是由电缆芯、低温容器、终端和冷却系统四个部分组成的电缆。其中,电缆芯是高温超导电缆的核心部分,包括骨架层、导体层、绝缘层和屏蔽层等主要部件。高温超导电缆具有截流能力大、损耗低、体积小和质量轻等优点,是解决大容量、低损耗输电的一个重要途径。超导限流器作为一种有效的短路电流限制装置,是主要利用超导体的超导/正常态转变特性,快速和有效地达到限流作用的一种电力设备。在发生短路故障时,超导限流器能迅速将短路电流限制到可接受的水平,从而避免电网中大的短路电流对电网和电气设备的安全稳定运行构成重大危害,可以大大提高电网的稳定性,改善供电的可靠性和安全性。超导储能系统(Superconducting Magnetic Energy Storage,SMES)是利用超导线圈将电磁能直接储存起来,需要时再将电磁能返回电网或其他负载的一种电力设施。超导材料的零电阻特性和高载流能力，使超导储能线圈能长时间、大容量地储存能量。该系统具有反应速度快、转换效率高的优点，对于改善供电品质和提高电网的动态稳定性有巨大的作用。超导电机是指励磁绕组用超导性材料制造的、能在强磁场下承载高密度电流的导线绕制成的一种电机。利用超导性材料在低温环境下电阻变为零的特点，在不是很粗的导线上能通过很强的电流，以产生很强磁场，即形成超导磁体。采用超导磁体可以产生数万乃至几十万高斯的磁场，从而使磁流体的输出功率大大提高。由于此励磁绕组中无功率损耗，因此电机体积显著缩小、功率密度大、效率高。另外，舰艇和飞机可用超导发电机作为能源，可提高功率。

由于超导体的抗磁性，超导体可被磁场或磁体托起，这便是超导磁悬浮(superconducting maglev)。基于这一原理，可制造出磁悬浮列车。在列车上装有超导磁体系统，当列车运行时，下面的铁轨在磁体的交变磁场作用下产生涡流，由涡流产生的磁场与列车上超导磁体的磁场相互作用，产生相斥作用力，可托起列车。托起后的列车可以悬浮在铁轨上。由于其没有摩擦，故可大大提高列车的行驶速度。当在列车两侧安装超导磁体，在导轨的侧壁装上导电板，导轨侧壁的悬浮线圈和导向线圈均与电力电缆相连，一旦列车从中心偏向任一边，列车所靠近的一侧上的线圈将向车体施加斥力，而与列车间距加大的一侧则向车体施加吸力，从而保证列车在任何时候均在导轨的中心。这样确保超导磁悬浮列车在高速行驶过程中比普通列车更安全。磁悬浮列车还具有很多其他优点，比如速度很高、污染小、爬坡能力强，列车体积小、磁场强、能量消耗小等。

2. 超导弱电弱磁的应用

超导弱电弱磁的应用主要体现在以约瑟夫森效应为基础、以建立极灵敏的电子测量装置为目标的超导电子学领域。作为低温电子学的主体，与超导磁体相并列，弱电弱磁成为目前超导电性的另一大类实际应用，包括超导计算机、超导天线、超导微波器件、超导量子干涉器(Super-conduct Quantum Interfere Device，SQUID)、超导混频器、超导粒子探测器等。高温超导体发现以后，超导电子学得到了进一步的充实和发展。

2.6 导电性在材料研究中的应用

在材料研究中，对材料导电性能的评价，往往根据测定的电阻率数据高低来表征。采用电阻分析的方法，可精确测定金属和合金的电阻，以电阻率数据的变化规律可间接分析材料组织结构的变化规律。但由于电阻对金属和合金的组织结构变化十分敏感，且影响电阻的因素较多，对测定的结果通常难以确切地进行分析。在实际应用中，电阻分析仍旧是研究合金时效的最有效方法之一，也可用以测定固溶体溶解度曲线、研究不均匀固溶体的形成、固溶体的有序无序转变、马氏体相变和淬火钢在回火时碳化物的析出、研究金属材料的疲劳过程、裂纹的形成和扩展等断裂问题。

1. 研究合金时效

金属或合金在一定温度下保持一段时间，过饱和固溶体脱溶造成合金强度、硬度等机械性能逐渐升高的现象，称为合金时效。通过测定材料电阻率随时间的变化关系，建立合金的时效动力学曲线，实际可反映出材料在时效过程中其组织结构随时间的变化关系。

图 2.52 给出了铝－硅－铜－镁铸造铝合金时效过程电阻率的变化。对某一时效温度下的曲线而言，从图中可以看到，合金时效初期，电阻率随时间延长反常升高，这主要与合金中形成 G.P. 区（Guinier－Preston Zones）有关。G.P. 区是法国科学家吉尼尔（André Guinier，1911—2000）和英国科学家普雷斯顿（George Dawson Preston，1896—1972）于1938年研究铝－铜合金时效硬化（age－hardened aluminum－copper alloys）时提出的。由于 G.P. 区内溶质原子偏聚造成合金电阻率升高，进而引起基体强化，使其具有良好的机械性能。随着时间延长，合金固溶体开始脱溶析出新的 θ 相和 β 相，合金电阻率开始下降。随时效温度升高和时间延长，θ 相和 β 相析出量增加，合金电阻率下降幅度更大。并且，随着时效温度升高，G.P. 区向稳定相态 θ 相和 β 相的过渡来得越快，使出现峰值的时效时间越短。根据合金的综合性能研究表明，该合金最佳时效温度区间为 160～170 ℃。这个例子说明，根据电阻率的变化特性可研究合金的时效过程。

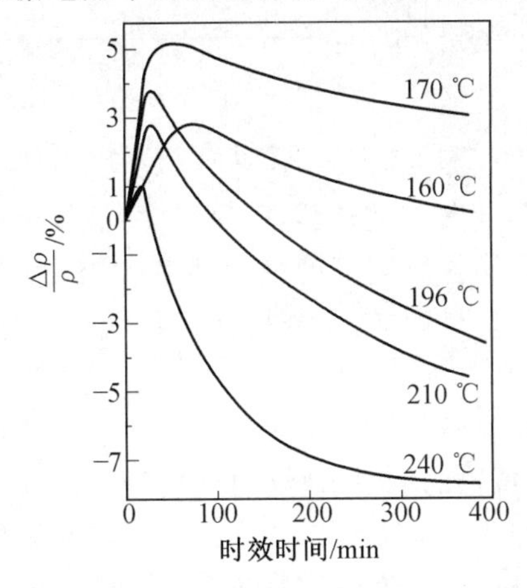

图 2.52　铝－硅－铜－镁铸造铝合金时效过程电阻率的变化

2. 测量固溶体溶解度曲线

电阻法可用于测定合金相图中固溶体的溶解度曲线。通过测定固溶体电阻率随溶质含量的变化，可获得固溶体的溶解度曲线。某合金材料由 A 和 B 两组元组成二元合金。固态下 B 组元在 A 组元中只能有限溶解，而且溶解度随温度升高而不断增加，曲线 ab 为要测定的固溶度曲线，如图 2.53(a) 所示。如果 B 组元全部溶于 A 中，得到的是单相 α 固溶体，在曲线 ab 左侧。当 B 组元在 A 中的溶解度已达到饱和状态，继续增加 B 组元的浓度，B 不能全部溶于 A 中，则会形成新的第二相 β，即进入 α＋β 的两相区。这时，随 B 含量的增加，在曲线 ab 的右侧，电阻率 ρ 将沿图 2.53(b) 中的直线变化。此时，在图 2.53(b) 中可以看到，某一温度下电阻率 ρ 与 B 组元含量关系曲线存在一明显的折点，这一折点就代表 B 组元在 A 组元某温度下的最大溶解度。

根据上述原理，在实际测量中，首先制备各种不同成分的合金并加工成电阻试样，然后将试样加热到低于共晶温度 T_0 后淬火。如果要测定 T_1 温度下的溶解度，就将试样加热到 T_1 温度，保温足够时间，再进行淬火，这样可把该温度下的组织状态保存下来。在室温测其电阻率 ρ，作出电阻率 $\rho-w(\mathrm{B})$ 的关系曲线，找出折点，即找到了 T_1 温度下 B 在 A 中的最大溶解度。测定 T_1 温度的最大溶解度后，将全部试样加热到略低于 T_0 温度进行

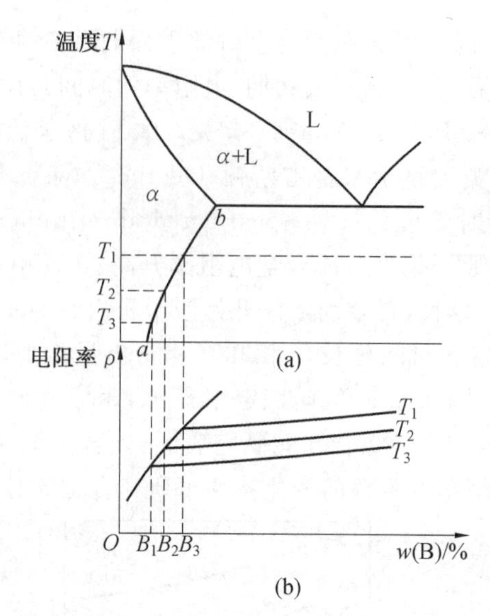

图 2.53　利用电阻法测定其固溶体的溶解度曲线

淬火，再加热到 T_2 温度保温，重复上述步骤，可测出 T_2 温度下 B 在 A 中的最大溶解度。依此方法，可测出 T_1、T_2、T_3 等各温度下的最大溶解度，然后作出温度和成分的关系曲线，即得到合金的溶解度曲线。最后，结合金相及 X 射线衍射分析结果，便可定出确切的相区。

3. 研究材料的疲劳过程

材料的应力疲劳是内部位错的增值、裂纹的扩展等一系列微观缺陷而导致宏观缺陷出现的过程，将引起电阻的变化。如图 2.54 所示，将开好 V 形缺口的金属镍试样置于可使试样通过稳恒电流的实验机上，并施以每分钟为一个应力周期的周期性载荷。在试样的缺口两边选好探测点以进行电位的测量，所测得的电位变化应代表缺口区域电阻的变化，这一变化将表示疲劳的发展过程。在疲劳过程中，电阻的变化可分为四个阶段。第 Ⅰ、Ⅱ 阶段电阻的变化不大，即疲劳开始阶段，试样内部缺陷无明显变化；第 Ⅲ 阶段电阻变化特点是随疲劳次数 N 增加，电阻值有缓慢增高的趋势，这对应着材料内部缺陷密度的不断增高；第 Ⅳ 阶段电阻的变化更加明显，原因之一是内部缺陷密度急剧增高，内部裂纹已扩展到试样表面。可见，疲劳试样的电阻变化趋势同疲劳过程密切相关。

电阻可以作为研究损伤的一种有效物理量。有研究给出了金属材料电阻 R 与疲劳损伤之间的理论关系，即

$$R=\frac{\rho L}{A_0\left(1-\frac{N}{N_f}\right)^{\frac{1}{[n(r)+1]}}} \tag{2.105}$$

式中　ρ—— 电阻率；

L—— 试样长度；

A_0—— 无损伤时的截面积；

N—— 循环次数；

N_f—— 疲劳寿命；

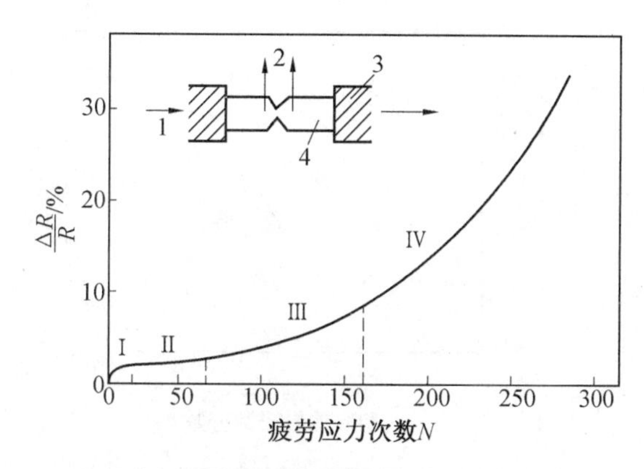

图 2.54　镍在低周期应力疲劳电阻变化曲线

1— 恒流电源；2— 电位测量；3— 夹头；4— 片状试样

$n(r)$—— 材料常数。

在对称循环下，设在应力水平 $\sigma_{\max 1}$、$\sigma_{\max 1}$ 下，材料的疲劳寿命分别为 N_{f1}、N_{f2}，则满足关系：

$$\frac{N_{f1}}{N_{f2}} = \left[\frac{\sigma_{\max 1}}{\sigma_{\max 2}}\right]^{-n(r)} \tag{2.106}$$

根据这一关系，只要通过测定材料分别在 $\sigma_{\max 1}$、$\sigma_{\max 1}$ 材料的疲劳寿命 N_{f1}、N_{f2}，代入式中即可求得材料常数 $n(r)$ 的数值。由此，如果已知材料常数 $n(r)$，则由式(2.105) 就确定了电阻 R 和 N 之间的关系。

目前，电阻法(又称电位法) 已广泛用于检验和研究试样中微裂纹的开裂和随后的扩展。用具有明确物理意义的电阻 R 作为参量研究金属材料疲劳损伤演变规律，是一种简便而且有效的方法。

4. 其他常见的电阻分析应用

其他常见的电阻分析应用还包括用于表征高纯金属的纯度、确定记忆合金相变温度、研究金属材料的空位浓度、研究非晶态合金的晶化、研究合金的有序 — 无序转变等。

金属的纯度是相对于杂质而言的，这些少量杂质会强烈地影响金属的基本性能。通常，广义上的杂质包括化学杂质和物理杂质。前者是指基体以外的、以代位或填隙等形式掺入的原子或元素；后者主要是指晶体缺陷，如位错及空位等。高纯金属的纯度分析通常有化学法和物理法两种。化学方法主要包括质谱法、化学光谱法、X 射线荧光光谱分析技术(X - Ray Fluorescence，XRF) 等方法。物理方法通常采用剩余电阻率法，即用高纯金属的剩余电阻率 RRR 来表示，如式(2.36) 所示。

根据马西森定律可知，极低温度下(通常为 4.2 K) 的电阻值通常可忽略与温度有关的 $\rho(T)$ 项，ρ_r 起主要作用。图 2.55 给出了某材料表征高纯金属纯度的测试曲线。

图 2.56 为 Cu_3Au 合金在加热时电阻率的变化，主要反映 Cu_3Au 合金在加热过程中的有序 — 无序转变程度。当合金所处温度高于转变临界温度时，会发生从有序到无序的转变，从而引起电阻增大。如图 2.56 所示，曲线 1 是将无序态的 Cu_3Au 合金淬火后，使其无序状态保持到室温，再加热测得的电阻率 ρ 随温度的变化曲线，此时无序状态的电阻率较高。曲线 3 是合金在有序 — 无序转变点以上快冷至有序化温度后，再慢冷得到部分有

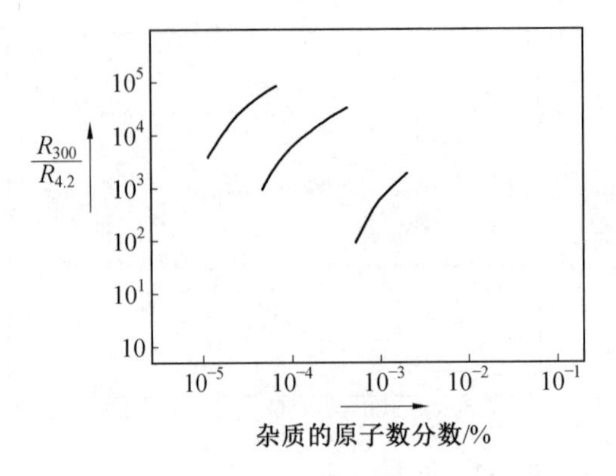

图 2.55　表征高纯金属纯度的测试曲线

序状态时的电阻率 ρ 随温度的变化曲线。曲线 2 是合金在转变点以上慢冷得到 Cu_3Au 完全有序，此时电阻率最低。因此，通过测量电阻率 ρ 可以研究有序—无序转变及不同状态下有序度的估算。

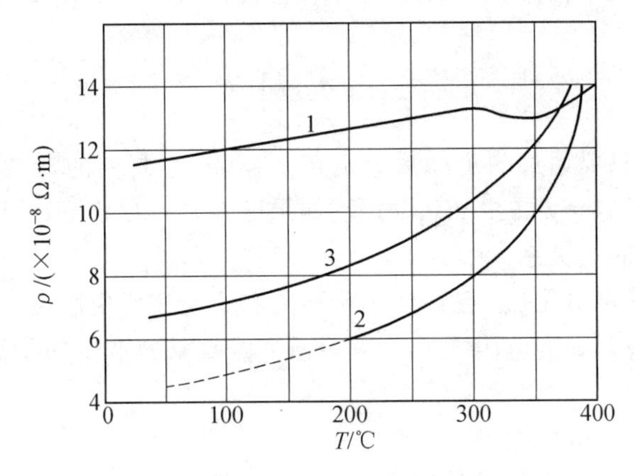

图 2.56　Cu_3Au 合金在加热时电阻率的变化

图 2.57 为 2605 和 2605A 两种非晶合金的电阻率 ρ 与温度 T 的关系。非晶合金是原子无序排列的亚稳态合金，当加热温度高于非晶态合金的晶化温度时，非晶合金将发生晶化，由原子无序的非晶状态转为原子有序的晶化状态，此时，电阻率将发生变化。图 2.57 中，2605 非晶合金的 $\rho-T$ 曲线是用同一种材料的两个试样测得的。第一个试样是从 78 K 开始随温度升高到 320 K，第二个试样由 320 K 开始升温到 1 000 K。由图 2.57 可见，两个试样的 $\rho-T$ 曲线衔接得很好。2605 非晶合金大约在 620 K 开始晶化，电阻率开始减小。约在 670 K 晶化完成，电阻率不再减小。当温度继续升高时，电阻率开始增大，而后又开始下降。在实验温度范围内，$\rho-T$ 曲线出现两个反常下降。1 000 K 以后以 30 K/h 速度冷却到 300 K，降温的 $\rho-T$ 曲线显示出典型的晶态材料行为。从 2605A 非晶合金的 $\rho-T$ 曲线看出，该非晶合金的晶化温度约在 670 K 开始，电阻率随温度升高迅速减小。但不像 2605 非晶合金减小的那样快，约在 738 K 晶化完成，电阻率不再减小。对 2605A 非晶合金在 740～1 000 K 温度范围内没有观察到像 2605 非晶合金那样的第二次电阻反常下降现象。因此，电阻法研究非晶合金的晶化行为是一种有效的方法。

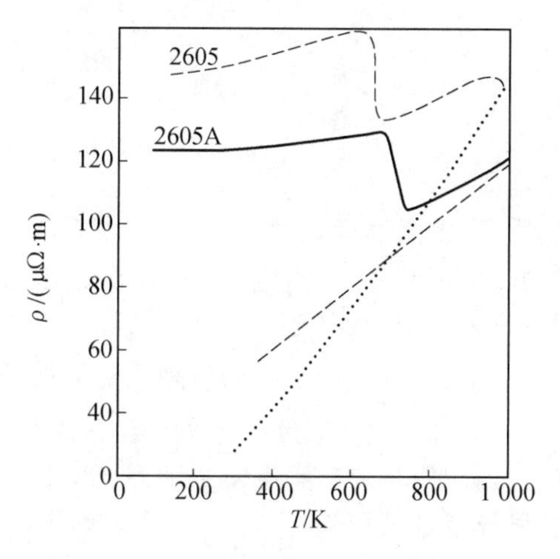

图 2.57　非晶合金的电阻率与温度的关系

图 2.58 为淬火钢在回火时的电阻变化。淬火钢通常为马氏体和残余奥氏体组成的多相混合组织，在回火时主要发生马氏体的分解和残余奥氏体的转变。对某一碳含量的马氏体而言，淬火钢的电阻比较高。如图 2.58 所示，回火温度在 110 ℃ 以下时，电阻没有明显的变化，说明淬火组织还没有发生转变。110 ℃ 时电阻开始急剧下降，这与马氏体开始分解有关。230 ℃ 时，电阻又发生更为明显的下降，这是残余奥氏体分解的结果。含碳量越多，电阻率下降幅度越大，这与试样中残余奥氏体含量越多有关。回火温度高于 300 ℃ 时，电阻变化很小，说明淬火钢分解基本结束。110 ℃、230 ℃ 和 300 ℃ 分别代表着回火的不同阶段。图 2.58 中电阻随温度变化曲线清楚反映了回火过程中的三个阶段与含碳量和加热温度的关系。

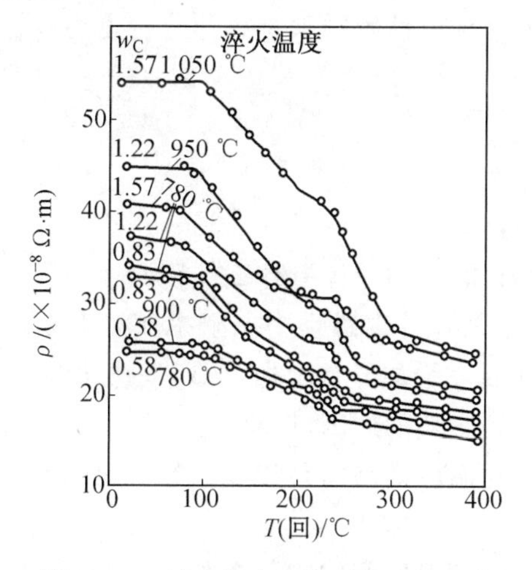

图 2.58　淬火钢在回火时的电阻变化

总之，上述这些研究的出发点实际均源于材料自身的各种缺陷、结构、相态等的变化在电阻宏观数值上的反映，也就是说，通过测定不同条件下电阻值的变化，以宏观电阻值间接体现材料微观结构的变化。

习　　题

1.请说明以下基本物理概念：

迁移数、迁移率、有效质量、电阻温度系数、电阻压应力系数、电阻各向异性系数、离解能、电导活化能、扩散激活能、本征激发、电离能、迈斯纳效应、约瑟夫森效应、超导的三个指标、库珀电子对

2.经典自由电子理论、量子自由电子理论、能带理论对金属导电性的描述有何差异？造成差异的原因是什么？

3.什么是马西森定律？请说明金属材料电阻率随温度变化的原因。

4.如何理解应力对金属导电性的影响？

5.离子导电能力随温度变化的关系如何？原因是什么？

6.为什么快离子导体的导电性比一般固体电解质好？

7.请解释快离子导体的导电机理。

8.电子类载流子导电材料和离子类载流子导电材料电导率随温度变化关系的相同和不同点在哪里？请简要说明原因。

9.半导体导电能力随温度变化的关系如何？原因是什么？

10.请用能带理论说明导体、半导体、绝缘体的导电性差别。

11.请绘出本征半导体、n型半导体和p型半导体的能带结构示意图，并说明其能带结构的特征。

12.pn结如何实现动态平衡和单向导电？

13.在讨论金属和电解质导电性影响因素时的分析思路有什么不同？请进行说明。

14.在讨论金属和半导体的导电性影响因素时的分析思路有什么不同？请进行说明。

15.超导材料有什么特性？

16.请解释超导现象的物理本质。

17.第Ⅰ类超导体和第Ⅱ类超导体有什么区别？

18.图2.59所示为某合金在升温过程中电阻率随温度变化的关系曲线。合金在T_1和T_2温度区间内电阻率随温度增加异常增加，请列举在此温度范围内3种可能发生的相应相变，并解释相变对电阻率影响的原因。

19.请列举几种电阻率随温度升高而异常降低的可能相变，并解释相变对电阻率影响的原因。

20.某半导体材料电导率随温度变化的关系如图2.60所示，根据此图请回答如下问题。

(1)请说明该材料电导率随温度变化关系的原因。

(2)该材料与电子类载流子导电材料和离子类载流子导电材料电导率随温度变化关系的相同和不同点在哪里？请说明原因。

(3)用能带理论说明半导体和绝缘体导电性不同的原因。

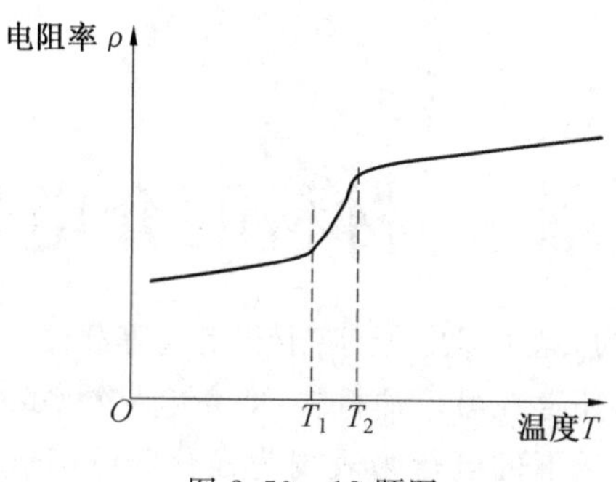

图 2.59　18 题图

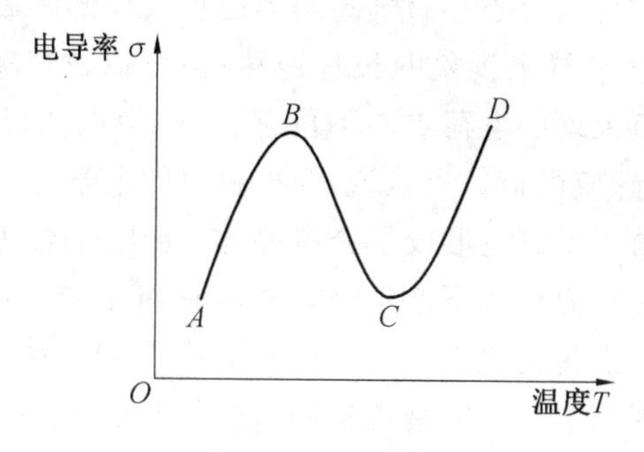

图 2.60　20 题图

21. 图 2.61 为某杂质半导体的能级分布，请回答如下问题。

(1) 该杂质半导体为哪类半导体？其费米能级随温度升高将如何变化？请简要说明原因。

(2) pn 结如何实现单向导电？

(3) 半导体导电性随温度变化的关系如何？原因是什么？

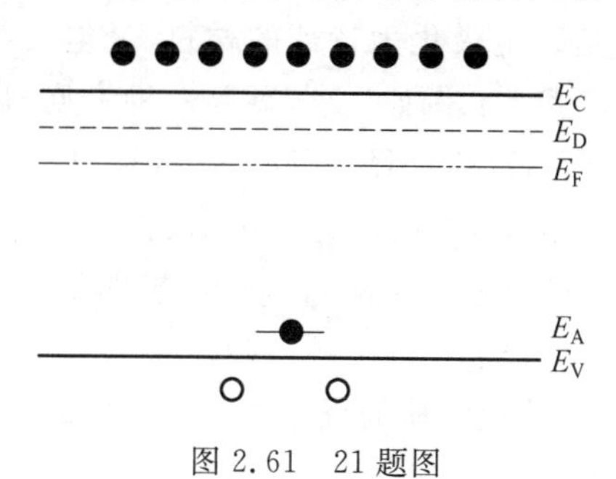

图 2.61　21 题图

第3章　材料的介电性能

材料在外电场下的行为，除了以电子、离子和空穴等载流子在电场作用下产生长程迁移而形成的导电现象以外，还存在另一种材料，即介电材料(dielectric material)。介电材料是一类绝缘材料，在外电场下的电行为表现为极化(polarization)。这种电现象的产生是因为材料中存在束缚在原子、分子、晶格、缺陷等位置或局部区域内的束缚电荷(bound charge)，这些电荷不能发生如导电现象的长程迁移，但可以发生微小移动。在电场作用下，这一微小移动可使正负束缚的电荷重心不再重合，产生电偶极矩或使电偶极矩改变，从而产生极化或表面产生感应电荷。可以说，介电材料的电学性质是通过外界作用(包括电场、应力、温度等) 实现的，相应地形成了介电晶体、压电晶体、热释电晶体和铁电晶体等电介质材料，其共性是在外界作用下产生极化。本章将主要介绍与材料介电性能有关的物理概念与变化规律，重点讨论电极化规律与介质中不同束缚电荷及相关微观结构的关系，揭示电介质材料宏观介电性能的微观机制，同时引入压电材料、热释电材料和铁电材料等相关知识。

3.1　电介质及其极化

3.1.1　平板电容器中的电介质极化

介电材料又称电介质，是以电极化为特征的材料，是电的绝缘体。电介质的范围很广，可分为气体、液体、固体三大类。例如，空气就是一种常见的天然气体电介质。气体电介质中，非极性电介质包括 N_2、He、O_2、H_2、CH_4 等，极性电介质包括 HCl、NO 等。液体电介质主要有非极性的苯、CCl_4 等，弱极性的二甲苯、汽油、煤油、变压器油等，极性的乙醇、水等。固体电介质主要有非极性的金刚石、硫黄、聚四氟乙烯和极性的聚氯乙烯等材料。

电介质在电场作用下产生感应电荷的现象称为电介质的极化。首先借助平板电容器引入介电常数(dielectric constant) 的概念。

对极板面积为 S、极板间距为 d 的真空平行电容器，在极板之间施加外电场，电压为 U，则在极板上出现感应电荷 Q_0，如图 3.1(a) 所示，此时，真空电容器的电容(capacitance) 满足

$$C_0=\frac{Q_0}{U}=\frac{\varepsilon_0\left(\frac{U}{d}\right)S}{U}=\varepsilon_0\frac{S}{d} \tag{3.1}$$

式中　C_0——真空平板电容器的电容，单位为法拉，记为F，电容的国际单位“法拉”是用英国物理学家法拉第(Michael Faraday，1791—1867) 的名字命名的；

ε_0—— 真空介电常数，其数值为 8.85×10^{-12} F/m。

从式(3.1)可以看出，真空平板电容器的电容主要由极板的几何尺寸决定。

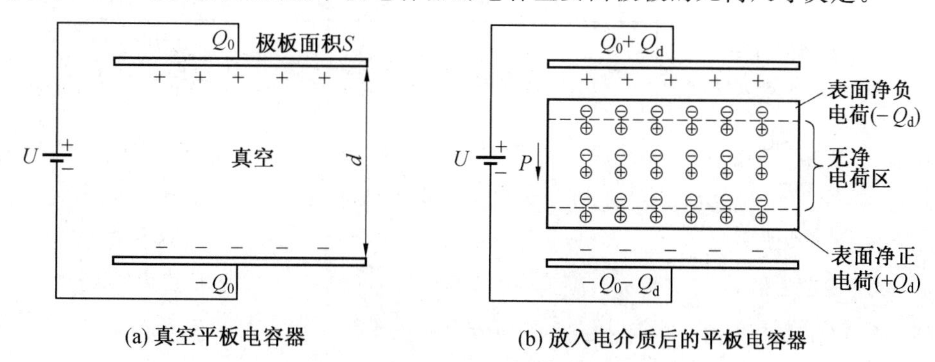

(a) 真空平板电容器　　(b) 放入电介质后的平板电容器

图 3.1　平板电容器中电介质的极化

如果在真空电容器内嵌入电介质(图 3.1(b))，则

$$C=\varepsilon_r C_0=\varepsilon_r\varepsilon_0\frac{S}{d}=\varepsilon\frac{S}{d}\tag{3.2}$$

式中　C—— 嵌入电介质的平板电容器的电容；

ε_r—— 相对介电常数，是一个无量纲参量；

ε—— 电介质的介电常数，又称电容率，满足 $\varepsilon=\varepsilon_r\varepsilon_0$。

ε 反映了电介质在电场中的极化特性，ε 越大，极化能力越强。ε 通常与测试的频率密切相关。

在真空电容器内嵌入电介质后，电容器的电容量与电介质的相对介电常数 ε_r 有关。电介质嵌入真空电容器后，外加电场时，在正极板附近的电介质表面将感应出电荷量为 Q_d 的负电荷，同样，在负极板附近的电介质表面将感应出电荷量为 Q_d 的正电荷。这一感应出的表面电荷称为感应电荷(induced charge)，也称束缚电荷。在电介质内部存在无电荷区，这是由于电介质内部存在可以相互抵消的感应电荷，如图 3.1(b) 所示。此时，电容器中总的电荷量 $Q=Q_0+Q_d$。其中，Q_0 为真空电容器极板上的感应电荷。感应电荷的存在，部分屏蔽了极板上自由电荷产生的静电场，因此在嵌入电介质后，两极板间的 U 下降为 U/ε_r，此时，电容器在容纳的电荷量一定的情况下，两极板间的电势差比没有电介质时的少，这相当于增大了电容器的电容量。或者说，由于电介质的存在，极化后产生束缚电荷，因此电容器中可容纳的电荷量增多，提高了电容器的电荷存储能力。由式(3.2)可以看出，嵌入电介质电容器的电容量是真空电容器电容量的 ε_r 倍。ε_r 和 ε 的大小直接反映出电介质材料在电场中的极化特性。ε_r 和 ε 越大，极化能力越强。表 3.1 给出了一些电介质材料的相对介电常数。

表 3.1 一些电介质材料的相对介电常数

材料	频率范围 /Hz	相对介电常数
二氧化硅玻璃	$10^2 \sim 10^{10}$	3.78
金刚石	直流	6.6
α− SiC	直流	9.70
多晶 ZnS	直流	8.7
聚乙烯	60	2.28
聚氯乙烯	60	3.0
聚甲基丙烯酸甲酯	60	3.5
钛酸钡	10^6	3 000
刚玉	60	9

3.1.2 极化及相关物理量

1. 电偶极子和电偶极矩

电介质在电场中发生极化将造成束缚电荷的出现。所谓极化，就是介质内电荷束缚系统中，正、负电荷重心发生分离的现象。设电荷量均为 q 的正、负电荷中心相对移动的位移矢量为 $\boldsymbol{l}$，则此时的正、负电荷所组成的束缚系统构成电偶极子(electric dipole)，此时，定义电偶极子的电偶极矩(dipole moment)$\boldsymbol{\mu}$ 为

$$\boldsymbol{\mu} = q\boldsymbol{l} \tag{3.3}$$

式中 $\boldsymbol{\mu}$—— 电偶极矩，简称电矩或偶极矩，单位是库仑 · 米(C · m)，规定其方向从负电荷指向正电荷，与外电场方向一致。

如果介质中含有极性分子，则这些极性分子都可以看成电偶极子。借助极性的概念，实际的电介质材料可分为非极性电介质和极性电介质。前者指分子内正、负电荷中心重合的电介质，比如氦、氢、甲烷等；后者指分子内正、负电荷的中心不相重合且其间有一定距离的材料，如氯化氢、水、氨、甲醇等。图 3.2 为非极性分子与极性分子的对比示意图。

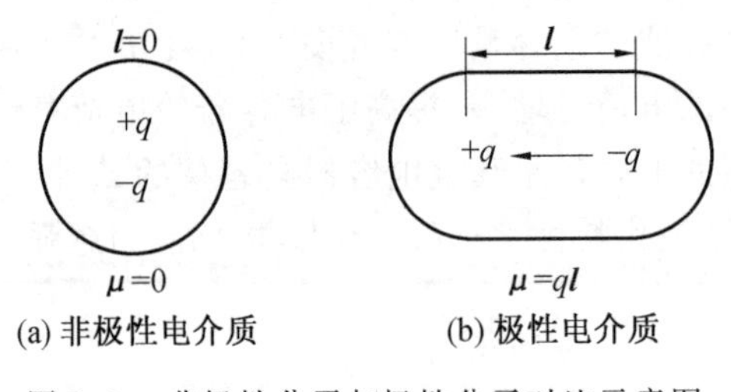

图 3.2 非极性分子与极性分子对比示意图

2. 电极化强度和极化率

由极性分子组成的分子，虽然每个分子都具有极性，存在电偶极矩，但在没有外电场的情况下，大量极性分子的偶极矩排列混乱，因此电介质对外不显极性。当在外电场作用下，极性分子则发生转向。转向的结果是电偶极子的极性轴趋于与外电场方向一致，此时

的电偶极矩可以看成原极性分子偶极矩在电场方向的投影。定义电介质单位体积内的电偶极矩矢量和为电介质的电极化强度(polarization),满足

$$\boldsymbol{P}=\frac{\sum\boldsymbol{\mu}}{V} \tag{3.4}$$

式中 $\boldsymbol{P}$—— 电极化强度,单位是库仑 / 平方米(C/m^2),反映了电介质的极化程度;

V—— 电偶极矩所在的空间体积。

根据式(3.4),如果在电介质内取一宏观小体积 V,在没有外电场时,电介质未被极化,此小体积元中各分子的电偶极矩的矢量和为 $\mathbf{0}$;当有外电场时,电介质被极化,此小体积元中的电偶极矩的矢量和将不为 $\mathbf{0}$。外电场越强,分子电偶极矩的矢量和越大。因此,电极化强度 $\boldsymbol{P}$ 表示电介质的极化程度。若电介质的电极化强度大小和方向相同,称为均匀极化;否则,称为非均匀极化。

从电极化强度 $\boldsymbol{P}$ 的单位(C/m^2)可以看出,$\boldsymbol{P}$ 的大小实际又是一个面电荷密度(surface charge density)的概念。以平板电容器(图 3.3)为例加以说明。在单位长度的电介质中取一厚度为 d、面积为 ΔS 的柱体,柱体两底面的极化电荷面密度分别为 $+\sigma_d$ 和 $-\sigma_d$,柱体内所有分子的电偶极矩矢量和的大小为

$$\sum\boldsymbol{\mu}=\sigma_d\Delta S\cdot d \tag{3.5}$$

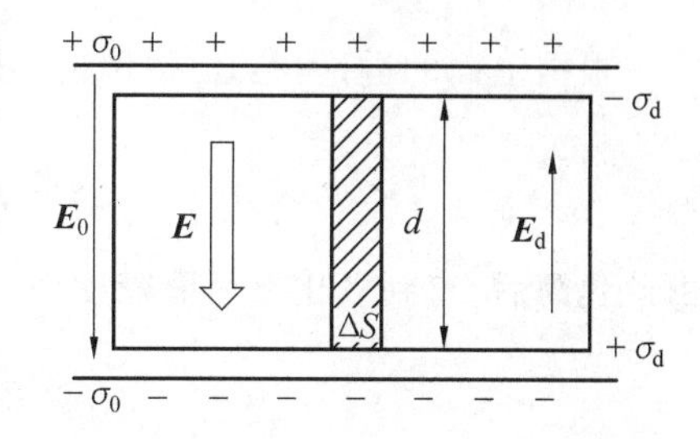

图 3.3 平板电容器计算极化电荷面密度模型

因而,电极化强度 $\boldsymbol{P}$ 的大小为

$$\boldsymbol{P}=\frac{\sum\boldsymbol{\mu}}{\Delta V}=\frac{\sigma_d\Delta S\cdot d}{\Delta Sd}=\sigma_d \tag{3.6}$$

从式(3.6)可知,对于平板电容器中的均匀电介质,其电极化强度 $\boldsymbol{P}$ 的大小等于极化产生的极化电荷面密度 σ_d。

实际上,电介质在电场中发生极化现象,出现极化电荷,这些电荷反过来又将影响原来的电场。以图 3.3 所示的平板电容器为例加以说明,设平板电容器的极板面积为 S、极板间距为 d、电荷面密度为 σ_0。放入电介质之前,由静电场的高斯定律(Gauss' law)可知,极板间的电场强度 $\boldsymbol{E}_0$ 的大小为 $E_0=\frac{\sigma_0}{\varepsilon_0}$,方向由正极板指向负极板。电场强度 $\boldsymbol{E}_0$ 是由外加电场提供的自由电荷作用于平板电容器两极板上产生的。当极板间充满各向同性的电介质时,由于电介质的极化,在电介质的两个垂直于 $\boldsymbol{E}_0$ 方向的表面上分别出现正负极化电荷,其电荷面密度为 σ_d,方向由感应正电荷指向感应负电荷。因此,极化电荷产生的场强 $\boldsymbol{E}_d$ 的大小满足

$$\boldsymbol{E}_d=\frac{\sigma_d}{\varepsilon_0}=\frac{\boldsymbol{P}}{\varepsilon_0} \tag{3.7}$$

由感应电荷产生的电场强度 $\boldsymbol{E}_d$ 又称为退极化场(depolarization field)。因此,电介质中的场强 $\boldsymbol{E}$ 为外加电场自由电荷产生的场强 $\boldsymbol{E}_0$ 和极化电荷产生的退极化场 $\boldsymbol{E}_d$ 的矢量和,由于 $\boldsymbol{E}_0$ 的方向与 $\boldsymbol{E}_d$ 的方向相反,可将这一方向相反的关系直接体现在减号上,所以 $\boldsymbol{E}$

的大小可写成

$$E = E_0 - E_d = E_0 - \frac{P}{\varepsilon_0} = \frac{\sigma_0}{\varepsilon_0} - \frac{\sigma_d}{\varepsilon_0} = \frac{1}{\varepsilon_0}(\sigma_0 - \sigma_d) \tag{3.8}$$

根据电场强度 E 与电势差 ΔU 的关系 $\Delta U = Ed$，并结合相对介电常数的定义，可知

$$\varepsilon_r = \frac{C}{C_0} = \frac{Q/\Delta U}{Q/\Delta U_0} = \frac{\Delta U_0}{\Delta U} = \frac{E_0 d}{Ed} = \frac{E_0}{E} \tag{3.9}$$

因此可以得到

$$E = \frac{E_0}{\varepsilon_r} \tag{3.10}$$

式(3.10)说明，在充满均匀的各向同性的电介质的平板电容器中，电介质内任意一点的电场强度 E 为真空中电场强度 E_0 的$\frac{1}{\varepsilon_r}$。

根据上面的讨论，结合式(3.8)、式(3.10)以及 $E_0 = \frac{\sigma_0}{\varepsilon_0}$，可得

$$\frac{\sigma_0 - \sigma_d}{\varepsilon_0} = \frac{E_0}{\varepsilon_r} = \frac{\sigma_0}{\varepsilon_r \varepsilon_0} \tag{3.11}$$

由此化简后，得到极化电荷面密度为

$$\sigma_d = \sigma_0\left(1 - \frac{1}{\varepsilon_r}\right) \tag{3.12}$$

由式(3.12)，结合 $\sigma_0 = \varepsilon_0 E_0$ 以及 $\sigma_d = P$ 的关系可得

$$P = \sigma_d = \sigma_0\left(1 - \frac{1}{\varepsilon_r}\right) = \frac{\sigma_0}{\varepsilon_r}(\varepsilon_r - 1) = (\varepsilon_r - 1)\varepsilon_0 E \tag{3.13}$$

令$\chi_e = \varepsilon_r - 1$，则

$$\boldsymbol{P} = \chi_e \varepsilon_0 \boldsymbol{E} \tag{3.14}$$

式中 χ_e—— 电介质的电极化率(electric susceptibility)，表示材料被电极化的能力，是材料的宏观极化参数之一。

根据式(3.14)可知，电极化强度 $\boldsymbol{P}$ 不仅与所加外电场 $\boldsymbol{E}_0$ 有关，而且还和极化电荷所产生的退极化场 $\boldsymbol{E}_d$ 有关，即电极化强度 $\boldsymbol{P}$ 和电介质所处的实际有效电场 $\boldsymbol{E}$ 成正比。需要说明的是，上述讨论的是静电场中的电介质的极化情况。在交变电场中，电介质的介电常数和外电场的频率有关，本节的结论并不成立。

根据静电场中有电介质时的高斯定律，引入了电位移矢量(electric displacement)$\boldsymbol{D}$ 这个物理量。该物理量是在讨论静电场中存在电介质的情况下，电荷分布和电场强度的关系时引入的辅助矢量。下面对电位移矢量 $\boldsymbol{D}$ 的含义做一简要说明，有助于理解电位移矢量 $\boldsymbol{D}$、电场强度 E 和极化强度 P 三者之间的关系。

在静电场中，通过电场中某点垂直于该点场强方向的小面元 $dS_\perp$ 的电场线数为 $d\Phi_e$，该点的电场强度满足

$$\boldsymbol{E} = \frac{d\Phi_e}{d\boldsymbol{S}_\perp} \tag{3.15}$$

式中 Φ_e—— 电通量，也称为电场线；

S—— 面积。

从电通量、电场强度和面积三者间的矢量关系上来看，如图 3.4 所示，电通量满足

$$\Phi_e = \boldsymbol{E} \cdot \boldsymbol{S} = ES\cos\theta \tag{3.16}$$

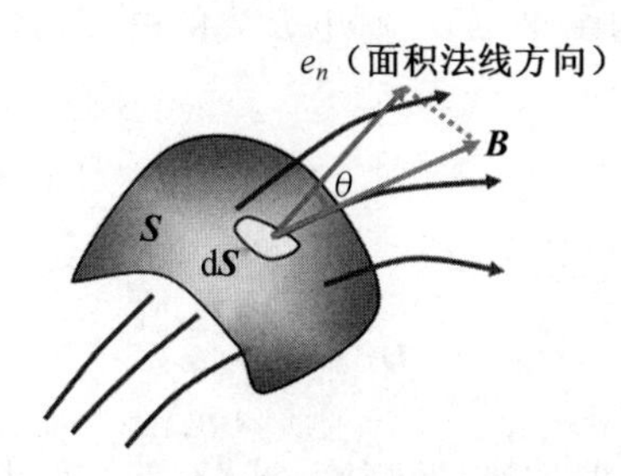

图 3.4　电通量、电场强度和面积三者间的矢量关系图

式(3.15) 实际上体现的是单位面积上的电通量这一单元化关系，因此 **E** 又可称为电场线密度。当静电平衡时，导体表面附近的电场强度可以表示为

$$\oint_S \boldsymbol{E}\,\mathrm{d}\boldsymbol{S} = \boldsymbol{E} \cdot \Delta\boldsymbol{S} \tag{3.17}$$

根据静电场的高斯定律，即在电场中，通过任意闭合曲面的电通量等于该闭合曲面所包围的电量代数和的 $1/\varepsilon_0$ 倍，与闭合曲面外的电荷无关，也就是满足

$$\oint_S \boldsymbol{E}\,\mathrm{d}\boldsymbol{S} = \frac{1}{\varepsilon_0}\sum_i q_i = \frac{\sigma \cdot \Delta\boldsymbol{S}}{\varepsilon_0} \tag{3.18}$$

式中　q_i—— 电荷带电量；

σ—— 表面电荷密度。

静电场中的高斯定律是由德国著名的数学家、物理学家高斯(Carl Friedrich Gauss，1777—1855) 提出的。

根据式(3.17) 和式(3.18)，可知

$$E = \frac{\sigma}{\varepsilon_0} \tag{3.19}$$

对两极板间距为 d 的真空平板电容器来说，根据电场强度 E 和电压 U 间的关系，可知

$$U = Ed = \frac{\sigma}{\varepsilon_0} \cdot d = \frac{1}{\varepsilon_0} \cdot \frac{Q_0}{S} \cdot d \tag{3.20}$$

从式(3.20) 可以发现

$$Q_0 = \varepsilon_0 \left(\frac{U}{d}\right) S \tag{3.21}$$

式(3.22) 给出的就是式(3.1) 中出现的平板电容器中感应电荷量 Q_0 与平板电容器极板形状和电压间关系的来源。

当真空平板电容器中插入电介质后，如图 3.3 所示，对有电介质时的有效电场强度 E，是外加电场强度 E_0(自由电荷产生的场强) 与附加的极化电场强度 E_d(电介质表面束缚电荷产生的场强) 共同作用的结果，且两者方向相反。此时，有效电场强度 E 体现在与电荷密度的关系上，则满足式(3.8)；而有效电场强度 E 体现在与相对介电强度的关系上，则满足式(3.10)。

结合式(3.8)和式(3.10)的关系可知

$$E=\frac{E_0}{\varepsilon_r}=\frac{1}{\varepsilon_0}(\sigma_0-\sigma_d) \tag{3.22}$$

结合式(3.19)和式(3.22)的结果,那么有电介质的电容器内的高斯定律可以写成

$$\oint_S \boldsymbol{E}\mathrm{d}\boldsymbol{S}=\frac{1}{\varepsilon_0}(\sigma_0-\sigma_d)\cdot\Delta S=\frac{E_0}{\varepsilon_r}\cdot\Delta S=\frac{\sigma_0}{\varepsilon_0\varepsilon_r}\cdot\Delta S=\frac{\sum_i q_{0i}}{\varepsilon_0\varepsilon_r}=\frac{\sum_i q_{0i}}{\varepsilon} \tag{3.23}$$

令 $\boldsymbol{D}=\varepsilon\boldsymbol{E}$,则式(3.23)可以写成

$$\oint_S \boldsymbol{D}\mathrm{d}\boldsymbol{S}=\sum_i q_{0i} \tag{3.24}$$

式(3.24)就是有电介质时的高斯定律。式(3.24)左侧的$\oint_S \boldsymbol{D}\mathrm{d}\boldsymbol{S}$是通过高斯面的电位移通量,$\boldsymbol{D}$即为电位移矢量;式(3.24)右侧为高斯面内包围的自由电荷电量的代数和。因此,有电介质时的高斯定律表示,有电介质时的电位移通量等于高斯面内自由电荷的代数和,与极化电荷无关。实际上,电位移矢量$\boldsymbol{D}$是由自由电荷和极化电荷共同决定。可以发现,引入电位移矢量$\boldsymbol{D}$后,高斯面内的电荷矢量和,只需考虑自由电荷而不需要考虑极化电荷,这使得分析有电介质时电场的问题变得更加容易。

此外,已知电极化强度$\boldsymbol{P}$等于极化电荷密度σ_d,那么有电介质时的高斯定律还可以写成

$$\oint_S \boldsymbol{E}\mathrm{d}\boldsymbol{S}=\frac{1}{\varepsilon_0}(\sigma_0-\sigma_d)\cdot\Delta S=\frac{1}{\varepsilon_0}(E_0-P\cdot\Delta S) \tag{3.25}$$

式(3.25)还可以写成

$$\oint_S (\varepsilon_0\boldsymbol{E}+\boldsymbol{P})\mathrm{d}\boldsymbol{S}=E_0=\sigma_0\cdot\Delta S=\sum_i q_{0i} \tag{3.26}$$

令 $\boldsymbol{D}=\varepsilon_0\boldsymbol{E}+\boldsymbol{P}$,那么式(3.26)仍旧可写成式(3.24)的形式。

综合上述结果,在真空状态下,平板电极容器极板上的电位移$\boldsymbol{D}$与电场强度$\boldsymbol{E}$的关系满足

$$\boldsymbol{D}=\varepsilon_0\boldsymbol{E} \tag{3.27}$$

当两极板间放入电介质,由于电介质的极化作用,电位移矢量$\boldsymbol{D}$、电场强度$\boldsymbol{E}$和电极化强度$\boldsymbol{P}$间的相互关系满足

$$\boldsymbol{D}=\varepsilon_0\boldsymbol{E}+\boldsymbol{P}=\varepsilon_0\boldsymbol{E}+\chi_e\varepsilon_0\boldsymbol{E}=(1+\chi_e)\varepsilon_0\boldsymbol{E}=\varepsilon_r\varepsilon_0\boldsymbol{E}=\varepsilon\boldsymbol{E} \tag{3.28}$$

实际上,式(3.14)建立了在外电场作用下产生的宏观电极化强度的关系,即电极化强度$\boldsymbol{P}$与由外电场引起的电场强度$\boldsymbol{E}$有关,这两个物理量之间的正比例关系由电极化率χ_e体现。χ_e越大,电场强度$\boldsymbol{E}$引起的电极化强度$\boldsymbol{P}$越高,电介质材料越容易被极化。

3.1.3 电介质极化的微观机制

电极化强度$\boldsymbol{P}$的大小,除了与宏观电场强度$\boldsymbol{E}$有关以外,必然还反映着材料自身微观上的极化特征。由于电极化强度$\boldsymbol{P}$反映了单位体积内电偶极矩的矢量和,因此,从微观角度上讲,物质的宏观电极化是组成物质的微观粒子在外电场作用下发生微观电极化的结果。通常,微观粒子在外电场作用下而产生的电偶极矩$\boldsymbol{\mu}$与局部场强$\boldsymbol{E}_{loc}$存在如下关系:

$$\boldsymbol{\mu} = \alpha \boldsymbol{E}_{\text{loc}} \tag{3.29}$$

式中 α—— 微观极化率。

粒子的微观极化率可能来自多种原因，一般情况包括电子极化(electronic polarization)、离子极化(ionic polarization)、偶极子取向极化(dipole orientation polarization)和空间电荷极化(space charge polarization)。这些极化的基本形式大致可分为两类，即位移极化(displacement polarization)和弛豫极化(relaxation polarization)。位移极化是一种弹性的、瞬时完成的极化，极化过程中无能量消耗，如电子位移极化和离子位移极化。弛豫极化是与热运动有关，属于非弹性、需一定时间完成的极化，极化过程中有能量消耗，如电子弛豫极化和离子弛豫极化。

电子位移极化是在外电场作用下，原子外围的电子云相对于原子核发生位移形成的极化。此时，正负电荷重心发生相对弹性位移而产生感应偶极矩，如图 3.5 所示。由玻尔模型计算出的电子极化率为

$$\alpha_{\text{e}} = 4\pi\varepsilon_0 R^3 \tag{3.30}$$

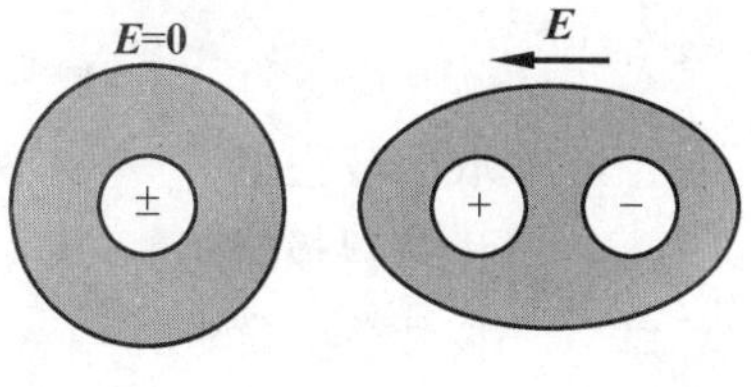

E=0 E ± + −

图 3.5 电子位移极化示意图

式中 α_{e}—— 电子位移极化率；

R—— 原子或离子的半径。

电子位移极化形成极化所需时间极短，为 $10^{-16} \sim 10^{-14}$ s，在一般频率范围内，可以认为 ε 与频率无关。这一极化过程具有弹性，当外电场去掉时，正、负电荷中心又马上会重合而整个呈现非极性，故电子式极化没有能量损耗。同时，温度对电子位移极化影响不大。

离子位移极化是离子在电场的作用下，偏移平衡位置引起的极化，这相当于形成一个感生偶极矩。图 3.6 为离子位移极化示意图，可以看到，在电场 $\boldsymbol{E}$ 的作用下，正、负离子 M 和 N 产生了相对位移，引起电偶极矩的变化。离子位移极化主要存在于离子化合物材料中，如云母、陶瓷等。根据经典弹性振动理论，可以估计出离子位移极化率满足

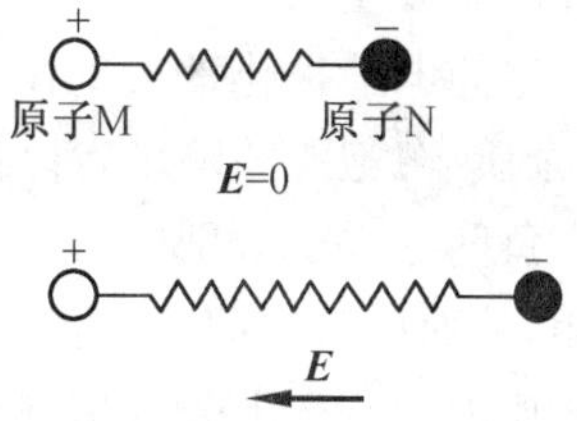

+ − 原子M 原子N E=0 + − E

图 3.6 离子位移极化示意图

$$\alpha_{\text{i}} = \frac{a^3}{n-1} 4\pi\varepsilon_0 \tag{3.31}$$

式中 α_{i}—— 离子位移极化率；

a—— 晶格常数；

n—— 电子层斥力指数，对于离子晶体，$n = 7 \sim 11$。

离子位移极化形成极化所需时间也很短，为 $10^{-13} \sim 10^{-12}$ s。在频率不太高时，可以认为 ε 与频率无关。该类极化也属于弹性极化，能量损耗很小。同时还受两个相反因素的影响：温度升高时离子间的结合力降低，使极化程度增加；但离子的密度随温度升高而减小，使极化程度降低，离子位移极化的强弱取决于这两个因素的共同作用。通常，前一种因素影响较大，故 ε 一般具有正的温度系数，即随温度升高，出现极化程度增强趋势的

特征。

偶极子取向极化是在外电场的作用下电偶极子倾向于定向排列的过程。在极性电介质中，当无外电场时，偶极子排列混乱，宏观电偶极矩矢量和为0，此时对外不显极性；当加外电场时，偶极子转向成定向排列，宏观电偶极矩矢量和不为0，从而使电介质极化，如图3.7所示。根据经典理论，极性分子的偶极子取向极化率满足

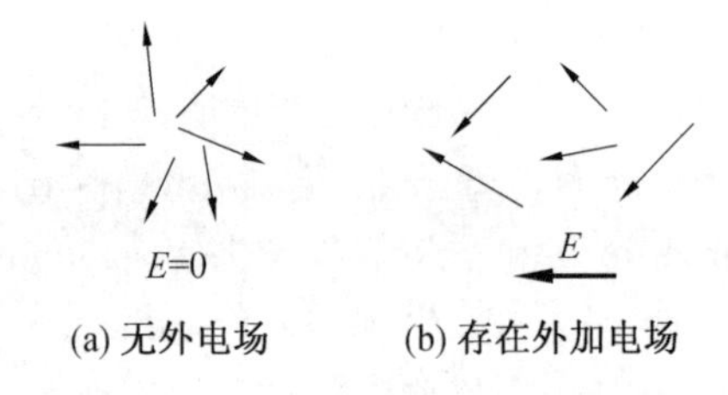

图3.7 偶极子取向极化示意图

$$\alpha_d = \frac{\mu_0^2}{3k_B T} \tag{3.32}$$

式中 α_d—— 取向极化率；

μ_0—— 固有偶极矩；

k_B—— 玻耳兹曼常数；

T—— 温度。

根据式(3.32)，取向极化率与温度有关，因此温度对极性介质的 ε 有很大的影响。在取向极化过程中，由温度引起的热运动与外电场的作用是影响偶极子运动的两个矛盾因素。偶极子沿外电场的有序化将降低系统的能量，而热运动则破坏这种有序化。这两个矛盾最终会建立一个新的统计平衡。偶极子取向极化的过程是非弹性的，消耗的电场能在复原时不可能收回。取向极化所需时间较长，为 $10^{-10} \sim 10^{-2}$ s，故 ε 与频率有较大关系。频率很高时，偶极子来不及转动，因而其 ε 减小。一般来说，取向极化率比电子极化率高两个数量级。

空间电荷极化常发生在不均匀介质中。在不均匀介质中，如存在晶界、相界、晶格畸变、杂质、气泡等缺陷区，都可成为自由电荷运动的障碍。在电场作用下，不均匀介质内部的正负间隙离子分别向负极、正极移动，引起电介质内各点离子密度的变化，出现了电偶极矩，从而出现空间电荷极化，又称为界面极化。如图3.8所示，在电场 E 的作用下，不均匀介质内的空腔上分别出现正负电荷，引起极化。

空间电荷极化随温度的升高而下降。这是因为温度升高，离子运动加剧，离子扩散容易，因而空间电荷减少。空间电荷的建立需要较长时间，由几秒到数十分，甚至数十小时，因此空间电荷极化对低频下的介电性质有影响。这一极化常存在于结构不均匀的陶瓷电介质中。

弛豫极化又称松弛极化，也与外电场有关，但还存在带电粒子的热运动对极化造成的影响。所谓弛豫过程，是一个宏观系统由于周围环境的变化或受到外界的作用而变为非热平衡状态，再从非平衡态逐渐恢复到平衡态的整个过程。弛豫极化由外加电场作用于弱束缚荷电粒子造成，与带电质点的热运动密切相关。热运动使这些质点分布混乱，而电场使它们有序分布。当电场和热运动的作用达到平衡时，则建立了极化状态。由于弛豫过程中，建立平衡需要克服一定势垒，所以需吸收一定能量。因此，弛豫极化为非可逆过程。

电子弛豫极化主要是由弱束缚电子在电场的作用下做短距离运动引起的。由于晶格

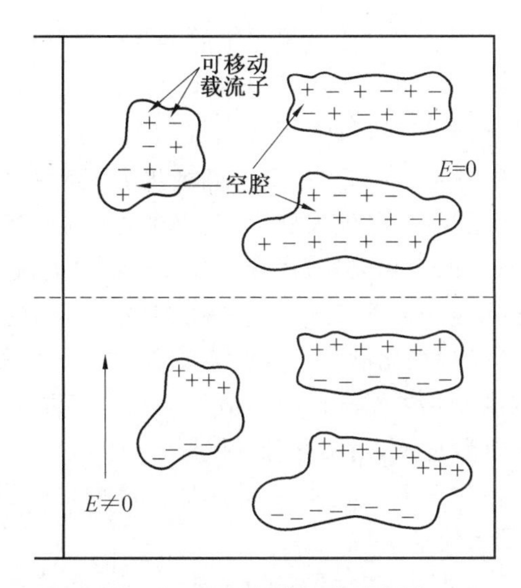

图 3.8 空间电荷极化示意图

的热运动、晶格缺陷、杂质引入、化学成分局部改变等因素，电子能态发生改变，导致位于禁带中的局部能级上出现弱束缚电子，在热运动和电场作用下建立相应的极化状态。电子弛豫极化的过程不可逆，存在能量的消耗。由于电子弛豫极化时存在弱束缚电子的短距离运动，因此具有电子弛豫极化的介质往往具有电子导电性。但电子弛豫极化与电子导电不同，只有当弱束缚电子获得更高的能量激发到导带成为自由电子时，才能形成电导。电子弛豫极化建立的时间为 $10^{-9} \sim 10^{-2}$ s，在电场频率高于 10^9 Hz 时，这种极化消失。

离子弛豫极化是由弱联系离子在电场作用下做短距离迁移引起的。对于玻璃状态的物质、结构松散的离子晶体、晶体中的杂质或缺陷区域，离子自身能量较高，易于活化迁移，这些离子称为弱联系离子。离子弛豫极化是由弱联系离子在电场和热的共同作用下建立的极化状态。这一过程也是不可逆的。离子弛豫极化的迁移与离子电导不同，只能在松散结构或缺陷区附近移动，属于短程迁移。这一过程所需克服的势垒小于离子导电克服的势垒，所以离子参加极化的概率远大于参与电导的概率。离子弛豫极化率可用下式描述：

$$\alpha_T^a = \frac{q^2 \delta^2}{12 k_B T} \tag{3.33}$$

式中 α_T^a—— 离子弛豫极化率；

q—— 离子电荷量；

δ—— 弱离子电场作用下的迁移距离；

k_B—— 玻耳兹曼常数；

T—— 温度。

由式(3.33)可知，温度升高，热运动对质点的规则运动阻碍增强，因此 α_T^a 降低。通常，离子弛豫极化率比位移极化率大一个数量级，因而导致材料有大的介电常数。

弛豫极化多发生在晶体缺陷处或玻璃体内，带电质点在热运动时移动的距离有分子大小，甚至更大。弛豫极化中质点需要克服一定的势垒才能移动，因此这种极化建立的时间较长，为 $10^{-9} \sim 10^{-2}$ s。其中，电子弛豫极化时间为 $10^{-9} \sim 10^{-2}$ s，而离子弛豫极化时间为 $10^{-5} \sim 10^{-2}$ s。这一过程中需要吸收一定的能量，所以是一种不可逆的过程。另外，由于弛豫极化建立时间较长，在无线电频率下，弛豫极化来不及建立，因而介电常数随频率的升高而明显下降。频率很高时，无弛豫极化，只存在电子位移极化和离子位移极化。

除了上述与外电场有关的极化以外，还有一种极性晶体在无外电场的情况下自身已经处于极化状态，这种极化称为自发极化。这一内容将在后面的章节进行讲述。表 3.2 总结了电介质可能发生的各种极化形式。这里需要说明的是，从表中可以发现，在某些极化形式下，极化强度随温度变化可能出现极大值。这是由于温度升高，弛豫过程会加快，弛豫时间降低，此时介电常数增加；而温度升高同时会伴随热运动的加强，从而阻碍弱束缚粒子的规则运动，造成极化率下降，介电常数降低。因此，这两种情况的平衡必将伴随着介电常数或极化强度极大值的出现。

表 3.2　电介质可能发生的各种极化形式

极化形式	具有此种极化的电介质	发生极化的频率范围	与温度的关系	能量消耗
电子位移极化	发生在一切陶瓷介质中	直流－光频	无关	无
离子位移极化	离子结构介质	直流－红外	温度升高，极化增强	很微弱
离子弛豫极化	离子结构的玻璃、结构不紧密的晶体及陶瓷	直流－超高频	随温度变化有极大值	有
电子弛豫极化	钛质瓷、以高价金属氧化物为基的陶瓷	直流－超高频	随温度变化有极大值	有
取向极化	有机材料	直流－超高频	随温度变化有极大值	有
空间电荷极化	结构不均匀的陶瓷介质	直流－超频	随温度升高减弱	有
自发极化	温度低于居里点的铁电材料	直流－超高频	随温度变化有显著极大值	很大

3.1.4　宏观极化强度与微观极化率的关系

从上述讨论中可以发现，电极化强度 P 既与反映宏观概念的电场强度有关，也与反映微观概念的电极化率有关，因此以 P 为媒介，可以将宏观和微观联系起来。

对于宏观的电场强度 E，主要包括外加电场 E_0 和由分布在物体表面上的束缚电荷产生的电场，即退极化场 E_d，并且这两个电场的方向相反。因此，宏观电场强度 $\boldsymbol{E}$ 可以写成 $\boldsymbol{E}_0$ 和 $\boldsymbol{E}_d$ 的矢量和：

$$\boldsymbol{E} = \boldsymbol{E}_0 + \boldsymbol{E}_d \tag{3.34}$$

对于微观的作用于分子、原子上的有效电场而言，除与外加电场 E_0、退极化场 E_d 有关以外，还和分子或原子与周围带电质点的作用 E_i 有关。意大利物理学家莫索堤(Ottaviano－

Fabrizio Mossotti,1791—1863）利用极化的球形腔模型提出了局部电场(local electric field)E_{loc} 的概念,如图 3.9 所示,并导出局部电场 E_{loc} 满足

$$E_{loc}=E_0+E_d+E_i=E+\frac{P}{3\varepsilon_0} \tag{3.35}$$

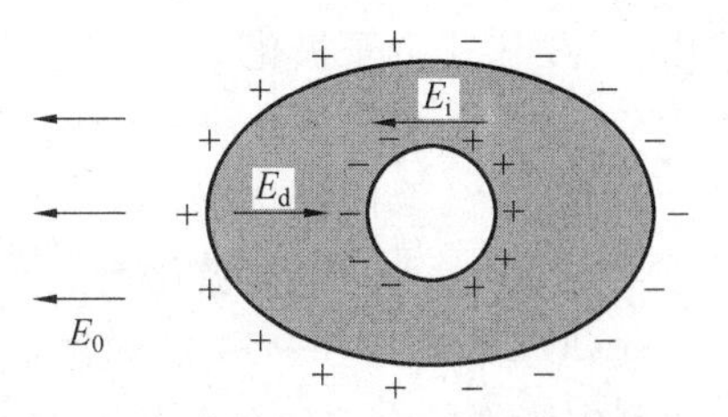

图 3.9 作用于分子、原子上的有效电场

式中,(E_0+E_d) 实际为宏观电场强度 E,E_i 为分子或原子与周围带电质点的作用,其关系满足 $E_i=\frac{P}{3\varepsilon_0}$。式(3.35) 实际就是洛伦兹(Lorentz) 关系。

把式(3.14) 代入式(3.35) 代替 P,有

$$E_{loc}=\frac{\varepsilon_r+2}{3}E \tag{3.36}$$

局部电场 E_{loc} 又称为洛伦兹有效电场(Lorentz effective electric field),满足极化粒子间的相互作用可以忽略不计或相互抵消的电介质,比如气体、非极性电介质、结构高度对称的立方晶体等。而对于极性液体和固体电介质,由于偶极分子间作用较强,洛伦兹有效电场就不适用了。

极化的宏观量与微观量之间的关系是借助克劳修斯 - 莫索堤方程(Clausius-Mossotti equation) 建立起来的。首先,极化强度 P 可以写成单位体积电介质在实际电场作用下所有电偶极矩的总和,即

$$\boldsymbol{P}=\sum N_i\bar{\boldsymbol{\mu}}_i \tag{3.37}$$

式中 N_i—— 单位体积中第 i 种偶极子的数目;

$\bar{\boldsymbol{\mu}}_i$—— 第 i 种偶极子的平均偶极矩。

带电质点的平均偶极矩与局部电场 $\boldsymbol{E}_{loc}$ 之间满足

$$\bar{\boldsymbol{\mu}}_i=\alpha_i\boldsymbol{E}_{loc} \tag{3.38}$$

式中 α_i—— 第 i 种偶极子的电极化率。

因此,结合式(3.37) 和式(3.38),总的电极化强度可以写成

$$\boldsymbol{P}=\sum N_i\alpha_i\boldsymbol{E}_{loc} \tag{3.39}$$

根据 $\boldsymbol{P}=\chi_e\varepsilon_0\boldsymbol{E}=(\varepsilon_r-1)\varepsilon_0(\boldsymbol{E}_0+\boldsymbol{E}_d)$、式(3.35) 和式(3.39),将局部电场 $\boldsymbol{E}_{loc}$ 和 $\boldsymbol{P}$ 替换,经整理可得

$$\frac{\varepsilon_r-1}{\varepsilon_r+2}=\frac{1}{3\varepsilon_0}\sum_i N_i\alpha_i \tag{3.40}$$

这一关系就是克劳修斯 - 莫索堤方程,是德国物理学家、数学家克劳修斯(Rudolf Julius Emanuel Clausius,1822—1888) 与莫索堤建立的。该方程描述了电介质的相对介电常数、偶极子数目和电极化率之间的关系。从这一关系可以看到,电介质中质点极化率大,极化介质中极化质点数量多,则电介质具有高的介电常数。

如果将前面介绍的各种微观极化机制的极化率引入,则式(3.40) 可以写成

$$\frac{\varepsilon_r-1}{\varepsilon_r+2}=\frac{1}{3\varepsilon_0}\sum_i(N_1\alpha_1+N_2\alpha_2+N_3\alpha_3+N_4\alpha_4) \tag{3.41}$$

式中 α_1—— 电子极化率；

α_2—— 离子极化率；

α_3—— 取向极化率；

α_4—— 空间电荷极化率。

式(3.40)和式(3.41)实际建立了电介质极化的宏观与微观间的关系。方程左侧用与材料宏观性能有关的介电常数表示，而右侧则以体现材料微观电偶极矩变化的极化率体现。

3.2 交变电场下的电介质特性

3.2.1 复介电常数与介质损耗

当电介质受到交变电场的作用时，随着频率的增加，极化强度 P 将落后于交变电场的变化，并总有部分电能转变成热能而使介质发热。电介质在电场作用下消耗的能量与通过其内部的电流有关。实际上，任何电介质在电场作用下，都或多或少存在把电能转化成热能的现象。这种电介质在电场作用下，在单位时间内，因发热而消耗的能量称为电介质的损耗功率，也称为介电损耗或介质损耗(dielectric loss)，简称介损。

对于一个平板理想真空电容器，其电容量为 $C_0=\varepsilon_0\dfrac{S}{d}$。在该电容器上施加角频率为 $\omega=2\pi f$ 的交流电压 $U=U_0\mathrm{e}^{\mathrm{i}\omega t}$，如图3.10所示，则在电极上出现周期性变化的电荷量 $Q=C_0U=C_0U_0\mathrm{e}^{\mathrm{i}\omega t}$，并且与外电压同位相，则其回路中的电流为

$$I_{\mathrm{C}}=\frac{\mathrm{d}Q}{\mathrm{d}t}=\frac{\mathrm{d}C_0U_0\mathrm{e}^{\mathrm{i}\omega t}}{\mathrm{d}t}=\mathrm{i}\omega C_0U_0\mathrm{e}^{\mathrm{i}\omega t}=\mathrm{i}\omega C_0U \tag{3.42}$$

式中 I_{C}—— 电容电流(capacitive current)，是样品充电所产生的电流，不产生热效应或化学效应，又称为位移电流(displacement current)。

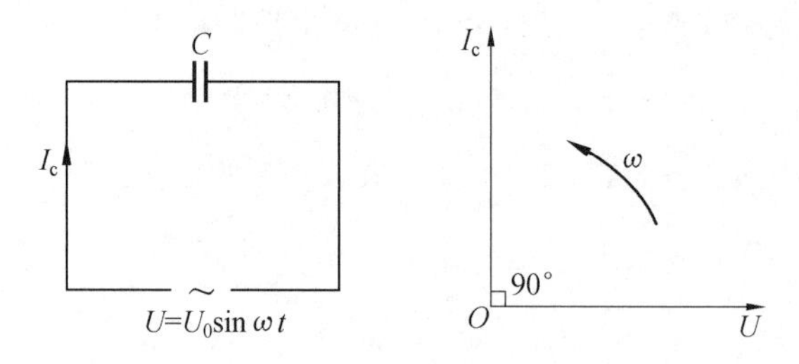

图3.10 理想平板电容器在正弦电压下的电流与电压间的位相关系

从式(3.42)可以看到，电容电流 I_{C} 超前外加电压 U 相位90°。这是一种非消耗性的电流。如果在极板间填充相对介电常数为 ε_{r} 的介电材料，材料为理想介电质，则 $C=\varepsilon_{\mathrm{r}}C_0$，其电流满足 $I'=\varepsilon_{\mathrm{r}}I_{\mathrm{C}}'$ 的相位，则仍超前电压 U 位相90°。此时，仍可将这一过程看成一种未消耗能量的情况。

但实际的电介质材料总会出现能量消耗。这一能量消耗过程仍旧与通过材料内部的电流有关，主要包括由于电介质电导(也就是漏电)产生的漏电电流 I_{dc} 和各种介质极化建

立所产生的极化电流 I_{ac}。

考虑将非理想性电介质放入真空平板电容器内，在电容器两侧施加交流电压 U。此时，除了电容电流 I_C 外，还存在弱导电性的漏电电流 I_{dc} 和弱束缚电荷在弛豫极化时因短程移动形成的极化电流 I_{ac}。此时，电流与电压的相位不再是 90°。这是由于电荷运动引起了小的电导分量 GU 造成的。G 实际为电阻 R 的倒数，根据电阻率与电阻的关系可知，电导 G 满足

$$G=\frac{1}{R}=\frac{1}{\rho\frac{d}{S}}=\sigma\frac{S}{d} \tag{3.43}$$

因此，总的电流 I 应该为电容电流 I_C 和电导分量 GU 两部分的矢量和

$$I=I_C+(I_{ac}+I_{dc})=\mathrm{i}\omega CU+GU=(\mathrm{i}\omega C+G)U \tag{3.44}$$

将式(3.43) 和 $C=\varepsilon_r C_0=\varepsilon_r\varepsilon_0\frac{S}{d}$ 代入式(3.44)，则

$$I=(\mathrm{i}\omega C+G)U=\left(\mathrm{i}\omega\varepsilon_0\varepsilon_r\frac{S}{d}+\sigma\frac{S}{d}\right)U=(\mathrm{i}\omega\varepsilon_0\varepsilon_r+\sigma)\frac{S}{d}U \tag{3.45}$$

根据电流密度 $\boldsymbol{J}$、电场强度 $\boldsymbol{E}$ 与 I 和 U 的关系，式(3.45) 可变成

$$\boldsymbol{J}=(\mathrm{i}\omega\varepsilon_0\varepsilon_r+\sigma)\boldsymbol{E} \tag{3.46}$$

令 $\sigma^*=\mathrm{i}\omega\varepsilon_0\varepsilon_r+\sigma=\mathrm{i}\omega\varepsilon+\sigma$，定义为复电导率(complex conductivity)，则式(3.46) 可写为

$$\boldsymbol{J}=\sigma^*\boldsymbol{E} \tag{3.47}$$

根据上述分析，如果将真实电容器的电流和电压关系以复数坐标形式进行绘制，则其相互的矢量关系一目了然，如图 3.11 所示。其中，与电压相位呈 90° 的 I_C 是不存在能量消耗的电容电流。I_{dc} 和 I_{ac} 是与电压相位相同的、由于电导造成能量消耗的电流。这三种电流的矢量和即为真实电容器的总电流 I。很明显，由于 I_{dc} 和 I_{ac} 的存在，总电流超前电压$(90°-\delta)$。δ 的大小实际反映了消耗能量的电导电流引起的损耗，称为介质损耗角(dielectric loss angle)，简称损耗角。

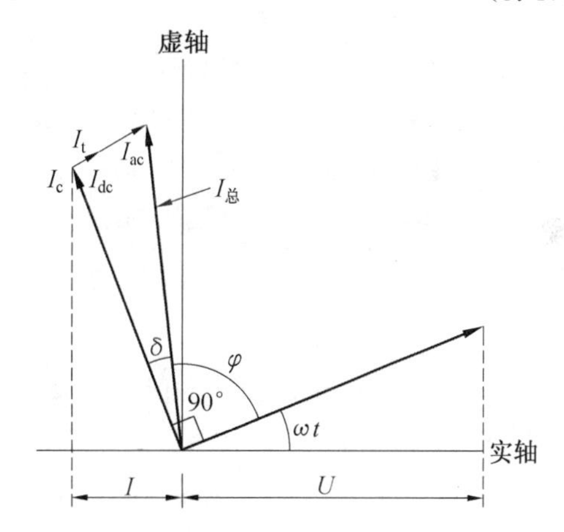

图 3.11 实际电介质充电、损耗和总电流的矢量关系

如果从电容角度分析，仿照复电导率这个物理量，可以引入复电容这样的概念，定义复介电常量 ε^* 和复相对介电常量 ε_r^* 分别为

$$\varepsilon^*=\varepsilon'-\mathrm{i}\varepsilon'' \tag{3.48}$$

$$\varepsilon_r^*=\varepsilon_r'-\mathrm{i}\varepsilon_r'' \tag{3.49}$$

此时，复电容为

$$C=\varepsilon_r^*C_0 \tag{3.50}$$

因此，电荷量与电容的关系可写成

$$Q = CU = \varepsilon_r^* C_0 U \tag{3.51}$$

由此，可借助 ε_r^* 分析前述总电流 I，即

$$\begin{aligned} I &= \frac{dQ}{dt} = C\frac{dU}{dt} \\ &= \varepsilon_r^* C_0 i\omega U = (\varepsilon_r' - i\varepsilon_r'')C_0 i\omega U \\ &= i\omega\varepsilon_r' C_0 U + \omega\varepsilon_r'' C_0 U \end{aligned} \tag{3.52}$$

式中，第一项是电容充放电过程的电容电流，无能量损耗，用复介电常数的实数部分 ε_r' 描述；第二项是与电压同相位的电导电流，对应能量损耗部分，用复介电常数的虚数部分 ε_r'' 描述。ε_r'' 称为相对损耗因子(relative dissipation factor)，$\varepsilon'' = \varepsilon_0\varepsilon_r''$ 则称为介质损耗因子(dielectric dissipation factor)。

如果将式(3.52)的矢量关系绘制成图 3.12，则可明显看出电流与电压的相位关系。

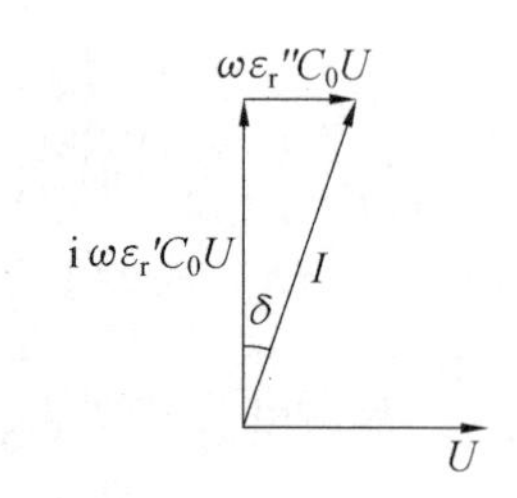

图 3.12 电流与电压的相位关系

由图 3.12 可以看到，如果用损耗项电流和无损耗项电流这两个矢量间的比值进行描述，则可反映出电流与电压间的相位差关系，也就是可以用损耗角正切(dielectric loss tangent)进行描述，即

$$\tan\delta = \frac{\varepsilon''}{\varepsilon'} = \frac{\varepsilon_r''}{\varepsilon_r'} \tag{3.53}$$

式中 $\tan\delta$—— 损耗角正切，为无量纲参量，是每个周期内介质损耗的能量与其储存能量之比，表示存储电荷要消耗的能量大小。

$\tan\delta$ 值越小，表明介质材料中单位时间内损失的能量越小，也就是介质损耗越小。

可以看出，介质损耗由复介电常数的虚部 ε'' 引起，电容电流由实部 ε' 引起，ε' 相当于测得的介电常数 ε。

另外，根据复电导率 $\sigma^* = i\omega\varepsilon + \sigma$ 的关系，同样也可用相同的方式反映损耗关系，即 $\tan\delta$ 还满足如下关系

$$\tan\delta = \frac{\sigma}{\omega\varepsilon} \tag{3.54}$$

与 $\tan\delta$ 反映损耗相反，可用 $\tan\delta$ 的倒数(即电介质的品质因数(quality factor))反映电容的充放电效率

$$Q = (\tan\delta)^{-1} \tag{3.55}$$

式中 Q—— 品质因数，是无量纲参量。

在高频下的绝缘应用条件希望 Q 越高越好。

介质损耗是电介质在交流电场中使用时的重要品质指标之一。由于电介质在电子工业中往往起绝缘和储存能量的作用，因此，介质损耗不仅消耗能量，而且，温度上升也会影响元器件的正常工作。

根据上述内容可知，充电过程中的漏电和电介质的极化是造成介质损耗的两个因素，分别称为电导(或漏导)损耗和极化损耗。电导损耗的出现是由于电介质在实际工作中，或多或少都存在一些弱联系的带电粒子。这些带电粒子在外加电场作用下沿着电场方向做贯穿于电极之间的运动，产生漏导电流，引起能量损耗。一切实际的电介质材料都有这

个现象存在。极化损耗与电介质的极化形式有关，除了位移极化以外，其他极化形式均可引起能量的损耗。例如，弛豫极化过程中，弱束缚电荷粒子克服热运动建立极化的过程，就需要吸收一定能量才能实现极化。通常，极化过程中，电偶极矩的变化往往落后于外加电场的作用，因此引起损耗。当电介质处于交变电场中，若交变电场的频率很低，使电偶极矩的变化能够跟上外加电场的变化，则不产生极化损耗；随着交变电场频率增加，电偶极矩的变化逐渐跟不上外加电场的变化，则产生电能的损耗；若交变电场的频率很高，使电偶极矩的变化完全不能跟上外加电场的变化，也就是极化完全来不及建立，也不产生极化损耗。

除此以外，还存在其他几种介质损耗的形式。① 电离损耗(又称游离损耗)是含有气孔的固体电介质在外加电场强度超过气孔气体电离所需的电场强度时，由于气体的电离吸收能量引起的损耗。固体电介质中存在的这些气体耐电压能力比固体材料本身低，容易导致固体材料的热破坏，加剧电介质的化学性破坏造成老化，因此，需要尽量减少电介质中的气孔。② 结构损耗是在高频电场和低温下，与介质内部结构紧密度密切相关的介质损耗。通常，实验表明，结构紧密的晶体或玻璃体的结构损耗都很小，但是当某些原因，如杂质的掺入、试样经淬火急冷的热处理等，使其内部结构松散，则结构损耗会大大升高。结构损耗与温度关系不大，但是其损耗功率随频率的增大而增大。③ 还有一种介质损耗称为宏观结构不均匀的介质损耗。对实际的工程介质材料而言，大多数是不均匀介质，材料内部通常存在晶相、玻璃相和气相，且各相在介质中是呈统计分布的。由于各相的介电性质不同，因此在各相之间往往积聚较多的自由电荷，引起介质的电场分布不均匀。局部具有较高的电场强度，则引起较高的损耗。但作为电介质整体来看，整个电介质的介质损耗必然介于损耗最大的相和损耗最小的相之间。

3.2.2 介质弛豫和频率响应

1. 介质弛豫和德拜方程

电介质极化时，达到极化平衡需要时间，不同的微观极化机制达到平衡时所需时间不同。通常，只有电子位移极化可以认为是瞬时完成的，其他极化都需时间。这样在交流电场作用下，电介质的极化就存在频率响应(frequency response)问题。不同的微观极化对频率响应不同，因此在交变电场下，电介质通常发生弛豫现象。一般把电介质完成极化所需要的时间称为弛豫时间(relaxation time)。

当一个电介质样品上施加电场时，电介质的极化不是瞬时完成的，需要一定的时间，其弛豫极化过程如图 3.13 所示。其中，P_0 为瞬时建立的极化，与时间无关。随着时间的延长，极化强度 P 逐渐增大。与时间有关的极化强度称为弛豫极化强度 $P_r(t)$。$P_r(t)$ 随着时间的延长逐渐增大，最终达到稳定值 $P_{r\infty}$，此时，极化达到平衡。

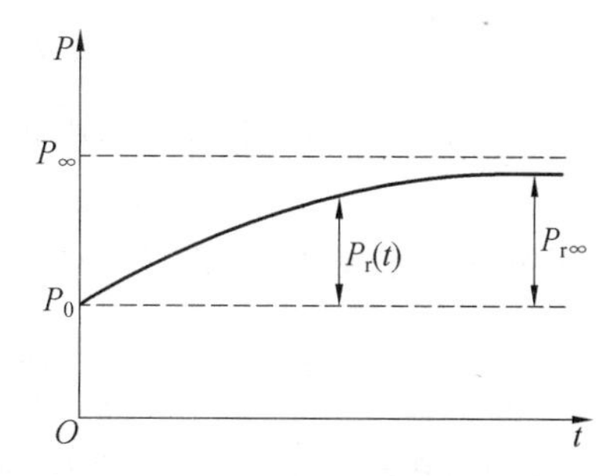

图 3.13 电介质的弛豫极化过程

根据上述描述，极化强度可写成

$$P(t)=P_0+P_r(t) \tag{3.56}$$

当时间足够长，极化达到平衡时，则 $P_r(t)\to P_{r\infty}$，总的极化强度 $P(t)\to P_\infty$。

经推导，在交变电场作用下，电介质的介电常数与电场频率有关，也与电介质的弛豫时间有关，这一关系可用德拜方程(Debye equation)进行描述，即

$$\begin{cases}\varepsilon_r'=\varepsilon_{r\infty}+\dfrac{\varepsilon_{rs}-\varepsilon_{r\infty}}{1+\omega^2\tau^2}\\ \varepsilon_r''=(\varepsilon_{rs}-\varepsilon_{r\infty})\dfrac{\omega\tau}{1+\omega^2\tau^2}\\ \tan\delta=\dfrac{(\varepsilon_{rs}-\varepsilon_{r\infty})\omega\tau}{\varepsilon_{rs}+\varepsilon_{r\infty}\omega^2\tau^2}\end{cases} \tag{3.57}$$

式中 ω—— 电场频率；

τ—— 弛豫时间；

ε_{rs}—— 静态或低频下的相对介电常数；

$\varepsilon_{r\infty}$—— 光频或超高频下的相对介电常数。

根据复介电常数的定义，ε_r^* 可写成

$$\varepsilon_r^*=\varepsilon_r'-i\varepsilon_r''=\varepsilon_{r\infty}+\frac{\varepsilon_{rs}-\varepsilon_{r\infty}}{1+i\omega\tau} \tag{3.58}$$

2. 介质损耗的表示方法

介质损耗是单位时间内电介质在电场中所消耗的电能。在直流电场下，介质损耗仅由电导引起，其损耗功率可以满足

$$P_w=UI=GU^2 \tag{3.59}$$

式中 P_w—— 损耗功率；

G—— 介质的电导。

单位体积内的介质损耗为介质损耗率 p_w，即

$$p_w=\frac{P_w}{V}=\frac{GU^2}{V}=\sigma E^2 \tag{3.60}$$

式中 p_w—— 介质损耗率；

σ—— 纯自由电荷产生的电导率。

在交流电场下，介质损耗不仅与自由电荷产生的电导有关，还与弛豫过程有关，借助损耗角 $\tan\delta$ 的概念，根据式(3.54)可以得出交流电压下的等效电导率满足

$$\sigma=\omega\varepsilon\cdot\tan\delta=\omega\varepsilon\cdot\frac{\varepsilon_r''}{\varepsilon_r'} \tag{3.61}$$

由于 ε_r' 是实验测得的 ε_r，则式(3.61)可以写成

$$\sigma=\omega\varepsilon\cdot\tan\delta=\omega\varepsilon_0\cdot\varepsilon_r'' \tag{3.62}$$

利用德拜方程，将 ε_r'' 进行替换，则

$$\sigma-\omega\varepsilon\cdot\tan\delta=\frac{(\varepsilon_{rs}-\varepsilon_{r\infty})\omega^2\tau\varepsilon_0}{1+\omega^2\tau^2} \tag{3.63}$$

因此，在高频电压下，$\omega\tau\gg1$，此时 $\sigma=\dfrac{(\varepsilon_{rs}-\varepsilon_{r\infty})\varepsilon_0}{\tau}$；在低频下，$\omega\tau\ll1$，则 σ 与 ω^2 成正比。

3. 介质损耗的影响因素分析

从德拜方程可以看出，相对介电常数的实部和虚部都与所加电场的频率 ω 有关。同时，介电常数还与温度有关，温度是通过影响弛豫时间 τ 而影响介电常数的。接下来，讨论频率和温度对介质损耗的影响。

(1) 频率的影响。

根据德拜方程，即式(3.57)，可以分析出频率对介质损耗的影响，如图 3.14 所示。

当外加电场频率 ω 很小时，即 $\omega \to 0$ 时，各种极化机制均跟得上电场的变化，因此不存在极化损耗。介质损耗功率 P_w 主要由电介质的漏电引起，与频率无关。根据 $\tan\delta = \frac{\sigma}{\omega\varepsilon}$，当 $\omega \to 0$ 时，$\tan\delta \to \infty$。随着 ω 的升高，$\tan\delta$ 减小。

当外加电场的频率 ω 逐渐增加时，弛豫极化逐渐跟不上电场频率的变化，弛豫极化对介电常数的贡献逐渐减少，因此，随着 ω 增加，ε_r 减小。在这一频率范围内，由于 $\omega\tau \ll 1$，根据式(3.57)，此时 $\tan\delta$ 随 ω 的增大而增加，同时 P_w 也增大。

当 ω 很高时，弛豫极化完全跟不上电场频率的变化，此时 $\varepsilon_r \to \varepsilon_\infty$，介电常数主要由位移极化决定，$\varepsilon_r$ 趋向最小值。由于 $\omega\tau \gg 1$，由式(3.57) 可知，$\tan\delta$ 随 ω 的增大而减小。$\omega \to \infty$ 时，$\tan\delta \to 0$。当 $\omega\tau = 1$ 时，$\tan\delta$ 具有最大值，相应的频率 ω_m 为

$$\omega_m = \frac{1}{\tau}\sqrt{\frac{\varepsilon_{rs}}{\varepsilon_{r\infty}}} \tag{3.64}$$

另外，$\tan\delta$ 的最大值由弛豫过程决定。如果介质电导显著增大，则 $\tan\delta$ 的最大值变得平缓。如果在很大的电导下，$\tan\delta$ 则无最大值，介质损耗主要表现为电导损耗的特性，$\tan\delta$ 与 ω 成反比，如图 3.15 所示，其中，曲线 1 对应于电导率很大的介质，曲线 5 对应于电导率很小的介质。

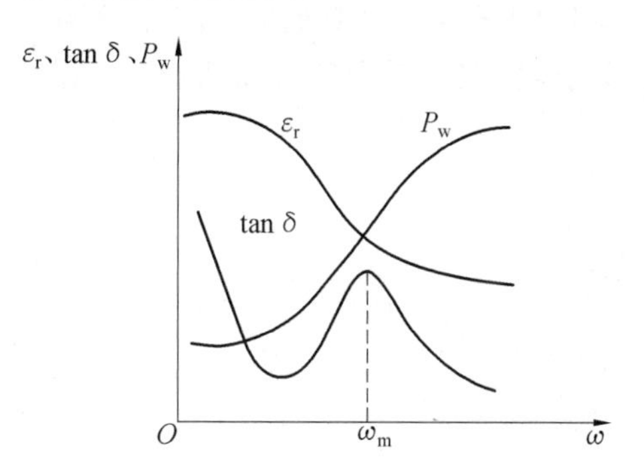

图 3.14 ε_r、P_w 和 $\tan\delta$ 分别与 ω 的关系曲线

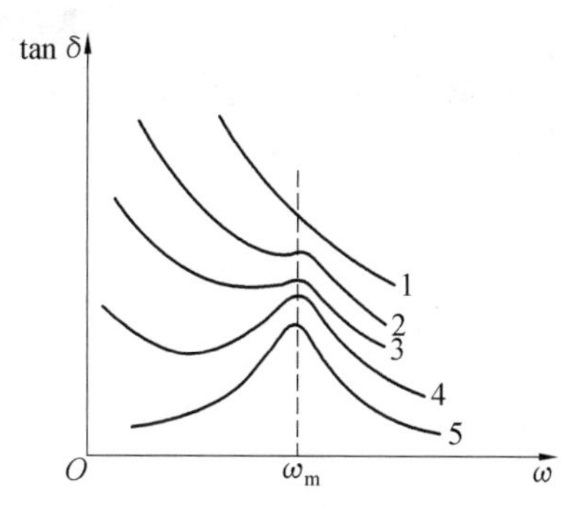

图 3.15 不同电导的介质 $\tan\delta$ 与 ω 的关系曲线

还需要说明的是，不同极化机制由于弛豫时间不同，因此在不同交变电场频率下，各种极化机制对频率的响应不同。图 3.16 给出了电介质不同极化机制与频率的关系。从图 3.16(a) 中可以看到，在频率极高(10^{15} Hz) 时，弛豫时间长的极化机制来不及响应，对总的极化强度没有贡献，此时只有电子位移极化起作用，对应着紫外光频波段出现吸收峰，如图 3.16(b) 所示。原子(或离子) 极化机制引起的极化，通常在红外光频波段($10^{12} \sim 10^{13}$ Hz) 出现。在宽的频段内($10^2 \sim 10^{11}$ Hz)，频率从高到低对应着电子弛豫极化、离子弛豫极化、偶极子取向极化等极化机制。通常，室温下，对于陶瓷或玻璃材料，偶

极子取向极化是最重要的极化机制。空间电荷极化则只发生在低频下。

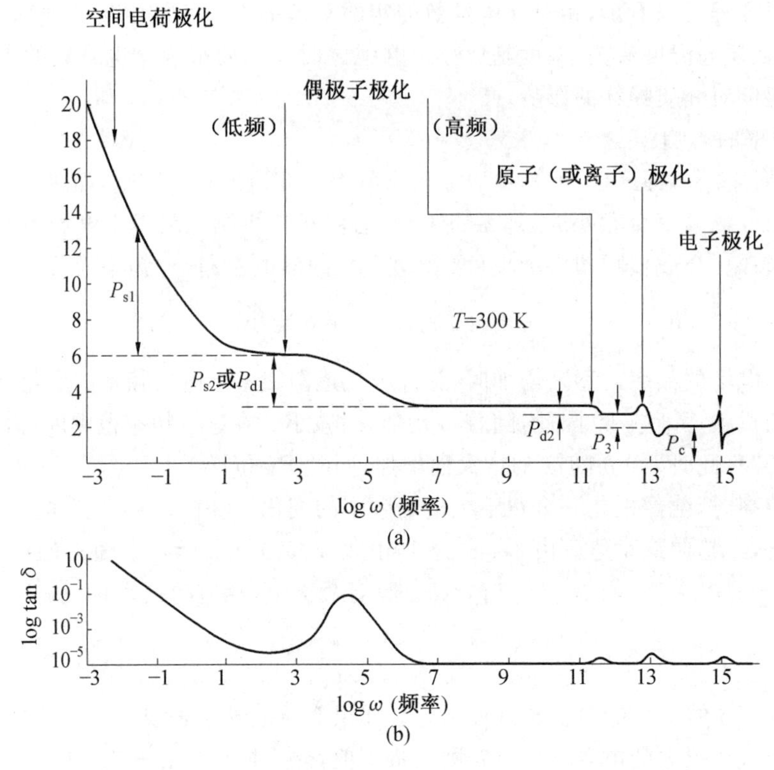

图 3.16 电介质极化机制与频率 ω 的关系

(2) 温度的影响。

温度对于弛豫极化的影响,是通过影响弛豫时间而实现的。随着温度升高,离子移动较为容易,弛豫时间降低,弛豫极化更容易发生,因此弛豫极化随温度升高而增加。温度对介质损耗的影响如图 3.17 所示。

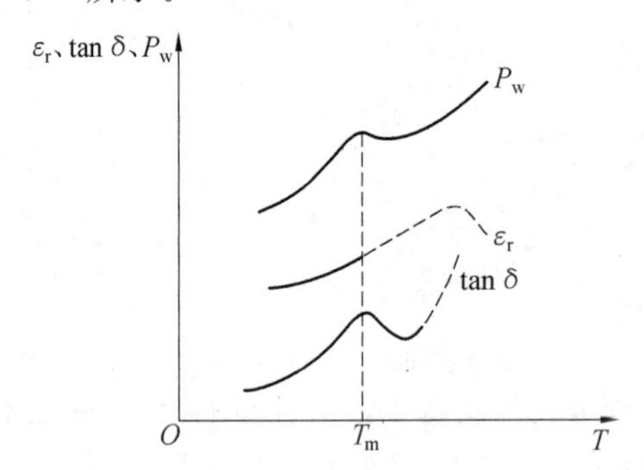

图 3.17 ε_r、P_w 和 $\tan\delta$ 分别与温度 T 的关系曲线

当温度很低时,τ 较大,此时 $w^2\tau^2 \gg 1$,由德拜方程可知,此时 $\varepsilon_r' \propto \frac{1}{\omega^2\tau^2}$、$\tan\delta \propto \frac{1}{\omega\tau}$。因此,温度升高,$\tau$ 减小,则 ε'_r 和 $\tan\delta$ 增加,同时 P_w 也增大。

温度较高时，τ 较小，此时 $\omega^2\tau^2 \ll 1$，$\tan\delta \approx \frac{(\varepsilon_{rs}-\varepsilon_{r\infty})\omega\tau}{\varepsilon_{rs}}$。在此范围内，随温度升高，$\tau$ 减小，则 $\tan\delta$ 减小，电导 G 上升不明显，P_w 也减小。由此可以发现，在某一温度 T_m 下，ε_r、P_w 和 $\tan\delta$ 均存在极大值。

温度很高时，离子振动很大，离子迁移受热振动阻碍增大，极化减弱，ε_r 减小，电导损耗急剧上升，因此 $\tan\delta$ 增大，同时 P_w 也增大。

3.3 电介质在电场中的破坏

3.3.1 介电强度

电介质的介电特性只能在一定的电场强度内保持。当电场强度超过某一临界值时，电介质由介电状态变为导电状态。这种现象称为介电强度的破坏，或称介质击穿(dielectric breakdown)。介质击穿时，相应的临界电场强度称为介电强度(dielectric strength)，或称为击穿电场强度，也就是一种介电材料在不发生击穿或者放电的情况下承受的最大电场，满足如下关系

$$E_b = \left(\frac{U}{d}\right)_{max} \tag{3.65}$$

式中 E_b—— 介电强度，单位为伏特 / 米(V/m)；

d—— 电介质的厚度。物质的介电强度越大，作为绝缘体的质量越好。

从式(3.65)还可看出，介电强度依赖于材料的厚度，厚度减小，介电强度增加。同时，介电强度还与环境温度和气氛、电极形状、材料表面状态、电场频率和波形、材料成分和孔隙、晶体各向异性及非晶态结构等因素有关。通常，凝聚态绝缘体的击穿电场范围为 $1\times10^5 \sim 5\times10^6$ V/cm。表 3.3 列出了一些电介质的介电强度。

表 3.3 一些电介质的介电强度

材料(厚度)/mm	介电强度 /($\times10^6$ V·cm^{-1})	材料(厚度)/mm	介电强度 /($\times10^6$ V·cm^{-1})
Al_2O_3(0.03)	7.00	$BaTiO_3$ 单晶(0.2)	0.04
Al_2O_3(0.6)	1.50	$BaTiO_3$ 多晶(0.2)	0.12
Al_2O_3(6.3)	0.18	环氧树脂	160.00 ~ 200.00
云母 (0.02)	10.10	聚苯乙烯	160.00
云母 (0.06)	9.70	硅橡胶	220.00

3.3.2 电介质击穿的机制

介电材料的击穿机制一般难以严格划分。但为了便于叙述和理解，通常将击穿类型分为三种：热击穿(thermal breakdown)、电击穿(electric breakdown)和化学击穿(chemical breakdown)。对于任一种材料，这三种形式的击穿都可能发生，主要取决于试

样的缺陷情况、电场的特征(交流和直流、高频和低频、脉冲电场等) 以及器件的工作条件。

热击穿的本质是处于电场中的介质由于介质损耗而产生热量,电势能转换为热能,当外加电压足够高时,就可能从散热与发热的热平衡状态转入不平衡状态,若发出的热量比散去的多,介质温度将越来越高,直至出现永久性损坏,这就是热击穿。此时,击穿电压随温度和电压作用时间的延长而迅速下降,这一击穿过程与电介质中的热过程有关。

电击穿是因电场使电介质中积聚起足够数量和能量的带电质点,而导致电介质失去绝缘性能。在强电场下,固体介质中可能因冷发射或热发射存在一些原始自由电子。这些电子一方面在外电场作用下被加速,获得动能;另一方面与晶格振动相互作用,把电场能量传递给晶格。当这两个过程在一定温度和场强下平衡时,固体介质有稳定的电导。当电子从电场中得到的能量大于传递给晶格振动的能量时,电子的动能就越来越大,至电子能量大到一定数值时,电子与晶格振动相互作用导致电离产生新电子。无论是失去部分能量的电子还是刚冲击出的次级电子,都会从电场中吸收能量而加速,有了一定速度又撞击出第三级电子。这种连锁反应将产生大量自由电子,形成“电子潮”,这一现象也称“雪崩”,它使贯穿介质的电流迅速增大,电导进入不稳定阶段,发生击穿。这个过程需 $10^{-8} \sim 10^{-7}$ s,因此电击穿往往是瞬间完成的。

另外,长期运行在高温、高压、潮湿或腐蚀性气体环境下的绝缘材料往往会发生化学击穿。化学击穿有两种主要机理。一种是在直流和低频交变电场下,由于离子式电导引起的电解过程,材料中发生电还原作用,材料的电导损耗急剧上升,最后由于强烈发热成为热化学击穿。另一种是当材料中存在着封闭气孔时,由于气体游离放出的热量使器件温度迅速上升,在某些条件下,变价金属氧化物的金属离子在高温下加速从高价还原成低价,甚至还原成金属原子,使材料电子式电导大大增加,电导的增加反过来又使器件强烈发热,导致最终击穿。温度越高,电压作用时间越长,化学形成的击穿也越容易发生。

3.3.3 影响无机材料介电强度的因素

1. 介质的不均匀性

无机材料常常为不均匀介质,有晶相、玻璃相和气孔存在,这使无机材料的击穿性质与均匀材料不同。不均匀介质最简单的情况是双层介质。设双层介质具有各不相同的电性质,ε_1、σ_1、d_1 和 ε_2、σ_2、d_2 分别代表第一层和第二层的介电常数、电导率和厚度。如果在此系统上加直流电压 U,则各层内的电场强度分别为

$$\begin{cases} E_1 = \dfrac{\sigma_2(d_1 + d_2)}{\sigma_1 d_2 + \sigma_2 d_1} \times E \\ E_2 = \dfrac{\sigma_1(d_1 + d_2)}{\sigma_1 d_2 + \sigma_2 d_1} \times E \end{cases} \tag{3.66}$$

式(3.66)表明,电导率小的介质承受场强高,电导率大的介质承受场强低。在交流电压下也有类似的关系。如果 σ_1 和 σ_2 相差很大,则必然使其中一层的场强远大于平均电场强度,从而导致这一层可能优先击穿,其后另一层也将击穿。这表明,材料组织结构的不均匀性可能引起击穿强度下降。陶瓷中晶相和玻璃相的分布可看成多层介质的串联和并联,上述的分析方法同样适用。

2. 材料中气泡的作用

材料中含有气泡时,气泡的 ε 及 σ 很小,因此加上电压后气泡上的电场较高。而气泡本身的介电强度 E_b 比固体介质要低得多(一般空气的 $E_b \approx 33$ kV/cm,而陶瓷的 $E_b \approx 80$ kV/cm),所以首先气泡击穿,引起气体放电(电离),产生大量的热,容易引起整个介质击穿。由于在产生热量的同时,形成相当高的内应力,材料也易丧失机械强度而被破坏,这种击穿称为"电 — 机械 — 热"击穿。

3. 材料表面状态及边缘电场

固体介质的表面放电属于气体放电。固体介质常处于周围气体媒质中,击穿时,常发现介质本身并未击穿,但有火花掠过它的表面,即表面放电。

固体表面击穿电压常低于没有固体介质时的空气击穿电压,其降低情况常决定于以下三种条件:① 固体介质材料不同,表面放电电压也不同。陶瓷介质由于介电常数大、表面吸湿等原因,引起空间电荷极化,使表面电场畸变,降低表面击穿电压。② 固体介质与电极接触不好,则表面击穿电压降低。③ 电场的频率不同,表面击穿电压也不同。频率升高,击穿电压降低。

另外,电极边缘常常发生电场畸变,使边缘局部电场强度升高,导致击穿电压的下降。是否会发生边缘击穿主要与下列因素有关:① 电极周围的媒介;② 电极的形状、相互位置;③ 材料的介电常数、电导率。

总之,表面放电和边缘击穿电压并不能表征材料的介电强度,因为这两种过程还与设备条件有关。

3.4 功能性电介质及其材料性能

对某些电介质材料来说,除了前面介绍的一般共性特征以外,还存在一些具有与极化过程有关的特殊性能。这些特殊性能与电介质自身的结构特点有关,根据这些材料极化后所表现的宏观行为的不同,主要有三类特殊的性质,即压电性(piezoelectricity)、热释电性(pyroelectricity) 和铁电性(ferroelectricity)。相应地,具有这些特殊功能性质的材料分别为压电材料、热释电性材料和铁电材料。这些功能材料是电介质的重要组成部分,可用于机械、热、声、光、电之间的转换,在探测、通信等领域起到极为重要的作用。

3.4.1 压电性

电介质在压力作用下发生极化,在两端表面间出现电位差的性质称为压电性。这个特性在 1880 年由法国物理学家 P. 居里(Pierre Curie,1859—1906) 和 P. J. 居里(Paul-Jacques Curie,1856—1941) 兄弟发现。其中,P. 居里因发现放射性现象,与妻子(即居里夫人) 一同于 1903 年获得诺贝尔物理学奖。居里兄弟发现在 α - 石英晶体上施加压力后,该晶体某些表面会产生电荷,并且电荷量与压力成比例,后来这种现象称为压电效应(piezoelectric effect)。随后,他们又通过实验验证了逆压电效应(inverse piezoelectric effect),并得出了正、逆压电常数。利用压电材料的这些特性可实现机械振动和交流电的互相转换,因而压电材料可广泛用于传感器元件中。

1. 压电效应

某些物质沿其一定的方向施加压力或拉力时，随着形变的产生，会在其某两个相对的表面产生符号相反的电荷（表面电荷的极性与拉、压有关），当外力和形变消失后，又重新回到不带电的状态，这种现象称为正压电效应，如图 3.18(a) 所示。这一效应实现了机械能向电能的转变。反之，在极化方向上（产生电荷的两个表面）施加电场，它又会产生机械形变，这种现象称为逆压电效应。这一效应实现了电能向机械能的转变，如图3.18(b) 所示。正压电效应与逆压电效应统称为压电效应。具有压电效应的物质称为压电体(piezoelectrics) 或压电材料。

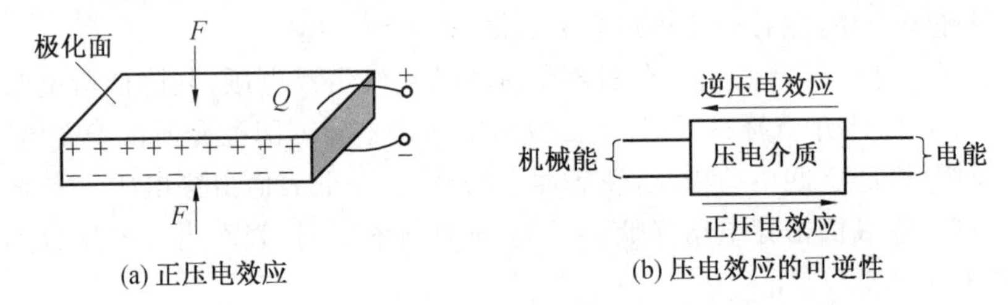

(a) 正压电效应　　(b) 压电效应的可逆性

图 3.18　压电效应及可逆性

(1) 正压电效应方程式。

下面以 α－石英为例，简要给出压电效应在晶体上的具体表示方式，写出压电效应的方程式。

在表示正压电效应时，在 α－石英晶体的不同方向上放上电极，并连接检流计，测量其电荷量，如图 3.19 所示。

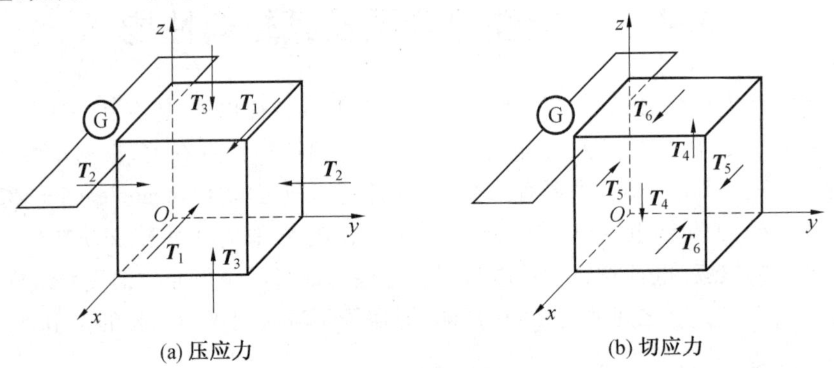

(a) 压应力　　(b) 切应力

图 3.19　正压电效应实验示意图

首先，仅考虑正应力的作用（此时电场 $\boldsymbol{E}$ 为恒量），如图 3.19(a) 所示。

在 x 方向上（设定为 1 方向）的两个晶体面上接电极，测定电荷密度。当 1 方向上受正应力 $\boldsymbol{T}_1$(N/m^2) 时，由检流计可测得 1 方向电极面上产生了束缚电荷 Q，其表面电荷密度 σ_1(C/m^2) 与 $\boldsymbol{T}_1$ 成正比。在国际单位制中，表面电荷密度 σ_1 的大小等于电位移矢量 $\boldsymbol{D}_1$，因此可写出

$$\boldsymbol{D}_1 = d_{11}/\boldsymbol{T}_1 \tag{3.67}$$

式中　$\boldsymbol{T}_1$—— 沿 1 方向的正应力；

d_{11}—— 压电应变常量，下标第一个 1 代表电学量，第二个 1 代表力学量，即在 1 方

向上施加应力并在1方向上产生束缚电荷。

当 y 方向上(设定为2方向)受正应力 $\boldsymbol{T}_2$ 时,此时,正应力 $\boldsymbol{T}_2$ 在1方向上引起了电荷密度 σ_1 的变化,即电位移矢量 $\boldsymbol{D}_1$ 仍旧与正应力 $\boldsymbol{T}_2$ 成正比,则

$$\boldsymbol{D}_1 = d_{12}\boldsymbol{T}_2 \tag{3.68}$$

式中　$\boldsymbol{T}_2$——沿2方向的正应力;

d_{12}——在2方向上受力的作用,在1方向上产生的压电应变常量。

在 z 方向上(设定为3方向)受正应力 $\boldsymbol{T}_3$ 时,在1方向上不能测得电荷密度的变化,因此

$$\boldsymbol{D}_1 = d_{12}\boldsymbol{T}_3 = 0 \tag{3.69}$$

这说明 α－石英晶体的 d_{13} 压电应变常量为0。

接下来,仅考虑切应力的作用。在切应力作用下,以 $\boldsymbol{T}_4$ 表示 yz 或 zy 应力平面的切应力、$\boldsymbol{T}_5$ 表示 xz 或 zx 应力平面的切应力、$\boldsymbol{T}_6$ 表示 xy 或 yx 应力平面的切应力,如图3.19(b)所示。此时,在切应力 $\boldsymbol{T}_4$ 的作用下,1方向上测得的电荷密度(也就是电位移矢量)可表示为

$$\boldsymbol{D}_1 = d_{14}\boldsymbol{T}_4 \tag{3.70}$$

式中　d_{14}——受切应力 $\boldsymbol{T}_4$ 的作用,在1方向上产生的压电应变常量。

而在 $\boldsymbol{T}_5$ 和 $\boldsymbol{T}_6$ 的作用下,在1方向上不能测得电荷密度的变化,因此

$$d_{15} = d_{16} = 0 \tag{3.71}$$

综合上述结果,所有的应力在1方向上引起的总电荷密度变化是式(3.67)、式(3.68)、式(3.70)的和,因此可写成

$$\boldsymbol{D}_1 = d_{11}\boldsymbol{T}_1 + d_{12}\boldsymbol{T}_2 + d_{14}\boldsymbol{T}_4 \tag{3.72}$$

采用上述同样的步骤,可获得所有应力引起晶体2方向上电荷密度的变化,其结果可写成

$$\boldsymbol{D}_2 = d_{25}\boldsymbol{T}_5 + d_{26}\boldsymbol{T}_6 \tag{3.73}$$

所有应力引起晶体3方向上电荷密度的变化结果为

$$\boldsymbol{D}_3 = 0 \tag{3.74}$$

式(3.74)表明,对于 α－石英晶体,无论从哪个方向施力,在 z 方向的电极面上都没有压电效应。

以上正压电效应可以写成一般代数式的求和方式

$$\boldsymbol{D}_m = \sum_{j=1}^{6} d_{mj}\boldsymbol{T}_j \tag{3.75}$$

式中　m——电学量,$m=1, 2, 3$;

j——力学量。

这一关系还可采用矩阵方式表示

$$\begin{bmatrix}\boldsymbol{D}_1\\ \boldsymbol{D}_2\\ \boldsymbol{D}_3\end{bmatrix} = \begin{bmatrix} d_{11} & d_{12} & 0 & d_{14} & 0 & 0\\ 0 & 0 & 0 & 0 & d_{25} & d_{26}\\ 0 & 0 & 0 & 0 & 0 & 0\end{bmatrix}\begin{bmatrix}\boldsymbol{T}_1\\ \boldsymbol{T}_2\\ \boldsymbol{T}_3\\ \boldsymbol{T}_4\\ \boldsymbol{T}_5\\ \boldsymbol{T}_6\end{bmatrix} \tag{3.76}$$

更多情况，将求和符号略去，式(3.75)可以写成

$$\boldsymbol{D}_m = d_{mj}\boldsymbol{T}_j \tag{3.77}$$

式中 $\boldsymbol{d}$—— 压电应变常量，是有方向的，而且具有张量性质；

j—— 哑脚标，表示对 j 求和，$j=1, 2, 3, 4, 5, 6$。

式(3.77)即为正压电效应的简化压电方程式。

如果将自变量从应力 T_i 改成应变 S_i，则压电方程式还可以写成

$$\boldsymbol{D}_m = e_{mi}\boldsymbol{S}_i \tag{3.78}$$

式中 S_i—— 应变；

e_{mi}—— 压电应力常量，$m=1, 2, 3$；$i=1, 2, 3, 4, 5, 6$。

(2) 逆压电效应与电致伸缩。

这里仍以α－石英晶体为例。如果在该晶体上施加电场 $\boldsymbol{E}$(应力 $\boldsymbol{T}$ 为恒量)，则该晶体在相关方向上会产生应变 $\boldsymbol{S}$，并且应变 $\boldsymbol{S}$ 与电场 $\boldsymbol{E}$ 之间在一定范围内呈线性关系。这种由电能变成机械能的过程称为逆压电效应。图 3.20 为逆压电效应的示意图。

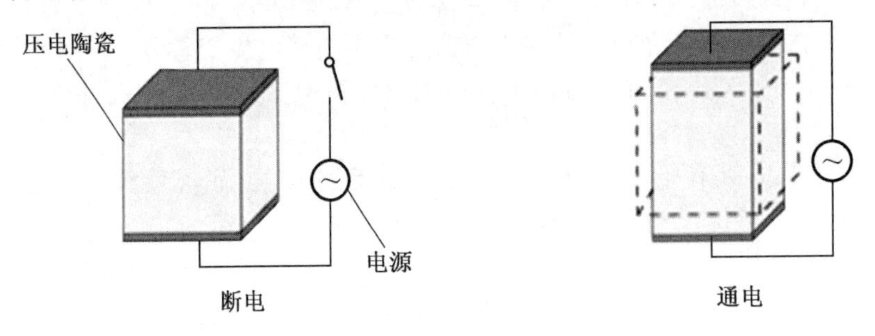

图 3.20 逆压电效应示意图

仿照上述过程，可建立逆压电效应关于应力、应变与场强的一般式

$$\boldsymbol{S}_i = d_{ni}\boldsymbol{E}_n \tag{3.79}$$

式中 $\boldsymbol{S}_i$—— 应变；

d_{ni}—— 压电应变常量，$n=1, 2, 3$；$i=1, 2, 3, 4, 5, 6$。d 的第一个下标也代表电学量，第二个下标代表力学量。

$$\boldsymbol{T}_i = e_{nj}\boldsymbol{E}_n \tag{3.80}$$

式中 $\boldsymbol{T}_j$—— 应力；

e_{nj}—— 压电应力常量，$n=1, 2, 3$；$j=1, 2, 3, 4, 5, 6$。

可以证明，逆压电效应的压电常量矩阵是正压电效应压电常量矩阵的转置矩阵，分别表示为 d^{T}、e^{T}，则逆压电效应矩阵式可简化为

$$\boldsymbol{S} = d^{\mathrm{T}}\boldsymbol{E} \tag{3.81}$$

$$\boldsymbol{T} = e^{\mathrm{T}}\boldsymbol{E} \tag{3.82}$$

式中 d^{T}—— 压电应变常量的转置；

e^{T}—— 压电应力常量的转置。

如果同时考虑力学参量($\boldsymbol{T}$、$\boldsymbol{S}$)和电学参量($\boldsymbol{E}$、$\boldsymbol{D}$)的复合作用，即由压电材料的电学行为和力学行为叠加得到的压电方程可写成以下两式，即

$$\boldsymbol{S}=\boldsymbol{S}^{E}\boldsymbol{T}+d\boldsymbol{E} \tag{3.83}$$

式中，第一项表示电场强度 $\boldsymbol{E}_i$ 为 0 或为常数时应力 $\boldsymbol{T}_i$ 对总体应变 $\boldsymbol{S}_i$ 的贡献，$\boldsymbol{S}^{E}$ 表示在电路断路情况下测得的弹性模量；第二项 $d\boldsymbol{E}$ 表示电场对总体应变的贡献。

$$\boldsymbol{D}=d\boldsymbol{T}+e^{T}\boldsymbol{E} \tag{3.84}$$

式中，第一项 $d\boldsymbol{T}$ 是应力对电位移矢量的贡献；第二项 $e^{T}\boldsymbol{E}$ 是应力为 0 的情况下电场强度 $\boldsymbol{E}_i$ 对电位移矢量 $\boldsymbol{D}_i$ 的贡献，e^{T} 表示应力 $\boldsymbol{T}_i$ 为 0 或常数时的介电常数。

(3) 电致伸缩与逆压电效应。

实际上，任何电介质在外电场作用下，都会发生尺寸变化，产生应变，这种现象称为电致伸缩(electrostriction)。电致伸缩效应的大小与所加电场强度 E(或极化强度 P) 的平方成正比，即

$$\chi=\frac{\Delta L}{L}=QP^{2}=ME^{2} \tag{3.85}$$

式中　χ—— 电致伸缩效应引起的应变量；

Q 和 M—— 电致伸缩系数。

对于一般电介质而言，电致伸缩效应所产生的应变比压电材料的逆压电效应小几个数量级，往往可以忽略不计。只有个别材料，其电致伸缩应变较大，在工程上有使用价值，这就是电致伸缩材料(electrostriction materials)。如电致伸缩陶瓷 PZN(锌铌酸铅陶瓷)，其应变水平与压电陶瓷应变水平相当。

需要说明的是，电致伸缩效应是由电场中电介质的极化引起的，并可发生于所有电介质中，其特征是应变大小与外电场方向无关。在压电材料中，外电场除了引起电致伸缩以外，还可以引起逆压电效应，此时引起的应变量与电场强度成正比。当外电场反向时，应变量的正负亦发生变化。因此，对压电材料而言，外电场所引起的应变为逆压电效应与电致伸缩效应之和。对于非压电材料，外电场只引起电致伸缩应变。图 3.21 形象地给出了电致伸缩与逆压电效应在电场上引起应变的关系。

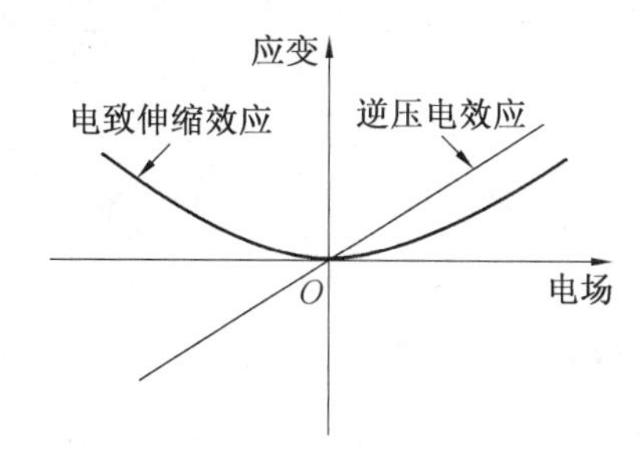

图 3.21　电致伸缩与逆压电效应在电场上引起应变的关系

2. 压电性产生的原因

晶体结构的对称性与其物理性能有密切的关系。晶体的压电效应从本质上讲是因为机械作用引起了晶体的极化，从而在晶体介质两端表面上出现了符号相反的束缚电荷。极化的产生与晶体的结构对称性有关，只有在不具有对称中心的晶体内才可能发生极化。以 α－石英晶体为例，说明压电效应的产生机理。

α－石英晶体的晶体结构如图 3.22 所示。石英晶体是由 Si 原子和 O 原子组合的，其

化学组成是SiO_2，属于三方晶系、无对称中心的32点群。从图3.22(a)可以看出，石英晶体结构中3个Si原子和6个O原子位于晶胞的格点上，其构成按左手螺旋形式排列。如果将这一结构投影至平面，如图3.22(b)所示，在晶体不受外力的时候，其正电荷重心和负电荷重心重合，整个晶体总的电偶极矩为0，因此晶体并不存在极化现象。

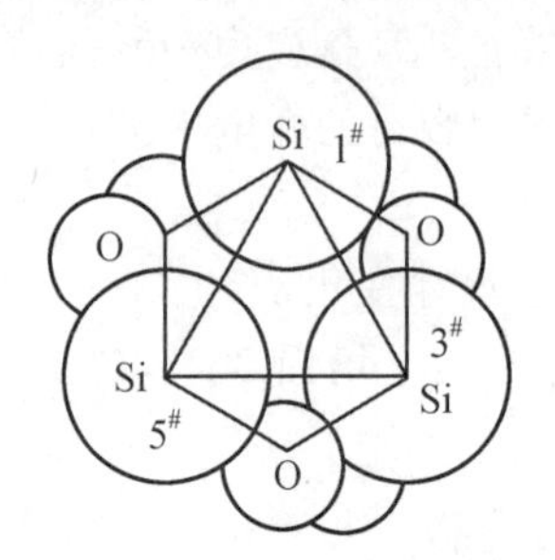

(a) 石英晶体结构立体示意图

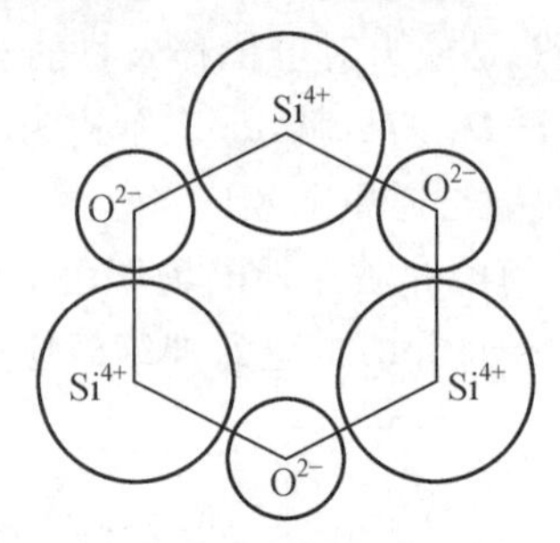

(b) 石英晶体结构投影平面示意图

图3.22　不受外力作用时α－石英的晶体结构

如果当材料受到图3.23(a)所示方向的压缩应力作用时，A面Si^{4+}挤入两个O^{2-}间，B面O^{2-}挤入两个Si^{4+}间，这一结构的变化将破坏电偶极矩为0的状态。此时，A面出现负电荷，B面出现正电荷，引起晶体表面电荷的出现。这就是纵向压电效应。如果当材料受到图3.23(b)所示方向的压缩应力作用时，C、D侧的Si^{4+}和O^{2-}都向内移动同样的距离。此时，C、D面不出现电荷，而A面出现正电荷，B面出现负电荷，与图3.23(a)产生的电荷正好相反。这就是横向压电效应。如果沿垂直纸面方向施加应力时，由于带电粒子总是保持初始状态的正、负电荷重心重合，因此表面不出现束缚电荷。

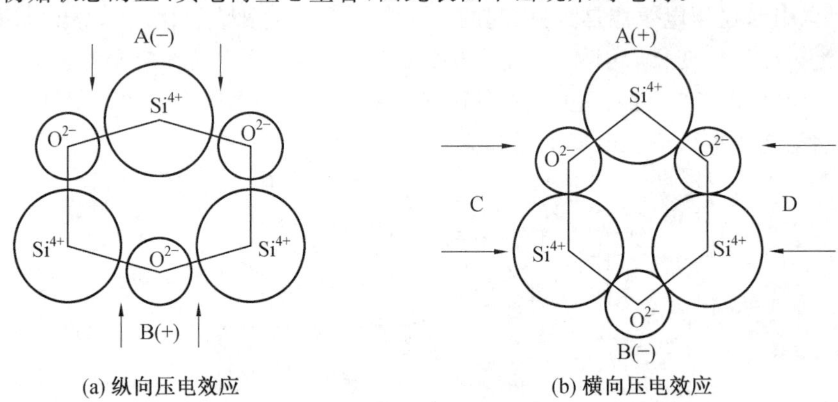

(a) 纵向压电效应　　(b) 横向压电效应

图3.23　α－石英晶体压电效应产生机理示意图

从上述过程可以发现，石英晶体在力的作用下产生形变，造成原子或离子的位置发生改变，引起晶体内净电偶极矩的变化，因而在晶体表面出现束缚电荷。

如果将该晶体置于外电场中，由于电场的作用，引起晶体内部正、负电荷重心产生位移，这一位移又导致晶体发生形变，这就是逆压电效应。

总体来说，对晶体施加应力时，改变了晶体内的电极化。电极化只可能在不具有对称中心的晶体内发生。晶体不具有对称中心，质点排列并不对称，在应力作用下，它们就受到不对称的内应力，产生不对称的相对位移，结构形成新的电矩，呈现出压电效应。而对于具有对称中心的晶体则不具有压电效应。这是因为这类晶体受到应力作用后，内部发生均匀变形，仍然保持质点间的对称排列规律，并无不对称的相对位移，因而正、负电荷重心重合，不产生电极化，没有压电效应。根据晶体学，在 32 种宏观对称类型中，不具有对称中心的有 21 种，其中只有点群 432 压电常数为 0，其余 20 种都具有压电效应。表 3.4 给出了 32 种介电晶体的类型。另外，产生压电效应除结构上没有对称中心以外，还必须是电介质(或至少具有半导体性质)，其结构必须带正负电荷的质点 —— 离子或离子团存在，即离子晶体或离子团组成的分子晶体。常见的压电材料有 α－石英、钛酸钡、钛酸铅、钛酸钼等。

表 3.4 32 种介电晶体类型

<table>
<tr><td rowspan="3">介电晶类(32 种)</td><td rowspan="2">不具有对称中心的晶种(21 种)，其中压电晶类 20 种</td><td>极性晶类(热释电晶类)(10 种)</td><td>1,2,3,4,6,m,mm2,4mm,3m,6mm</td></tr>
<tr><td>非极性晶类(11 种)</td><td>$222,\bar{4},\bar{6},23,\boxed{432},\bar{4}3m,422,\bar{4}2m,32,622,\bar{6}m2$</td></tr>
<tr><td colspan="2">具有对称中心的晶类(11 种)</td><td>$\bar{1},2/m,4/m,\bar{3},6/m,m3,mmm,4/mmm,6/mmm,m3m,\bar{3}m$</td></tr>
</table>

注：除 432 晶类外，其余 20 种不具有对称中心的晶类均具有压电性。

3.4.2 热释电性

一些晶体除了由于机械应力作用引起压电效应外，还可以由于温度的作用而使其电极化强度变化，称为热释电性或热电性。这些电介质称为热释电体(pyroelectrics)。实际上，热释电体是具有自发极化(spontaneous polarization) 的电介质。

1. 热释电现象

热释电效应最早在电气石(tourmaline，化学成分为 $(Na,Ca)(Mg,Fe)_3B_3Al_6Si_6(O,OH,F)_{31}$) 晶体中发现。当均匀加热电气石，向其喷射硫黄粉和铅丹粉时，结果发现，电气石晶体一端(带正电荷) 吸引硫黄粉呈黄色，另一端(带负电荷) 吸引铅丹粉呈红色。这一现象说明加热的电气石两端分别出现了正电荷和负电荷，因而分别吸引具有不同电荷属性的粉末。这一方法称为坤特(Kundt) 法，如图 3.24 所示，该方法是德国物理学家坤特(August Adolf Eduard Eberhard Kundt，1839—1894) 在 1883 年所采用的一种确定电荷分布的实验手段。坤特在物理学中最重要的贡献是 1866 年利用“坤特管”测定了气体或固体中的声速。研究表明，电气石晶体属三方晶系，为 3m 点群，具有唯一的三重旋转轴。没有加热时，自发极化电偶极矩被吸收的空气中的电荷屏蔽。温度升高，这种平衡遭到破坏，使其一端带正电，一端带负电。从表 3.4 可以看到，具有热释电性的极性晶体类型有 10 种。

图 3.24 坤特法显示电气石的热释电性

晶体自身处于自发极化状态是热释电性产生的主要原因。如果晶胞本身的正、负电荷中心不相重合,即晶胞具有极性,那么,由于晶体构造的周期性和重复性,晶胞的固有电矩便会沿着同一方向排列整齐,使晶体处在高度的极化状态下,由于这种极化状态是外场为 0 时自发建立起来的,因此称为自发极化。自发极化所建立的电场吸引了晶体内部和外部空间的异号自由电荷,在材料的表面形成一个表面电荷层。最终,自发极化建立的表面束缚电荷被外来的表面自由电荷所屏蔽,束缚电荷建立的电场被抵消。当温度发生变化时,由于宏观极化强度发生变化,屏蔽电荷失去平衡,被自发极化束缚在表面的自由电荷层就要发生相应调整被释放出来,恢复自由,使得晶体呈现带电状态或在闭合电路中产生电流。这一现象就是热释电效应,如图 3.25 所示。

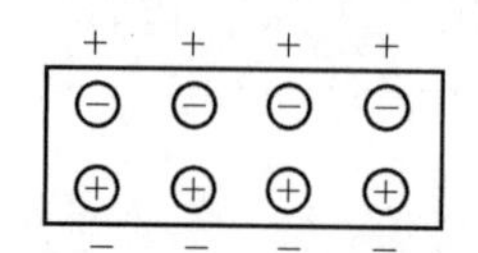
(a) 自发极化建立的表面束缚电荷被外来的表面自由电荷所屏蔽

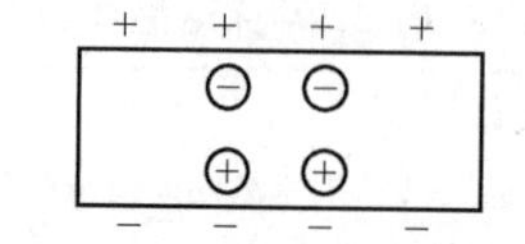
(b) 温度改变释放多余的屏蔽电荷

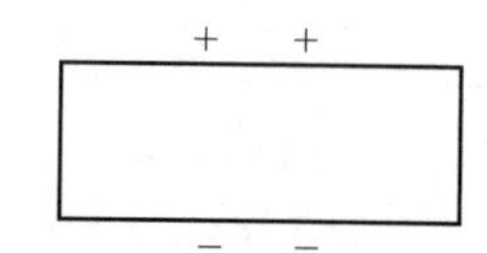
(c) 晶体表面出现束缚电荷

图 3.25　热释电效应原理示意图

2. 热释电效应产生的条件

经对上述热释电现象的描述可知,具有热释电性的电介质晶体一定是具有自发极化的晶体,在结构上具有极轴(polar)。所谓的极轴,是晶体唯一的轴,在该轴的两端晶体往往具有不同的性质,并且采用对称操作不能与其他晶向重合。由于热释电晶体自身存在极性,因此具有自发极化特征的热释电晶体一定不存在对称中心。这一特点与压电材料一样。但压电材料不一定具有热释电效应。我们知道,压电效应是由于机械应力引起正负电荷重心的相对位移而产生极性。而热释电效应则是由于热膨胀引起正负电荷重心的相对位移而产生极性。如果某些具有压电效应特征的材料不能因受热膨胀引起正负电荷重心的分离,则不会出现热释电效应。仍旧以 α－石英晶体为例,如图 3.26 所示。如前所述,已知 α－石英晶体的结构特征是正负电荷重心重合,如图 3.26(a) 所示。受力后,α－石英晶体的正负电荷重心在力的作用下可发生分离,产生极化,具有压电效应。但是,α－石英晶体在受热后,会沿 x_1、x_2、x_3 轴三个方向产生相同的位移。虽然每个轴方向上的电偶极矩发生改变,但无法使总的正负电荷重心分离,因此热释电性不会显现。因此,有热释电效应一定有压电效应,反之则不然。

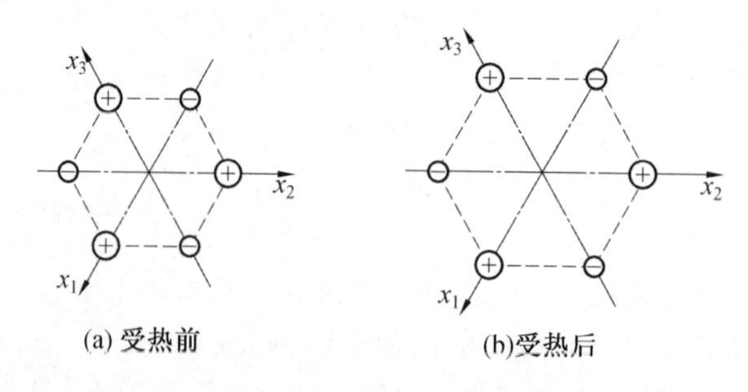

(a) 受热前　(b)受热后

图 3.26　α－石英不具有热释电性的原因

总体来说,晶体具有热释电效应的条件是晶体结构无对称中心、存在自发极化并有极轴。在已知的20种压电晶体材料中，有10种是含有唯一极轴的晶体，它们都具有热释电效应，见表3.4。

3. 热释电性的表征

热释电晶体因温度的变化而引起自发极化强度的变化，从而在晶体一定方向上出现表面电荷的改变，这一表征材料热释电效应强弱的主要参量是热释电常量 p，其关系满足

$$\Delta P_s = p\Delta T \tag{3.86}$$

式中 P_s—— 自发极化强度；

p—— 热释电常量或热释电系数，单位是 $C/(m^2 \cdot K)$。

式(3.86)表明，温度的变化与自发极化强度的变化成正比，热释电常量 p 的大小决定着热释电效应的强弱。

当电场强度为 E 的电场沿热释电晶体的极轴方向作用于晶体时，根据前述的知识，其总的电位移 $\boldsymbol{D}$ 满足

$$\boldsymbol{D} = \varepsilon_0 \boldsymbol{E} + \boldsymbol{P} = \varepsilon_0 \boldsymbol{E} + (\boldsymbol{P}_s + \boldsymbol{P}_{in}) \tag{3.87}$$

式中 $\boldsymbol{P}_s$—— 自发极化强度；

$\boldsymbol{P}_{in}$—— 电场作用产生的极化强度。

在式(3.87)中，与一般电介质相比，热释电晶体的极化强度 $\boldsymbol{P}$ 除了由电场作用引起的极化外，还多了一个由热膨胀引起的自发极化强度 $\boldsymbol{P}_s$。对电场作用产生的极化强度 $\boldsymbol{P}_{in}$，其关系仍旧满足前述式(3.14)的 $\boldsymbol{P}_{in} = \chi_e \varepsilon_0 \boldsymbol{E}$ 关系。因此，式(3.87)可以写成

$$\boldsymbol{D} = \varepsilon_0 \boldsymbol{E} + \boldsymbol{P}_s + \chi_e \varepsilon_0 \boldsymbol{E} = \boldsymbol{P}_s + (1 + \chi_e)\varepsilon_0 \boldsymbol{E} = \boldsymbol{P}_s + \varepsilon_r \varepsilon_0 \boldsymbol{E} = \boldsymbol{P}_s + \varepsilon \boldsymbol{E} \tag{3.88}$$

令 $\boldsymbol{E}$ 为常数，将式(3.88)对温度 T 微分，则

$$\frac{\partial \boldsymbol{D}}{\partial T} = \frac{\partial \boldsymbol{P}_s}{\partial T} + \boldsymbol{E}\frac{\partial \varepsilon}{\partial T} \tag{3.89}$$

从式(3.89)中可以看到，等式右侧第一项 $\frac{\partial \boldsymbol{P}_s}{\partial T}$ 实际就是式(3.87)的微分形式，令 $\frac{\partial \boldsymbol{P}_s}{\partial T} = p$，$p$ 即为热释电系数。

令 $\frac{\partial \boldsymbol{D}}{\partial T} = p_g$，则式(3.89)可以写成

$$p_g = p + \boldsymbol{E}\frac{\partial \varepsilon}{\partial T} \tag{3.90}$$

式中 p_g—— 综合热释电系数。

3.4.3 铁电性

具有热释电效应的晶体可分为两类：一类是具有自发极化，但自发极化不能为外电场所转向的晶体；另一类是自发极化可为外电场所转向的晶体，即铁电体(ferroelectrics)或铁电材料。

铁电体的研究始于1920年。当年，在美国物理学会春季会议上，年轻的法国研究生瓦拉赛克(Joseph Valasek，1897—1993)报道了他在罗息盐(Rochelle salt，酒石酸钾钠，$NaKC_4H_4O_6 \cdot 4H_2O$)晶体中的发现，即该晶体具有特殊的介电性能，产生了“铁电性”的

概念，从此开启了一个领域的新纪元。1935 年，瑞士物理学家保罗·谢勒(Paul Scherrer，1890—1969) 和他的学生 Georg Busch(1908—2000) 又发现了磷酸二氢钾(potassium dihydrogen phosphate，KDP，KH_2PO_4)，在约 122 K 以下为铁电相。直到 $BaTiO_3$ 中强稳铁电性的发现，铁电材料应用(例如作为超声波装置和铁电存储器等) 才走向可能。至今，已发现的铁电晶体有上千种。最近，Darrell Schlom 等人提出了一种原子尺度的“靶向化学压力(targeted chemical pressure)”策略，基于此制备了具有亚稳铁电性的 $(SrTiO_3)_{n-m}(BaTiO_3)_mSrO$ 超晶格。该材料表现出非常低的介电损耗、较好的介电调谐率，在微波器件和无线 5G 应用方面具有重要前景。2020 年，恰逢“铁电”诞辰百年，国际知名材料学期刊 *Nature Materials* 通过社论的形式刊登纪念文章 *A century of ferroelectricity*，以纪念这一领域的百年变迁。

1. 铁电体的特征

铁电材料是自发极化可以随外加电场的变化而重新取向的热释电性材料，其极化强度和外加电场之间的关系是非线性的。通常，铁电体具有电畴结构(domain structure)，极化强度和外电场之间的关系呈电滞回线(hysteresis loop) 特征，存在居里温度(Curie temperature) 并会出现介电反常(dielectric anomaly) 现象。

(1) 铁电畴。

通常，铁电体自发极化的方向不相同，但在一个小区域内，各晶胞的自发极化方向相同，这个小区域就称为铁电畴(ferroelectric domains)，简称电畴。两畴之间的边界地区称为畴壁(domain wall)。若两个电畴的自发极化方向互成 90°，则其畴壁称为 90° 畴壁。此外，还有 180° 畴壁等。图 3.27 为钛酸钡晶体的电畴示意图。图 3.27 中每个小方格代表一个晶胞，箭头表示电矩的方向。具有相同电矩方向的晶胞构成一个电畴。电畴间的边界为畴壁。根据电畴内电矩的方向，图 3.27 中存在 180° 畴壁和 90° 畴壁。一般来说，如果铁电晶体种类已经明确，则其畴壁的取向就可确定。不同晶体结构可形成不同的电畴结构。例如，单晶体往往具有 180° 畴壁和 90° 畴壁，斜方晶系中还有 60° 畴壁和 120° 畴壁，在菱形晶系中还有 71° 畴壁和 109° 畴壁。研究表明，决定畴壁厚度的因素是各种能量平衡的结果。

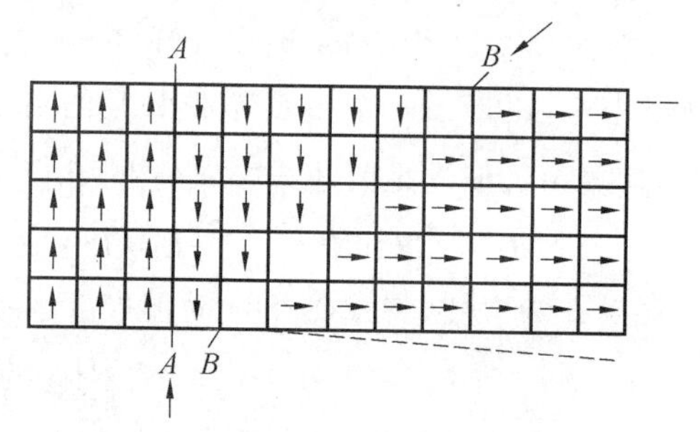

图 3.27　钛酸钡晶体中的电畴示意图

A—180° 畴壁；B—90° 畴壁

铁电体在外电场的作用下，总是趋向与外电场方向一致，这一过程称为畴的转向。电畴运动是通过新畴的出现、发展和畴壁移动来实现的。当外加电场撤去后，小部分电畴将偏离极化方向，恢复原位，大部分停留在新转向的极化方向上，构成剩余极化(remnant polarization)。

(2) 电滞回线。

电滞回线是铁电体的铁电畴在外电场作用下运动的宏观描述。铁电状态下，晶体的电滞回线建立了极化强度 P 与电场强度 E 之间的关系。这里只考虑单晶体的电滞回线，并且设极化强度的取向只有两种可能，即沿某轴的正向或负向，图 3.28 给出了铁电体典型的电滞回线，图 3.29 给出了与图 3.28 对应的铁电体电畴变化示意图。下面针对这两图对电滞回线及其反映的特征进行解释。

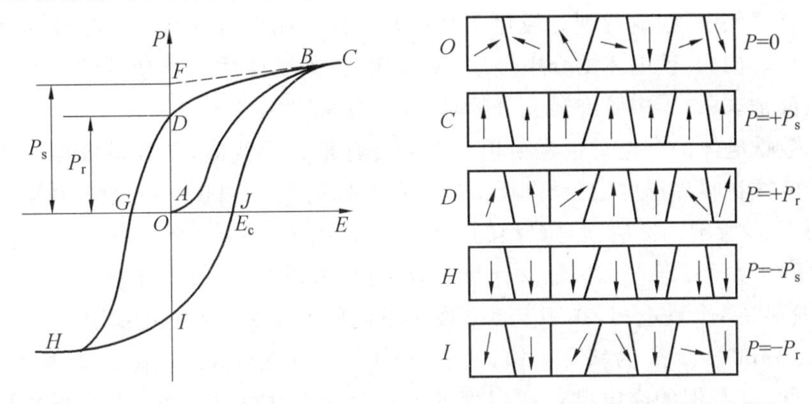

图 3.28　铁电体典型的电滞回线　　图 3.29　铁电体电畴变化示意图

在没有外电场时（O 点），晶体内电畴的取向各向同性，因而总电矩为 0。当外电场 E 施加于晶体时，沿电场方向的电畴扩展变大，与电场反平行方向的电畴则变小。这样，极化强度随外加电场强度的增加而增加，如 OA 段曲线。随着电场强度的继续增大，电畴方向逐渐趋于电场方向（B 点）。最终，电畴完全与电场方向同向，此时极化强度达到饱和（C 点）。此后，如果继续增加电场，P 与 E 之间将呈线性关系，这实际体现了该材料作为一般电介质的极化特征，如离子极化、空间电荷极化等。当然，如果外加电场达到材料的介电强度 E_b，晶体将被击穿。将这段线性部分外推至 $E=0$ 时（F 点），在纵轴 P 上的截距称为饱和极化强度（saturated polarization strength）P_s。这一以线性外推方式获得 P_s 的过程，实际上去除了 OC 段极化过程中与自发极化无关的、只反映一般电介质极化特征的极化强度。如果外电场自图中 C 点开始降低，晶体的极化强度亦随之减小。在电场强度为 0 时（D 点），仍存在剩余极化强度（remnant polarization strength）P_r。这是因为电场降低时，部分电畴由于晶体内应力的作用偏离了极化方向。当 $E=0$ 时，大部分电畴仍停留在极化方向上，因而宏观上还有剩余极化强度 P_r。当电场反向达到 $-E_C$ 时（G 点），剩余极化全部消失。将 E_C 称为矫顽电场强度（coercive field strength），是使铁电体剩余极化强度恢复到 0 所需的反向电场强度。之后，反向电场强度继续增大，极化强度才开始反向。在反向电场的作用下，铁电体的电畴可实现与反向电场完全一致，达到反向的饱和极化强度（H 点）。随后，反向电场如果自图 3.28 中 H 点处开始降低，则晶体的极化强度亦随之减小，重复如正向场强与极化强度间的对应关系。如果电场在正负饱和值之间循环一周时，铁电体的 $P-E$ 关系将出现完整的回线，构成铁电体的电滞回线。电滞回线是电介质呈铁电态的一个标志。

由于铁电体具有与铁磁体一样的滞后回线，所以人们仿照铁磁体的称谓，把这类晶体称作“铁电体”，相应的性能称为“铁电性”。其实该类晶体材料中并不含有铁磁性元素。

（3）居里温度和介电反常。

铁电体的自发极化特征会随着温度的变化而变化。当温度高于某一临界温度 T_C 时，铁电体的自发极化消失，即 $P_s=0$，成为顺电态（paraelectric state）或顺电相（paraelectric phase）。这一临界温度 T_C 称为居里温度或居里点，是铁电相与顺电相的相转变温度。当

$T < T_C$ 时，铁电体处于铁电相。当 $T > T_C$ 时，铁电现象消失，处于顺电相。当 $T = T_C$ 时，铁电相向顺电相转变时伴随着晶体结构的转变，因而是相变过程。从极性特征来看，铁电相是极化有序状态，顺电相则是极化无序状态。这一相变过程往往伴随着晶体许多物理性质的反常。例如，铁电体的介电性质、弹性性质、光学性质和热学性质等在居里点附近都会出现反常现象，其中研究最充分的是"介电反常"。

大多数铁电体的介电常数在居里点附近具有很大的数值，其数量级可达 $10^4 \sim 10^5$，这就是铁电体在临界温度的"介电反常"。例如，钛酸钡（$BaTiO_3$）介电常数随温度的变化关系如图 3.30 所示。钛酸钡是典型的钙钛矿型铁电体，具有 3 个相变点。其中，120 ℃ 是其居里温度。大于 120 ℃ 时，钛酸钡呈立方结构，为顺电相，属于等轴晶系。在 120 ℃ 以下，钛酸钡存在 3 个铁电相，在相变点会发生不同铁电相之间的相变。其中，5 ～ 120 ℃ 为四方结构，－80 ～ 5 ℃ 为斜方结构，低于 －80℃ 为菱方结构。从图 3.30 中可以看到，在每个相变点，钛酸钡的介电常数随温度的变化显示明显的非线性，室温介电常数一般为 3 000 ～ 5 000，在居里温度处（120 ℃）发生突变，可达 10 000 以上。

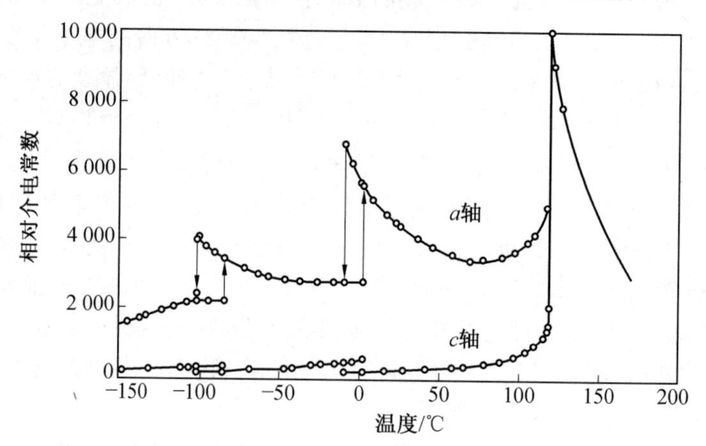

图 3.30　$BaTiO_3$ 介电常数随温度的变化关系

研究表明，钛酸钡在温度高于居里点时，其介电常数 ε 与温度 T 的关系服从居里－外斯定律（Curie－Weiss law）：

$$\varepsilon = \frac{C}{T - \theta} \tag{3.91}$$

式中　C—— 居里－外斯常数，$C = 1.7 \times 10^5$ K；

T—— 绝对温度；

θ—— 特征温度，对钛酸钡而言，T_C 略大于 θ。

居里－外斯定律是电介质材料研究中非常重要的一个定律，描述的是在居里温度以上顺电相介电常数随温度的变化关系。该定律用法国物理学家 P. 居里（Pierre Curie，1859—1906）和外斯（Pierre－Ernest Weiss，1865—1940）的名字命名的。通常，可通过改变居里温度使介电常数的峰值处于可利用的温度范围。例如，掺杂 Sr^{2+} 取代 Ba^{2+} 可降低居里温度，掺杂 Pb^{2+} 取代 Ba^{2+} 则升高居里温度。$BaTiO_3$ 的晶粒尺寸一般为 3 ～ 10 μm，采用高价阳离子取代 Ba^{2+} 会抑制晶体成长。例如掺杂 La^{3+} 取代 Ba^{2+} 或 Nb^{5+} 取

代 Ti^{4+}，会减小晶粒尺寸。

2. 铁电体自发极化的机理

铁电体的自发极化产生机制与铁电体的晶体结构有关，主要是晶体中原子（或离子）位置变化的结果。各种不同铁电体的微观自发极化机理各不相同。主要的自发极化机制包括：氧八面体中离子偏离中心的位移运动、氢键中质子运动的有序化、OH^- 集团择优分布、含其他离子集团的极性分布等。仅以上述 $BaTiO_3$ 为例简要介绍其自发极化的微观机理。

如前文所述，$BaTiO_3$ 的晶体结构在不同温度范围内呈现不同的晶态结构，如图 3.31 所示。在 120 ℃ 以下，$BaTiO_3$ 呈铁电相，具有自发极化的特征。而在高于 120 ℃ 以上时，$BaTiO_3$ 则转变成顺电相。这一转变与 $BaTiO_3$ 的晶体结构转变有关。$BaTiO_3$ 的晶体结构为钙钛矿结构，如图 3.32 所示，钛离子位于氧八面体的中心。在温度 $T > T_C$（高于 120 ℃）时，钛酸钡中的氧八面体间隙大于 Ti^{4+} 的体积，热能足以使 Ti^{4+} 在这一空腔的中心位置附近任意移动而无法固定，因此，Ti^{4+} 接近附近 6 个 O^{2-} 的概率是相同的，因此可保持较高的对称性，晶胞内没有电偶极矩，自发极化为 0。当外加电场时，可以造成 Ti^{4+} 产生较大的电偶极矩，但不能产生自发极化。当温度 $T < T_C$ 时，此时 Ti^{4+} 和 O^{2-} 之间的作用强于热振动。晶体结构从立方结构变成四方结构，Ti^{4+} 偏离了对称中心并固定下来，从而产生永久偶极矩，并形成电畴。从图 3.33 中可以看到，在铁电转变时，钛氧八面体中的原子发生位移，引起 Ti^{4+} 偏移中心位置，产生净电偶极矩。具有这种形式自发极化的铁电体称为位移型铁电体，即自发极化是由于同一类离子的亚点阵相对于另一类离子的亚点阵发生整体的位移。另外，还有一种称为有序－无序型铁电体，其自发极化是由于个别离子的有序化引起的。这类晶体通常是含有氢键的晶体，晶体中质子的有序化运动与铁电性有关，如 KH_2PO_4。

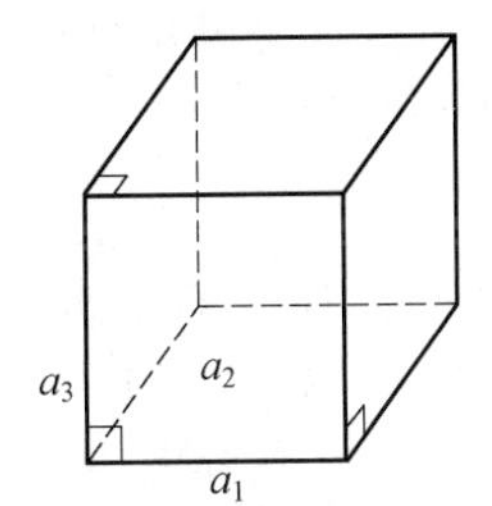

(a) 立方晶系(T>120 ℃)

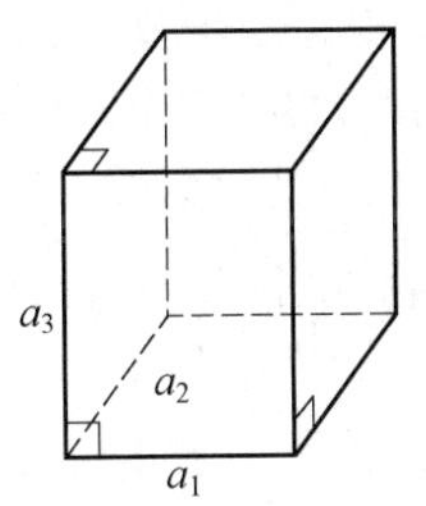

(b) 四方晶系(0<T<120 ℃)

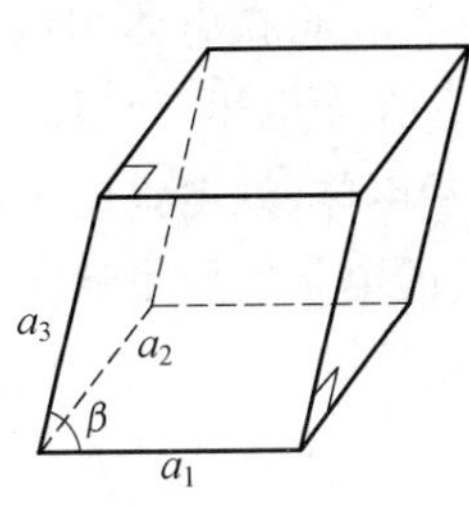

(c) 正交晶系(−80 ℃<T<0)

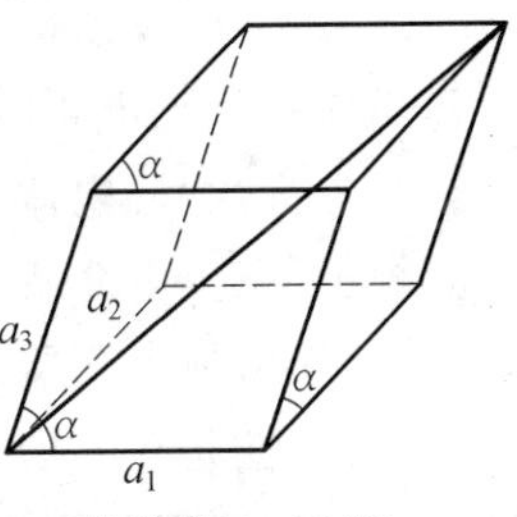

(d) 三角晶系(T<−80 ℃)

图 3.31 $BaTiO_3$ 的晶体结构

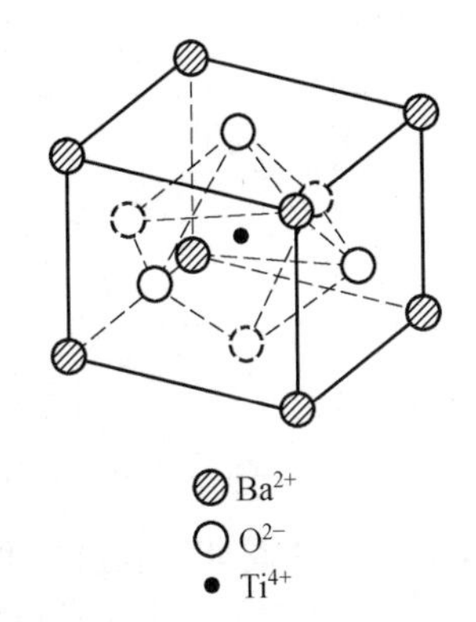

图 3.32 $BaTiO_3$ 的钙钛矿结构

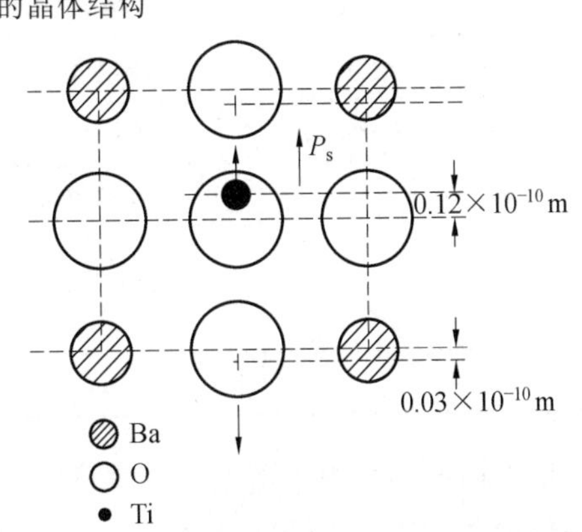

图 3.33 铁电转变时钛氧八面体原子的位移

3. 反铁电性

另外，还有一类物体，在转变温度以下，相邻离子连线上的偶极子呈反平行排列，宏观上自发极化强度为0，无电滞回线，这类材料称为反铁电体(antiferroelectrics)。反铁电体是一种反极性晶体。由顺电相向反铁电相转变时，高温相的两个相邻晶胞产生反平行的电偶极子而成为子晶格，两者构成一个新的晶胞，一般宏观无剩余极化强度。但因其自由能与该晶体的铁电态自由能很接近，因而在外加电场作用下，它可由反极性相转变为铁电相，故可观察到双电滞回线，这种性质称为反铁电性(antiferroelectricity)。图3.34给出了$PbZrO_3$的双电滞回线。在$P-E$关系曲线中，电场强度E较小范围内，无电滞回线。当电场强度E较大时，在外电场、热应力诱导下，反铁电相将向铁电相转变，呈现出双电滞回线。典型的反铁电材料主要包括：$NH_4H_2PO_4$型(包括$NH_4H_2AsO_4$及氘代盐等)、$(NH_4)_2SO_4$型(包括NH_4HSO_4及NH_4LiSO_4等)、$(NH_4)_2H_3IO_6$型(包括$Ag_2H_3IO_6$等)、钙钛矿型(包括$NaNbO_3$、$PbZrO_3$、$PbHfO_3$等)及$RbNO_3$等。利用反铁电相一铁电相的相变可应用于机一电换能器和储能电容器，在红外探测、参量放大、高压发生器等方面亦有应用的可能性。

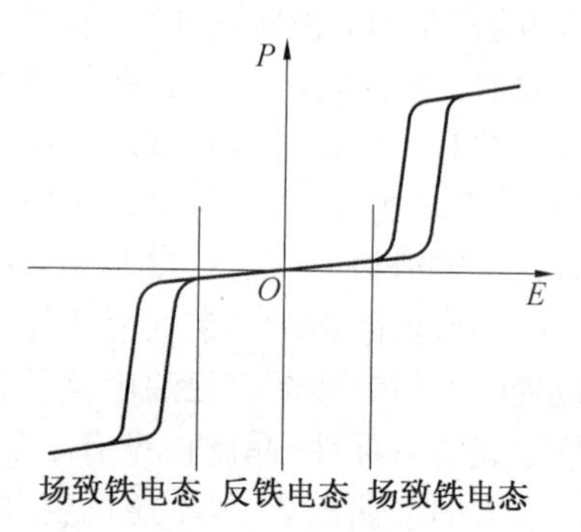

图3.34 $PbZrO_3$的双电滞回线

总体来说，铁电体和反铁电体的相同点主要包括：在相变温度时，介电常数出现反常值；相变温度以上时，介电常数与温度的关系遵从居里－外斯定律。铁电体和反铁电体的不同点包括：反铁电体的结构与铁电体相似，但相邻的子晶体却反平行自发极化；由于反铁电体在反铁电相时不存在净电矩，所以不存在像铁电体那样的电滞回线。

4. 电介质、压电体、热释电体、铁电体的关系

综上所述，电介质材料的电学性质是通过外界作用，其中包括电场、应力、温度等来实现的，相应形成电介质晶体、压电晶体、热释电晶体和铁电晶体，并且依次后者属于前者的大类，其共性是在电场作用下产生极化。表3.5给出了一般电介质、压电体、热释电体、铁电体存在的宏观条件。

表3.5 一般电介质、压电体、热释电体、铁电体存在的宏观条件

一般电介质	压电体	热释电体	铁电体
电场极化	电场极化	电场极化	电场极化
—	无对称中心	无对称中心	无对称中心
—	—	自发极化	自发极化
—	—	极轴	极轴
—	—	—	电滞回线

引起电介质材料性能差异的主要原因与其晶体结构有关。根据晶体学，在32种点群的晶体中，有21种点群的晶体不是中心对称的，在这些无对称的晶体中，有20种点群的

晶体可能具有压电性，属于压电晶体，称为压电体。而在压电晶体中，又有10种点群的晶体具有唯一的单向极轴，即存在自发极化，可能具有热释电性，属于热释电体。在这些热释电晶体中，有些晶体的自发极化方向能随外电场方向转化，这类晶体即为铁电体。所以，具有铁电性的晶体必然具有热释电性和压电性。而具有热释电性的晶体必然具有压电性，但却不一定具有铁电性。压电晶体、热释电晶体、铁电晶体都属于电介质材料(或称为介电体)。换句话说，介电体包含压电体，压电体包含热释电体，而热释电体包含铁电体。铁电体不但具有铁电性，也具有热释电性、压电性和介电性。这几类材料的从属关系如图 3.35 所示。

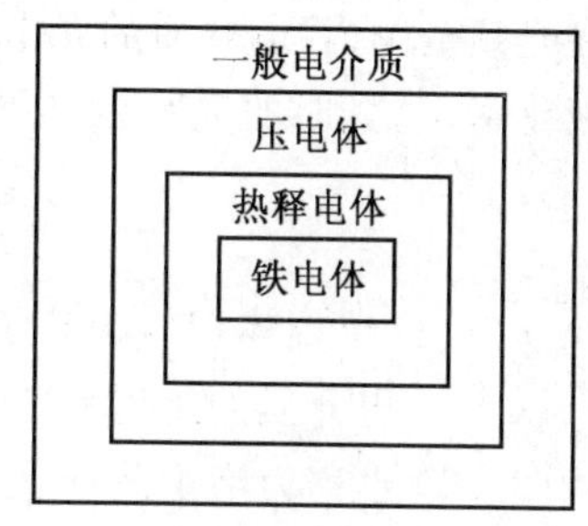

图 3.35 一般电介质、压电体、热释电体、铁电体之间的从属关系

3.5 介电性在材料研究中的应用

3.5.1 利用克劳修斯－莫索堤方程估算介电常数

利用克劳修斯－莫索堤方程(简称克－莫方程)可进行材料介电常数的估算。

由前所知，式(3.41)右侧的 N_i 表示单位体积内的极化粒子数。如果以摩尔体积 M/ρ 代替单位体积，则

$$\left(\frac{M}{\rho}\right)N_i = N_A = 6.02\times10^{23}\ \text{mol} \tag{3.92}$$

式中 M—— 电介质的摩尔质量；

ρ—— 电介质的密度；

N_A—— 阿伏伽德罗常数。

将 N_A 代替 N_i，则式(3.41)可以写成

$$[P] = \frac{\varepsilon_r - 1}{\varepsilon_r + 2}\cdot\frac{M}{\rho} = \frac{N_A\alpha}{3\varepsilon_0} \tag{3.93}$$

式中 $[P]$—— 摩尔极化强度；

α—— 极化率。

从式(3.93)右侧可以看出，对某一电介质而言，当极化率 α 有确定的值，且与密度 ρ 无关时，$[P]$ 为一常数。式(3.93)左侧表明，当$[P]$为常数时，$\frac{\varepsilon_r - 1}{\varepsilon_r + 2}$ 与密度 ρ 成正比。通常，介电常数 ε_r 随电介质的密度 ρ 增大而增大，这也说明，随着密度 ρ 增加，单位体积内粒子数增多，所以介电常数 ε_r 增大。

在光频范围内，电介质的介电常数 ε_r 可用折射率 n(折射率 n 的物理意义将在第5章详细介绍)来表示，即近似满足

$$\varepsilon_r = n^2 \tag{3.94}$$

在光频范围内，电介质的介电常数 ε_r 等于光频介电常数 ε_∞，粒子的极化率等于电子位移极化率 α_e，此时的克－莫方程变为

$$\frac{\varepsilon_\infty - 1}{\varepsilon_\infty + 2} = \frac{n^2 - 1}{n^2 + 2} = \frac{n_0 \alpha_e}{3\varepsilon_0} \tag{3.95}$$

式中 n_0—— 单位体积内的分子数；

n—— 电介质的折射率。

式(3.95)也称为洛伦兹－洛伦茨(Lorentz－Lorenz)方程。该方程由荷兰理论物理学家 H. 洛伦兹(Hendrik Antoon Lorentz，1853—1928)和丹麦物理和数学家 L. 洛伦茨(Ludvig Valentin Lorenz，1829—1891)的名字共同命名。其中，H. 洛伦兹因在理论上解释了“塞曼效应”(Zeeman effect)，与他的学生荷兰物理学家塞曼(Pieter Zeeman，1865—1943)共同于 1902 年获得诺贝尔物理学奖。

根据克－莫方程计算获得电介质的介电常数，主要确认的是极化率的值。由电介质极化的微观机制所知，不同物质具有一种或多种类型的极化率，因此需要对电介质的不同类型极化率进行分析。

以双原子分子气体为例，如式(3.30)，若取原子的电子位移电极化率 $\alpha_e = 4\pi\varepsilon_0 R^3$，其中，$R$ 为原子半径，并取 $R \approx 10^{-10}$ m，在标准状况下，气体单位体积内分子数 $n_0 \approx 2.687 \times 10^{25}\ \mathrm{m^{-3}}$。把相关数据代入克－莫方程，可计算得到该双原子分子气体的 $\varepsilon_r \approx 1.000\ 67$，即气体的介电常数约等于 1，这与测量结果相符。

对极性气体电介质，如 HCl、SO_2、SF_6、CH_3Cl 等，由于这些分子具有固有偶极矩 μ_0，因此，除了电子位移极化以外，还有偶极子转向极化，此时，分子的极化率为 $\alpha_e + \alpha_d$，根据式(3.30)和式(3.32)，克－莫方程可以写为

$$\frac{\varepsilon_r - 1}{\varepsilon_r + 2} = \frac{n_0}{3\varepsilon_0}(\alpha_e + \alpha_d) = \frac{n_0}{3\varepsilon_0}\left(4\pi\varepsilon_0 R^3 + \frac{\mu_0^2}{3k_B T}\right) \tag{3.96}$$

经计算，极性气体电介质的介电常数 ε_r 仍然约等于 1。

在非极性液体和固体电介质中，分子的固有偶极矩为零或很小，因此，这一类电介质是以电子位移极化为主的电介质，其介电常数与折射率的关系近似满足式(3.94)。实际测量表明，洛伦兹有效电场和克－莫方程适用于这类电介质。有机烃类或分子结构对称的液体，如苯 C_6H_6、二甲苯 $(CH_3)_2(C_6H_4)$、四氯化碳 CCl_4 等为非极性液体电介质，其介电常数在 2～2.5 范围内。非极性固体电介质，如聚乙烯 $(-CH_2-CH_2-)_n$、聚苯乙烯 $(-CH_2-CHC_6H_5-)_n$、聚丙烯 $(-CH_2-CHCH_3-)_n$ 等，其聚合物大分子由很多分子链节复合而成，以分子链节代替大分子作为基本结构单元，以链节的分子量、偶极矩和极化率作为分子参数。经计算，这类电介质的介电常数也大致在 2～2.5 范围内。非极性固体电介质包括金刚石、硫等。表 3.6 列出了一些非极性液体和固体电介质的介电常数和折射率的平方关系。

极性液体电介质分子结构中含有极性基团，并且分子结构不对称，因此需要考虑固有偶极矩。常见的极性液体电介质包括，乙醇 (CH_3CH_2OH)、甲醛 $(HCHO)$、丙酮 (CH_3COCH_3)、乙醚 (CH_3COOH)、乙酸乙酯 $(CH_3COOC_2H_5)$、苯酚 (C_6H_5OH) 等。这类电介质除了电子位移极化外，还存在偶极子转向极化，分子的极化率满足式(3.96)。对

表 3.6 一些非极性液体和固体电介质的介电常数和折射率的平方

名称	化学式	状态	ε_r	n^2
己烷	C_6H_{14}	液体	1.89	1.89
环己烷	C_6H_{12}	液体	2.02	2.02
苯	C_6H_6	液体	2.28	2.25
变压器油	/	液体	2.25	2.25
石蜡	/	固体	2.3	2.20
萘	$C_{10}H_8$	固体	2.5	2.25
聚乙烯	$(CH_2—CH_2)_n$	固体	2.3	2.15
聚苯乙烯	$(CHC_6H_5—CH_2)_n$	固体	2.6	2.40
聚四氟乙烯	$(CF_2—CF_2)_n$	固体	2.2	2.10
硫	S	固体	3.8	3.69
金刚石	C	固体	5.7	5.76

于分子固有偶极矩较大的电介质来说，偶极子转向极化占主导。这类电介质的介电常数在 2.5 以上，大于折射率的平方。需要注意的是，由于在液体中的分子间距远低于气体分子，偶极分子间的作用较强，洛伦兹有效电场和克－莫方程不再适用。通常，极性液体电介质需采用昂萨格有效电场(Onsager effective electric field) 模型，也就是利用该模型得到的昂萨格方程进行介电常数的计算。该模型由挪威、美国双国籍物理化学及理论物理学家昂萨格(Lars Onsager，1903—1976) 提出。他因在不可逆化学过程(irreversible chemical processes) 理论方面的贡献，于 1968 年获得诺贝尔化学奖。一般来说，采用昂萨格方程计算得到的介电常数往往偏低，这与昂萨格有效电场模型将周围邻近分子的作用以连续均匀介质处理有关。与此相关的具体内容本书不做详细介绍。

常见的极性固体电介质主要是极性有机高分子聚合物。同样，该类极性聚合物除有电子位移极化外，还有偶极子转向极化。由于高聚物分为非晶态和晶态两类，需要分别对这两类高聚物电介质进行分析。对非晶态高聚物而言，除大分子热运动以外，还有链节的热运动。大分子开始运动或开始“冻结” 的温度称为软化温度 T_m。高聚物的工作温度上限往往低于 T_m。分子链节的开始运动或开始“冻结” 的温度称为玻璃化温度 T_g。在 T_g 以上，T_m 以下的温度范围，以链节的热运动为主，此时高聚物处于高弹态。在 T_g 以下，以原子或基团的热运动为主，高聚物处于玻璃态，此时，极性基团的偶极转向极化起主要作用；而在 T_g 以上，链节的偶极转向极化占主导作用。因此，在介电常数与温度的关系中，非晶态高聚物常在 T_g 附近发生偏折，介电常数显著增加。晶态高聚物通常是部分结晶，晶态与非晶态共存。晶态聚合物没有明显的熔点。对于晶态部分，以偶极基团极化为主；而非晶态部分的极化则与非晶态聚合物类似。

许多陶瓷电介质的主晶都由低介电常数的离子晶体组成。这类低介电常数的离子晶体中有电子位移极化、离子位移极化和缺陷偶极极化。它们的介电常数 ε_∞ 为 1.6 ～ 3.5，ε_r 为 5 ～ 12。但是，由于实际材料的复杂性，很多实验工作主要围绕碱卤晶体进行，但从其所获得的结论，对许多实际工程材料是适用的。当然，还存在少数高介电常数的高价离子氧化物。例如,金红石(TiO_2)晶体的$\varepsilon_\infty=7$,$\varepsilon_r=173$(平行于c轴),钛酸钙($CaTiO_3$)晶体的$\varepsilon_\infty=5.3$,$\varepsilon_r=150$。对于离子晶体有关利用洛伦兹有效电场和克－莫方程进行介电常数计算的理论,本书不做详细介绍。

利用克－莫方程,还可根据已知致密材料的介电常数,来预估其多孔状态下的介电常数。例如,已知某SiO_2致密玻璃的密度2.2 g/cm^3(可视为致密SiO_2的真密度),介电常数为3.3。将其制成某SiO_2多孔材料后,密度为0.12 g/cm^3(可视为SiO_2在多孔状态下的体密度)。根据克－莫方程,可按下式计算得到该多孔材料的介电常数,即

$$\frac{\varepsilon'_r-1}{\varepsilon'_r+2}\cdot\frac{1}{\rho'}=\frac{\varepsilon_r-1}{\varepsilon_r+2}\cdot\frac{1}{\rho_s} \tag{3.97}$$

式中　ε_r—— 致密玻璃的介电常数;

ε'_r—— 多孔材料的介电常数;

ρ_s—— 真密度;

ρ'—— 体密度。

经计算,该多孔材料的介电常数约为1.07。

3.5.2　复合电介质的介电常数

1. 介电常数温度系数

介电常数温度系数是指随温度变化,介电常数的相对变化率,即

$$TK\varepsilon=\frac{1}{\varepsilon}\frac{d\varepsilon}{dT} \tag{3.98}$$

式中　$TK\varepsilon$—— 介电常数温度系数,单位:℃$^{-1}$,其数量级通常为10^{-6};

ε—— 介电常数;

T—— 温度。

在实际中,常采用实验方法求得$TK\varepsilon$,即

$$TK\varepsilon=\frac{1}{\varepsilon_0}\cdot\frac{\Delta\varepsilon}{\Delta T}=\frac{1}{\varepsilon_0}\cdot\frac{\varepsilon_t-\varepsilon_0}{T-T_0} \tag{3.99}$$

式中　T_0—— 起始温度,通常为室温;

T—— 改变后的温度;

ε_0——T_0时对应的介电常数;

ε_t——T时对应的介电常数。

生产上经常通过测量TKC来代表$TK\varepsilon$,也就是通过测量电容量C来代替式(3.98)中的ε,这实际表示温度每变化1 ℃时,电容量的相对变化率。TKC称为电容温度系数。同样,也可用电容量C代替式(3.99)中的ε,此时获得的TKC称为电容平均温度系数。这种通过测量TKC来代表$TK\varepsilon$的方式实际上是一种近似。

$TK\varepsilon$是电介质材料重要的参数,可作为许多陶瓷材料分类的依据,即具有正温度系数材料、负温度系数材料和零温度系数材料之分。对只有电子极化的电介质而言,由于温度升高后,介质密度降低,极化强度降低,因此,这类材料的介电常数温度系数是负的。以离子极化为主的材料,随温度升高,离子极化率增加,并且对极化强度增加的影响超过了密度降低对极化强度的影响,因此,具有正的介电常数温度系数。以松弛极化为主的材

料，其 ε 和 T 的关系可能出现极大值，因此 $TK\varepsilon$ 可正、可负。但通常而言，大多数此类材料在较宽的温度范围内，往往具有正的 $TK\varepsilon$ 值。

根据用途不同，电容器对材料的温度系数具有不同的要求。例如，滤波旁路和隔直流的电容器要求 $TK\varepsilon$ 为正值，热补偿电容器要求 $TK\varepsilon$ 为负值，而要求电容量热稳定性高的回路中的电容器和高精度电子仪器中的电容器需要 $TK\varepsilon$ 接近 0。目前，用于制作电容器的高介陶瓷要求 $TK\varepsilon$ 为接近 0 且具有高介电常数的材料。

在实际应用中，通常需要改变双组分或多组分固溶体的相对含量来调节 $TK\varepsilon$ 值，即用温度系数符号相反的两种或多种化合物配置成所需 $TK\varepsilon$ 值的混合物或固溶体。具有负 $TK\varepsilon$ 值的化合物包括 TiO_2、$CaTiO_3$、$SrTiO_3$ 等；具有正 $TK\varepsilon$ 值的化合物包括 $CaSnO_3$、$2MgO\cdot CaZrO_3$、$CaSiO_3$、$MgO\cdot SiO_2$、Al_2O_3、MgO、CaO、ZrO_2 等。

2. 混合物法则

多相系统的介电常数通常取决于各相的介电常数、体积浓度以及相与相之间的配置形式。以两相为例，图 3.36 给出了两相复合电介质构成的电容器系统示意图。

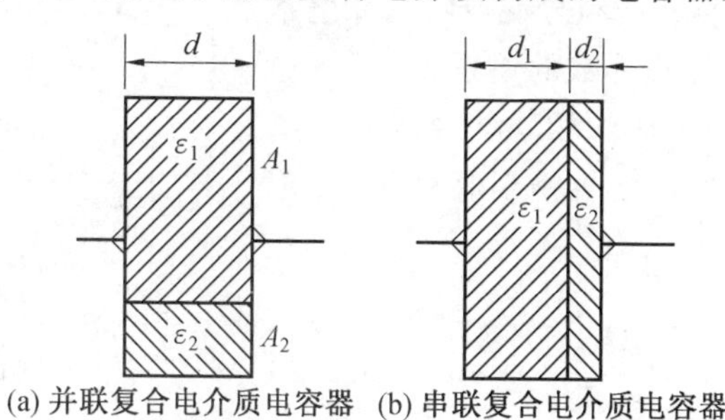

图 3.36 并联和串联复合电介质电容器示意图

设两相的介电常数分别为 ε_1 和 ε_2，浓度分别为 x_1 和 x_2，且 $x_1+x_2=1$。

当两相并联时，系统的介电常数 ε 可表示为

$$\varepsilon=x_1\varepsilon_1+x_2\varepsilon_2 \tag{3.100}$$

当两相串联时，系统的介电常数 ε 满足“混合对数定律”，即

$$\lg\varepsilon=x_1\lg\varepsilon_1+x_2\lg\varepsilon_2 \tag{3.101}$$

由于 ε 是与温度 T 有关的函数，如果把式(3.101) 两边对温度 T 微分，则可得

$$\frac{1}{\varepsilon}\cdot\frac{\mathrm{d}\varepsilon}{\mathrm{d}T}=x_1\cdot\frac{1}{\varepsilon_1}\cdot\frac{\mathrm{d}\varepsilon_1}{\mathrm{d}T}+x_2\cdot\frac{1}{\varepsilon_2}\cdot\frac{\mathrm{d}\varepsilon_2}{\mathrm{d}T} \tag{3.102}$$

这里可以发现，式(3.102) 实际表示了混合物的介电常数温度系数 $TK\varepsilon$ 的关系，即

$$TK\varepsilon=x_1\cdot TK\varepsilon_1+x_2\cdot TK\varepsilon_2 \tag{3.103}$$

式中 $TK\varepsilon_1$—— 介质 1 的介电常数温度系数；

$TK\varepsilon_2$—— 介质 2 的介电常数温度系数。

由式(3.103) 可知，如果要做一种热稳定陶瓷电容器，可以用一种 $TK\varepsilon$ 值很小且为正值的晶体作为主相，再加入适量的另一种具有负 $TK\varepsilon$ 值的晶体，调节混合物材料 $TK\varepsilon$ 的绝对值到最小值。除了满足 $TK\varepsilon$ 值接近零以外，还需要考虑混合物材料保持较高的 ε 值。研究发现，金红石瓷料中加入一定量的稀土金属氧化物，如 La_2O_3、Y_2O_3 等，可以降低瓷料的 $TK\varepsilon$ 值，提高其热稳定性，并使 ε 值仍然保持较高的数值。例如，$TiO_2-La_2O_3$

的 $\varepsilon = 34 \sim 41$,具有较高的 ε 数值。

对有 m 个组分混合的一般情况,混合物的介电常数 ε 则满足

$$\lg \varepsilon = \sum_{i=1}^{m} x_i \lg \varepsilon_i \tag{3.104}$$

相应地,把式(3.104)两边对温度 T 微分,则

$$\frac{1}{\varepsilon} \cdot \frac{\mathrm{d}\varepsilon}{\mathrm{d}T} = \sum_{i=1}^{m} x_i \cdot \frac{1}{\varepsilon_i} \cdot \frac{\mathrm{d}\varepsilon_i}{\mathrm{d}T} \tag{3.105}$$

也就是多相混合物的温度系数 $TK\varepsilon$ 可表示为

$$TK\varepsilon = \sum_{i=1}^{m} x_i \cdot TK\varepsilon_i \tag{3.106}$$

但是,实际上很多复合电介质的几种组分呈混乱分布,或称为统计分布。在这种情况下,统计混合物的介电常数处于并联和串联模型计算值之间。图3.37给出了A与B两组分混合物的介电常数与两组分在混合物中体积分数的关系。

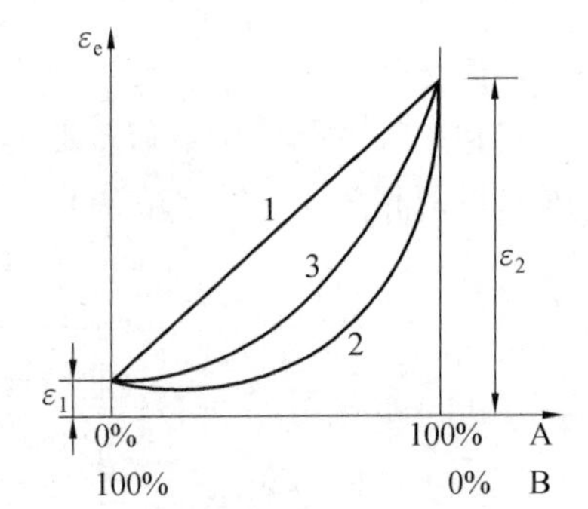

图3.37 A与B两组分混合物的介电常数与两组分在混合物中体积分数的关系

1—并联;2—串联;3—统计分布

当介电常数为 ε_d 的球形颗粒均匀分散在介电常数为 ε_m 的基体中,此时的混合物介电常数 ε 可用下式表示:

$$\varepsilon = \frac{x_m \varepsilon_m \left(\frac{2}{3} + \frac{\varepsilon_d}{3\varepsilon_m} \right) + x_d \varepsilon_d}{x_m \left(\frac{2}{3} + \frac{\varepsilon_d}{3\varepsilon_m} \right) + x_d} \tag{3.107}$$

式中 x_m——球形颗粒的体积分数;

x_d——基体材料的体积分数,且 $x_d + x_m = 1$。

式(3.107)又称为Maxwell介质方程,适用于低填充且两相介电常数相差不大的情况。

表3.7给出了利用式(3.101)计算得到的复合材料的介电常数,其计算值与实验值比较接近。

表3.7 复合材料的介电常数

成分	体积分数/%	根据式(3.101)计算	测量结果		
			10^2 Hz	10^6 Hz	10^{10} Hz
TiO_2 +聚二氯苯乙烯	41.9	5.2	5.3	5.3	5.3
	65.3	10.2	10.2	10.2	10.2
	81.4	22.1	23.6	23.0	23.0
$SrTiO_3$ +聚二氯苯乙烯	37.0	4.9	5.20	5.18	4.9
	59.5	9.6	9.65	9.61	9.36
	74.8	18.0	18.0	16.6	15.2
	80.6	28.5	25.0	20.2	20.2

3.5.3 低介电常数材料的特点

通常，以二氧化硅的介电常数($\varepsilon_r = 3.9$)值为界，将介电常数低于3.9的电介质材料称为低介电常数材料。该材料主要作为电子封装材料，在大规模集成电路(Ultra Large Scale Integrated circuit, ULSI)器件中具有很重要的应用。低介电常数材料的发展，将有利于电子产品轻量化、薄型化、高性能化和多功能化的实现。但是，当器件的特征尺寸逐渐减小、集成度不断提高时，往往引起电阻－电容延迟(Resistance－Capacitance delay, RC delay)上升，从而出现信号传输延时、噪声干扰增强和功率损耗增大等一系列问题，这将极大地限制器件的高速性能。RC延迟可以表示为

$$\tau = RC = 2\rho\varepsilon_r\varepsilon_0\left(\frac{4L^2}{P^2}+\frac{L^2}{T^2}\right) \tag{3.108}$$

式中 τ—— 传输信号的迟滞时间；

ε_r—— 层间介电材料的介电常数；

ε_0—— 真空介电常数；

ρ—— 导线的比阻抗；

L—— 导线长度(line length)；

P—— 两导线间的距离(line pitch)；

T—— 导线厚度(line thickness)。

从式(3.108)可以看出，降低RC延迟有两个途径，一是降低导线电阻，另一个是降低介质层的介电常数。通常，采用铜(电阻率为1.67 $\mu\Omega\cdot$cm)代替传统的铝合金(如AlSiCu电阻率为2.66 $\mu\Omega\cdot$cm)来制备导线，降低导线电阻。后者则需要开发新型、低成本、具有良好性能的低介电常数材料来代替传统的SiO_2($\varepsilon_r = 3.9$)作为介质层，这也是降低RC延迟最重要的因素。半导体国际技术路线图(International Technology Roadmap for Semiconductors, ITRS)指出未来的电子器件需要的有效介电常数为2.1～2.5。低介电常数材料按材料特征可分为无机物和有机高分子两大类。前者具有高稳定性、低收缩性和耐腐蚀性等优点，而后者则具有分子设计多样化、加工性能好等优势。在这些众多的材料中，具有低介电常数的聚合物材料具有更明显的优势，这与其展现出的极好的力学和物理化学性能有关。典型的低介电常数聚合物包括含氟聚合物(fluoropolymers)、芳杂环高分子聚合物(heteroaromatic polymers)、聚芳基醚聚合物(polyarylethers polymers)、聚酰亚胺(polyimides)以及不含任何极性基团的碳氢聚合物(hydrocarbon polymers without any polar group)等。

根据克－莫方程，降低材料介电常数的途径主要有两种，即降低极化率的大小或减少偶极子的数量或密度，如图3.38所示。

要实现第一种途径需要选择或研发低极化率的材料，通常可采用设计具有低极化率化学结构的聚合物实现极化率的降低。例如，将氟化物基团引入聚合物链可有效降低聚合物的介电常数，这是因为C—F基团具有更小的偶极子和更低的极化率。但这一过程通常比较复杂，对时间、能量和成本等方面要求很高，不利于大规模低介电常数产品的制备。表3.8给出了常见有机基团的电子极化率和平均键能的数据。从表3.8中可以看

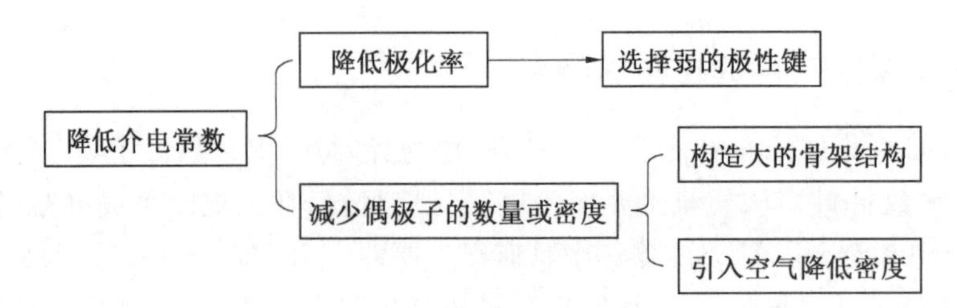

图 3.38 降低介电常数的两种途径

到，C—C 和 C—F 具有最低的电子极化率，因此，氟化类或非氟化类脂肪族碳氢化合物对于降低介电常数是很好的选择。其中，由于氟原子具有更高的电负性，因此具有更好的降低极化的效果。

表 3.8 电子极化率和平均键能

键类型	电子极化率 /($nm^3 \times 10^{-3}$)	平均键能 /($kJ \cdot mol^{-1}$)
C—C	0.531	348
C—F	0.555	487
C—O	0.584	353
C—H	0.652	416
O—H	0.706	428
C═O	1.020	739
C═C	1.643	613
C≡C	2.036	840
C≡N	2.239	895

第二种途径可以通过向材料中引入孔隙实现偶极子密度的减少。通常，降低材料密度(或增加自由体积)可通过重组材料结构(如通过构造大的骨架结构增加自由体积)或移除部分材料(如直接或间接引入空气来降低密度)实现。利用孔隙内空气($\varepsilon = 1$)的低介电常数特征，介孔有机聚合物将展现出超低的介电常数。通常，纳孔 / 介孔材料可采用再沉积(reprecipitation)、溶胶 — 凝胶(sol — gel)、热分解(thermolysis)、超临界发泡(supercritical foaming)、电化学蚀刻(electrochemical etching)、化学气相沉积(Chemical Vapor Deposition，CVD)、溅射法(sputtering)等技术制得。在制备中，孔大小和孔分布是材料制备中非常关键的参数。实际上，对可用于微电子领域的电介质材料不仅要求具有低的介电常数，还要求具有优异的综合性能，比如高的热稳定性、化学稳定性、机械性能和低的介质损耗正切、吸湿率等。但是，由于掺氟材料在高温时会缓慢放出氟化氢和氟气，因此，很多研究热点更多集中在如何尽可能地增加高分子材料的自由体积，尤其是纳米微孔材料上。目前，主要有两种引入纳米孔的方法：一种是通过共混体系中不稳定聚合物组分的分解或接枝共聚物的分解形成纳米微孔；另一种是聚合物直接与多孔性无机材料杂化引入空气来降低材料的介电常数。后者是由有机高分子与无机材料复合而成，既具有有机材料本身介电常数低、易于进行分子设计、优良的加工性和韧性等优点，同时又

保留了无机材料耐热、耐氧化与优异的力学性能，因此是目前的研究热点之一。

3.5.4 高介电常数材料的特点

与低介电常数材料不同，介电常数大于3.9的材料称为高介电常数材料。高介电常数材料具有优良的均匀电场和储存电能的能力，主要应用于电容器和存储器方面，进而满足各种电子设备和电力系统的需求。随着微电子器件微型化和高度集成化的发展，要求电介质材料具有更高的介电常数、更小的能量损耗以及频率和温度的稳定性。通常将介电常数大于1 000的介质材料称为巨介电常数材料。图3.39对不同介电材料的性能进行了比较。在实际中，越高的介电常数通常伴随着越高的介电损耗。这是由于在外加电场作用下，材料的极化强度越大，意味着材料内部阻碍其极化的行为也会变强，即损耗会随之变大。因此，很多研究集中于通过掺杂改性等方式对高介电常数材料进行研究，以期得到高介电常数的同时进一步降低介电损耗。

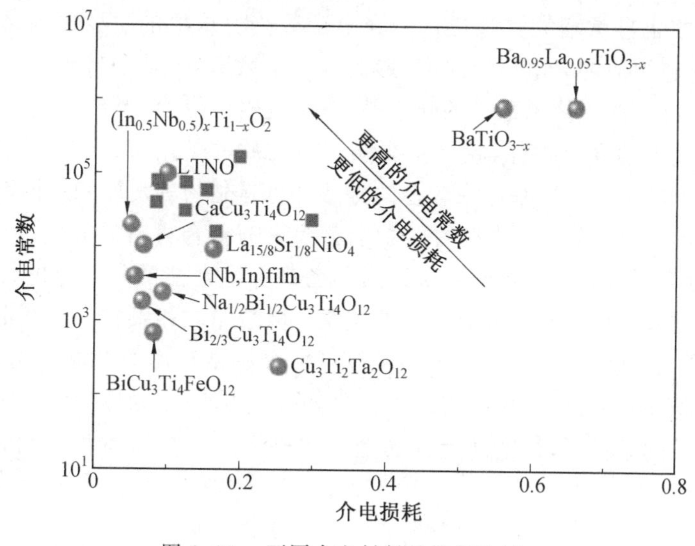

图3.39 不同介电材料的性能比较

基于有效介质理论（effective medium theory）获得的Maxwell－Garnett方程，可以预测两相复合系统的有效介电常数，即

$$\varepsilon=\varepsilon_2\cdot\frac{2x_1(\varepsilon_1-\varepsilon_2)+\varepsilon_1+2\varepsilon_2}{2\varepsilon_2+\varepsilon_1+x_1(\varepsilon_2-\varepsilon_1)} \tag{3.109}$$

式中 x_1—— 填充相的体积分数；

ε_1—— 填充相的介电常数；

ε_2—— 基体的介电常数；

ε—— 复合体系的有效介电常数。

该方程由英国物理学家麦克斯韦·加内特(James Clerk Maxwell Garnett,1880—1958)提出，对于体积分数大于20%的复合电介质，近似程度很好。

根据该方程可以发现，在基体材料中添加高介电常数的填充相，将有效提高复合介电材料的介电常数。同时，复合材料基体与填充物界面间存在的耦合效应，也能够产生界面极化(interfacial polarization),这对于提高材料的能量密度十分有利。实验结果也表明,通过添加具有高介电常数的物质,可提高聚合物复合材料的介电常数和能量密度,常用的添加物包括 $BaTiO_3$、$Ba_xSr_{1-x}TiO_3$、$CaCu_3Ti_4O_{12}$、$Pb(Zr,Ti)O_3$ 等。通常,陶瓷填充的陶瓷 / 聚合物复合介电材料具有陶瓷高介电常数和聚合物低损耗的特性。但是,要使该复合介电材料达到非常高的 ε 值,一般要加入大量的陶瓷颗粒,反而会造成复合材料高的介电损耗,并且过高的填充量会导致复合介电材料加工性能和力学强度下降。

为克服这一缺点,在聚合物中添加一些导电填料,如金属粉末、炭黑、石墨、碳纳米管、导电聚苯胺等,可在添加量很低的情况下获得较高介电常数的导体 / 聚合物复合电介质材料,同时保持复合材料体系优异的韧性和强度等机械性能。目前,导体 / 聚合物复合材料的设计与制备大多是在渗流理论基础上开展的。研究表明,当导电粒子达到一定的浓度时,复合材料的电导率发生突变,由绝缘体变为导体,这种现象称为渗流现象,这个临界浓度称为渗流阈值(percolation threshold),常用符号 f_c 表示。在接近渗流阈值处,复合材料的介电常数也异常增大。造成这一介电常数突变现象的主要原因是在渗流阈值附近,许多导电颗粒被薄的介电层所隔离,形成了大量微电容,从而导致材料在宏观上的高介电性。但是,这一渗流体系最大的缺陷是,在渗流阈值附近,填料间容易形成导电通路,导致材料产生较大的介电损耗,这严重影响了电介质的使用寿命和安全。同时,纳米填料,如碳纳米管等,在聚合物基体中较差的分散性也是制约其发展的关键因素之一。

除了填料的种类外,导电填料的形貌也直接影响复合材料的介电性能,比如将纳米线、纳米片和金属纤维等作为填充物引入后制备高介电性能的复合介电材料。渗流阈值的大小与填料颗粒的形状和尺寸有密切的关系。随着第二相颗粒的形状由球形变成长棒形,渗流阈值会显著减小,因为长棒形的颗粒更加容易相互连通形成电流通路。这里,可以引入排斥体积(excluded volume)的概念,也就是围绕一个物体的空间体积 V_{ex},在避免两物体出现重叠的条件下,该空间允许其他物体进入即为排斥体积。此时,渗流阈值 f_c 满足

$$f_c = 1 - \exp\left(-\frac{B_c V}{V_{ex}}\right) \tag{3.110}$$

式中 V—— 颗粒的体积;

V_{ex}—— 颗粒的平均排斥体积;

B_c—— 临界接触数。

根据式(3.110)可知,不同维度或形貌的填料,其平均排斥体积不同,渗流阈值也不同,渗流阈值越小,对提高复合材料的介电性能越有利。例如,碳纤维(长径比 =100)与环氧树脂组成的复合材料,其渗流阈值可以低到 0.005 5。

填料尺寸对复合材料的介电性能也有很大的影响。填料的颗粒尺寸越小,填料越容易与聚合物实现均匀混合。另外,颗粒尺寸越小,颗粒与聚合物基体间的界面就越多,在极化过程中,界面极化效应就越显著,从而极大地提高了介电性能。

除了上述有机 / 无机复合电介质材料以外,以有机半导体填料填入有机聚合物基体形成全有机类复合电介质材料也是目前重要的研究方向之一。有机半导体填料往往具有良好的电学性能,而且还具有电导率可控、环境稳定、成本低、产量大等特点。制备的具有

高介电常数的全有机类复合电介质材料可以广泛应用于药物释放、人工肌肉等领域。表3.9给出了上述三种不同类型复合聚合物电介质材料的介电性能数据。

表3.9 不同类型复合聚合物电介质材料的介电性能

复合材料	基体	填充物	体积分数 φ 或质量分数 w/%	频率	ε_r	tan δ
陶瓷/聚合物复合材料	PES	$BaTiO_3$	$\varphi = 50$	100 /Hz	62	0.20
	PVDF	$Ba_{0.6}Sr_{0.4}TiO_3$	$\varphi = 40$	1 /kHz	40	0.22
	P(VDF－TrFE)	PMN－PT	$\varphi = 50$	1 /kHz	75	0.056
	PVDF	PZT	$\varphi = 50$	1 /kHz	51	0.031
	PVDF	$CaCu_3Ti_4O_{12}$	$\varphi = 50$	10 /kHz	81	0.09
	PI	$BaTiO_3$	$\varphi = 50$	10 /kHz	35	0.008
导体/聚合物复合材料	PVDF	f－Zn	$\varphi = 14$	1 /kHz	82	～10
	PVDF	rGO	$w = 5$	100 /Hz	1 140	0.73
	PVDF	CNT	$\varphi = 0.04$	100 /Hz	3 000	2.8
	PVDF	Al	$\varphi = 10$	100 /Hz	24	＜0.05
	PVDF	GNP	$w = 2.5$	1 /kHz	173	0.65
全有机物复合材料	PVDF－TrFE	CuPc	$w = 55$	100 /Hz	1 000	0.5
	环氧树脂	PANI	$w = 25$	1 /kHz	2 980	0.48
	PAA	PANI	$w = 30$	1 /kHz	2×10^5	～10
	PEN	CuPc	$w = 40$	100 /Hz	140	1.1
	PI	PPy	$w = 15$	10 /kHz	146	＜0.18
	AE	CuPc	$w = 15$	100 /Hz	330	0.327

注：聚醚砜(Polyethersulfone,PES)，聚偏氟乙烯(Polyvinylidine Fluoride,PVDF)，聚偏氟乙烯三氟乙烯(Poly(Vinylidene Fluoride－Trifluoroethylene),PVDF－TrFE)，铌镁酸铅－钛酸铅(PMN－PT)，酞菁铜(Copper Phthalocyanine,CuPc)，聚苯胺(Polyaniline,PANI)，石墨纳米片(Graphite Nanoplatelets,GNP)，还原氧化石墨烯(reduced Grapheme Oxide,rGO)，碳纳米管(CNT)，二甲苯醚腈(Poly(arylene Ether Nitriles),PEN)，聚酰亚胺(Polyimide,PI)，聚丙烯酸(Poly(Acrylic Acid),PAA)，聚吡咯(Polypyrrole,PPy)，丙烯酸弹性物(Acrylic Elastomer,AE)。

近年来，很多研究还涉及更为复杂的三元或多元杂化体系。这一复杂体系能在一定程度上改善传统的陶瓷/聚合物二元体系高填充量和导体/聚合物二元体系高损耗的弊端，通过填料间的协同增强作用，其综合性能优于二元复合体系。尤其对添加具有高长径比的碳纳米管、碳纤维和石墨烯等填料而言，少量填料便可赋予聚合物电介质材料较高的介电常数和良好的强度等特性，这些都更加有助于电子器件的微型化设计。

习　　题

1. 请说明以下基本物理概念：

束缚电荷、介电常数、极化、电偶极矩、极化强度、极化率、退极化、位移极化、弛豫极化、介质损耗、损耗角正切、介电强度、介质击穿、自发极化、正压电效应、逆压电效应、电致伸缩、热释电效应、铁电效应、电畴、介电反常、反铁电效应、介电常数温度系数

2. 可用于描述材料介电性能的参数有哪些？相互间的关系如何？

3. 请写出极化强度可用于表达宏观和微观情况下的两个表达式，并解释其含义。

4. 电介质极化有哪些微观机制？并对其做简要的说明。

5. 什么是介电常数？造成铁电体介电反常的原因是什么？

6. 克劳修斯－莫索堤方程建立了一种什么关系，有什么作用？

7. 描述介电损耗的物理量是什么，有何意义？引起介质损耗的原因有哪些？

8. 请简要描述电介质不同极化机制与频率间的关系。

9. 造成电介质击穿的原因有哪些？请简要描述其机制。

10. 哪些因素影响电介质击穿强度？

11. 请比较逆压电效应和电致伸缩之间的差别。

12. 请解释热释电效应产生的原因。

13. 具有压电性、热释电性和铁电性材料的差别是什么？

14. 铁电体的主要特征有哪些？

15. 铁电体和反铁电体有什么异同？

16. 什么是自发极化？为什么压电材料无自发极化现象？

17. 为什么某些压电材料没有热释电效应？

18. 请说明电介质、压电材料、热释电性材料和铁电材料之间的从属关系以及这些材料的特性差异是什么？

19. 请解释铁电材料居里－外斯定律表达式中各物理量的含义。

20. 低介电常数材料和高介电常数材料的性能有何特点？其应用领域如何？

21. 某材料的饱和电极化曲线如图 3.40 所示，请回答如下问题。

(1) 请在坐标中示意性绘出其电滞回线，并标出参量 P_s、P_r、E_c，同时说明这些参量的含义？

(2) 对该饱和电极化曲线而言，如果把电场强度 E 继续增大，会出现什么情况？

(3) 请指出该类电介质材料属于哪类电介质功能材料，有什么特征？并指出与另外两种电介质功能材料的性能差异，并分析其原因？

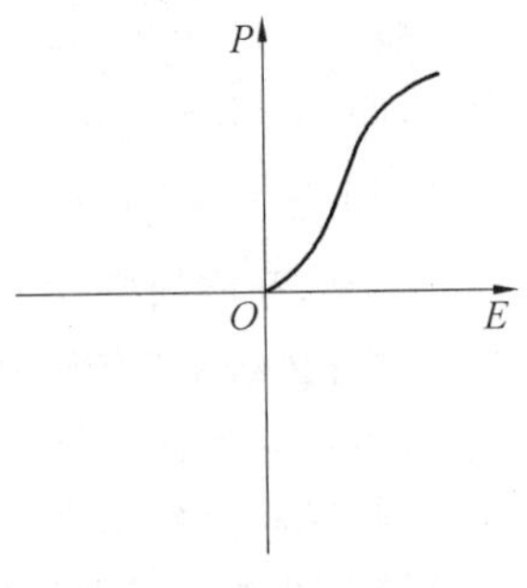

图 3.40　21 题图

第 4 章　材料的热学性能

热学性能是材料的重要物理性能之一。材料及其制品在一定温度环境下使用时将对不同的温度做出反应，表现出不同的热物理性能，这就是材料的热学性能。任何材料在使用过程中都会受到温度的影响，各种性能的变化往往需要考虑温度的作用。在不同温度下，材料的组织结构变化时常伴随一定的热效应，从而可确定临界点并判断材料的相变特征。对于某些材料，根据其所处的应用场合，还需要关注其热学性能，如热膨胀、热容、热导率、热稳定性等。这些热学性能在材料研究中有着重要的理论意义，在工程技术中也占有重要位置。例如，精密天平、标准尺、标准电容等的制造需要考虑选择低热膨胀系数的材料；工业炉衬、建筑材料、航天飞行器的防 / 隔热应用需要考虑选择低热导率的材料；燃气轮机叶片、晶体管散热器等则需要良好导热性的材料。另外，热分析方法也是材料研究中不可缺少的分析手段。

本章主要介绍材料的热容、热膨胀、热传导、热电性等热学性能，就与材料热学性能相关的宏观 / 微观本质、影响规律等加以探讨，为材料的选用以及新材料、新工艺的设计打下物理理论基础。

4.1　热性能的物理基础

4.1.1　热力学基本定律

热力学(thermodynamics)是从宏观角度研究物质的热运动性质及其规律的学科，与统计物理学(statistical physics)分别构成了热学理论的宏观和微观两个方面。热力学主要是从能量转化的观点来研究物质的热性质，它揭示了能量从一种形式转换为另一种形式时遵从的宏观规律，是通过总结物质的宏观现象而得到的热学理论。该理论不涉及物质的微观结构和微观粒子的相互作用，具有高度的可靠性和普遍性。热力学定律是描述这一热学规律的定律，包括热力学第零定律(zeroth law of thermodynamics)、热力学第一定律(first law of thermodynamics)、热力学第二定律(second law of thermodynamics)和热力学第三定律(third law of thermodynamics)。

在热力学中，一般把热力学的研究对象称为热力学系统(thermodynamical system)，这一系统是指由大量微观粒子组成，并与其周围环境以任意方式相互作用着的宏观客体(包括气体、液体或固体)。一般把系统的周围环境称为系统的外界或简称外界。当某一系统所处的外界条件发生改变，系统一般需要经过一定的时间后才能达到一个宏观性质不随时间变化的状态，该状态称为热力学平衡态或热平衡(thermal equilibrium)。

1. 热力学第零定律

热力学第零定律又称热平衡定律。该理论认为，如果两个热力学系统均与第三个热力学系统处于热平衡，那么它们也必定处于热平衡。可以认为，互为热平衡的两个系统的冷热程度相同。温度(temperature)就是表征物体冷热程度的物理量，它的特征就在于一切互为热平衡的物体都具有相同的温度数值。该定律的重要性在于它给出了温度的定义和温度的测量方法。该定律由于是在热力学第一定律和第二定律发现后才认识到其重要性，因此称为热力学第零定律。

2. 热力学第一定律

热力学第一定律是能量守恒与转化定律。该定律把能量定义为物质的一种属性。系统从外界吸收的热量 Q 等于系统内能(internal energy)的改变 ΔE 与系统对外界做功 A 之和，即

$$Q=\Delta E+A \tag{4.1}$$

式中　Q—— 系统吸收的热量；

ΔE—— 内能的变化；

A—— 对外界做功。

其微分形式为

$$\mathrm{d}Q=\mathrm{d}E+\mathrm{d}A \tag{4.2}$$

热力学第一定律本质上与能量守恒定律是等同的，是一个普适的定律，适用于宏观世界和微观世界的所有体系，适用于一切形式的能量。

3. 热力学第二定律

热力学第二定律表明，在自然状态下，热永远都只能由热处转到冷处。它是关于在有限空间和时间内，一切和热运动有关的物理、化学过程具有不可逆性的经验总结。热力学第二定律又称熵增加原理，表明在自然过程中，一个孤立系统的总混乱度不会减小。德国物理学家、数学家克劳修斯(Rudolf Julius Emanuel Clausius，1822—1888)提出了描述这一关系的数学表达式，即克劳修斯不等式(Clausius inequality)。他认为，对于不可逆(irreversible)等温过程，系统在温度为 T 时吸收热量 Q 的过程中，熵(entropy)的增加量大于系统吸收的热量与热力学温度之比；对于可逆(reversible)过程，熵的增加量等于该比值；合并上述情况可得

$$\mathrm{d}S\geqslant\frac{\mathrm{d}Q}{T} \tag{4.3}$$

式中　S—— 熵，其物理意义是系统混乱程度的量度，S 越大，则系统越稳定。

熵增加原理从统计的观点看，就是孤立系统内部发生的过程总是由热力学概率小的状态向热力学概率大的状态进行，因此，熵的玻耳兹曼统计解释可写成著名的玻耳兹曼熵方程，即

$$S=k_{\mathrm{B}}\ln W \tag{4.4}$$

式中　W—— 热力学概率，即一种宏观状态对应的微观状态数目；

k_{B}—— 玻耳兹曼常数。

玻耳兹曼方程是奥地利物理学家玻耳兹曼(Ludwig Edward Boltzmann，1844—1906)于1877年提出的。玻耳兹曼也被视为热力学和统计物理学的奠基人。玻耳兹曼熵方程是统计力学的一个基本关系式。其中，S 为宏观量，W 为微观量。所以，该方

程建立了宏观与微观间的联系，为由微观知识计算热力学函数开辟了道路。

根据式(4.4)，当状态由状态“1”变化到状态“2”时，系统的熵增量可以写成

$$\Delta S = S_2 - S_1 = k_B \ln W_2 - k_B \ln W_1 = k_B \ln \frac{W_2}{W_1} \tag{4.5}$$

对一个孤立系统发生的过程总是从微观状态数小的状态变化到大的状态，即 $S_2 \geqslant S_1$，也就是

$$\Delta S = S_2 - S_1 = k_B \ln \frac{W_2}{W_1} \geqslant 0 \tag{4.6}$$

因此，一个孤立系统(或绝热系统) 可能发生的过程，从统计的角度看，仍旧是熵增加或保持不变的过程。

4. 热力学第三定律

热力学第三定律又称绝对零度不能达到原理，即不可能用有限手段使一个物体冷却到绝对温度的零度。绝对零度时，所有纯物质的完美晶体的熵值为 0。第三定律在热力学中是根据实验事实总结出来的，但利用了量子态的不连续概念，可以从量子统计理论导出它的结论。

5. 热力学在材料研究中的作用

我们需要对热力学中常见的状态函数(state function) 进行解释。在一定的条件下，系统的性质不随时间而变化，其状态就是确定的，此时，用来表征系统这一状态的物理量就是状态函数。状态函数只对平衡状态的体系有确定值，其变化值只取决于系统的始态和终态，与中间变化过程无关。例如，温度、压力、体积、内能(internal energy，也叫热力学能)、焓 (enthalpy)、熵、吉布斯自由能 (Gibbs free energy)、亥姆霍兹自由能 (Helmholtz free energy) 等都是常见的状态函数。这些状态函数间相互关联、相互制约。

下面通过一个例子体会热力学在材料研究中的作用，并借此建立热力学常见物理量的概念和意义。

考虑一个系统，设其内能为 E，则其吉布斯自由能为

$$G = E + pV - TS \tag{4.7}$$

式中 p—— 压力；
V—— 体积；
T—— 温度。

由于焓 H 满足

$$H = E + PV \tag{4.8}$$

则吉布斯自由能又可以写为

$$G = H - TS \tag{4.9}$$

内能是指组成物体分子的无规则热运动动能(kinetic energy) 和分子间相互作用势能(potential energy) 的总和，当涉及化学反应时，内能也包括化学能(chemical energy)。焓是热力学中为便于研究等压过程而引入的一个状态函数，它在可逆等压过程中的增量表征热力学系统在此过程中所吸收的热量。在热力学第一定律中，若一个封闭

的热力学体系经历一个等压过程，则等压过程中体系吸收或放出的热就等于在此过程中体系的焓变，即 $\Delta H = Q_p$（下角标 p 表示恒压过程）。自由能（free energy）指的是在某一个热力学过程中，系统减少的内能中可以转化为对外做功的部分。吉布斯自由能是自由能的一种，它的变化可作为等温、等压过程中自发与平衡的判据。在等温等压反应中，如果吉布斯自由能为负，则正反应为自发，反之则逆反应为自发；如果为0，则反应处于平衡状态。这一关系是由美国数学物理学家、数学化学家吉布斯（Josiah Willard Gibbs，1839—1903）提出的。

结合热力学第一定律，吉布斯自由能可按全微分形式写出，则

$$dG = dQ + Vdp - TdS - SdT \tag{4.10}$$

根据热力学第二定律，对于可逆过程，$dQ = TdS$，则

$$dG = Vdp - SdT \tag{4.11}$$

根据式(4.8)，焓的全微分过程可写成

$$dH = TdS + Vdp \tag{4.12}$$

温度一定时，焓对体积的偏微分可写成

$$\left(\frac{\partial H}{\partial V}\right)_T = T\left(\frac{\partial S}{\partial V}\right)_T + V\left(\frac{\partial p}{\partial V}\right)_T \tag{4.13}$$

式中，下角标 T 表示恒温条件，以下其他参量类似的表示方式含义相同。

由于体积不变时，温度升高使压力增大，由麦克斯韦方程可知

$$\left(\frac{\partial S}{\partial V}\right)_T = \left(\frac{\partial p}{\partial T}\right)_V > 0 \tag{4.14}$$

式(4.14)表明，温度一定时，S 随 V 的增大而增加。也就是说，对同一种金属，温度相同时，疏排结构的 S 大于密排结构的 S。

对凝聚态来说，体积随温度的变化可以忽略，式(4.13)中，$V\left(\frac{\partial p}{\partial V}\right)_T \approx 0$。结合式(4.14)的结论可知，$\left(\frac{\partial H}{\partial V}\right)_T \approx T\left(\frac{\partial S}{\partial V}\right)_T > 0$。这一关系表明，温度一定时，$H$ 随体积的增大而增加。也就是说，对于同一种金属，温度相同时，疏排结构的 H 大于密排结构的 H。

由吉布斯自由能的表达式(4.9)可知：在低温时，TS 项的贡献很小，G 主要决定于 H 项。而疏排结构的焓 H 大于密排结构，此时疏排结构的 G 也大于密排结构，所以低温下密排相的 G 小，是稳定相。在高温时，TS 项的贡献很大，G 主要决定于 TS 项。而疏排结构的熵 S 大于密排结构的熵 S，此时疏排结构的 G 小于密排结构的 G。因而在高温下，疏排结构相是稳定相。

从上述讨论中可以看到，基于热力学相关状态函数的关系，可以判断材料状态出现的可能性。利用热力学的基本原理和方法，可以研究材料制备和使用过程中的物理变化和化学反应，获得相应的宏观规律，在材料研究中具有非常重要的意义。

4.1.2 材料热性能的物理本质

材料宏观上所表现的各种热性能，从本质上讲，均与晶格热振动（crystal lattice

thermal vibration) 有关。所谓的晶格热振动，就是指晶格点阵中的质点围绕平衡位置做微小振动。晶体内的原子并不是在各自的平衡位置上固定不动。由于热运动，各原子离开它们的平衡位置；由于原子间的相互作用，又有回到平衡位置的趋势。在这两个作用的影响下，每个原子在平衡位置附近做微小振动。晶格振动对晶体的热学性能有些是直接影响，例如，固体的热容、热膨胀、热传导等直接与晶格的振动有关。晶格热振动是晶态物质基本的运动形态之一。

下面借助《固体物理》中关于晶格振动的描述，简要介绍晶格振动，明确与本章内容有关的物理概念。

1. 一维单原子的振动

假设含有 N 个原子的一维单原子链构成一个简单晶格，如图 4.1 所示。每个原胞(primitive cell) 内含有一个原子，质量为 m。平衡时，相邻原子间距为 a，原子沿链方向做一维振动。对于原子链上的第 n 个原子，振动后偏离格点的位移用 u_n 表示。对于第 n 个原子相邻的第$(n-1)$ 原子和第$(n+1)$ 原子，振动后偏离格点的位移分别用 u_{n-1} 和 u_{n+1} 表示。其他原子依此类推。

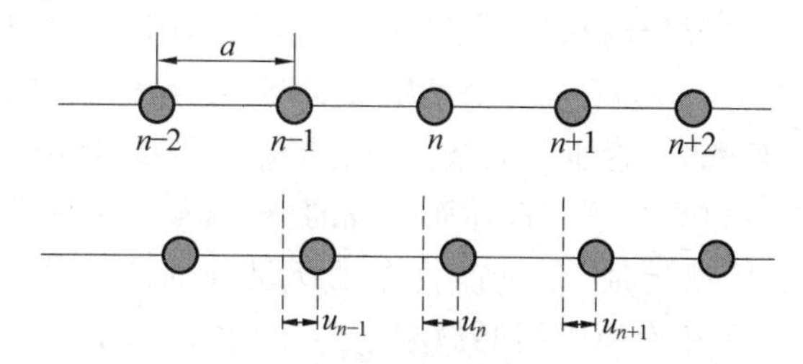

图 4.1 一维晶格振动模型示意图

假设原子间的作用力是和位移成正比、方向相反的弹性力，并且某一原子只与两个最近邻原子间有作用力。需要说明的是，这一假设实际上忽略了其他原子对目标原子的作用力，将问题简化。另外，作用力和位移呈正比关系，实际上是利用了简谐振动的基本特征，即简谐近似(harmonic approximation)，同样将问题得以简化。在此假设下，第 n 个原子受相邻第$(n+1)$ 个原子和第$(n-1)$ 个原子的作用力可分别表示为

$$F_{n,n+1}=-\beta(u_n-u_{n+1}) \tag{4.15}$$

$$F_{n-1,n}=-\beta(u_n-u_{n-1}) \tag{4.16}$$

考虑到两个力 $F_{n,n+1}$ 和 $F_{n-1,n}$ 方向相反，则第 n 个原子所受力的合力为

$$F_n=F_{n,n+1}+F_{n-1,n}=\beta(u_{n+1}+u_{n-1}-2u_n) \tag{4.17}$$

利用牛顿第二定律，式(4.17) 可以写成

$$m\frac{\mathrm{d}^2u_n}{\mathrm{d}t^2}=\beta(u_{n+1}+u_{n-1}-2u_n) \tag{4.18}$$

式(4.18) 实际表示的是晶格中某个原子的运动方程，若原子链有 N 个原子，则有 N 个方程，也就是说，式(4.18) 实际上代表着 N 个联立的线性齐次方程组，晶格中所有原子都做简谐振动。

方程式(4.18) 具有如下解的形式

$$u_n=A\mathrm{e}^{\mathrm{i}(\omega t-naq)} \tag{4.19}$$

式中　A—— 振幅；

ω—— 频率；

q—— 波矢。

根据玻恩－卡曼(Born－Von Karman) 周期性边界条件

$$u_n = u_{n+N} \tag{4.20}$$

满足这一边界条件时，必须有

$$e^{iqna} = 1 \tag{4.21}$$

也就是要求

$$q = \frac{2\pi}{na}l = \frac{2\pi}{N}l \tag{4.22}$$

式中　l—— 整数，可取 0，±1，±2，…。

由式(4.20)～(4.22) 可以看出，周期性边界条件决定了原子振动方程(4.19) 具有量子化特征，并且所有原子以相同频率和相同振幅振动。式(4.19) 实际表示，晶格中各个原子在振动时，相互之间都存在固定的相位关系。为了清楚地表示每个原子的位移情况，可将每个原子的位移情况绘制在与一维晶格垂直的方向上，即可得到一维晶格振动的具体相位关系，如图4.2所示。从图4.2中可以看到，在某一时刻t、某一频率ω、波矢q时，每个原子的位移实际已经确定，这也是晶格振动的特点，即在晶格中存在着角频率为ω的平面波。晶格中所有原子以相同频率振动而形成的波，或某一个原子在平衡位置附近的振动是以波的形式在晶体中传播，这种晶格振动所呈现的波的特征，称为格波(lattice wave)。一个格波的解表示所有原子同时做频率为ω的振动，不同原子之间有相位差。因此，晶格质点间的相互作用力使一个质点的振动引起相邻质点的振动。晶格振动以格波的形式在整个材料内传播。

将式(4.19) 代入式(4.18)，则可获得ω与q之间满足的关系为

$$\omega^2 = \frac{2\beta}{m}(1 - \cos qa) \tag{4.23}$$

$$\omega = 2\sqrt{\frac{\beta}{m}}\left|\sin\frac{1}{2}qa\right| \tag{4.24}$$

通常把振动频率ω和波矢q之间的关系式称为色散关系(dispersion relation)。图4.3为一维单原子链的$\omega - q$函数关系图。

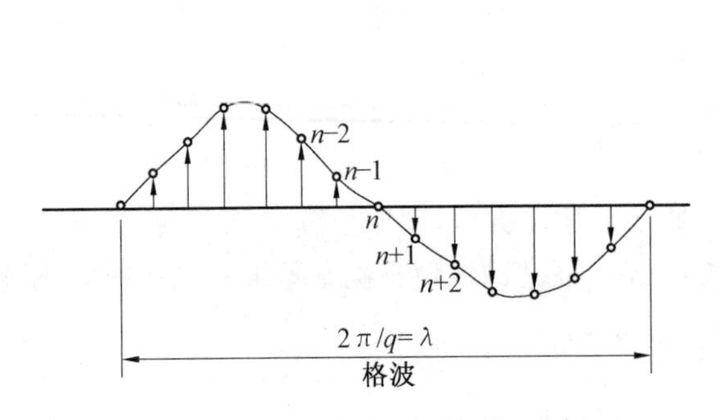

图 4.2　一维晶格振动的格波示意图

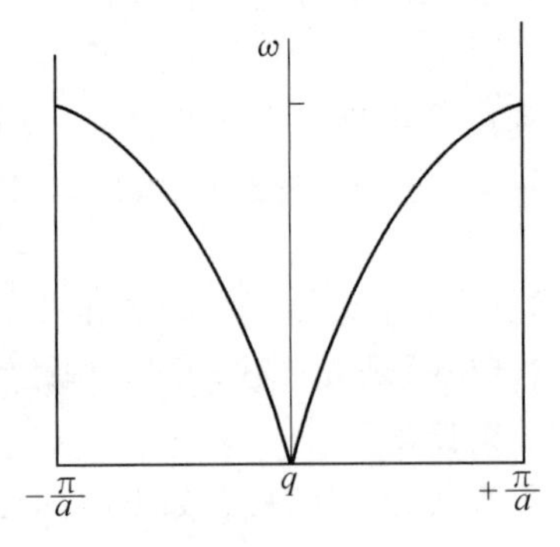

图 4.3　一维单原子链的$\omega - q$函数关系

2. 一维双原子的振动

假设含有$2N$个原子的一维双原子链构成一个复式简单晶格，如图4.4所示。每个原胞内含有两个不同的原子，质量分别为M和m。平衡时，相邻同种原子间距为$2a$，原子仍限制沿链方向做一维振动。偏离格点的位移用$\cdots, u_{2n-1}, u_{2n}, u_{2n+1}, \cdots$表示。

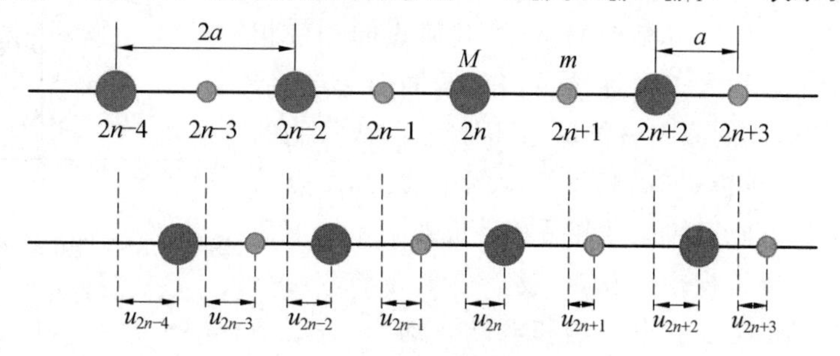

图4.4　一维双原子晶格振动模型示意图

类比一维单原子链的情况，仍旧假设只有相邻原子间存在相互作用，并在作用力和位移间取简谐近似，则得到原子的运动方程为

$$\begin{cases} M\dfrac{\mathrm{d}^2 u_{2n}}{\mathrm{d}t^2}=\beta(u_{2n+1}+u_{2n-1}-2u_{2n}) \\ m\dfrac{\mathrm{d}^2 u_{2n+1}}{\mathrm{d}t^2}=\beta(u_{2n+2}+u_{2n+1}-2u_{2n}) \end{cases} \tag{4.25}$$

这个方程组的格波解为

$$\begin{cases} 2u_{2n}=A\mathrm{e}^{\mathrm{i}(\omega t-2naq)} \\ 2u_{2n+1}=B\mathrm{e}^{\mathrm{i}[\omega t-(2n+1)aq]} \end{cases} \tag{4.26}$$

同样，格波的解仍旧呈量子化。把式(4.26)代入运动方程(4.25)，除去共同的指数因子，则

$$\begin{cases} (2\beta-m\omega^2)A-(2\beta\cos aq)B=0 \\ -(2\beta\cos aq)A+(2\beta-M\omega^2)B=0 \end{cases} \tag{4.27}$$

若要A、B有非0解，则式(4.27)的行列式必须等于0，即

$$\begin{vmatrix} 2\beta-m\omega^2 & -2\beta\cos aq \\ -2\beta\cos aq & 2\beta-M\omega^2 \end{vmatrix}=mM\omega^4-2\beta(m+M)\omega^2+4\beta^2\sin^2 aq=0 \tag{4.28}$$

式(4.28)可以看成关于ω^2的一元二次方程，该方程具有两个ω^2值，即

$$\omega^2=\begin{cases} \omega_+^2=\omega_+(q) \\ \omega_-^2=\omega_-(q) \end{cases}=\beta\frac{m+M}{mM}\left\{1\pm\left[1-\frac{4mM}{(m+M)^2}\cdot\sin^2 aq\right]^{\frac{1}{2}}\right\} \tag{4.29}$$

根据式(4.29)的结果，实际上频率ω^2与波矢q之间存在着两种不同的色散关系，即对一维复式晶格，可以存在两种独立的格波(一维简单晶格只存在一种格波)，各自的色散关系满足式(4.29)。将式(4.29)的频率ω与波矢q的关系绘制成曲线，如图4.5所示，属于ω_+的格波称为光频支(optical mode)，属于ω_-的格波称为声频支(acoustic mode)。

从式(4.29)中可以看到双原子复式晶格两种格波的振动频率，声频支格波(声学波)的频率总比光频支格波(光学波)的低。声频支格波振动频率低，可以用超声波来激发；光频支格波振动频率高，可以用红外光来激发。声频支和光频支的振动方式不同。其中，声学模式下原胞内原子振动方向相同，反映原子的整体运动；光学模式下原胞内原子振动方向相反，反映原子的相对运动。将这两种振动方式仿照一维单原子绘制出晶格的相位关系，则会得到两种振动方式，如图 4.6 所示。

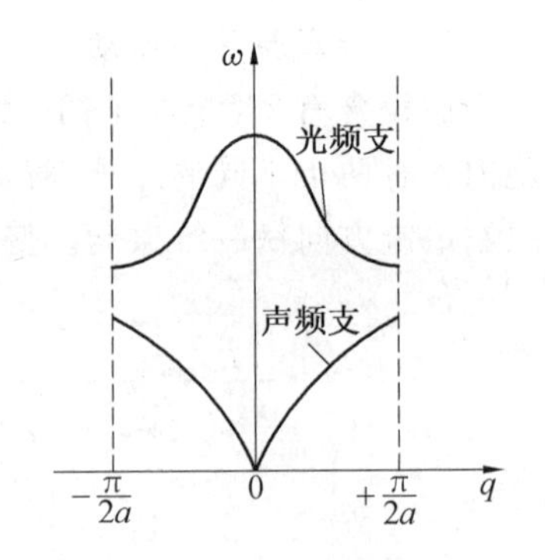

图 4.5　一维双原子模型中 ω 与 q 的关系

对于声学模式，低频下振动的格波，其质点间相位相差不大，格波的传播相当于弹性波。当离子同向运动时，相当于以弹性波形式的原胞整体运动，因此可代表原胞的整体运动。对于光学模式，高频下振动的格波，其质点间相位相差很大，邻近质点的运动几乎相反成对。不同电荷离子反向运动，造成偶极矩变化，即易产生电磁场。当与电磁波作用时，存在离子的电磁场和电磁波耦合，一定条

(a) 声频支，相邻原子具有相同的振动方向

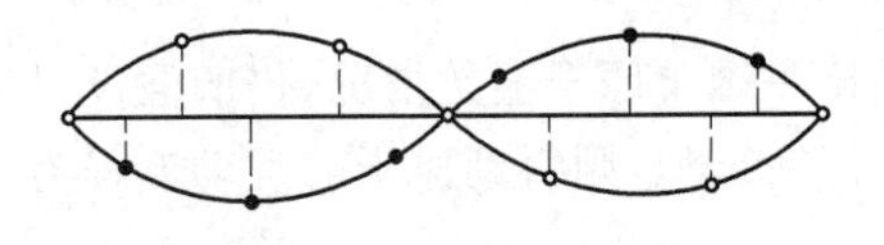

(b) 光频支，相邻原子振动方向相反

图 4.6　一维双原子点阵中的格波

件下易发生共振，即可能在红外区域产生电磁波吸收，从而影响光学性能。将格波能量的量子化单元称为声子(phonon)，而电磁波能量的量子化单元称为光子(photon)。

对于具有 N 个质点构成的晶体，各质点热运动时动能的总和就是该物体的热量，即

$$\sum_{i=1}^{N}(\text{动能})_i = \text{热量}$$

温度升高时，晶格振动的频率和振幅均加大。因此，关注晶体内各质点的动能，实际上可从微观角度解释和分析材料宏观上所表现出的各种热学特性。

4.2　材料的热容

4.2.1　热容及物理意义

在一定过程中，质量为 m 的物体，在没有相变或化学反应的条件下，温度 T 升高(或降低)1 K 所吸收(或放出)的热量 Q，即

$$Q = \bar{c} \cdot m \cdot \Delta T \tag{4.30}$$

式中　$\bar{c}$——比热容(specific heat capacity)，表示单位质量的物体温度升高 1 K 所需的热量。

关于材料热容的描述方式有很多。式(4.30)描述的是单位质量的热容，称为质量热容，简称比热容。如果单位质量为 1 kg，则其比热容单位是 J/(kg·K)或 kJ/(kg·K)；如果单位质量为 1 g，则其比热容单位是 J/(g·K)。工程上还用物质从温度 T_1 到 T_2 所吸收的热量的平均值表示物质的平均热容，即

$$c_{平均}=\frac{Q}{T_2-T_1} \tag{4.31}$$

平均热容 $c_{平均}$ 对热容的描述比较粗糙，且 $T_1 \sim T_2$ 的范围越宽，精度越差。

如果质量为 m 的物质，当温度为 T 时，在一个非常小的温度变化范围内引起热量变化，则所描述的该物质的热容为

$$c=\frac{1}{m}\cdot\frac{\mathrm{d}Q}{\mathrm{d}T} \tag{4.32}$$

式中 c—— 真实质量热容。

对于固体材料的研究，摩尔热容(molar heat capacity) 也是经常使用的。在没有相变和化学反应的条件下，1 mol 的物质温度升高 1 K 所需的热量称为摩尔热容，单位是 J/(mol · K)。物质摩尔热容的描述方式与其热过程有关。如果热过程是在恒压下进行的，所测得的摩尔热容称为摩尔定压热容(molar heat capacity at constant pressure)；如果热过程是在恒定体积下进行的，所测得的摩尔热容称为摩尔定容热容(molar heat capacity under constant volume)。这两个物理量的函数关系为

$$C_{p,\mathrm{m}}=\left(\frac{\partial Q}{\partial T}\right)_p=\left(\frac{\partial H}{\partial T}\right)_p \tag{4.33}$$

$$C_{V,\mathrm{m}}=\left(\frac{\partial Q}{\partial T}\right)_V=\left(\frac{\partial E}{\partial T}\right)_V \tag{4.34}$$

式中 $C_{p,\mathrm{m}}$—— 摩尔定压热容；

$C_{V,\mathrm{m}}$—— 摩尔定容热容；

H—— 焓；

E—— 内能。

对于固体材料，由于定容过程不对外做功，根据热力学第一定律可知，此时系统吸收(或放出) 的热量实际反映的是系统内能的变化。定压过程中，系统吸收(或放出) 的热量除了引起内能变化以外，还会造成系统对外界做功，也就是温度每升高(或降低)1 K 需要吸收(或放出) 更多的热量，因此，$C_{p,\mathrm{m}} > C_{V,\mathrm{m}}$。

根据热力学第二定律可以推出，$C_{p,\mathrm{m}}$ 和 $C_{V,\mathrm{m}}$ 之间满足一定的关系，即

$$C_{p,\mathrm{m}}-C_{V,\mathrm{m}}=\frac{\beta^2 V_{\mathrm{m}} T}{k} \tag{4.35}$$

式中 β—— 体积膨胀系数，满足关系：$\beta=\frac{1}{V}\cdot\frac{\mathrm{d}V}{\mathrm{d}T}$；

V_{m}—— 摩尔体积；

k—— 体积压缩率，满足关系：$k=-\frac{1}{V}\cdot\frac{\mathrm{d}V}{\mathrm{d}p}$。

从式(4.33) 和式(4.34) 可以看出，定压和定容两种热过程所反映的热容情况不同。定容过程，物体的热量变化实际就是内能的变化，也就是取决于物体内质点热运动的变化情况。因此，基于定容热容讨论物质的微观热运动情况具有很强的理论意义。但在测量中，由于定容过程很难实现，因此定容热容很难直接测量，只能作为一个理论值存在。对于定压热容而言，通过实验可以比较方便地测得物质的热焓，从而获得定压热容的实验值。但定压热容除反映物质微观热运动的情况以外，还存在对外做功，这对直接分析物质

的微观热运动造成困难。因此,对于易于实验测定的定压热容和便于理论分析的定容热容,可借助式(4.35)方便地实现两者间的换算。也就是说,在实验中,我们测定的热容值实际是定压热容,而进行理论分析时则用定容热容的概念。

对于凝聚态(condensed state)物质而言,热过程中由于体积变化不大,通常可以忽略,因此,$C_{p,\mathrm{m}}$ 和 $C_{V,\mathrm{m}}$ 之间的差异也可以忽略。但高温时,这两者间的差异就增大了,如图 4.7 所示。

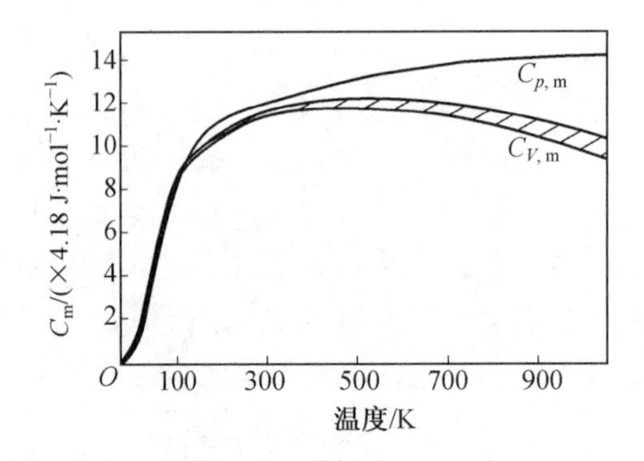

图 4.7　NaCl 的摩尔热容与温度之间的关系

4.2.2　晶态固体热容的实验规律及理论

实验表明,晶态固体元素摩尔热容随温度的变化有如图 4.8 所示的规律。

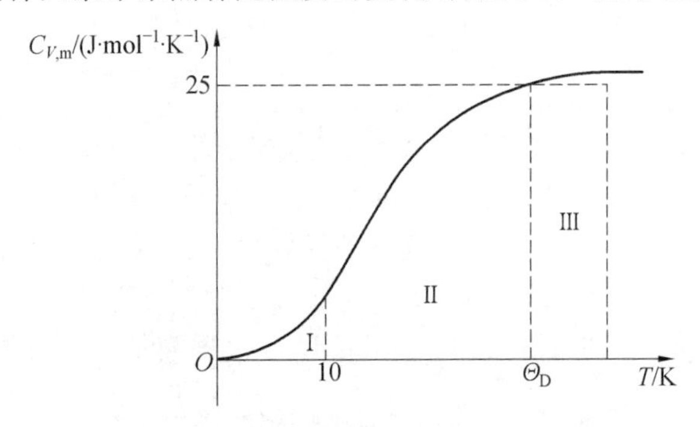

图 4.8　固体材料热容随温度变化的实验特征曲线

通常,把图 4.8 所反映的固体材料热容随温度变化实验特征曲线分成 3 个阶段。所有元素在高于某一特征温度 Θ_D 后(曲线第 Ⅲ 阶段),其摩尔热容接近于一个常数,即 25 J/(mol·K)。这一特征温度 Θ_D 称为德拜温度(Debye temperature)。低于 Θ_D 温度(曲线第 Ⅱ 阶段),$C_{V,\mathrm{m}}$ 与温度的三次方成正比,即满足 $C_{V,\mathrm{m}} \propto T^3$,热容随温度降低而急剧下降。温度降至约 10 K 以下时(曲线第 Ⅰ 阶段),$C_{V,\mathrm{m}}$ 与温度 T 成正比地趋于 0。

根据热容的定义,物质的热容实际反映的是单位质量和温度变化条件下物质吸收或放出热量的能力。从微观上讲,这一能力可由以下几个方面决定:① 晶格振动能,即原子围绕点阵位置以一定的振幅和频率振动,温度升高引起振动频率和振幅增大,导致晶格振动能增大;② 电子运动能;③ 具有转动自由度的分子转动的贡献;④ 原子位置改变所引起的内能增加,如无序化改变、形成缺陷及结构改变等。通常,进行热容计算时,只考虑晶格振动能和电子运动能对热容的贡献，只是在不同的温度下，它们的贡献权重不同。下面通过介绍热容理论，给出热容随温度变化关系的理论解释。

1. 经典热容理论

经典热容理论是把理想气体热容理论应用于固态晶体材料。其基本假设是将晶态固体中的原子看成是彼此孤立地做热振动，并认为原子振动的能量是连续的，这样就把晶态固体原子的热振动近似地看作与气体分子的热运动相类似。

根据经典理论，内能主要是晶格振动的结果（未考虑电子运动能量），能量按自由度均分原理，1 mol 固体中，所有原子振动时具有的总能量为

$$E=3N_A(\bar{E}_{动能}+\bar{E}_{势能})=3N_A\left(\frac{1}{2}k_BT+\frac{1}{2}k_BT\right)=3N_Ak_BT=3RT \tag{4.36}$$

式中　3——3 个自由度；

$\bar{E}_{动能}$，$\bar{E}_{势能}$——原子每一振动自由度的平均动能和平均势能，其数值均为$\frac{1}{2}k_BT$；

R——普氏气体常数，$R=8.314$ J/(mol·K)。

根据固体的比定容热容定义，即

$$C_{V,m}=\left(\frac{\partial E}{\partial T}\right)_V=3N_Ak_B=3R=24.91\approx 25 \tag{4.37}$$

式(4.37)说明，经典理论认为固体的热容是一个与温度无关的常数，其数值近似于 25 J/(mol·K)，称为元素的热容经验定律，或杜隆－珀替定律(Dulong－Petit law)。该理论是 1819 年法国物理和化学家杜隆(Pierre Louis Dulong，1785—1838)和法国物理学家珀替(Alexis Thérèse Petit，1791—1820)通过测定许多单质的比热容之后发现的。比热容和原子量的乘积就是 1 mol 原子温度升高 1 K 时所需的热量，称为原子热容，所以这个定律也称原子热容定律，即“大多数固态单质的原子热容几乎都相等”。对于双原子构成的固体化合物，其 1 mol 中的原子数为 $2N_A$，则其摩尔定容热容 $C_{V,m}=2\times 25=50$ J/(mol·K)。对于三原子的固态化合物的摩尔热容，则其摩尔定容热容 $C_{V,m}=3\times 25=75$ J/(mol·K)。其余依此类推。表 4.1 给出了一些金属的摩尔热容数据。

表 4.1　一些金属的摩尔热容

金属	T/℃	$C_{p,m}$ /(J·mol^{-1}·K^{-1})	$C_{V,m}$ /(J·mol^{-1}·K^{-1})	金属	T/℃	$C_{p,m}$ /(J·mol^{-1}·K^{-1})	$C_{V,m}$ /(J·mol^{-1}·K^{-1})
Cu	20	24.3	23.7	Cu	500	28.1	26.0
Cu	1 000	31.4	27.2	Ag	20	25.1	24.1
Ag	500	28.1	25.1	Ag	900	30.6	25.5
Au	20	25.7	24.3	Au	500	28.1	25.1
Au	1 000	31.0	25.5	Pt	20	25.5	24.9
Pt	500	28.5	26.8	Pt	1 600	31.2	27.8
Pb	20	26.6	24.7	Pb	500	26.4	26.8
Pb	—	—	—				

杜隆－珀替定律在高温时与实验结果很吻合。但在低温时，$C_{V,m}$ 的实验值并不是一个恒量，反映出杜隆－珀替定律具有一定的局限性。该定律不能说明高温时不同温度下热容的微小差别；不能说明低温下，热容随温度的降低而减小的实验结果。造成这一局限性的原因主要是利用经典理论作为解释热容的理论基础，把原子的振动能看成是连续的，模型过于简单。而实际原子的振动能是不连续的，是量子化的。

2. 晶态固体热容的量子理论

普朗克提出振子能量的量子化理论之后，量子理论认为质点的能量都是以 ω 为最小单位计算的，这一最小的能量单位称为量子能阶。由于此处考虑的是晶体晶格中原子的振动，因此，此时原子振动的能量最小化单元称为声子。根据量子理论，振子受热激发所占的能级是分立的，它的能级在0 K时为$\frac{1}{2}\hbar\omega$，称为零点能(zero point energy)。之后，依次的能级是每隔 $\hbar\omega$ 升高一级，某一能级上的能量大小是 $\hbar\omega$ 的倍数，因此，振子的振动能量为

$$E_n = \frac{1}{2}\hbar\omega + n\hbar\omega \tag{4.38}$$

式中　E_n—— 角频率是 ω 的振子振动能；

n—— 声子量子数(整数)，$n = 0, 1, 2, \cdots$；

$\frac{1}{2}\hbar\omega$—— 零点能，一般可忽略。

振子在不同能级的分布服从玻耳兹曼能量分布规律。根据玻耳兹曼能量分布规律，振子具有能量为 $E_n = n\hbar\omega$ 的振子数目正比于 $\exp\left(\frac{-n\hbar\omega}{k_B T}\right)$。

因此，在温度为 T K时，以频率 ω 振动的一个振子的平均能量为

$$\bar{E}_0 = \frac{\sum_{n=0}^{\infty} n\hbar\omega\left[\exp\left(\frac{-n\hbar\omega}{k_B T}\right)\right]}{\sum_{n=0}^{\infty}\left[\exp\left(\frac{-n\hbar\omega}{k_B T}\right)\right]} \tag{4.39}$$

将式(4.39)化简可得

$$\bar{E}_0 = \frac{\hbar\omega}{\exp\left(\frac{\hbar\omega}{k_B T}\right) - 1} \tag{4.40}$$

在高温时，$k_B T \gg \hbar\omega$，则 $\exp\left(\frac{\hbar\omega}{k_B T}\right) \approx 1 + \frac{\hbar\omega}{k_B T}$，因此

$$\bar{E}_0 = k_B T \tag{4.41}$$

式(4.41)说明，每个振子单向振动的总能量与经典理论一样。如果1 mol物质，其每个原子有3个自由度，每个自由度都认为是一个振子在振动，则1 mol该物质的摩尔热容为

$$C_{V,m} = \left(\frac{\partial E}{\partial T}\right)_V = \left[\frac{\partial}{\partial T}(3N_A \cdot \bar{E}_0)\right]_V = 3N_A k_B = 3R = 24.91 \approx 25\ \text{J/(mol} \cdot \text{K)} \tag{4.42}$$

已知以频率ω振动的一个振子的平均能量满足式(4.39)，根据上述有关声子的定义，则在温度为T时的平均声子数为

$$n_{aV}=\frac{\bar{E}_0}{\hbar\omega}=\frac{1}{\exp\left(\frac{\hbar\omega}{k_B T}\right)-1} \tag{4.43}$$

式(4.43)说明，受热晶体的温度升高，实质上是晶体中热激发出声子的数目增加。

实际上，在晶体中，原子的振动是以不同频率格波叠加起来的合波。晶体中的振子不止一种，振动频率也不唯一，而是一个频谱。由于1 mol固体中有N_A个原子，每个原子的热振动自由度是3，所以1 mol固体的振动可看作$3N_A$个振子的合成运动，则1 mol固体的平均能量为

$$\bar{E}=\sum_{i=1}^{3N_A}\frac{\hbar\omega_i}{\exp\left(\frac{\hbar\omega_i}{k_B T}\right)-1} \tag{4.44}$$

式中 $\bar{E}$——1 mol固体的平均能量。

根据热容的定义，此时1 mol固体的摩尔热容为

$$C_{V,m}=\left(\frac{\partial\bar{E}}{\partial T}\right)_V=\sum_{i=1}^{3N_A}k_B\left(\frac{\hbar\omega_i}{k_B T}\right)^2\cdot\frac{\exp\left(\frac{\hbar\omega_i}{k_B T}\right)}{\left[\exp\left(\frac{\hbar\omega_i}{k_B T}\right)-1\right]^2} \tag{4.45}$$

式(4.45)即为按照量子理论计算得到的热容表达式。

从上述讨论可知，物质的热容实际上反映的是晶体受热后激发出的格波与温度的关系。对于N个原子构成的晶体，在热振动时形成$3N$个振子，各个振子的频率不同，激发出的声子能量也不同。温度升高，原子振动的振幅增大，该频率的声子数目也随之增大。温度升高，在宏观上表现为吸热或放热，实质上是各个频率声子数发生变化。由式(4.45)可知，如果要精确计算得到物质的热容，则必须知道振子的频谱，这是一个非常困难的事情。因此，通常人为创造相应的假设条件来简化这一关系，即得到爱因斯坦模型和德拜模型。

3. 爱因斯坦热容理论

爱因斯坦在固体热容理论中引入点阵振动能量量子化的概念，提出的假设是：晶体点阵中的原子做相互无关的独立振动，振动能量是量子化的，且所有原子振动频率ω都相同。在这样的假设下，1 mol固体的平均能量$\bar{E}$，即式(4.44)，可简化成

$$\bar{E}=3N_A\cdot\frac{\hbar\omega}{\exp\left(\frac{\hbar\omega}{k_B T}\right)-1} \tag{4.46}$$

因此，根据热容的定义可得

$$C_{V,m}=\left(\frac{\partial\bar{E}}{\partial T}\right)_V=3N_A\cdot k_B\left(\frac{\hbar\omega}{k_B T}\right)^2\cdot\frac{\exp\left(\frac{\hbar\omega}{k_B T}\right)}{\left[\exp\left(\frac{\hbar\omega}{k_B T}\right)-1\right]^2} \tag{4.47}$$

令 $\Theta_E=\dfrac{\hbar\omega}{k_B}$，则式(4.47)可以写成

$$C_{V,m}=3N_A\cdot k_B\left(\frac{\Theta_E}{T}\right)^2\frac{\exp\left(\frac{\Theta_E}{T}\right)}{\left[\exp\left(\frac{\Theta_E}{T}\right)-1\right]^2}=3Rf_E\left(\frac{\Theta_E}{T}\right)\qquad(4.48)$$

式中　Θ_E—— 爱因斯坦温度；

$f_E\left(\frac{\Theta_E}{T}\right)$—— 爱因斯坦比热函数。

选取合适的频率 ω 可以使理论值与实验值吻合得很好。图4.9给出了爱因斯坦热容理论曲线与实验曲线的对比结果。

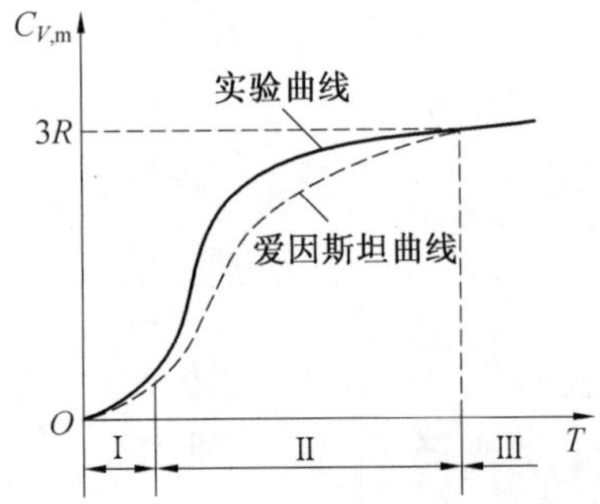

图4.9　爱因斯坦热容理论曲线与实验曲线的对比

从图4.9中可以看出，爱因斯坦热容理论曲线与实验曲线均可分成3个区域。

在高温范围内(第 Ⅲ 区)，当温度 $T\gg\Theta_E$ 时，$\exp\left(\frac{\Theta_E}{T}\right)\approx 1+\frac{\Theta_E}{T}$，则

$$C_{V,m}=3R\left(1+\frac{\Theta_E}{T}\right)\approx 3R\qquad(4.49)$$

这一结论与杜隆－珀替定律一致。

当 T 趋于0时(第 Ⅰ 区)，$C_{V,m}$ 也趋于0。

在低温范围内(第 Ⅱ 区)，当温度 $T\ll\Theta_E$ 时，可得

$$C_{V,m}=3R\left(\frac{\Theta_E}{T}\right)^2\exp\left(-\frac{\Theta_E}{T}\right)\qquad(4.50)$$

这一结论说明，$C_{V,m}$ 值按指数规律随温度 T 变化而变化，与从实验中得出的按 T^3 变化的规律相似，但比 T^3 更快地趋近于0，与实验值相差较大。第 Ⅱ 区内理论值较实验值下降过快，主要是由于模型与实际之间存在不应忽视的偏差。实际上，振子的振动是非孤立的，振子振动间存在耦合作用，且频率连续分布。爱因斯坦模型的假设过于简化，将这一偏差忽略掉了。

4. 德拜热容理论

1912年，美籍荷兰裔物理学家德拜(Peter Joseph William Debye，1884—1966)对爱因斯坦热容理论进行了补充和修正。德拜因在X射线衍射和分子偶极矩理论方面的贡献，于1936年获得诺贝尔化学奖。

在热容理论方面，简单来说，德拜模型考虑了晶体中点阵间的相互作用以及原子振动的频率范围。由这一假设可以得到德拜热容的表达式为

$$C_{V,m}=3R\left[12\left(\frac{T}{\Theta_D}\right)^3\int_0^{\frac{\Theta_D}{T}}\frac{x^3}{e^x-1}dx-\frac{3\cdot\frac{\Theta_D}{T}}{\exp\left(\frac{\Theta_D}{T}\right)-1}\right]=3Rf_D\left(\frac{\Theta_D}{T}\right)\qquad(4.51)$$

式中　Θ_D—— 德拜特征温度，满足关系 $\Theta_D=\dfrac{\hbar\omega_m}{k_B}\approx 0.76\times10^{-11}\omega_m$；

ω_m—— 晶格节点最高热振动频率；

x——$x=\dfrac{\omega}{k_B T}$；

$f_D\left(\dfrac{\Theta_D}{T}\right)$—— 德拜比热函数。

图 4.10 给出了德拜热容理论曲线与实验曲线的对比结果。从图 4.10 中可以看出，德拜热容理论曲线与实验曲线仍然可分成 3 个区域。

当 $T \gg \Theta_D$（第 Ⅲ 区）时，$e^x \approx 1+x$，即

$$C_{V,m}=3R\left[12\left(\frac{T}{\Theta_D}\right)^3 \cdot \frac{1}{3}\left(\frac{\Theta_D}{T}\right)^3-3\right]=3R \tag{4.52}$$

这一结果与杜隆－珀替定律一致。

当 $T \ll \Theta_D$（第 Ⅱ 区）时

$$C_{V,m} \approx \frac{12\pi^4 R}{5}\left(\frac{T}{\Theta_D}\right)^3 \tag{4.53}$$

式(4.53) 实际反映出 $C_{V,m} \propto T^3$，这就是著名的德拜三次方定律。它与实验结果符合得很好，温度越低，近似越好。

当 T 趋于 0（第 Ⅰ 区）时，$C_{V,m}$ 也趋于 0。但按德拜理论计算的热容值比实验值更快地趋近于 0。这是由于德拜理论只考虑了晶格振动对热容的贡献，而忽略了在极低温度时自由电子对热容的贡献。

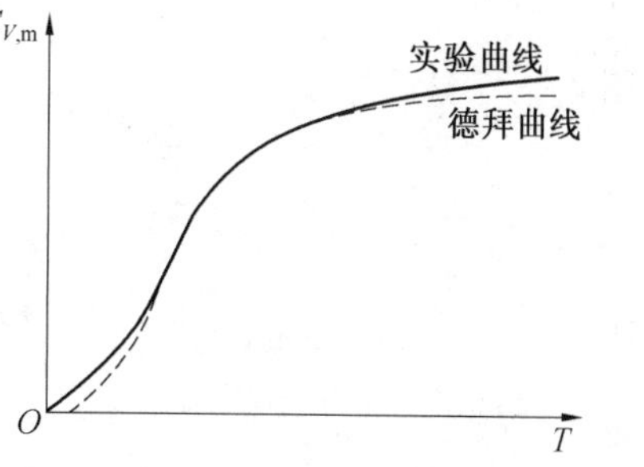

图 4.10 德拜模型理论值与实验值的对比

经上述分析可知，德拜热容理论在很宽的温度区间内与实际规律一致。但是由于德拜把晶体看成连续介质，这对于原子振动频率较高的部分不适用，故德拜理论对一些化合物的热容计算与实验不符。

4.2.3 影响热容的因素

1. 金属的热容

金属与其他固体的重要差别之一是其内部存在大量的自由电子，自由电子对热容的贡献造成了金属和合金的热容的特殊性。

由式(1.85)，已知电子的平均能量表达关系

$$\bar{E}=\frac{3}{5}E_F^0\left[1+\frac{5\pi^2}{12}\left(\frac{k_B T}{E_F^0}\right)^2\right]$$

根据热容的定义，则电子的摩尔定容热容为

$$C_{V,m}^e=\left(\frac{\partial \bar{E}}{\partial T}\right)_V=Z \cdot R \cdot \frac{\pi^2}{2} \cdot \frac{k_B T}{E_F^0} \tag{4.54}$$

式中 Z—— 金属原子的化合价；

R—— 摩尔气体常数；

E_F^0——0 K 时金属的费米能。

式(4.54)表明,电子的摩尔定容热容 $C_{V,m}^{e}$ 与温度 T 之间满足一次方正比关系。结合上述德拜热容的三次方定律,金属的摩尔定容热容实际由两部分组成,即原子振动对热容的贡献和自由电子对热容的贡献。因此,金属的摩尔定容热容一般满足如下关系,即

$$C_{V,m}=C_{V,m}^{A}+C_{V,m}^{e}=AT^{3}+BT \tag{4.55}$$

式中 $C_{V,m}^{A}$—— 德拜理论计算的原子热容部分,满足关系:$C_{V,m}^{A}=AT^{3}$;

$C_{V,m}^{e}$—— 电子热容,满足关系:$C_{V,m}^{e}=BT$;

A,B—— 比例常数。

在一般温度区,通常 $C_{V,m}^{e}$ 可忽略不计,此时,金属的摩尔定容热容满足三次方定律,即 $C_{V,m}^{A}\propto T^{3}$。在极低温区,原子热振动很弱,金属的热容以电子贡献为主,因此,满足一次方定律,即 $C_{V,m}^{e}\propto T$。在高温区,当电子和原子振动对热容的贡献均起作用时,则满足式(4.55)的关系。

在金属的热容结论中,常数 A 实际包含和金属本性有关的两个参数,即德拜温度 Θ_{D} 和最大特征频率 ω_{m}。根据德拜温度 Θ_{D} 的定义:$\Theta_{D}=\dfrac{\hbar\omega_{m}}{k_{B}}=\dfrac{h\nu_{m}}{k_{B}}$,即 $\nu_{m}=2\pi\omega_{m}$,表示最大特征线频率。

ν_{m} 可由经验公式求出,即

$$\nu_{m}=2.8\times10^{12}\sqrt{\frac{T_{m}}{mV_{a}^{\frac{2}{3}}}} \tag{4.56}$$

式中 T_{m}—— 金属的熔点(melting point);

V_{a}—— 原子体积;

m—— 相对原子量。

式(4.56)是由英国物理学家林德曼(Frederick Alexander Lindemann,1886—1957)提出的,可用于预测物质的熔点,也称为林德曼公式或林德曼准则(Lindemann's criterion)。

将式(4.56)代入德拜温度 Θ_{D} 的定义,可得

$$\Theta_{D}=\frac{h\nu_{m}}{k_{B}}=137\sqrt{\frac{T_{m}}{mV_{a}^{\frac{2}{3}}}} \tag{4.57}$$

物质的熔点 T_{m} 表示在一定压力下,纯物质的固态和液态呈平衡时的温度。这一数值是物质由固态向液态转变时的临界值。实际上,T_{m} 的高低从微观上可看成原子间抵抗外界作用的能力,即 T_{m} 越高,则外界需要提供越高的能量才足以破坏物质固态时原子间的结合。因此,T_{m} 可用于表示原子间的结合力。根据式(4.56)和式(4.57),T_{m} 与 ν_{m} 和 Θ_{D} 具有一定的函数关系,所以,ν_{m} 和 Θ_{D} 也都在一定程度上可表示原子间结合力的大小。T_{m} 越高,ν_{m} 和 Θ_{D} 也越大,原子间结合力越强。因此,选择高温材料时,Θ_{D} 是需要考虑的参数之一。表 4.2 给出了部分金属物质的德拜温度。

表 4.2 金属的德拜温度 K

金属	Θ_D	金属	Θ_D	金属	Θ_D	金属	Θ_D
Na	150	Cd	172	Pd	278	Sn	260
K	100	Hg	96	Al	390	Pb	88
Cu	315	Cr	485	Ga	125	Sb	140
Ag	215	Mn	350	In	100	Bi	100
Au	170	Fe	420	Tl	100	Ta	345
Be	1 000	Co	385	La	150	W	310
Mg	290	Ni	385	Ti	350	Re	300
Ca	230	Mo	380	Zt	280	Os	250
St	170	Ru	400	Hf	213	Jr	275
Zn	250	Rh	370	Ga	290	Pt	225

2. 合金的热容

合金的热容取决于组成元素的性质。合金的摩尔定压热容 $C_{p,m}$ 是每个组成元素的摩尔定压热容与其原子分数(atomic fraction)的乘积之和，符合奈曼－考普定律(Neumann-Kopp law)，即

$$C_{p,m} = X_1 C_{p,m1} + X_2 C_{p,m2} + \cdots + X_n C_{p,mn} = \sum_{i=1}^{n} X_i C_{p,mi} \tag{4.58}$$

式中 X_i—— 第 i 种元素的原子分数；

$C_{p,mi}$—— 第 i 种元素的摩尔定压热容。

奈曼－考普定律是由德国物理学家奈曼(Franz Ernst Neumann，1798—1895) 和德国化学家考普(Hermann Franz Moritz Kopp，1817—1892) 共同提出的。

对二元固溶体合金来说，根据奈曼－考普定律，其热容满足

$$C_{p,m} = X_1 C_{p,m1} + X_2 C_{p,m2} \tag{4.59}$$

除了合金以外，奈曼－考普定律还可用于计算化合物的热容，即化合物的摩尔热容等于各组成元素的摩尔分数与摩尔定压热容乘积之和，即

$$C_{p,m} = \sum_{i=1}^{n} x_i C_{p,mi} \tag{4.60}$$

式中 x_i—— 化合物第 i 组成元素的摩尔分数；

$C_{p,mi}$—— 化合物第 i 组成元素的摩尔定压热容。

多相复合材料的质量热容 c 也具有类似的公式，即

$$c = \sum_{i=1}^{n} w_i c_i \tag{4.61}$$

式中 w_i—— 多相复合材料第 i 相的质量分数；

c_i—— 多相复合材料第 i 相的质量热容。

奈曼－考普定律是热容理论计算中非常重要和有用的公式，可应用于固溶体、化合

物、多相混合组织等，并且在高温区准确，但不适用于低温条件（$T < \Theta_D$）或铁磁性合金。

3. 无机材料的热容

无机材料主要由离子键和共价键组成，室温下几乎无自由电子，所以热容与温度的关系更符合德拜模型。不同陶瓷热容的差别均反映在低温区域，高温区符合奈曼－考普定律。图 4.11 给出了某些陶瓷材料不同温度下的摩尔定压热容。从图 4.11 中可以看到，这些陶瓷材料的热容曲线与上述德拜热容理论曲线相似，并且高温时，摩尔定压热容趋于常数 25 J/(mol·K)。

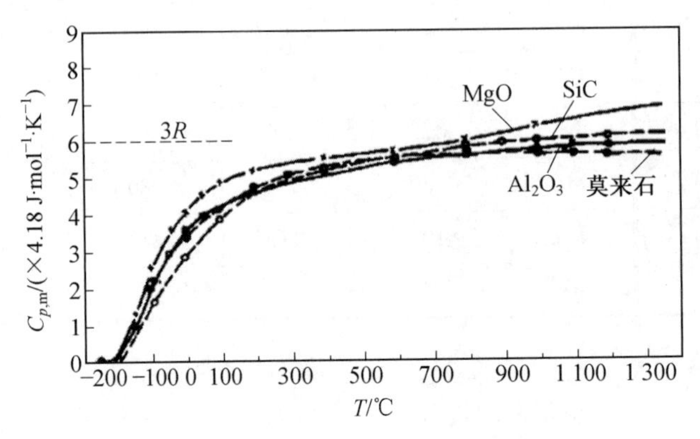

图 4.11　某些陶瓷材料的不同温度下摩尔定压热容

无机材料的摩尔定压热容 $C_{p,m}$ 与温度 T 的关系可由实验精确测定。对大多数材料的实验结果进行整理，发现其均具有类似的经验公式：

$$C_{p,m} = a + bT + cT^{-2} + \cdots \tag{4.62}$$

式中　a、b、c—— 与材料有关的常数，在一定范围内某些材料的这些常数可通过相关资料给出。

4. 相变时的热容变化

上述讨论的热容的影响因素均限定在材料未发生相变的范围内。一旦材料发生相变，则相应的热容变化规律将发生变化。这是由于在发生相变时，例如金属或合金，一般要产生一定的热效应，出现热量的不连续变化，使其热焓和热容出现异常的变化。

从广义上讲，构成物质的原子(或分子) 的聚合状态(相状态) 发生变化的过程称为相变。相变时，新旧两相的化学势 μ 相等，但化学势的一级偏微商不等的相变称为一级相变。而相变时，新旧两相的化学势 μ 相等，化学势的一级偏微商相等，但化学势的二级偏微商不等的相变称为二级相变。这里，化学势 μ 是指偏摩尔吉布斯(Gibbs) 函数。对物质 B 而言，其化学势为 μ_B 定义为

$$\mu_B = \left(\frac{\partial G}{\partial n_B}\right)_{T,p,n_C,\cdots} \tag{4.63}$$

式中　G—— 吉布斯函数；

n_B—— 物质 B 的物质的量。

这里，μ_B 的意义是在等温、等压且除物质 B 以外的其他物质的量不变的情况下，往一巨大均相系统中单独加入 1 mol 物质 B 时，系统吉布斯函数的变化。根据热力学关系，化学势某级偏微商实际对应着某一具体的热力学参量，根据化学势的某级偏微商相变前后

是否发生变化的具体关系，即可知某一具体热力学参量在相变前后是否发生变化。具体严格的热力学表达关系可参阅相关书籍。

接下来，主要根据相变前后的发生现象进行相变级数的区分，主要将固态相变分成一级相变和二级相变。

(1) 一级相变。

热力学分析证明，一级相变(first-order phase transition)通常在恒温下发生，除有体积突变外，还伴随相变潜热(latent heat)的发生。图 4.12 给出了金属熔化时热焓与温度的关系。从图 4.12 中可以看到，定压条件下，在较低温度时，随着温度的升高，所需热量缓慢增加，以后逐渐加快。当温度到熔点(T_m)时，热量几乎呈直线上升。当热量上升不再呈直线后，温度超越熔点，所需热量的增加又变得较为缓慢。

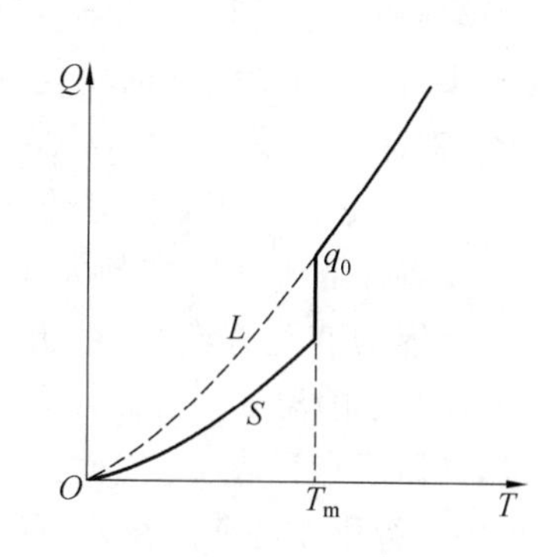

图 4.12 金属熔化时热焓与温度的关系

一级相变发生时，有体积变化的同时有热量的吸收或释放。一级相变通常在恒温下发生，如图 4.13(a) 所示。定压条件下，加热到临界点 T_C 时，热焓曲线出现跃变，几乎在恒温下呈直线上升。根据热容的定义可知，对于定压下的一级相变，热焓对温度的一阶导数在临界点 T_C 附近将趋于无穷大，即发生了热容曲线的不连续变化，热容近乎无限大。

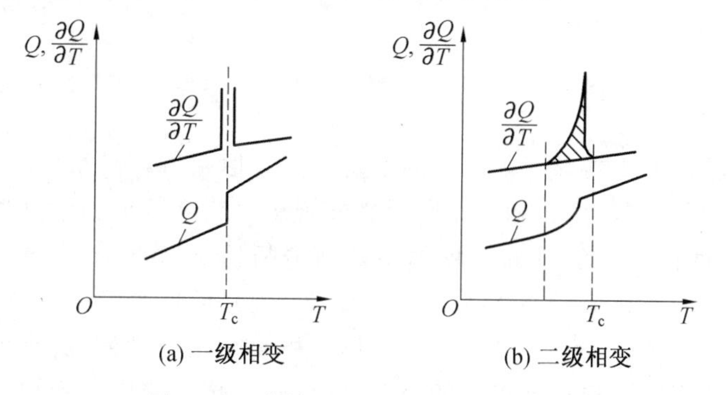

图 4.13 热焓和热容与加热温度的关系

具有一级相变特点的相变很多，例如，纯金属的熔化、凝固；合金的共晶与包晶转变；固态合金中的共析转变；固态金属及合金中发生的同素异构转变等。

(2) 二级相变。

二级相变(second-order phase transition) 的特点是相转变过程在一个温度区间内逐步完成，在转变过程中只有一个相，如图 4.13(b) 所示。这一过程中热焓也发生变化，但不像一级相变那样发生突变。转变的热效应相当于图中阴影部分的面积，可用内插法求得。根据热容的定义，对定压下二级相变时的热焓对温度求一阶导数，则热容曲线也会出现不连续变化，会存在最大值。二级相变的温度范围越窄，则热容的峰就越高。在极限情况下，热容的峰宽为 0，峰高为无限大，就转变为一级相变了。铁磁性金属加热时由铁磁转变为顺磁以及合金中的有序 — 无序转变都属于二级相变。特殊条件下一级、二级相变无法区分，如析出、有序转变等。

下面以纯铁为例，讨论如何分析铁的热容随温度的变化关系。图4.14为铁加热时热容随温度的变化关系曲线。其中，曲线1为实测曲线，曲线2为计算得到的γ－Fe理论热容曲线。在较低温时，α－Fe的热容随温度的变化逐渐增大。其实验曲线与理论曲线基本重合，满足无相变时热容的变化关系，在300 K时，热容值大于3R。温度高于500 K时，由于铁磁性的α－Fe逐渐向顺磁性转变，热容的变化逐渐加剧，并于A_2点达到极值。A_2点对应的温度为铁磁性向顺磁性转变的临界温度，即居里点。在A_2点附近的热容曲线呈现出明显的二级相变特征。在A_3点发生具有体心立方晶格特征的α－Fe向面心立方晶格特征的γ－Fe转变。在A_4点则发生具有面心立方晶格特征的γ－Fe向具有体心立方晶格特征的δ－Fe转变。在T_m则发生固液转变。这三个温度点发生的相变均在恒温下进行，属于一级相变特征。因此，在纯铁的加热过程中，既存在一级相变，也存在二级相变。

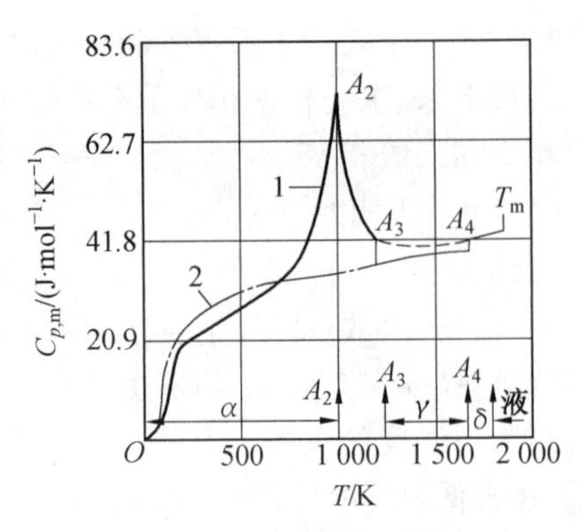

图4.14 Fe加热时热容随温度的变化关系曲线

另外，上述的相变过程均为可逆转变，转变的热效应也可逆，但加热和冷却过程对应的相变点并不相同。

4.2.4 热分析方法

焓和热容是研究与材料热性能有关的重要参数。但在实际测量中，严格的绝热要求难以实现，因而发展了广泛用于相变研究的热分析法。热分析是利用热学原理对物质的物理性能或成分进行分析的总称。根据国际热分析协会(International Confederation for Thermal Analysis，ICTA)对热分析法的定义：热分析是在程序控制温度下，测量物质的物理性质随温度变化的一类技术。利用热分析研究相变过程，这是材料学科使用最普遍的相变分析手段。研究焓和温度的关系，可以确定热容的变化和相变潜热。接下来主要介绍两种最常用的热分析方法，即差热分析(Differential Thermal Analysis，DTA)和差示扫描量热分析(Differential Scanning Calorimetry，DSC)。

1. 差热分析

差热分析是一种重要的热分析方法。该方法是在程序控温下，测量物质和参比物的温度差ΔT与温度T(或时间t)关系的一种测试技术。可用于测定物质在热过程中发生相变、分解、化合、凝固、脱水、蒸发等物理或化学反应时吸收或放出的热量与特征温度之间的关系。广泛应用于无机硅酸盐、陶瓷、矿物金属、航天耐温材料等领域，是无机、有机(特别是高分子聚合物)、玻璃钢等方面热分析的重要仪器。

图4.15为差热分析的装置示意图。该仪器装置一般由加热系统、温度控制系统、信号放大系统、差热系统和记录系统等组成。有些型号的产品也包括气氛控制系统和压力控制系统。其中，差热系统是整个装置的核心部分，由样品室、试样坩埚、热电偶等组成。

热电偶(thermocouple)是其中的关键性元件，既是测温工具，又是传输信号工具，可根据实验要求具体选择。两只热电偶对接后构成示差热电偶(differential thermocouple)，用以检测参比物和试样之间微小的温度差。

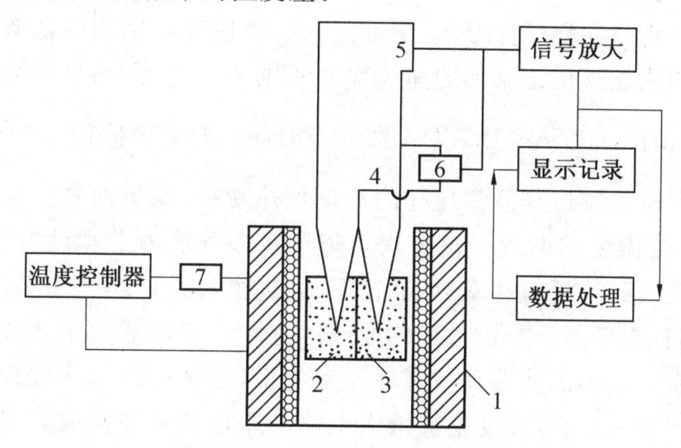

图 4.15　差热分析的装置示意图

1— 加热炉；2— 试样；3— 参比物；4— 测温热电偶；5— 温差热电偶；6— 测温元件；7— 温控元件

实验前，将两只热电偶的热焊点分别与盛装试样和参比物的坩埚底部接触，或直接插入试样和参比物中。随后，将位于炉内处于相同环境下的试样和参比物共同加热。其中，参比物是在测定条件下不产生任何热效应的惰性物质。试样和参比物在相同的热环境下升温，示差热电偶检测试样和参比物之间的温度差 ΔT，这一温差数据经信号放大系统放大后由记录系统进行记录。在热过程中，若试样不产生相变，则试样温度 T_s 与参比物温度 T_r 相同，即 $\Delta T = T_s - T_r = 0$，记录系统不指示任何示差电动势。若试样产生相变，则试样温度 T_s 与参比物温度 T_r 不相同，即 $\Delta T = T_s - T_r \neq 0$，记录系统将记录温差 ΔT 随时间或温度的变化关系。图 4.16 给出了典型的差热分析实验曲线。

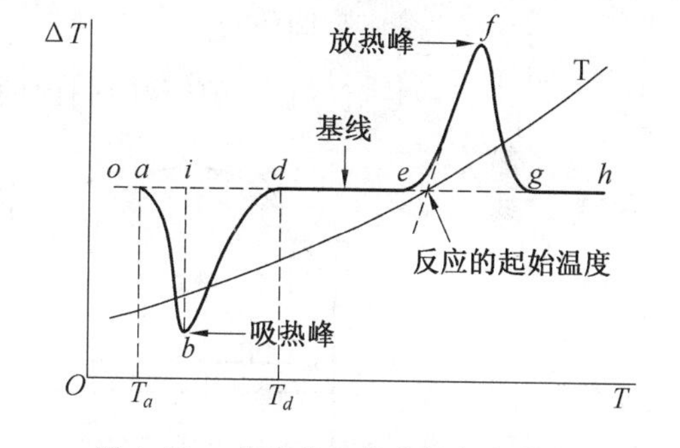

图 4.16　典型的差热分析实验曲线

由于试样和参比物的热容量不同，它们对炉温具有不同的热响应，存在一定的滞后，即存在温度差。当两者的热容量差被热传导自动补偿以后，试样和参比物才按炉体设定的升温速率升温，形成差热曲线的基线。差热曲线的基线形成之后，若试样没有相变或其他变化，则基线是平行于横轴的。若试样具有与参比物不同的吸热或放热效应，或存在相变潜热，则在差热曲线中出现相应的吸热峰或放热峰，从而引起曲线发生明显的凸凹。通常，差热曲线吸热峰或放热峰所包含面积(差热曲线和基线之间的面积)的大小与热过程中的热焓呈正比。

差热分析实验装置相对简单，操作便捷，可比较准确地测定伴有相变潜热的各类相变温度，应用普遍。但在实际工作中往往发现同一试样在不同仪器上测量，或不同的人在同一仪器上测量，所得到的差热曲线结果有差异。峰的最高温度、形状、面积和峰值大小都会发生一定变化。其主要原因是因为热量与许多因素有关，传热情况比较复杂。虽然影响因素很多，但只要严格控制某种条件，仍可获得较好的重现性。

2. 差示扫描量热分析

差示扫描量热分析是在程序控温下，测量输入到物质和参比物的功率差与温度关系的一种技术。差示扫描量热仪记录到的曲线称 DSC 曲线。它以样品吸热或放热的速率，即热流率$\frac{\mathrm{d}H}{\mathrm{d}t}$(单位：mJ/s) 为纵坐标，以温度 T 或时间 t 为横坐标构成 DSC 曲线。实验中，加热或冷却时，通过控制试样及参比样的补偿加热功率，保持两者的温度始终高精度相等，记录补偿功率与温度的曲线。该方法可以测定多种热力学和动力学参数，如比热容、反应热、相变潜热、相图、反应速率、结晶速率、高聚物结晶度、样品纯度等。

图 4.17 为功率补偿型差示扫描量热仪原理示意图。该仪器的主要特点是试样和参比物容器下分别装有独立的加热器和传感器。实验中，当试样在加热过程中由于热效应与参比物之间出现温差 ΔT 时，通过差热放大电路和差动热量补偿放大器调整试样的加热功率 P_s。当试样吸热时，补偿放大器使试样一边的电流立即增大；反之，当试样放热时，参比物一边的电流增大，直到两边热量平衡，温差 ΔT 为 0。这样可以从补偿的功率直接计算热流率，即

$$\Delta W=\frac{\mathrm{d}Q_s}{\mathrm{d}t}-\frac{\mathrm{d}Q_r}{\mathrm{d}t}=\frac{\mathrm{d}H}{\mathrm{d}t} \tag{4.64}$$

式中 ΔW—— 补偿功率；

Q_s—— 试样的热量；

Q_r—— 参比物的热量；

$\frac{\mathrm{d}H}{\mathrm{d}t}$—— 热流率，表示单位时间内的焓变。

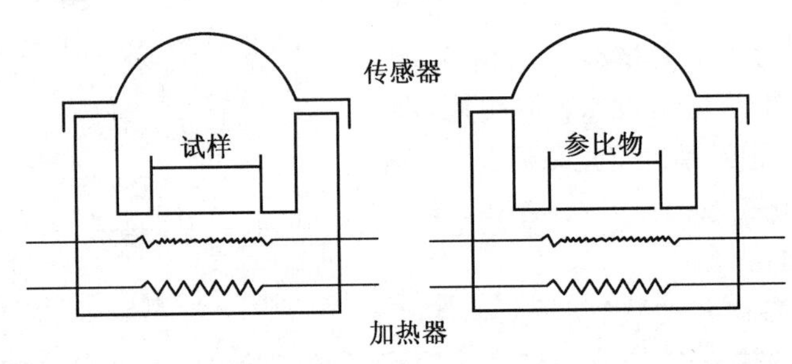

图 4.17 功率补偿型差示扫描量热仪原理示意图

该仪器中，试样和参比物的加热器电阻相等，即 $R_s=R_r$。当试样没有任何热效应时，有

$$I_s^2R_s=I_r^2R_r \tag{4.65}$$

如果试样产生热效应，则立即进行功率补偿，则

$$\Delta W=I_s^2R_s-I_r^2R_r \tag{4.66}$$

由于 $R_s=R_r$，令 $R_s=R_r=R$，则式(4.66) 可以进行如下变化：

$$\Delta W=R(I_s+I_r)(I_s-I_r)=I_{总}(RI_s-RI_r)=I_{总}(V_s-V_r)=I_{总}\Delta V \tag{4.67}$$

式中 $I_{总}$ —— 总电流，满足关系：$I_{总}=I_s+I_r$；

ΔV—— 电压差。

若 $I_{总}$ 为常数，则 ΔW 与 ΔV 成正比。根据式(4.64)和式(4.67)可知，可用 ΔV 直接表示$\frac{dH}{dt}$。

在热过程中，试样若发生相变，则 $\Delta W \neq 0$，测量曲线出现凸峰或凹峰，峰的积分面积等于相应的相变潜热。值得注意的是，DSC 和 DTA 的曲线形状相似，但其纵坐标不同。DSC的纵坐标表示热流率$\frac{dH}{dt}$，DTA的纵坐标表示温度差 $\Delta T = T_s - T_r$。DSC中的仪器常数与 DTA 中的仪器常数性质不同，它不是温度的函数而为定值。另外，DSC 实验装置复杂，可准确地测定伴有相变潜热的各类相变温度和相变潜热值，精度较高，常用作定量分析。

4.2.5 热分析方法在材料研究中的应用

1. 比热容的测定

热分析方法用来测定一些材料的物理参量很方便。对于某些参数，虽然不能直接通过仪器获得测试结果，但是经过对测试参量的转换或对仪器少许变动即可获得。通常，采用 DTA 和 DSC 法都可以测定材料的比热容。

试样在加热的 DTA 容器中，即使没有发生物理化学变化，DTA 曲线也会偏离理论曲线，这是由于试样和参比物的热容不同造成对炉温的响应不同引起的。因此，可以利用偏离温度的数值来估计试样的热容。

首先，用未放试样和参比物的两个空坩埚测定一条空白基线 ΔT_1，这条基线对理论曲线的偏离是仪器缺陷造成的。接下来，在一只坩埚中加入试样，另一个坩埚空着，在其他实验条件不变的情况下反复实验。由于试样的存在使热容发生变化，得到一条新的温度偏离曲线 ΔT_2，如图4.18所示。根据空白基线与试样基线之间的偏离差 $\Delta T_2 - \Delta T_1$，由式(4.68)可计算得到某一温度下的质量热容 c 为

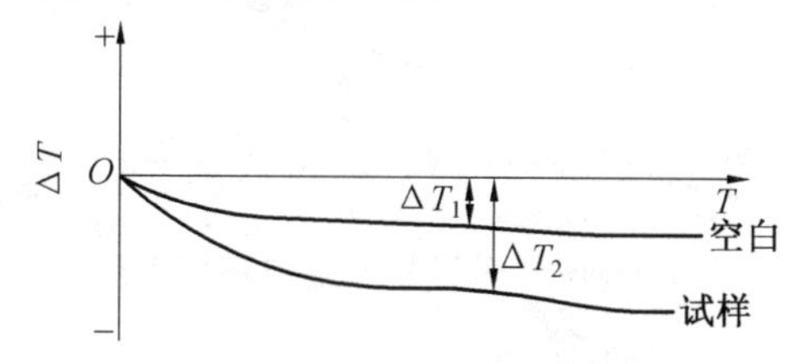

图 4.18 测定 c 的 DTA 曲线

$$c = \frac{K'(\Delta T_2 - \Delta T_1)}{m\beta} \tag{4.68}$$

式中 ΔT_1—— 无试样时的温度基线；

ΔT_2—— 存在试样时的温度偏离曲线；

K'—— 给定温度下的常数，可由一种已知热容的物质测得；

m—— 试样的质量；

β—— 升温速率；

c—— 质量热容,J/(g·℃)。

利用DSC法测量比热容也是一种常用的分析方法。在DSC法中,热流速率正比于样品的瞬时比热容:

$$\frac{\mathrm{d}H}{\mathrm{d}t}=mc\cdot\frac{\mathrm{d}T}{\mathrm{d}t} \tag{4.69}$$

式中 $\frac{\mathrm{d}H}{\mathrm{d}t}$—— 热流速率,J/s;

$\frac{\mathrm{d}T}{\mathrm{d}t}$—— 程序升温速率,℃/s;

m—— 试样的质量,g;

c—— 质量热容,J/(g·℃)。

为了解决 $\mathrm{d}H/\mathrm{d}t$ 的校正工作,可采用已知比热容的标准物质(如蓝宝石)作为标准,为测定进行校正。实验时,首先将空坩埚加热到比试样所需测量比热容的温度 T 低的温度 T_1,恒温保持。然后,以一定速度(一般为 8 ~ 10 ℃/min)升到比 T 高的温度 T_2,恒温保持。之后,作DSC的空白曲线,如图 4.19 所示。再将已知比热容和质量的参比物放在坩埚内,按同样条件进行操作,作出参比物的DSC曲线;然后再将已知质量的试样放入坩埚,按同样条件作DSC曲线。此时可从图中量得欲测温度 T 时的 y' 和 y 值。

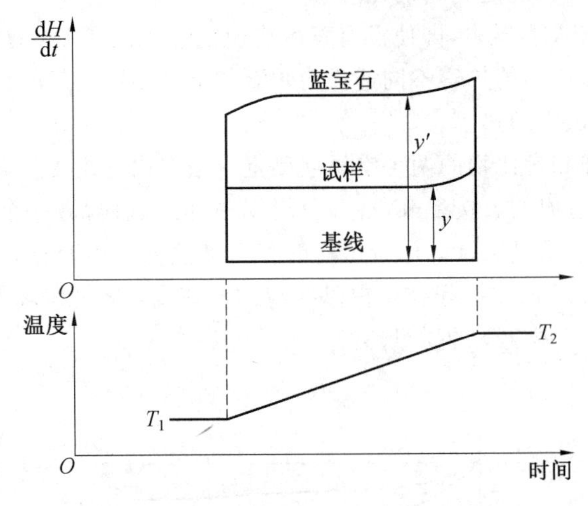

图 4.19 采用DSC法测定比热容

对于标准参比物(蓝宝石),满足

$$\left(\frac{\mathrm{d}H}{\mathrm{d}t}\right)_{\mathrm{B}}=m_{\mathrm{B}}\cdot c_{\mathrm{B}}\cdot\frac{\mathrm{d}T}{\mathrm{d}t} \tag{4.70}$$

式中 $\left(\frac{\mathrm{d}H}{\mathrm{d}t}\right)_{\mathrm{B}}$—— 参比样的热流速率,J/s;

m_{B}—— 参比样的质量,g;

c_{B}—— 已知参比样的质量热容,J/(g·℃)。

将式(4.70)除以式(4.69)则可获得试样的比热容,即

$$c=\frac{m_{\mathrm{B}}c_{\mathrm{B}}}{m}\cdot\left(\frac{\mathrm{d}H}{\mathrm{d}t}\right)\Big/\left(\frac{\mathrm{d}H}{\mathrm{d}t}\right)_{\mathrm{B}}=c_{\mathrm{B}}\cdot\frac{m_{\mathrm{B}}}{m}\cdot\frac{y}{y'} \tag{4.71}$$

采用 DSC 法测定物质比热容时，精度可到 0.3%，与热量计的测量精度接近，但试样用量要小 4 个数量级。

2. 合金相图的建立

根据热分析曲线，可对材料的相转变进行判断，并绘制其相图。图 4.20 给出了某材料各组分的 DTA 曲线(上)以及由此获得的二元相图(下)。该相图是典型的二元体系相图，其中存在着熔融化合物(包括固液同组成化合物和固液异组成化合物)、固溶体、低共熔体、液相反应等。相图中，至少包括了七个特征的组分，相图中的曲线包括液相线、固相线、共晶线和包晶线等。对应着这个二元相图，下面分别对其中的七个特征组分进行说明。

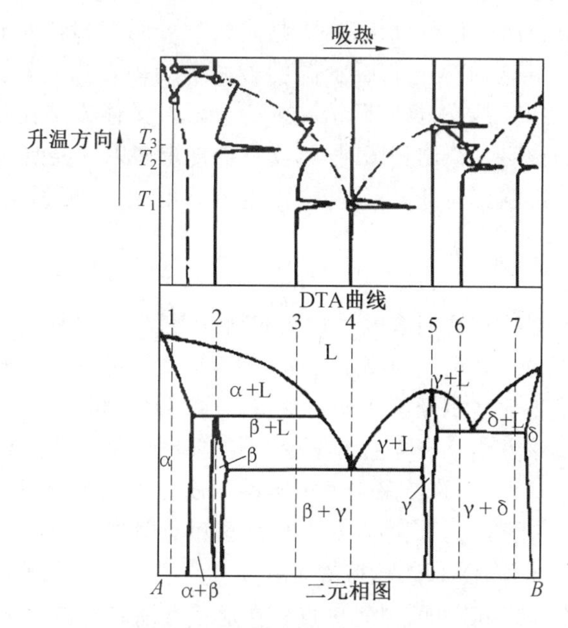

图 4.20 DTA 曲线组与相应的二元相图

组分 1 的 DTA 曲线表示 α 固溶体加热熔融直至熔化，DTA 曲线的"尖峰"是该组分试样从开始熔化到完全液化的特征峰，这个过程是吸热过程。DTA 曲线特征峰的开始偏离点和结束偏离点分别对应组分 1 相图的固液共存区的开始点和结束点。

组分 2 的 DTA 曲线，开始部分表示固液异组成化合物(β 相)的升温，到达转熔温度时等温分解成 α 相和液相，此时出现一个尖锐的吸热峰，在转熔温度以上继续吸热熔化到完全转变为液相。

组分 3 的 DTA 曲线是处在固液异组成化合物的低共熔一侧。当升温至由 β 和 γ 两相组成的低共熔化合物的同时熔化温度时，产生第一个吸热峰。继续加热使 β 相分解产生 α 相和液相，这时产生第二个吸热峰。然后完全转变为液相，产生第三个吸热的"尖峰"。

组分 4 的 DTA 曲线是低共熔化组成的混合物升温至熔融温度时，产生单个尖锐的吸热峰。

组分 5 的 DTA 曲线是固液同组成化合物 γ 升温至熔融温度时，产生单个尖锐的吸热峰。

组分 6 和 7 的 DTA 曲线代表低共熔化合物升温至转化温度时出现第一个吸热峰，然后继续熔融，分别在不同温度下转变为液相，出现第二个吸热峰。

δ 相组分区域的 DTA 曲线与组分 1 类似。

组分 1 ～ 7 的 DTA 曲线可以绘制出该二元体系的液相线，即把每条曲线上最高温度峰的温度点连起来，并向两侧延伸分别连接纯组分 A 和 B 的熔融温度，如 DTA 曲线中的虚线所示。其中，A 和 B 两纯组分的熔化温度必须单独测定。在液相线温度下的 T_1、T_2 和 T_3 分别代表三个等温点，表示相图中存在的三个等温过程。实际上，若要绘制出完整的相图，必须精确配置几十个甚至上百个组分的试样，并分别进行热分析。之后还需要分别对不同的合金组分进行 X 射线衍射分析和金相分析，验证并校正分析的正确性。

在对实测的热分析曲线进行分析时，实测曲线不可能在相转变处像理想情况那样存在明确的“尖角”拐点，这与热电偶所示温度落后于凝固温度，热电偶温度降低缓慢有关。因此，在选择拐点时需要根据实际情况进行分析。具体方法需参考相关热分析参考书或具体测试装置的说明。绘制相图时，相变点的确定多以升温曲线为主，这样可避免凝固时试样过冷造成的影响。另外，为使相变温度测试准确，一般需选择较慢的升温速率，如 5 ℃/min 或更低。

3. 居里点的测定

居里点是晶体发生铁磁性向顺磁性转变的临界温度，是晶体材料非常重要的物理参数（第 6 章将详细介绍）。居里点的测定方法很多，常见的包括介电常数测定法、磁性测定法、膨胀测定法、中子衍射和穆斯堡尔光谱法等。采用高灵敏度和重复性好的 DTA 仪器也可以测定居里点。该方法具有样品需量少、不需要制成单晶等优点，但对于居里点处于较低温度的材料则不适合。通常，采用外推起始温度作为居里点的测定往往可获得与实际相近的结果。图 4.21 给出了铌酸钡钠晶体在居里点附近的 DTA 曲线。但有时也把峰顶温度作为居里点。此外，DSC 法也可测定居里点。图 4.22 给出了镍居里点的 DSC 曲线。峰顶温度 357 ℃ 就是所测的镍居里点。在居里点前后的镍比热容发生了突变。

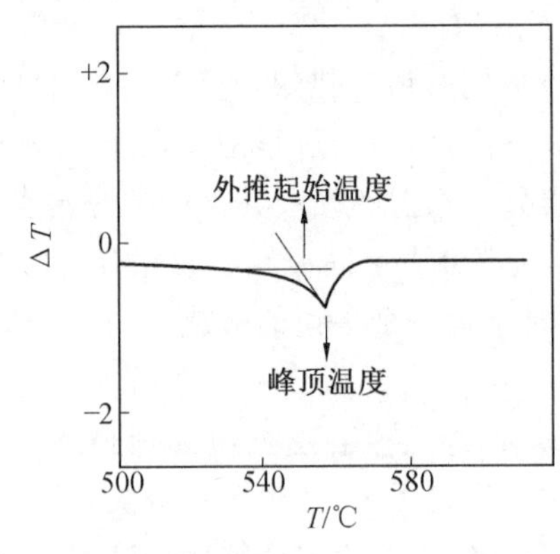

图 4.21　铌酸钡钠晶体在居里点附近的 DTA 曲线

4. 测定高聚物玻璃化转变温度 T_g

高聚物的玻璃化转变温度 T_g 是一个非常重要的物理性能参量。在玻璃化转变时高聚物由于热容的改变，导致了 DTA 或 DSC 曲线基线的平移，如图 4.23(a) 所示。根据国

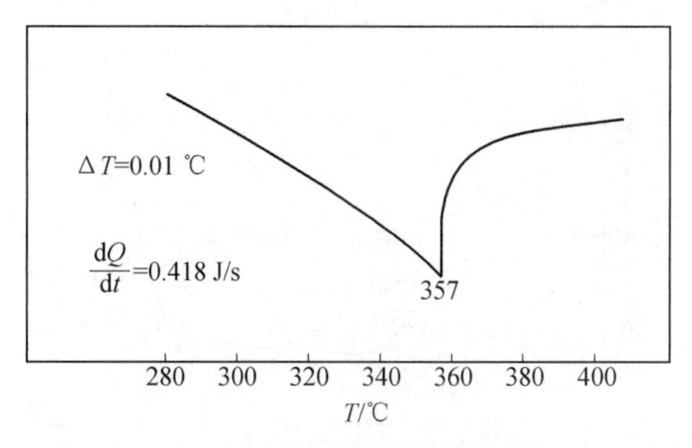

图 4.22 测定镍居里点的 DSC 曲线

际热分析协会(ICTA) 的规定,以转折线的延线与基线延线的交点 B 作为 T_g 点。又以基本开始转折处 A 和转折恢复到基线处 C 为转变区。有时在高聚物玻璃化转变的热谱图上,会出现类似一级转变的小峰,常称为反常比热峰,图 4.23(b) 所示,这时 C 点定在反常比热峰的峰顶上。

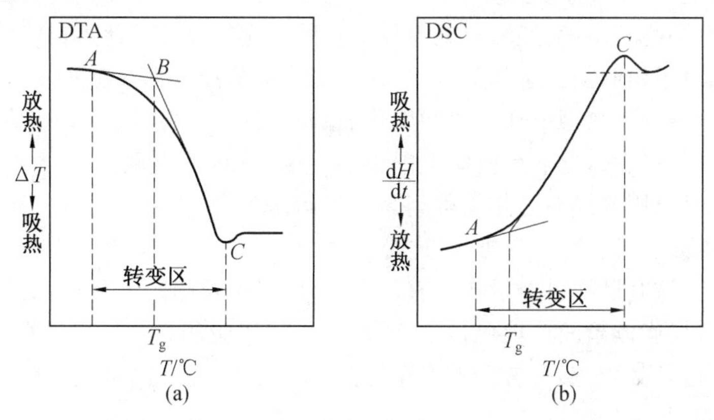

图 4.23 用 DTA 曲线和 DSC 曲线测定 T_g 值

5. 高聚物结晶行为的研究

DTA 与 DSC 法可以用来测定高聚物的结晶速度、结晶度以及结晶熔点和熔融热等,与 X 射线衍射、电子显微镜等配合可作为研究高聚物结晶行为的有力工具。

用 DSC 法测定高聚物的结晶温度和熔点可以为其加工工艺、热处理条件等提供有用的资料。最典型的例子是运用 DSC 法的测定结果,确定聚酯薄膜的加工条件。聚酯熔融后在冷却时不能迅速结晶,因此,经快速淬火处理,可以得到几乎无定型的材料。淬火冷却后的聚酯再升温时,无规则的分子构型又可变为高度规则的结晶排列,因此会出现冷结晶的放热峰。图 4.24 是经淬火处理后聚酯的 DSC 图。从图 4.24 中可看到三个热行为:首先是 81 ℃ 的玻璃化转变温度;第二个是 137 ℃ 左右的放热峰,这是冷结晶峰;最后是结晶熔融的吸热峰,出现在 250 ℃ 左右,从这个简单的 DSC 曲线即可以确定其薄膜的拉伸加工条件。拉伸温度必须选择在 T_g 以上和冷结晶开始的温度(117 ℃) 以下的温度区间内,以免发生结晶而影响拉伸。拉伸热定型温度则一定要高于冷结晶结束的温度(152 ℃) 使之冷结晶完全,但又不能太接近熔点,以免结晶熔融。这样就能获得性能好的薄膜。

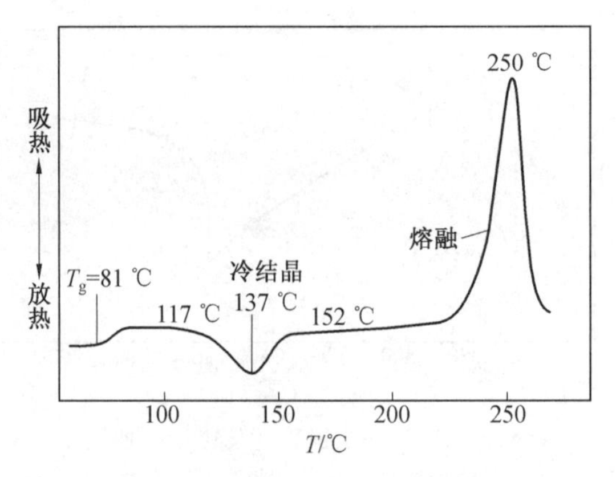

图 4.24　用 DSC 曲线确定聚酯薄膜的加工条件

6. 热固性树脂固化过程的研究

用 DSC 法测定热固性树脂的固化过程有不少优点。例如试样用量小、测量精度较高(其相对误差可在 10% 之内),适用于各种固化体系。从测定中可以得到固化反应的起始温度、峰值温度和终止温度,还可得到单位质量的反应热以及固化后树脂的玻璃化转变温度。这些数据对于树脂加工条件的确定、评价固化剂的配方都很有意义。

图 4.25 给出一种典型的环氧树脂固化的 DSC 曲线。从图 4.25 中可以看出,DSC 曲线首先出现一个吸热峰,这表示树脂由固态发生熔化;然后出现一个很明显的放热峰,这就是固化峰。可以用基线与之相切得到固化起始温度 T_a 和终止温度 T_C,从曲线峰顶得到 T_b。图中还可看到下面一条曲线,这是经过第一次实验后,对原试样再进行第二次实验获得的曲线。这时试样已经过热处理而固化,所以不再出现固化峰,而仅仅可看到一个转折,即固化后树脂体系的玻璃化转变。但是,如果树脂固化不完全,则仍可看出有较平坦的固化峰痕迹,同时玻璃化转折出现在较低的温度上,完全固化或经后固化处理的样品测出的 T_g 温度最高。

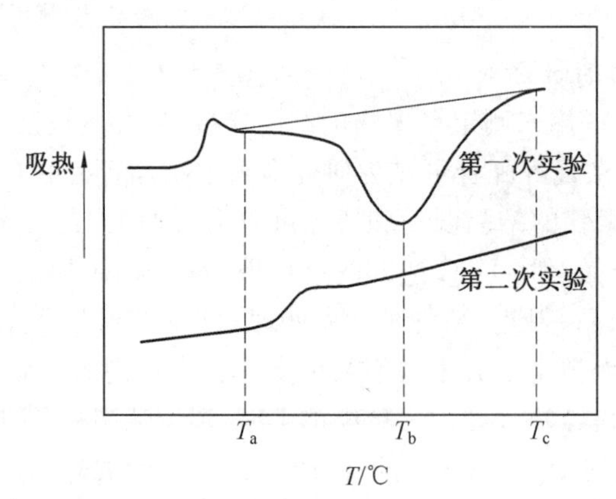

图 4.25　典型的环氧树脂固化的 DSC 曲线

7. 合金的有序—无序转变研究

当 Cu—Zn 合金的成分接近 CuZn 时将形成体心立方的固溶体。CuZn 在低温时为有序状态,随着温度升高逐渐转变为无序状态。这一有序 — 无序过程为吸热过程,属于二级相变。图 4.26 给出了 CuZn 合金加热过程中热容的变化曲线。如果 CuZn 合金不发生相变,热容随温度的变化曲线则沿虚线 AE 呈直线增大。但实际上 CuZn 合金在加热时发生了有序 — 无序转变,产生吸热反应,则热容随温度变化沿着 AB 曲线增大,在 470 ℃ 有序温度附近达到最大值,最后再沿 BC 下降到 C 点;温度再升高,CD 曲线则沿着稍高于 AE 的平行线增大,这说明高温保留了短程有序。热容沿 AB 线上升的过程是有序减少和无序增大的共存状态。随着有序化过程的加快,曲线上升越剧烈。

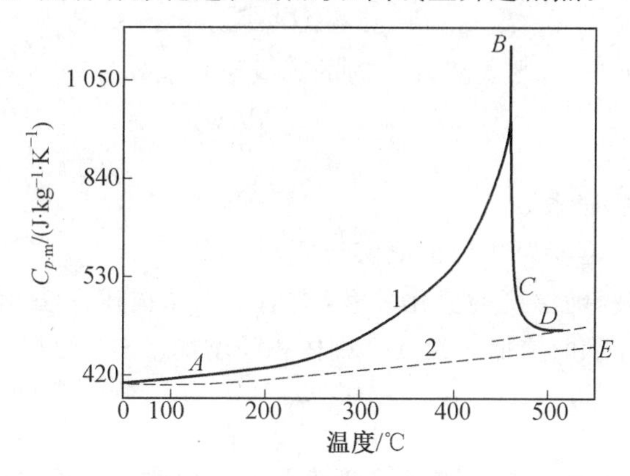

图 4.26 CuZn 合金加热过程中热容的变化曲线

1— 有转变;2— 无转变

4.3 材料的热膨胀

物体的体积或长度随温度的升高而增大的现象称为热膨胀(thermal expansion)。热膨胀是物质的自然现象之一,固体、液体、气体都有膨胀现象,液体的膨胀率约比固体大 10 倍,气体的膨胀率约比液体大 100 倍。在日常生活中,利用材料建造各种结构或构件时,往往需要考虑和评估材料热膨胀对结构的影响。例如,建造铁轨或桥梁时,必须为这些结构留有必要的缝隙,使铁轨或桥梁不被膨胀所破坏。当物质在加热或冷却过程中发生相变时,还会产生异常的膨胀或收缩。在材料研究中,利用材料的热膨胀现象,可以用来评估材料微观组织结构的变化情况,因而也是材料研究中常用的一种分析方法。

4.3.1 热膨胀系数

材料的膨胀或收缩程度通常用热膨胀系数(coefficient of thermal expansion) 来描述。线膨胀系数(linear thermal expansion coefficient) 用来描述材料长度上的膨胀或收缩程度;体膨胀系数(volumetric thermal expansion coefficients) 则用来描述材料体积上的膨胀或收缩程度。

设物体原来的长度为 l_0,温度升高 ΔT 后长度的增加量为 Δl,则长度的增加量与温度的变化之间成正比,即

$$\frac{\Delta l}{l_0}=\alpha_1\Delta T \tag{4.72}$$

式中　α_1—— 线膨胀系数(℃$^{-1}$)，表示温度升高 1 ℃ 时物体的相对伸长量。由于 α_1 的数量级很小，通常其单位还常用 10^{-6}℃$^{-1}$ 表示。

将式(4.72) 变形后，则线膨胀系数 α_1 的关系满足

$$\alpha_1 = \frac{1}{l_0} \cdot \frac{\Delta l}{\Delta T} \tag{4.73}$$

根据式(4.72) 可知，物体在温度为 T 时的长度为

$$l_T = l_0 + \Delta l = l_0(1 + \alpha_1 \cdot \Delta T) \tag{4.74}$$

当 ΔT 和 Δl 趋于 0 时，则温度为 T 时的真线膨胀系数为

$$\alpha_T = \frac{1}{l_T} \cdot \frac{\mathrm{d}l}{\mathrm{d}T} \tag{4.75}$$

式中　α_T—— 真线膨胀系数；

l_T—— 物体在温度为 T 时的真实长度。

如果考虑物体体积随温度的变化关系，类似于上述描述方法，设物体原来的体积为 V_0，温度升高 ΔT 后体积的增加量为 ΔV，则体积的增加量与温度的变化之间成正比，即

$$\frac{\Delta V}{V_0} = \beta \Delta T \tag{4.76}$$

式中　β—— 体膨胀系数(℃$^{-1}$)，表示温度升高 1 ℃ 时物体体积的相对增长量。

同样，由于 β 的数量级很小，其单位还常用 10^{-6}℃$^{-1}$ 表示。

将式(4.76) 变形后，则体膨胀系数 β 的关系满足

$$\beta = \frac{1}{V_0} \cdot \frac{\Delta V}{\Delta T} \tag{4.77}$$

同样，物体在温度为 T 时的体积 V_T 为

$$V_T = V_0(1 + \beta \cdot \Delta T) \tag{4.78}$$

相应地，真体膨胀系数满足

$$\beta_T = \frac{1}{V_T} \cdot \frac{\mathrm{d}V}{\mathrm{d}T} \tag{4.79}$$

式中　β_T—— 真体膨胀系数；

V_T—— 物体在温度为 T 时的真实体积。

实际上，仔细观察线膨胀系数 α_1 和体膨胀系数 β 的函数表达式，如式(4.73) 和式(4.77)，其实际上描述的是单位温度变化时引起的应变量(线应变或体应变) 的大小。也就是说，膨胀系数描述的是由于温度变化引起的材料应变，实际为长度温度系数或体积温度系数。通常在多数情况下，实验测得的是线膨胀系数。

线膨胀系数 α_1 和体膨胀系数 β 两者之间还具有一定的数学关系。

对各向同性材料，假设一立方体，其原始长度为 l_0，原始体积为 V_0，温度升高 ΔT 后，长度为 l。根据线膨胀系数的关系，则其温度升高 ΔT 后的体积 V 的关系可满足

$$V = l^3 = [l_0(1 + \alpha_1 \Delta T)]^3 = l_0{}^3\ (1 + \alpha_1 \Delta T)^3 = V_0\ (1 + \alpha_1 \Delta T)^3 \tag{4.80}$$

将上式中的三次方关系展开，并忽略 α_1 二次方以上的高次项(因为 α_1 的数量级通常仅为 10^{-6})，则

$$V = V_0\ (1 + \alpha_1 \Delta T)^3 \approx V_0(1 + 3\alpha_1 \Delta T) = V_0(1 + \beta \Delta T) \tag{4.81}$$

对比式(4.81)内 α_l 和 β 的对应关系,则

$$\beta = 3\alpha_l \tag{4.82}$$

因此,对于多数热膨胀各向同性的材料,其体膨胀系数是线膨胀系数的三倍。

对各向异性材料,假设一长方体,其原始长度分别为 l_{a0}、l_{b0} 和 l_{c0},原始体积为 V_0,三个方向上的线膨胀系数分别为 α_{la}、α_{lb} 和 α_{lc},温度升高 ΔT 后,其三个方向上的长度分别为 l_a、l_b 和 l_C。这样,温度升高 ΔT 后体积 V 的关系可满足

$$\begin{aligned} V &= l_a \cdot l_b \cdot l_C = l_{a0}(1+\alpha_{la}\Delta T)\cdot l_{b0}(1+\alpha_{lb}\Delta T)\cdot l_{c0}(1+\alpha_{lc}\Delta T) \\ &= V_0(1+\alpha_{la}\Delta T)(1+\alpha_{lb}\Delta T)(1+\alpha_{lc}\Delta T) \end{aligned} \tag{4.83}$$

同样,将式(4.83)中 α_l 二次方以上的高次项忽略,则

$$V \approx V_0[1+(\alpha_{la}+\alpha_{lb}+\alpha_{lc})\Delta T] = V_0(1+\beta\Delta T) \tag{4.84}$$

对比式(4.84)内 α_l 和 β 的对应关系,则

$$\beta = \alpha_{la} + \alpha_{lb} + \alpha_{lc} \tag{4.85}$$

因此,对于多数热膨胀各向异性的材料,其体膨胀系数是三个方向上线膨胀系数之和。当三个方向上的线膨胀系数相等时,则转变为各向同性材料的特性。

材料的热膨胀系数往往不是恒定值,会随温度变化而变化,图 4.27 给出了某些无机材料热膨胀系数与温度的关系。另外,材料热膨胀系数的大小直接与其热稳定性有关。一般 α_l 小的材料,其热稳定性就好。

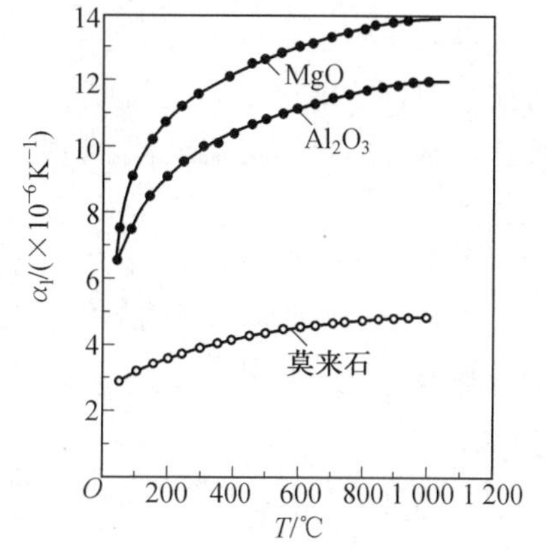

图 4.27 某些无机材料热膨胀系数与温度的关系

4.3.2 热膨胀的物理本质

从微观上讲,固体材料的热膨胀现象与点阵结构质点间的平均距离随温度升高而增大有关。为了描述方便,首先明确两个说法:平衡位置指引力和斥力的合力为 0 的点;平均位置指在平衡位置左右两侧振幅之间的中点,也就是振幅中心。

图 4.28 为基于双原子模型的热膨胀示意图。在温度 T_1 时,原子 a 相对于原子 b(为了描述方便,通常认为原子 b 固定不动)在其平衡位置上处于热振动状态,原子 a 和 b 之间的平均距离为 r_0。当温度由 T_1 升高到 T_2 时,原子 a 在振幅增大的同时,原子 a、b 间的平均距离也由 r_0 增大到 r。因而,宏观上造成材料在该方向的受热膨胀。

原子 a 的热振动同时受到原子间引力 F_1 和斥力 F_2 的共同作用。原子位于平衡位置(equilibrium position)r_0 时,引力 F_1 等于斥力 F_2;当原子 a 接近原子 b 时,斥力 F_2 大于引力 F_1;当原子 a 远离原子 b 时,引力 F_1 大于斥力 F_2。引力 F_1 和斥力 F_2 都与原子间距 r 有关。图 4.29 给出了晶体质点的引力—斥力曲线随原子间距的变化关系。从图 4.29 中可以看到,对于双原子模型的合力曲线,在平衡位置右侧,当引力大于斥力时,合力曲线变化缓慢;在平衡位置左侧,当引力小于斥力时,合力曲线变化陡峭。因此两原子相互作用的合力曲线在平衡位置两侧呈不对称变化。所以热振动不是左右对称的线性振动,而是

非线性振动。由于受力的不对称性，质点在平衡位置左右两侧振幅之和的中点，也就是平均位置并不在平衡位置 r_0 处，实际位于 r_0 右侧。当温度升高时，原子振幅越增大，这种受力的不对称性越明显，平均位置右移越多，平均距离也越大，导致微观上原子间距增大，从而造成宏观上晶体的受热膨胀。

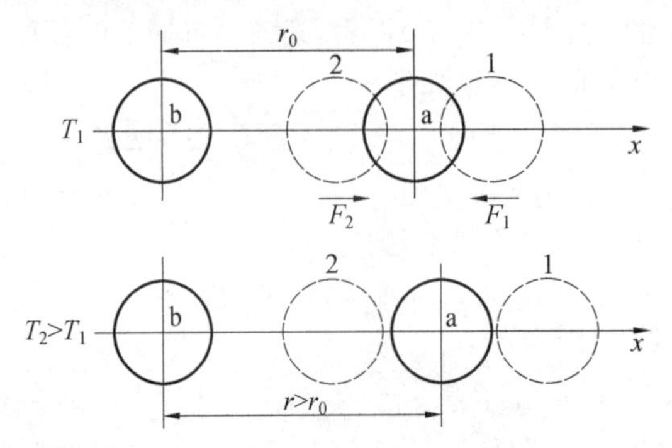

图 4.28　双原子模型热膨胀示意图

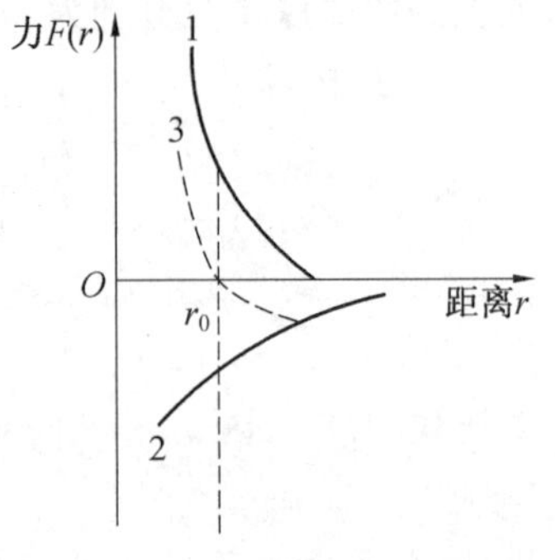

图 4.29　晶体质点引力－斥力曲线

1— 斥力；2— 引力；3— 合力

采用双原子势能曲线模型，可以更清楚这一热膨胀本质的描述。图 4.30 给出了晶体质点的势能曲线。在平衡位置 $r=r_0$ 处，合力势能最低，此时，双原子处于平衡热振动状态。

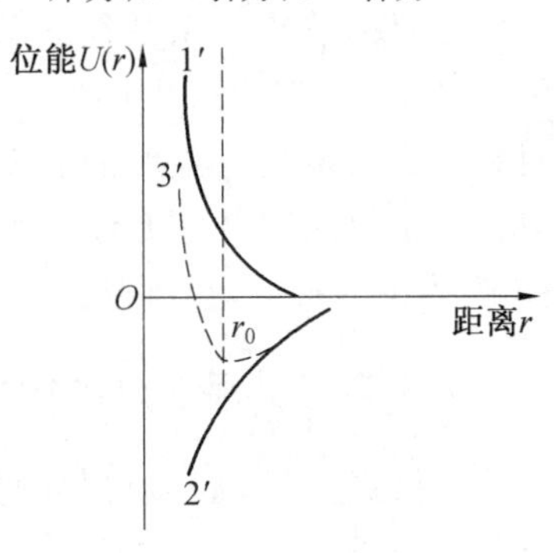

图 4.30　晶体质点势能曲线

1′— 斥力能；2′— 引力能；3′— 合力能

设原子离开平衡位置的位移为 x，此时两原子间的距离为 $r=r_0+x$，则两原子间的势能函数 $U(r)=U(r_0+x)$。将此函数在 $r=r_0$ 处按泰勒级数(Taylor series) 形式展开

$$U(r)=U(r_0+x)=U(r_0)+\left(\frac{\mathrm{d}U}{\mathrm{d}x}\right)_{r_0}x+\frac{1}{2!}\left(\frac{\mathrm{d}^2U}{\mathrm{d}x^2}\right)_{r_0}x^2+\frac{1}{3!}\left(\frac{\mathrm{d}^3U}{\mathrm{d}x^3}\right)_{r_0}x^3+\cdots \tag{4.86}$$

式中，右侧第一项为常数；第二项 $\left(\frac{\mathrm{d}U}{\mathrm{d}x}\right)_{r_0}=0$。

为了描述方便，式(4.86) 可以写成

$$U(r)=U(r_0)+bx^2-cx^3+\cdots \tag{4.87}$$

式中　$x=r-r_0$；

$b=\frac{1}{2!}\left(\frac{\mathrm{d}^2U}{\mathrm{d}x^2}\right)_{r_0}$；

$c=-\frac{1}{3!}\left(\frac{\mathrm{d}^3U}{\mathrm{d}x^3}\right)_{r_0}$。

如果只考虑式(4.87) 的前两项，即忽略 x^3 以上的项，则式(4.87) 成为

$$U(r)=U(r_0)+bx^2 \tag{4.88}$$

此时，$U(r)$ 为一条顶点位于 r_0 的抛物线，如图 4.31 中虚线所示。此时的势能曲线左

右两侧振幅相等。当温度升高时，振幅增大，势能增高。但$U(r)$势能曲线中，振幅的对称中心仍然位于r_0处，因而不能反映出受热膨胀的结果。因此，忽略x^3以上的项不合理。

如果考虑式(4.87)的前三项，忽略x^4以上的项，则式(4.87)成为

$$U(r)=U(r_0)+bx^2-cx^3 \tag{4.89}$$

此时，$U(r)$为一条顶点位于r_0的曲线，如图4.31中实线所示。此时的势能曲线不是对称的二次抛物线。当温度升高至T_1时，实线上a、b两点表示原子热振动时的振幅和最大势能值，ab间距离的中点$r_0{}'$即为原子振动的几何中心，即平均位置。由于势能曲线的不对称，$r_0{}'$相对于r_0已经发生了右移。温度升高，这一不对称性引起振动中心更加右移(如图中r_0'向r_0''、r'''_0右移)，导致原子间距增大，产生热膨胀。

这种双原子间相互作用的势能不对称变化，实际上说明原子的振动是一种非对称的非简谐振动(anharmonic vibration)。因此，固体材料的热膨胀本质归结为点阵结构中的质点间平均距离随温度升高而增大、来自于原子的非简谐振动。

根据玻耳兹曼统计规律，由式(4.89)可以计算得到其平均位移为

$$\bar{x}=\frac{3ck_{\mathrm{B}}T}{4b^2} \tag{4.90}$$

式(4.90)说明，温度升高，原子偏离振动中心的位移增大，物体产生宏观的受热膨胀。

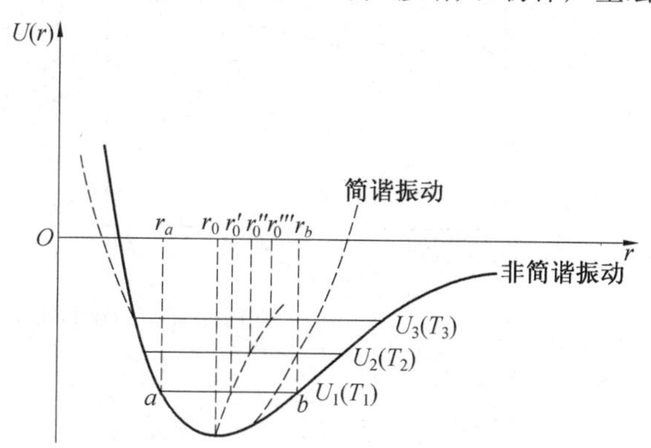

图4.31 双原子相互作用的势能曲线随温度的变化关系

4.3.3 热膨胀系数与其他物理参量的关系

1. 热膨胀系数与热容的关系

热膨胀是固体材料受热后晶格振动加剧引起的容积膨胀，晶格振动的加剧就是热运动能量的增大，而升高单位温度时能量的增加就是热容。因此，热膨胀系数与热容之间存在一定的关系。

德国物理学家格律乃森(Eduard Grüneisen，1877—1949)根据晶格振动理论，推导出金属材料体积膨胀系数与热容间的关系式，即物体的热膨胀系数与摩尔定容热容成正比，也就是热膨胀系数与摩尔定容热容这两个参量有着相似的温度依赖关系，在低温下随温度升高急剧增大，而到高温则趋于平缓，这一规律称为格律乃森定律(Grüneisen law)，即

$$\beta=\frac{r}{K\cdot V}\cdot C_{V,\mathrm{m}} \tag{4.91}$$

式中 r—— 格律乃森常数(Grüneisen constant),是一个无量纲参量,表示原子非线性振动的物理量,对于一般物质,$r=1.5\sim2.5$;

K—— 体弹性模量;

V—— 体积;

$C_{V,\mathrm{m}}$—— 摩尔定容热容;

β—— 体膨胀系数。

根据体膨胀系数与线膨胀系数之间的关系,对各向同性材料,线膨胀系数满足

$$\alpha_1=\frac{r}{3K\cdot V}\cdot C_{V,\mathrm{m}} \tag{4.92}$$

根据式(4.91)和式(4.92)可知,膨胀系数与摩尔定容热容成正比,膨胀系数在低温下随温度升高急剧增加,到高温则趋于平缓。图4.32给出了 Al_2O_3 比热容与线热膨胀系数的比较。从图4.32中可以看出,这两条曲线近于平行,变化趋势相同。高温时热膨胀系数仍有增加,这与高温时出现明显的热缺陷有关。

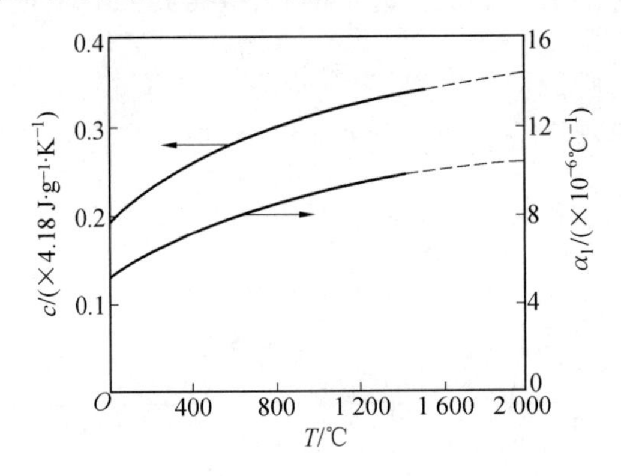

图4.32 Al_2O_3 比热容与热膨胀系数的比较

2. 热膨胀系数与熔点的关系

热膨胀系数与原子间相互作用力有直接关系,而物质的熔点也是表征原子间结合力大小的物理量。

格律乃森提出了固态的体膨胀极限方程。一般纯金属由温度0 K加热到熔点 T_m,其膨胀量约为6%,即

$$\frac{V_{T_\mathrm{m}}-V_0}{V_0}=T_\mathrm{m}\beta=C\approx0.06 \tag{4.93}$$

式中 V_{T_m}—— 熔点温度金属的固态体积;

V_0——0 K时的金属体积;

C—— 常数,实际值 $C=0.06\sim0.076$。

由式(4.93)可知,不同的金属具有相同的体积膨胀量。金属的熔点越高,由体膨胀系数的定义,单位温度变化下,该金属的体积膨胀量越小,也就是体膨胀系数越小。因此,熔点较高的金属实际具有较低的膨胀系数。

线膨胀系数 α_1 和熔点 T_m 之间的关系也满足经验公式

$$\alpha_1T_\mathrm{m}=b \tag{4.94}$$

式中 b—— 常数,大多数金属的取值约为 0.02。

将式(4.94)的关系代入用于描述德拜温度与熔点的关系式(4.57),则

$$\alpha_l = \frac{A}{V_a^{\frac{2}{3}} m \Theta_D{}^2} \tag{4.95}$$

式中 A—— 常数;

T_m—— 金属的熔点;

m—— 金属的相对原子质量;

V_a—— 金属的原子体积;

Θ_D—— 德拜温度。

由式(4.95)可知,德拜温度越高,即原子间结合力越大,线膨胀系数越小。图 4.33 给出了部分元素热膨胀系数与熔点之间的关系。

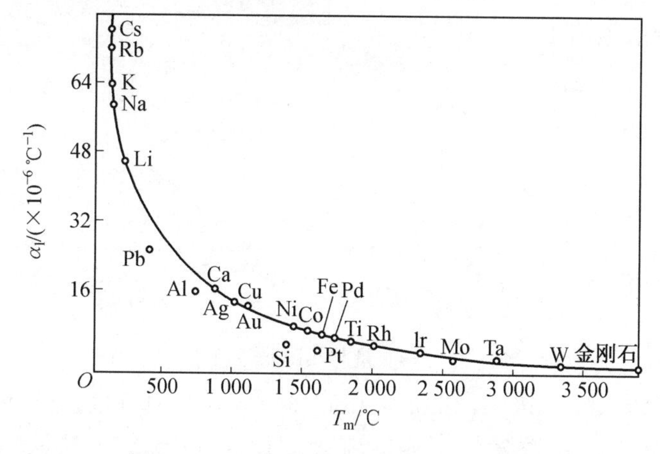

图 4.33 元素热膨胀系数与熔点的关系

3. 热膨胀系数与原子序数的关系

线膨胀系数随元素的原子序数成周期性变化,如图 4.34 所示。这一关系大致呈如下规律。碱、碱土金属主族,随着周期数的增加,线膨胀系数增加;其他主族,随着周期数的增加,线膨胀系数降低;在同周期内,往往前 4 个元素的线膨胀系数降低,由第 4 个元素开始线膨胀系数递增。这一大致的规律实际表征了单质固体原子间结合力的变化规律。涉及具体的元素还与晶体结构、键的取向性有关,可能出现偏差。

4.3.4 影响热膨胀的因素

1. 温度与相变的影响

格律乃森定律指出,热膨胀系数与热容随温度的变化规律相似。当发生相变时,由于伴随着结构的变化,往往也引起膨胀量的突变。与热容相似,金属材料的膨胀量与热膨胀系数在相变点附近会发生特殊的变化,如图 4.35 所示。当发生一级相变时,相变在恒定温度下进行,此时的膨胀量(Δl)也将在恒温下发生突变。根据线膨胀系数的定义,线膨胀系数 α_l 将发生不连续变化,相转变点处 α_l 将无限大,如图 4.35(a)所示。当发生二级相变时,相变在一定温度范围内进行,此时膨胀量有突变,但相应的热膨胀系数 α_l 在一定温

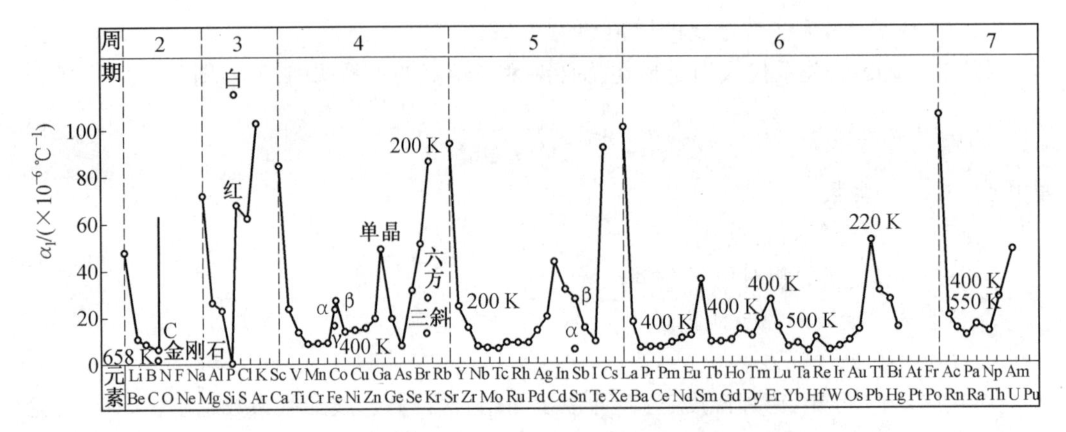

图 4.34　线膨胀系数(300 K)和元素原子序数的周期性

度范围内连续变化,如图 4.35(b) 所示。

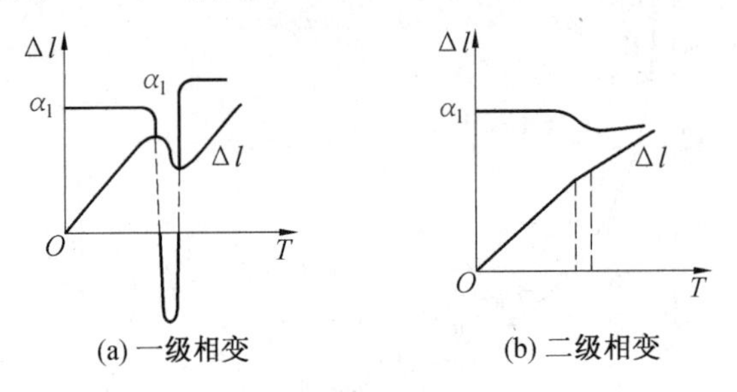

图 4.35　相变膨胀量与热膨胀系数变化示意图

同素异构转变(allotropic transformation) 时,点阵结构重排,金属的质量热容发生突变,由此导致线膨胀系数发生不连续变化。图 4.36 给出了纯铁加热时的比体积(specific volume) 变化曲线。所谓的比体积指单位质量的物质所占有的体积,单位为立方米 / 千克(m^3/kg)。如图 4.36 所示,当纯铁加热至 910 ℃(A_3 点) 时,发生 α－Fe 向 γ－Fe 的转变,比体积减小 0.8%;加热至 1 400 ℃(A_4 点) 时,发生 γ－Fe 向 δ－Fe 的转变,比体积增大 0.26%。所发生的这两个相变均属于一级相变,从而引起比体积的突变。

有序 — 无序转变(order-disorder transition) 也伴随着热膨胀系数的变化,膨胀曲线也将出现拐折点。图 4.37 给出了三种合金有序 — 无序转变的热膨胀曲线。以 Au－50%Cu(质量分数) 为例,当有序合金加热至 300 ℃ 时,有序结构开始破坏,450 ℃ 时完全转变成无序结构。这段温度区间内,热膨胀系数增加很快。450 ℃ 时膨胀曲线出现明显的折拐,折拐点对应着有序 — 无序转变临界温度。冷却时,发生从无序向有序的转变过程,热膨胀系数下降很快,且不与加热过程的热膨胀曲线重合。有序结构的合金原子间结合力强于无序结构,因此,在加热的整个相变温区内,热膨胀系数增加很快。冷却过程与此正好相反。

由于温度变化时发生晶型转变,也会引起体积的变化。图 4.38 给出了 ZrO_2 晶体的热膨胀曲线。对完全稳定化的 ZrO_2 晶体(曲线 1) 在很宽的温度范围内不发生相变,因此膨胀量始终呈线性增加。纯 ZrO_2 晶体(曲线 2) 在图示温度范围内加热时,将从室温时的单斜相晶型向 1 000 ℃ 时的四方相晶型转变,此时将发生 4% 的体积收缩。

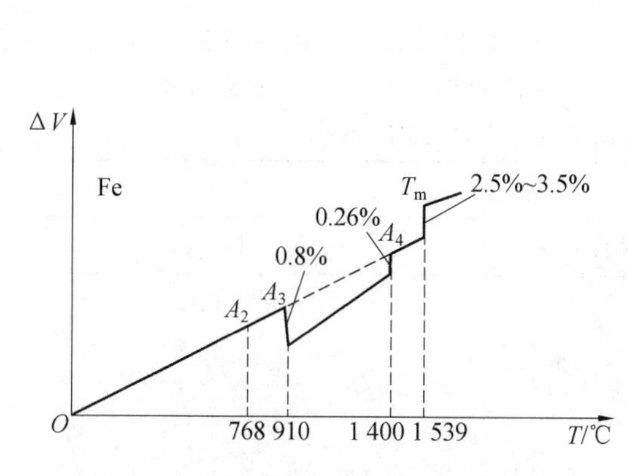

图 4.36 纯铁加热时的比体积变化曲线

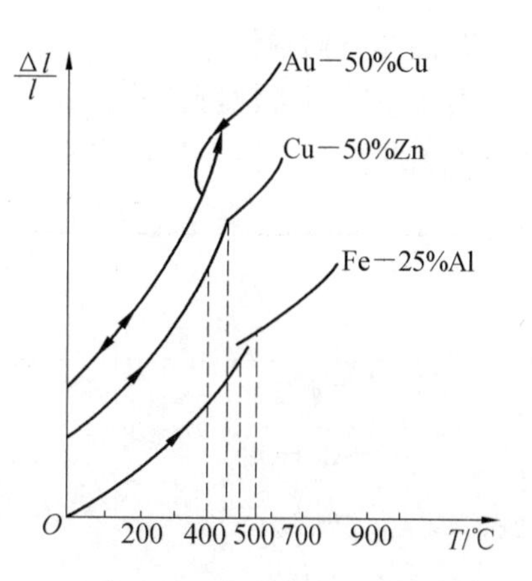

图 4.37 合金有序－无序转变的热膨胀曲线

2. 合金成分的影响

固溶体的膨胀与溶质元素的热膨胀系数和含量有关。当溶质元素热膨胀系数大于溶剂元素时，将增大热膨胀系数；当溶质元素热膨胀系数小于溶剂元素时，将减小热膨胀系数。溶质含量越高，影响越大。

对于简单金属与非铁磁性金属所组成的单相均匀固溶体合金，其热膨胀系数一般介于两组元膨胀系数之间，符合混合律的规律。如两相合金，当其弹性模量比较接近时，合金的线膨胀系数 α_l 满足

$$\alpha_l = \alpha_{l1}\varphi_1 + \alpha_{l2}\varphi_2 \tag{4.96}$$

式中 φ_1、φ_2—— 组成相的体积分数；

α_{l1}、α_{l2}—— 组成相的线膨胀系数。

图 4.39 给出了连续固溶体热膨胀系数与合金元素含量的关系。其中，对于可形成无限固溶体的 Ag－Au 合金（曲线 6），其线膨胀系数与溶质含量间呈线性关系。对于金属与过渡族金属组成的固溶体，其热膨胀系数无规律。

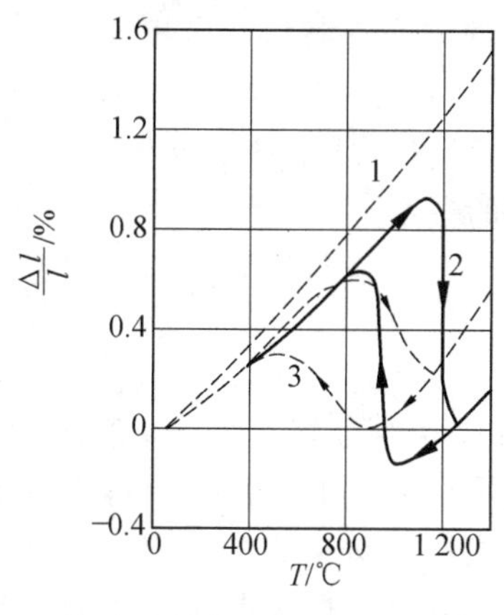

图 4.38 ZrO_2 的热膨胀曲线

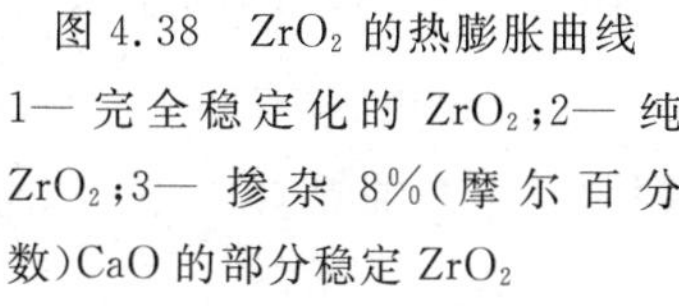
1— 完全稳定化的 ZrO_2；2— 纯 ZrO_2；3— 掺杂 8%（摩尔百分数）CaO 的部分稳定 ZrO_2

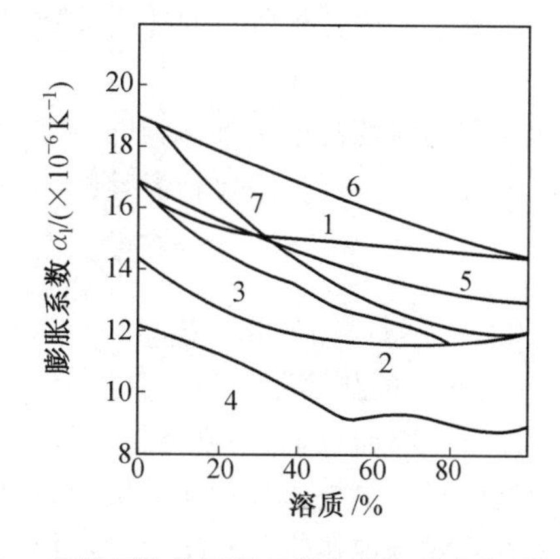

图 4.39 连续固溶体膨胀系数与合金元素含量的关系

1—CuAu(35 ℃)；2—AuPd(36 ℃)；3—CuPd(35 ℃)；4—CuPd(－140 ℃)；5—CuNi(35 ℃)；6—AgAu(35 ℃)；7—AgPd(35 ℃)

3. 晶体各向异性

对于结构对称性较低的金属或其他晶体，热膨胀系数有各向异性。这是由于不同晶向的原子间结合力有差异。表 4.3 给出了一些各向异性晶体的主膨胀系数。

表 4.3　一些各向异性晶体的主膨胀系数

晶　　体	主膨胀系数 $\alpha_l/(\times 10^{-6}\ K^{-1})$	
	垂直 c 轴	平行 c 轴
刚玉	8.3	9.0
Al_2TiO_5	−2.6	11.5
莫来石	4.5	5.7
金红石	6.8	8.3
锆英石	3.7	6.2
方解石	−6	25
石英	14	9
钠长石	4	13
红锌矿	6	5
石墨	1	27

一般来说，弹性模量较高的方向具有较小的热膨胀系数，反之亦然。如前所述，对各向同性材料，晶体的体膨胀系数与线膨胀系数之间满足关系 $\beta=3\alpha_l$；对各向异性材料，晶体的体膨胀系数与线膨胀系数之间满足关系 $\beta\approx\alpha_{la}+\alpha_{lb}+\alpha_{lc}$。结构对称性越差，这种热膨胀系数的各向异性越明显。

4. 多相合金和复合材料的热膨胀

多相合金如果是多相的机械混合物，则热膨胀系数介于各相热膨胀系数之间，近似符合直线定律。通常根据各相所占的体积分数，用混合律的方法粗略估计多相合金的热膨胀系数。

如果两相合金弹性模量接近，则其热膨胀系数的关系满足式(4.96)。

如果两相合金弹性模量差异较大，则其热膨胀系数的关系为

$$\alpha_l=\frac{\alpha_{l1}\varphi_1E_1+\alpha_{l2}\varphi_2E_2}{\varphi_1E_1+\varphi_2E_2}\tag{4.97}$$

式中　E_1、E_2——组成相的弹性模量。

通常，多相合金的热膨胀系数与组织分布不敏感，主要由合金相的性质及含量决定。

对多相复合材料而言，如果复合材料所有组成各向同性，且均匀分布，但各组成的热膨胀系数、弹性模量、泊松比等存在差别，则温度变化时会造成内应力的出现。如果把微观的内应力都看成是纯拉应力和压应力，对交界面上的剪应力忽略不计，则多相复合材料的平均体膨胀系数满足

$$\bar{\beta}=\frac{\sum\beta_iK_i\varphi_i/\rho_i}{\sum K_i\varphi_i/\rho_i}\tag{4.98}$$

式中 ρ_i—— 第 i 组分密度；

φ_i—— 第 i 组分体积分数；

K_i—— 第 i 组分的体积模量，即 $K_i=\dfrac{E_i}{3(1-2\mu_i)}$，$E_i$ 和 μ_i 分别为第 i 组分的弹性模量和泊松比；

$\bar{\beta}$—— 多相复合材料的平均体膨胀系数。

根据体膨胀系数与线膨胀系数的关系，将 $\bar{\alpha}_1=\dfrac{1}{3}\bar{\beta}$ 代入式(4.98)，则多相复合材料的平均线膨胀系数满足

$$\bar{\alpha}_1=\frac{\sum \beta_i K_i \varphi_i/\rho_i}{3\sum K_i \varphi_i/\rho_i} \tag{4.99}$$

这一描述多相复合材料平均膨胀系数的公式称为特纳(Turner)公式。

若考虑界面的切应力，则可用克尔纳(Kerner)公式计算多相复合材料的平均线膨胀系数，即

$$\bar{\alpha}_1=\alpha_{11}+\varphi_2(\alpha_{12}-\alpha_{11})\cdot\frac{K_1(3K_2+4G_1)^2+(K_2-K_1)(16G_1+12G_1K_1)}{(3K_2+4G_1)[4\varphi_2G_1(K_2-K_1)+3K_1K_2+4G_1K_1]} \tag{4.100}$$

图 4.40 给出了两种材料热膨胀系数的不同计算公式比较。从图 4.40 中可以看到，实验结果与上述计算结果符合较好。

另外，多相材料内的组成相若发生相变，则会引起热膨胀的异常。而多相复合材料中如果存在微裂纹，则会引起热膨胀系数的滞后。这是由于微裂纹的存在会为材料的膨胀提供额外空间，从而缓解累计在宏观上的膨胀量。材料中均匀分布的气孔也可以看成复合材料的一相，由于气体体积模量非常小，对于膨胀系数的影响可以忽略。

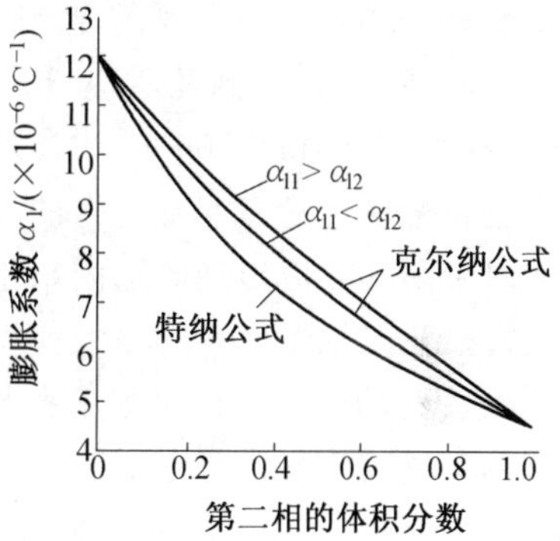

图 4.40 两种材料热膨胀系数的不同计算公式比较

5. 铁磁合金的热膨胀反常

对于铁磁性金属和合金，如 Fe、Ni、Co 及其合金，热膨胀曲线随温度变化呈明显的反常现象。图 4.41 给出了 Fe、Ni、Co 在磁性转变区的热膨胀曲线。图 4.41 中虚线表示如前所述正常的热膨胀系数随温度的变化关系，实线为这三种磁性材料实际的热膨胀曲线。其中，Ni 和 Co 的热膨胀曲线向上偏离正常热膨胀曲线，称为正反常；Fe 的热膨胀曲线向下偏离正常热膨胀曲线，称为负反常。引起

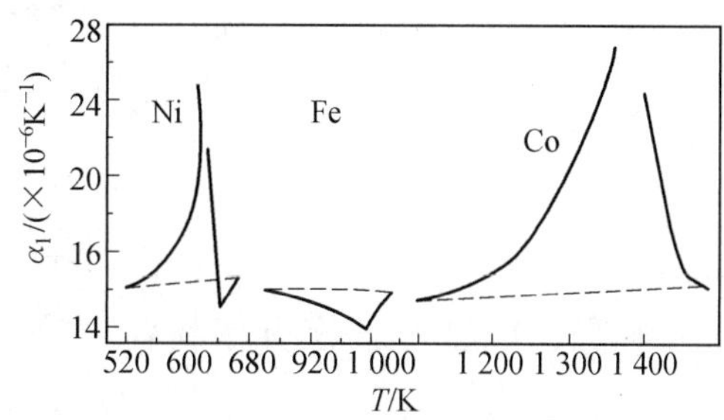

图 4.41 Fe、Ni、Co 在磁性转变区的热膨胀曲线

这一热膨胀反常的原因与铁磁体自身在自发磁化中产生的磁致伸缩效应(magnetostrictive effect)有关。

对 Ni 和 Co 而言,它们具有负的磁致伸缩系数。在居里点 T_P 以下,自发磁化过程中原子磁矩的同向排列使具有负磁致伸缩效应的 Ni 和 Co 产生体积收缩。随着温度升高,自发磁化效果变弱,负磁致伸缩效应随着温度的升高逐渐消失,Ni 和 Co 逐渐释放因自发磁化引起的体积收缩,产生额外的体积膨胀。再加之材料本身因温度升高引起的热膨胀,综合这两种体积膨胀效果,$\alpha_l - T$ 关系偏离正常的规律,产生正膨胀反常。当温度高于 T_P 后,Ni 和 Co 由铁磁相变为顺磁相,磁致伸缩效应完全消失,只存在正常的热膨胀,$\alpha_l - T$ 关系回归正常的热膨胀规律。对具有正磁致伸缩系数的 Fe 而言,在居里点 T_P 以下,自发磁化过程中原子磁矩的同向排列使其已经处于体积膨胀状态。温度升高后,这种正磁致伸缩效应逐渐消失,从而导致原子间距的减小。这一减小程度超过铁本身因受热引起的正常原子间距的增大程度,从而出现负膨胀反常现象。温度高于 T_P 后,同样地,由于铁磁相变为顺磁相,磁致伸缩效应完全消失,$\alpha_l - T$ 关系回归正常的热膨胀规律。上述文字中提到的有关材料磁性特征概念的介绍,请详细阅读第 6 章。

Fe－Ni 合金也往往具有负的膨胀特性,如图 4.42 所示。具有负反常膨胀特性的合金,通过调节合金的化学成分,可以获得具有膨胀系数为 0 或负值的低膨胀合金,称为因瓦合金(invar alloy),还可获得一定温度范围内膨胀系数基本不变的定膨胀合金,称为可伐合金(Kovar alloy)。因瓦合金的这一在磁性相变温度即居里点 T_P 以下热膨胀系数趋近为 0 的现象,称为因瓦效应(invar effect)。这一效应是瑞士物理学家纪尧姆(Charles Édouard Guillaume,1861—1938) 于 1896 年在晶态铁磁合金 $Fe_{65}Ni_{35}$ 中发现的,对利用合金进行精密计量有非常重大的意义。这一发现使纪尧姆于 1920 年获得诺贝尔物理学奖。对于因瓦效应出现的原因,目前也大都从物质的铁磁性方面进行解释,认为铁磁性材料自发磁化过程中产生的磁致伸缩效应抵消或促进合金正常的热膨胀。这些合金在精密仪器仪表、微波通信、石油运输容器以及高科技产品等领域有广泛的实际作用,同时其所蕴含的丰富的物理内容也引起了广大科研工作者的兴趣。

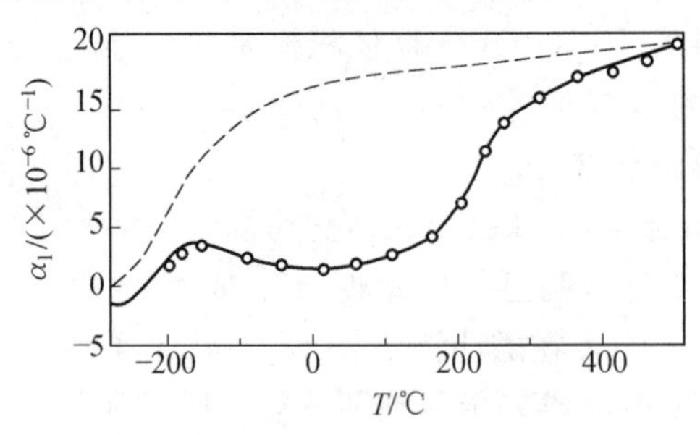

图 4.42 Fe－35%Ni(原子百分数) 合金负反常膨胀曲线

4.3.5 热膨胀分析在材料研究中的应用

在加热或冷却过程中,材料组织转变的同时往往伴随着明显的体积效应。根据这一特性,利用材料的热膨胀特性可较为方便地研究和分析材料的相变过程。

1. 确定组织的转变温度

通常，试样在加热（或冷却）过程中长度（或体积）的变化源于两个方面，即单纯由温度变化引起的膨胀（或收缩），以及材料组织转变产生的体积效应。在组织转变前或转变后，试样的膨胀（或收缩）只是单纯由温度变化引起。而在组织转变的温度范围内，除了单纯由温度引起的长度（或体积）变化以外，还附加了组织转变的长度（或体积）变化。正是由于附加的热膨胀效应，热膨胀曲线往往偏离一般规律。因此，在组织转变开始和终了时，膨胀曲线便出现了拐折。这些拐折点则对应着组织转变的开始和终了温度，即相变临界点。

从热膨胀曲线上确定拐折点的确切位置主要有两种方法。这里，以亚共析钢为例加以说明，如图 4.43 所示。第一种方法是取热膨胀曲线上偏离单纯热膨胀规律的开始点，即曲线的切点为拐折点。图 4.43(b) 中曲线上的拐折点 a、b、c 和 d 分别对应图 4.43(a) 中的 A_{c1}、A_{c3} 和 A_{r3}、A_{r1} 点。这种方法在理论上是正确的，但是切点的判断受主观因素影响。为了减少主观误差，必须采用高精度的热膨胀仪进行测量，进而得到清晰的热膨胀曲线，以提高判断切点的准确性。第二种方法是取热膨胀曲线上的 a'、b'、c' 和 d' 四个温度极值来对应图 4.43(a) 中的 A_{c1}、A_{c3} 和 A_{r3}、A_{r1} 点。这种方法的优点是峰值温度容易判断，缺点是与实际转变温度之间存在着一定的误差。通常，在研究合金元素钢的原始组织以及加热或冷却速率等因素对转变温度的影响时，做对比分析可采用此方法。

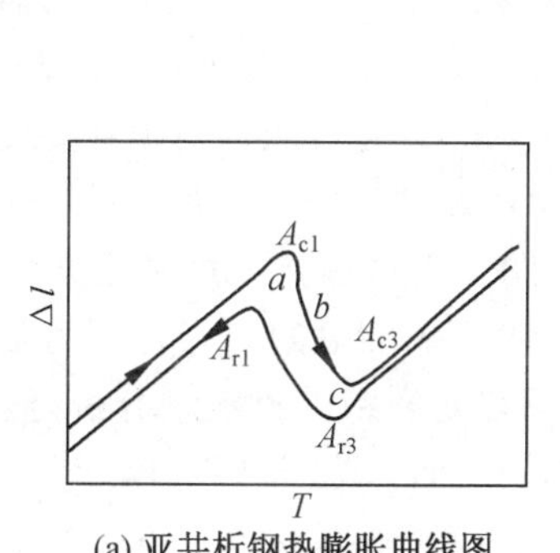

(a) 亚共析钢热膨胀曲线图

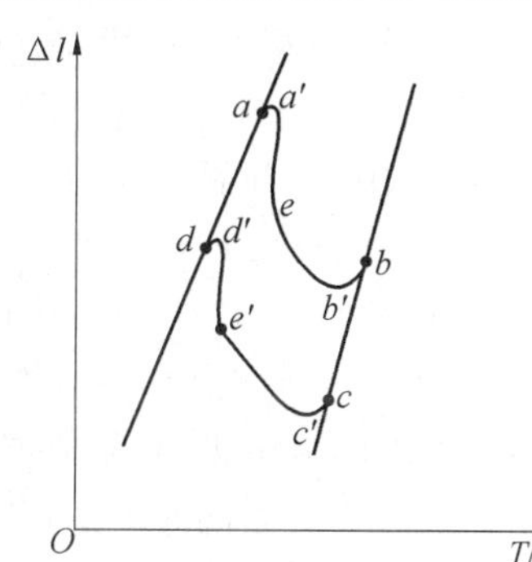

(b) 亚共析钢热膨胀曲线上的切离点和峰值标注示意图

图 4.43 亚共析钢热膨胀曲线以及该曲线上的切离点和峰值标注示意图

2. 分析相变动力学过程

以过冷奥氏体等温转变为例，通过膨胀法测定其等温转变动力学曲线，如图 4.44 所示。实验中，选用退火态材料制备试样，用全自动快速膨胀仪测量等温转变曲线。首先，将试样加热至 $A_{c1}+(30\sim50$ ℃)，保温一段时间（直径为 3 mm 的样品，保温时间一般取 $5\sim10$ min)，使退火态试样完全奥氏体化。这段时间内，膨胀仪记录下温度 T 与长度变化 Δl 的关系，获得如图 4.44 左侧所示的 $T-\Delta l$ 曲线，即加热膨胀曲线 AC。从曲线 AC 可以看到，完全奥氏体化的加热过程中，退火态试样长度一直增加，这反映的是退火态试样的受热膨胀现象。当温度到达奥氏体转变温度后，退火态试样的长度反倒降低，这与退火态试样从相对疏松的晶格类型转变为致密的奥氏体面心立方晶格有关。当转变完全后，奥氏体试样长度继续增加。随后，完全奥氏体化的试样立即冷却至等温温度，与此同时，膨胀仪立即改为记录长度变化 Δl 和时间 t 的关系，这样便获得如图 4.44 右侧所示的

$t-\Delta l$ 曲线，即等温转变曲线 BE。BE 曲线中，B 点和 E 点是曲线的拐点，分别对应转变的开始时间 t_1 和终了时间 t_2。由于等温转变产物（珠光体或贝氏体）的晶格致密度低于奥氏体，所以在等温转变过程中晶格间距增大，即试样长度不断增大，也就是获得了正的 $t-\Delta l$ 曲线。随着等温时间的延长，奥氏体完全转变为等温转变产物，试样的长度不再发生变化，如 E 点之后的曲线段。这里需要注意的是，从奥氏体开始冷却，直到奥氏体等温转变开始发生，这之间还存在着一段孕育期，即图中 OB 所对应的一段时间。一般而言，孕育期用试样转变量达 1% 时所经历的时间来表示。

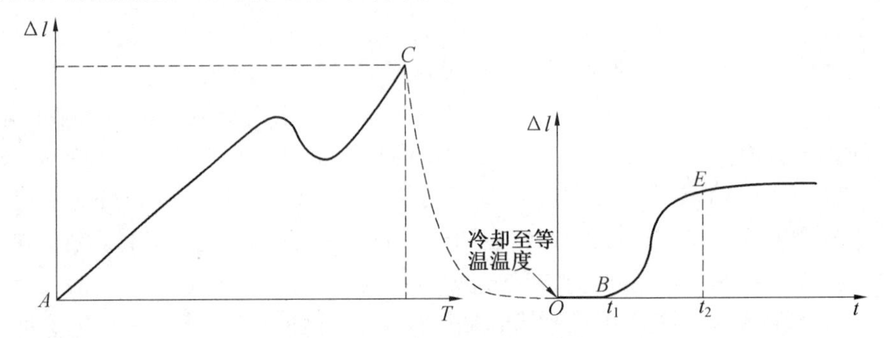

图 4.44 钢的奥氏体化处理膨胀曲线（左）及等温转变过程的膨胀曲线（右）

在等温转变完全的情况下，将转变终了所对应的膨胀量记为 100%，这样便可根据 $t-\Delta l$ 曲线上的膨胀量确定出任意等温时间的转变量。以某种钢 400 ℃ 的等温转变曲线（即 TTT 曲线，3 个 T 分别代表 time、temperature 和 transformation）的建立为例进行说明，如图 4.45 所示。图 4.45 中 Δl_f 为等温转变后的总膨胀量，即过冷奥氏体 100% 转变为等温产物时的膨胀量，此时对应的转变时间点为 t_2，也就是等温转变终了的时间。等温转变 50% 时所需要的时间 t_3，即膨胀量 $\Delta l_f/2$ 所对应的时间。用这种方式可确定其他转变量和相应的转变时间。图 4.45 中，时间点 t_1 表示等温转变开始的时间，$0\sim t_1$ 则为孕育期。在实验过程中，往往还需要借助金相法，对相应温度下转变产物进行定量分析，然后再按照转变量与时间正比的关系，找出不同转变量所对应的时间。为了获得 TTT 图，应在临界点和 A_{c1} 点之间，每隔 25 ℃ 左右测定一个等温转变过程，即可获得一条转变动力学曲线，在等温转变的动力学曲线上确定出转变开始点、终了点和转变量为 25%、50%、75% 及其相应的时间。将不同等温温度转变开始、终了和转变不同数量所对应的时间标在温度时间坐标上，并分别连成光滑曲线，即得到 TTT 图。

3. 相变激活能的计算

相变激活能是相变动力学理论中非常重要的概念。晶体中的原子可以借助自身的热激活运动来得到很高的热起伏或能量起伏，只有特定概率数目的原子可以获得足够大的能量以达到激活态。如图 4.46 所示，参与某相变的单个原子从自由能较高的初始亚稳态 γ 相（状态 Ⅰ）穿越相界面形成自由能较低的稳态 α 新相（状态 Ⅱ）。从热力学考虑，α 相的吉布斯自由能比 γ 相低，即亚稳 γ 相有转变为稳定 α 相的自发趋势。但从动力学上考虑，原子从状态 Ⅰ 达到状态 Ⅱ 的过程中，还必须克服一个高能量的状态，也就是所谓的过渡态或激活态。这一激活态与状态 Ⅰ（也叫初始态）之间的自由能差就是相变的动力学势垒，也就是为相变过程中需要克服的相变激活能。

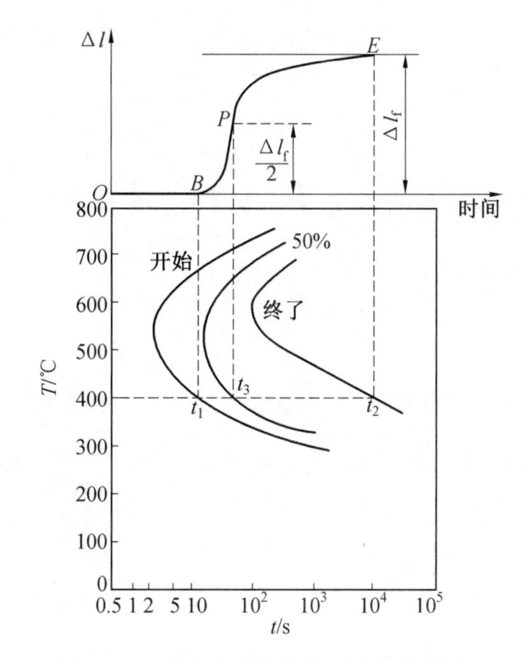

图 4.45 过冷奥氏体的等温转变曲线图

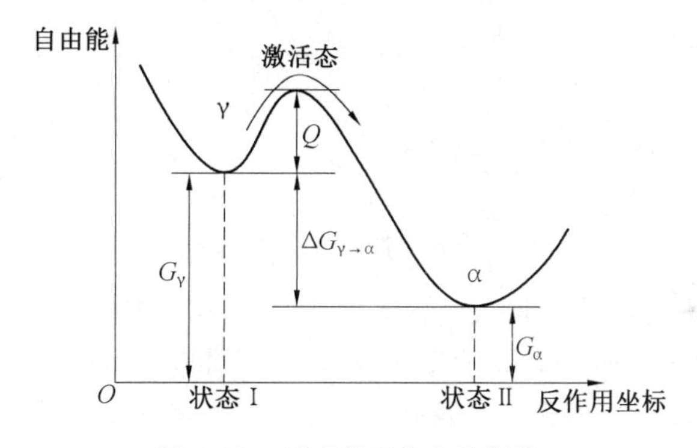

图 4.46 固态相变势垒示意图

根据反应动力学理论，原子达到激活态的概率为 $\exp(-Q/RT)$，那么相界面处原子的跃迁速率 k 为

$$k = A\exp\left(-\frac{Q}{RT}\right) \tag{4.101}$$

式中 Q—— 相变激活能或激活能势垒，J/mol；

R—— 气体常数，$R = 8.314$ J/(mol·K)；

T—— 温度，K；

A—— 指前因子，与原子热振动频率有关，由材料及相变类型所决定。

从式(4.101)可以看到，相变激活能同温度密切相关。温度越高，激活能越小，原子能量达到激活态的概率就越大，相变更易进行。式(4.101)是著名的经验公式 —— 阿伦尼乌斯速率方程，用于反映化学反应速率和温度的关系。该方程更可广泛应用于其他反应过程以及相变过程，是固态相变动力学理论研究的基础。

利用等温膨胀曲线可以计算扩散型相变激活能 Q。已知试样长度的变化率正比于相变速度 k，即

$$\frac{\mathrm{d}l}{\mathrm{d}\tau}=A\exp\left(-\frac{Q}{RT}\right) \tag{4.102}$$

式中　$\frac{\mathrm{d}l}{\mathrm{d}\tau}$——试样长度随时间的变化率。

将式(4.102)两侧取对数，则

$$\ln\left(\frac{\mathrm{d}l}{\mathrm{d}\tau}\right)=\ln A-\frac{Q}{RT} \tag{4.103}$$

以 $\ln\left(\frac{\mathrm{d}l}{\mathrm{d}\tau}\right)$ 为纵坐标，$\frac{1}{T}$ 为横坐标，可以绘得一直线，如图 4.47 所示。根据该直线的斜率即可求得相变激活能 Q，根据该直线的截距可求得 A。相变激活能是研究相变动力学的重要参数。

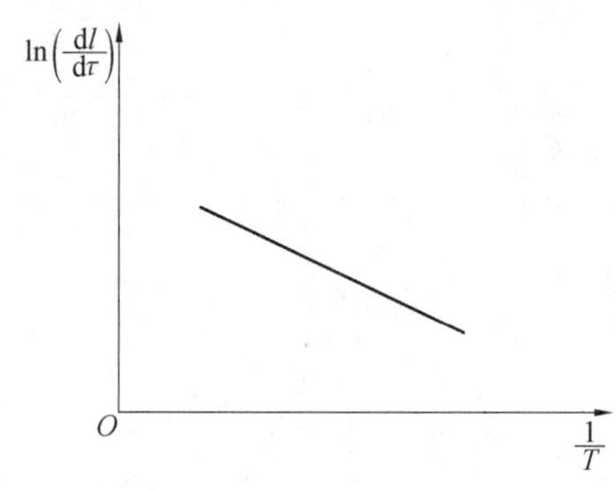

图 4.47　由等温膨胀曲线求得相变激活能

固态相变过程发生物相结构及成分变化的同时，常伴随着某些物理性质的变化，例如：热焓、比体积、电阻、硬度、磁以及弹性等，与其相对应的检测技术包括：热分析、热膨胀、电阻测量、硬度测量、磁性测量以及弹性模量和内耗测量等。通过测量物理性质的变化来分析相变过程是一个比较简便的方法，因而得到了非常广泛的应用。其中，通过测定材料的热膨胀数据，可方便地分析相变过程。同时，还需要借助物相分析和微观组织分析等其他测试手段分析相变过程中的物相演化及分布、微观结构演化、晶粒尺寸演化等。

有关利用材料热膨胀特性进行材料研究的应用还有很多，例如，研究钢与合金的不同加热速度下的组织转变、测定钢的连续冷却转变曲线、淬火钢的回火、热循环对材料的影响、球墨铸铁的石墨化等都非常有效。膨胀法与电阻分析、热分析等其他方法相比，具有测试灵敏度高、可近似定量分析、测试简单、操作方便、全程可自动控制等优点。有关采用膨胀法进行材料研究的具体应用实例，本书不再做具体说明，读者可查阅相关文献加以了解。

4.3.6　负热膨胀材料简介

负热膨胀(Negative Thermal Expansion，NTE)材料的研究是近年来材料科学研究的新热点之一。所谓的负热膨胀材料指的是具有“冷胀热缩”性能的材料，即在一定的温

度范围内，平均线膨胀系数或体膨胀系数为负值的一类材料。通过结构与界面的合理设计，将该类材料与正热膨胀的材料合成新的复合材料，则可实现复合材料热膨胀系数从负值到零、到正值的变化。这里，所谓的“零(或近零)热膨胀”指的是材料的微观尺寸随温度变化近似保持不变，在特定的温区内体积既不膨胀也不收缩的现象。通常，更广义地将这类复合材料统称为可控热膨胀系数的功能材料，简称可控热膨胀(controlled thermal expansion)材料。

关于负热膨胀材料的研究，最早在19世纪末，纪尧姆发现的“因瓦合金”在一定温度范围内具有极小的膨胀系数，甚至为0或负值。之后，发现石英和处于玻璃态的SiO_2在低温区会呈现随温度升高而体积收缩的现象。1951年，发现β－锂霞石结晶聚集体在温度达到1 000 ℃后，温度继续升高时会出现体积缩小的现象，从而引起了科技界对负热膨胀问题的重视。此后，科研人员相继发现一系列负热膨胀材料，但由于响应温度远离室温、响应温度范围太窄或负膨胀系数受温度影响太大，所发现的负热膨胀材料的应用受到了限制。直到20世纪90年代，随着对材料体积稳定性有要求的领域不断增多，负热膨胀材料越来越受到人们关注，研究力度进一步加大。

按照负热膨胀性能的不同，可将负热膨胀材料分为各向异性负热膨胀材料和各向同性负热膨胀材料，同时还包括一些无定形或者玻璃态物质。各向异性的负热膨胀材料在不同晶格方向上具有不同的膨胀性能，或是膨胀系数大小不同，或是一个方向膨胀，而另一个方向收缩，在应用上具有很大局限性。同时，各向异性材料在应用中易产生应力和微裂纹，影响材料寿命。同时，由于膨胀性能复杂，若用它制备复合膨胀材料，膨胀系数调节困难。各向同性的负热膨胀材料则不同，其在各个方向上具有相同的膨胀性能，结构也更加简单而稳定，机械性能更加优异，对复合材料的负热膨胀性能的调整也更为容易。因此，往往在各向同性的负热膨胀材料中寻找具有优异负膨胀性能的材料。

目前，比较有代表性的负热膨胀材料主要有，氧化物系列负热膨胀材料(如：AM_2O_8(A为Zr、Hf；M为W、Mo)、$A_2(MO)_4$(A为Sc、Y、Lu等；M为W、Mo)、$A_2M_3O_{12}$(A为三价过渡金属，M为Mo、W)、A_2O(A为Cu、Ag、Au)、AMO_5(A为Nb、Ta等；M为P、V等)、$PbTiO_3$等)、沸石分子筛、金属氰化物(如$Cd(CN)_2$、$Zn(CN)_2$)、普鲁士蓝类似物$MPt(CN)_6$(M为Mn、Fe、Co、Ni、Cu、Zn、Cd)、金属有机框架化合物(Metal Organic Framework，MOF)，以及金属氟化物(如ScF_3、ZnF_2、$MZrF_6$(M为Ca、Mn、Fe、Co、Ni、Zn))等。表4.4给出了一些常见的超低(负)热膨胀的材料。

负热膨胀现象是一个复杂的物理现象，与很多因素有关。负热膨胀的机理主要分为两类：一类由热振动引起，称为声子驱动型机理；另一类由非热振动引起，称为电子驱动型机理。前者主要由一些低频声子激发促使负热膨胀产生，通常发生在框架结构类型的化合物中；后者主要是热致电子结构的变化引起负热膨胀，大体分为磁结构相变、铁电自发极化、电荷转移等。根据这两类原理的分类，也可把负热膨胀材料分为结构负热膨胀材料和电子负热膨胀材料。

表 4.4　常见的超低(负)热膨胀的材料

类型	结构特征	组成	平均线膨胀系数/($\times 10^{-6}$℃$^{-1}$)	温度范围/℃
各向异性热收缩化合物	石榴石结构	$NaZr_2P_3O_{12}$	−0.4	2～1 000
		$NaTi_2P_3O_{12}$	−0.55	25～500
		$CaZr_4P_6O_{24}$	−0.16	25～100
		$Sc_2(WO_4)_3$	−1.4	−200～600
		$CsZr_2(PO_4)_3$	0	−200～1 000
		$KZr_2(PO_4)_3$	−0.29	−200～1 500
		$LiZr_2(PO_4)_3$	−4	−200～500
		$NbZr(PO_4)_3$	−2.07	−200～1 200
	钙钛矿结构	$LuCoO_3$	−6	−200～0
		$PbTiO_3$	−5.4	−100～600
		$PMN+PbTiO_3$	1.0	−100～100
	白榴石结构	$KAlSi_2O_6$(合成)	−20.8	800～1 200
		$KAlSi_2O_6$(天然)	−28.3	900～1 200
	β－锂霞石结构硅石变体	$RbAlSi_2O_6$	−6	800～1 200
		$Li_2Al_2Si_2O_6$	−6.2	25～1 000
		$AlPO_4$(方石英)	−3	1 000～1 500
		$AlPO_4$(石英)	−7.57	600～1 300
		$FePO_4$(石英)	−5	700～1 200
		SiO_2(鳞石英)	−4.3	900～1 500
		SiO_2(方石英)	−1.7	1 000～1 300
		SiO_2(石英)	−12	1 100～1 500
		热液石英	−1.5	−200～400
	刚玉	Al_2O_3	−7.5	−200～0
各向同性热收缩化合物	焦磷酸盐	ThP_2O_7	−8.1	300～1 200
		UP_2O_7	−6.3	600～1 500
		ZrV_2O_7	−10.8	100～500
	焦钨酸盐	ZrW_2O_8	−8.7	−273～777
		HfW_2O_8	−8.7	−273～777
无定形化合物	玻璃	SiO_2-TiO_2	0.05～−0.03	25～800
合金	因瓦合金	Fe－Ni36	＜1.8	25～100

1. 热振动效应

(1) 桥位原子的横向热振动。

原子在热运动时,原子振动可能在不同方向引起原子间距的变化,进而产生正热膨胀或负热膨胀。对二配位系统,通常存在 M_1-B-M_2 的桥位连接结构。这里的桥位原子B可能是O原子或F原子,M_1 和 M_2 代表两种或同种金属原子。如图4.48给出了桥位原子的振动引发的两种结果示意图。桥位原子B若纵向振动,随温度升高,原子热振动增强,必然引起金属原子间距离增大,因而在纵向产生正的热膨胀。但桥位原子B若横向振动,则会引起 M_1-B-M_2 键角发生变化。若B-M键强度足够高,其键长随温度升高的变化相对较小,则桥位原子B的横向热振动必然将引起金属原子间距离减小,从而产生负热膨胀现象。在较低温度下,由于桥位原子的横向热振动能量较纵向低,因此又称低能横向热振动。低能横向热振动是具有二配位桥原子结构的材料产生负热膨胀的主要原因之一。具有硅石变体类结构和硅酸盐结构的负膨胀系数化合物(如 SiO_2 的三种晶体:石英、方石英和磷石英),以及具有很小负膨胀系数的玻璃和橡胶等无定形物质,其负热膨胀机理可以用桥位原子的横向热运动解释。

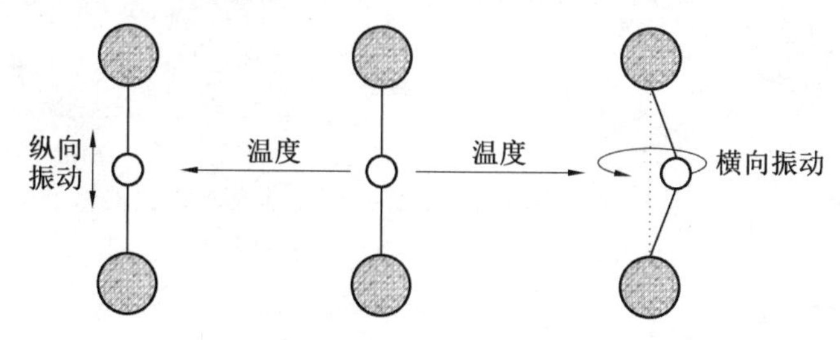

图4.48 桥位原子的振动引发的两种结果示意图

桥位原子若纵向振动引发热膨胀(左侧图);若横向振动,引发热收缩(右侧图),横向振动实际是圆周运动

另外,如果桥位原子换成桥位原子集团,由于桥位集团更容易发生横向振动,从而引起更大的负热膨胀。例如,氰化物的—CN—集团和MOF的氢化苯环分别都有两种横向运动,也都不改变结构的键长,但却能改变与它们相连的原子间距离,最终导致巨大的负膨胀系数。如图4.49给出了这两种集团的横向运动原子结构图。

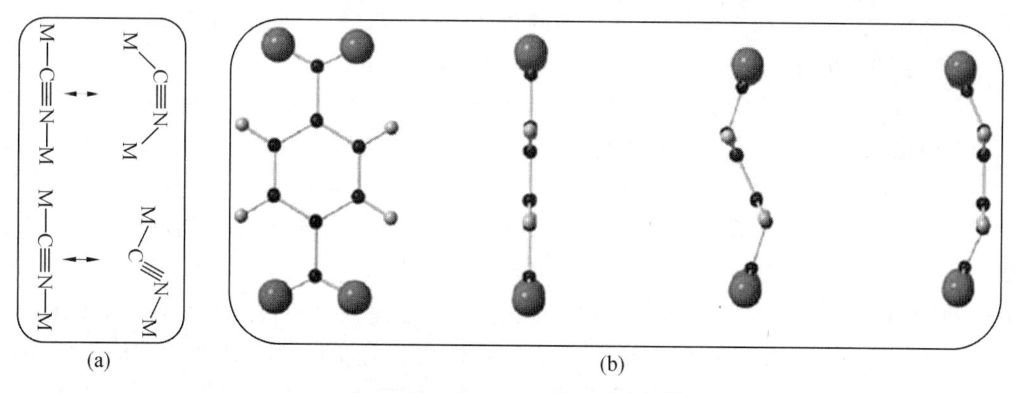

图4.49 CN集团和MOF氢化苯环的两种横向运动

(2) 刚性(准刚性)单元的旋转耦合振动。

对于有开放式框架结构的负膨胀材料来说,其结构体系大多由 MX_4 四面体或 MX_6 八面体(M 为金属原子,X 为非金属 O 或 F 原子)通过顶点连接形成。由于 M—X 共价键的键强较高,键长键角不容易发生改变,当温度升高时,连接多面体的非金属原子横向振动比纵向振动需要能量小,因而容易发生横向热振动,造成多面体间的耦合振动。这种耦合振动实际上是以多面体的耦合旋转实现的,如图 4.50 所示。在耦合振动的同时,多面体形状几乎不变,因此又称为刚性单元模型(Rigid Unit Modes,RUM),而对于发生微小变形的多面体,则称为准刚性单元模型(Quasi Rigid Unit Modes,QRUM)。至今发现的 ZrV_2O_7、ZrW_2O_8、$Sc_2W_3O_{12}$ 等典型的负热膨胀氧化物材料都符合这种结构特点的运动模式。关于这种刚性单元的耦合振动导致体积收缩可用数学模型来描述,这些内容读者可查阅相关文献进行了解,本书不做详细说明。

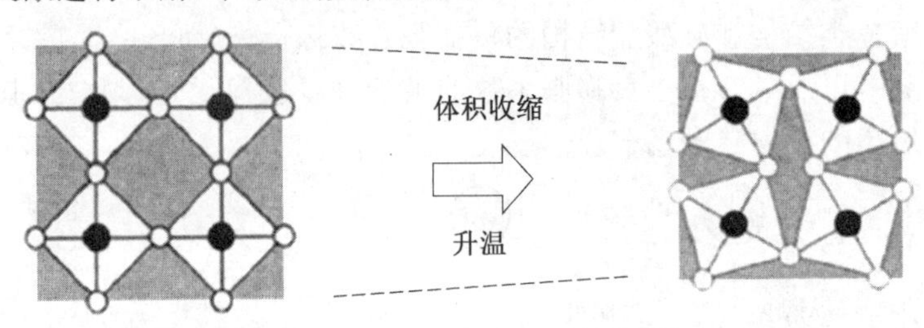

图 4.50 刚性单元的旋转耦合振动示意图:左侧升温前的原子振动,右侧升温后刚性单元的框架结构发生旋转并引起收缩

2. 非热振动效应

(1) 电荷转移机制。

电荷转移机制与电子跃迁导致离子价态变化有关。在温度升高的过程中,有些材料的电荷会发生转移。由于同一原子的不同价态具有不同的离子半径和化学键能,若价电子转移过程中造成离子或原子半径的收缩大于增加,则导致材料体积收缩。与这种机制相关的最典型例子是 $BiNiO_3$ 的负热膨胀现象。随着温度升高,金属离子 Bi 与 Ni 之间出现价电子转移,从而引起了低温相大体积到高温相小体积的转变,呈现出负膨胀特性。除此以外,金属富勒烯盐 $Sm_{2.75}C_{60}$、具有双钙钛矿结构的 $LaCu_3Fe_4O_{12}$ 和 $SrCu_3Fe_4O_{12}$、金属复合材料 YbCuAl 和 YbGaGe 等材料的负膨胀特性都源于价电子的转移。

(2) 相转变机理。

有些材料随温度升高发生结构相变时,在相变点附近会出现体积收缩,这与由相变引起的几何结构收缩大于键长热膨胀的结果有关。以这种机理呈现负膨胀特征的材料主要是铁电体,这是由于这类晶体内正负电荷中心不重合,并存在晶体的自发极化。以具有钙钛矿结构的 $PbTiO_3$ 为例,如图 4.51 所示,$PbTiO_3$ 由 PbO_{12} 和 TiO_6 多面体组成。温度低于 490 ℃ 时,$PbTiO_3$ 为四方相,TiO_6 八面体存在严重的畸变,晶体内正负电荷中心不重合,如图 4.50(b) 所示,此时的四方相存在自发极化,呈铁电态。当温度高于 490 ℃ 时,PbO_{12} 和 TiO_6 多面体逐渐规则化,晶格的不对称性消失,$PbTiO_3$ 相变为顺电立方相。在这一相变过程中,M—O 的平均键长随着畸变八面体对称程度的增加而缩短,从而造成这种钙钛矿型结构的材料具有负的膨胀系数。因此,$PbTiO_3$ 由铁电相到顺电相的转变是导致其负热膨胀性质的直接原因。而通过元素掺杂可以减小 $PbTiO_3$ 的 c/a 轴比，进而可实现调节负热膨胀性质。

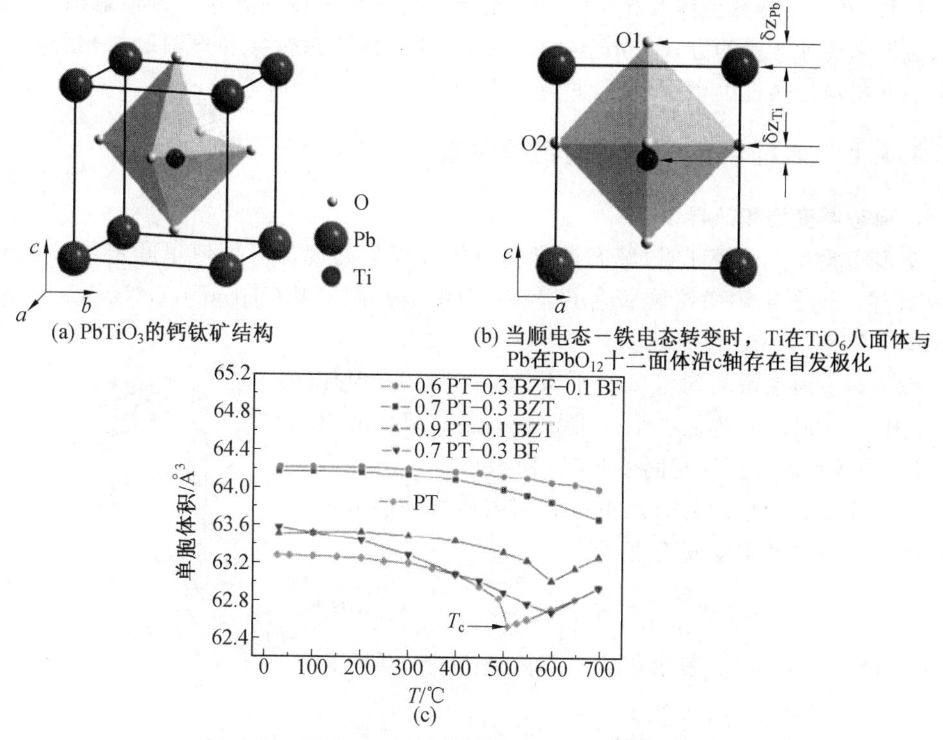

图 4.51 $PbTiO_3$ 的晶体结构及负膨胀系数的调节

(3) 磁体积效应。

除了 4.3.4 节提到的因瓦合金在居里点以下具有反常的零膨胀或负膨胀现象以外，反钙钛矿结构的锰氮化合物 Mn_3AX(A 为 Ga、Zn、Cu、Ni、In、Pd 等过渡金属或半导体元素，X 为 C、N)，在铁磁性相变点也存在负热膨胀现象。造成这种现象的原因是：材料发生磁相变时需要吸收(放出)一定能量，吸收(放出)的能量直接影响了材料原子晶格的非简谐热振动。当磁相变的作用超过正常原子非简谐热振动造成的热膨胀时，材料体现出负热膨胀行为。

总之，超低膨胀、零膨胀或负热膨胀材料在航空航天、半导体器件、各类封装和基片用绝缘陶瓷、仪器仪表等精密仪器，以及各类热匹配复合材料、热梯度复合材料、建筑材料等领域都具有广泛的应用前景。有关这类材料热膨胀机理的研究对相关关键器件的研制具有重要的指导意义。

4.4 材料的导热性

自然界中热量的传递有三种基本的形式，即热传导(thermal conduction)、对流(convection)和热辐射(thermal radiation)。热传导是物体各部分之间不发生相对位移时，依靠分子、原子及自由电子等微观粒子的热运动而产生的热量传递现象。热量往往从高温物体迁移到低温物体，或热量从一个物体中的高温部分迁移到低温部分。这一现象在固体、液体和气体中均可发生。对流是由于流体的宏观运动，引起流体各部分之间发生相对位移，并依靠冷热流体互相掺混合移动所引起的热量传递方式。热辐射则是物体通过电磁波来传递能量的方式。本节通过介绍材料中描述热传导和热辐射的相关物理量，讨论引起材料导热性的微观机理，并分析影响材料导热性的因素。

4.4.1 表征热传导性质的物理参量

1. 稳态温度场和热导率

众多实验经验已经证明，稳态温度场热传导现象的规律可用傅里叶定律(Fourier's law)描述。这一定律由法国著名数学家、物理学家傅里叶(Baron Jean Baptiste Joseph Fourier，1768—1830)给出。

考虑两表面维持均匀温度的平板，热量沿 x 方向传递，如图 4.52 所示。这是一个一维导热问题。根据傅里叶定律，当各点温度不随时间变化时(稳态)，对 x 方向上一个厚度为 $\mathrm{d}x$ 的微元层来说，单位时间内通过该层单位面积的热量与温度梯度成正比，即

$$q=\frac{Q}{A}=-\lambda\frac{\mathrm{d}T}{\mathrm{d}x} \tag{4.104}$$

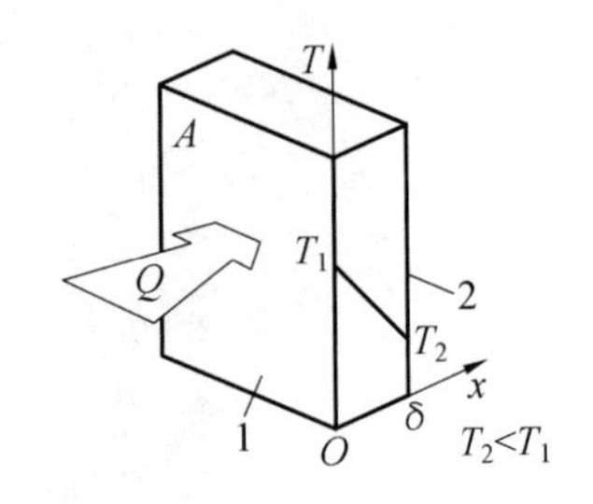

图 4.52　一维稳态热传导模型

式中　Q—— 热流量，表示单位时间内通过某一给定面积的热量，W；

A—— 热流通过的面积；

q—— 热流密度，表示单位面积的热流量，$\mathrm{W/m^2}$；

$\frac{\mathrm{d}T}{\mathrm{d}x}$—— 温度梯度，又可记为 grad T；

λ—— 热导率，又称导热系数，$\mathrm{W/(m\cdot K)}$。

式中的负号表示热量向低温处传递。

稳态温度场中，这一反映热流密度与温度梯度成正比例关系的比例系数 λ，实际反映了材料的导热能力。不同材料的热导率有很大差别，即使同种材料，热导率也与温度等因素有关。图 4.53 给出了多种固体材料热导率随温度的变化关系。

2. 非稳态温度场和热扩散系数

傅里叶定律适用于稳态温度场。如果材料内各点的温度随时间变化，那么这一传热过程就是非稳态传热过程，材料上各点的温度应该是时间和位置的函数。

根据能量守恒定律和傅里叶定律，可建立导热物体中温度场的数学表达式。考察物体内任意一个微元平行六面体的单元热传导模型，如图 4.54 所示。

根据傅里叶定律，通过图 4.54 中微元平行六面体三个表面而进入微元体的热流量为

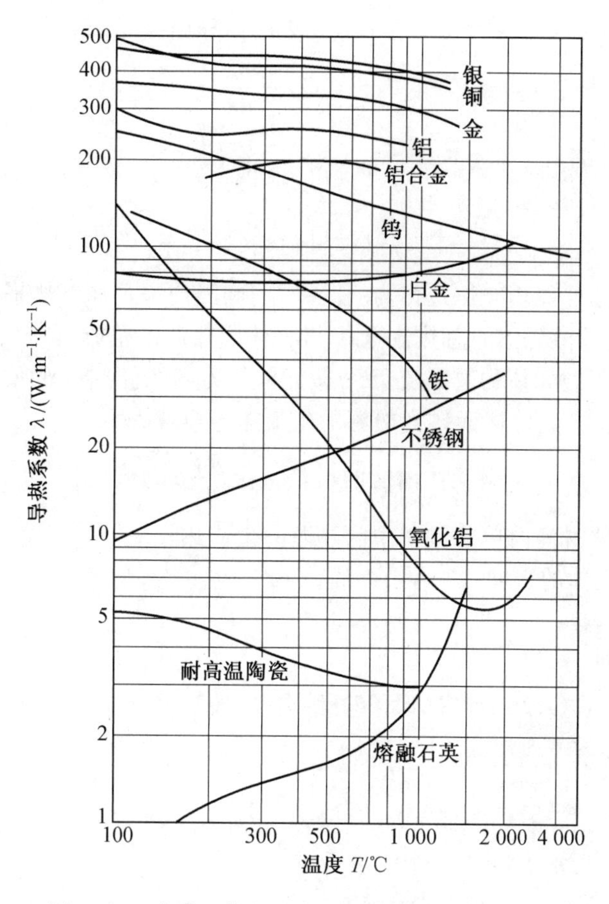

图 4.53 多种固体材料热导率随温度的变化关系

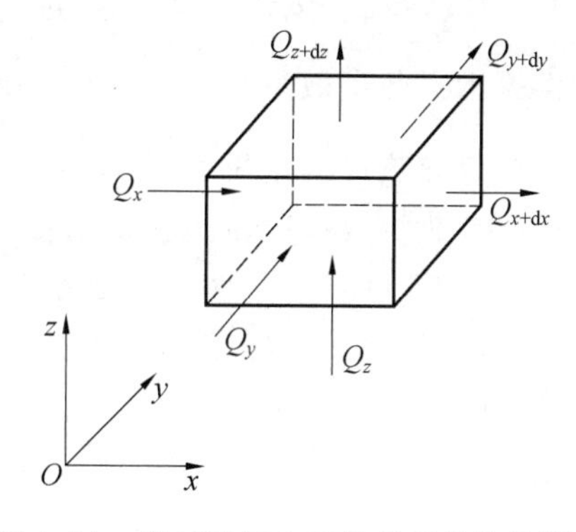

图 4.54 微元平行六面体单元热传导模型

$$\begin{cases} Q_x = -\lambda \dfrac{\partial T}{\partial x} \mathrm{d}y \mathrm{d}z \\ Q_y = -\lambda \dfrac{\partial T}{\partial y} \mathrm{d}x \mathrm{d}z \\ Q_z = -\lambda \dfrac{\partial T}{\partial z} \mathrm{d}x \mathrm{d}y \end{cases} \tag{4.105}$$

通过$(x+\mathrm{d}x)$、$(y+\mathrm{d}y)$、$(z+\mathrm{d}z)$三个微元表面而导出微元体的热流量为

$$\begin{cases} Q_{x+\mathrm{d}x}=Q_x+\dfrac{\partial Q}{\partial x}\mathrm{d}x=Q_x+\dfrac{\partial}{\partial x}\left(-\lambda\dfrac{\partial T}{\partial x}\mathrm{d}y\mathrm{d}z\right)\mathrm{d}x \\ Q_{y+\mathrm{d}y}=Q_y+\dfrac{\partial Q}{\partial y}\mathrm{d}y=Q_y+\dfrac{\partial}{\partial y}\left(-\lambda\dfrac{\partial T}{\partial y}\mathrm{d}x\mathrm{d}z\right)\mathrm{d}y \\ Q_{z+\mathrm{d}z}=Q_z+\dfrac{\partial Q}{\partial z}\mathrm{d}z=Q_z+\dfrac{\partial}{\partial z}\left(-\lambda\dfrac{\partial T}{\partial z}\mathrm{d}x\mathrm{d}y\right)\mathrm{d}z \end{cases} \tag{4.106}$$

对于微元体，按照能量守恒定律，在任一时间间隔内满足如下热平衡关系

$$\begin{aligned}&\text{进入微元体的总热流量}+\text{微元体内热源的生成热}\\ &=\text{导出微元体的总热流量}+\text{微元体热力学能(内能)的增量}\end{aligned} \tag{4.107}$$

$$\text{微元体内热源的生成热}=Q\mathrm{d}x\mathrm{d}y\mathrm{d}z \tag{4.108}$$

$$\text{微元体内能的增量}=\rho c\frac{\partial T}{\partial \tau}\mathrm{d}x\mathrm{d}y\mathrm{d}z \tag{4.109}$$

式中 Q—— 单位时间内单位体积中内热源的生成热；

ρ—— 微元体的密度；

c—— 比热容；

τ—— 时间。

将式(4.105)、式(4.106)、式(4.108)和式(4.109)代入式(4.107)，则可获得三维非稳态导热微分方程的一般形式为

$$\rho c\frac{\partial T}{\partial \tau}=\frac{\partial}{\partial x}\left(\lambda\frac{\partial T}{\partial x}\right)+\frac{\partial}{\partial y}\left(\lambda\frac{\partial T}{\partial y}\right)+\frac{\partial}{\partial z}\left(\lambda\frac{\partial T}{\partial z}\right)+Q \tag{4.110}$$

如果热导率λ为常数，式(4.110)可写成

$$\frac{\partial T}{\partial \tau}=\frac{\lambda}{\rho c}\left(\frac{\partial^2 T}{\partial x^2}+\frac{\partial^2 T}{\partial y^2}+\frac{\partial^2 T}{\partial z^2}\right)+\frac{Q}{\rho c} \tag{4.111}$$

令$\alpha=\dfrac{\lambda}{\rho c}$，则将$\alpha$称为导温系数或热扩散系数(thermal diffusivity)，单位为$\mathrm{m^2/s}$。热扩散系数α的物理意义是与不稳定导热过程相联系的。非稳态导热过程是物体一方面有热量传导变化，同时又有温度变化，热扩散系数α是联系二者的物理量，标志温度变化的速度。在相同加热和冷却条件下，α越大，物体各处温差越小。

在一维情况下，如果导热系数为常数，无内热源时，导热微分方程可写成

$$\frac{\mathrm{d}T}{\mathrm{d}\tau}=\frac{\lambda}{\rho c}\cdot\frac{\mathrm{d}^2 T}{\mathrm{d}x^2}=\alpha\cdot\frac{\mathrm{d}^2 T}{\mathrm{d}x^2} \tag{4.112}$$

3. 热阻率

借助于电导率和电阻率的描述方式，材料的传热特性中，也可以引入热阻率ω的概念，表征材料对热传导的阻隔能力，即

$$\omega=\frac{1}{\lambda} \tag{4.113}$$

热阻率也可分为基本热阻率$\omega(T)$和残余热阻率ω_r两部分，即

$$\omega=\omega(T)+\omega_\mathrm{r} \tag{4.114}$$

基本热阻率$\omega(T)$是温度的函数，而残余热阻率ω_r则与温度无关。

表 4.5 将上述三个用于表征热传导性质的物理参量 λ、α 和 R 进行了比较。

表 4.5 表征热传导性质的物理参量 λ、α 和 R 的比较

参数	基本公式	物理本质	导出条件	应用领域
热导率（导热系数）	$q=-\lambda\dfrac{\mathrm{d}T}{\mathrm{d}x}$	表征固体导热能力	稳态温度场	材料研究，热物理设计
热扩散率（导温系数）	$\alpha=\dfrac{\lambda}{\rho c}$	导热蓄热能力综合参数	非稳态温度场	获取 λ，热物理设计
热阻率	$\omega=\dfrac{1}{\lambda}$	材料对热传导的阻隔能力	稳态温度场	工程热计算、设计

4.4.2 固体热传导的微观机制

固体热传导是材料内部能量的传递过程，其物理本质是通过微观粒子的运动输运能量，即由晶格振动的格波和自由电子的运动来实现能量的传递。假设晶格中某一质点处于较高温度，其热振动强烈，振幅也较大。其相邻质点处于较低温度，热振动较弱，振幅也较小。由于两质点间存在相互作用力，振动强烈的质点会影响相邻振动较弱的质点，使振动较弱的质点热振动加强，热动能增加，从而实现热能的传递，产生热传导现象。由于固体中热能的传递是通过反映晶格振动的格波来实现的，因此需要从热量传递对格波的影响来讨论热传导的微观本质。

根据“固体物理”的相关知识，固体内参与导热的微观粒子主要包括电子、声子和光子。因此，固体的导热包括电子导热、声子导热和光子导热。对于这些微观粒子的导热，通常借助理想气体的热导率公式来描述，这是一种合理的近似。

按照气体动理论(kinetics theory of gases)并取某种近似后，气体的热传导公式为

$$\lambda=\frac{1}{3}c\bar{v}l \tag{4.115}$$

式中 c—— 单位体积气体的比热容；

$\bar{v}$—— 气体分子的平均运动速度；

l—— 气体分子运动的平均自由程。

由于气体热传导是气体分子碰撞的结果，借用气体的热导率公式近似地描述固体材料中电子、声子、光子的导热机制，固体的热导率满足

$$\lambda=\frac{1}{3}\sum_i c_i\bar{v}_i l_i \tag{4.116}$$

式中 i—— 不同热载体类型相应的物理量。

式(4.116)说明，对不同固体材料来说，需要分别考虑电子、声子和光子对热传导的贡献。例如，对纯金属而言，电子导热是主要机制；在合金中，声子导热作用增强；对半导体材料，同时存在声子导热和电子导热；而绝缘体则几乎只有声子导热。如果在高温下，则需要考虑光子导热对热传导的贡献。下面借助式(4.116)，分别对这三种热传导机制进行讨论。

1. 电子导热

对纯金属而言，其内部存在大量的自由电子，因此电子是参与导热的主要载体。电子的热导率可写成

$$\lambda_e = \frac{1}{3} c_e \bar{v}_e l_e \tag{4.117}$$

式中 λ_e—— 电子的热导率；

c_e—— 单位体积电子的比热容；

$\bar{v}_e$—— 电子的平均运动速度；

l_e—— 电子的平均自由程。

把自由电子的相关数据代入式(4.117)，则可近似计算得到电子的热导率λ_e。设单位体积内自由电子数为n，根据式(4.54)，将式中的R换成$k_B N_A$，再将式中的$Z \cdot N_A$用单位体积内的自由电子数n表示；由于E_F^0随温度变化不大，则可用E_F代替E_F^0。

因此，单位体积内自由电子的比热容为

$$c_e = \frac{\pi^2}{2} \cdot \frac{k_B^2 T}{E_F} \cdot n \tag{4.118}$$

将式(4.118)代入式(4.117)，同时，考虑到$E_F = \frac{1}{2} m\bar{v}_e^2$，则

$$\lambda_e = \frac{1}{3}\left(\frac{\pi^2}{2} \cdot \frac{k_B^2 T}{E_F} \cdot n\right)\bar{v}_e l_e = \frac{\pi^2 k_B^2 T n}{3m_e} \cdot \frac{l_e}{\bar{v}_e} = \frac{\pi^2 k_B^2 T n}{3m_e}\tau_e \tag{4.119}$$

式中 m_e—— 电子的质量；

τ_e—— 自由电子的弛豫时间，$\tau_e = \frac{l_e}{\bar{v}_e}$。

在电子导热中，电子的平均自由程l_e是影响电子热导率的主要因素。实际上，电子的平均自由程l_e完全由自由电子的散射过程决定。如果金属晶体点阵完整，电子运动不受阻碍，即l_e无穷大，则热导率λ_e也无穷大。如果金属晶体中存在杂质和缺陷，点阵发生畸变，则电子运动受到阻碍，此时存在热阻，从而降低热导率。

2. 声子导热

对大多数非金属材料而言，在导热过程中，温度不太高时，电子导热的作用减弱，声子导热的作用增强。根据量子理论，晶格质点振动的能量是不连续的，且所具有的能量是最小能量单元的整数倍。这一能量最小化单元即为声子。晶格质点振动的能量越高，即具有更高倍数的能量最小化单元，这可以看成具有更多数量的声子。当固体的导热主要以声子导热为主，则导热的贡献主要来自于声频支格波。格波在晶体内传播时受到的散射可看成声子同晶体中质点的碰撞，把理想晶体中热量传递的阻力可归结为声子与声子的碰撞。由于气体热传导是气体分子碰撞的结果，晶体热传导是声子碰撞的结果，因此，它们的热导率也就应该具有相似的数学表达式。其中，声频支声子的速度与振动频率无关，热容和平均自由程均是振动频率的函数，所以，声子热导率的普遍形式为

$$\lambda_{ph} = \frac{1}{3}\int c_{ph}(\nu) \cdot \bar{v}_{ph} \cdot l_{ph}(\nu)\,d\nu \tag{4.120}$$

式中 λ_{ph}—— 声子的热导率；

c_{ph}—— 单位体积声子的比热容；

$\bar{v}_{ph}$—— 声子的平均运动速度；

l_{ph}—— 声子的平均自由程；

ν—— 声子振动频率。

在导热过程中，温度不太高时，主要是声频支格波有贡献。这里，考虑声子平均自由程 l_{ph} 的作用。如果晶格上质点各自独立振动，格波间没有相互作用，也就是声子间互不干扰，没有声子碰撞，没有能量传递，因此声子可在晶格中畅通无阻。此时，晶体中的热阻为0。但实际上晶格热振动并非线性，格晶间有着一定的耦合作用，声子间会产生碰撞，此时声子的平均自由程减小。格波间相互作用越强，声子间碰撞的概率增大，声子的平均自由程减小越多，则热导率越低。因此，声子间碰撞引起的散射是晶格中热阻的主要来源。另外，晶体中的各种缺陷、杂质以及晶界都会引起格波的散射，也等效于声子平均自由程的减小，从而降低热导率。

3. 光子导热

辐射是电磁波传递能量的现象。由于热的原因而产生的电磁波辐射称为热辐射。当固体内部微观粒子(如分子、原子和电子等)的振动、转动等运动状态发生改变时，会辐射出频率较高的电磁波。具有较强热效应的电磁波波长位于0.4～40 μm的可见光和部分近红外光的区域。这一波长范围内电磁波的传播过程和光在介质中传播的现象类似，当辐射的能量投射到物体表面上时，也会发生吸收、反射、透过等现象。光在介质中的传播将在第5章详细介绍。

辐射传热是物体之间相互辐射和吸收的总效果。只要物体的温度高于绝对零度，物体总是不断地把热能转变成辐射能，并向外发射热辐射。同时，物体也不停地从周围吸收投射到它上面的热辐射，并把吸收的辐射能转变为热能。对物体中相邻体积单元间，处于热平衡时，相邻体积单元上辐射的能量等于吸收的能量，虽然两者间的热辐射仍在不停进行，但辐射换热量等于0，因而不存在辐射传热。当物体中相邻体积单元间存在温度梯度，高温区体积单元辐射出的能量大于吸收的能量；低温区，体积单元辐射出的能量小于吸收的能量，这样，温度就从高温区传向低温区，出现辐射传热现象。

根据传热学的相关知识，黑体辐射(black-body radiation)能量与温度成四次方关系，即著名的斯蒂芬四次方定律

$$E_r = \frac{4\sigma n^3 T^4}{c} \tag{4.121}$$

式中 σ—— 斯蒂芬－玻耳兹曼常数(Stepan － Boltzmann constant)，$\sigma = 5.67 \times 10^{-8}\,W/(m^2 \cdot K^4)$；

n—— 折射率；

c—— 光速，$c = 3 \times 10^8$ m/s；

E_r—— 辐射能量。

该定律又称斯蒂芬－玻耳兹曼定律(Stefan－Boltzmann law)，由奥地利物理学家斯蒂芬(又常译为斯特藩，Josef Stefan，1835—1893)和玻耳兹曼(Ludwig Edward Boltzmann，1844—1906)分别于1879年和1884年各自独立提出。其中，斯蒂芬通过对实

验数据的归纳总结得出结论；而玻耳兹曼则是从热力学理论出发，通过假设用光代替气体作为理想热力发动机(heat engine) 的工作介质，推导出与斯蒂芬相同的结论。该理论对理想黑体的辐射准确度很高，对大多数灰体(grey bodies) 也具有好的近似性。

如果把 E_r 视为提高辐射温度所需的能量，则其摩尔定容热容 $C_{V,m}$ 满足

$$C_{V,m}=\frac{\partial E_r}{\partial T}=\frac{16\sigma n^3 T^3}{c} \tag{4.122}$$

同时，辐射在介质中的传播速率为

$$v_r=\frac{c}{n} \tag{4.123}$$

将 $C_{V,m}$、v_r 代入热导率一般表达式(4.116)，则可得到

$$\lambda_r=\frac{16}{3}\sigma n^2 T^3 l_r \tag{4.124}$$

式中 l_r—— 辐射光子的平均自由程；

λ_r—— 辐射热导率，描述介质中辐射能的传递能力。

由于光子传导时，$C_{V,m}$ 和 l_r 通常是频率 ν 的函数，所以，光子热导率的一般形式类似于式(4.120)，即

$$\lambda_r=\frac{1}{3}\int C_{V,m}(\nu)\cdot\bar{v}_r\cdot l_r(\nu)\mathrm{d}\nu \tag{4.125}$$

式中 $\bar{v}_r$—— 光子的平均运动速度；

ν—— 光子振动频率。

λ_r 是描述介质中辐射能的传递能力，主要取决于辐射能传播过程中光子的平均自由程 l_r。对于辐射线是透明的介质，热阻很小，l_r 较大；对于辐射线不透明的介质 l_r 很小；对于完全不透明的介质，则 $l_r=0$，在这种介质中，辐射传热可以忽略。例如，单晶和玻璃对辐射线透明，在 773～1 273 K 辐射传热明显。而大多数陶瓷材料对辐射线半透明或透明度差，在 1 773 K 辐射传热才明显。

4.4.3 金属的导热性

如前所述，金属材料由于其内部存在大量的自由电子，因此金属的导热主要是自由电子导热。当形成合金后，除了自由电子的导热以外，声子导热对导热性的贡献增强。

1. 热导率与电导率的关系

德国物理学家维德曼(Gustav Heinrich Wiedemann，1826—1899) 和弗朗兹(Rudolph Franz，1826—1902) 在大量实验中发现，室温下，许多金属的热导率 λ_e 和电导率 σ 的比值都是一个常数，这一规律称为维德曼－弗朗兹定律(Widemann－Franz law)，即

$$\frac{\lambda_e}{\sigma}=LT \tag{4.126}$$

式中 L—— 洛伦兹数(Lorenz number)。

该参数是用丹麦物理学家、数学家洛伦兹(Ludvig Valentin Lorenz，1829—1891) 的名字命名的。为了和荷兰物理学家 H.A. 洛伦兹(Hendrik Antoon Lorentz，

1853—1928）区分，也常译为洛伦茨。

这一规律表明，导电性好的材料导热性也好。除了在低温条件下以外，这条定律很符合实际。

之后，洛伦兹进一步发现，比值$\frac{\lambda_e}{\sigma T}$是与金属种类无关的常数。将式(4.119)和式(2.32)代入式(4.126)，可得

$$L=\frac{\lambda_e}{\sigma T}=\frac{\pi^2}{3}\left(\frac{k_B}{e}\right)^2=2.45\times10^{-8}(\mathrm{W\cdot\Omega\cdot K^{-2}}) \tag{4.127}$$

各种金属的洛伦兹数都一样，表征的是费米面上的电子参与的物理过程。当温度高于Θ_D时，对于电导率较高的金属，这个关系一般都成立，如图4.55所示。

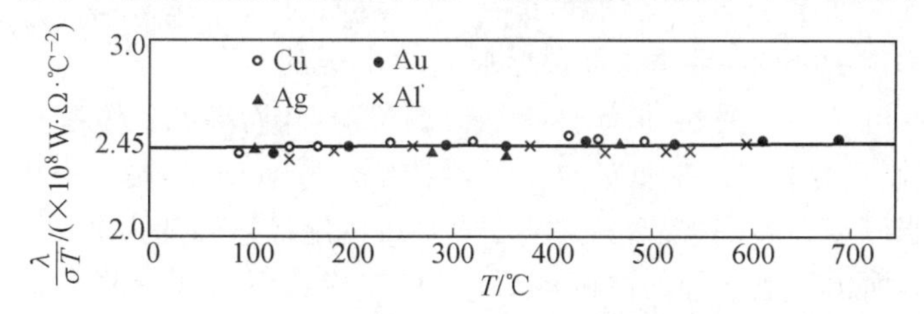

图4.55 Cu、Ag、Au、Al的维德曼－弗朗兹温度关系曲线

对于电导率低的金属，在较低温度下，L则是变数，如图4.56所示。

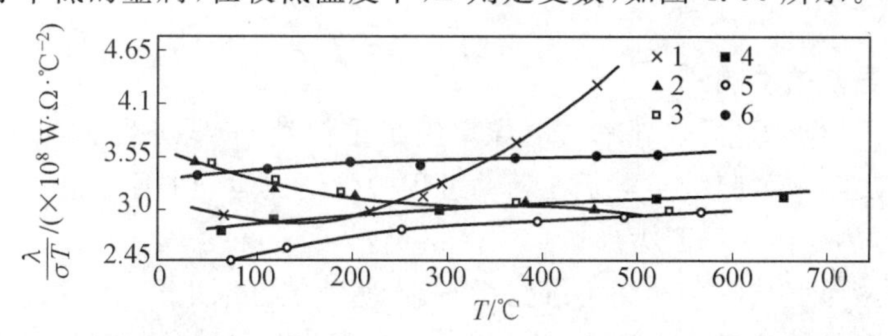

图4.56 一些纯金属的维德曼－弗朗兹温度关系曲线

1—纯铁；2—铸钛(96.9%)；3—钛；4—铂；5—镍(99.9%)；6—锆(99.9%)

实验测得金属的热导率由两部分组成，即

$$\frac{\lambda}{\sigma T}=\frac{\lambda_e}{\sigma T}+\frac{\lambda_{ph}}{\sigma T}=L+\frac{\lambda_{ph}}{\sigma T} \tag{4.128}$$

式中 λ_{ph}——声子热导率。

当$T>\Theta_D$时，金属热导率主要由自由电子贡献时，则$\frac{\lambda_{ph}}{\sigma T}\to0$，维德曼－弗朗兹关系才成立。当温度较多地低于$\Theta_D$时，L往往下降，其变化关系如图4.57所示。另外，从图4.57中也可以看到，极低温情况下，对存在缺陷或杂质的金属，缺陷对电子的散射占主导作用时，也满足维德曼－弗朗兹关系。

维德曼－弗朗兹关系和洛伦兹数是近似的，但根据维德曼－弗朗兹关系可由电导率估计热导率。这为通过测定金属的电导率来估算金属的热导率提供了一种既方便又可靠的方法。

维德曼－弗朗兹定律作为一种经典的物理定律被广泛接受。但在具体材料研究中，

也存在一些违反维德曼－弗朗兹定律的研究成果。例如，2017年，美国伯克利加州大学的吴军桥(Junqiao Wu)团队一项研究发现，处于金属态的 VO_2 的电子的导电时几乎不导热，其电子对热导率的贡献仅为维德曼－弗朗兹定律所预计常规导体的十分之一。研究分析表明，这种异常低的电子热导是由于 VO_2 中电荷和热相互独立传输所引起的。普通金属中的电子表现为互不关联的单个粒子，众多电子在做随机自由运动时，可以在很多不同的微观形态(microscopic configurations)之间随机跳跃，实现热的随机传递，这样使电子的导电性和导热性具有同向、同步的变化。VO_2 中电子的运动与普通金属自由电子的运动不同，其中的电子相互关联，像流体一样协调运动，从而降低了体系的随机性，使热的随机传递受到限制，引起 VO_2 极低的电子导热特性。另外，VO_2 是一类典型的金属－绝缘体相变材料，当温度升高到67 ℃左右时，VO_2 将由绝缘体转变为金属，此时电导率有1万倍以上的增加，而由于电子间的协调运动，VO_2 的热导率在这一过程中变化却非常小，呈现明显的违反维德曼－弗朗兹定律的结论。相变前后，VO_2 对红外光可产生由透射向反射的可逆转变。这一相变以及伴随的其他奇异性质，使得 VO_2 具有较广泛的应用前景。

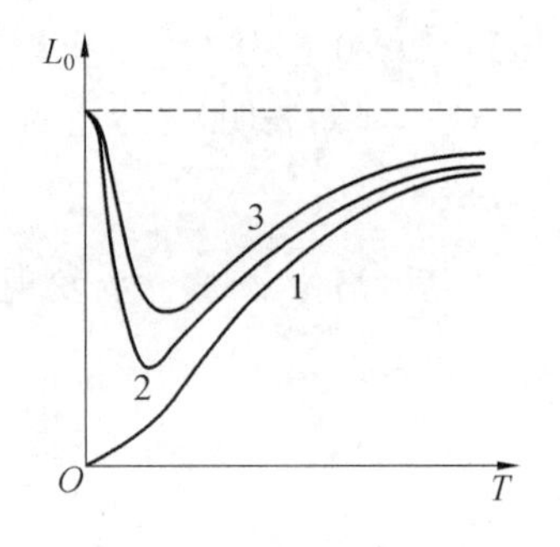

图4.57 洛伦兹数随温度的变化
1—纯金属；2—含杂质金属；3—含更多杂质的金属

2. 温度对热导率的影响

金属是以电子导热为主，热导率与电导率满足维德曼－弗朗兹定律。因此，金属热传导的微观本质实际上可归结于电子在运动过程中受到热运动的原子和各种晶格缺陷的阻挡，从而形成对热量运输的阻力。

由于金属的热导率与电导率满足维德曼－弗朗兹定律，因此，可借助金属电导率的描述方式来描述金属的热导率。注意，为了方便描述，此时采用的物理量分别是电阻率与热阻率。根据金属电阻率满足的马西森定律，金属的电阻率包括与温度有关的基本电阻率 $\rho(T)$ 和与温度无关的残余电导率 ρ_r，满足式(2.35)。那么，金属的热阻率实际上也包括与温度有关的基本热阻率 $\omega(T)$ 和与温度无关的残余热阻率 ω_r。其中，$\omega(T)$ 是因晶格振动形成的，与温度有关；ω_r 是因杂质缺陷形成的，与温度无关。

在低温情况下，缺陷对电子运动的阻挡起主要作用，此时满足维德曼－弗朗兹定律，L 是常数，即

$$L=\frac{\lambda}{\sigma T}=\frac{\rho_r}{\omega_r T} \tag{4.129}$$

由此可得

$$\omega_r=\frac{\rho_r}{LT}=\frac{\beta}{T} \tag{4.130}$$

式中　β——与残余电阻率有关的常数，$\beta=\frac{\rho_r}{L}$。

由式(4.130)可知，在低温情况下，残余热阻率 ω_r 与温度成反比。

在高温情况下，声子对电子运动的阻挡起主要作用，此时同样满足维德曼－弗朗兹

定律，L 也是常数，即

$$L=\frac{\lambda}{\sigma T}=\frac{\rho(T)}{\omega(T)\cdot T} \tag{4.131}$$

由于 $\rho(T)\propto T$，由式(4.131)可知，高温情况下，$\omega(T)$ 趋于常数。

对介于上述高低温度之间的温度，声子和缺陷对电子运动的阻挡都起作用时，声子热阻率随温度的变化成 T^2 规律上升，缺陷热阻率随温度升高成 T^{-1} 规律上升，因此，合成后的热阻率与温度的关系为

$$\omega=\omega(T)+\omega_r=\alpha T^2+\frac{\beta}{T} \tag{4.132}$$

式(4.132)所反映出的热阻率随温度的变化关系如图 4.58 所示。从图 4.58 中可以看到，金属的热阻率往往存在最小值，也就是其热导率存在最大值。

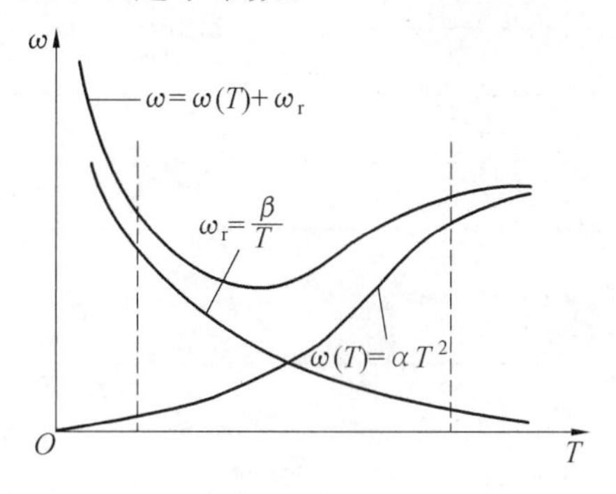

图 4.58 电子热阻率和温度的关系

3. 纯金属的热导率

纯金属的热导率随温度的变化关系与上述描述一致。图 4.59 给出了温度对纯铜热导率的影响规律。从图 4.59 中可以看到，在极低温度下(0 ～ 10 K)，λ 按与温度成一次方关系快速递增至最大值。这与缺陷阻挡电子运动引起热阻有关。在中温区(10 ～ 200 K)，λ 按与温度成二次方关系快速递减。在温度为 200 K ～ T_m 时，λ 缓慢递减，并逐渐趋于常数。这与声子阻挡电子运动引起热阻有关。图 4.59 给出了温度对几种纯金属热导率的影响规律。

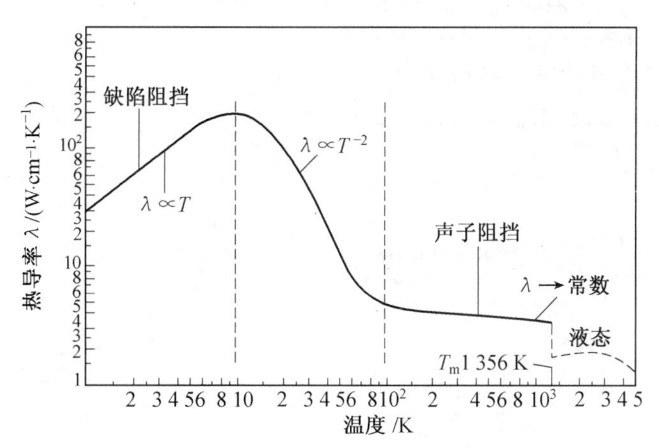

图 4.59 温度对纯铜热导率的影响规律

表 4.6 给出了铁的热物理性能随温度的变化关系。

表 4.6 铁的热物理性能随温度的变化关系

温度 T/℃	密度 ρ/(g·cm^{-3})	定压质量热容 c /(J·g^{-1}·K^{-1})	导热系数 λ /(W·m^{-1}·K^{-1})	线膨胀系数 α_l /(×10^{-6}·℃$^{-1}$)
20	7.87	0.452	78.5	12.3
100			67.7	12.7
200	7.80	0.481	61.0	13.4
300			56.4	14.6
400	7.70	0.523	50.2	15.4
500			46.3	15.6
600	7.60	0.578	43.7	15.6
700			41.9	15.5
800	7.50	0.665	40.1	13.8

4. 合金的热导率

当两种金属构成连续无序固溶体时，随着添加组元浓度的增加，λ 逐渐降低，且降低速率逐渐减小，在浓度约为50%处达到谷底。图4.61给出了Ag－Au合金的热导率随溶质浓度的变化关系。造成这一现象的原因是，溶质元素加入后提高了合金的残余热阻率。图 4.62 为两个热导率相差悬殊的组元间形成合金时热导率随成分的变化关系。这些合金的热导率在较宽范围内几乎不变。当合金中含有过渡族金属时，谷值对应浓度会偏离 50%。当合金中含有过渡族金属时，谷值对应浓度会偏离 50%。

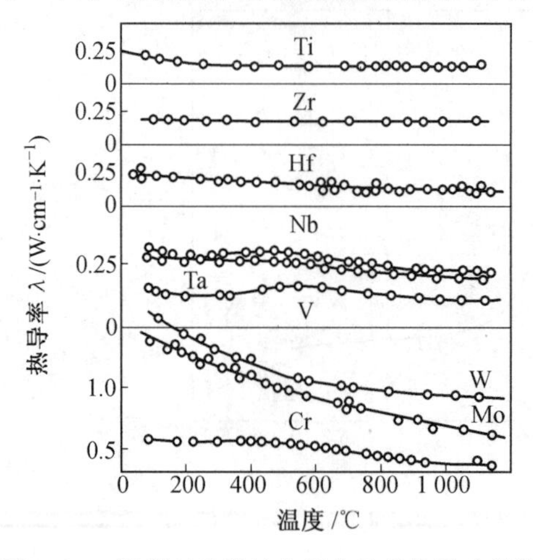

图 4.60 温度对几种纯金属热导率的影响规律

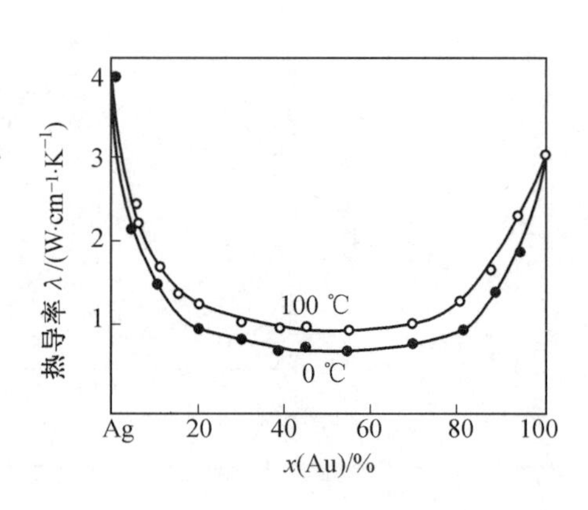

图 4.61 Ag－Au合金热导率随溶质浓度的变化关系

当合金固溶体出现有序结构时，由于点阵的周期性增强，电子运动的平均自由程增大，因此热导率比无序时明显提高。例如，具有体心立方结构的 Fe—Co 合金，当 Fe 的原子分数为 50% 时可形成 B2 型有序(B2 ordering) 结构，即 Fe 原子和 Co 原子分别位于对方体心立方的中心，此时的热导率最大。图 4.63 给出了 Fe—Co 合金热导率随成分的变

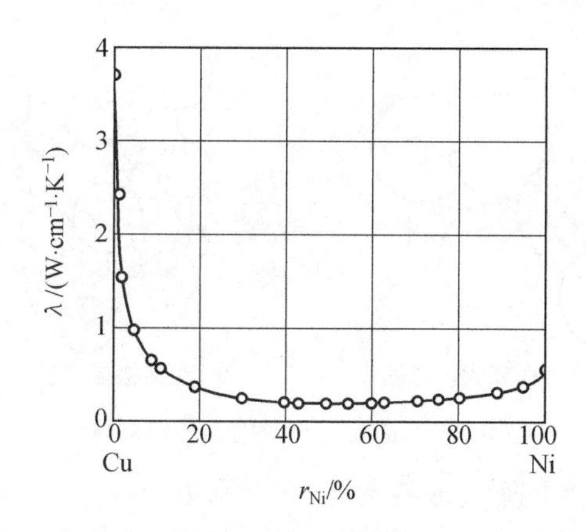

图 4.62 Cu－Ni 合金热导率随成分的变化关系

化关系。金属间化合物与有序合金一样，也常出现热导率的峰值。

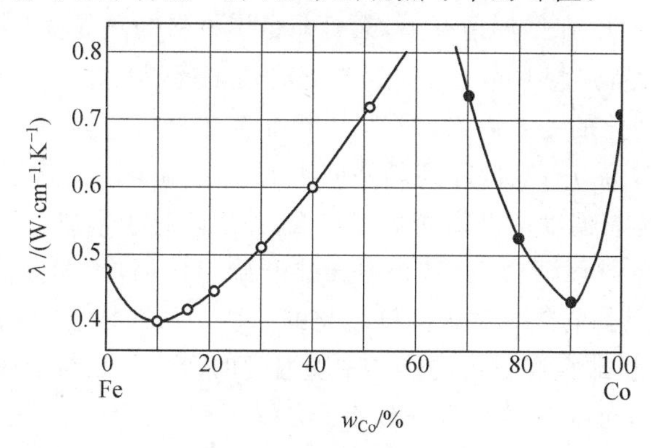

图 4.63 Fe—Co 合金热导率随成分的变化

5. 微观组织结构的影响

除此以外，微观组织结构对热导率也有影响。晶粒或颗粒大小对热导率影响的规律是：一般而言，晶粒越粗大，热导率越高，晶粒越细小，热导率越低。颗粒接触面积大，热量传输的通路短，热导率高；颗粒接触面积小，热量传递需要经过复杂通路，热导率低，如图 4.64 所示。晶体类型也会影响热导率。一般而言，立方晶系的热导率与晶向无关，而非立方晶系晶体热导率往往表现出各向异性。另外，材料内所含的杂质也强烈影响热导率，杂质的存在引起残余热阻的增加，因此杂质越多，热导率越低。

4.4.4 无机非金属材料的导热性

相对于金属材料热导率相对单一的影响因素而言，无机非金属材料的导热性相对复杂。无机非金属材料内参与导热的微观粒子以声子为主，高温区还有光子传导。与金属相比，绝大多数无机非金属材料的热导率较小，这主要与声子的平均运动速度远低于电子的平均运动速度有关。

1. 温度对热导率的影响

在温度不太高的范围内，声子传导占主要地位。此时的热导率关系满足式(4.120)。其中，声子平均运动速度 $\bar{v}_{ph}$ 近似为常数。只有当温度较高，因介质结构松弛而蠕变，介质

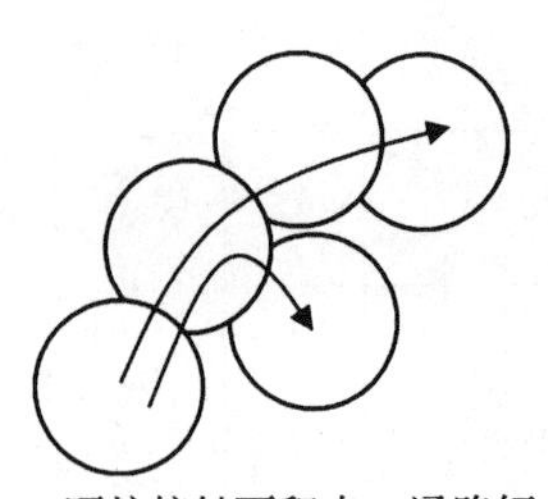

(a) 颗粒接触面积大，通路短

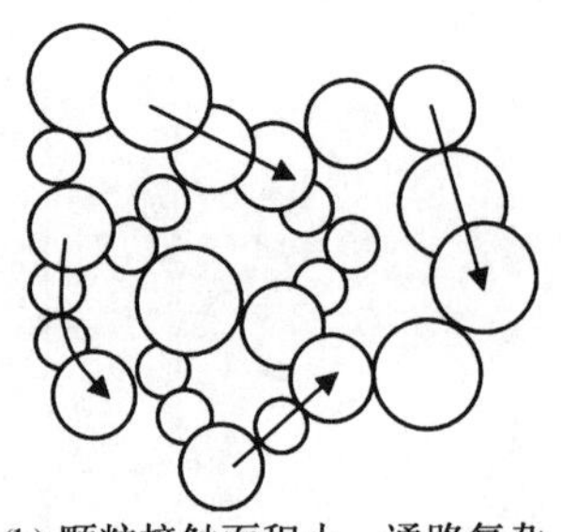

(b) 颗粒接触面积小，通路复杂

图 4.64 晶粒大小对固相传热的影响

弹性模量下降时，$\bar{v}_{ph}$ 才会下降。比热容 c_{ph} 在低温下与 T^3 成正比，超过一定温度后趋于常数。温度升高，声子运动受晶格振动的影响增大，因而声子的平均自由程 l_{ph} 随温度的升高而降低。实验表明，在低温情况下，l_{ph} 的最大值为晶粒大小；在高温情况下，l_{ph} 的最小值为晶格间距。因此，在低温情况下，无机非金属材料的热导率 λ 是与 T^3 成正比的 c_{ph}、常数 $\bar{v}_{ph}$ 和最大值为晶粒大小的 l_{ph} 的乘积，此时的 λ 近似与 T^3 成正比。当温度升高，l_{ph} 的减小成为热导率变化的主要因素，因此，无机非金属材料的热导率 λ 随着温度的升高而降低。温度进一步升高，l_{ph} 最低降到晶格间距的尺度，此时 c_{ph} 趋于常数，因此无机非金属材料的热导率 λ 随着温度的升高而继续降低，并逐渐趋于常数。温度进一步升高，无机非金属材料中光子传导逐渐占主导，辐射传热开始起作用，因而其热导率开始增加。图 4.65 给出了氧化铝单晶的热导率随温度变化的曲线。从曲线上可以看出，其规律满足上述描述。实际上，无机非金属材料的热导率随温度的变化关系与金属材料类似，差别仅在于各温度区间范围不同，λ 峰值出现在数十开尔文温度。当温度到达高温后，由于辐射导热的作用 λ 又开始上升。

2. 化学组成的影响

无机非金属材料化学组成对热导率的影响规律与金属固溶体类似，随着组元摩尔分数的增加，热导率下降明显；组元摩尔分数增加，组元效应减弱。图 4.66 给出了 MgO－NiO 固溶体的热导率与组元摩尔分数的关系。从图 4.66 中可以看到，热导率谷底值不在 50% 摩尔分数处，而出现在偏离 50% 位置。通常这一谷底值接近低热导率组元一侧。

3. 显微结构的影响

声子传导与晶格振动有关。通常晶体结构越复杂，晶格振动的非线性程度越大，对声子的散射程度越大。因此，声子平均自由程较小，热导率降低。对具有非立方晶系的晶体而言，其热导率呈各向异性。温度升高，不同方向的热导率差异减小，这与晶体结构随温度升高趋于更好的对称有关。晶体的晶粒越粗大，热导率越高；反之晶粒越细小，热导率越低。这是由于晶粒大小影响热量的固相传递通路，晶粒越粗大，热量的固相传递通路越宽，热量传递越容易，因而热导率越高。对同一种物质，多晶体的热导率低于单晶体。这是由于多晶体中晶粒尺寸小、晶界多、缺陷多、晶界处杂质多，声子受到的散射程度大，因此热导率低。

实际上，金属材料显微结构对热导率的影响规律与无机非金属材料类似。造成这一现象的原因是影响电子运动的因素与声子运动的因素相似，即所有造成电子或声子运动

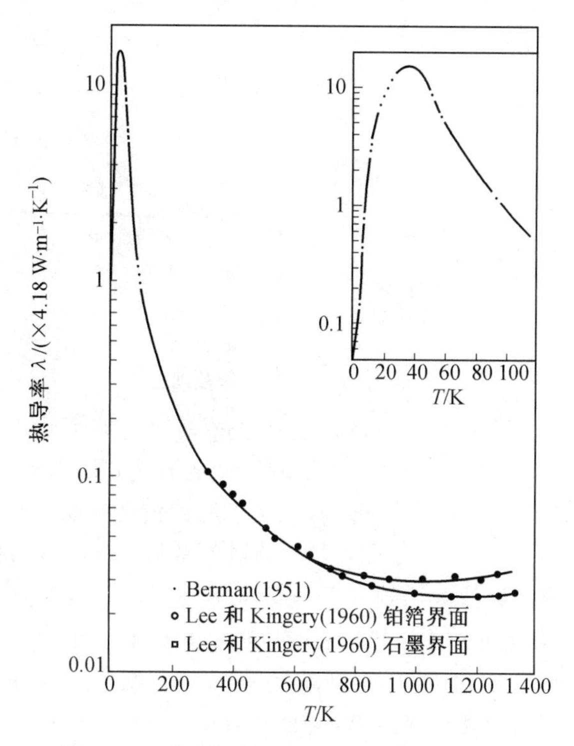

图 4.65　氧化铝单晶的热导率随温度变化

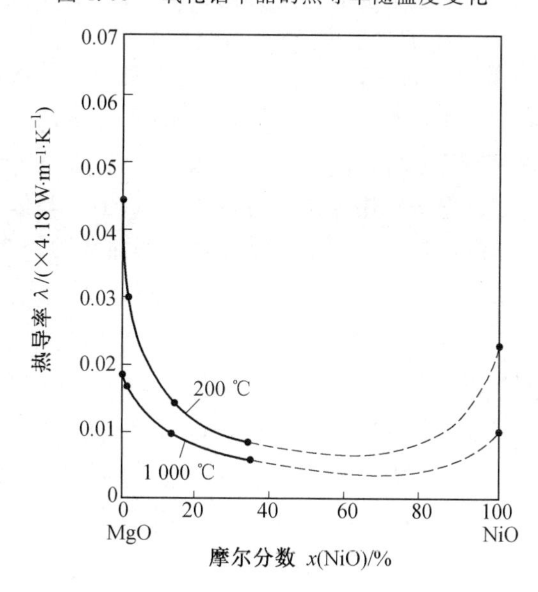

图 4.66　MgO－NiO 固溶体的热导率与组元摩尔分数的关系

时散射的因素，均会使热导率下降。

4. 非晶体的热导率

非晶无机非金属材料的导热性和晶态材料相比，由于非晶态属于短程有序、远程无序结构，其质点排列更加混乱，因而非晶态材料的热导率往往更低。下面以玻璃为例，讨论非晶无机非金属材料的热导率变化规律，如图 4.67 所示。

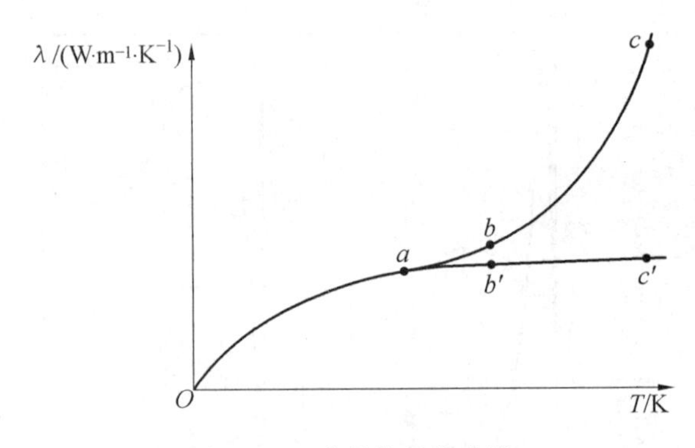

图 4.67 非晶体导热曲线

在中低温度(400 ～ 600 K)以下,光子导热的贡献可忽略不计。声子导热随温度的变化由声子热容随温度变化的规律决定,即随着温度的升高,热容增大,玻璃的导热系数也相应地上升。这相当于图 4.67 中的 Oa 段。从中温到较高温度(600 ～ 900 K),随着温度的不断升高、声子热容不再增大,导热系数逐渐成为常数。声子导热也不再随温度升高而增大,因而玻璃的导热系数曲线出现一条与横坐标接近于平行的直线,这相当于图 4.67 中的 ab' 段。如果考虑此时光子导热在总的导热中的贡献已开始增大,则为 ab 段。高温以上(超过 900 K),随着温度的进一步升高,光子导热急剧增加,这相当于 bc 段。对于不透明的无机材料而言,由于光子导热小,因而相当于 bc' 段。

晶体和非晶体材料热导率随温度变化的对比关系如图 4.68 所示。非晶体的导热系数(不考虑光子导热的贡献)在所有温度下都比晶体的小。这主要是因为一些非晶体的声子平均自由程,在绝大多数温度范围内都比晶体的小得多。晶体和非晶体材料的导热系数在高温时比较接近。主要是因为当温度升到 g 点时,晶体的声子平均自由程已减小到下限值,像非晶体的声子平均自由程那样,等于几个晶格间距的大小;而晶体与非晶体的声子热容也都接近于 $3R$;光子导热还未有明显的贡献,因此晶体与非晶体的导热系数在较高温时比较接近。非晶体热导率曲线与晶体热导率曲线的一个重大区别是,前者没有热导率的峰值点 m。这也说明非晶体物质的声子平均自由程在几乎所有温度范围内均接近为一个常数。

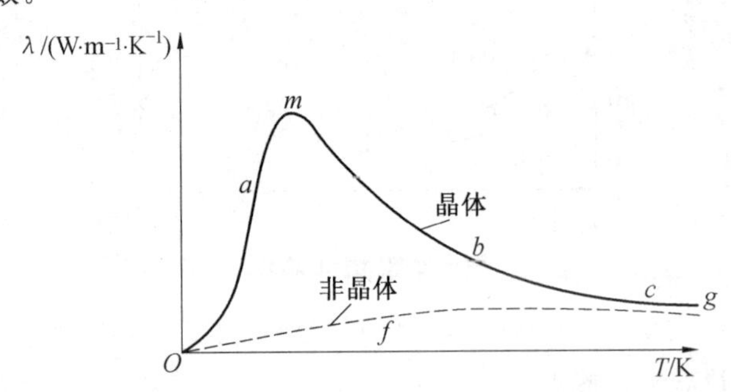

图 4.68 晶体和非晶体材料热导率随温度的变化

5. 分散相含量对复相陶瓷热导率的影响

常见陶瓷材料的典型微观结构是分散相均匀地分散在连续相中,其热导率满足

$$\lambda = \lambda_C \times \frac{1 + 2\varphi_d\left(1 - \frac{\lambda_C}{\lambda_d}\right) \Big/ \left(\frac{2\lambda_C}{\lambda_d} + 1\right)}{1 - \varphi_d\left(1 - \frac{\lambda_C}{\lambda_d}\right) \Big/ \left(\frac{2\lambda_C}{\lambda_d} + 1\right)} \tag{4.133}$$

式中 λ_d—— 分散相的热导率；

λ_C—— 连续相的热导率；

φ_d—— 分散相的体积分数。

6. 气孔对热导率的影响

对无机材料而言，通常材料内部含有气孔。当温度不高（低于 500 ℃）时，气孔率不大且均匀分散，气孔可看成分散相，此时的热导率可用式（4.133）计算。与固相材料相比，气体的热导率很小，可近似认为 0（即 $\lambda_d \approx 0$），并且 λ_C/λ_d 很大，因而式（4.133）可近似为

$$\lambda = \lambda_C(1 - \varphi) \tag{4.134}$$

式中 λ_C—— 陶瓷固相热导率；

φ—— 气孔的体积分数。

当温度较高（高于 500 ℃）时，考虑气孔的辐射热传导，则其热导率的计算公式为

$$\lambda = \lambda_C(1 - P) + \frac{P}{\frac{1}{\lambda_C}(1 - P_L) + \frac{P_L}{4G\varepsilon\sigma d T^3}} \tag{4.135}$$

式中 P—— 气孔面积分数；

P_L—— 气孔长度分数；

G—— 气孔几何因子，顺向长条气孔 $G = 1$，横向圆柱形气孔 $G = \frac{\pi}{4}$，球形气孔 $G = \frac{2}{3}$；

d—— 气孔最大尺寸；

ε—— 气孔内壁发射率；

σ—— 斯蒂芬－玻耳兹曼常数；

T—— 温度。

在不改变结构状态的情况下，气孔率越大，热导率越低。当发射率 ε 较小或温度低于 500 ℃ 时，可直接使用式（4.134）。若 $\lambda_d > \lambda_C$，则热导率增加。

总体来说，气孔引起声子散射，气体导热系数很低，因此气孔总是降低材料的导热能力。在较高温度下，气孔率越大，导热系数越小；气孔的气体导热系数一般随温度的升高而增大。同样温度下，气孔尺寸越小，导热系数越低。这是由自由程受到气孔大小的限制造成的。气孔的辐射热导受温度和尺寸的影响更为明显。同样温度下，气孔尺寸越大，有效导热系数越大；同样气孔尺寸下，温度越高，有效导热系数越大；在气孔总的热导中，气体热导和辐射热导所占的比重与尺寸有关，但其数值大小主要取决于温度。

图 4.69 给出了某些无机材料的热导率数据。实际上，影响无机非金属材料热导率的因素有很多，通常需要通过热导率的直接测试获得相应数据。

4.4.5 导热性在材料研究中的应用

热导率作为材料重要的物理参量之一，在材料研究中起到非常重要的作用。材料热

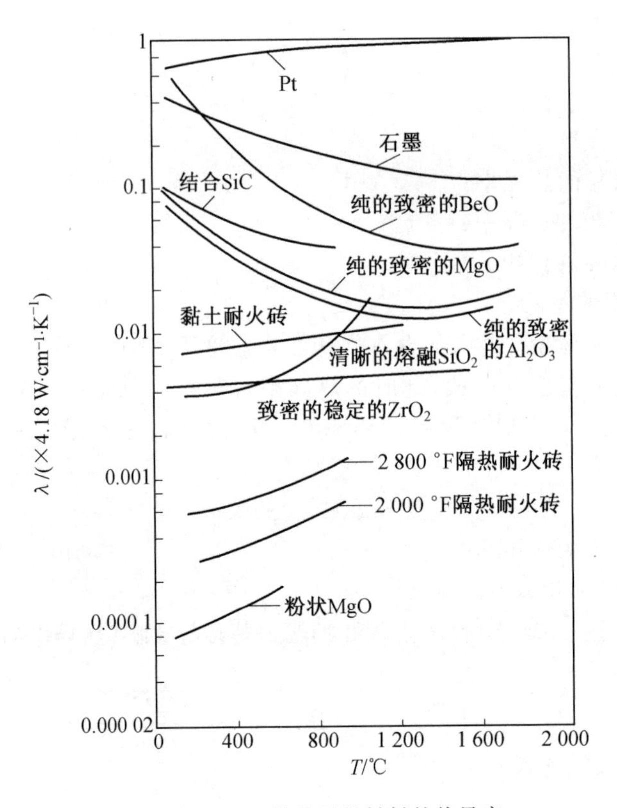

图 4.69　某些无机材料的热导率

导率数据的大小，是材料选择时必须考虑的重要参量。对隔热耐火材料而言，低热导率数据是评价材料隔热能力的关键参数。对试样或零件等的热处理工艺而言，考虑材料的热导率对制定热处理工艺方法、减少热应力、防止材料受热开裂等方面具有非常重要的意义。对相变材料的封装应用而言，考虑封装材料的热导率，对评价相变材料的热响应起着关键的作用。对电子信息材料而言，选择具有高导热、低膨胀性能的材料对保持电子器件的性能稳定有着至关重要的作用。众多研究者针对具体材料和具体热环境，提出了各种各样的评估材料导热性的理论和方法。总之，材料导热性的实际应用几乎涵盖了研究的各个领域，也始终是各类研究的重点和热点。

4.5　材料的热电性

在金属导线组成的回路中，由温差引起电动势以及由电流引起吸热和放热的现象，称为温差电现象(thermoelectric phenomena)，又称为热电现象。这种存在温差或通以电流时，会产生热能与电能相互转化的效应，称为金属的热电性(thermoelectricity)。它包括塞贝克(Seebeck)、珀耳帖(Peltier)及汤姆孙(Thomson)等三个效应。

4.5.1 热电效应

1. 塞贝克效应

塞贝克效应(Seebeck effect)又称第一热电效应,是指由于两种不同导体或半导体的构成回路的两个接头处存在温度差异而引起两种物质间电压差的热电现象。这一现象是由德国物理学家塞贝克(Thomas Johann Seebeck,1770—1831)发现的。

当两种不同材料A和B(导体或半导体)组成回路,如图4.70所示,且两接触处温度不同时,则在回路中存在电动势。其电动势大小与材料和温度有关。

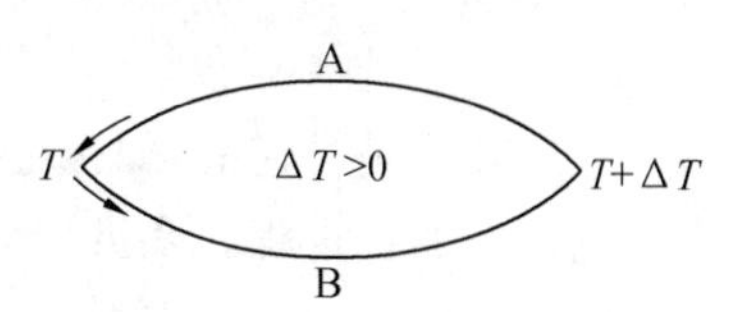

图4.70 塞贝克效应

塞贝克效应的实质在于两种金属接触时会产生接触电势差,该电势差取决于两种金属中的电子逸出功(electronic work function)及有效电子密度(effective electron concentration)。电子逸出功是指电子克服原子核的束缚,从材料表面逸出所需的最小能量。电子逸出功越小,电子从材料表面逸出越容易。

当两种不同的金属导体接触时,如果金属A的逸出功P_A大于金属B的逸出功P_B,自由电子将易于从B中逸出进入A。此时,金属A的电子数目大于金属B的电子数目,从而使金属A带负电荷,金属B带正电荷,因此存在电势差V_1。如果金属A中的自由电子数n_{eA}大于金属B的自由电子数n_{eB},则接触面上会发生电子扩散,从而使金属A失去电子而带正电,金属B获得电子而带负电。此时会出现电势差V_2,V_2满足

$$V_2=\frac{k_B T}{e}\ln\frac{n_{eA}}{n_{eB}} \tag{4.136}$$

式中 e—— 自由电子的电量。

由于在AB接触面形成了电场,这一电场将阻碍电子的继续扩散。如果此时达到动态平衡时,则在接触区形成稳定的接触电势。从式(4.136)可知,接触电势的大小与温度有关。温度不同,接触电势不同。那么,对于由金属A和B构成的回路,如果AB两个接触点具有不同的温度,则两接触点的接触电势不同,因而在两接触点处会产生接触电势差,从而在环路内形成电流。

当温差较小时,电动势E_{AB}与温差ΔT呈线性关系,电动势E_{AB}的大小由V_1和V_2共同决定,即

$$E_{AB}=V_1+V_2=S_{AB}\Delta T \tag{4.137}$$

式中 S_{AB}—— A和B间的相对塞贝克系数,取决于材料的性质及温度,其物理意义为A和B两种材料的相对热电势率。

2. 珀耳帖效应

当有电流通过不同导体组成的回路时,除产生不可逆的焦耳热外,在不同导体的接头处随着电流方向的不同会分别出现吸热和放热现象(图4.71),这就是珀耳帖效应(Peltier effect),也称第二热电效应。这一现象是由法国物理学家珀耳帖

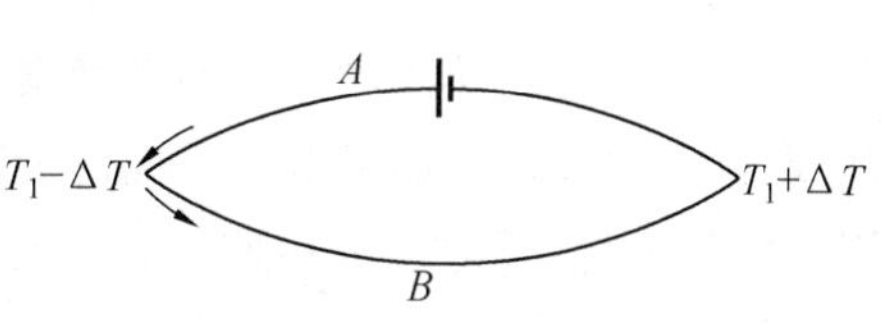

图4.71 珀耳帖效应

(Jean Charles Athanase Peltier,1785—1845) 发现的。

如果电流由导体A流向导体B,则在单位时间内,接头处吸收(或放出)的热量与通过接头处的电流强度成正比,即

$$Q_P = \Pi_{AB} I \tag{4.138}$$

式中 Q_P—— 接头处吸收的珀耳帖热;

Π_{AB}—— 金属A和B的相对珀耳帖系数,与接头处材料的性质及温度有关;

I—— 电流强度。

这一效应是可逆的,如果电流方向反过来,吸热便转变成放热。同时,珀耳帖效应是塞贝克效应的逆过程。塞贝克效应说明电偶回路中有温差存在时会产生电动势;而珀耳帖效应认为电偶回路中有电流通过时会产生温差。

珀耳帖效应产生的珀耳帖热 Q_P 总是与焦耳热 Q_J 混合到一起,不能单独得到。但是利用焦耳热与电流方向无关,而珀耳帖热与电流方向有关的事实,可以获得珀耳帖热的大小。假设在上述通路中,先按一个方向通电,测得的热量为 $Q_1 = Q_J + Q_P$;然后反向通电,测得的热量为 $Q_2 = Q_J - Q_P$;那么这两次通电的热量之差为 $\Delta Q = Q_1 - Q_2 = 2Q_P$。由此即可得到珀耳帖热 Q_P 的数值。

珀耳帖效应产生的原因主要与导体之间费米能级的差异有关。电子在导体中运动形成电流,当从高费米能级导体向低费米能级导体运动时,电子能量降低,便向周围放出多余的能量(放热);相反,从低费米能级导体向高费米能级导体运动时,电子能量增加,从而向周围吸收能量(吸热)。这样便实现了能量在两材料的交界面处以热的形式吸收或放出的现象。当电流反向后,放热和吸热现象则发生反向。

利用珀耳贴效应可实现材料的制冷,是热电制冷的依据。比如,半导体材料具有极高的热电势,可以用来制作小型热电制冷器。我们常用的电冰箱,其简单结构就是将p型半导体、n型半导体、铜板和铜导线连成一个回路,铜板和导线只起导电作用,回路中接通电流后,一个接触点变冷(冰箱内部),另一个接头处散热(冰箱后面散热器),从而实现冰箱的制冷。热电制冷器的产冷量一般很小,不宜大规模和大制冷量使用。但由于它的灵活性强,简单方便、冷热切换容易,非常适用于微型制冷领域或有特殊要求的制冷场所。

3. 汤姆孙效应

如果在存在温度梯度的均匀导体中通有电流,导体中除了产生不可逆的焦耳热外,还要吸收或放出一定的热量,这一现象称为汤姆孙效应(Themson effect),也称第三热电效应。这一现象是由英国物理学家汤姆孙(William Thomson,1824—1907) 发现的。汤姆孙又称开尔文勋爵(Lord Kelvin),是热力学温标的发明人,被称为“热力学之父”。如图4.72所示,将一根均匀导体在 O 点加热至温度 T_2,导体两端 P_1 和 P_2 点均为温度 T_1,且 $T_2 > T_1$,此时在导体内存在温度梯度。若将此导体构成回路,当有电流通过时,P_1 点和 P_2 点会出现温差。如果电流方向与温度梯度产生的热流方向一致(如 O 点到 P_2 点方向)则为放热反应,反之为吸热反应。汤姆孙效应也是可逆的,如果电流方向反过来,吸热便转变成放热。

在单位时间内单位长度导体吸收或放出的热量 Q_T 与电流强度及温度梯度成正比,即

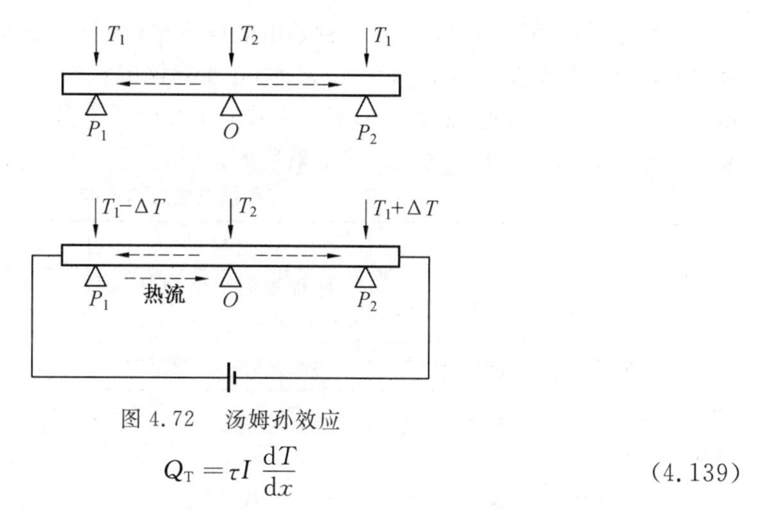

图 4.72　汤姆孙效应

$$Q_{\mathrm{T}}=\tau I\ \frac{\mathrm{d}T}{\mathrm{d}x} \tag{4.139}$$

式中　$\frac{\mathrm{d}T}{\mathrm{d}x}$—— 温度梯度；

I—— 电流强度；

τ—— 汤姆孙系数，其数值非常小，与金属材料及其温度有关。

汤姆孙效应产生的原因与不同温度环境下同一金属导体不同部位产生不同密度的自由电子有关。如图 4.72 所示，当金属中存在温度梯度时，由于温度高端 T_2 的自由电子比温度低端 T_1 的自由电子动能大，同一导体内的自由电子会从温度高端 T_2 向温度低端 T_1 扩散，使高温端和低温端分别出现正、负电荷，形成温差电势差 ΔV，方向由高温端指向低温端。当外加电流与电势差同向时，电子从 T_1 端向 T_2 端定向流动（注意，电子流动方向与外加电流方向相反），同时被 ΔV 电场加速。此时，电子获得的能量除一部分用于运动到高端所需的能量以外，剩余的能量将通过电子与晶格的碰撞传递给晶格，从而使整个金属温度升高并放出热量。当外加电流与电势差 ΔV 反向时，电子从 T_2 端向 T_1 端定向流动，同时被 ΔV 电场减速。电子与晶格碰撞时，从金属原子处获得能量，从而使晶格能量降低，整个金属温度降低，并从外界吸收热量。

综上所述，由导体 A 和 B 构成的回路中，如果不同接触点的温度不同，则上述三种效应会同时出现，如图 4.73 所示。如果接触点温度不同，在接触点两端会出现热电势，从而在闭合回路中出现热电流，即出现塞贝克效应。产生的热电流通过两个接触点，则一个接触点放热，另一个接触点吸热，即出现珀耳帖效应。对单个导体而言，此时导体内存在温差，电流通过后，则一端放热，一端吸热，即出现汤姆孙效应。

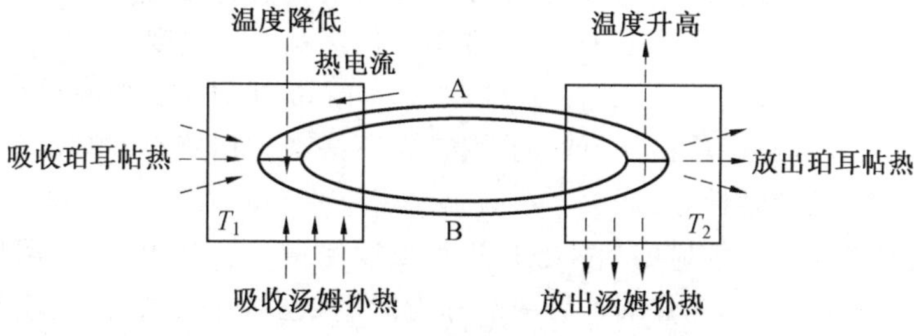

图 4.73　三种热电效应在导体中同时出现

在半导体中同样存在着上述三种热电效应现象，而且比金属导体中显著得多。如金属中温差电动势率在 0 ～ 10 μV/℃ 之间，在半导体中常为几百微伏每摄氏度，甚至达到几毫伏每摄氏度。因此，金属中的塞贝克效应主要应用于温差热电偶；而半导体则可用于温差发电。表 4.7 给出了这三种热电效应的比较。

表 4.7　三种热电效应的比较

效应		材料	加热情况	外电源	所呈现的效应
塞贝克	金属	两种不同金属	两种不同的金属环，两端保持不同的温度	无	接触端产生热电势
	半导体	两种半导体	两端保持不同的温度	无	两端间产生热电势
珀耳帖	金属	两种不同金属	整体为某温度	有	接触处产生焦耳热以外的吸热、放热
	半导体	金属与半导体	整体为某温度	有	接触处产生焦耳热以外的吸热、放热
汤姆孙	金属	两条相同金属丝	两条相同金属丝各保持不同的温度	有	温度转折处吸热或放热
	半导体	两种半导体	两端保持不同的温度	有	整体放热（温度升高）或冷却

塞贝克效应、珀耳帖效应和汤姆孙效应三种热电现象都是可逆的。汤姆孙根据热力学理论导出了这三个效应系数间的关系，即

$$\Pi_{AB} = TS_{AB} \tag{4.140}$$

$$S_{AB} = \int_0^T \frac{\tau}{T} dT \tag{4.141}$$

4.5.2　热电性的应用

1. 热电性在测温上的应用

金属材料的热电效应最重要的应用就是制成测温用热电偶。热电偶是一种感温元件，它把温度信号转换成热电动势信号，通过电气仪表转换成被测介质的温度。

为确保热电偶正常工作，有两个热电偶回路定律。第一个定律是中间导体定律，即若在热电回路中串联一均匀导体，且使串联导体两端无温差，则串联导体对热电势无影响，如图 4.74(a) 所示。该图表明，只要导体中某一结点处不存在温差，则可在此串联多个导体，并不影响由 T_1 和 T_2 引起的电动势结果。第二个定律是中间温度定律，即不同种均匀导体构成热电回路形成的总热电势仅决定于不同材料接触处温度，与各材料内的温度分布无关，如图 4.74(b) 所示。该图表明，只要两导体接触点处温度 T_1 和 T_2 恒定，导体上即使存在不同的温度 T_3，也不会影响由 T_1 和 T_2 引起的电动势。这两个定律说明，热电偶在使用中，既可在回路中连接其他辅助设备，又不必考虑回路存在环境的影响，从而保证热电偶实际应用的合理性。

热电偶就是利用热电效应的相关原理进行温度测量的。其中，直接用作测量介质温度的一端称为工作端（也称测量端），另一端称为冷端（也称补偿端）。冷端与显示仪表或配套仪表连接，显示仪表会指出热电偶所产生的热电势。

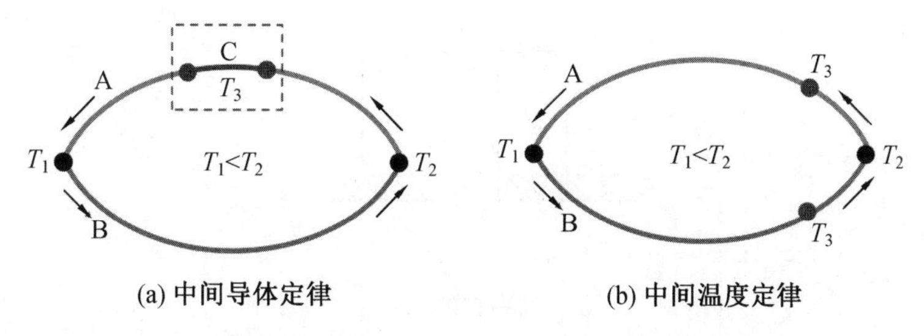

图 4.74 中间导体定律和中间温度定律

热电偶是工业中常用的温度测温元件。它的特点是测量精度高、不受中间介质的影响、热响应时间短、测量范围大(－40 ～ 1 600 ℃ 可连续测温)、性能可靠、机械强度好、使用寿命长、安装方便等。一般来说,热电偶可分为普通型热电偶(一般由热电极、绝缘套管、保护管和接线盒组成)、铠装式热电偶(也称缆式热电偶)和特殊形式热电偶(如薄膜热电偶)。按使用环境,热电偶还可细分为耐高温热电偶、耐磨热电偶、耐腐热电偶、耐高压热电偶、隔爆热电偶、铝液测温用热电偶、循环流化床用热电偶、泥回转窑炉用热电偶、阳极焙烧炉用热电偶、高温热风炉用热电偶、汽化炉用热电偶、渗碳炉用热电偶、高温盐浴炉用热电偶、铜 / 铁及钢水用热电偶、抗氧化钨铼热电偶、真空炉用热电偶、铂铑热电偶等。在实际使用中,需要根据使用环境、被测介质等多种因素的要求选择不同的热电偶。例如,铜－康铜(60%Cu、40%Ni) 适合于－200 ～ 400 ℃、镍铬(90%Ni、10%Cr)－镍铝(95%Ni、5%Al) 适合于 0 ～ 1 000 ℃、铂－铂铑(87%Pt、13%Rh) 可使用到 1 500 ℃ 等。具体使用时,可查阅相关手册。

热电偶实际上是一种能量转换器,它将热能转换为电能,用所产生的热电势测量温度。对于热电偶的热电势需要明白:热电偶的热电势是热电偶两端温度函数的差,而不是热电偶两端温度差的函数;热电偶所产生的热电势的大小,当热电偶的材料是均匀时,与热电偶的长度和直径无关,只与热电偶材料的成分和两端的温差有关;当热电偶的两个热电偶丝材料成分确定后,热电偶热电势的大小,只与热电偶的温度差有关;若热电偶冷端的温度保持一定,这进热电偶的热电势仅是工作端温度的单值函数。

2. 热电性的其他应用

热电效应还广泛地被用于加热(热泵)、制冷和发电等,尤其是发电方面的研究最受重视。虽然利用温差的发电效率低而且成本高,但在一些场合,如高山、极地、宇宙空间等其他能源无法使用的情况下,温差发电可以长时间地提供大功率能源就显示出其独特的意义。图 4.75 给出了一个温差电器件的简单模型。该器件通常由 n、p 两种类型不同的半导体热电材料经电导率较高的导流片串联而成。若将器件按图中位置“1”的方式连接,器件的工作属于珀耳帖方式。这里设定 A 端温度为 T_1,B 端温度为 T_2。当电流流过回路时,将在接头 A 吸热,接头 B 放热,其作用就是一个制冷器。若将器件按图中位置“2”的方式连接,同时在 A、B 两端建立一个温差($T_1 > T_2$),根据塞贝克效应,在负载 R_L 两端则会存在一个电压,这就是一个发电机。

(1) 制冷器的性能参数。

制冷器按图 4.75 位置“1”的珀耳帖方式工作时,描述温差制冷器热点转换性能的主

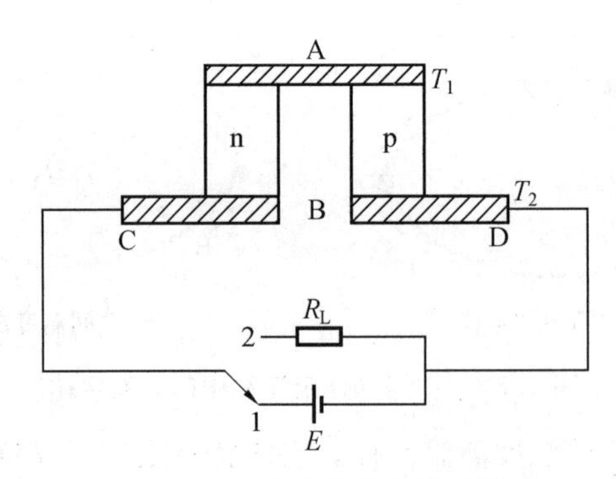

图 4.75 温差电器件的简单模型

要参数包括制冷效率 η、最大温差 ΔT_{max} 和最大制冷量 Q_{Cmax}。

制冷效率 η 的数学表达式是

$$\eta = \frac{Q_C}{P} = \frac{S_{np} T_1 I - \frac{1}{2} I^2 R + \lambda (T_2 - T_1)}{I^2 R + S_{np} (T_2 - T_1) I} \tag{4.142}$$

其中

$$R = \frac{l_n}{A_n} \rho_n + \frac{l_p}{A_p} \rho_p \tag{4.143}$$

$$\lambda = \frac{A_n}{l_n} \lambda_n + \frac{A_p}{l_p} \lambda_p \tag{4.144}$$

式中 η—— 制冷效率；

Q_C—— 冷端的吸热量，即制冷量；

P—— 输入的电能；

S_{np}——n、p 两种半导体热电材料间的塞贝克系数；

T_1——A 端温度；

T_2——B 端温度；

I—— 回路中的电流；

下角标 n 和 p—— 分别对应 n、p 两种热电材料；

ρ—— 半导体材料的电阻率；

λ—— 半导体材料的热导率；

A—— 半导体 n 或 p 的截面积；

l—— 半导体 n 或 p 的长度。

制冷效率具有最大值，即满足

$$\eta_{max} = \frac{T_2}{T_2 - T_1} \cdot \frac{(1 + Z\bar{T})^{\frac{1}{2}} - \frac{T_2}{T_1}}{(1 + Z\bar{T})^{\frac{1}{2}} + 1} \tag{4.145}$$

其中

$$Z = \frac{S_{np}^2}{R\lambda} \tag{4.146}$$

式中 η_{max}—— 最大制冷效率；

$\bar{T}$—— 平均温度，$\bar{T}=(T_1+T_2)/2$；

Z—— 热电优值，是一个与材料性能有关的参数。

最大温差 ΔT_{max} 满足

$$\Delta T_{max}=\frac{1}{2}ZT_1^2 \tag{4.147}$$

式中 ΔT_{max}—— 最大温差，即 $\Delta T=T_2-T_1$ 的最大值。

最大制冷量 Q_{Cmax} 满足

$$Q_{Cmax}=\frac{1}{2}\frac{S_{np}^2T_1^2}{R} \tag{4.148}$$

(2) 发电器的性能参数。

以图 4.75 位置"2"的方式连接作为温差发电器时，这一温差发电器热点转换性能的主要参数包括发电效率 φ 和输出功率 P_0。

发电效率的数学表达式为

$$\varphi=\frac{P}{Q_h}=\frac{T_1-T_2}{T_1}\cdot\frac{S}{(1+S)-\dfrac{T_1-T_2}{2T_1}+\dfrac{(1+S)^2}{ZT}} \tag{4.149}$$

其中

$$P=I^2R_L \tag{4.150}$$

$$Q_h=S_{np}^2T_1I+\frac{1}{2}I^2R+\lambda(T_1-T_2) \tag{4.151}$$

$$S=\frac{R_L}{R} \tag{4.152}$$

式中 φ—— 发电效率；

P—— 输出到负载上的电能；

Q_h—— 热端的吸热量，包括焦耳热、珀耳帖热和汤姆孙热。

发电器具有最大的发电效率 φ_{max}，即满足

$$\varphi_{max}=\frac{T_1-T_2}{T_1}\cdot\frac{(1+Z\bar{T})^{\frac{1}{2}}-1}{(1+Z\bar{T})^{\frac{1}{2}}+\dfrac{T_2}{T_1}} \tag{4.153}$$

输出功率 P_0 的数学表达式为

$$P_0=\frac{S}{(1+S)^2}\cdot\frac{S_{np}^2(T_1-T_2)^2}{R} \tag{4.154}$$

当 $S=R_L/R=1$ 时，即负载电阻 R_L 与发电器本身的电阻 R 相匹配时，负载能从发电器中获得最大的输出功率 P_{max}，即

$$P_{max}=\frac{S_{np}^2\Delta T^2}{4R} \tag{4.155}$$

(3) 热电优值。

从上面的温差电器件性能参数可以看到，制冷效率、最大温差和发电效率都是热电优值 Z 的函数，如式(4.146)所示，而且随着 Z 的增大而增大。对于最大输出功率 P_{max}，虽然

只与 S_{np}^2/R 存在依赖关系，但实际中，要保证发电器两端建立较大温差，也同样需要导热系数 λ 越小越好，也就是隐含着要求发电器 Z 值越大越好。因此，不论是制冷器还是发电器，在给定温差下，都需要 Z 值越大，效率越高，因此把 Z 称为器件的热电优值。

从式(4.146) 可以看出，Z 值是与 n、p 型两种半导体材料性质有关的参量，即与这两种材料的塞贝克系数 S_{np}、电阻 R 和热导率 λ 有关。这说明 Z 值与组成器件的两种热电材料的几何尺寸有关。

若假设两种热电材料 A 和 B 具有相同的电阻率和热导率，并且塞贝克系数的数值相同，但符号相反，则可写成

$$Z = \frac{S_{AB}^2}{\rho\lambda} = \frac{S_{AB}^2\sigma}{\lambda} \tag{4.156}$$

式中　S_{AB}—— 塞贝克系数；

ρ—— 电阻率；

σ—— 电导率；

λ—— 热导率。

可以发现，式(4.156) 只涉及一种材料的热电特性，所以可以将上式看成是材料的热电优值的定义。从式(4.156) 中还可看到，Z 值的量纲为 K^{-1}，因此，Z 与绝对温度 T 的乘积 ZT 为无量纲数值。由此，可以把 ZT 视为整体，定义为无量纲优值，用来衡量材料的热电特性或评价热电材料的热电转换效率，即

$$ZT = \frac{S_{AB}^2\sigma T}{\lambda} \tag{4.157}$$

式中　ZT—— 热电优值(thermoelectric figure of merit)，衡量热电材料性能优劣的指标。

理想的热电材料应具有高的电导率、高的塞贝克系数以及低的热导率，三者之间彼此关联，相互牵制。其中，塞贝克系数 S_{AB} 与载流子浓度成反比，而电导率 σ 与载流子浓度成正比，所以二者中一个增加往往会使另一个下降。$S_{AB}^2\sigma$ 又称为材料的功率因子，它决定了材料的电学性能。ZT 越大，热电材料的性能越好。Z 与材料的种类、组分、掺杂水平和结构有关。

习　　题

1.请说明以下基本物理概念：

热力学第一定律、热力学第二定律、格波、声子、光子、声频支、光频支、摩尔定压热容、摩尔定容热容、德拜温度、奈曼 － 考普定律、线热膨胀系数、体膨胀系数、简谐振动、非简谐振动、傅里叶定律、热导率、热扩散系数、热阻率、魏德曼 － 弗朗兹定律、洛伦兹数、塞贝克效应、珀耳帖效应、汤姆孙效应、电子逸出功、中间温度定律、中间导体定律、热电优值

2.请指出材料热性能的物理本质，并简要说明声频支和光频支的理论差异。

3.请简述杜隆 － 珀替理论、爱因斯坦热容理论和德拜热容理论之间的理论差异。

4.如何理解摩尔定容热容和摩尔定压热容所反映的不同热容情况？

5.金属、无机材料、化合物热容随温度的变化关系如何？

6. 一般情况下，热膨胀系数与热容、熔点、德拜温度之间有何关系？

7. 请用双原子模型解释热膨胀的物理本质。

8. 请解释出现膨胀反常的原因。

9. 请分析负热膨胀现象产生的可能原因。

10. 简述热导率的微观机理。

11. 金属产生电阻的根本原因是什么？请指出温度、压应力及溶质原子（形成无序固溶体）如何影响金属的导电性。

12. 为什么合金的热导率通常比纯金属的热导率低？

13. 什么是魏德曼－弗朗兹定律，该定律在哪些情况下成立？

14. 金属热导率随温度变化关系是什么？请解释原因。

15. 无机非金属材料热导率随温度变化关系是什么？请解释原因。

16. 请绘出无机非金属材料晶体与非晶体热导率随温度变化的关系曲线，并请分析两者热导率的差异和原因。

17. 请写出三种热电效应，并分别描述其宏观物理现象。

18. 请简述三种热电效应产生的原因。

19. 请阐明 DTA 分析的原理。

20. 请阐明 DSC 分析的原理。

21. 请列举几种热分析方法在材料研究中的应用情况。

22. 共析碳钢的热膨胀实验曲线如图 4.76 所示，请回答以下几个问题。

（1）共析碳钢发生如图所示热膨胀现象的主要原因是什么？

（2）请用两种方法指出图中相变临界点的位置，并请在图中绘出。

（3）由热膨胀曲线判断材料相变属于哪类相变，并说明材料的热容如何变化，请示意性地绘出相变温度附近热容和热膨胀系数随温度的变化曲线。

23. 某材料的热膨胀曲线如图 4.77 所示，请根据此图回答以下问题。

（1）请指出该曲线在温度 $T_1 \sim T_2$ 之间出现下降的可能原因，并在图中示意性绘出热膨胀系数随温度的变化关系。

（2）请在图中示意性绘出此材料弹性模量随温度的变化关系，并解释其原因。

（3）为什么材料会受热膨胀？请从两个角度解释其机理。

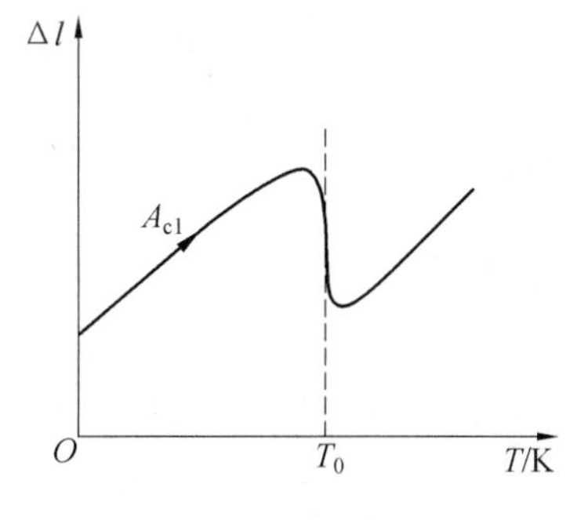

图 4.76　22 题图

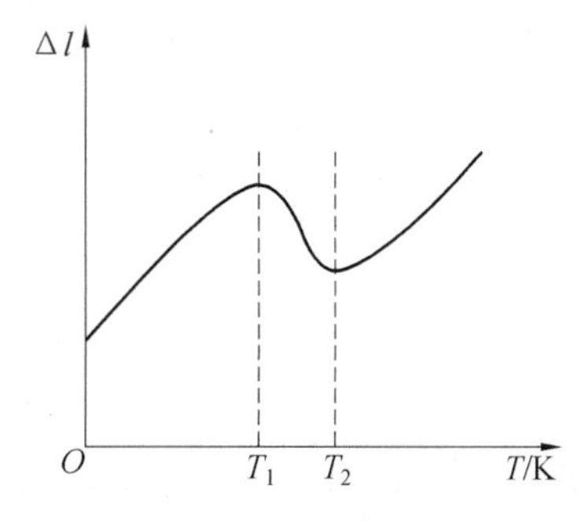

图 4.77　23 题图

第 5 章　材料的光学性能

光(light) 是能量的一种传播方式,是人类最早认识和开始研究的一种自然现象。材料对光的各种作用使世界变得绚烂多彩。利用光的物理性能,人们制备了诸如玻璃、眼镜、显微镜、照相机等各种光学材料和器件,从而使生活变得丰富多彩。光学(optics) 是物理学的重要组成部分,是研究光的本性、光的传播和光与物质相互作用的学科。在物理学中,通常将光学划分为几何光学(geometrical optics)、波动光学(wave optics)、量子光学(quantum optics) 和现代光学(modern optics) 几大部分。本章将根据光与物体相互作用的现象及原理,分别讨论光的反射(reflection)、折射(refraction)、吸收(absorption)、散射(scattering) 以及与材料发光相关的理论。

5.1　光传播的基本理论

5.1.1　光的波粒二象性

由第 1 章已知,光具有波粒二象性,这实际反映了光的粒子性和波动性的统一。历史上,围绕光的粒子性和波动性的科学论战持续了上百年。光的波动学说是在 1690 年由荷兰物理学家惠更斯(Christiaan Huyghens,1629—1695) 提出的。他提出的设想当时只能解释光的传播、反射和折射等现象。1704 年,牛顿综合了所研究的光的现象和解释,提出了光的微粒流学说。该学说在很长时间内一直占据光理论的主流地位。1801 年,英国物理学家托马斯·杨(Thomas Young,1773—1829) 用惠更斯提出的原理做了双孔实验,成功观察到了光的干涉现象,后又将针孔改成了狭缝,实现了杨氏双缝实验。1815 年,法国物理学家菲涅耳(Augustin-Jean Fresnel,1788—1827) 很好地说明了光的衍射现象。直到 1860 年,英国物理学家麦克斯韦(James Clerk Maxwell,1831—1879) 提出电磁波理论后,才完全说明了光的干涉、衍射、偏振以及光在晶体中传播的现象。直到 20 世纪,量子理论建立,通过严格的理论形式将波动理论和粒子理论统一后,才清晰地反映了光的本性。

如前所述,爱因斯坦的光电方程将光的波动性和粒子性联系了起来,即

$$E = h\nu = \hbar\omega = \frac{hc}{\lambda} \tag{5.1}$$

$$p = \frac{h}{\lambda} = \hbar k \tag{5.2}$$

式中　E—— 能量;

ν—— 线频率;

ω—— 角频率,与线频率之间满足关系 $\omega = 2\pi\nu$;

λ—— 波长；

c—— 光在真空中的速度，$c=3.0\times10^{8}$ m/s；

p—— 动量；

k—— 波矢，与波长 λ 之间满足关系 $k=\dfrac{2\pi}{\lambda}$；

h—— 普朗克常量，$h=6.626\times10^{-34}$ J·s。

$\hbar$—— 约化普朗克常量，满足关系 $\hbar=\dfrac{h}{2\pi}=1.055\times10^{-34}$ J·s。

光是一种电磁波(electromagnetic wave)，是电磁场周期性振动的传播所形成的。电磁波的形成是由于变化的电场和变化的磁场相互交替激发，从而在空间传播。电磁波具有很宽的频谱，而实际上可用光学方法进行研究的光波仅占其中很小的一部分，如图 5.1 所示。从图 5.1 中可以看到，光波的范围从远红外到紫外，并延伸到 X 射线区，其波长范围为0.01 ～1 000 μm。其中，人眼可以感知的光波范围又仅占其中的一小部分，其波长范围为 0.39 ～ 0.77 μm，称为可见光(visible light)。在可见光范围内，不同的波长会引起不同的颜色视觉。我们常说的白光则是各种可见光的混合光。

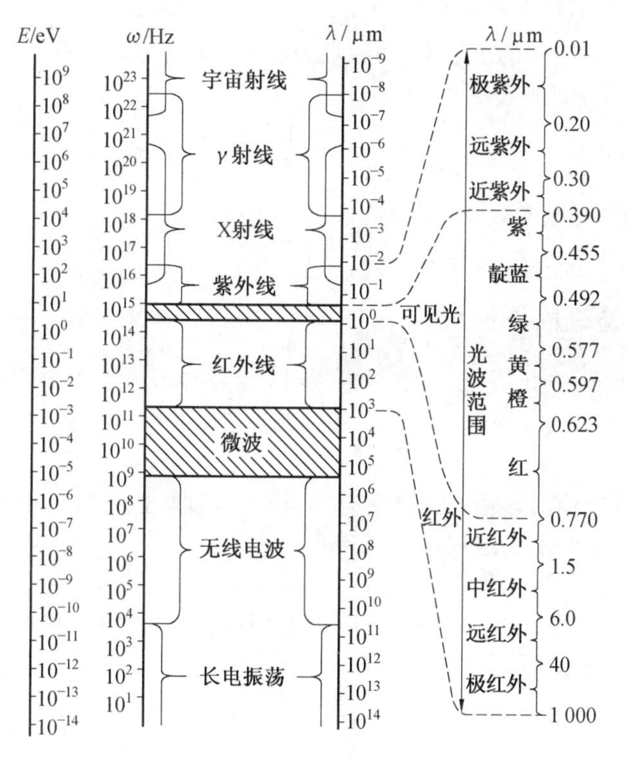

图 5.1 电磁波谱及光波所占的部分

光波中，电场和磁场总是交织在一起的，其中的电场强度 $\boldsymbol{E}$ 和磁场强度 $\boldsymbol{H}$ 的振动方向互相垂直。它们和光波的传播方向 $\boldsymbol{S}$(即光的能量流动方向) 之间构成一个直角坐标系，如图 5.2 所示。当光和物体发生作用时，大多数测量光波的仪器仅对光波中电场的影响起作用。因此，在实际讨论光波时，由于磁场作用小，往往只考虑电场的影响。

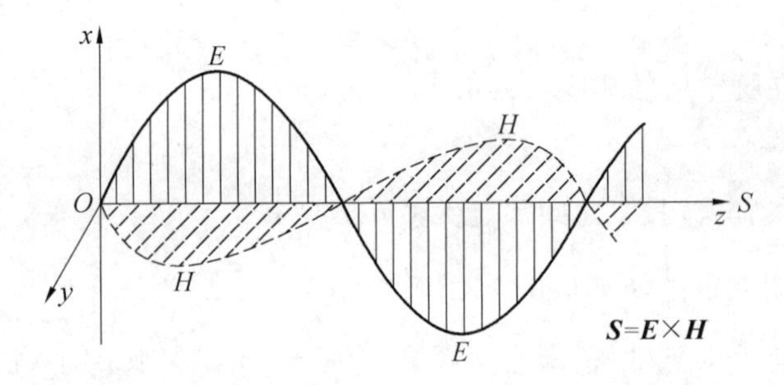

图 5.2 线偏振光波中电振动、磁振动及光传播方向

根据电磁场的麦克斯韦方程组，电磁波在介质中的速度满足

$$v=\frac{c}{\sqrt{\varepsilon_r\mu_r}}=\frac{c}{n} \tag{5.3}$$

式中 v—— 电磁波在介质中的传播速度；

c—— 光在真空中的速度；

ε_r—— 介质的相对介电常数；

μ_r—— 介质的相对磁导率；

n—— 光在介质中的折射率，并满足关系 $n=\sqrt{\varepsilon_r\mu_r}$。

其中，光在真空中的速度为

$$c=\frac{1}{\sqrt{\varepsilon_0\mu_0}} \tag{5.4}$$

式中 ε_0—— 真空介电常数，$\varepsilon_0=8.85\times10^{-12}$ F/m；

μ_0—— 真空磁导率，$\mu_0=4\pi\times10^{-7}$ H/m。

5.1.2 光通过固体的现象

当一束入射光从一介质进入另一介质时，会发生反射、折射、吸收、散射和透射(transmission)等现象，如图 5.3 所示。相应地，经上述各种光学现象后，入射光的能量将逐渐减小。

设入射到材料表面的光辐射能流率为 φ_0，反射、吸收、散射和透过的光辐射能流率分别为 φ_R、φ_A、φ_S、φ_T，根据能量守恒定律可知

$$\varphi_0=\varphi_R+\varphi_A+\varphi_S+\varphi_T \tag{5.5}$$

式中 φ_0—— 光辐射能流率，W/m^2，表示单位时间内通过单位面积(与光传播方向垂直的面积) 的能量。

用 φ_0 除以式(5.5) 两边可得

$$R+A+S+T=1 \tag{5.6}$$

式中 R—— 反射系数，$R=\frac{\varphi_R}{\varphi_0}$；

A—— 吸收系数，$A=\frac{\varphi_A}{\varphi_0}$；

S—— 散射系数，$S=\frac{\varphi_S}{\varphi_0}$；

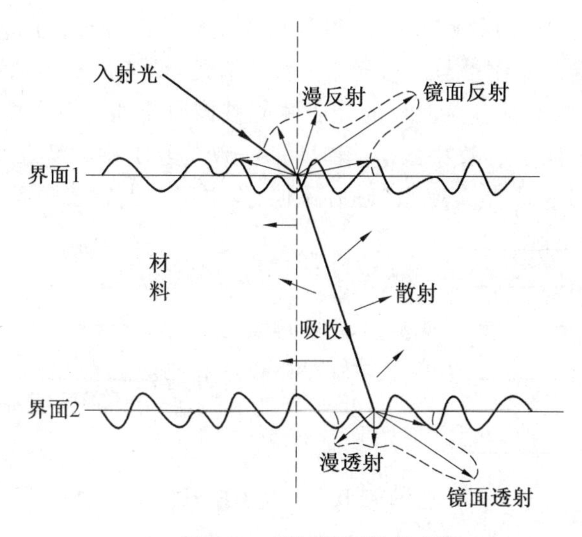

图 5.3　光通过固体的现象

T—— 透射系数，$T=\frac{\varphi_T}{\varphi_0}$。

5.1.3　光与固体的相互作用

光与固体材料的相互作用，从微观上讲，实际上是光子与固体材料中的原子、离子、电子等的相互作用。需要说明的是，光与固体的相互作用相当于讨论物体在由光提供的电场和磁场下的共同作用。而在实际讨论光波时，由于磁场作用小，只考虑电场的影响。因此，光与固体的相互作用往往产生以下两个重要的结果。

第一，电子极化。电磁辐射的电场分量与传播过程中的每个原子都发生作用，引起电子极化，即造成电子云和原子核电荷重心发生相对位移。其结果是光线通过介质时，一部分能量被吸收，光波速度减小，导致折射。如图 5.4 所示，在光作用于物体前，原子中正负电荷分布均匀，呈平衡状态；在光作用于物体之后，原子受到电磁辐射的作用，正负电荷中心发生偏移，从而出现电子极化现象。

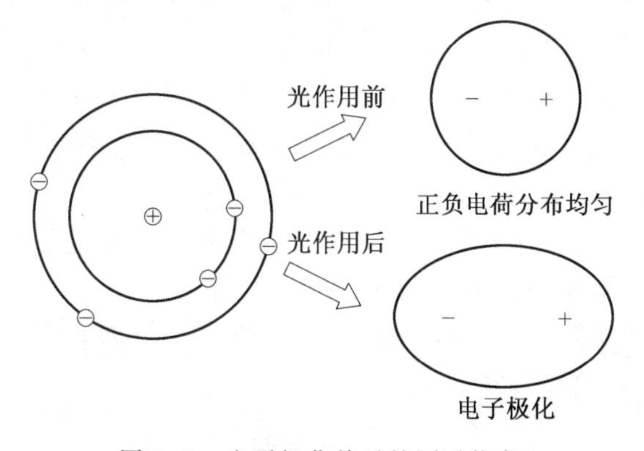

图 5.4　电子极化前后的原子状态

第二，电子能态转变。光子被吸收和发射，都涉及固体材料中电子能态的转变。如

图 5.5 所示，如果一孤立原子吸收频率为 ν 的入射光子后，可将能量为 E_2 的电子激发到能量为 E_4 的空能级上，能量变化量与入射光波的频率有关，即能量变化量为 $\Delta E = h\nu$。由于原子中电子能级分立，只有能量为 ΔE 的光子才能被该原子通过电子能态转变而吸收。受激电子不可能无限长地处于激发态，一段时间后，激发电子将由激发状态衰变回基态，同时放射出相应频率的电磁波。衰变的途径不同，发射出的电磁波频率不同。

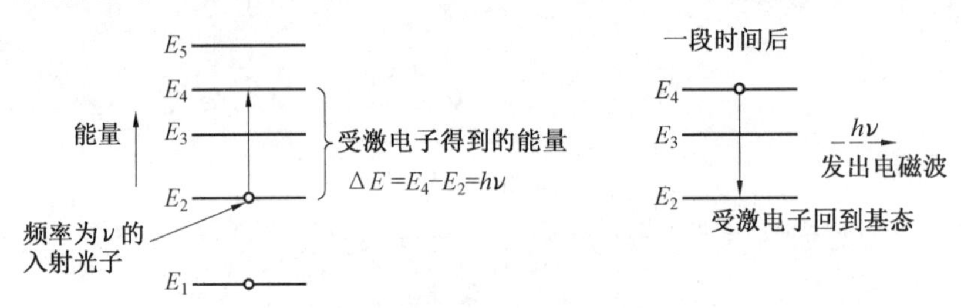

图 5.5　孤立原子吸收光子后电子态转变示意图

接下来，将依据光与固体作用时的各种现象，分别讨论光的特性。

5.2　光的反射和折射

5.2.1　反射定律和折射定律

光从一种均匀物质射向另一种均匀物质时，会在它们的分界面上改变传播方向，如图 5.6 所示。如果不考虑吸收、散射等其他形式能量的损耗，则入射光的能量只能分配给反射线和折射线，其总能量保持不变。这种以光线为基础，研究光的传播和成像规律的学科称为几何光学，是光学学科中一个重要的实用性分支学科。几何光学中，不考虑光波的振幅和光传播过程中的相位变化。从图 5.6 中可以看到，入射线与法线的夹角 θ_1 称为入射角；反射线与法线的夹角 θ_1' 称为反射角；入射线从介质 1 进入介质 2 后发生折射，折射线与法线的夹角 θ_2 称为折射角。

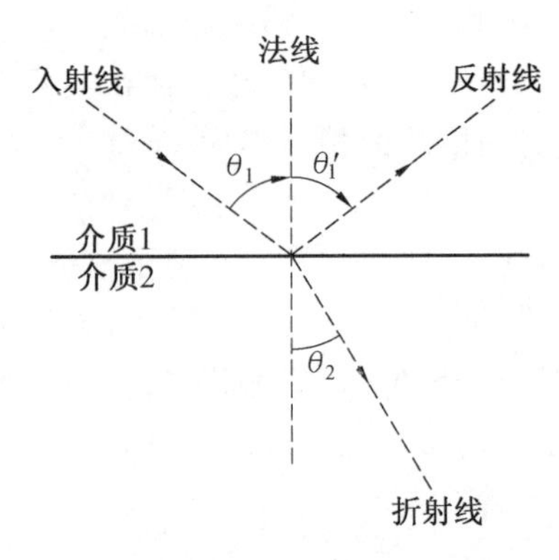

图 5.6　光的反射和折射

根据反射定律，入射线、反射线和法线在同一平面内(即入射面)；入射线和反射线分别处在法线的两侧；入射角与反射角相等，即 $\theta_1 = \theta_1'$。

根据折射定律，折射线位于入射面内，并分别处在法线的两侧。对单色光而言，入射角的正弦与折射角的正弦比为常数，即

$$\frac{\sin\theta_1}{\sin\theta_2} = n_{21} \tag{5.7}$$

式中　n_{21}——第二介质相对于第一介质的相对折射率(index of refraction)，与光波的波

长和界面两侧介质的性质有关。

若第一介质为真空,第二介质的折射率为 n_2,由于真空内光波的折射率等于1,那么,此时的折射定律可写成

$$\frac{\sin\theta_1}{\sin\theta_2}=n_2 \tag{5.8}$$

式中 n_2——第二介质相对于真空的相对折射率,又称第二介质的绝对折射率。

这样,某介质的折射率也是该介质对真空的相对折射率。由此,折射定律可写成

$$n_{21}=\frac{\sin\theta_1}{\sin\theta_2}=\frac{n_2}{n_1}=\frac{v_1}{v_2} \tag{5.9}$$

式中 n_1——第一介质的折射率;

n_2——第二介质的折射率;

v_1——光波在第一介质内的运动速度;

v_2——光波在第二介质内的运动速度。

介质的折射率是永远大于1的正数。例如,空气的折射率 $n=1.000\,3$,水的折射率 $n=1.333\,3$,氯化钠的折射率 $n=1.530\,0$,玻璃的折射率 $n=1.5\sim1.9$ 等。不同结构介质的折射率不同。表5.1给出了一些透明材料在不同单色光下的折射率数据。

表5.1 一些透明材料在不同单色光下的折射率

材料	不同单色光的波长 λ/nm					
	紫(410)	蓝(470)	绿(550)	黄(580)	橙(610)	红(660)
冕牌玻璃	1.538 0	1.531 0	1.526 0	1.522 5	1.521 6	1.520 0
轻火石玻璃	1.604 0	1.596 0	1.591 0	1.587 5	1.586 7	1.585 0
重火石玻璃	1.698 0	1.683 6	1.673 8	1.667 0	1.665 0	1.662 0
石英(SiO_2)	1.557 0	1.551 0	1.546 8	1.543 8	1.543 2	1.542 0
金刚石	2.458 0	2.443 9	2.426 0	2.417 2	2.415 0	2.410 0
冰	1.317 0	1.313 6	1.311 0	1.308 7	1.308 0	1.306 0
钛酸锶($SrTiO_3$)	2.631 0	2.510 6	2.436 0	2.417 0	2.397 7	2.374 0

折射定律是由荷兰数学家和物理学家斯涅耳(Willebrord Snell van Roijen, 1580—1626)发现的,从而使几何光学的精确计算成为可能,因此折射定律又称为斯涅耳定律(Snell's law)。

从式(5.9)中还可发现,当光从介质1进入介质2后,光在介质中的传播速度也将发生改变,并与介质的折射率成反比,即介质的折射率越大,光在该介质中的传播速度越慢。材料的折射率反映了光在该材料中传播速度的快慢。两种介质相比,折射率较大者,光的传播速度较慢,称为光密介质(optically denser medium);折射率较小者,光的传播速度较快,称为光疏介质(optically thicker medium)。

5.2.2 影响折射率的因素

材料的折射率实际反映了材料的电磁结构在光波电磁场作用下的极化性质或介电性

质。实际上，式(5.3)已经反映出折射率的参量函数关系，即

$$n=\sqrt{\varepsilon_r\mu_r} \tag{5.10}$$

在式(5.10)中，通常忽略μ_r的影响，认为$\mu_r\approx1$，所以，介质的折射率n随介电常数ε_r的增大而增大。介电常数ε_r反映了介质的极化能力。当电磁波作用到介质上时，其原子受到电磁辐射的电场作用，使原子的正、负电荷重心发生相对位移，引起极化现象。外电场越大，原子的正、负电荷重心相对位移也越大。正是由于材料的电磁结构在光波电磁场作用下的极化，才造成电磁波的传播速度放慢。

因此，在分析影响折射率的因素时，可以把握两方面的原因：一个是分析造成介电常数变化的原因，也就是分析引起电极化性质变化的原因；另一个从材料本身在一定条件下，是向光疏变化还是向光密变化，后者引起折射率增大。

通常，影响折射率的因素主要有以下四个方面。

(1) 构成材料元素的离子半径。

当介质材料的离子半径增大时，原子间结合力降低，材料的极化能力增强，介电常数增大，因而折射率也增大。因此，可用大离子得到高折射率的材料，如PbS的$n=3.912$；用小离子得到低折射率的材料，如$SiCl_4$的$n=3.912$。

(2) 材料的结构、晶型和非晶态。

材料的折射率还与离子的排列密切程度有关。一般而言，沿晶体密堆积程度较大的方向，折射率较大。

当光通过各向同性材料时，如非晶态和立方晶体，光速不因传播方向的改变而改变。此时，材料只有一个折射率，称为均质介质(homogeneous medium)。除了立方晶体以外的其他晶型都是非均质介质(inhomogeneous medium)。光进入非均质介质时，一般都要分为振动方向相互垂直、传播速度不等的两个波，它们分别构成两条折射光线，这个现象称为双折射(birefringence)现象。双折射是非均质晶体的特性，这类晶体的所有光学性能和双折射有关。

双折射现象发生后，入射光将分解成振动方向互相垂直、传播速度不同、折射率不等的两种偏振光，如图5.7所示。其中，光的偏振方向符合折射定律，且折射率为常数的光称为寻常光(ordinary rays)，简称o光。o光的折射率为常光折射率n_o。光的偏振方向不符合折射定律的光称为非常光(extraordinary rays)，简称e光。e光的折射率为非常光折射率n_e，并且随着入射光方向的变化而变化。e光的折射线不在入射面内，其折射角、入射面与折射面之间的夹角不但和原来光束的入射角有关，还和晶体的方向有关。当光沿着晶体的光轴(optic axis)方向入射时，在晶体中不发生双折射现象，此时只有n_o存在。当入射光与光轴方向垂直入射时，n_e达最大值，此时的n_e常作为材料的特性参数。例如，石英的$n_o=1.543$，$n_e=1.522$；方解石的$n_o=1.658$，$n_e=1.486$；刚玉的$n_o=1.760$，$n_e=1.768$。晶体的光轴不唯一。其中，只有一个光轴的晶体，如方解石、石英等，称为单轴晶体；存在两个光轴的晶体，如云母、硫黄、

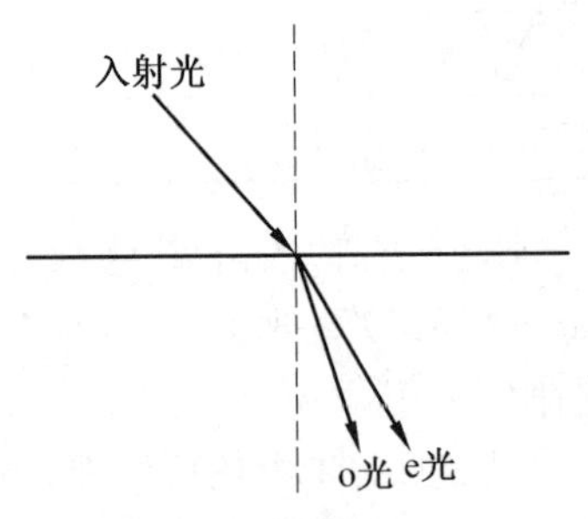

图5.7 各向异性材料中的双折射现象

黄玉等，称为双轴晶体。

双折射现象的出现与晶体结构的各向异性有关。晶体结构的各向异性决定了晶体中振子固有振动的各向异性。一般认为，晶体中的振子在三个独立空间方向上有不同的固有振动频率。其中，单轴晶体的三个固有频率中有两个相同，即平行于光轴方向的固有振动频率 ω_1 和垂直于光轴方向的固有振动频率 ω_2。图 5.8 表示从晶体中的一个发光点 C 所发出的 o 光和 e 光在主截面中的传播形式。光轴用虚线表示。o 光的电矢量垂直于光轴（以黑点表示），相位只受 ω_2 制约，因此传播速度都一样，如图 5.8(a) 所示。o 光的主折射率为 $n_o = c/v_o$，因 v_o 是常数，所以沿任何方向传播，晶体表现的折射率都是 n_o。e 光的电矢量方向在主截面内，因传播方向不同而与光轴成不同的角度，因此其传播速度与 ω_1 和 ω_2 都有关。当 e 光的电矢量方向垂直于光轴，且传播速度受垂直于光轴的振子固有频率 ω_2 制约时，则以速度 v_o 传播，如图 5.8(b) 中 Ca_1 所示。当 e 光的电矢量方向平行于光轴，且传播相位受 ω_1 制约时，则以速度 v_e 传播，如图 5.8(b) 中 Ca_2 所示。而 e 光的电矢量在其他方向上时，由于电矢量与光轴成一角度，其传播速度与 ω_1 和 ω_2 都有关，因此传播速度介于 v_o 和 v_e 之间。因此，e 光沿不同方向传播有不同的折射率。对 e 光而言，其主折射率为 $n_e = c/v_e$。e 光传播方向与光轴方向不同，出现双折射。e 光传播方向与光轴方向相同，其折射率为 n_o，此时，观察不到双折射现象。

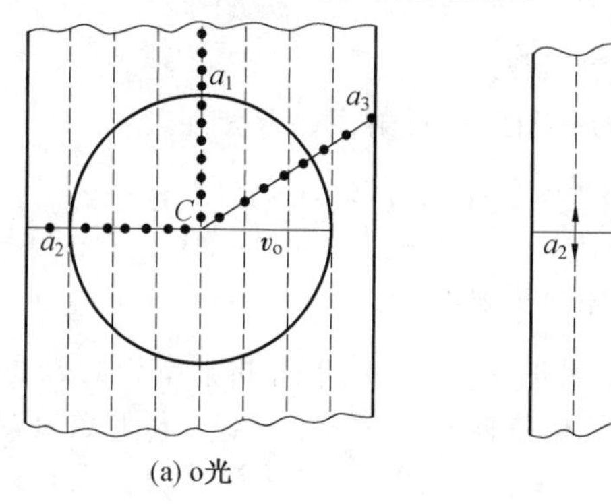

(a) o光

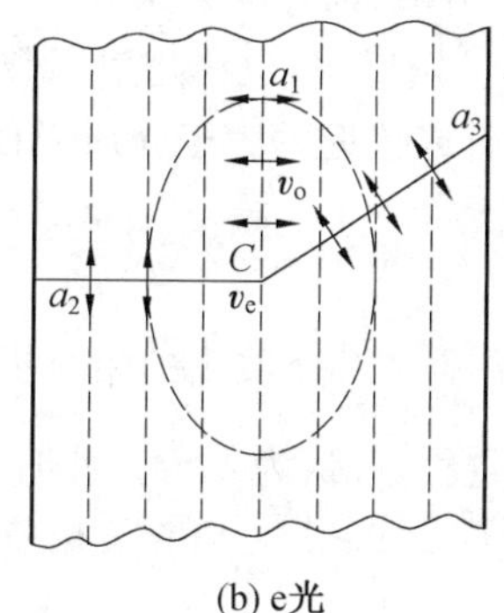

(b) e光

图 5.8 单轴晶体中 o 光和 e 光的传播特性

(3) 材料所受内应力。

有内应力的透明材料，垂直于受拉主应力方向的 n 值大，平行于受拉主应力方向的 n 值小。这是由于拉主应力往往引起材料晶体结构间距离增大，该方向上材料的致密度降低，因此折射率降低。所以一般的规律是，材料中粒子堆积越致密，折射率往往越大。通常，外加应力会改变物质的折射率。对薄膜材料而言，其折射率受衬底材料晶格参数的影响很大。

(4) 同质异构体。

在同质异构材料中，高温时存在的晶型折射率较低，低温时的晶型折射率较高。这是由于，高温时引起材料膨胀，晶体致密度降低，从而使材料折射率降低。例如，常温下的石英玻璃 $n = 1.46$，常温下的石英晶体 $n = 1.55$，高温下的鳞石英 $n = 1.47$（六方晶系，SiO_2 在 870～1 470 ℃ 之间的稳定相），高温下的方石英 $n = 1.49$（四方晶系）。通常，对正膨胀系数的材料，温度升高，折射率降低；对结构相变材料，温度升高，折射率降低。

5.2.3 反射率和透射率

当光由介质1入射到介质2时，光在界面会分解成反射光和折射光。这种反射和折射可以连续发生，如图5.9所示。

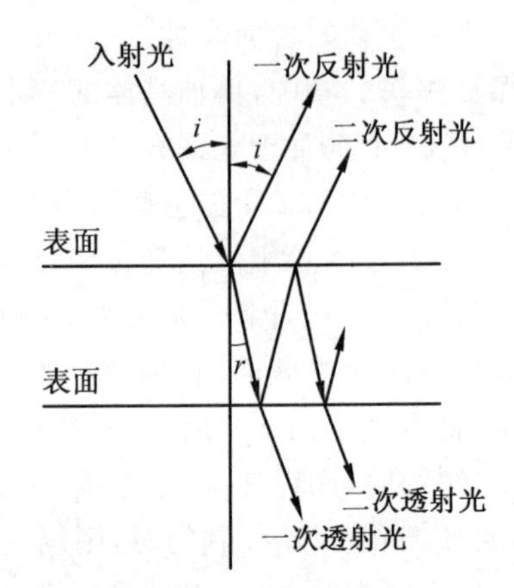

图5.9 光通过透明介质分界面时的反射和透射

如果忽略光在传播中的吸收和散射，设入射光在单位时间通过单位面积的总能量流为 W，则

$$W = W' + W'' \tag{5.11}$$

式中 W—— 入射光的能量流；

W'—— 反射光的能量流；

W''—— 折射光的能量流。

将式(5.11)两侧除以 W，则

$$R = \frac{W'}{W} \tag{5.12}$$

$$1 - R = 1 - \frac{W'}{W} = \frac{W''}{W} \tag{5.13}$$

式中 R—— 反射率，也称反射系数；

$1-R$—— 透射率，也称透射系数。

当入射光垂直或接近垂直于介质界面时，反射系数 R 满足

$$R = \left(\frac{n_{21} - 1}{n_{21} + 1}\right)^2 = \left(\frac{n_2 - n_1}{n_2 + n_1}\right)^2 \tag{5.14}$$

式中 n_{21}—— 介质2对介质1的相对折射率，$n_{21} = \frac{n_2}{n_1}$。

若介质1为空气，可认为 $n_1 = 1$，此时 $n_{21} = n_2$。例如，折射率为1.52的冕牌玻璃，每个表面的反射约为4.2%。若 n_1 和 n_2 相差较大，根据式(5.14)，R 的数值较大，此时界面反射严重。若 $n_1 = n_2$，则 $R = 0$，这说明在垂直入射下，几乎没有反射损失。通常，为了减小反射损失，透过介质表面镀上增透膜，即为了减少反射光，在介质表面镀一层低折射率的薄膜；或者将多次透过的玻璃用折射率与之相近的胶将其粘起来，以减少空气界面造成的损失。

若进入介质中存在不可忽略的吸收时，则需要引进消光系数(extinction coefficient)的概念，即

$$k = \frac{\alpha}{4\pi n}\lambda \tag{5.15}$$

式中 k—— 消光系数；

α—— 吸收系数，这一概念将在5.3.1节中给出；

λ—— 入射波长；

n—— 折射率。

考虑消光系数 k 后，从空气中进入存在吸收的介质的 R 表达式为

$$R = \frac{(n-1)^2 + k^2}{(n+1)^2 + k^2} \tag{5.16}$$

5.2.4 光的全反射和光导纤维

当光从折射率为 n_1 的光密介质进入折射率为 n_2 的光疏介质，即 $n_1 > n_2$ 时，此时的折射角大于入射角。当入射角达到某一临界值 θ_C 时，折射角等于90°，此时有一条很弱的折射线沿界面传播。若入射角大于 θ_c，则入射光能全部回到光密介质，称为全反射或全内反射(Total Internal Reflection，TIR)。此时的临界角 θ_C 称为全反射临界角，如图5.10所示。

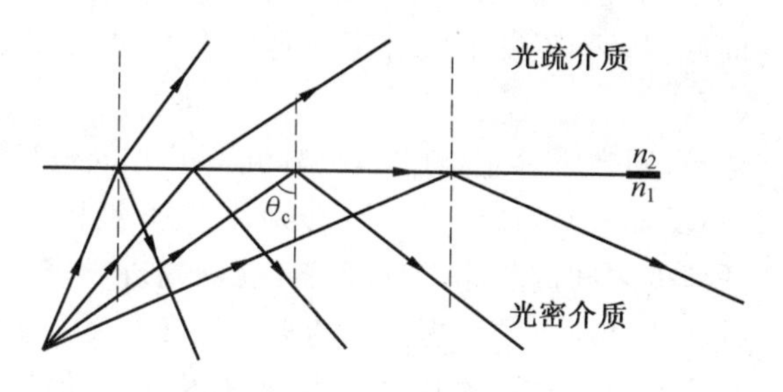

图5.10 光的全反射

根据折射定律，全反射临界角 θ_C 的表达式为

$$\theta_C = \arcsin \frac{n_2}{n_1} \tag{5.17}$$

光导纤维(optical fiber)，简称光纤，是全反射现象的重要应用。光纤是由光学玻璃、光学石英或塑料制成的直径为几微米至几十微米的细丝(称为纤芯)，在纤芯外面覆盖直径为 100 ~ 150 μm 的包覆层和涂敷层。包覆层的折射率比纤芯低约1%，且两层间形成良好的光学界面。当光线从一端入射至纤维内时，如果光线全部内反射，则无折射能量损失，光线在内外两层之间可多次全反射而传播到纤维另一端，如图5.11所示。

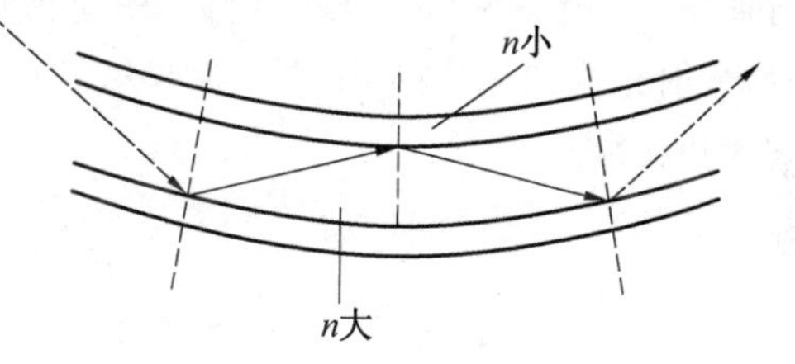

图5.11 光在光导纤维中的传播

光在光纤中传播的能量是光纤通信中的重要问题。英籍、美籍华裔物理学家，前香港中文大学校长高锟(Charles Kuen Gao，1933—2018)于1965年在一篇题为 *Dielectric-fiber surface waveguides for optical frequencies*(《光频率介质纤维表面波导》)的论文中，开创性地提出光导纤维在通信上应用的基本原理。论文中描述了长程及高信息量光通信所需绝缘性纤维的结构和材料特性。也就是说，只要解决好玻璃纯度和成分等问题，就能够利用玻璃制作光学纤维，从而高效传输信息。利用石英玻璃制成的光纤应用得越来越广泛，全世界掀起了一场光纤通信的革命。高锟也因此被国际公认为“光纤之父”，因其在光学通信领域，光在光纤中传输方面所取得的开创性成就于2009年获得诺贝尔物理学奖。

5.3　光的吸收和色散

5.3.1　光的吸收

光作为一种能量流通过介质时，一部分光的能量被材料吸收，光强度减弱，这称为光的吸收(absorption)。被吸收的光能因引起材料微观粒子运动状态的改变而消耗掉，从而引起光能的减弱。即使在对光不发生散射的透明介质中，如玻璃、水溶液，光也会有能量的损耗，发生光的吸收。

针对光的吸收问题，法国数学家布格(Pierre Bouguer，1698—1758) 和德国数学家朗伯特(Johann Heinrich Lambert，1728—1777) 分别在1729年和1760年阐明了物质对光的吸收程度和吸收介质厚度之间的关系。1852年，德国物理学家、化学家和数学家奥古斯特·比尔(August Beer，1825—1863) 提出光的吸收程度和吸光物质浓度也具有类似关系。两者结合起来就得到有关光吸收的基本定律，即布格－朗伯特－比尔定律，简称朗伯特定律(Lambert law)。该定律是光吸收的基本定律，适用于所有的电磁辐射和所有的吸光物质，包括气体、固体、液体、分子、原子和离子。

设强度为 I_0 的平行入射光通过厚度为 l 的均匀介质，如图5.12所示。光通过一段距离 x 后，强度减弱为 I。再通过一个极薄的薄层 dx 后，强度变为 $(I+dI)$。由于光强度变弱，所以 dI 应为负值。此时，入射光强的减少量 dI/I 与吸收层的厚度 dx 之间成正比，即

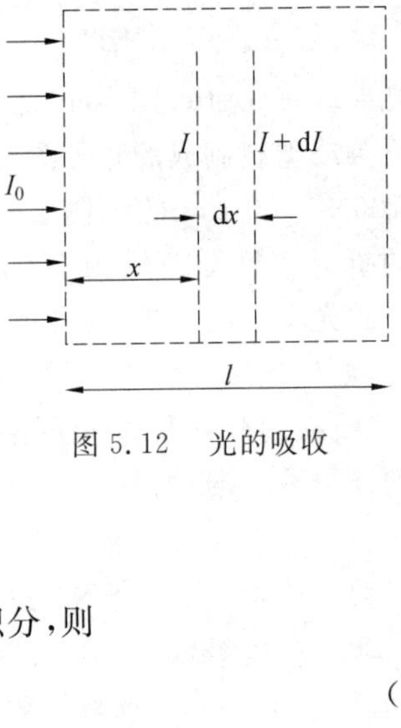

$$\frac{dI}{I}=-\alpha dx \tag{5.18}$$

图 5.12　光的吸收

式中　α—— 吸收系数，即光通过单位距离时能量损失的比例系数，m^{-1}，其数值取决于材料的性质和光的波长。

负号表示光强随着 x 的增加而减弱。对式(5.18) 积分，则

$$\int_{I_0}^{I}\frac{dI}{I}=-\alpha\int_0^l dx \tag{5.19}$$

因此，将积分式求解后，可得

$$I=I_0 e^{-\alpha l} \tag{5.20}$$

式(5.20) 就是描述光强度随厚度变化的朗伯特定律。该定律说明，光强度随传播距离呈指数式衰减。

如果 $\alpha l \ll 1$，则 $e^{-\alpha l}\approx 1-\alpha l$，因此式(5.20) 可以写成

$$\alpha l=A=\frac{I_0-I}{I_0} \tag{5.21}$$

式中　A—— 吸收率，表示经过厚度为 l 的材料后，光强被吸收的比率。

光的吸收是材料中微观粒子与光相互作用过程中表现出的能量交换过程。这种能量交换包括：价电子吸收光子发生跃迁，引起光子吸收；光能使原子振动加强，消耗能量，引起声子吸收；同时，价电子在跃迁中还与其他分子发生碰撞，以热能形式消耗。这些都是造成光吸收的原因。

5.3.2 材料的透射及影响因素

当考虑到光在介质中的吸收，忽略散射的作用时，根据能量守恒定律，材料的透射率应该是入射光减去反射率和吸收率后剩余的部分，即式(5.6)可写成

$$T=1-R-A \tag{5.22}$$

对材料的吸收特性进行研究时发现，任何物质都对特定的波长范围表现透明，对另一些波长表现不透明。材料的这一透射能力就是与光和物体作用后是否发生反射和吸收有关。第1章介绍了材料的能带结构。不同材料具有不同的能带结构，这会造成光与材料作用时电子能态的不同转变，从而使材料在宏观上表现出不同的透射特征。

1. 金属的透光性

实验表明，金属对可见光不透明，只有厚度小于 0.1 μm 的金属箔才能透过可见光。图 5.13 给出了金属吸收光子后电子能态的变化情况。从图 5.13 中可以看到，金属的能带结构特征是费米能级以上有许多空能级。这样各种不同频率的可见光，即具有各种不同能量的入射光子，都容易被电子吸收，使电子激发至更高能级，如图 5.13(a) 所示。可见光能量被吸收后，金属则呈现出不透明状态。实际上，金属对所有的低频电磁波(从无线电波到紫外光)都是不透明的。只有对高频的 X 射线和 γ 射线才是透明的。

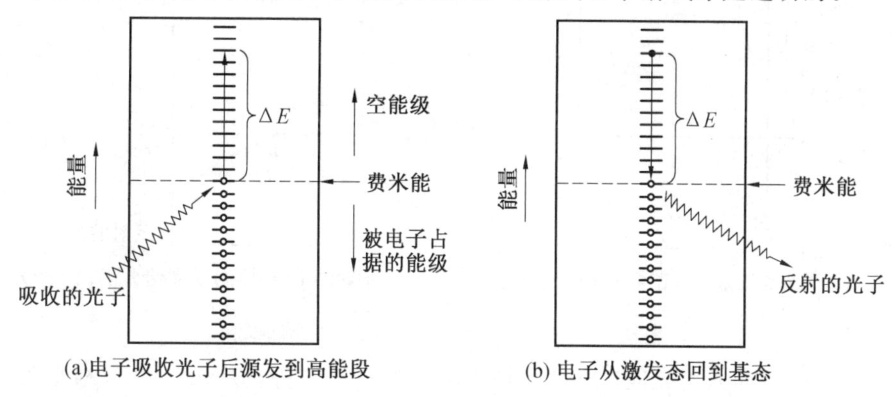

图 5.13 金属吸收光子后电子能态的变化

大部分被金属材料吸收的光会从表面以同样波长的光波发射出来，表现为反射光，如图 5.13(b) 所示。不同的金属材料可反射不同波长的可见光，因而表现出不同的颜色。银和铝在白光照射下呈银白色，其表面反射出的光是由各种波长的可见光组成的混合光。大多数金属的反射系数在 0.9～0.95，还有一部分以热能的形式耗散掉。图 5.14 给出了金属膜反射镜的反射率与光波长的关系。

2. 非金属材料的透光性

非金属材料的能带结构是价带与导带间存在禁带。绝缘体的禁带较宽，而半导体的

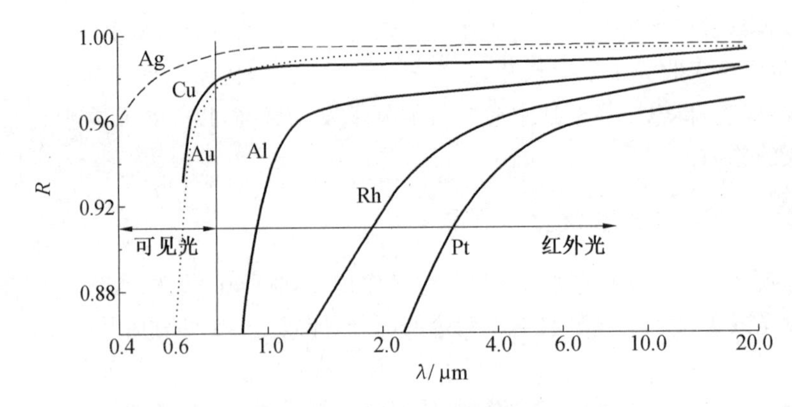

图 5.14　金属膜反射镜的反射率与光波长的关系

禁带较窄。这一与金属材料不同的能带结构使非金属材料的透光性与金属明显不同。一般而言，非金属材料吸收可见光后会引起：① 电子极化，这只有光频与极化时间的倒数(实际是指材料电子极化时的频率)可以比拟时吸收才比较重要；② 电子吸收光子越过禁带进入导带，使电子处于激发态；③ 电子受激后进入禁带中的杂质或缺陷能级而吸收光子。

如图 5.15(a) 所示，当电子所吸收光子的能量 $h\nu$ 大于禁带宽度 E_g 时，即 $h\nu > E_g$，电子才能吸收光子越过禁带进入导带，从而产生光的吸收。否则电子不能吸收光子(不考虑杂质能级的影响)，也就不发生吸收现象，光可从材料透过，因而材料对光透明。

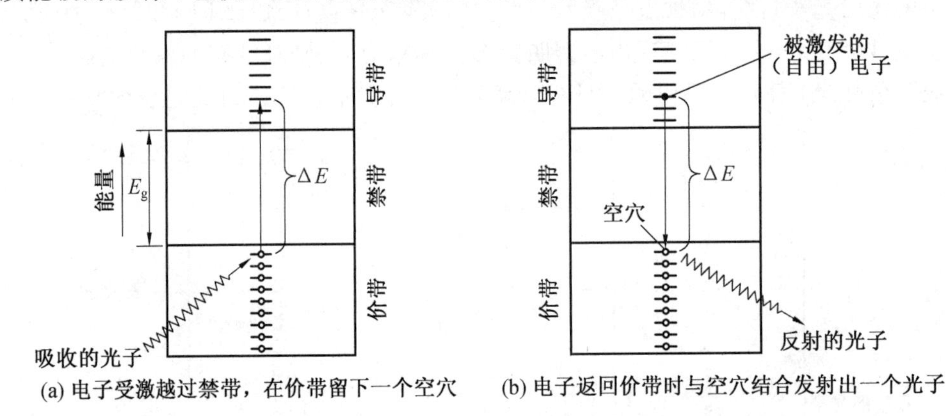

图 5.15　非金属吸收光子后电子能态的变化

入射光波长(即入射光能)的大小是决定材料是否透过的主要因素。根据如下公式可计算出可见光禁带宽度 E_g 的范围：

$$E_g = \frac{hc}{\lambda} \tag{5.23}$$

式中　c—— 光在真空中的速度；

h—— 普朗克常数；

λ—— 可见光波长，$\lambda = 0.39 \sim 0.77\ \mu m$。

通常，禁带宽度 E_g 的单位用电子伏特(eV)表示，已知 $1\ eV = 1.60 \times 10^{-19}$ J。经单位替换，并保持波长 λ 的单位是微米，E_g 的单位是电子伏特，则式(5.23)可化简为

$$E_g = \frac{1.24}{\lambda} \tag{5.24}$$

根据式(5.24),可计算出可见光禁带宽度 E_g 范围为 1.8 ~ 3.1 eV。根据上述分析,禁带宽度小于 1.8 eV 的半导体,可见光能被材料吸收,因而对可见光不透明。禁带宽度大于 3.1 eV 的绝缘材料,可见光不能被吸收,因而其对可见光透明。禁带宽度介于 1.8 ~ 3.1 eV 之间的非金属材料,能部分吸收可见光,因而呈带色透明状态。

除了可见光以外,非金属材料都对某一特定波长下的电磁波不透明,具体波长取决于禁带宽度。根据式(5.24)可对此进行计算。例如,金刚石的 $E_g = 5.6$ eV,对小于 0.22 μm 波长的电磁波不透明。

禁带宽度较大的电介质可借助于禁带中的杂质或缺陷能级,使吸收光子能量的电子进入禁带或导带,如图 5.16(a) 所示。

电子吸收光子受激发后,必将以某种形式释放所吸收的能量,也就是激发态电子回到基态,并重新释放光子,电子吸收能量释放的方式多样。激发态电子通过多级转移,释放多个光子。如图 5.16(b) 所示,激发电子先后进入杂质能级和初始能级,释放出两个不同能量的光子。激发态电子也可能释放一个声子和一个光子,如图 5.16(c) 所示,电子从导带回到杂质能级,释放声子,引起晶格振动,之后再回到基态,释放相应能量的光子。

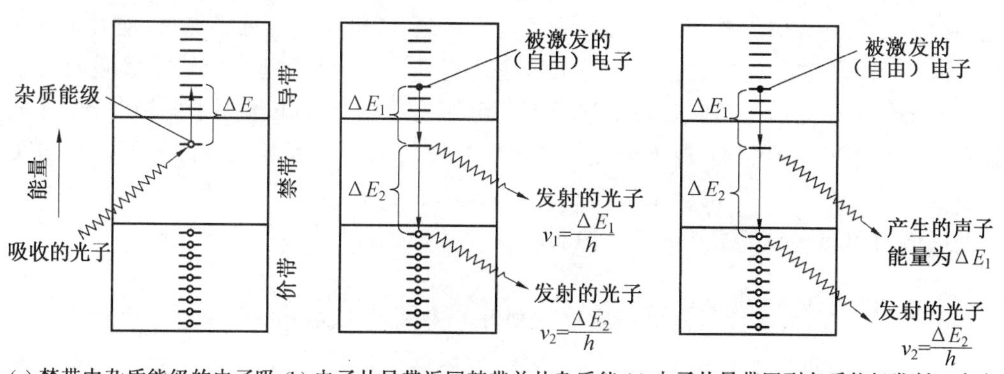

(a) 禁带中杂质能级的电子吸收光子后受激发进入导带 (b) 电子从导带返回禁带并从杂质能级回到基态时共发射两个不同频率的光子 (c) 电子从导带回到杂质能级发射一个声子,并从杂质能级回到基态时发射出一个光子

图 5.16 禁带宽的非金属材料吸收光子后电子能态的变化

3. 吸收与波长的关系

如上所述,任何物质只对特定的波长范围表现为透明,而对另一些波长范围则不透明,这与物质的能带结构有关。图 5.17 给出了金属、半导体和电介质的吸收率随波长的变化。吸收率越高,表明材料在该波长下越不透明。

对金属和半导体而言,从图 5.17 中可以看到,在可见光区吸收系数很高,对可见光不透明。这与金属和半导体的能带结构使电子易于吸收光子能量有关。其中,半导体材料禁带宽度小,可见光光子能量足以使其获得跨越禁带的能量。金属和半导体在紫外区也出现吸收峰,这是由光电效应引起的。光电效应是德国物理学家赫兹(Heinrich Rudolf Hertz,1857—1894) 在验证电磁波的实验中首次发现的。由于他对电磁学的发展有很大贡献,故频率的国际单位"赫兹"以他的名字命名。1905 年,爱因斯坦采用光量子

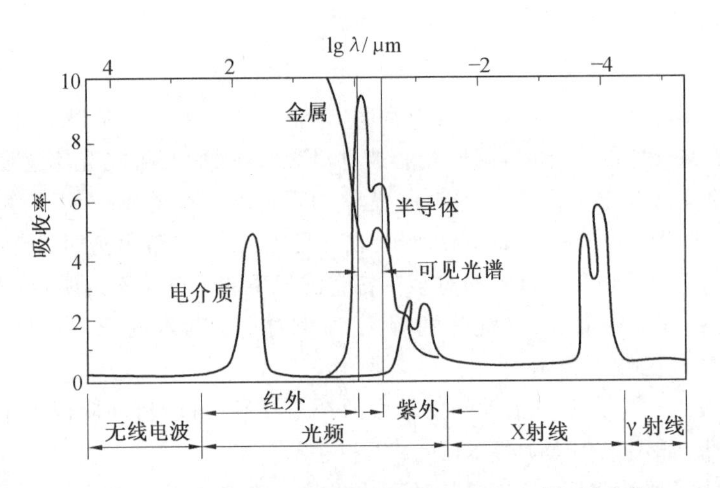

图 5.17 金属、半导体和电介质的吸收率随波长的变化

(photon) 的概念,从理论上成功地解释了这一现象。当金属里的自由电子吸收了一个光子的能量,而这能量大于或等于金属的逸出功(电子克服原子核的束缚,从材料表面逸出所需的最小能量即为逸出功),则此电子因为拥有了足够的能量,会从金属中逃逸出来,成为光电子。这一由于金属表面的电子吸收外界的光子,克服金属的束缚而逸出金属表面的现象称为外光电效应。若金属吸收的光子能量不足,则电子会释放出能量,能量重新成为光子离开,电子能量恢复到吸收之前,无法逃逸离开金属,即引起与上述金属吸收光子后电子能态转变相同的电子跃迁。增加光束的辐照度会增加光束里光子的数量,即在同一段时间内激发更多的电子,但不会使得每个受激发的电子因吸收更多的光子而获得更多的能量。换言之,光电子的能量与辐照度无关,只与光子的能量和频率大小有关。金属或半导体逸出功的大小与紫外区光频的能量相近,因而引起光电效应的光频往往位于紫外区。

对电介质而言,大多数无机电介质材料在可见光区透明。这是因为电介质价电子所处能带填满,可见光光子的能量不足以使价电子跨过禁带跃迁到导带,所以吸收系数很小。但电介质在紫外光区出现吸收,这是因为紫外光波长短、能量高,可使电介质中电子吸收高能光子从满带顶端跨过禁带跃迁到导带,使吸收系数增大。电介质在红外光区也出现了吸收峰。这个区域的光谱吸收原因与紫外区吸收的原因不同。红外光区的光谱吸收是因为在此波段内,物质分子中某些基团的固有振动频率或转动频率往往和红外光的频率一致,引起谐振,从而吸收红外光辐射能量发生振动和转动能级的跃迁,该处波长的光就被物质吸收。利用材料在红外光区的这一特征,可进行物质分子结构和化合物的鉴别。红外光谱法(Fourier Transform Infrared,FTIR)实际上就是一种根据分子内部原子间的相对振动和分子转动等信息来确定物质分子结构和鉴别化合物的分析方法。将分子吸收红外光的情况用仪器记录下来,就得到了红外光谱图。图 5.18 给出了仲丁醇铝的红外光谱。红外光谱通常用波长 λ 或波数 $1/\lambda$ 为横坐标,表示吸收峰的位置;用透过率 T(%) 或吸收强度为纵坐标,表示谐振引起的吸收强度。

另外,电介质在高强的 X 射线光区再次出现吸收峰。此时,X 射线光子能量的吸收主要伴随着两个现象的出现。X 射线由于能量高,其光子可与原子内层电子发生作用,引起

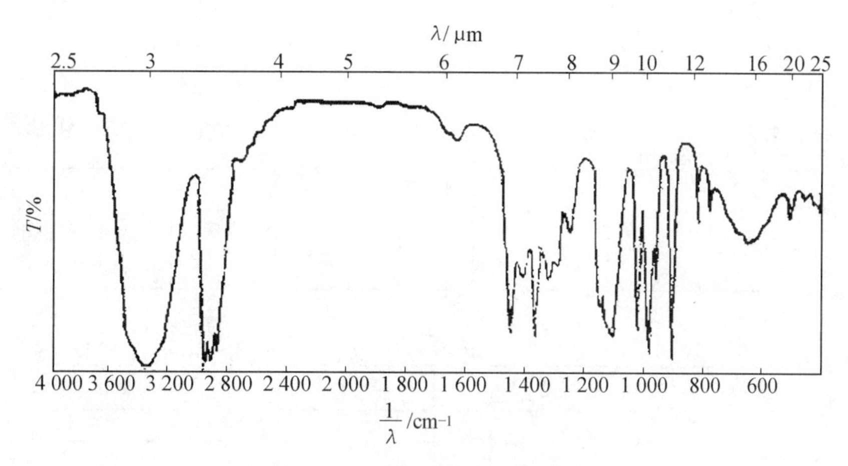

图 5.18 仲丁醇铝的红外光谱

内层电子获得高的能量成为自由电子,产生原子光电效应或内光电效应,此时,其内部的原子释放的光电子仍留在材料内部,使材料的导电性增强。当能量较大的 X 射线光子与原子外层弱束缚电子发生作用时,引起弱束缚电子吸收部分 X 射线光子能量散射成为自由电子,剩余的那小部分光子能量则以新的波长较长的光子形式释放,产生康普顿效应(Compton effect)。这一效应是1923年由美国物理学家康普顿(Arthur Holly Compton,1892—1962)在研究 X 射线与物质散射的实验中观察到的。康普顿效应与光电效应都涉及光子与电子的相互作用。光子能量和电子所受束缚能量相差不大时,主要是出现光电效应,光子能量大大超过电子所受的束缚能量时主要出现的是康普顿效应。光电效应主要表现为电子完全吸收光子的能量而逸出物质表面,入射光为可见光或紫外线,其光子能量为电子伏特数量级,与原子中电子的束缚能相差不远,光子能量全部交给电子使之逸出,并具有初动能。光电效应证实了此过程服从能量守恒定律。康普顿效应则是电子部分地吸收光子的能量而在散射光中出现能量较小(即波长较长)的光子,入射光为 X 射线或 γ 射线,光子能量为10^4 eV 数量级甚至更高,远大于散射物质中电子的束缚能,原子中的外层电子可视为自由电子,光子能量只被自由电子吸收了一部分并发生散射。康普顿效应证实了此过程可视为弹性碰撞过程,能量、动量均守恒,更有力地证实了光的粒子性。

实际上,在很宽的电磁波谱内,具有不同能量的电磁波与物体发生作用后,会引起各种不同的现象。图 5.19 为电磁波谱区及能量跃迁示意图。从图 5.19 中可以看到,随着电磁波频率的增加,电磁波与物体的相互作用由低频低能时引起的电子自转或原子核自转,向高频高能时破坏原子内部结构转变。利用这一电磁波与物体间相互作用的差别,可实现各种不同的功能。

5.3.3 光的色散

材料的折射率随入射光频率的减小(或波长的增加)而减小的性质称为色散(dispersion)。例如,一束阳光通过三棱镜,可观察到白光分解为彩色的光带(光谱),这就是色散现象。光色散的本质是光的折射。色散现象说明光在介质中的折射率会随着光频

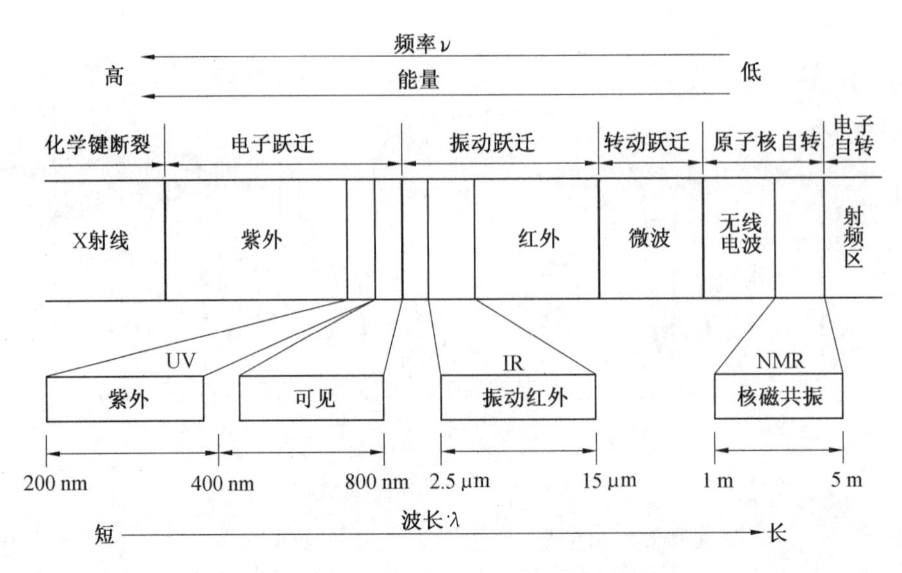

图 5.19　电磁波谱区及能量跃迁示意图

率(或波长)的变化而变化。

在给定入射光波长的情况下,可用介质的折射率随波长的变化率来表示材料的色散率,即满足

$$色散率=\frac{dn}{d\lambda} \tag{5.25}$$

式中　n—— 折射率;

λ—— 波长。

图 5.20 给出了几种常用光学材料的色散曲线。由曲线可以看到,色散曲线满足以下规律:同一材料,波长越短,折射率越大;波长越短,色散率越大;不同材料,同一波长,折射率越大,则色散率越大;不同材料的色散曲线没有简单的数量关系。

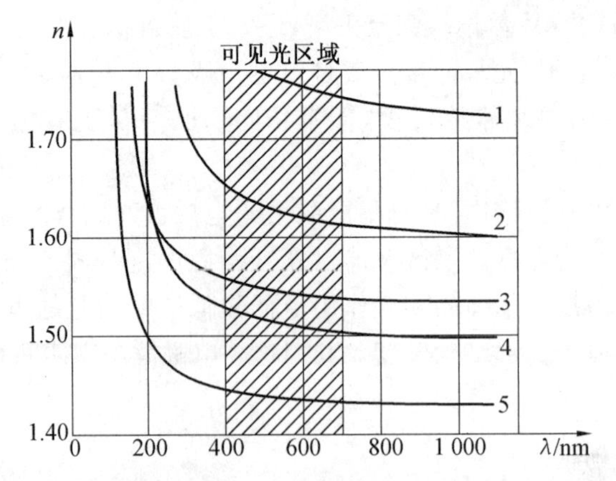

图 5.20　几种常用光学材料的色散曲线

1— 重火石玻璃;2— 轻重火石玻璃;3— 水晶;4— 冕牌玻璃;5— 萤石

判断光学玻璃色散的方法不一定要测色散曲线,可采用固定波长下的折射率来表达,

即色散系数为

$$\gamma_d = \frac{n_D - 1}{n_F - n_C} \tag{5.26}$$

式中 γ_d—— 色散系数，也称为阿贝(Abbé)数；

n_D、n_F、n_C—— 以钠的 D 谱线(589.3 nm)、氢的 F 谱线(486.1 nm)和 C 谱线(656.3 nm)为光源测得的折射率。

阿贝数(Abbe number)是光学色差的度量，表示透明物质色散能力的反比例系数。阿贝数越小，色散现象越明显。阿贝数是德国物理学家阿贝(Ernst Karl Abbe，1840—1905)发明的物理量，也称色散系数，是表示透明介质的光线色散能力的指数。一般来说，介质的折射率越大，色散越严重，阿贝数越小；反之，介质的折射率越小，色散越轻微，阿贝数越大。阿贝数常用于镜片行业，是镜片的选购参考因素之一。目前，眼用的光学镜片材料阿贝数一般在 30 ～ 60。供人佩戴的镜片阿贝数不应该低于 30，否则明显的色散现象会让佩戴者视觉模糊，进而可能产生不适现象。另外，还把($n_F - n_C$)的关系称为平均色散，也就是光学介质对于氢 F 谱线与氢 C 谱线的折射率之差。

由于色散现象的存在，利用光学玻璃制成的单片透镜往往成像不够清晰。在自然光通过时，像的周围往往环绕一圈色斑。克服的方法是用不同牌号的光学玻璃，分别磨成凸透镜和凹透镜，组成复合镜头，也就是消色差镜头，从而消除色差(chromatic aberration)。

1873 年，德国物理学家阿贝指出：光学显微镜分辨率的极限，大约是可见光波长的一半。由于可见光中波长最短蓝紫光波长在 0.4 μm 左右，根据阿贝的理论，如果两点之间的距离小于 0.2 μm，光学显微镜则无法分辨出这是两个点，这就是阿贝极限。阿贝极限指出了光学显微镜的分辨极限，也就是放大倍数约 1 500 倍，高于这个倍数，在光学显微镜下则无法分辨两点。阿贝极限的存在使人们无法更加深入地了解微观世界。例如，病毒的直径通常在 0.02 ～ 0.3 μm，无法用已有的光学显微镜观察清楚。想要观察尺寸更小的物体，通常只能用电子显微镜代替光学显微镜。但与光学显微镜相比，电子显微镜存在许多局限，比如，需要高真空环境、无法用于观察活体生物样品等。因此，科学家们仍然寄希望于突破阿贝极限，提高光学显微镜的分辨率。

荧光显微镜的出现，使光学显微镜的分辨率突破了 0.2 μm 的阿贝极限。荧光显微镜是利用特定波长的光照射被检物体产生荧光进行镜检的显微光学观测技术。当给观测样本分子带上荧光标记(例如，使用荧光染料或荧光蛋白)，激活距离超过阿贝极限的样本分子，使其发出荧光，并精确记录发出荧光分子的中心位置；重复这个过程，将样本中所有的分子定位出来，从而得到整个样品的图像。这一做法巧妙地用时间换空间，分多次观察未超过阿贝极限距离的分子，再重叠并拼出完整的图像。这样就绕开了光学显微镜受到的阿贝极限的限制。这一做法，实际并不违背阿贝极限的限制。2014 年，美国单分子光谱和荧光光谱领域专家莫尔纳(William Esco Moerner，1953—)、美国应用物理学家贝齐格(Eric Betzig，1960—)和德国物理学家赫尔(Stefan Walter Hell，1962—)，因开发出20 ～ 30 nm 的超高分辨率荧光显微镜而共同获得诺贝尔化学奖。

常采用阻尼受迫振子模型解释介质的色散原理，这也是经典的色散理论。在模型中，介质原子的电结构被看作正负电荷之间由一根无形的弹簧束缚在一起的弹性振子。在光波电磁场的作用下受迫振动,振动的位相与振子的固有频率均和光波频率有关。受迫振子作为次波源向外发射散射波。由于固体和液体中的这种散射中心密度很高,振子散射波的相互干扰,因此次波只能沿原来入射光波方向前进。次波和入射波叠加后,使合成波在介质中的传播速度与入射波的频率有关,从而导致介质对不同频率的光有着不同的折射率。上述是这一原理的概念性描述,如果想知道具体的变化规律,需要经过严格的理论推导。

5.4 光的散射

5.4.1 散射现象及其物理描述

光通过气体、液体、固体等介质时,遇到烟尘、微粒、悬浮液滴或结构成分不均匀的微小区域,一部分能量会偏离原来的传播方向而向四周弥散,这种现象称为光的散射(scattering),如图 5.21 所示。

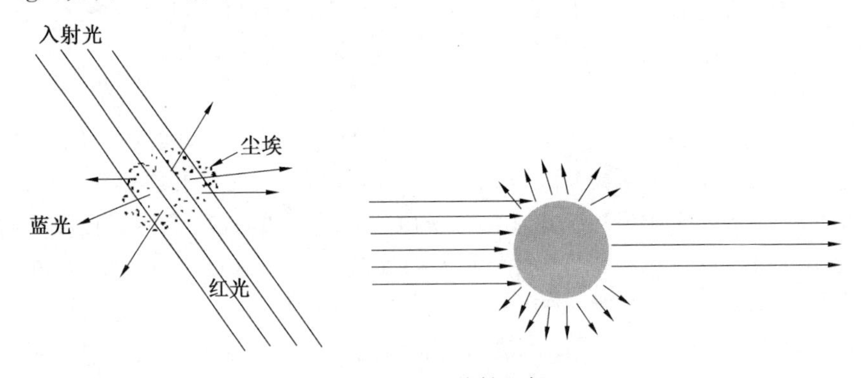

图 5.21 光的散射现象

光的散射会导致光在原来传播方向上强度的减弱,其减弱的规律与吸收的规律具有相同的形式,即可在式(5.20) 中增加散射因素,共同描述光强度随传播距离的减弱规律,即

$$I = I_0 e^{-(\alpha+s)l} \tag{5.27}$$

式中 α—— 吸收系数;

s—— 散射系数。

式(5.27) 称为布格定律(Bouguer law)。增加散射因素后,光强度比单一吸收时下降得更快。

材料对光的散射是光与物体相互作用的基本过程之一。散射产生的原因是当光波的电磁场作用于物质中具有电结构的原子、分子等微观粒子时,将激起粒子的受迫振动,受迫振动的粒子会成为发光中心,向各个方向发射球面次波。

散射可以看作光线被无数小微粒各自反射到四面八方。通常把发生在光波前进方向上的散射归结于透射,因此发生在光波前进方向的散射对介质中的光速有决定性的影响。散射与衍射(diffraction) 不同。衍射是波遇到障碍物时偏离原来直线传播的物理现象,也就是光经过缝隙或障碍物时,在光并未经过的部位引起了波的现象。当缝隙或障碍物的尺寸跟波长差不多或比较小时,衍射现象才会明显。散射与衍射的区别在于,衍射对应于介质表面或内部个别几何线度与波长相当的非均匀区域,散射对应于大量排列无规则且几何线度略小于波长的非均匀区域的集合。一般情况下,每个非均匀区域均有衍射发生,但各个区域所产生的衍射光波,因其不规则的初相位分布而发生非相干叠加,从而在整体上无衍射现象发生。也就是说,散射是无穷多微粒衍射光波的非相干叠加结果。

根据散射前后光子能量(或光波波长)是否变化,散射可分为弹性散射(elastic scattering) 和非弹性散射(inelastic scattering)。

5.4.2 弹性散射

弹性散射是散射前后,光的波长(或光子能量)不发生变化的散射。据经典力学的观点,散射可看成光子和散射中心的弹性碰撞,弹性散射的结果只把光子弹射到不同的方向,不改变光子的能量。

弹性散射除与散射前后不变的波长有关以外,散射光强度还受散射中心尺度 a_0 的影响,即

$$I_s \propto \lambda^{-\sigma} \tag{5.28}$$

式中 I_s—— 散射光强度;

λ—— 入射光波长;

σ—— 与散射中心尺度 a_0 有关的参量。

按照λ和a_0大小的比较,弹性散射还分成瑞利(Rayleigh) 散射、米氏(Mie) 散射和丁达尔(Tyndall) 散射。

1. 瑞利散射

当散射中心尺寸远小于入射光波长时(通常小于波长的 1/10),散射光线的强度与入射光线波长的四次方成反比,这种现象称为瑞利散射。瑞利散射规律是由英国物理学家瑞利勋爵(Lord Rayleigh,本名 John William Strutt,1842—1919) 于 1900 年发现的。瑞利因发现稀有气体"氩"和在气体密度精确测量方面的贡献,于1904 年获得诺贝尔物理学奖。

按照瑞利散射的要求,此时参量$\sigma=4$,即满足关系:

$$I_s \propto \lambda^{-4} \tag{5.29}$$

式(5.29) 表明,波长越短,散射强度越强,也就是微小颗粒对长波的散射不如短波有效。图 5.22 给出了瑞利散射强度与波长的关系。从图 5.22 中可以看到,短波的紫光比长波的红光散射强度高很多。例如,正午时,太阳直射地球表面,太阳光在穿过大气层时,各种波长的光都要受到空气的散射。其

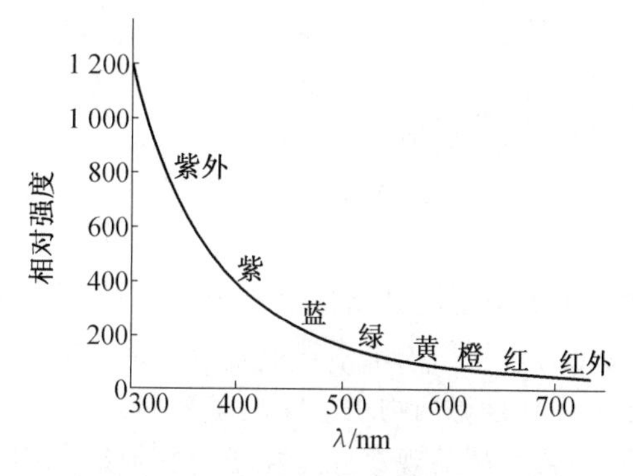

图 5.22 瑞利散射强度与波长的关系

中波长较长的波散射较小，大部分传播到地面上；而波长较短的蓝光受到空气散射较强，因此天空呈现蓝色。再例如，由于波长较短的光易被散射，而波长较长的红光不易被散射，它的穿透能力也比波长短的蓝光、绿光强，因此用红光做指示灯，可以让司机在大雾迷漫的天气里容易看清指示灯，防止交通事故的发生。

当光线入射到不均匀的介质中时，如乳状液、胶体溶液等，介质就因折射率不均匀而产生散射光。丁达尔效应(Tyndall effect)就是光的散射现象或称乳光现象。这一现象是由爱尔兰物理学家丁达尔(John Tyndall，1820—1893)发现的，如图5.23所示。由于溶胶粒子大小一般不超过1 nm，胶体粒子介于溶液中溶质粒子和浊液粒子之间，其大小为1～100 nm，远小于可见光波长(400～700 nm)。因此，当可见光透过溶胶时会产生明显的散射作用，从入射光的垂直方向可以观察到胶体里出现的一条光亮的通路。而对于真溶液，虽然分子或离子更小，但因散射光的强度随散射粒子体积的减小而明显减弱，因此，真溶液对光的散射作用很微弱。由于胶体能有丁达尔现象，而溶液几乎没有，可以采用丁达尔现象来区分胶体和溶液。此外，散射光的强度还随分散体系中粒子浓度的增大而增强。

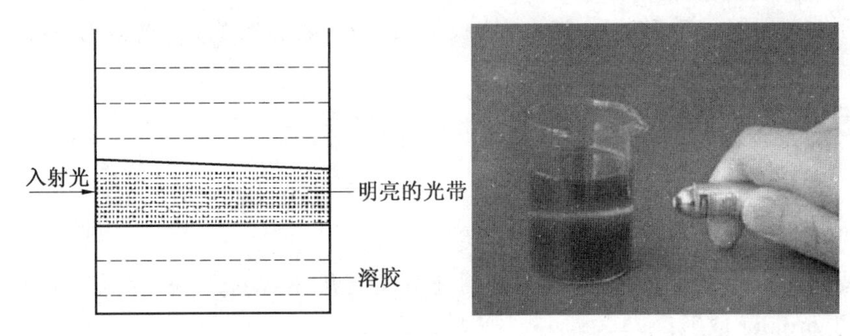

图5.23　丁达尔现象

瑞利散射在气体、液体和固体中均可出现。例如，固体光学材料在制备过程中形成的各种气泡、条纹、杂质颗粒、位错等，只要其散射中心的尺寸远小于入射光波长，符合瑞利散射的条件，就可引起瑞利散射。

2. 米氏散射

米氏散射是散射中心尺度接近入射光波长的粒子散射现象。当散射中心尺寸 a_0 与入射光波长 λ 相当时，参量 σ 为0～4，其具体数值与 a_0 有关。在这个尺度范围内粒子散射光的性质比较复杂，其散射光强在各方向是不对称的，沿入射方向上的前向散射最强。粒子越大，前向散射越强。米氏散射理论最早是由德国物理学家米(Gustav Adolf Feodor Wilhelm Ludwig Mie，1868—1957)于1908年在研究胶体金属粒子的散射时建立的。该散射理论是由麦克斯韦方程组推导出来的均质球形粒子在电磁场中对平面波散射的精确解。米氏散射适合于任何粒子尺度，只是当粒子直径相对于波长而言很小时利用瑞利散射，很大时利用夫琅禾费衍射(Fraunhofer diffraction)理论，就可以很方便地近似解决问题。后者是德国物理学家夫琅禾费(Joseph von Fraunhofer，1787—1826)在光的衍射实验中，将光源或观察屏远离衍射孔或缝无限远时得到的远场衍射现象。

3. 丁达尔散射

当散射中心的尺寸 a_0 大于入射光波长 λ 时，散射光强度与入射光波长无关，即参量 $\sigma \to 0$，具有这种特征的散射称为丁达尔散射。丁达尔散射与米氏散射类似，但没有严格的球形颗粒的限制，尤其可应用于胶体混合物(colloidal mixtures)和悬浊液(suspensions)。例如，粉笔灰的粒度尺寸对可见光中所有单色成分均满足这一关系，所以粉笔灰对可见光中所有单色成分都具有散射能力，因此看起来是白色。白云由较大的水滴组成的，水滴尺寸也在此范围，所以也呈白色。

实际上，如果散射中心的尺寸 a_0 远远大于入射光波长 λ 时，则发生反射。

5.4.3 非弹性散射

与弹性散射不同，如果散射前后光的频率(或光子能量)发生变化则称为非弹性散射。非弹性散射是入射光子与介质发生非弹性碰撞的结果。与弹性散射相比，非弹性散射通常要弱几个数量级，因而常常被忽略。

当单色光入射到介质上时，除了被介质吸收、反射和透射外，总会有一部分被散射。按散射光相对于入射光频率的改变情况，可将散射光分为三类，如图 5.24 所示。第一类，与入射光频率相同或波数变化小于 $10^{-3}\ \mathrm{m}^{-1}$，这类散射称为瑞利散射。第二类，在瑞利线两端，散射波波数变化为 $10 \sim 100\ \mathrm{m}^{-1}$，这类散射称为布里渊散射(Brillouin scattering)。第三类，与瑞利线相距较远，散射波波数变化为 $100 \sim 10^{6}\ \mathrm{m}^{-1}$，这类散射称为拉曼散射(Raman scattering)。从散射光的强度看，瑞利散射最强，拉曼散射最弱。出现在瑞利线低频侧的散射线统称为斯托克斯线(Stokes)，而在瑞利线高频侧的散射线统称为反斯托克斯(Anti-Stokes)线。拉曼散射和布里渊散射均可产生斯托克斯线和反斯托克斯线。这里的斯托克斯线是用英国物理学家、数学家斯托克斯(George Gabriel Stokes，1819—1903)的名字命名的。

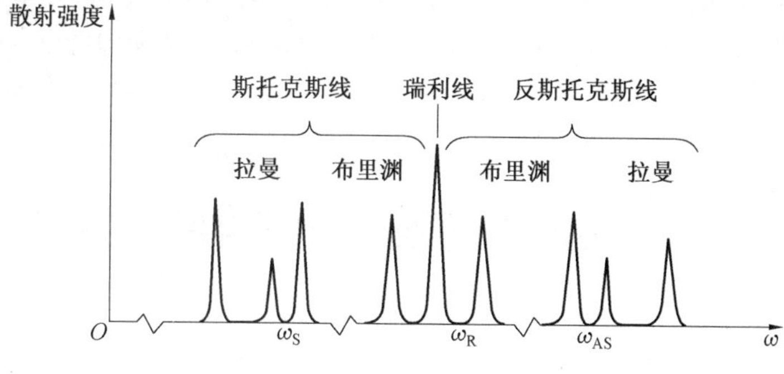

图 5.24 弹性散射和非弹性散射的光谱示意图

从波动观点来看，光波电磁场与介质内微观粒子固有振动之间的耦合，从而激发介质微观结构的振动或导致振动的消失，以致散射光波频率相应出现“红移”(频率降低)或“蓝移”(频率升高)。拉曼散射是分子或点阵振动的光学声子(光学模)对光波的散射。这一现象是在 1928 年由印度物理学家拉曼(Chandrasekhara Venkata Raman，1888—1970)发现的。拉曼因其在光散射方面的研究工作和拉曼效应的发现，于 1930 年获得诺贝尔物理学奖。布里渊散射是点阵振动引起的密度起伏或超声波对光波的非弹性散射，是点阵振动的声学声子(声学模)与光波之间能量交换的结果。这一散射是由法国物理学家布里渊(Léon Nicolas Brillouin，1889—1969)于1922年提出的，可以研究气体、液体和固体中的声学振动。布里渊散射也属于拉曼散射。

从量子观点来看，弹性散射和非弹性散射的特征可用能级跃迁图说明，如图5.25所示。当光入射某些物质时，低能级的分子受到频率为ν_0的入射光子作用，吸收能量$h\nu_0$，跃迁至高能级处于激发态。然后这个激发态的分子向下跃迁回到初始能级，并相应放出与入射频率相同的光子，这就是瑞利散射过程，产生与入射光频率相同的瑞利线。在拉曼散射中，若光子把一部分能量给样品分子，得到的散射光能量减少$\Delta\nu$，那么在小于入射光频($\nu_0-\Delta\nu$)处可以检测到低频散射线，称为斯托克斯线。相反，若光子从样品分子中获得能量，在大于入射光频率($\nu_0+\Delta\nu$)处接收到高频散射线，则称为反斯托克斯线。

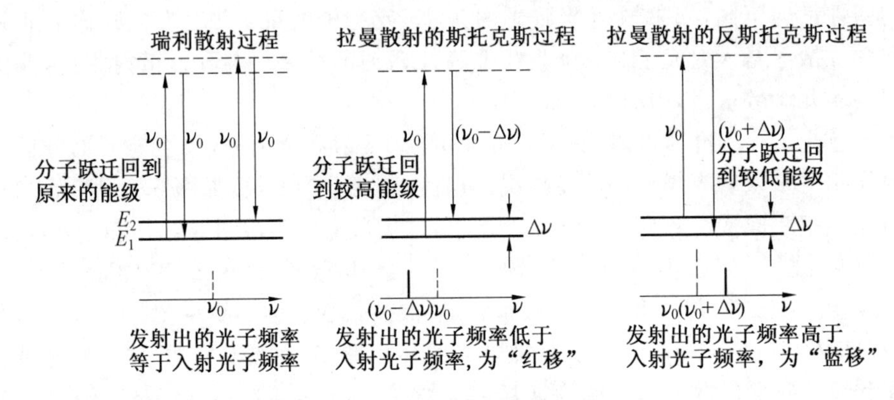

图5.25 分子散射的量子图像

拉曼散射和布里渊散射中散射光的频率与散射物质的能态结构有关。与红外光谱相同，拉曼光谱分析技术是以拉曼效应为基础建立起来的分子结构表征技术。采用拉曼散射的方法可迅速定出分子振动的固有频率，并可决定分子的对称性、分子内部的作用力等。研究非弹性光散射已经成为获得固体结构、点阵振动、声学动力学以及分子的能级特征等信息的有效手段，在光谱学中形成了拉曼光谱学的一个分支，具有重要的理论和实践意义。

5.5 透光性在材料研究中的应用

5.5.1 透光性分析

如前所述，光与物体发生作用，将发生反射、折射、吸收、散射和透过。分析材料的透光性实际考虑的就是光与物体作用后剩余光能所占的百分比。下面综合上述内容，以陶瓷材料为例，讨论光在通过陶瓷材料后，其透光性的情况。

图5.26为光通过陶瓷材料时的能量损失过程。设陶瓷材料的厚度为x，一束光强为I_0的入射光从空气中垂直入射进入陶瓷材料(设空气的折射率为1)。首先，入射光与陶瓷材料表面作用后发生反射，如图5.26中的反射线1。设陶瓷材料的折射率为n，反射率

为 R，根据式(5.14)，则反射率 $R=\left(\frac{n-1}{n+1}\right)^2$。因此，在表面上因反射损失能量 RI_0。那么，进入陶瓷材料内的光强为 $I_0(1-R)$，如图 5.26 中的光线 2。进入材料的光穿过厚度为 x 的材料，其间发生吸收和散射，吸收系数和散射系数分别为 α 和 s。由式(5.27)可知，由于吸收和散射造成的光强损失为 $I_0(1-R)e^{-(\alpha+s)x}$，如图 5.26 中的光线 3。此时光线再次到达陶瓷材料与空气的界面，再次发生反射，则因再次反射损失的能量为 $I_0R(1-R)e^{-(\alpha+s)x}$，如图 5.26 中的光线 4。最后，通过材料进入空气的光为图 5.26 中的光线 5，此时，透射光强 I 满足如下关系

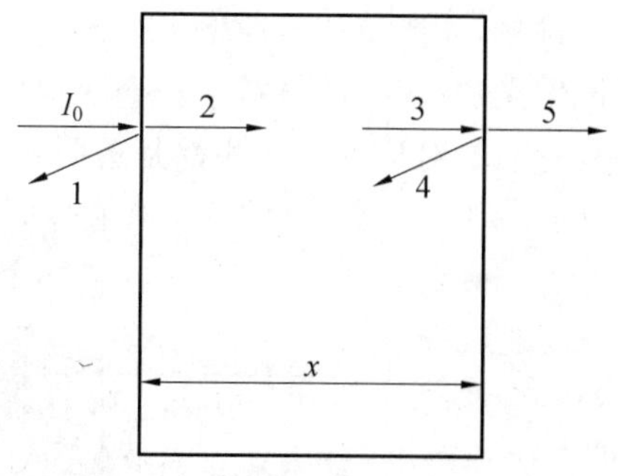

图 5.26　光通过陶瓷材料时的能量损失

1— 反射线；2— 进入材料的光线；3— 经吸收和散线后的光线；4— 二次反射线；5— 透射线

$$I=I_0(1-R)^2e^{-(\alpha+s)x} \tag{5.30}$$

此时的 I/I_0 才是真正的透射比。由式(5.30)可知，透射光强与材料的吸收系数和散射系数有关，也与材料表面的光洁度、材料厚度和光的入射角有关。

综合上述讨论，影响材料透光性的因素有：反射系数 R，此时的折射率 n 和表面光洁度是主要因素；吸收系数 α，由于陶瓷材料可见光吸收系数低，因而不是主要因素；散射系数 s，与材料宏观及显微缺陷、晶粒的排列方向以及气孔的大小和比例等有关。

如果要提高材料的透光性，往往需要从上述材料透光性的影响因素考虑。通常，提高材料的透光性，可考虑提高原材料纯度。这样做的目的是减少杂质能级吸收光子能量，降低吸收率。可通过掺杂各种添加剂，降低材料的气孔率。气孔由于相对折射率的关系，其影响程度远大于杂质等其他结构因素。还可改进工艺措施，如采取热压法比普通烧结法更便于排除气孔，因而是获得透明陶瓷较为有效的工艺，热等静压法效果更好。

5.5.2 影响陶瓷透明性的因素

透明陶瓷(transparent ceramics)是指采用陶瓷工艺制备的具有一定透光性的多晶材料，又称光学陶瓷。一般把光线透过率超过 10% 的陶瓷称为透明陶瓷，在 10% 以下的陶瓷称为透光陶瓷(translucent ceramics)或半透明陶瓷(semitransparent ceramics)。一般来说，多晶陶瓷的不透明性主要与随机排列的非等轴晶的多晶晶粒导致晶粒间折射系数不连续有关。同时，陶瓷中存在的气孔、杂质、晶界等不均匀微观结构，也会造成对光的散射和折射，进而降低陶瓷的透明性。图 5.27 给出了多晶陶瓷中的主要光线散射效应示意图。对某一具体陶瓷材料来说，当光线投到凹凸不平的陶瓷表面，一部分光线漫反射损失，另一部分光线折射进入陶瓷。光线在陶瓷晶体内传播时，由于晶粒间折射率的差异，光线在晶界会发生反射，同时双折射也会造成散射，即光学失配，这都与材料本身的固有性质有关。陶瓷晶体在制备时留存在材料内的气孔，也会导致光线在气孔和晶粒界面间造成反射和双折射。加之光传播过程中的吸收现象，这些都使光的强度大大衰减，降低陶瓷的透明性。因此，只有提高陶瓷内部微观结构的均匀性，选择低吸收系数并降低光学

失配的材料，才能使透光性增大。研究表明，具有全充满、半充满或全空电子构型的物质不易产生光的吸收，即材料本身透明；具有立方晶系的物质，不具有光学各向异性，即晶体结构具有高的对称性。这些都是透明陶瓷选材的理论基础。

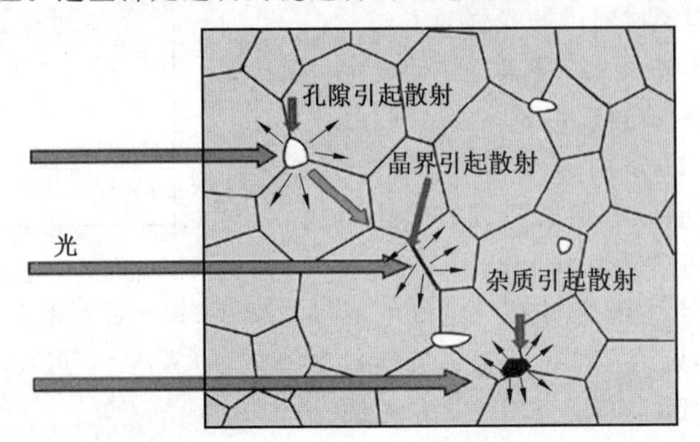

图 5.27　多晶陶瓷中的主要光线散射效应示意图

影响陶瓷透明性的因素很多，并且很多因素之间相互影响、相互制约。

(1) 晶体结构的影响。

对各向异性的多晶体来说，光从一个晶体穿过晶界进入另一个晶体，由于双折射现象会产生散射，从而降低光的透过性，因此要得到透明的材料，晶体的双折射必须很小。多晶陶瓷材料中各种晶粒的取向是任意的，而折射率的改变取决于晶体结晶轴方向。相邻晶粒可能由于取向不同具有不同的折射率，从而在晶界处造成晶界反射损失而降低透光率。立方晶系具有光学各向同性，在所有方向上折射率均相同，无双折射产生，因此，立方晶系的多晶陶瓷透明度很高。正方晶系、三方晶系、六方晶系的晶体，为一轴各向异性晶体，由于存在双折射和晶界反射现象，透光性较差。单斜晶系、三斜晶系、正交晶系，为二轴各向异性晶体，双折射和晶界反射现象更明显，透光性更差，甚至不透光。但是，对有些各向异性晶体而言，由于主折射率差别小，晶界处界面反射损失不足以对透过性造成影响，也具有较高的透明度。比如，$\alpha-Al_2O_3$ 的两个主折射率分别为 $n_o=1.736$ 和 $n_e=1.755$，具有好的透光性和光学均匀性，常作为晶体激光材料使用。另外，晶体结构中的各种缺陷对光学透过性影响很大，比如氧空位、位错、晶体表面的生长条纹、晶粒结晶方向等都是影响透明度的不利因素。

(2) 原材料的纯度、粒度和分散性。

透明陶瓷的透过性对杂质第二相敏感，这与杂质作为光的散射中心，从而加强散射有关。所以在选择或制备原料时，尽可能降低原料的杂质含量，提高原料的化学纯度。另外，在原材料颗粒尺寸分布均匀性的前提下，原材料的粒度要求有一个适当范围，过细的颗粒易团聚、易吸附异质分子、会导致陶瓷密度低，但过大的颗粒往往不利于透明陶瓷的烧结，并且陶瓷的机械强度低。通常，原料一次粒径在 1 μm 以下。同时，原料颗粒应保持高度分散，避免存在大尺寸二次团聚颗粒。另外，颗粒的形状、流动性、成型时的素坯密度均匀性等都会对陶瓷烧结的致密化过程产生影响。

(3) 原料的相组成。

制备透明陶瓷时，在保证足够的烧结活性前提下，原料中的相组成尽量单一，容易保证烧结后透明陶瓷单一的相组成。少量添加剂的引入,一方面可以使烧结过程中出现少量液相,降低烧结温度,另一方面添加剂在多晶陶瓷的界面上,抑制晶界的迁移和晶粒生长,使微气孔有足够的时间依靠晶界扩散而被排除,有利于得到致密的、透光性好的透明陶瓷。但这些添加剂虽然用量少,但要求分散均匀,并完全溶于主相结构,并不生成第二相物质,确保整个陶瓷体系的单相性。

(4) 烧结制度。

透明陶瓷的烧结制度是制备工艺中非常重要的一环。一般而言,透明陶瓷的烧结温度更高才能排除气孔,达到透明化烧结。最高烧结温度的确定,要根据烧结材料的目标性能和坯体的性能及坯体大小来确定。同时,需要控制升温速率,确保坯体的均匀加热,准确控制晶体生长速度和晶粒尺寸,达到消除气孔的目的。保温时间按照晶粒大小和气孔多少而定,冷却制度的确定以陶瓷无变形且无内应力为准。另外,正确选择烧成时的气体介质,也是制备透明陶瓷的重要条件之一。通常,透明陶瓷需要在真空、氢气氛或其他气氛中烧成。在真空或氢气气氛中,烧结体的气孔被置换后顺利排出,可达到消除气孔的目的,降低气孔对透明性的影响。

(5) 陶瓷微观结构和表面加工光洁度。

透明陶瓷的表面光洁度对透过率也有影响。如前所述,光线入射到粗糙表面会发生漫反射,反射越明显,则透过率越低。因此需要对陶瓷表面进行研磨和抛光。经表面研磨处理后的陶瓷,透过率可提高到 50% ~ 60%,抛光后透过率可达到 80%。

5.5.3 透明陶瓷的应用

从 1962 年半透明氧化铝陶瓷“Lucalox”诞生以来,透明陶瓷逐渐成为陶瓷材料研究和开发的热点。透明陶瓷的种类很多,按材料体系分,主要有氧化物(如 Al_2O_3、MgO、Y_2O_3、CaO、ZrO_2、$MgAl_2O_4$、$LiAl_5O_8$ 等)、氟化物(CaF_2、MgF_2 等)、氮化物(如 AlN)、氮氧化物(如 AlON、SiAlON 等)、氧硫化物(Gd_2O_2S)、硫化物(如 ZnS、ZnSe 等)、硒化物(如 CdTe 等)等;按照陶瓷性能分,可分为透明结构陶瓷、透明功能陶瓷(如透明激光陶瓷、透明闪烁陶瓷、透明铁电陶瓷、红外陶瓷等)。

目前,透明陶瓷作为灯的电弧管在照明行业获得广泛应用。比如,目前常见的高压钠灯和陶瓷金卤灯的电弧管就是由半透明的多晶氧化铝陶瓷制成。高压钠灯的光效高、寿命长、透雾能力强,广泛用于广场、车站、公路等室外空旷地带的照明。其中,高压钠灯内的电弧管作为关键部件,在工作时,高温高压的钠蒸气腐蚀性极强,一般的抗钠玻璃和石英玻璃难以胜任,因此,多采用半透明的多晶氧化铝陶瓷管。但高压钠灯因光源颜色接近于单色,难以分辨颜色,所以用于显色不太重要的地方。金卤灯采用多晶透明氧化铝作为电弧管的外壳,在高温下耐化学腐蚀能力强,由于能避免灯内金属卤化物材料的损失,光电性能一致性和稳定性较好。同时,氧化铝陶瓷管比一般石英管的工作温度更高,具有更高的管壁负载能力,且发光体小、亮度高,使灯的光效提高 35%,寿命延长 33%。相较于多晶透明氧化铝,钇铝石榴石(YAG)也可作为多晶陶瓷管用于中功率陶瓷金属卤化物灯。由于 YAG 是立方体形晶粒,在晶界处没有二次折射,光的直线透过率很高,在室温和高温下的机械性能比氧化铝透明陶瓷高,同时,对称的立方相晶体结构具有各向同性的热膨胀系数，没有残余应力，并具有很高的抗蠕变性能。蓝宝石高压钠灯外壳比多晶外壳相比更具竞争力，虽然价格较多晶灯壳贵，但蓝宝石壳具有更高的透过率、更少的能耗、更长服役寿命和维持光流更高的稳定性。

透明陶瓷作为激光工作物质也得以应用。其中，应用最为广泛和性能最好的激光材料是 Nd：YAG 晶体，其参量有利于激光的产生。Nd：YAG 晶体中，YAG 基体的硬度较高、光学质量好、热导率高，同时 YAG 的立方结构有利于产生荧光谱线，从而产生高增益、低阈值的激光作用。另外，由于原子数分数约为1%的 Nd 替换了三价 Y，所以在 Nd：YAG 晶体中不需要补偿电荷，但由于超过了 Nd 的溶解度，破坏了 YAG 的晶格，Nd：YAG 晶体会出现应变。相对于 Nd：YAG 晶体而言，Nd：YAG 透明陶瓷具有自己独特的优势。在光学性能方面，Nd：YAG 陶瓷可与单晶媲美，而在热学性能及机械性能方面，优于单晶。相较于单晶，Nd：YAG 陶瓷成型工艺相对简单，易于制备大尺寸陶瓷素坯，且生产相对成本更低。相对于单晶的掺杂难度，YAG 陶瓷在稀土离子掺杂方面，可实现浓度的可控分布，光学均匀性好。同时，还可实现激光陶瓷的结构和功能复合设计等。表 5.2 给出了 Nd：YAG 透明陶瓷和晶体性能的比较。

表 5.2 Nd：YAG 透明陶瓷和晶体性能比较

性能	Nd：YAG 晶体	Nd：YAG 陶瓷
晶体结构	立方晶系，a_0 = 1.200 2 nm	立方晶系，a_0 = 1.200 2 nm
莫氏硬度	8 ~ 8.5	8 ~ 8.5
弹性模量 /GPa	279.9	283.6
剪切模量 /GPa	113.8	115.7
抗弯强度 /MPa	252	341
断裂韧性 /($MPa \cdot m^{1/2}$)	1.04	1.41
熔点 /℃	1 950	1 950
密度 /($g \cdot cm^{-3}$)	4.55	4.55
色泽	无色	无色
化学稳定性	难溶于酸碱	难溶于酸碱
光学透过性 /μm	0.25 ~ 5	0.25 ~ 5
折射率 @1 064 nm	1.82(无双折射)	1.82(无双折射)
最大声子质量 /cm^{-1}	857	857
热膨胀系数 /K^{-1}	6.9×10^{-6}	6.9×10^{-6}
25 ℃ 热导率 /($W \cdot m^{-1} \cdot K^{-1}$)	14	10
荧光寿命 /μs	247	230

透明陶瓷在闪烁材料领域也得以应用。闪烁材料(scintillator)是一种新型光功能晶体材料，它可以将高能射线或粒子(如 X－射线、γ－射线)有效地转换为可见光或紫外光。产生紫外光或可见光的过程称为闪烁(scintillation)。将闪烁材料与光电倍增管(photomultiplier tubes，PMT)、硅光二极管(Si photodiode，Si－PD)、雪崩二极管(avalanche photon diode，APD)等耦合制成的晶体闪烁计数器是高能物理、核物理和核医学中重要的探测仪器。在新型数字医疗影像技术领域，如 X 射线断层扫描影响技术

(X－ray computed tomography，X－CT)、正电子发射断层扫描技术(positron emission tomography,PET)、心血管造影术(digital subtracting angiography,DSA)等，也对闪烁材料提出了更高的要求。目前，在闪烁材料领域，已经得以应用的透明陶瓷包括：$(Y,Gd)_2O_3$:Eu(简称 YGO，商品名为 Hilight^{TM})、Gd_2O_2S:Pr(简称 GOS)、Ce：$(Lu,Tb)_3Al_5O_{12}$(商品名为 Gemstone^{TM})等。闪烁材料具有多个重要的指标，主要包括透明性、X 射线阻挡能力、光输出、衰减时间、余晖和辐照损伤等。这些参数对应不同的应用场合有不同的侧重点和要求。

闪烁材料在吸收高辐射时能发生复杂的物理过程，如图 5.28 所示。这一过程可分成三个连续不断的亚过程，即转化(conversion)、输运(transport)和冷发光(luminescence)。在初始的能量转化过程中，闪烁材料的晶格吸收外来高能粒子或射线的能量后，通过光电效应(photoelectric effect)、康普顿散射效应(Compton scattering effect)和电子对产生(pair production)等过程，会产生初级电子和空穴。初级电子和空穴再经过弛豫，产生大量的空穴、二次电子和等离子体等粒子。被电离的电子通过辐射跃迁放出特征 X 射线光子，或以非辐射跃迁将能量传递给其他电子产生二次电子。二次电子和初级电子通过声子振动或电子散射的方式进行弛豫，特征 X 射线也可以被吸收产生新的空穴和自由电子，所产生的二次电子或空穴再进行下一轮的弛豫和电离，产生更低能量的电子或空穴，一直到不能够产生下一次电离时结束。在该阶段，电子和空穴分别弛豫到闪烁材料的导带底和价带顶，最终形成一定数量的能量(约为能带间隙 E_g)的热化电子－空穴对(thermalized electron－hole pairs)。在输运过程中，电子和空穴由于库仑作用形成电子－空穴对，也称为激子(exciton)，并会在缺陷处被捕获，造成向发光中心的延缓迁移。电子和空穴会在某些缺陷处发生非辐射复合(nonradiative recombination)等现象，造成能量损失。也有部分被前陷阱捕获的电子或空穴跳出陷阱被重新输运到发光中心。这些缺陷(如反位缺陷、空位、杂质离子等点缺陷，位错、晶界等线缺陷以及面缺陷等)的类型及相对含量主要取决于材料的制备工艺。在最后的冷发光阶段，电子－空穴对在发光中心复合发光，也就是发光中心顺序俘获载流子，并发出光子的过程。

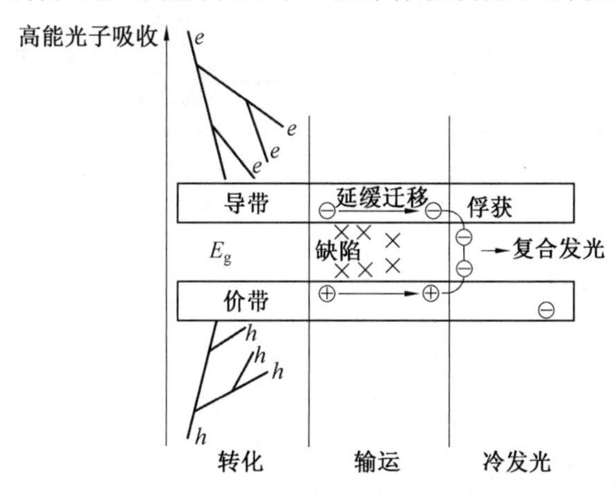

图 5.28 高能光子的闪烁转变过程图

尖晶石型氮氧化铝(γ－AlON，简称 AlON)是透明陶瓷中一种重要的多晶红外材料。该材料在可见光至中红外具有高的光学透过性能,且具有良好的物理、机械和化学性质。表5.3列出了AlON透明陶瓷的基本性能参数。由于AlON在军事领域及商业领域中巨大的应用前景,美国将AlON多晶陶瓷列为21世纪重点发展的光学功能透明材料之一。与蓝宝石(sapphire)单晶的高成本和难以制得大尺寸相比,AlON则可通过先进陶瓷的制备方法实现大尺寸及复杂样品的制备;与尖晶石($MgAl_2O_4$)相比,AlON则具有更高的机械性能。表5.4给出了AlON、蓝宝石和尖晶石三种常用的中红外材料的性能对比。γ－AlON属于AlN－Al_2O_3二元系统化合物多种氮氧化铝相中的一个重要单相。AlON是立方尖晶石结构,AlON的氧、氮占据尖晶石结构中阴离子的位置,铝离子占据八面体和四面体空隙。采用中子衍射法确定其空间点群为$Fd\bar{3}m$,点群为m3m,具有各向同性的光学特性。图5.29给出了AlON透明陶瓷的透过率曲线图。AlON优异的综合性能,使其可广泛应用于导弹整流罩、红外窗口材料和防弹装甲材料等领域;也应用于一些高端商业领域中,如智能电子设备、半导体器件、晶片载体、等离子体输送管等。

表5.3 AlON透明陶瓷的基本性能参数

性能	数值	性能	数值
晶粒大小/μm	150～250	透过范围/μm	0.2～0.6
晶格常数/nm	0.795 6～0.793 6	泊松比	0.26
密度/($g\cdot cm^{-3}$)	3.696～3.691	弹性模量/GPa	323.4
熔点/℃	2150	硬度/($kg\cdot mm^{-2}$)	1 800±100
剪切模量/GPa	130.3	弯曲强度/MPa	300～700
介电常数	9.18	断裂韧性/($MPa\cdot m^{-1/2}$)	2.0～2.4

表5.4 常用的中红外材料性能对比

材料	密度/($g\cdot cm^{-3}$)	弯曲强度/MPa	硬度/GPa	光学透过率(3～5 μm)/%	介电常数	介电损耗
AlON	3.70	300	185	85	9.3	0.002 2
蓝宝石	3.98	400	220	85	9.4	0.000 5
尖晶石	3.59	184	152	85	9.2	0.002 7

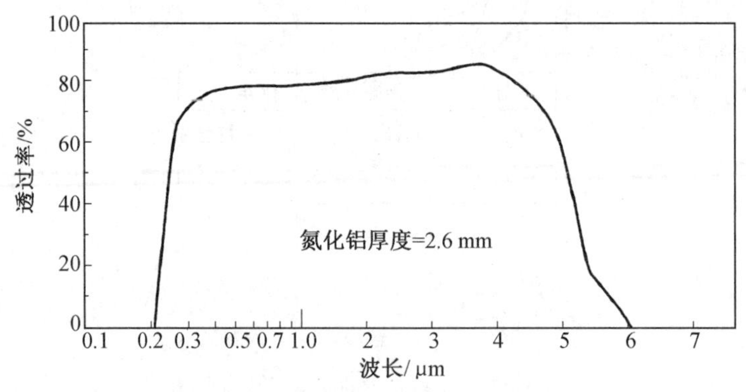

图5.29 AlON透明陶瓷的透过率曲线图

5.6 材料的发光

5.6.1 热辐射和冷发光

材料的发光是材料以某种方式吸收能量之后，将其转化为光能（即发射光子）的过程。若发射的光子波长在可见光范围内，则产生发光现象。发光是人类研究最早也是应用最广泛的物理效应之一。一般来说，物体发光可分为平衡辐射(equilibrium radiation)和非平衡辐射(nonequilibrium radiation)两大类。

平衡辐射的性质只与辐射体的温度和发射本领有关，称为热辐射(thermal radiation)。材料开始加热时，电子被激发到较高能级，当电子跳回正常能级时，发射出低能长波光子，波长位于红外波段。当温度继续升高时，热激活增加，发射高能光子增加。温度高于一定程度，发射的光子可能包括可见光波长光子，即可看到热辐射。例如，常见的白炽灯就是通过将灯丝通电加热到白炽状态，利用灯丝自身的热辐射发出可见光的电光源。

与热辐射相对应，非平衡辐射是在外界激发下物体偏离了原来的热平衡态，继而发出的辐射，也称为冷体辐射(cold-body radiation)。外界激发包括除了热的形式以外的各种化学反应(chemical reaction)、电能(electrical energy)、亚原子运动(subatomic motions)或作用于晶体上的应力(stress on a crystal)等方式。这个过程与热辐射发光相区别，称为冷发光(luminescence)。冷发光形式多样，根据被激发的方式主要包括光致发光(photoluminescence)、阴极射线致发光(cathodoluminescence)、电致发光(electroluminescence)和固态照明(solid-state lighting)等。

荧光(fluorescence)和磷光(phosphorescence)属于光致发光的冷发光现象。荧光是当某种常温物质经某种波长的入射光照射，吸收光能后进入激发态，退激发后在短时间(通常为 10^{-8} s)内发出的光。一旦停止入射光的照射，发光现象也随之立即消失。另外有一些物质在入射光撤去后仍能较长时间发光，这种现象称为余晖(afterglow)。磷光是在退激发后停止一段时间才发出的光，属于一种缓慢发光的光致冷发光现象。当入射光停止后，发光现象持续存在。图 5.30 为荧光和磷光的原理示意图。从图 5.30 中可以看到，磷光材料内都往往存在杂质能级，当激发的电子从导带回到价带时，首先进入杂质能级并被捕获。当电子跳回价带时，首先必须从捕获陷阱内逸出，因此延迟了光子发射时间。当陷阱中的电子逐渐逸出时，跳回价带并发射光子。

发光体在激发停止后持续发光的时间称为发光寿命，也称余晖时间。设初始激发的电子数为 n_0，经衰减时间 t 后，共有 n 个电子处于激发态，在 $\mathrm{d}t$ 时间内跃迁到基态的电子数 $\mathrm{d}n$ 正比于 $n\mathrm{d}t$，即

$$\mathrm{d}n = -\alpha \cdot n\mathrm{d}t \tag{5.31}$$

式中 α—— 电子在单位时间内跃迁到基态的概率。

将式(5.31)在时间 $0 \sim t$ 内积分，即

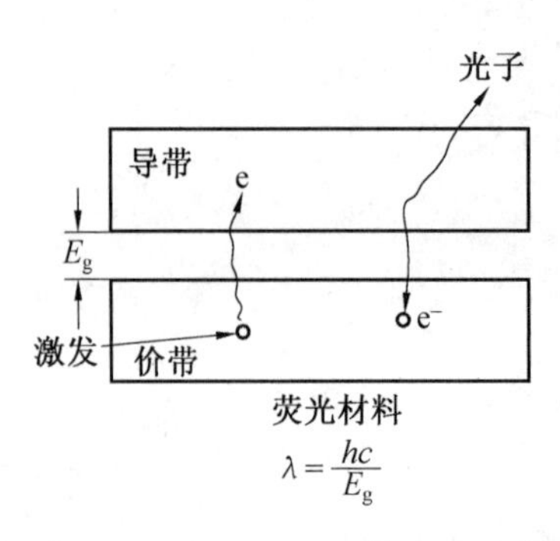

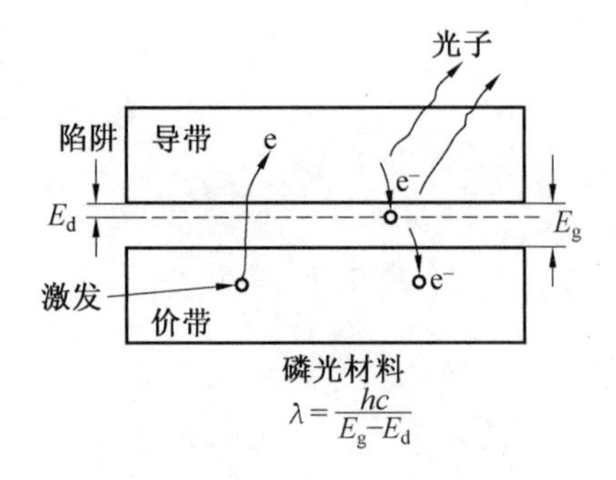

图 5.30　荧光和磷光的原理示意图

$$\int_{n_0}^{n}\frac{1}{n}\mathrm{d}n=-\alpha\int_{0}^{t}\mathrm{d}t \tag{5.32}$$

因此，可得到电子数 n 衰减的规律满足

$$n=n_0\mathrm{e}^{-\alpha t} \tag{5.33}$$

式中　n_0—— 初始态激发的电子数。

相应地，发光强度也以同样的指数规律衰减，即

$$I=I_0\mathrm{e}^{-\alpha t} \tag{5.34}$$

式中　I_0—— 初始发光时的强度；

　　　I—— 激发除去后 t s 内光的强度。

对式(5.34)两侧取对数，并定义光强衰减到初始值 I_0 的$\frac{1}{\mathrm{e}}$所经历的时间为发光寿命 τ，此时 $\alpha\tau=1$，即 $\alpha=\frac{1}{\tau}$，因此式(5.34)可写成

$$\frac{I}{I_0}=-\alpha t=-\frac{t}{\tau} \tag{5.35}$$

在应用中常常约定从激发停止时的发光强度 I_0 衰减到的 I_0 的 1/10 时间称为余晖时间。根据余晖时间可把发光材料分为超短余晖(< 1 μs)、短余晖(1 ～ 10 μs)、中短余晖(0.01 ～ 1 ms)、中余晖(1 ～ 100 ms)、长余晖(0.1 ～ 1 s)和超长余晖(> 1 s)。

另外，阴极射线致发光是利用高能电子束(通常在几千至几万电子伏特)来轰击材料，产生大量次级电子，通过电子在材料内的多次散射碰撞，使材料中发光中心被激发或电离而发光。电致发光则是通过对发光体施加电场导致发光，或从外电路将电子(或空穴)注入半导体导带，导致载流子复合而发光。

总体来说，物体发光的微观过程主要包括两个步骤。首先需要以各种方式对材料输入能量进行激励，将固体中电子的能量提高到一个非平衡态，即进入“激发态”。之后，处于激发态的电子自发地向低能态跃迁，同时发射光子。如果发射光子的能量小于激发光子的能量，则发射多频率光子。如果发射光子的能量与激发光子的能量相同，则发出的辐射称为共振荧光。当然，如果激发的能量转变为热能，那么就属于无辐射跃迁过程，此时不发光。

5.6.2　发光的物理机制

物体发光的物理机制根据发光中心的不同分为两种：一种是分立中心发光，另一种是

复合发光。由此，根据激发的电子是否进入导带可将发光中心(luminescence center)划分为分立发光中心(discrete center)和复合发光中心(recombination center)。

1. 分立中心发光

在这种发光机制中，所谓的分立发光中心是指激发的电子不会离开发光中心。发光中心通常是掺杂在透明基质材料中的离子，有时也可以是基质材料自身结构的某个基团，即发光中心分布在晶体点阵中。其特点是激发的电子可以不和晶格共有，对晶体的导电性没有贡献；周围晶格离子对发光中心只起次要的，也就是微扰的作用。这种发光机制常表现于离子性较强的晶体中。

分立中心发光可按发光中心和晶格相互作用的强弱进行分类。如果发光中心基本独立，则基质晶格对发光中心的影响是次要的，有明显的特征光谱，如稀土离子。如果发光中心受到晶格影响较小，作为发光中心的主要部分，其能级结构基本保留自由离子的状态。运用晶体场论可以判断各个谱的起源。受晶格影响较小的发光中心主要是过渡金属的单个离子，如 Cr^{3+}、Mn^{2+}、Mn^{4+}、Re^{3+}。有些发光中心受晶格的影响较大，需要把电子的跃迁发光和基质的相互作用放在一起考虑，发光中心的能级状态和自由离子也有所不同。但即使电子处于激发态，也不会离开发光中心，在考虑了周围离子的相互作用后，还能找出对应关系。受晶格的影响较大的发光中心主要是离子团，如 WO_4^{2-}、KCl:Tl、$ZnSiO_4$：Mn 中的 Mn^{2+} 等。

分立中心发光最好的是掺杂在各种基质中的三价稀土离子。它们产生光学跃迁的是4f 电子，发光只在4f壳层中跃迁。在4f电子的外层还有8个电子(2个5s电子、6个5p电子)，形成了很好的电屏蔽。因此，晶格场的影响很小，其能量结构和发光光谱很接近自由电子。

2. 复合发光

复合发光时电子的跃迁涉及固体的能带。由于电子被激发到导带时在价带上留下一个空穴，因此，当导带的电子回到价带与空穴复合时，便以光的形式放出能量，这就是复合发光。电子被激发后，与空穴通过特定中心复合产生发光，这类中心称为复合发光中心。发光中心外层电子受晶场(晶体离子所产生的静电场)的作用很大，被激发后会进入导带，产生光电导。所谓的光电导就是由于光照引起半导体电导率增加的现象。电子和空穴通过这类中心复合发光，但发光的光谱中心的能级结构受到晶格显著影响。发光的光谱主要取决于整个晶体的能谱，杂质起微扰作用。复合发光的衰减是复杂的，可以远远偏离如式(5.34)所示的指数关系。这种发光机制常表现于共价性强的半导体中。

下面以发光二极管(Light Emitting Diode，LED)为例，说明复合发光的机制。LED是一个pn结，由p型半导体形成的p层和n型半导体形成的n层以及中间由双异质结构形成的有源层组成。LED发光是利用外电源向pn结注入电子来发光的。图5.31为pn结在外电场作用下势垒的减弱并伴随复合发光示意图。根据第2章关于pn结的介绍，已知pn结具有单向导电性，其原理是由于施加正向偏压 V，空间电荷区内产生了与内建电场相反的电场，减弱了空间电荷区的势垒强度，因此电子可以源源不断地从n区流向p区，空穴也从p区流向n区。这一过程中，pn结区域内，有大量的电子和空穴相遇而产生复合发光。复合发光所发射的光子能量等于或大于禁带宽度，且往往在可见光范围内，因而可形成发光二极管。半导体发光二极管就是根据这个原理制成的。

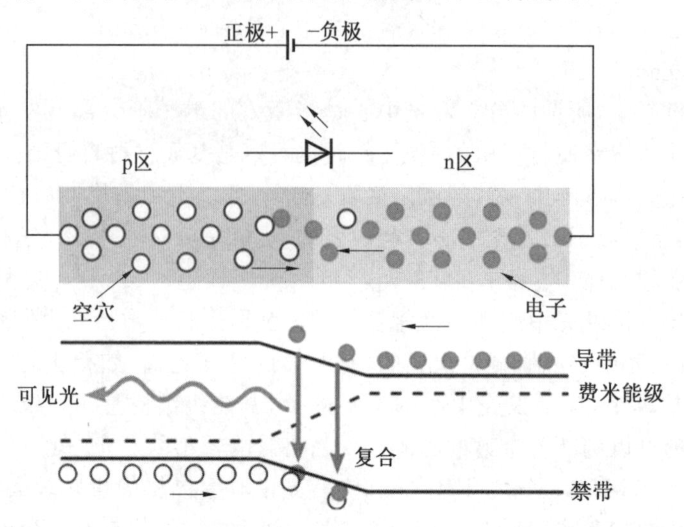

图 5.31　pn 结在外电场作用下势垒的减弱并伴随复合发光示意图

当 pn 结二极管上施加一正向电压时，其正向电流是所施加电压的函数。该正向电流造成界面的载流子过剩。研究表明，发光强度 i 正比于通过界面注入的电子数，或正比于电流 I，即

$$i=\alpha I \tag{5.36}$$

式中　α—— 比例系数。

由半导体电子学可知，二极管总电流满足

$$I=I_0\left[\exp\left(\frac{eV_a}{k_B T}\right)-1\right] \tag{5.37}$$

式中　I_0—— 饱和电流；

e—— 电子电荷量；

V_a—— 二极管的正偏压；

T—— 温度；

k_B—— 玻耳兹曼常数。

将式(5.37)代入式(5.36)，则发光强度 i 为

$$i=\alpha I_0\left[\exp\left(\frac{eV_a}{k_B T}\right)-1\right] \tag{5.38}$$

从式(5.38)可以看出，二极管发光强度与所施加的正向偏压具有指数关系。

LED 的发展中，发红光和绿光的二极管已经问世很久。20 世纪 90 年代初期，可发出蓝紫光二极管的发明使半导体发光技术的基础领域发生了一次转型，开启了半导体灯挑战白炽灯和荧光灯的时代。这一研究成果使日本科学家天野浩(Isamu Akasaki，1929—　)、赤崎勇(Hiroshi Amano，1960—　)和美籍日裔科学家中村修二(Shuji Nakamura，1954—　)共同获得了 2014 年诺贝尔物理学奖，其获奖理由是“发明了高效蓝光二极管，带来了明亮而节能的白色光源”。

5.6.3 材料的受激辐射和激光

上述材料发光所发射的光子是随机的、独立的，产生的光波不具有相干性。激光(laser)则是在外来光子的激发下诱发电子能态的转变，从而发射与外来光子频率、相位、传输方向和偏振态均相同的相干光波。激光(laser)取自英文"light amplified by stimulated emission of radiation"的各单词头一个字母，意思是"辐射的受激发射光放大"。激光的英文全名已经完全表达了制造激光的主要过程，其特点是具有高指向性、极窄的光谱线宽和高强度。激光的原理早在1916年已被著名的美国物理学家爱因斯坦发现，但直到1960年激光才被首次成功制造。1964年按照我国著名科学家钱学森(1911—2009)建议将"光受激发射"改称"激光"。激光是20世纪以来，继原子能、计算机、半导体之后，人类的又一重大发明，被称为"最快的刀""最准的尺"和"最亮的光"。本节主要介绍材料产生受激辐射的性质和激光的形成机制。

1. 受激辐射

光的发射和吸收主要经过三个基本过程，即受激吸收(stimulated absorption)、自发辐射(spontaneous radiation)和受激辐射(stimulated radiation)。图5.32给出了固体吸收和发光的三种机制示意图。

受激吸收是固体吸收一个光子的过程，如图5.32(a)所示。这一过程中，入射光子的能量满足 $h\nu = E_2 - E_1$，固体中粒子的能量从 E_1 上升到 E_2。自发辐射是固体发射一个光子的过程，即处在高能态的原子或分子总是企图降低其势能而自发地跃迁到较低的能态，如图5.32(b)所示。这一过程中，固体中粒子的能量从 E_2 下降到 E_1，发射的光子能量满足 $h\nu = E_2 - E_1$。受激辐射是共振或相干的过程，一个入射光子被放大为两个，即处在高能态上的电子受到外界辐射场的诱发而跃迁到低能级，并随之辐射发光，如图5.32(c)所示。当一个能量满足 $h\nu = E_2 - E_1$ 的光子趋近高能级 E_2 的原子时，有可能诱导高能级原子发射一个和自己性质完全相同的光子。若此过程继续，则入射光子的数目成等比级数放大。

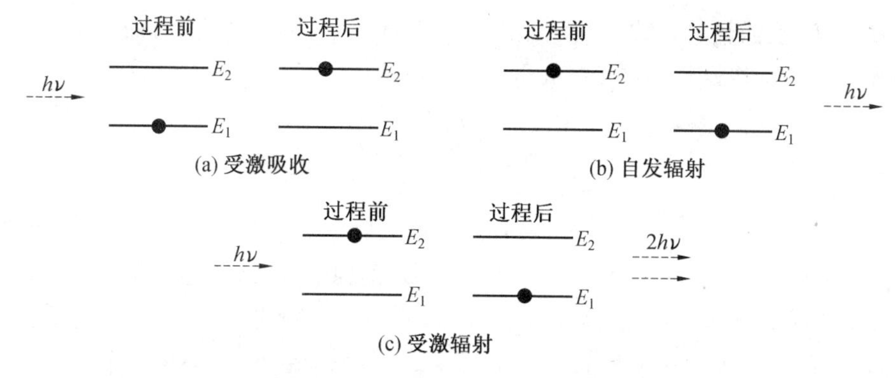

图5.32 固体吸收和发光的三种机制

自发辐射和受激辐射是两种不同的光子发射过程。自发辐射中，各个原子的跃迁都是随机的，所产生的光子量子态都不相同，没有一定的相位关系，传播方向也不同，所以不相干，其单色性极差，亮度不高。受激辐射却不同，在一个入射光子的作用下，可辐射出与入射光同频率、同相位、同传播方向、同偏振态的大量光子。另外，自发辐射过程中，原子从 E_2 态跃迁到 E_1 态，伴随着发射一个光子；而受激辐射过程中，一个入射光子是激发态原子从 E_2 态跃迁到 E_1 态，同时发射两个同相位、同频率的光子。大量光子处于同一量子态，称为激光器的光子简并度。所以亮度极高，出现了光源的质的飞跃。

受激辐射是产生激光的必要条件之一。爱因斯坦于 1917 年用具有分立能级的原子模型推导普朗克辐射公式时，预言了受激辐射的存在，并定量地描述了上述三种可能跃迁过程的概率。1960 年，美国物理学家梅曼（Theodore Harold Maiman，1927—2007）发明的世界第一台激光器开始运转，使预言得到有力的证实。

2. 激活介质及其工作原理

假设原子二能级系统中，处在高能级 E_2 的原子数为 N_2，处在低能级 E_1 的原子数为 N_1，作用于此原子系统的光子能量密度为 w_v。

当原子从 E_1 跃迁至 E_2 时，N_1 因受激吸收而减少，其减少速率与 N_1 和 w_v 成正比，即

$$\frac{dN_1}{dt}=BN_1w_v \tag{5.39}$$

式中　B—— 受激吸收系数，表示单位时间内原子 E_1 从跃迁至 E_2 时的概率。

当原子从 E_2 跃迁至 E_1 时，N_2 因自发辐射而减少，其减少速率 $\frac{dN_2}{dt}$ 与 N_2 成正比，与 w_v 无关，即

$$\frac{dN_2}{dt}=AN_2 \tag{5.40}$$

式中　A—— 自发辐射系数，表示单位时间内原子从 E_2 跃迁至 E_1 时的概率。

当原子从 E_2 跃迁至 E_1 时，N_2 因受激辐射而减少，其减少速率 $\frac{dN_2'}{dt}$ 与 N_2 和 w_v 成正比，即

$$\frac{dN_2'}{dt}=B'N_2w_v \tag{5.41}$$

式中　B'—— 受激辐射系数，表示单位时间内原子从 E_2 跃迁至 E_1 时的概率。

热平衡时两能级跃迁的原子数相等，即

$$\frac{dN_2}{dt}+\frac{dN_2'}{dt}=\frac{dN_1}{dt} \tag{5.42}$$

将式(5.39) ~ (5.41) 代入式(5.42)，则

$$AN_2+B'N_2w_v=BN_1w_v \tag{5.43}$$

式(5.43) 右侧是单位时间内从 E_1 跃迁至 E_2 的原子数目（通过吸收），左边是单位时间内从 E_2 跃迁至 E_1 时的原子数目（通过受激辐射和自发辐射）。

热平衡条件下，原子密度按能量的分布满足玻耳兹曼分布定律，即

$$\frac{N_2}{N_1}=\frac{g_2}{g_1}\exp(-h\nu/k_BT) \tag{5.44}$$

式中　N_1、N_2—— 处于低能态、高能态的原子数；

g_1、g_2—— 低能级、高能级的简并度。

则

$$w_v = \frac{AN_2}{BN_1 - B'N_2} = \frac{A}{B'} \cdot \frac{1}{\frac{B}{B'} \cdot \frac{N_1}{N_2} - 1} = \frac{\frac{A}{B'}}{\frac{B}{B'} \cdot \frac{g_1}{g_2} \exp\left(\frac{h\nu}{k_B T}\right) - 1} \tag{5.45}$$

式(5.45)与黑体辐射的普朗克公式完全一致，普朗克公式为

$$w_v = \frac{8\pi h\nu^3}{c^3} \cdot \frac{1}{\exp\left(\frac{h\nu}{k_B T}\right) - 1} \tag{5.46}$$

与普朗克公式对比可知

$$\frac{A}{B'} = \frac{8\pi h\nu^3}{c^3} \tag{5.47}$$

$$\frac{B}{B'} \cdot \frac{g_1}{g_2} = 1 \tag{5.48}$$

式(5.47)和式(5.48)就是著名的爱因斯坦系数(Einstein coefficient)A、B和B'之间的关系式。式(5.47)说明，自发辐射系数与受激辐射系数之比正比于频率ν的三次方，即原子能级差越大，自发辐射概率越大于受激辐射概率。

另外，还可以推出关系

$$\frac{\text{受激辐射}}{\text{自发辐射}} = \frac{B'N_2 w_v}{AN_2} = \frac{1}{\exp\left(\frac{h\nu}{k_B T}\right) - 1} \tag{5.49}$$

式(5.48)实际反映了原子密度的存在关系。如果$h\nu \gg k_B T$，式(5.49)非常小，那么原子系统在热平衡条件下自发辐射的概率远大于受激辐射的概率。当$h\nu \approx k_B T$时，受激辐射作用增强。当$h\nu \ll k_B T$时，那么原子系统在热平衡条件下受激辐射占主导。

根据式(5.44)，能量差在光频波段的两个能级中，高能级的原子密度总是远小于低能级的原子密度，而受激辐射产生的光子数与受激吸收的光子数之比等于高、低能级粒子数之比，所以受激辐射微乎其微，以至长期没有被察觉。那么，如果要使受激辐射占主导地位，关键在于设法突破玻耳兹曼分布，使高能级的粒子数多于低能级的粒子数，这个条件称为粒子数反转(population inversion)。实现粒子数反转的介质具有对光的放大作用，称为激活介质(active medium)或增益介质(gain medium)，它是能产生光的受激辐射并起放大作用的物质体系。

我们已知，光波通过介质时，强度随距离呈指数式衰减，即满足关系$I = I_0 e^{-\alpha l}$。这里的吸收系数$\alpha > 0$，所以$I < I_0$。对于粒子数反转介质，吸收系数为负数，若令$g = -\alpha$，g为正数，则

$$I = I_0 e^{gl} \tag{5.50}$$

式中　g——增益系数(gain coefficient)。

此时，可能实现$I \geqslant I_0$。

激活介质可以是固体(晶体、玻璃)、气体(原子气体、离子气体或分子气体)及液体等物质。要造成粒子数反转分布，首先要求激活介质有适当的能级结构，其次还要有必要的能量输入系统，即进行有效的激励。激励方式可根据介质种类的不同，分别有气体放电激

励、电子束激励、强光激励、载流子注入激励、化学激励、气体动力学激励、核能激励和激光激励等。这种供给低能态的原子以能量，促使它们跃迁到高能态去的过程称为抽运(pumping)。

世界上第一台激光器是红宝石激光器，是一个三能级激光器。红宝石是在蓝宝石 Al_2O_3 中掺有少量 Cr_2O_3(0.05%)的红色晶体。发光中心 Cr^{3+} 提供产生激光必要的电子能态，其能级如图 5.33 所示。基态 $^4A_2$ 上的离子吸收光子被激发到 $^4F_1$ 和 $^4F_2$ 带，离子在 $^4F_1$ 和 $^4F_2$ 能级上的寿命很短(约 10^{-9} s)，迅速通过无辐射跃迁降落到 ^2E 能级。^2E 能级的寿命较长(约 3×10^{-3} s)，属于亚稳态，因此可积累较多的 Cr^{3+}，从而很容易实现它和基态之间的粒子数反转。^2E 能级可分裂为两个能级，但其间有着极快的热弛豫过程，多数离子处于下能级 R_1，因而会产生波长为 694.3 nm 的激光。

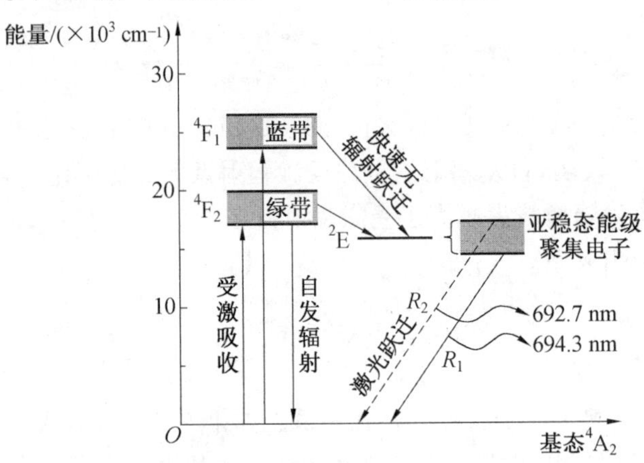

图 5.33 红宝石的能级图

由于三能级激光器的激活离子效率低，振荡阈值高，因此又发展了四能级固体激光器。常用的是掺钕钇铝石榴石(Nd^{3+} : YAG) 激光器，其基质晶体为 $Y_3Al_5O_{12}$(缩写为 YAG)，激活离子为 Nd^{3+}，其工作的能级如图 5.34 所示。Nd^{3+} 吸收不同波长的激发光子后，从基态 $^4I_{9/2}$ 跃迁到 $^4F_{5/2}$、$^2H_{9/2}$、$^4H_{7/2}$ 等高能级。由于这些能级具有一定的宽度，因而在光泵激励下能大量地吸收激发光子。Nd^{3+} 吸收光子到达高能级后，通过无辐射跃迁迅速过渡到激光谱线的高能级 $^4F_{3/2}$。由于高能级 $^4F_{3/2}$ 是一个长寿命的亚稳态能级，激光跃迁发生在高能级 $^4F_{3/2}$ 和低能级 $^4I_{13/2}$、$^4I_{11/2}$、$^4I_{9/2}$ 之间，因此发射谱线均为红外线，其波长分别为 1.32 μm、1.06 μm、0.913 μm。其中，1.06 μm 最强，最容易获得激光输出。由于与激光跃迁有关的三个低能级中 $^4I_{13/2}$ 和 $^4I_{11/2}$ 离基态较远，常温下少有粒子聚集，容易实现粒子数反转，因此，在结构上较红宝石更为合理。

3. 激光器的组成

图 5.35 为红宝石脉冲激光器示意图。从图 5.35 中可以看到，红宝石是激光器中的激活介质。激活介质具有亚稳能级，使受激辐射占主导地位，从而实现光放大。激励能源主要为激活介质提供能源。激活介质吸收外来能量后激发到激发态，为实现并维持粒子数反转创造条件。另外，激光输出前，还需要使受激辐射在频率、方向和偏振态上集中起来。发挥这一作用的部件就是光学谐振腔(optical resonant cavity)，如图 5.36 所示。在

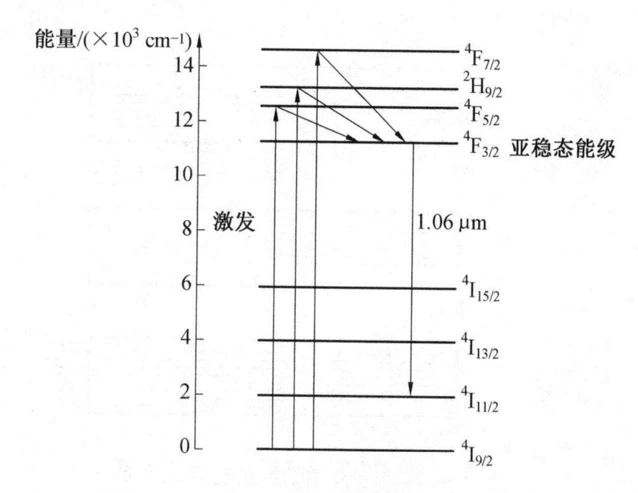

图 5.34 Nd^{3+} : YAG 的能级图

激光器中利用光学谐振腔来形成所要求的强辐射场,使辐射场能量密度远远大于热平衡时的数值,从而使受激辐射概率远远大于自发辐射概率。光学谐振腔的主要部分是两个互相平行的并与激活介质轴线垂直的反射镜,有一个是全反射镜,另一个是部分反射镜。通过光、热、电、化学或核能等各种外界方式的激励下,谐振腔内的激活介质将会在两个能级之间实现粒子数反转。这时产生受激辐射,在产生的受激辐射光中,沿轴向传播的光在两个反射镜之间来回反射、往复通过已实现了粒子数反转的激活介质,不断引起新的受激辐射,使轴向行进的该频率的光得到放大,这个过程称为光振荡。这是一种雪崩式的放大过程,使谐振腔内沿轴向的光骤然增强,所以辐射场能量密度大大增强,受激辐射远远超过自发辐射。这种受激的辐射光从部分反射镜输出,它就是激光。沿其他方向传播的光很快从侧面逸出谐振腔,不能被继续放大。而自发辐射产生的频率也得不到放大。因此,从谐振腔输出的激光具有很好的方向性和单色性。

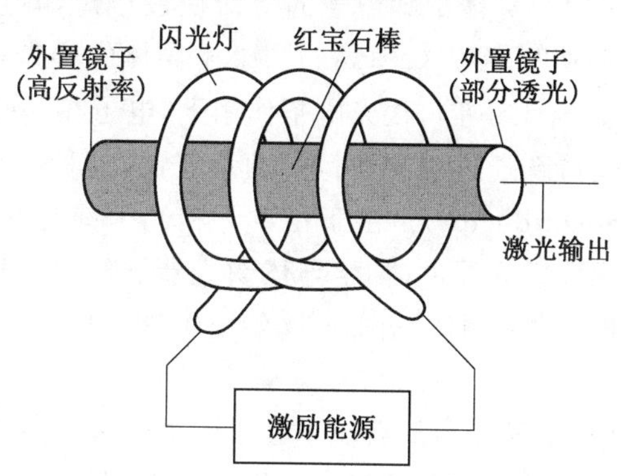

图 5.35 红宝石脉冲激光器示意图

如果一个系统中处于高能态的粒子数多于低能态的粒子数,就出现了粒子数的反转状态。那么只要有一个光子引发,就会迫使一个处于高能态的原子受激辐射出一个与之相同的光子,这两个光子又会引发其他原子受激辐射,这样就实现了光的放大;如果加上适当的谐振腔的反馈作用便形成光振荡,从而发射出激光。这就是激光器的工作原理。

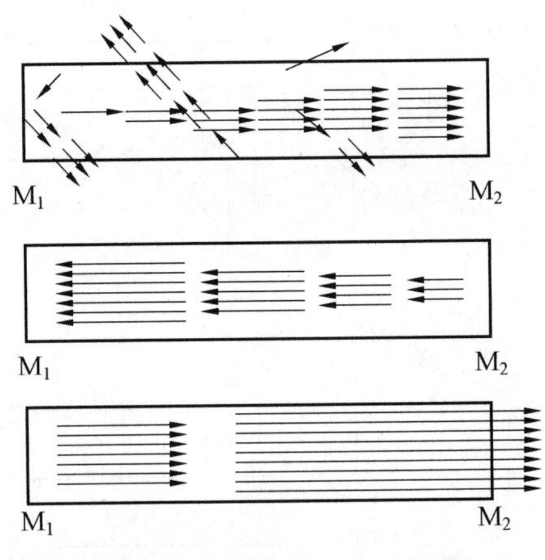

图 5.36　光学谐振腔选择光传播方向

5.6.4　半导体激光器

1. 半导体能带中的基本概念

根据能带理论，禁带宽度 E_g 不仅是区分导体、绝缘体、半导体的重要依据，也是决定半导体光电子器件性质的重要参数，如半导体激光器与发光二极管的光发射波长、探测器的长波限(红限) 和异质器件的性质等。

在 k 空间中，由能量 E 和波矢 $\boldsymbol{k}$ 构成的坐标系内，如果半导体的导带最小值(即导带底) 和价带最大值(即价带顶) 在 k 空间中处于同一位置，则在光子的作用下，当价带电子往导带跃迁时，电子波矢 $\boldsymbol{k}$ 不变，意味着电子在跃迁过程中，动量可保持不变，即满足动量守恒定律。反之，当导带电子下落到价带时，也保持动量不变，此时，电子与空穴一旦相遇，就直接发生复合。具有这种特征的半导体称为直接带隙半导体(direct-gap semiconductor)。直接带隙半导体中载流子的寿命往往很短，并且这种直接复合可以把能量几乎全部以光的形式放出，发光效率高。如果半导体的导带最小值和价带最大值在 k 空间中处于不同位置(如 Si、Ge 等)，在光电子作用下，电子在这两个能量极值间跃迁时，必须有声子的参与才能保持跃迁过程的能量或动量守恒，这种半导体称为间接带隙半导体材料(indirect-gap semiconductor)。由于在声子和光子参与的跃迁过程，电子的跃迁概率很小，所以，各种半导体发光器件(如半导体激光器、半导体发光二极管、半导体放大器等) 多采用直接带隙半导体来制作。图 5.37 给出了这两种半导体在 k 空间中的能带示意图。

在半导体光电子学中，半导体中的载流子处于一个非常复杂的动态过程，这些过程对半导体光电子器件可产生有益或有害的影响。图 5.38 归纳了电子在能带中的行为。从图 5.38 可知，电子在半导体能带间跃迁起到的有用效应对应着固体吸收和发光的三种机制：① 当光子能量 $h\nu \geqslant E_g$，价带顶端的电子能够跃迁到导带底部，则分别在导带与价带中产生电子与空穴，即发生受激吸收。这种光生载流子能在外电路形成光电流，各种半导体光探测器就是基于这一原理制成的。② 如果通过电注入使半导体中积累一定浓度的电子，这些电子将自发地与价带空穴复合，以光子的形式释放出等于或大于 E_g 的能量，即

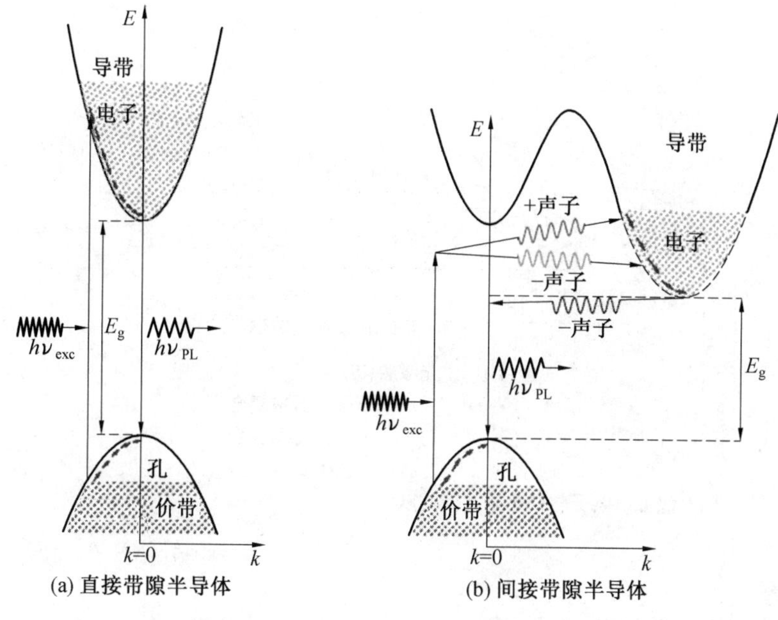

图 5.37　在 $E-k$ 空间的能带示意图

自发辐射。半导体发光二极管就是基于这一原理而工作的。③ 如果这一复合过程不是自发,则发生光子的受激辐射复合。受激辐射出的光子与激励光子具有完全相同的频率、相位、偏振等光学特性。激励光子可以是外来光子(如半导体激光放大器或注入锁定激光器)或内部产生但受到反馈的光子(如半导体激光器)。

从图 5.38 中还可以看到辐射复合(radiative recombination)和非辐射复合(nonradiative recombination)的概念。根据能量守恒原则,电子和空穴复合时应释放一定的能量,如果能量以光子的形式放出,这种复合称为辐射复合。辐射复合可以是导带电子与价带的空穴直接复合,这种复合又称为直接辐射复合,是辐射复合的主要形式。此外,辐射复合也可以通过复合中心进行。主要以主能带之间的受激辐射复合与具有随机性质的自发辐射复合,分别形成半导体激光器和半导体发光二极管的工作原理。非辐射复合是以除光子辐射之外的其他方式释放能量的复合方式,主要有多声子复合和俄歇复合(Auger recombination)。其中,电子和空穴复合时将多余的能量传给另一导带中的电子或空穴,这种形式并不伴随发射光子,称为俄歇复合。获得能量的另一载流子再将能量以声子的形式释放出去,回到原来的能量水平。俄歇复合是半导体中的一个类似的俄歇效应。俄歇效应是用法国物理学家俄歇(Pierre Victor Auger,1899—1993)的名字命名的。

2. 半导体激光器的工作原理

半导体激光器是固体激光器中非常重要的一类。与其他激光器不同,半导体激光器中的电子是分布在不同能带的不同能量状态中,而其他激光器中的粒子(原子、离子或分子)是分布在有源物质的不同能级上,因而粒子数反转条件的表示也有所差别。

半导体激光器的基本原理与其他类型激光器没有本质区别,都是基于受激光发射,即需要满足粒子数反转条件和阈值(threshold)条件。粒子数反转意味着要求高能态粒子数多于低能态粒子数,这是必要条件。阈值条件是充分条件,要求粒子数必须反转到一定

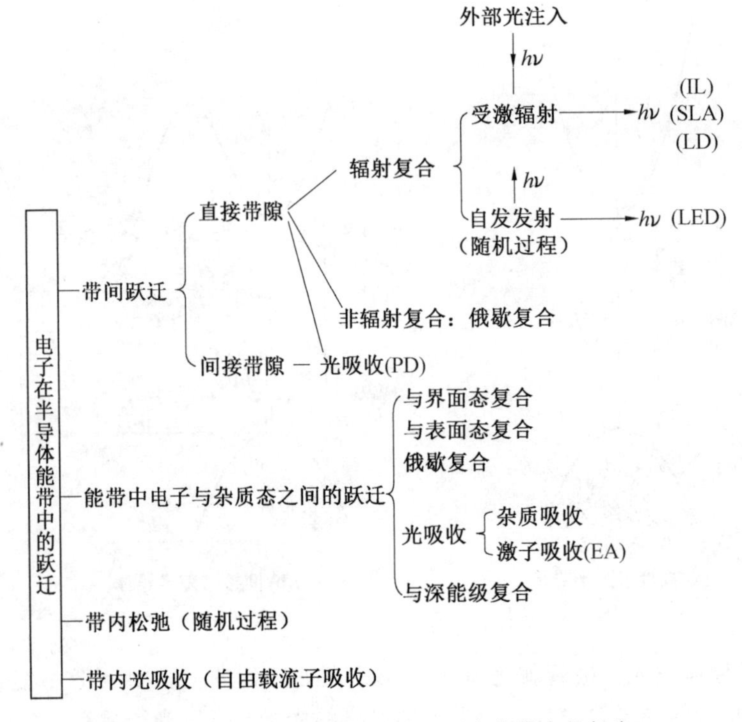

图 5.38 半导体光电子学中电子在能带中的行为

LD(半导体激光器，semiconductor laser diode)；
LED(半导体发光二极管，semiconductor light emitting diode)；
PD(半导体光探测器，semiconductor photo detector)；
EA(电吸收调节器，electroabsorption modulator)；
SLA(半导体激光放大器，semiconductor laser amplifier)；
IL(注入锁定，injection lock)

程度，即达到由于粒子数反转所产生的增益能克服有源介质的内部损耗和输出损耗，此后增益介质就具有净增益。这一阈值增益可以表示成

$$g_{th}=\alpha_i+\alpha_{out} \tag{5.51}$$

式中 g_{th}—— 阈值增益；

α_i—— 增益介质的内部损耗，来源于光子在增益介质内部遭受的吸收和散射损耗；

α_{out}—— 激光器的输出损耗。

半导体激光器在工作中，通过一定的激励方式，在半导体物质的能带（导带与价带）之间，或半导体的能带与杂质（受主或施主）能级之间，实现非平衡载流子的粒子数反转。当处于粒子数反转状态的大量电子与空穴复合时便产生受激发射作用。半导体激光器的激励方式主要有三种，即电注入式、电子束激励式和光泵浦激励式。电注入式半导体激光器一般是由砷化镓（GaAs）、砷化铟（InAs）、锑化铟（InSb）等材料制成的半导体面结型二极管，沿正向偏压注入电流进行激励，在结平面区域产生受激发射。电子束激励式半导体激光器一般用 n 型或者 p 型半导体单晶，如硫化铅（PbS）、硫化镉（CdS）、氧化锌（ZnO）等，作为工作物质，通过由外部注入高能电子束进行激励。光泵浦激励式半导体

激光器一般用n型或p型半导体单晶(GaAs、InAs、InSb等)作为工作物质,以其他激光器发出的激光作光泵激励。

半导体激光器件可分为同质结、单异质结、双异质结等几种。同质结激光器和单异质结激光器在室温时多为脉冲器件,而双异质结激光器室温时可实现连续工作。在半导体激光器件中,性能较好且应用较广的是具有双异质结的电注入式GaAs二极管激光器。图5.39给出了双异质结半导体激光器结构。表5.5给出了一些半导体pn结激光器及其激光波长。

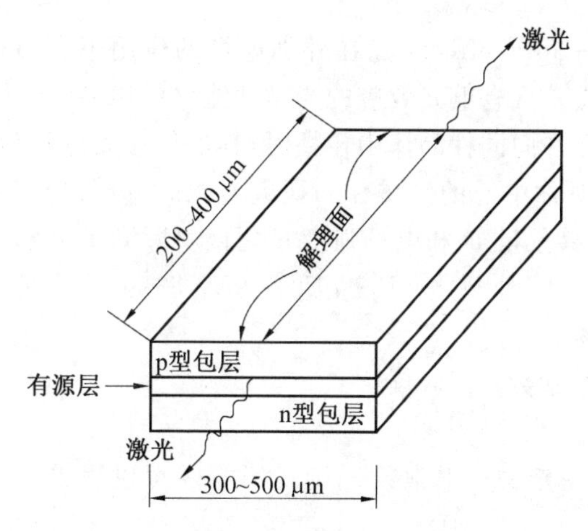

图5.39 双异质结半导体激光器结构

表5.5 一些半导体pn结激光器及其激光波长

材料	激光波长/μm
GaAs	0.837(4.2 K),0.843(77 K)
InP	0.907(77 K)
InAs	3.1(77 K)
InSb	5.26(10 K)
PbSe	8.5(4.2 K)
PbTe	6.5(12 K)
$Ca(As_xP_{1-x})$	0.65 ~ 0.84
$(Ga_xIn_{1-x})As$	0.84 ~ 3.5
$In(As_xP_{1-x})$	0.91 ~ 3.5
GaSb	1.6(77K)
$Pb_{1-x}Sn_xTe$	9.5($x=0.15$) ~ 2.8($x=0.27$)(约为12 K)

半导体激光器具有体积小、质量轻、效率高、重复频率高、运行简单和价格低廉等优点。但半导体激光器在方向性、单色性和相干性等方面较差,并受温度影响较大。比如,砷化镓(GaAs)激光,当温度从77 K变到室温时,激光波长从0.84 μm变到0.91 μm。有些半导体激光器还可以通过外加的电场、磁场、温度、压力等改变激光的波长。由于半导

体激光器的优点，被广泛用于激光通信、测距、近炸引信、模拟、汽车防撞、警戒、引燃引爆、自动控制、盲人激光手杖和眼镜子等方面。

5.7 其他光学效应及其应用

5.7.1 电光效应及其应用

电光效应(electro－optic effect)是在外加电场的作用下介质折射率发生变化的现象，也称电致双折射效应。具有电光效应的光学功能材料称为电光材料。

根据前述内容，光在各向同性晶体中传播时，其电位移矢量D和电场强度E之间满足关系：$D=\varepsilon E$。当取无对称中心的晶体作为研究对象时，外加电场沿晶体主轴作用于晶体，测量结果表明，电位移矢量D和电场强度E之间实际满足关系

$$D=\varepsilon^0 E+\alpha E^2+\beta E^3+\cdots \tag{5.52}$$

式中　E—— 外加电场；

ε^0—— 线性介电常数；

α、β—— 常数。

以$D(E)$曲线的斜率定义介电常数ε，则式(5.52)可以写成

$$\varepsilon=\frac{\mathrm{d}D}{\mathrm{d}E}=\varepsilon^0+2\alpha E+3\beta E^2+\cdots \tag{5.53}$$

把$D-E$的关系绘制曲线，如图5.40所示。从图中可以看到，介电常数ε随外加电场E的变化而变化。

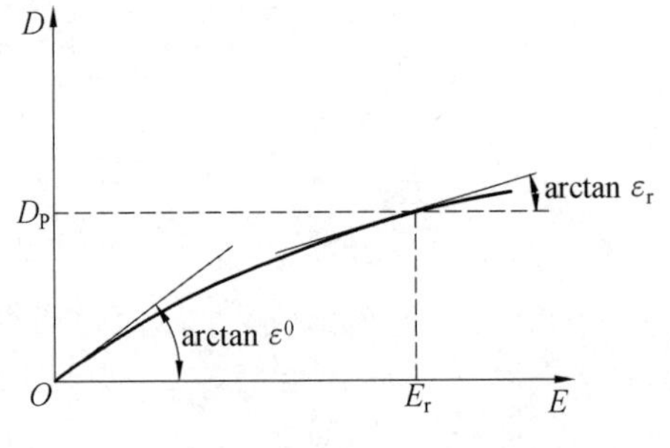

图5.40　$D-E$关系曲线

根据$n\approx\sqrt{\varepsilon_r}$的关系，式(5.53)可以写成

$$n^2=(n^0)^2+2\alpha E+3\beta E^2+\cdots \tag{5.54}$$

式中　n^0—— 外加电场为零时的折射率。

式(5.54)可以继续写成

$$n=\sqrt{(n^0)^2+2\alpha E+3\beta E^2+\cdots}=n^0\sqrt{1+\frac{2\alpha E}{(n^0)^2}+\frac{3\beta E^2}{(n^0)^2}+\cdots} \tag{5.55}$$

利用近似关系$(1+x)^m\approx 1+xm$(当$x\rightarrow 0$时)，那么式(5.55)可以化简为

$$n=n^0+\frac{\alpha}{n^0}E+\frac{3\beta}{2n^0}E^2+\cdots \tag{5.56}$$

式(5.56)继续可以写为

$$n-n^0=\frac{\alpha}{n^0}E+\frac{3\beta}{2n^0}E^2+\cdots=aE+bE^2+\cdots \tag{5.57}$$

式中 a、b—— 常数,其中,$a=\frac{\alpha}{n^0}$,$b=\frac{3\beta}{2n^0}$。

显然,该结果表明,折射率n随外加电场E的变化而变化。这一由于外加电场作用引起折射率变化的现象就是电光效应。

从式(5.57)可以看出,等式右侧的aE为一次项,由此项引起的折射率的变化称为一次电光效应,也称为泡克尔斯效应(Pockels effect,有的文献也翻译为普克尔效应)或线性电光效应;而由等式右侧bE^2二次项引起的折射率的变化称为二次电光效应,也称为克尔效应(Kerr effect)或平方电光效应。

泡克尔斯效应由德国物理学家泡克尔斯(Friedrich Carl Alwin Pockels,1865—1913)于1893年发现。该效应表明,介质在恒定或交变电场下会产生光的双折射效应,是一种线性的电光效应,其折射率的改变和所加电场的大小成正比。一次光电效应发生在不具有中心对称的一类晶体中,如钛酸钡($BaTiO_3$)、铌酸锂($LiNbO_3$)、钽酸锂($LiTaO_3$)、偏硼酸钡($\beta-BaB_2O_4$,简称BBO)、砷化镓(GaAs)等。这些晶体本身是圆球折射体,即对光是各向同性的。但在电场的作用下产生双折射,则圆球折射率体成为旋转椭球体,即成为单轴晶体。这一从圆球折射率体成为旋转椭球体(即单轴晶体)的变化,是由于外加电场造成的,也就是外加电场造成了晶体结构的不对称性,进而引起晶体的双折射现象。同样的,对单轴晶体施加外加电场后,单轴晶体会从旋转椭球体变成三轴椭球体。具有这样特性的晶体即为电光晶体。对电光晶体,由电场诱发的双折射的折射率差为

$$\Delta n=n_o-n_e=\frac{1}{2}n^3r_C E \tag{5.58}$$

式中 n—— 常光折射率;

r_C—— 介质的电光系数;

E—— 外加电场强度。

克尔效应由苏格兰物理学家克尔(John Kerr,1824—1907)于1875年在玻璃上发现。具有中心对称或结构任意混乱的介质呈现克尔效应,这些介质并不具有泡克尔斯效应,也就是说,泡克尔斯效应存在于晶体结构非对称的压电类晶体中,而克尔效应则存在于所有物质之中。对光各向同性的材料,在外电场作用下,由克尔效应诱发的双折射的折射率差为

$$\Delta n=n_o-n_e=k\lambda E^2 \tag{5.59}$$

式中 k—— 介质的电光克尔常数;

λ—— 入射光真空波长;

E—— 外加电场强度。

一次效应要比二次效应显著,所以通常讨论线性效应。电光效应根据施加的电场方向与通光方向相对关系,可分为纵向(longitudinal)电光效应和横向(transverse)电光效应。其中,把加在晶体上的电场方向与光在晶体中的传播方向平行时产生的电光效应,称为纵向电光效应,通常以磷酸二氢钾(KH_2PO_4,简称KDP)晶体为代表。加在晶体上的

电场方向与光在晶体里传播方向垂直时产生的电光效应，称为横向电光效应，以铌酸锂($LiNbO_3$，简称 LN) 晶体为代表。

如果考虑到压电晶体具有的逆压电效应，还可知，当介质上作用一外加电场时，除了由于介电常数变化引起的折射率变化以外，电场还通过逆压电效应的作用，使介质产生应变，这种应变通过光弹效应(photoelastic effect) 引起折射率的变化。通常，为了区分这两种折射率的变化，把由外加电场引起的折射率变化称为初级电光效应，而把由外加电场通过逆压电效应引起的折射率变化称为次级电光效应或假电光效应。

晶体的电光效应实际是一种人工双折射现象，由人为施加电场引起。人为施加电场，改变了晶体内原子的排列方式和分布，本质上是改变了电子云的分布，引起介电常数的改变，进而改变晶体的折射率椭球参数。

尽管电场引起折射率的变化很小，但足以引起光在晶体中的传播特性发生改变。通过外加电场的变化，可实现光电信号互相转换或光电互相控制、相互调制的目的，因此，电光效应和电光晶体在实际中有许多重要的应用。电光效应的应用主要包括电光调制器、电光开关、电光偏转器、全息存储功能等。电光调制器的基本原理是在电光晶体上施加交变调制信号，由于晶体的电光效应，晶体的折射率会随调制电压即信号而交替变化。此时，通过电光晶体不带信号的光波则带有了调制信号。如果调制信号为控制强度的，则为电光强度调制器，若控制位相的，则为电光位相调制器。利用纵向电光效应的调制，称为纵向电光效应调制；利用横向电光效应的调制，称为横向电光效应调制。电光开关也是最常用的一种电光器件，其基本思想是利用脉冲电信号来控制光信号。电光开关的基本结构是将可以施加电场的电光晶体置于正交偏光器中，通过施加的电场来控制入射光在器件中的透过率来达到调制光信号的目的。

5.7.2 光弹效应及其应用

除了外电场引起折射率变化的电光效应以外，外加应力也可以引起折射率的变化。沿晶体主轴施加单向压力，参照电光效应的分析方法，可以得到与式(5.57) 类似的折射率 n 因外加应力 σ 而产生的变化关系，即

$$n-n^0=a'\sigma+b'\sigma^2+\cdots \tag{5.60}$$

式中 σ—— 外加应力；

a'、b'—— 常数。

这种由外加应力引起的折射率变化现象，称为光弹效应(photoelastic effect)，也称弹光效应或应力双折射效应。该效应分别在 1813 年和 1816 年由德国物理学家塞贝克(Thomas Johann Seebeck，1770—1831) 和苏格兰物理学家布儒斯特(David Brewster，1781—1868) 发现。布儒斯特给出了在小的单轴压缩或拉伸的外加应力作用下，由光弹效应产生的双折射的折射率差满足关系

$$\Delta n=n_o-n_e=k\sigma \tag{5.61}$$

式中 k—— 介质的光弹系数；

σ—— 外加应力。

通过光弹效应，可以研究材料内部或复杂构件的应力分布或应力变化。通过观测应

力体中光相位或折射率的变化，可将光信号转化为电信号，也就是实现了光学传感的功能。利用光电信息实现传感，具有好的抗干扰和线性性质。利用光弹效应原理，可以制作导波管、耦合器、光调制器和激光器等光电子器件。这些器件不仅有简单的器件结构和制作工艺，而且还有利于光电子集成。

若综合考虑外加电场对介质产生折射率变化的影响，则实际为电光效应和光弹效应之和，即

$$n - n^0 = aE + a'\sigma + bE^2 + b'\sigma^2 + \cdots \tag{5.62}$$

5.7.3 声光效应及其应用

声光效应(acousto－optic effect)是指光通过某一受声波(如超声波)扰动介质时发生的衍射现象，这是光波与介质中声波相互作用的结果。由于声波是弹性波，当声波通过晶体时，晶体内质点间产生随时间变化的压缩和伸长应变，其间距等于声波的波长，从而造成介质的折射率发生变化。当光通过这一压缩－应变层时，会发生折射或衍射现象。声光效应造成的衍射光的强度、频率、方向等都随着超声波场而变化。其中，衍射光偏转角随超声波频率的变化现象称为声光偏转；衍射光强度随超声波功率而变化的现象称为声光调制。声光效应的结果与光弹效应相同，声光效应实质上是一种特殊的光弹效应。

根据超声波频率的高低和声光作用长度的不同，声光效应可以分为布拉格衍射(Bragg diffraction)和拉曼－奈斯衍射(Raman－Nath diffraction)两类。

1. 布拉格衍射

当超声波的频率较高(波长短)时，若入射光波长远超超声波波长，则介质折射率随晶格位置的周期性变化就起到类似衍射光栅的作用，产生光的衍射，称为超声光栅。此时的光栅常数等于超声波波长 λ_s。若光线以与超声波面成布拉格角度 θ_i 方向入射，则发生与晶体 X 射线衍射完全相同的情况，即产生布拉格衍射，如图 5.41(a) 所示。此时，入射光与超声波面的夹角 θ_i 与衍射光与超声波面的夹角 θ_d 相等，且满足布拉格衍射条件，即

$$\theta_i = \theta_d = \theta_B \tag{5.63}$$

$$\lambda = \lambda_s \cdot \sin\theta_i \tag{5.64}$$

式中 θ_i—— 入射角；

θ_d—— 衍射角；

θ_B—— 布拉格角；

λ_s—— 超声波波长，相当于晶格的面间距；

λ—— 入射光波长，满足关系：$\lambda = \lambda_0/n$，λ_0 为入射光在真空中的波长，n 为介质的折射率。

衍射使光束产生偏转。不同的超声波频率会引起不同的偏转角，通过改变超声波频率可实现声光偏转，偏转角度一般在 $1^\circ \sim 4.5^\circ$。此外，衍射光的频率和强度还与弹性应变成比例。调制超声波的频率会引起衍射光束频率的调制；调制超声波的振幅，则可以调制衍射光的强度。在布拉格衍射中，只出现 0 级和 1 级衍射光，因此，可以获得较高的能量利用率。

吸声材料
入射光
第1次衍射光
θ_i
θ_d
介质
声波
第0次衍射光
换能材料
高频发生器
(a) 布拉格衍射

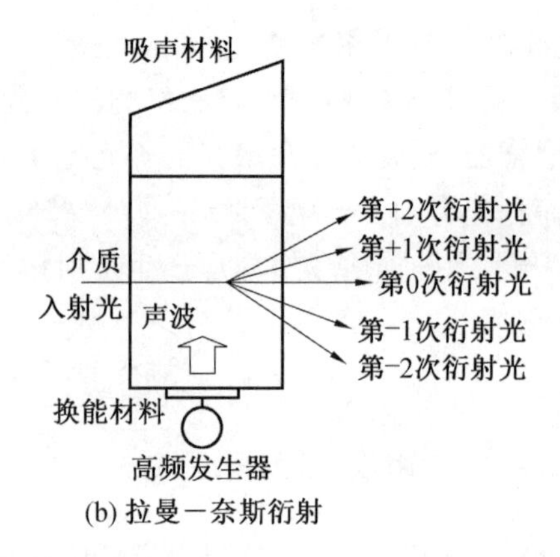

(b) 拉曼－奈斯衍射

图 5.41　声光效应示意图

2. 拉曼 － 奈斯衍射

当超声波的频率较低(波长较长)时,若入射光平行于声波面入射时,可产生多级衍射,即拉曼－奈斯衍射,图 5.41(b)所示。从图中可以看到,发生衍射时,以入射光前进方向的 0 级衍射光为中心,产生呈对称分布的 ±1 级、±2 级等高次衍射光。

在一定超声波功率下,声光材料的光衍射效率与一个综合的材料性能参数 M 成正比,即

$$M=\frac{P^2 n^6}{\rho v^3} \tag{5.65}$$

式中　M—— 声光材料的衍射品质因数;
　　　P—— 光弹性系数;
　　　n—— 材料折射率;
　　　ρ—— 材料密度;
　　　v—— 声传播速度。

从式(5.65)可以看到,当声光材料具有高的光弹性系数、高的折射率、低的密度和低声速时,具有高的光衍射效率。但实际材料难以同时满足这一条件。一般来说,含有高极化离子的晶体(如 Pb^{2+}、Te^{4+}、I^{5+} 等)折射率高、密度大、声速小。表 5.6 给出了一些声波对光发生衍射的常见材料及其特性。

声光效应为控制激光束的频率、方向和强度都提供了有效手段。利用声光效应制成的器件,如声光调制器、声光偏转器和可调谐激光器等,能快速有效地控制激光束的强度、方向和频率,还可把电信号实时转换为光信号,在激光技术、光信号处理和集成光通信等方面都有重要作用。此外,声光衍射还是探测材料声学性质的主要手段。常用的声光晶体主要有钼酸铅($PbMoO_4$)、钼酸二铅(Pb_2MoO_5)、铌酸锂($LiNbO_3$)、钽酸锂($LiTaO_3$)、二氧化碲(TeO_2)、钒酸铅($Pb(VO_3)_2$)等。

表 5.6 声波对光发生衍射的常见材料及其特性

材料	密度 ρ /(mg · m^{-3})	声速 v_s /(km · s^{-1})	折射率 n	光弹性系数 P	相对衍射常数 M_w
水	1.0	1.5	1.33	0.31	1.0
特重火石玻璃	6.3	3.1	1.92	0.25	0.12
熔凝石英(SiO_2)	2.2	5.97	1.46	0.20	0.006
聚苯乙烯	1.06	2.35	1.59	0.31	0.8
溴碘化铊(KRS－5)	7.4	2.11	2.60	0.21	1.6
铌酸锂($LiNbO_3$)	4.7	7.40	2.25	0.15	0.012
氟化锂(LiF)	2.6	6.00	1.39	0.13	0.001
二氧化钛(TiO_2)	4.26	10.30	2.60	0.05	0.001
蓝宝石(Al_2O_3)	4.0	11.00	1.76	0.17	0.001
钼酸铅($PbMoO_4$)	6.95	3.75	2.30	0.28	0.22
α 碘酸(HIO_3)	4.63	2.44	1.90	0.41	0.5
二氧化碲(TeO_2)(慢切变波)	5.99	0.617	2.35	0.09	5.0

注：相对衍射常数 $M_w = M_{材料}/M_{水}$，是材料相对于水的衍射品质因数。

5.7.4 光敏效应及其应用

光敏效应(photo－sensitive effect)，又称光电导效应，属于光电效应(photoelectric effect)的一种表现形式。图 5.42 给出了光电效应分类及相应的模型示意图。从图中可以看到，被光激发产生的电子逸出物质表面形成电子的现象称为外光电效应，向外发射的电子称为光电子。基于外光电效应可以制成光电管、光电倍增管等光电器件。与此相对的，内光电效应是被光激发所产生的载流子(自由电子或空穴)仍在物质内部运动。其中，造成物质电导率发生变化的现象属于光电导效应，而使物质不同部位之间产生电位差的现象则为光生伏特效应(photo－voltaic effect)，又称光伏效应。

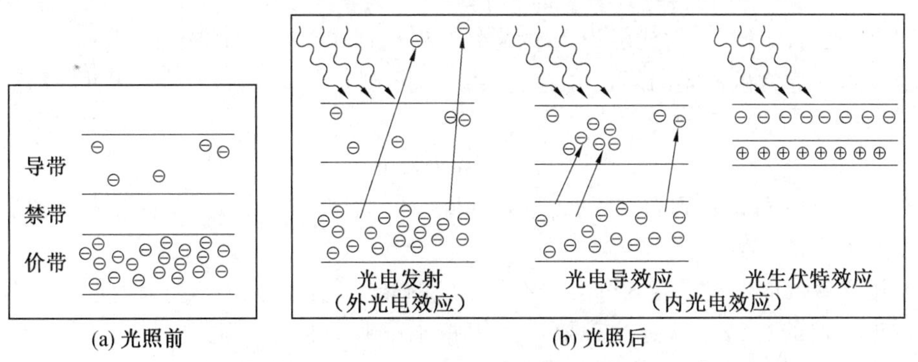

图 5.42 光电效应分类及模型示意图

某些半导体材料受到光照射时，其电导率发生变化的现象。光照射到半导体上，价带上的电子接收能量，使电子脱离共价键。当光提供的能量达到禁带宽度的能量值时，价带的电子跃迁到导带，在晶体中就会产生一个自由电子和一个空穴，这两种载流子都参与导电。

物质受到光照后，会激发出电子或空穴等载流子，在外电场作用下，这些载流子定向移动产生电流，使物质的电导率增大，这就是光电导效应。由光激发而产生的电流称为光电流。对半导体而言，若这个受光照射的半导体为本征半导体，且光辐射能量又足够强，价带上的电子将被激发到导带，这种由光产生的附加电导称为光电导，也称本征光电导。同时，光能还可将杂质能级激发产生附加电导，称为杂质光电导。

根据第 2 章的内容，可对光电导产生的电流密度 J 进行计算。当单位体积中的载流子数量为 n，每个载流子的带电量为 q，载流子在外电场 E 作用下沿电场方向的迁移率为 μ，单位时间内通过的电流密度 J 为

$$J = \sigma E = nq\mu E \tag{5.66}$$

设单位时间光照后单位体积内产生的载流子数为 n_0，载流子平均寿命为 τ，则在稳定光的照射下，单位体积中载流子数 n 为

$$n = n_0 \tau \tag{5.67}$$

当入射光强为 I_0，材料的光吸收系数为 α，载流子生成的量子产率为 β，样品厚度为 l 时，单位时间单位体积内吸收的光能量与光强 I 成正比。根据朗伯特定律，αI 等于单位体积内光子的吸收率，从而产生的载流子数为

$$n_0 = \beta \cdot \alpha I \tag{5.68}$$

式中　β——量子产额，表示每吸收一个光子产生的载流子数。每吸收一个光子产生一个载流子，$\beta = 1$；但光子还由于其他原因被吸收，$\beta < 1$；当光子能量足够大，光生载流子本身也具有较大能量，通过碰撞电离会激发更多的附加载流子，$\beta \gg 1$。

此时，单位体积中载流子数 n 为

$$n = \beta \alpha I \tau \tag{5.69}$$

那么，稳态光电流密度 J_L 为

$$J_L = \beta \alpha I \tau \cdot q\mu E \tag{5.70}$$

根据朗伯特定律，入射光强为 I_0 的光经厚度 l 的材料吸收后，光强 $I = I_0 e^{-\alpha l}$，并且由于光电导材料通常以薄膜的形式出现，厚度 l 很小，则 $e^{-\alpha l} \approx 1 - \alpha l \approx 1$。因此，经近似后，式(5.70) 可以近似表示为

$$J_L = I_0 \alpha \beta \tau q \mu E \tag{5.71}$$

从式(5.71) 可以看到，材料的光电导性除了材料本身的性质外，还与入射光强和电场强度有关。

利用光敏效应可制成光敏电阻。不同波长的光子具有不同的能量，因此，一定的材料只对应于一定的光谱才具有这种效应。根据本征吸收波长 λ 与能隙 E_g 的关系：$E_g = 1.24/\lambda$，可以得到半导体光敏材料的吸收限。表 5.7 给出了室温下主要半导体光敏材料的本征吸收限。

表 5.7 室温下主要半导体光敏材料的本征吸收限

半导体材料	吸收限		半导体材料	吸收限	
	E_g/eV	λ_c/μm		E_g/eV	λ_c/μm
Si	1.16	1.078	HgS	2.17	0.571
Ge	0.68	1.824	PbS	0.39	3.180
Se	2.3	0.539 1	Pb_2S_3	1.62	0.77
Te	0.37	3.351	Pb_2Se_7	1.2	1.03
InSb	0.18	6.889	CdTe	1.36	0.912
InAs	0.33	3.758	CdSe	1.6	0.775
InP	1.25	0.992	CdS	2.41	0.515
GaAs	1.42	0.873	ZnTe	2.2	0.564
GaP	2.24	0.554	ZnSe	2.38	0.521
GaSb	0.68	1.824	ZnS	2.65	0.468
GaN	3.1	0.365	ZnO	3.18	0.390
HgTe	0.02	62			

光敏电阻的工作原理如图 5.43 所示。在光敏电阻两极加上一定电压后，当光照在光电导体时，若光子的能量大于光电导体的禁带宽度，则半导体中的电子从束缚态变成自由态，激发出电子和空穴，使半导体中载流子浓度增高，使半导体的电阻减少。光照越强，电阻值下降越多；光照停止，自由电子与空穴逐步复合，电阻值恢复到之前的值。光敏电阻就是利用光电效应，在电路中产生电流，达到光电转换的目的。

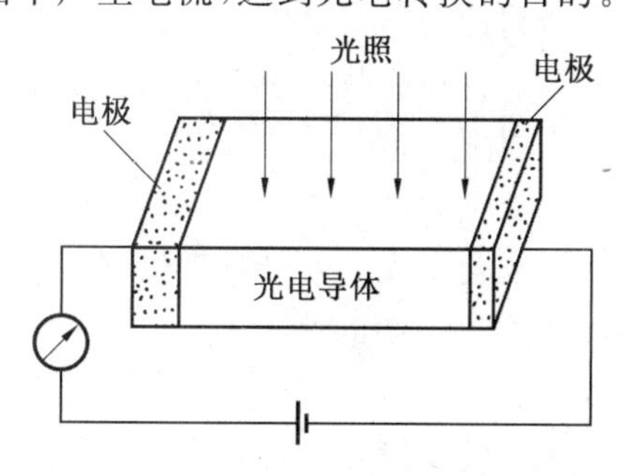

图 5.43 光敏电阻的工作原理

根据对紫外光较灵敏的光敏电阻称紫外光敏电阻，如硫化镉、硒化镉光敏电阻，用于探测紫外线。对可见光灵敏的光敏电阻称可见光光敏电阻，包括硒、硫化镉、硒化镉、碲化镉、砷化镓、硅、锗、硫化锌光敏电阻器等，用于各种自动控制系统，如光电自动开关门窗、光电计算器、光电控制照明、机械上的自动保护装置和“位置检测器”，极薄零件的厚度检测器、照相机自动曝光装置、光电计数器、烟雾报警器、光电跟踪系统等方面。对红外线敏感的光敏电阻称红外光敏电阻，如硫化铅、碲化铅、硒化铅等，用于夜间或淡雾中探测能够辐射红外线目标、红外通信、导弹制导等。锑化铟等光敏电阻器，广泛用于导弹制导、天文探测、非接触测量、人体病变探测、红外光谱、红外通信等国防、科学研究和工农业生产中。光敏电阻与其他半导体光电器件相比，具有光谱响应范围宽、工作电流大、所测光强度范围宽、灵敏度高、偏执电压低、使用方便等优点。但在强光照射下光电转换线性较差，光电弛豫过程较长，频率响应低。

习　题

1. 请说明以下基本物理概念：

折射率、双折射现象、全反射、朗伯特定律、布格定律、色散、阿贝极限、弹性散射、非弹性散射、瑞利散射、米氏散射、丁达尔散射、拉曼散射、布里渊散射、热辐射、冷发光、荧光、磷光、余晖时间、分立中心发光、复合发光、受激辐射、激活介质、粒子数反转、电光效应、光弹效应、声光效应、光敏效应

2. 光与固体发生作用时会主要引起哪两方面的变化？

3. 影响折射率的因素有哪些？请简要解释原因。

4. 某透明板厚 5 mm，当光透过该板后，光强度降低了 30%，其吸收系数和散射系数之和等于多少？

5. 请根据金属、非金属的能带结构差异说明材料的透射及影响因素。

6. 请简要写出朗伯特定律的推导过程。

7. 什么是弹性散射和非弹性散射？请指出弹性散射的三种类型及理论差异。

8. 请指出金属不透光的原因。

9. 在光学范畴内，金属、半导体、电介质的透明性有何不同？请进行解释说明。

10. 影响材料透光性的因素是什么？

11. 请简要说明影响陶瓷透明性的因素及原因。

12. 什么是闪烁材料？闪烁材料在吸收高辐射能后会发生哪些物理过程？

13. 热辐射和冷发光有什么差别？

14. 自发辐射和受激辐射有什么不同？

15. 请解释分立中心发光和复合发光的发光物理机制。

16. 请简要说明三能级激光器的工作机理。

17. 请简述激光器的组成。

18. 泡克尔斯效应和克尔效应的理论差异是什么？

19. 布拉格衍射和拉曼－奈斯衍射在作用机理上有什么区别？

20. 用能带理论解释在可见光区为什么金属不透光而电介质透光？电介质在红外光区和紫外光区产生吸收现象的原因有什么不同？

21. 请在图 5.44 中示意性绘出金属、半导体和电介质从红外波段到紫外波段范围内光谱吸收峰的位置，并解释这些材料吸收峰位出现差异的原因。

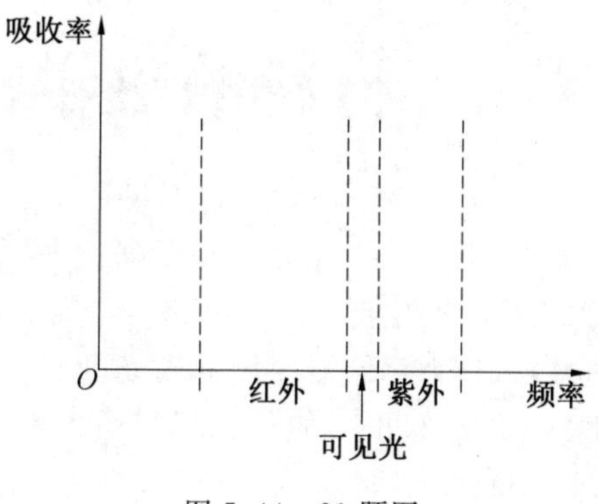

图 5.44　21 题图

第 6 章　材料的磁学性能

磁性(magnetism)是一切物质的基本属性,它不仅是物质的一个宏观物理现象,而且与物质的微观结构密切相关。因此,研究磁性也是研究物质内部结构的重要方法之一。磁性材料的应用已经深入到人类生活和生产等各个方面。例如,将永磁材料用作马达,应用于变压器中的铁芯材料,作为存储器使用的磁光盘,计算机用磁记录软盘等。当前,磁性材料已经与信息化、自动化、机电一体化、国防、经济等方面紧密相关。本章将介绍各种磁性能参数及其物理学和材料学本质;分析材料的成分、微观组织结构对各种磁性能参数的影响规律;给出磁性能参数测量方法以及磁性分析在材料研究中的应用。

6.1　磁学基本量及磁性分类

6.1.1　磁学基本量

1. 磁感应强度

磁起源于电流或运动的电荷。电流或运动电荷在其周围产生磁场,磁场又对另外的电流或运动电荷施力。用来描述磁场强弱和方向的物理量是磁感应强度(magnetic flux density)。磁感应强度是矢量,常用符号 $\boldsymbol{B}$ 表示,单位为特斯拉(T)。磁感应强度的单位"特斯拉"是用美籍塞尔维亚裔发明家、物理学家特斯拉(Nikola Tesla,1856—1943)的名字命名的。

$\boldsymbol{B}$ 强感应强度可用洛伦兹力(Lorentz force)$\boldsymbol{F}$ 来度量。如图 6.1 所示,一个速度为 $\boldsymbol{v}$ 的运动电荷 q,在磁场中某点所受的洛伦兹力满足关系

$$\boldsymbol{F}=q\boldsymbol{v}\times\boldsymbol{B}=qvB\sin\theta \tag{6.1}$$

式中　$\boldsymbol{F}$——洛伦兹力,是用荷兰物理学家洛伦兹(Hendrik Antoon lorentz,1853—1928)的名字命名的;

$\boldsymbol{v}$——速度;

q——运动电荷的带电量;

$\boldsymbol{B}$——磁感应强度;

θ——电荷运动速度与磁感应强度之间的夹角。

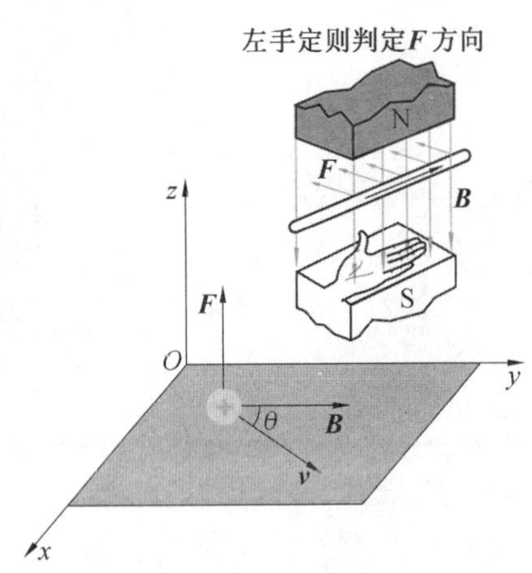

图 6.1　电荷在磁场中的受力示意图

洛伦兹力的方向可用左手定则来判断,即让磁力线穿过左手掌心,四指指向电流方向(指向正电荷的方向),大拇指的指向即为洛伦兹力的方向,如图 6.1 所示。

根据式(6.1),$\boldsymbol{B}$ 大小的定义为单位电荷以单位速度沿垂直于磁场方向运动所受到的最大洛伦兹力,或通过单位电流强度的单位长度导线在匀强磁场中所受的力,即

$$\boldsymbol{B}=\frac{\boldsymbol{F}_{\max}}{qv} \tag{6.2}$$

在物理学中磁场的强弱使用磁感应强度来表示,磁感应强度越大表示磁感应越强。磁感应强度越小,表示磁感应越弱。

需要注意的是,磁感应强度 $\boldsymbol{B}$ 的单位比较复杂,从式(6.2)可以看出,$\boldsymbol{B}$ 的单位可以做如下推导,即$\frac{牛顿}{库仑 \cdot 米/秒}=\frac{牛顿 \cdot 秒}{库仑 \cdot 米}=\frac{焦耳 \cdot 秒}{库仑 \cdot 米^2}=\frac{伏特 \cdot 秒}{米^2}=韦伯/米^2=特斯拉$。从中可以看出,磁感应强度 $\boldsymbol{B}$ 实际反映的是单位面积上磁通量的概念,因此也被称为磁通量密度或磁通密度。这里,磁通量的单位是韦伯(Wb),是用德国物理学家韦伯(Wilhelm Eduard Weber,1804—1891)的名字命名的。

2. 磁矩

带电粒子的运动产生电流,环电流产生磁矩(magnetic moment)。磁矩是表征物质磁性强弱和方向的基本物理量,通常用符号 $\boldsymbol{m}$ 来表示。对回路电流的磁矩定义为:电流为 I 的回路电流,其包围的面积为 S(图 6.2),则磁矩 $\boldsymbol{m}$ 满足

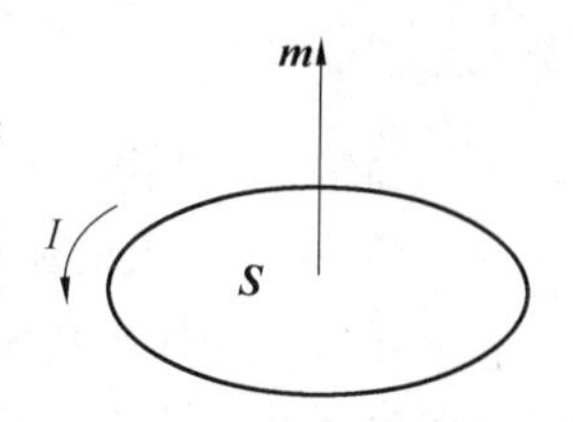

图 6.2 回路电流的磁矩示意图

$$\boldsymbol{m}=I\boldsymbol{S} \tag{6.3}$$

式中 $\boldsymbol{m}$—— 磁矩,$A \cdot m^2$,方向符合右手定则;

I—— 环路电流强度;

$\boldsymbol{S}$—— 环路电流包围的面积。

磁矩的概念可以用来说明原子、分子等微观世界产生磁性的原因。组成物质的基本粒子(如电子、质子、中子等)均具有本征磁矩(intrinsic magnetic moment)。宏观物质的磁性是构成物质原子磁矩的集体反映。原子的本征磁矩包括原子核磁矩(nuclear magnetic moment)、电子轨道磁矩(electronic orbital magnetic moment)和电子自旋磁矩(electronic spin magnetic moment)。其中,原子核磁矩是表征原子核磁性大小的物理量,由于其数值小,通常可忽略不计。电子绕核运动,犹如环形电流,产生电子轨道磁矩。电子自旋运动产生电子自旋磁矩。由于电子质量比质子和中子小三个数量级,电子磁矩比原子和磁矩大三个数量级,因此,宏观物质的磁性主要由电子磁矩所决定。通常,将电子轨道磁矩和电子自旋磁矩认为是原子的本征磁矩,也称原子的固有磁矩。一般而言,在无外加磁场时,原子固有磁矩的取向不一,矢量和为 $\boldsymbol{0}$,宏观不显磁性。当有外加磁场后,由于固有磁矩改变取向(并不改变其数值大小),趋向与外加磁场方向一致,因而宏观材料显现磁性。

在均匀磁场中,磁矩受到磁场作用的力矩满足关系

$$\boldsymbol{J}=\boldsymbol{m}\times\boldsymbol{B} \tag{6.4}$$

式中 $\boldsymbol{J}$—— 力矩,$N \cdot m$,是矢量积;

$\boldsymbol{B}$—— 磁感应强度。

另外,国际电工委员会(International Electrotechnical Commission,IEC)还定义了

磁偶极矩(magnetic dipole moment)的概念,即磁偶极矩等于真空磁导率乘以磁矩,满足关系

$$p_m = \mu_0 m \tag{6.5}$$

式中 p_m—— 磁偶极矩,Wb·m;

μ_0—— 真空磁导率(permeability of vacuum),$\mu_0 = 4\pi \times 10^{-7}$ H/m。

这里的 H(亨利)是电感的国际单位,是用美国科学家亨利(Joseph Henry,1797—1878)的名字命名的,表示电路中电流每秒变化 1 A,会产生 1 V 的感应电动势,此时电路的电感为 1 H。

3. 磁化强度

磁化强度(magnetization)是用来描述宏观物质磁化程度(或磁性强弱)的物理量,其定义为单位体积物质内所具有的磁矩矢量和,即

$$\boldsymbol{M} = \frac{\sum \boldsymbol{m}}{V} \tag{6.6}$$

式中 $\boldsymbol{M}$—— 磁化强度,A/m;

V—— 物质的体积。

磁介质在外加磁场中的磁化状态主要由磁化强度决定,其方向由磁体内磁矩矢量和的方向决定。

4. 材料的磁化过程

将磁介质放入磁感应强度为 B_0 的真空磁场中,磁介质受外磁场的作用处于磁化状态,则磁介质内部的磁感应强度 B 将发生变化。下面以通电螺线管形成的磁场内放入磁介质为例,讨论磁介质在此磁场中的磁化,如图 6.3 所示。

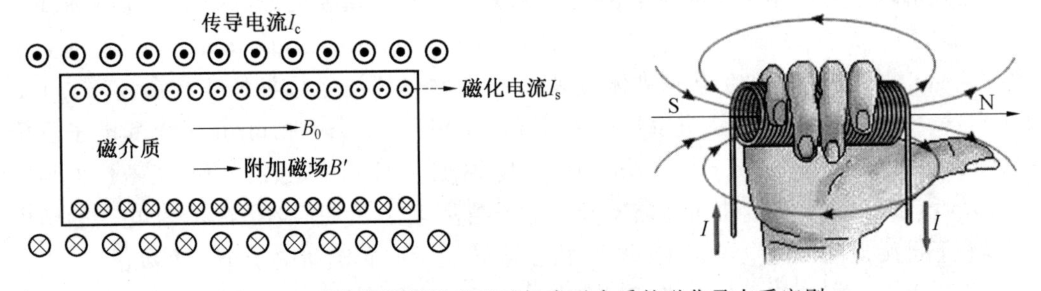

图 6.3 通电螺线管形成的磁场内磁介质的磁化及右手定则

在真空条件下,当螺线管通有传导电流(conduction current)I_C 时,螺线管中产生均匀的磁场,磁感应强度为 B_0。根据右手定则可以判断出 B_0 的方向指向右侧。当螺线管内充以某各向同性磁介质后,在磁介质沿截面边缘形成磁化电流(magnetization current)I_s。图 6.4 为磁介质截面上分子电流的分布示意图。从图 6.4(a)中可以看到,在磁介质任意截面上,磁介质磁化前,磁介质内的分子电流分布随机,可相互抵消,磁矩矢量和为 **0**,从而无磁性显现。当磁介质放入磁场后,受外加磁场的影响,磁矩逐渐向外加磁场方向偏转,磁矩矢量和不为 **0**。从图6.4(b)中可以看到,磁介质内部的分子电流总是成对且反向的,因而相互抵消,其结果等效于形成了沿截面边缘的圆电流,即磁化电流 I_s。磁化电流可形成一附加的磁场 B',其方向与磁介质有关。对于顺磁材料(paramagnetic materials）来说，磁化电流 I_s 与传导电流 I_C 同向，因此磁化电流产生的附加磁场 B' 与传导电流产生的磁场 B_0 方向相同，如图 6.4(b) 所示。对抗磁材料（diamagnetic materials），由于分子在外磁场中产生的附加磁矩与外磁场相反，磁化电流 I_s 与传导电流 I_C 方向相反，因而磁化电流产生的附加磁场 B' 与传导电流产生的磁场 B_0 方向相反。

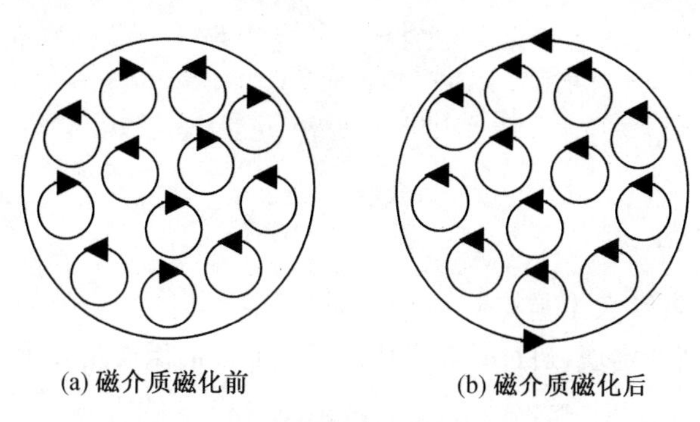

图 6.4 磁介质截面上分子电流的分布

磁化现象的物理本质实际就是磁介质在外磁场的作用下，材料内部的磁矩发生了改变。根据上述分析，含有磁介质的磁感应强度满足关系：

$$\boldsymbol{B} = \boldsymbol{B}_0 + \boldsymbol{B}' \tag{6.7}$$

式中 $\boldsymbol{B}$—— 含有磁介质的磁感应强度；

$\boldsymbol{B}_0$—— 真空磁感应强度；

$\boldsymbol{B}'$—— 附加磁感应强度。

根据恒定磁场中有磁介质时的安培环路定理，引入了磁场强度（magnetic field intensity）$\boldsymbol{H}$ 这个物理量。该物理量是在讨论恒定磁场中存在磁介质的情况下，引入的辅助矢量。为了明确 $\boldsymbol{H}$ 具体的物理意义，下面对其做一简要说明。

根据磁感应强度 $\boldsymbol{B}$ 的概念，在给定磁场中的某一点，$\boldsymbol{B}$ 的大小及方向都是确定的。磁场线上每一点的切线就是该点磁感应强度 $\boldsymbol{B}$ 的方向；过某点作垂直于磁感应强度 $\boldsymbol{B}$ 的单位面积，穿过该面积的磁场线条数等于该点 $\boldsymbol{B}$ 的数值。对均匀磁场来说，磁场线相互平行，且密度处处相等。图 6.5 为几种常见电流产生磁场的磁场线分布示意图，根据右手定则可以判断出磁感应强度的方向。

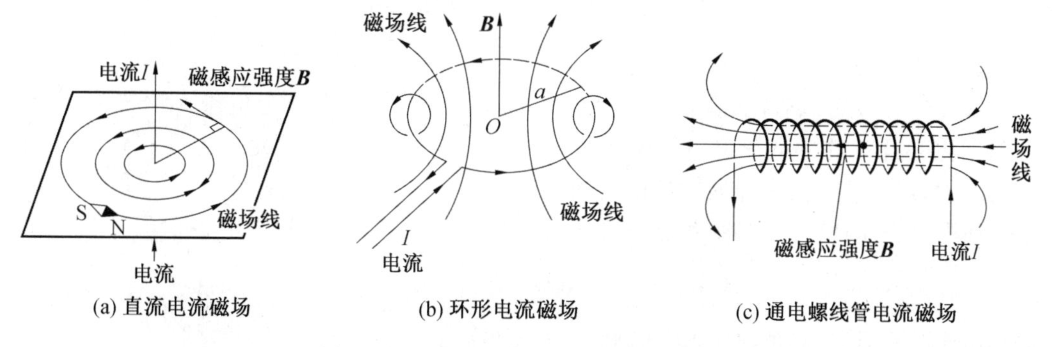

图 6.5 电流形成磁场类型及磁场线分布

通过磁场中某给定面积 S 的磁力线的条数为通过该曲面的磁通量 Φ_m，如图 6.6 所示，

并满足

$$\Phi_{\mathrm{m}}=\int_{S} B \cdot \mathrm{d}S \tag{6.8}$$

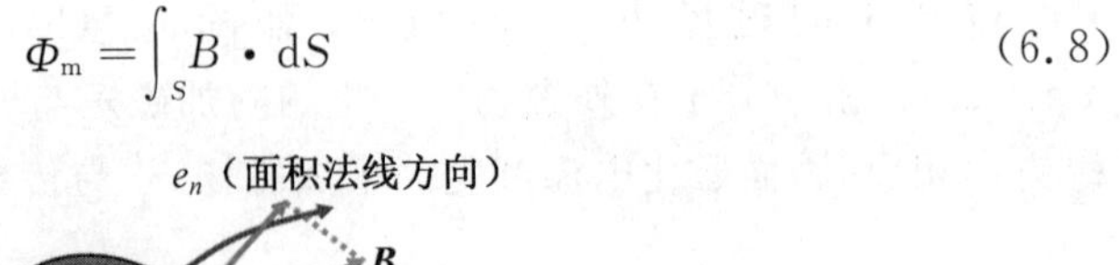

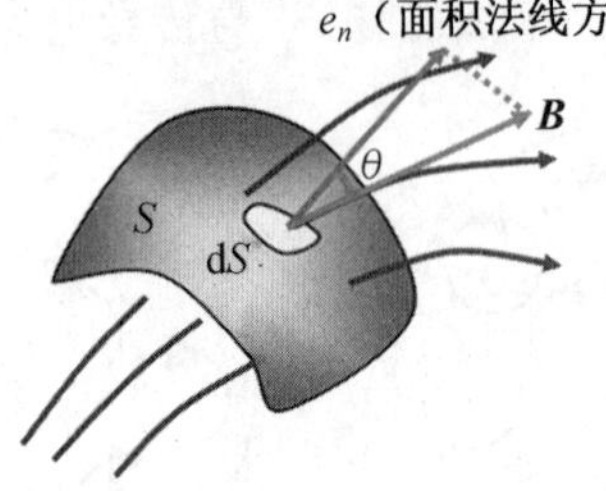

图 6.6　磁通量、磁感应强度和面积三者间的矢量关系图

根据磁场中的高斯定理，通过磁场中任意闭合曲面的磁通量等于零，即满足

$$\Phi_{\mathrm{m}}=\int_{S} B \cdot \mathrm{d}S=0 \tag{6.9}$$

高斯定理是反映磁场性质的基本规律之一，表明磁场是无源场，磁场线是无头无尾的闭合线，即自然界不存在单独的磁极。

根据磁场的安培环路定理，恒定磁场的磁感应强度 **B** 的环流等于 μ_0 乘以环路所包围电流的代数和，即

$$\oint_{L} B \cdot \mathrm{d}l=\mu_0 \sum_{i} I_i \tag{6.10}$$

当在磁场中放入磁介质时，空间的磁场会受到磁介质的影响而发生变化。此时的磁场不仅与传导电流 I_{C} 的分布有关，而且还与磁介质表面或边缘出现的磁化电流 I_{s} 有关。根据式(6.10)，如果分别知道传导电流 I_{C} 和磁化电流 I_{s} 的空间分布，则可以知晓有磁介质时的磁感应强度。但是，在实际情况下，磁化电流 I_{s} 不易测量，因此给分析带来困难。为了方便解决有磁介质时的磁场问题，回避磁化电流，因此引入了磁场强度 **H** 的概念。

以一个充满均匀磁介质的螺绕环为例，N 匝螺绕环中的传导电流为 I_{C}，磁介质的表面的磁化电流 I_{s}，如图 6.7 所示。以环形 O 为圆心，以环内任意一点 P 到环形 O 的距离为 r 为半径作圆回路 L，根据真空中安培环路定理，则

$$\oint_{L} B \cdot \mathrm{d}l=\mu_0 \sum_{i} I_i=\mu_0(NI_{\mathrm{C}}+I_{\mathrm{s}}) \tag{6.11}$$

其中，$B=B_0+B'$。

从式(6.11)可以看出，有磁介质存在时，空间的磁场不仅与传导电流 I_{C} 分布有关，而且与磁化电流 I_{s} 的分布有关。I_{C} 决定 B_0，I_{s} 决定 B'。但 I_{s} 不能测定。为避开 I_{s}，引入磁场强度 **H**，以方便解决磁介质中的磁场问题。

环内磁介质均匀，回路中各点的 **B** 大小相等，方向沿圆周切线方向，因此

$$\oint_{L} \boldsymbol{B} \cdot \mathrm{d}l=B \cdot 2\pi r=\mu_0(NI_{\mathrm{C}}+I_{\mathrm{s}}) \tag{6.12}$$

若环内无磁介质，传导电流 I_{C} 不变，则

$$\boldsymbol{B}_0 \cdot 2\pi r=\mu_0 NI_{\mathrm{C}} \tag{6.13}$$

将式(6.12)和式(6.13)相除，且 $\mu_{\mathrm{r}}=\boldsymbol{B}/\boldsymbol{B}_0$，则

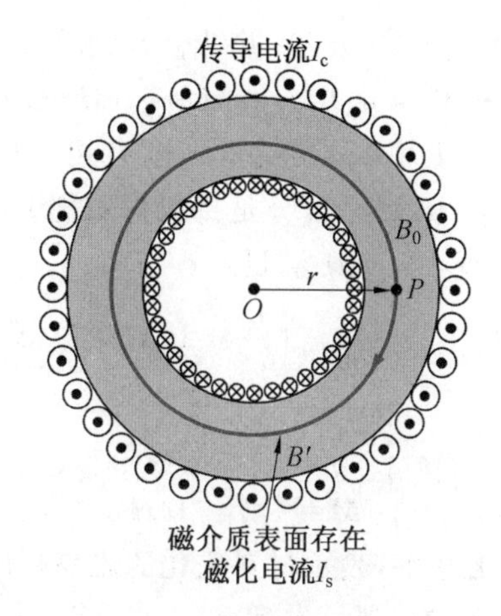

图 6.7 充满均匀磁介质螺绕环的电流分布示意图

$$NI_C + I_s = \mu_r NI_C \tag{6.14}$$

那么

$$\oint_L \boldsymbol{B} \cdot \mathrm{d}l = \mu_0(NI_C + I_s) = \mu_0\mu_r NI_C = \mu NI_C = \mu \sum_i I_{ci} \tag{6.15}$$

令 $\boldsymbol{H} = \dfrac{\boldsymbol{B}}{\mu}$，$\boldsymbol{H}$ 称为磁场强度，则式(6.15) 可以写成

$$\oint_L H \cdot \mathrm{d}l = \sum_i I_{ci} \tag{6.16}$$

式(6.16) 表明，磁场强度 $\boldsymbol{H}$ 沿任意闭合回路的线积分，等于闭合回路所包围的传导电流的代数和，这就是有磁介质时的安培环路定理。从式(6.16) 可以看到，实际上，磁场强度 $\boldsymbol{H}$ 是由传导电流 I_C 和磁化电流 I_s 共同决定的，但在分析问题时，$\boldsymbol{H}$ 的环流仅由回路包围的传导电流 I_C 有关，而与磁介质无关。这就使分析问题变得更加简单。

比较磁感应强度 $\boldsymbol{B}$ 和磁场强度 $\boldsymbol{H}$ 两者的概念，两者都可以表示空间某点的磁场。它们的不同点在于，磁感应强度 $\boldsymbol{B}$ 是真实存在的物理量，可以利用实验测出。$\boldsymbol{H}$ 则是导出量，是为了数学上求解问题简便而引出的物理量。从安培环路定理的角度来说，$\boldsymbol{B}$ 是在空间上包含了传导电流和磁化电流的情况下求出的，而 $\boldsymbol{H}$ 是将磁化电流折合之后计算出的。

设

$$\boldsymbol{B}_0 = \mu_0 \boldsymbol{H} \tag{6.17}$$

式中 μ_0—— 真空磁导率；

$\boldsymbol{H}$—— 磁场强度(magnetic field strength)，A/m，用来描述磁极周围空间或电流周围空间任一点磁场作用的大小。

材料磁化后增加的磁感应强度 $\boldsymbol{B}'$ 满足关系

$$\boldsymbol{B}' = \mu_0 \boldsymbol{M} \tag{6.18}$$

将磁介质放入磁场 $\boldsymbol{H}$ 的自由空间，则

$$\boldsymbol{B} = \mu \boldsymbol{H} \tag{6.19}$$

式中 μ—— 磁导率，H/m。

将式(6.17)和式(6.18)代入式(6.7),并结合式(6.19),可写出

$$\boldsymbol{B}=\boldsymbol{B}_0+\boldsymbol{B}'=\mu_0\boldsymbol{H}+\mu_0\boldsymbol{M}=\mu_0(\boldsymbol{H}+\boldsymbol{M})=\mu\boldsymbol{H} \tag{6.20}$$

由式(6.20)可以看出,材料内部的磁感应强度 $\boldsymbol{B}$ 可看成两部分场的叠加,一部分是材料对自由空间磁场的反映 $\mu_0\boldsymbol{H}$,另一部分是材料对磁化引起的附加磁场的反映 $\mu_0\boldsymbol{M}$。

对比式(6.20)还可以发现,$\boldsymbol{M}$ 与 $\boldsymbol{H}$ 满足

$$\boldsymbol{M}=\left(\frac{\mu}{\mu_0}-1\right)\boldsymbol{H} \tag{6.21}$$

令 $\mu_r=\dfrac{\mu}{\mu_0}$,则

$$\boldsymbol{M}=(\mu_r-1)\boldsymbol{H} \tag{6.22}$$

式中 μ_r——相对磁导率,无量纲,表示材料磁化的难易程度。

另外,由式(6.17)和式(6.19)还可发现

$$\mu_r=\frac{\boldsymbol{B}}{\boldsymbol{B}_0} \tag{6.23}$$

令 $\chi=\mu_r-1$,则式(6.22)还可写成

$$\boldsymbol{M}=\chi\boldsymbol{H} \tag{6.24}$$

式中 χ——磁化率(magnetic susceptibility),无量纲,表示材料磁化的能力,仅与磁介质有关。

从上述关系可以看出,参量 μ、μ_r 和 χ 实际上描述的是同一客观现象,已知其中一个,另外两个即可知道。

6.1.2 物质的磁性分类

根据磁化率的大小,物质可分为五类,即抗磁性材料、顺磁性材料、铁磁性材料(ferromagnetic materials)、亚铁磁性材料(ferrimagnetic materials)和反铁磁性材料(antiferromagnetic materials)。图6.8给出了这五类磁体的磁化曲线示意图。

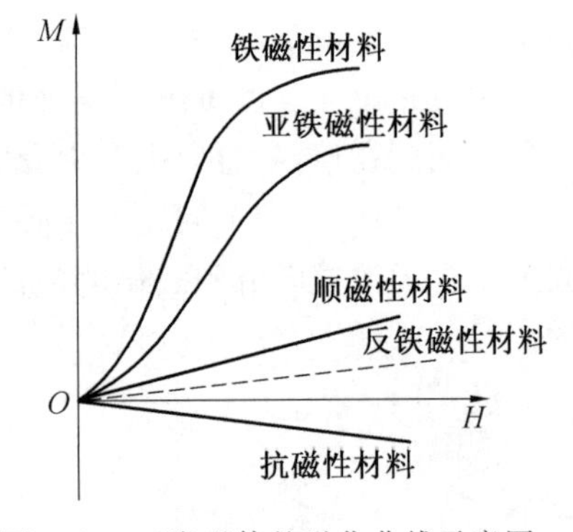

图6.8 五类磁体的磁化曲线示意图

抗磁性材料的磁化率 $\chi<0$,其数值约在 10^{-6} 数量级。这类材料在磁场中受微弱的斥力。常见的抗磁性材料有Cu、Au、Ag、Hg等。顺磁性材料的磁化率 $\chi>0$,其数值在 $10^{-6}\sim10^{-3}$ 数量级,在磁场中受微弱的吸引力。常见的顺磁体主要有Li、Na、K等。铁磁性材料在较弱的磁场下即可产生较大磁性。磁导率 χ 是很大的正数,且与外磁场呈非线性关系。常见的铁磁性材料主要有Fe、Ni、Co等。亚铁磁性材料的性质类似于铁磁性材料,但磁导率 χ 没有铁磁性材料那么大。常见的亚铁磁性材料主要有 Fe_3O_4、铁氧体等。反铁磁性材料的磁导率 χ 是小的正数。在温度低于某温度时,其磁化率同磁场的取向有关;高于这个温度,其行为

像顺磁性材料。主要包括 NiO、MnO_2 等材料。

下面主要对抗磁性和顺磁性进行介绍,其他三种磁性特征将在后面进行介绍。

1. 抗磁性

抗磁性(diamagnetism)是一种弱磁性,是在组成物质的原子中,运动的电子在磁场中受电磁感应(electromagnetic induction)而表现出的属性。根据楞次定律(Lenz's law),在闭合回路中,感应电流的方向总是使其所产生的磁场反抗引起感应电流的磁通量的变化。那么,对由电子轨道运动构成的环电流而言,楞次定律也起作用,即在外磁场作用下由于电子轨道运动,会产生与外加磁场方向相反的附加磁矩。楞次定律是由俄国物理学家楞次(Heinrich Friedrich Emil Lenz,1804—1865)在概括大量实验事实的基础上于 1833 年提出的,是一条用来判断感应电流方向的规律。

取两个轨道平面与磁场 $\boldsymbol{H}$ 方向垂直、运动相反的电子为例,如图 6.9 所示。当无外加磁场时,电子绕核运动相当于一个环电流,其大小为 $i=\frac{e\omega}{2\pi}$,此环电流产生的磁矩为

$$\boldsymbol{m}=i\cdot\Delta S=\frac{e\boldsymbol{\omega}}{2\pi}\cdot\pi r^2=\frac{e\boldsymbol{\omega}r^2}{2} \tag{6.25}$$

式中 i—— 电子绕核形成的环电流强度;

ΔS—— 电子绕核形成的面积;

e—— 电子电荷;

$\boldsymbol{\omega}$—— 电子绕核运动的角速度;

r—— 轨道半径;

$\boldsymbol{m}$—— 环电流产生的磁矩。

此时,电子受到的向心力 $\boldsymbol{F}$ 为

$$\boldsymbol{F}=m_e r\boldsymbol{\omega}^2 \tag{6.26}$$

式中 m_e—— 电子质量。

当磁场作用于这个旋转的电子,根据楞次定律将产生一个附加的洛伦兹力 $\Delta\boldsymbol{F}$,即

$$\Delta\boldsymbol{F}=\boldsymbol{H}\cdot i\cdot 2\pi r=\boldsymbol{H}er\boldsymbol{\omega} \tag{6.27}$$

在图 6.9(a) 中,对顺时针方向环电流而言,其磁矩 $\boldsymbol{m}$ 的方向向下。施加方向向上的磁场 $\boldsymbol{H}$,根据楞次定律,将产生与外磁场相反的附加磁矩 $\Delta\boldsymbol{m}$(方向向下),以抵抗磁通量的增加。对逆时针方向的环电流,如图 6.9(b) 所示,其磁矩 $\boldsymbol{m}$ 方向向上。当同样施加外方向向上的磁场 $\boldsymbol{H}$ 时,根据楞次定律,将同样产生与外磁场相反的附加磁矩 $\Delta\boldsymbol{m}$(方向向下),以抵抗磁通量的增加。附加磁矩 $\Delta\boldsymbol{m}$ 作用引起的附加洛伦兹力 $\Delta\boldsymbol{F}$ 的方向如图 6.9 所示,因此,这个附加的洛伦兹力 $\Delta\boldsymbol{F}$ 使向心力 $\boldsymbol{F}$ 增大或减小。

根据法国物理学家郎之万(Paul Langevin,1872—1946)的理论,电子轨道半径不变,则必然出现导致绕核运动角速度 $\boldsymbol{\omega}$ 的变化,即

$$\boldsymbol{F}+\Delta\boldsymbol{F}=m_e r(\boldsymbol{\omega}+\Delta\boldsymbol{\omega})^2 \tag{6.28}$$

将式(6.28) 展开并略去 $\Delta\boldsymbol{\omega}$ 的二次项,则

$$\Delta\boldsymbol{\omega}=\frac{e\boldsymbol{H}}{2m_e} \tag{6.29}$$

式中 $\Delta\boldsymbol{\omega}$—— 拉莫尔进动(Larmor precession) 角频率。

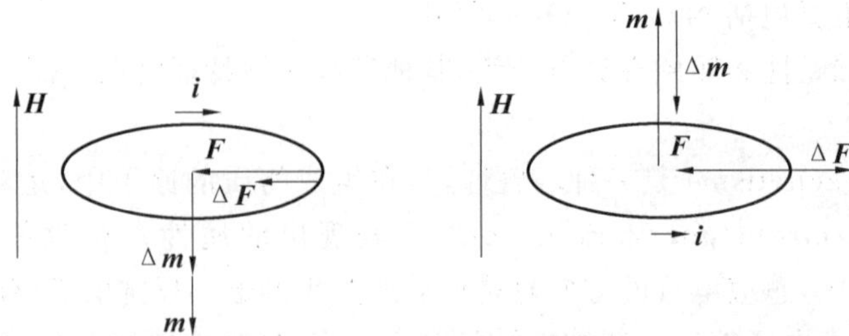

(a) 外磁场方向与环电流产生磁矩方向相反 (b) 外磁场方向与环电流产生磁矩方向相同

图 6.9 抗磁磁矩形成示意图

拉莫尔进动是指电子、原子核和原子的磁矩在外部磁场作用下的进动，是由爱尔兰物理学家、数学家拉莫尔(Joseph Larmor，1857—1942) 于 1897 年推论的。

由此，产生的附加磁矩 $\Delta \boldsymbol{m}$ 为

$$\Delta \boldsymbol{m} = \Delta i \cdot \pi r^2 = \frac{e \cdot \Delta \boldsymbol{\omega}}{2\pi} \cdot \pi r^2 = \frac{e \cdot \Delta \boldsymbol{\omega} \cdot r^2}{2} \tag{6.30}$$

将式(6.29) 代入式(6.30)，则

$$\Delta \boldsymbol{m} = -\frac{e^2 r^2}{4m_e}\boldsymbol{H} \tag{6.31}$$

式(6.31) 中负号表示附加磁矩 $\Delta \boldsymbol{m}$ 的方向与外加磁场 $\boldsymbol{H}$ 的方向相反。抗磁性的本质是电磁感应定律的反映。外加磁场使电子轨道动量矩发生变化，从而产生了一个附加磁矩，磁矩的方向与外磁场方向相反。在磁场作用下，电子围绕原子核的运动和没有磁场时的运动是一样的，但同时叠加了一项轨道平面绕磁场方向的进动，即拉莫尔进动。这里所谓的拉莫尔进动是指电子、原子核和原子的磁矩在外部磁场作用下的进动。当外加磁场去掉时，抗磁磁矩即消失，这说明抗磁磁化是可逆的。由于抗磁性是电子轨道运动感应产生的，因此物质的抗磁性普遍存在。

但并非所有的物质都是抗磁性物质。只有当原子系统的固有磁矩等于 **0** 时，抗磁性才容易表现出来。如果电子壳层未被填满，即固有磁矩不等于 **0** 时，只有那些抗磁性大于顺磁性的物质才成为抗磁性材料。凡是电子壳层被填满了的物质都属于抗磁性物质。抗磁性材料的磁化率不受温度影响或影响极小。

根据抗磁性物质 χ 值的大小及其与温度的关系，可将抗磁性物质分为三种类型：① 弱抗磁性，如惰性气体、Cu、Zn、Ag、Au、Hg 等和大量的有机化合物，磁化率极低，约为 -10^{-6}，并基本与温度无关。② 反常抗磁性，如 Bi、Ga、Te、石墨以及 γ－铜锌合金，其磁化率较前者大 $10 \sim 100$ 倍，Bi 的磁化率 χ 比较反常，是场强 H 的周期函数，并强烈与温度有关。③ 超导体抗磁性，许多金属在其临界温度和临界磁场以下时呈现超导性，具有超导体完全抗磁性，这相当于其磁化率 $\chi = -1$。

2. 顺磁性

原子、分子或离子具有不等于 0 的磁矩，并在外磁场作用下沿轴向排列时便产生顺磁性(paramagnetism)。顺磁性物质的磁化率 χ 为正值，数值很小，为 $10^{-6} \sim 10^{-3}$，所以也是一种弱磁性。

材料的顺磁性来源于原子的固有磁矩，即固有磁矩不为 **0**。通常，固有磁矩不为 **0** 的条件主要有：① 具有奇数个电子的原子或点阵缺陷。② 内壳层含有未被填满的原子或离子。金属中主要有过渡族金属（d 壳层没有填满电子）和稀土族金属（f 壳层没有填满电子）。

图 6.10 为顺磁体磁化的过程示意图。正离子的固有磁矩在外磁场方向投影，形成原子的顺磁磁矩。在通常温度下，离子在不停振动。温度越高，振动越明显。由于热运动的影响，原子磁矩倾向于混乱排列，如图 6.10(a) 所示。此时，原子磁矩的矢量和为 **0**，对外不显磁性。当施加外加磁场后，外磁场使原子磁矩转向外磁场方向，结果使总磁矩矢量和大于 **0**，如图 6.10(b) 所示。但由于热运动的影响，原子磁矩难以排列一致，因此磁化很难。在室温下，顺磁体的磁化率一般仅为 $10^{-6} \sim 10^{-3}$。要使原子磁矩沿外磁场排列，必须施加很大的外磁场才能迫使原子磁矩克服热运动达到磁化饱和。据计算，这一磁场需要达到 8×10^{8} A/m。这是一个很困难的结果，如图 6.10(c) 所示。

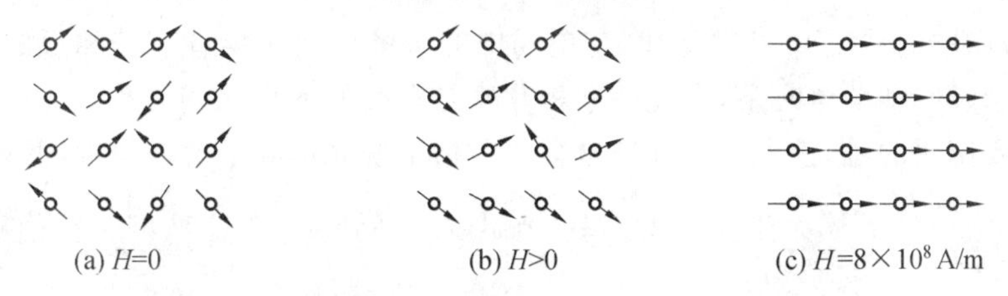

图 6.10 顺磁体磁化过程示意图

通常，顺磁性物质的磁化率是抗磁性物质磁化率的 $1 \sim 10^{3}$ 倍，所以在顺磁性物质中抗磁性被掩盖了。

由于热运动影响原子磁矩排列，因此温度对顺磁性的影响较大。根据顺磁磁化率与温度的关系，可以把顺磁体大致分为三类，即正常顺磁体、磁化率与温度无关的顺磁体和存在反铁磁性转变的顺磁体。

对于 O_2、NO、Pt、Li、Na、K、Ti、Al、V、Pd 等稀土金属，Fe、Co、Ni 的盐类以及铁磁金属，在居里点以上都属正常的顺磁体。其中，有部分物质能准确地符合居里定律(Curie law)，它们的磁化率与温度呈倒数关系，即

$$\chi = \frac{C}{T} \tag{6.32}$$

式中 C—— 居里常数，满足关系：$C = \frac{N_A \mu_B^2}{3k_B}$，其中，$\mu_B$ 为玻尔磁子，k_B 为玻耳兹曼常数；

T—— 绝对温度，K。

但还有相当多的固溶体顺磁物质，特别是过渡族金属元素是不符合居里定律的。它们的原子磁化率和温度的关系需用居里－外斯定律(Curie－Weiss law) 来表达，即

$$\chi = \frac{C}{T + \theta} \tag{6.33}$$

式中 C—— 居里常数；

θ—— 外斯常数。

外斯常数 θ 对不同物质可大于或小于 0，对存在铁磁转变的物质，$\theta = -T_P$。T_P 表示

顺磁居里点，是铁磁性和顺磁性的临界点。因此，式(6.33)可写成

$$\chi = \frac{C}{T - T_P} \tag{6.34}$$

在 T_P 以上的物质属顺磁体，其χ 大致服从居里－外斯定律，此时的 M 和 H 间保持着线性关系。图 6.11 给出了顺磁性材料的磁化曲线及磁化率与温度的关系。

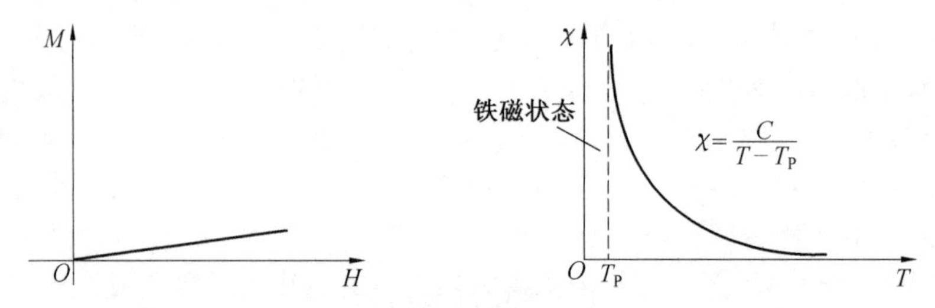

图 6.11　顺磁性材料的磁化曲线及磁化率与温度的关系

另外，磁场中的居里－外斯定律，与电场中的居里－外斯定律有着相似的表达式，分别表述的是顺磁态和顺电态下，磁化率和极化率与温度间的反比例关系。

这里需要说明的是，铁磁体的外斯常数 θ 严格来说并不等于 T_P。实际上只有在温度远高于 T_P 时，$\frac{1}{\chi}$ 与 T 才大体呈直线关系；当温度下降到 T_P 附近时，$\frac{1}{\chi}$ 与 T 偏离线性关系，如图 6.12 所示。根据$\frac{1}{\chi}$ 与 T 的线性关系可确定θ 的数值，将$\frac{1}{\chi}$ 与 T 的关系曲线的直线段外推至横坐标，即得到交点温度 θ。一般这样确定的温度 θ 比铁磁性出现的居里温度 T_P 高。但在分子场理论中，T_P 和 θ 不能区分。

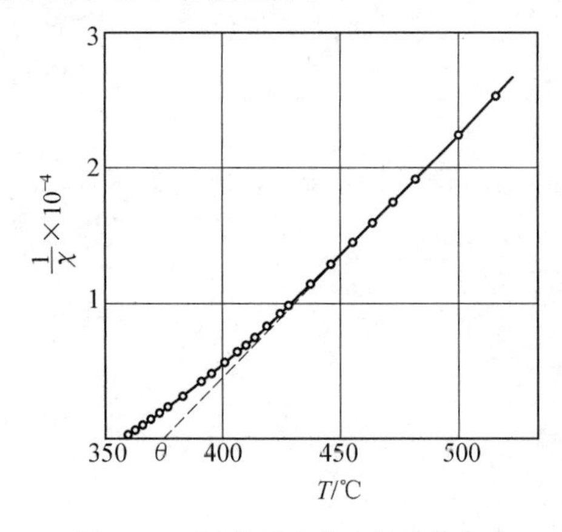

图 6.12　Ni 外斯常数 θ 的取值方法

磁化率与温度无关的顺磁体，如 Li、Na、K、Rb，它们的χ 为 $10^{-7} \sim 10^{-6}$，其顺磁性是由价电子产生的，由量子力学可证明其χ 与温度无关。

还有一类顺磁体是存在反铁磁性转变的顺磁体，这类顺磁体包括过渡族金属及其合金或其化合物。这部分内容将在 6.3.2 节进行解释。

6.2 铁磁性和亚铁磁性材料的特性

铁磁性和亚铁磁性材料在不强的磁场作用下，可得到很大的磁化强度，这也是这类材料具有的最重要的特性。本节主要介绍与铁磁性和亚铁磁性材料相关的特性及其概念。这些内容是后续解释铁磁性相关机理的必要知识储备。

6.2.1 磁化曲线及磁滞回线

1. 磁化曲线

磁化曲线(magnetization curve)表示的是物质中的磁场强度 H 与所感应的磁感应强度 B 或磁化强度 M 之间的关系。这一曲线用 $M-H$ 或 $B-H$ 表示，横坐标为 H，纵坐标为 B 或 M。图 6.13 中的 OKB 曲线就是铁磁体的磁化曲线。这一铁磁体的磁化曲线是非线性的。从图 6.13 中可以看到，随着磁场 H 的增加，B(或 M) 开始时增加较慢，然后迅速地增加，再转而缓慢地增加，最后磁化至饱和。磁化至饱和后，B(或 M) 不再随外磁场 H 的增加而增加。OKB 曲线中可反映出几个关键参数。其中，M_s 代表饱和磁化强度(saturation magnetization)，是指磁性材料在外加磁场中被磁化时所能够达到的最大磁化强度。B_s 代表饱和磁感应强度(saturation magnetic flux density)，也称饱和磁通密度，指磁性体被磁化到饱和状态时的磁感应强度。H_m 代表饱和磁场强度(saturation magnetic field strength)，指磁体达到磁饱和时最小的外加磁场强度。

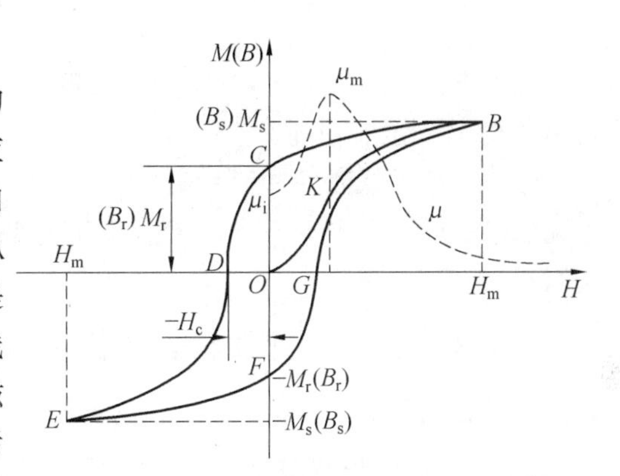

图 6.13 铁磁体的磁化曲线和磁滞回线

根据式(6.19)给出的 B 和 H 之间的关系可知，磁化曲线上任意一点上 B 和 H 的比值就是磁导率 μ。图 6.13 中的虚线即是 OKB 曲线所反映出的磁导率 μ 随外加磁场 H 的变化关系曲线。其中，定义起始磁导率为

$$\mu_i = \lim_{H \to 0} \frac{dB}{dH} \tag{6.35}$$

起始磁导率 μ_i 相当于磁化曲线起始部分的斜率。另外一个重要的参量是最大磁导率 μ_m，是磁化曲线拐点 K 处的斜率。μ_i 和 μ_m 都是软磁材料(soft magnetic material)的重要技术参量。需要注意的是，如果磁化曲线给出的是 M 和 H 之间的关系，那么磁化曲线上任意一点上 M 和 H 的比值则是磁化率 χ。

2. 磁滞回线

将一个试样磁化到饱和以后，慢慢减少 H，那么 M(或 B) 也将减小，这个过程称为退磁(demagnetization)。退磁后，M 并不是按照初始磁化曲线(OKB 曲线)的反方向进行，而是以新的曲线发生改变，如图 6.13 中的 BC 段。当 $H=0$ 后(C 点)，M(或 B) 没有同时归零，而是存在一个残余数值 M_r(或 B_r)，称为剩余磁化强度(remanent magnetization)(或

剩余磁感应强度），简称剩磁（remanence）。若使 $M=0$，则需要施加一反向磁场 H_C，称为矫顽力（coercive force）。矫顽力 H_C 是使材料内部磁矩矢量重新为 **0** 所需要施加的反向磁场。与此对应的是图 6.13 中的 CD 段，称为退磁曲线。在退磁过程中 M 的变化落后于 H 的这一现象称为磁滞现象，简称磁滞（magnetic hysteresis）。

当反向的 H 继续增加时，最后也会达到反向的磁饱和（E 点）。随后，如果 H 再沿正向增加，又会得到另一半曲线 $EFGB$。如果试样的磁化曲线经历这样的磁场正反两向过程，则会形成封闭曲线，称为磁滞回线（magnetic hysteresis loop）。磁滞回线所包围的面积表示磁化一周时所消耗的功，称为磁滞损耗（hysteresis loss），其大小可以表示为

$$Q=\oint H\mathrm{d}B \tag{6.36}$$

式中　Q—— 磁滞损耗。

磁滞现象是铁磁性和亚铁磁性材料的一个重要特征。最早于 1880 年由德国物理学家瓦尔堡（Emil Gabriel Warburg，1846—1931）在实验中发现。顺磁性物质和抗磁性物质则不具有这一现象。

6.2.2　磁各向异性和磁晶各向异性能

1. 磁各向异性

磁各向异性（magnetic anisotropy）是指物质（如单晶）的磁性随方向而改变的现象，主要表现为弱磁体的磁化率及铁磁体的磁化曲线随磁化方向而变。铁磁体的磁各向异性尤为突出，是铁磁体的基本特性之一。磁各向异性来源于磁晶体的各向异性。

铁磁体在磁化时，需要消耗一定的能量。磁体从退磁状态磁化到饱和状态，磁化曲线与磁化强度轴之间所包围的面积就是磁化场对磁体磁化过程所做的功的大小，称为磁化功。图 6.14 所示的阴影部分即为磁化功。磁化功的关系可以表示为

$$\Delta G=\int_0^M H\mathrm{d}M \tag{6.37}$$

式中　ΔG—— 磁化功。

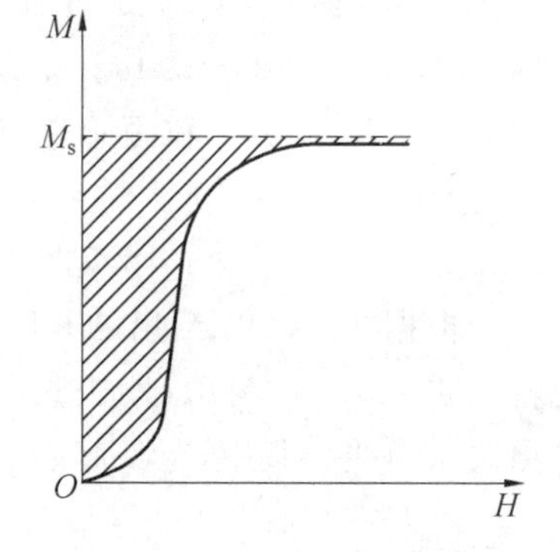

图 6.14　磁化功示意图

2. 磁晶各向异性能

由于磁体存在磁各向异性，那么磁体沿不同方向磁化时消耗的磁化功必然不同。沿不同方向的磁化功不同，反映了饱和磁化强度 M_s 在不同方向取向时的能量不同。磁晶各向异性能就是指沿磁体不同方向，从退磁状态磁化到饱和状态，磁化曲线与磁化强度之间所包围的面积大小不同，即沿磁体不同方向，磁化场对磁体磁化过程所做的功的大小不同。

将沿磁体不同方向磁化到饱和状态所需的磁场能最小的方向称为易磁化方向或易磁化轴；与此相对的，所需要的磁场能最大的方向称为难磁化方向或难磁化轴。图 6.15 给出了 Fe、Ni、Co 不同晶向的磁化曲线。从图 6.15 中可以看到，对于晶格呈体心立方的 Fe 单晶而言，其易磁化方向是[100]，而难磁化方向则是[111]；面心立方的 Ni 单晶，其易磁化方向是[111]，而难磁化方向则是[100]；密排六方的 Co 单晶，其易磁化方向是[0001]，

而难磁化方向则是[$10\bar{1}0$]。

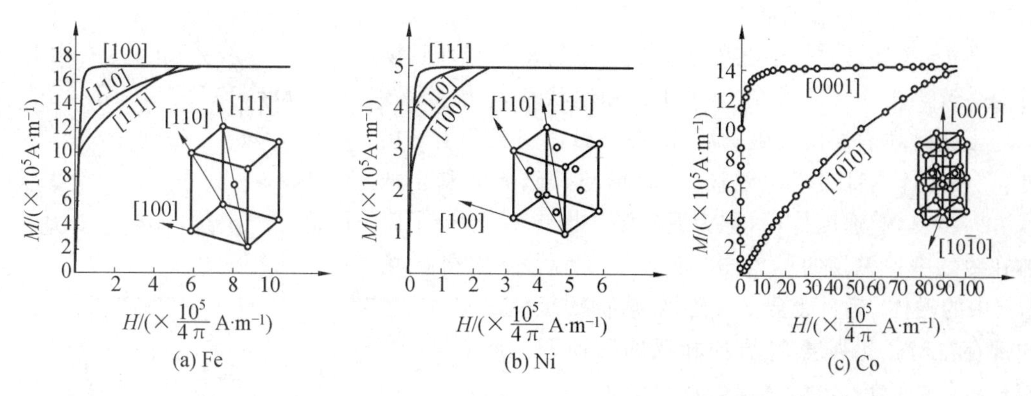

图 6.15 Fe、Ni、Co 不同晶向的磁化曲线

磁化强度沿不同晶轴方向的能量差代表磁晶各向异性能,用 E_k 表示。E_k 是磁化强度的函数。对于立方晶系,如图 6.16 所示,设 θ_1、θ_2、θ_3 分别是磁化强度 M_s 与 x、y、z 轴夹角,α_1、α_2、α_3 分别为磁化强度 M_s 与 x、y、z 轴夹角的余弦,即 $\alpha_1 = \cos\theta_1$、$\alpha_2 = \cos\theta_2$、$\alpha_3 = \cos\theta_3$,那么立方晶系的 E_k 满足

$$E_k = K_0 + K_1(\alpha_1^2\alpha_2^2 + \alpha_2^2\alpha_3^2 + \alpha_3^2\alpha_1^2) + K_2\alpha_1^2\alpha_2^2\alpha_3^2 \tag{6.38}$$

式中 K_0—— 主晶轴方向上的磁化能量,与变化的磁化方向无关;

K_1、K_2—— 磁晶各向异性能常数,与物质结构有关,表示单位体积的单晶磁体沿难磁化方向磁化到饱和与沿易磁化方向磁化到饱和所需的能量差。

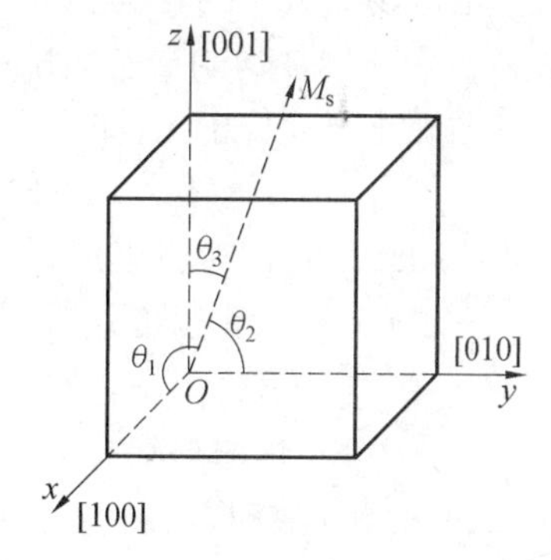

图 6.16 立方晶系 M_s 相对于晶轴的取向

一般 K_2 较小,可忽略,E_k 仅用 K_1 表示。其他晶系也有相应的磁晶各向异性能的表达式。通过比较,密排六方点阵的对称性差,各向异性常数大。

晶体场对电子运动状态的影响是引起磁晶各向异性的主要原因。在铁磁晶体中,电子的轨道运动受各向异性的晶体场作用,被束缚在晶格的某一方向上,失去了在空间取向的各向同性。自旋磁矩与轨道磁矩间是相互耦合的,因此,晶体场对电子自旋磁矩的取向产生影响,导致磁晶各向异性。

6.2.3 铁磁体的形状各向异性及退磁能

铁磁体在磁场中具有的能量称为静磁能(magnetostatic energy)。静磁能包括磁场能(magnetic field energy) 和退磁能(demagnetizing energy)。前者表示铁磁体与外磁场的相互作用能;后者表示铁磁体在自身退磁场(demagnetizing field) 中的能量。

处于外加磁场 $\boldsymbol{H}$ 的磁体,其磁偶极矩和磁场间的相互作用,使磁位能降低,磁体的磁化强度 $\boldsymbol{M}_s$ 与磁场 $\boldsymbol{H}$ 的夹角为 θ,如图 6.17 所示。磁体的磁场能满足

$$E_H = -\mu_0 \boldsymbol{M}_s \boldsymbol{H} = -\mu_0 M_s H \cos\theta \qquad (6.39)$$

式中　E_H—— 外磁场能。

当 $\theta \neq 0°$ 时，磁体会在外磁场作用下转动至与外磁场方向一致。当 $\theta = 0°$ 时，磁体处于最稳定状态。

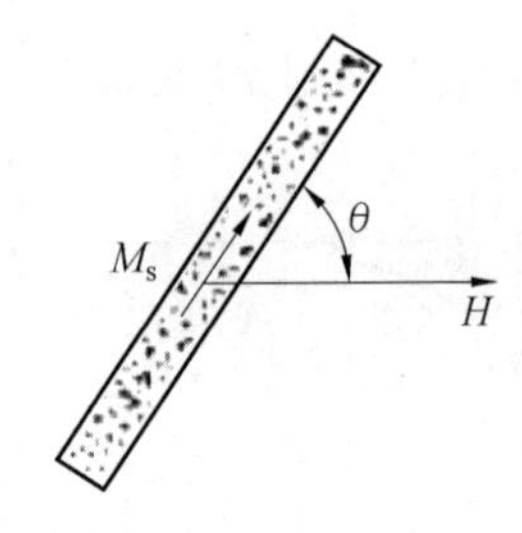

图 6.17　磁场中的磁体磁场能

当铁磁体表面出现磁极后，除在铁磁体周围产生磁场外，在铁磁体内部也产生磁场，该磁场与铁磁体的磁化强度方向相反，起退磁作用，称为退磁场。图 6.18 给出了磁体在磁场中退磁场的示意图。如图 6.18 所示，在外磁场 $H_{外}$ 中的磁体，其表面会出现磁极，表面磁极使磁体内部存在与磁化强度 M 方向相反的磁场 H_d，起着减退磁化的作用，也就是退磁场。

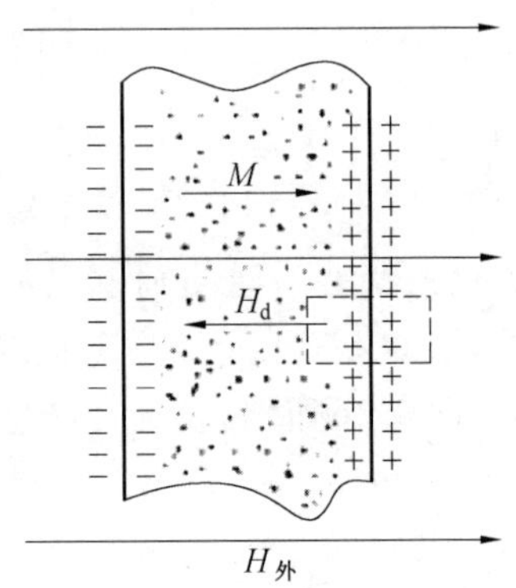

图 6.18　磁体退磁场

退磁场的大小与磁体的形状和磁极的强度有关。如果磁体被均匀磁化，则退磁场也是均匀的，并且与磁化强度成正比，即

$$H_d = -NM \qquad (6.40)$$

式中　H_d—— 退磁场强度；

M—— 磁化强度；

N—— 退磁因子，无量纲，其数值大小与磁体的形状有关。

式(6.40) 表明，退磁场与磁化强度成正比，负号表示退磁场方向与磁化强度的方向相反。退磁因子 N 与铁磁体形状有关。例如，棒状铁磁体越短粗，N 越大，退磁场越强，达到磁饱和的外磁场越强。另外，只有当磁体形状使退磁场 H_d 均匀分布时，退磁因子 N 才能变成常数。

在均匀磁化下，磁体在自身产生的退磁场中具有的位能称为退磁能，其大小满足

$$E_d = -\int_0^M \mu_0 H_d \mathrm{d}M = \frac{1}{2}\mu_0 N M^2 \qquad (6.41)$$

式中　E_d—— 退磁能。

式(6.40) 和式(6.41) 说明，铁磁体的形状不同将引起不同的退磁场和退磁能。因此，不同形状的铁磁体必然存在不同的磁化曲线，这种现象称为铁磁体的形状各向异性。退磁场 H 越大，磁体越难磁化，即磁化功越大，图 6.19 给出了某铁磁体不同几何尺寸试样的磁化曲线。从图6.19 中可以看到，环状试样具有最低的磁化功，而粗短棒状试样的磁化功最高。这与不同形状试样具有不同的退磁能有关。

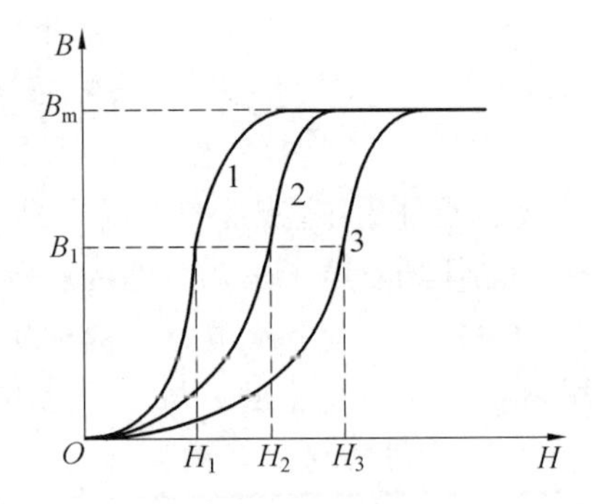

图 6.19　某铁磁体不同几何尺寸试样的磁化曲线

1— 环状；2— 细长棒状；3— 粗短棒状

6.2.4 磁致伸缩与磁弹性能

1. 磁致伸缩

铁磁体在磁化状态发生变化时，其自身产生的大小或形状发生的弹性形变的现象，称为磁致伸缩效应(magnetostrictive effect)，简称磁致伸缩(magnetostriction)。其中，长度的变化是由英国物理学家焦耳(James Prescott Joule,1818—1889)最早于1842年发现的，称为焦耳效应或线磁致伸缩，以区别于体磁致伸缩。

磁致伸缩的大小可用磁致伸缩系数表示。描述铁磁体磁化状态发生变化时，在长度方向发生弹性变形的物理量是线磁致伸缩系数，即

$$\lambda = \frac{l - l_0}{l_0} \tag{6.42}$$

式中　l_0—— 试样原长；

l—— 试样伸缩后长度；

λ—— 线磁致伸缩系数。

当 $\lambda > 0$ 时，磁体沿磁场方向尺寸伸长，称为正磁致伸缩；当 $\lambda < 0$ 时，磁体沿磁场方向尺寸缩短，称为负磁致伸缩。当磁化达到饱和时的线磁致伸缩系数称为饱和线磁致伸缩系数 λ_s。对一定的材料 λ_s 是定值。饱和线磁致伸缩系数代表铁磁体的磁致伸缩能力。一般铁磁体的饱和线磁致伸缩系数在 $10^{-6} \sim 10^{-3}$。图 6.20 给出了几种材料的磁致伸缩系数随磁场的变化曲线。

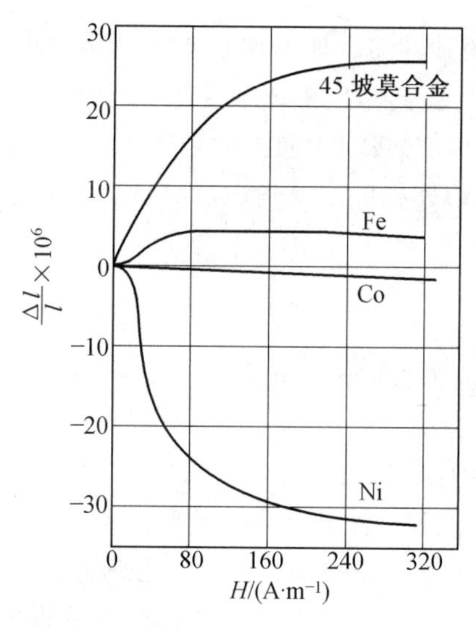

图 6.20　几种材料的磁致伸缩系数随磁场强度的变化曲线

如果考察铁磁体在磁化状态发生变化时，体积大小发生的弹性变形，那么可用体积磁致伸缩系数描述，即

$$W = \frac{V - V_0}{V_0} \tag{6.43}$$

式中　V_0—— 试样原始体积；

V—— 试样伸缩后体积；

W—— 体积磁致伸缩系数。

除因瓦合金具有较大的体积磁致伸缩系数以外，一般铁磁体的体积磁致伸缩系数都很小，一般在 $10^{-10} \sim 10^{-8}$。

可以用图 6.21 给出的简单模型示意性地说明磁致伸缩的出现。如图 6.21 所示，磁体内两相邻区域可用 A、B 两个小磁体表示。A、B 两个小磁体彼此间的相互作用可看作一弹簧相连，其之间的距离为 r_0。两个小磁体在外磁场作用下的磁化方向与外加磁场方向一致，如图 6.21(a) 所示，并处于稳定状态。如果当外加磁场方向转动 90° 时，A、B 的磁化方向随着外加磁场的转动也翻转 90°，那么 A、B 间将发生如图 6.21(b) 所示的相互作用。由于磁体间出现相互吸引，两个小磁体之间的距离变为 r_1，且 $r_1 < r_0$，从而产生线性磁致伸缩。

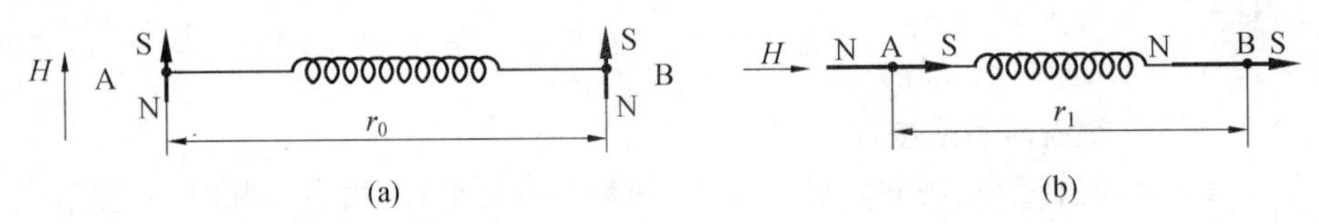

图 6.21　磁致伸缩的简单模型

造成磁致伸缩是由原子磁矩有序排列时电子间的相互作用导致原子间距调整而引起的。从铁磁体的磁畴结构变化来看，磁致伸缩是材料内部各个磁畴形变的宏观表现。

2. 磁弹性能

物体在磁化时要发生磁致伸缩。如果铁磁体在磁化过程中的尺寸变化受到限制，不能自由伸缩，则会形成拉(压) 内应力，在磁体内部引起弹性能，称为磁弹性能。磁体内部的各种缺陷和杂质等都可能增加其磁弹性能。磁弹性能使附加的内能升高，是磁化的阻力。

对于各向同性材料，单位体积中的磁弹性能满足

$$E_\sigma = \frac{3}{2}\lambda_s \sigma \sin^2\theta \tag{6.44}$$

式中　E_σ—— 磁弹性能；

θ—— 磁化方向和应力方向的夹角；

σ—— 材料所受的应力；

λ_s—— 饱和磁致伸缩系数。

从式(6.44) 可以看出，磁弹性能与 σ 和 λ_s 的乘积成正比，且随着应力与磁化方向的夹角 θ 而变化。通常，将拉应力视为正应力($\sigma > 0$)，压应力视为负应力($\sigma < 0$)，所以 σ 和 λ_s 的乘积有正有负。若 σ 和 λ_s 均为正值，表示正磁致伸缩系数的材料处于拉应力的作用下，当 $\theta = 0°$ 时能量最小。材料的磁化强度将转向拉应力的方向，即加强拉应力方向的磁化。负磁致伸缩系数的材料在拉应力下，$\theta = 90°$ 时能量最小。材料的磁化强度将转向垂直于应力的方向，即减弱拉应力方向的磁化。对于压应力下的正磁致伸缩系数的材料，当 $\theta = 90°$ 时能量最小，材料的磁化强度将转向垂直压应力的方向，即减弱压应力方向的磁化；压应力下的负磁致伸缩系数的材料，当 $\theta = 0°$ 时能量最小，材料的磁化强度将转向压应力的方向，即加强拉应力方向的磁化。这种由于应力造成材料的各向异性称为应力磁各向异性。

通过上述分析可知,材料处于某应力状态下,应力的存在将引起磁化强度的取向转变,从而使磁体磁化时,必须克服由于应力引起的这一额外转变。因此,与磁晶各向异性一样,应力磁各向异性也会对磁化产生阻碍作用,因而与磁性材料的性能密切相关。

另外,铁磁性材料的参量和特性描述方式与第 3 章中介电材料的介电性描述有些类似,表 6.1 对比给出了这两种材料的参量和特性描述,这有助于读者对两者进行比较学习。

表 6.1 介电材料和铁磁性材料的参量和特性描述

介电材料		铁磁性材料	
电偶极矩	$\mu = ql$	磁矩	$m = IS$
极化强度	$P = \frac{\sum \mu}{V}$	磁化强度	$M = \frac{\sum m}{V}$
	$P = \chi_e \varepsilon_0 E$		$M = \chi H$
电场强度	$E = \frac{F}{q_0}$	磁感应强度	$B = \frac{F}{qv}$
电位移矢量 与电场强度的关系	$D = \varepsilon E$ $= \varepsilon_0 \varepsilon_r E$ $= \varepsilon_0 (\chi_e + 1) E$ $= \varepsilon_0 E + \varepsilon_0 \chi_e E$ $= \varepsilon_0 E + P$	磁感应强度 与磁场强度的关系	$B = \mu H$ $= \mu_0 \mu_r H$ $= \mu_0 (\chi + 1) H$ $= \mu_0 H + \mu_0 \chi H$ $= \mu_0 H + \mu_0 M$ $= \mu_0 (H + M)$
介电常数 与极化率的关系	$\varepsilon_r = \chi_e + 1$	磁导率 与磁化率的关系	$\mu_r = \chi + 1$
铁电性特征	电滞回线 $P - E$	铁磁性特征	磁滞回线 $M(B) - H$
	电畴		磁畴
	自发极化		自发磁化
	居里温度 T_C		居里温度 T_p
	铁电 — 顺电		铁磁 — 顺磁
	居里 — 外斯定律: $\varepsilon = \frac{C}{T - \theta}$		居里定律:$\chi = \frac{C}{T}$ 居里 — 外斯定律: $\chi = \frac{C}{T - T_p}$

6.3 磁性材料的自发磁化和技术磁化

关于铁磁性材料的铁磁理论,直到 20 世纪初才开始建立。铁磁理论的奠基者 —— 法国物理学家外斯(Pierre-Ernest Weiss,1865—1940) 于 1907 年提出了铁磁现象的分子场理论(molecular or mean field theory)。他假定铁磁体内部存在强大的"分子场",在

"分子场"的作用下，即使无外磁场，原子磁矩也自发趋于同向平行排列，称为自发磁化(spontaneous magnetization)。自发磁化的小区域称为磁畴(magnetic domain)，每个磁畴的磁化均达到磁饱和。但是，由于各个磁畴的磁化方向各不相同，其磁性彼此相互抵消，所以大块铁磁体对外不显示磁性。实验表明，磁畴磁矩源于电子的自旋磁矩。1928年海森堡(Werner Karl Heisenberg，1901—1976)利用量子力学方法计算了铁磁体的自发磁化强度，给予外斯的"分子场"以量子力学解释。1930年，布洛赫(Felix Bloch，1905—1983)提出了自旋波理论(spin wave theory)。海森堡和布洛赫的铁磁理论认为铁磁性来源于不配对的电子自旋的直接交换作用。

外斯的假说取得了很大成功，实验证明了它的正确性，并在此基础上发展了现代的铁磁性理论。在分子场假说的基础上，发展了自发磁化理论，解释了铁磁性的本质；在磁畴假说的基础上发展了技术磁化(technical magnetization)理论，解释了铁磁体在磁场中的行为。本节将对铁磁体的自发磁化和技术磁化的相关知识进行介绍。

6.3.1 自发磁化理论

铁磁性材料的磁性是自发产生的。所谓自发磁化，是指一些物质在无外磁场作用下，温度低于某一定温度时，其内部原子磁矩自发地有序排列的现象。自发磁化理论解释了铁磁性产生的原因。

实验证明，铁磁性材料自发磁化的根源在于原子磁矩，并且在原子磁矩中起主要作用的是电子自旋磁矩。在原子的电子壳层中存在没有被电子填满的状态是产生铁磁性的必要条件。首先对比Fe和Mn的电子层分布情况，如图6.22所示。从图6.22中可以看到，Fe的3d状态有4个空位，而Mn的3d状态有5个空位。此时，如果使填充的电子自旋磁矩按同向排列，则会得到较大的磁矩。也就是说，这两个物质的磁性应该来源于3d次壳层电子没有填满的自旋磁矩。然而，实际上，Fe是铁磁性的，而Mn是非铁磁性的。所以，材料是否具有铁磁性的关键不在于组成材料的原子本身所具有的磁矩大小，还需要考虑形成凝聚态以后，原子间的相互作用是否对形成铁磁性有利。

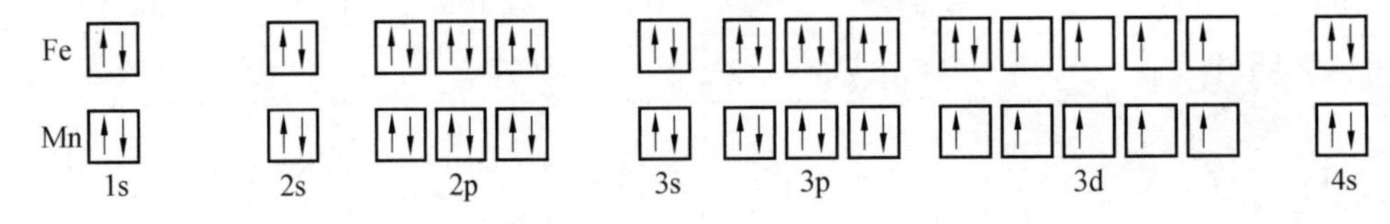

图6.22 Fe和Mn的电子层分布情况

接下来，讨论原子间的相互作用如何对形成铁磁性有利。德国物理学家海森堡(Heisenberg)以交换能为出发点，建立了居于电子自发磁化的理论模型，又称为海森堡交换作用模型。该模型基于量子力学的理论基础，提出自发磁化源于相邻原子间电子自旋的交换作用，交换作用的结果是使能量降低，电子自旋平行排列，从而造成物质具有自发的铁磁性特征。

下面以氢分子为例，对这一交换作用进行解释，如图6.23所示的氢分子模型。当两个氢原子远离，彼此间没有相互作用时，假设氢原子的每个电子都处于基态E_0。那么，这两个氢原子的能量为$E=2E_0$。此时，每个氢原子内只存在氢原子核与其核外电子之间的库仑作用。如果两个氢原子相互靠近并形成相互作用，则会产生新的静电作用。采用图6.23所示的编号进行说明。两个氢原子构成一个氢分子时，除了最初氢原子自身的核a与电子1、核b与电子2之间的库仑作用外，新的静电作用有核a与核b、核a与电子2、核b与电子1、电子1与电子2形成的新的库仑作用，还需要考虑电子自旋相对取向的作用。由于电子自旋平行与反平行时的能量不同，因此，氢分子的能量可以写成如下两种形式，即

$$E_1 = 2E_0 + C - A \tag{6.45}$$

$$E_2 = 2E_0 + C + A \tag{6.46}$$

式中 E_1—— 氢分子电子自旋平行排列时的能量；

E_2—— 氢分子电子反自旋平行排列时的能量；

E_0—— 每个氢原子处于基态时的能量；

C—— 由于核与核、电子之间、核与电子之间的库仑作用而增加的能量项；

A—— 两个原子的电子交换位置而产生的相互作用能，称为交换积分，它与原子间电荷分布的重叠有关。

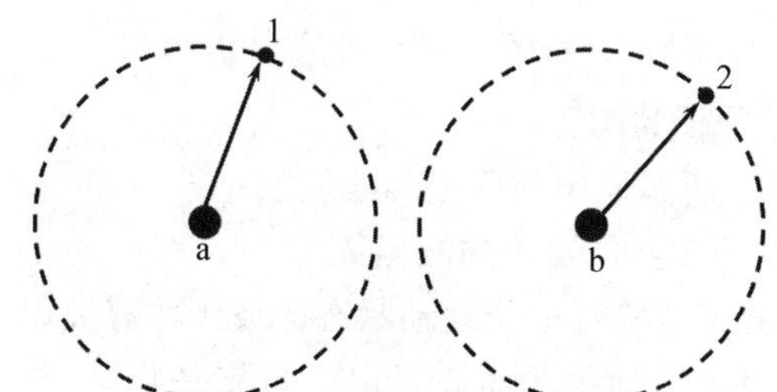

(a) 两个氢原子远离，无相互作用，分别处于基态

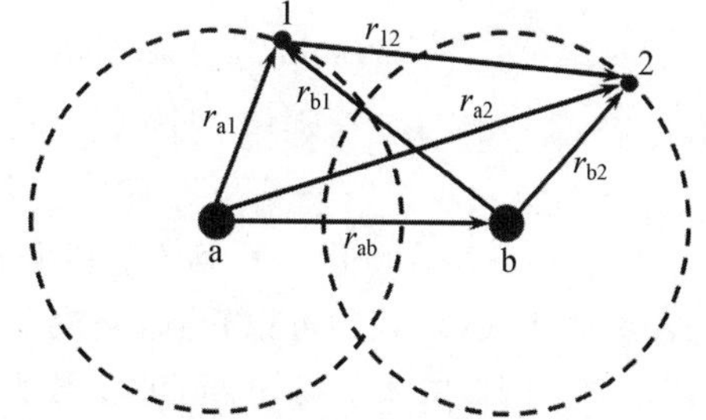

(b) 形成氢分子后，两氢原子间出现新的相互作用关系

图 6.23　氢分子模型

根据式(6.45)和式(6.46)的关系，并考虑能量最小化原理，当$A>0$时，$E_1<E_2$，此时以电子自旋平行排列为稳定态；而当$A<0$时，$E_1>E_2$，此时以电子自旋反平行排列为稳定态。因此，决定氢分子稳定存在的关键在于交换能A的大小。图6.24给出了氢分子的能量(E)与原子间距(r)的关系。从图6.24中可以看到，氢分子的能量始终是$E_2<E_1$，也就是构成氢分子时，电子自旋反平行排列为稳定态，即氢分子的交换积分满足$A<0$。

和氢分子一样，其他物质中也存在静电交换作用。

经上述讨论可知，交换作用的存在影响着构成稳定物质的能量高低。交换积分A是决定自旋平行或反平行稳定态的关键因素。如果在交换作用下，相邻原子间电子自旋平行排列时，构成稳定物质的能量最低，则该物质具有自发的铁磁性特征。

根据量子理论，海森堡将氢分子交换作用模型推广到N个原子组成的系统，并假设原子无极化状态，每个原子中有一个电子对铁磁性有贡献，最终得到交换积分A满足

$$A = \iint e^2\left(\frac{1}{r_{ij}} - \frac{1}{r_j} - \frac{1}{r_i}\right)\varphi_i(r_i)\varphi_j(r_j)\varphi_i^*(r_j)\varphi_j^*(r_i)\,\mathrm{d}\tau_1\mathrm{d}\tau_2 \tag{6.47}$$

式中 i、j—— 系统中任意两相邻电子；

r_{ij}—— 电子i和电子j的间距；

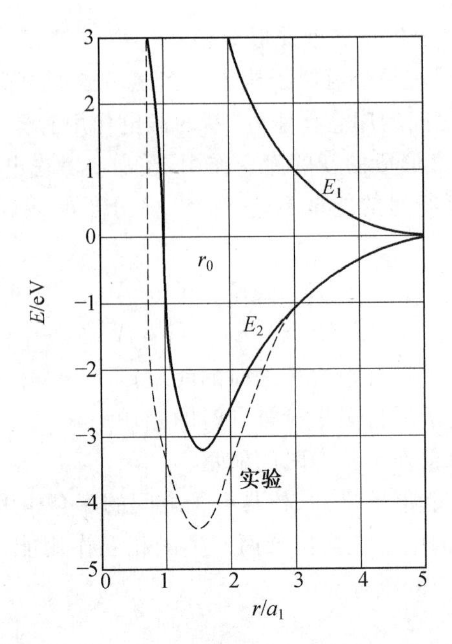

图 6.24 氢分子的能量(E)与原子间距(r/a_1)的关系(r 为氢原子间距离，a_1 为玻尔半径)

r_i、r_j—— 第 i 个和第 j 个电子与各自原子核的间距；

$\varphi_i(r_i)$、$\varphi_j(r_j)$—— 第 i 个和第 j 个电子在所属原子核附近的波函数；

$\varphi_{i^*}(r_j)$、$\varphi_{j^*}(r_i)$—— 第 i 个和第 j 个电子交换位置后的波函数。

仔细分析式(6.47)，可以看到，交换积分 A 的正负除与电子运动状态的波函数有关以外，还和原子间距有关。经分析，波函数大于 0，那么，如果物质满足电子自旋平行时，材料具有铁磁性，即 $A > 0$ 时，必须有

$$\frac{1}{r_{ij}} - \frac{1}{r_j} - \frac{1}{r_i} > 0 \tag{6.48}$$

如果式(6.48)满足大于 0 的条件，那么要求原子核间的距离要足够大，使得不同原子波函数的极大值在远离原子核尽可能窄的区域内重叠起来，也就是说明，A 的大小实际还与原子核间距有关。A 与原子间距的关系可用著名的贝特－斯莱特曲线(Bethe－Slater curve)表示，如图 6.25 所示。这一曲线是由美籍德裔核物理学家贝特(Hans Albrecht Bethe,1906—2005)和美国物理学家斯莱特(John Clarke Slater,1900—1976)共同完成的。其中，贝特由于揭出了恒星上提供能量的核反应详情，极大地促进了原子能的发展和应用，于 1967 年获得诺贝尔物理学奖。

图 6.25 中，a 为点阵常数，r 为未填满电子壳层半径，用金属点阵常数 a 与未填满壳层半径 r 之比的变化来观察各金属交换积分 A 的大小和符号。从 Bethe－Slater 曲线中可以看到，当 $\frac{a}{r} > 3$ 时，交换积分 $A > 0$。满足这一关系的元素主要有 Fe、Co 和 Ni。需要说明的是，如果原子间距过大，如 $\frac{a}{r} > 5$，电子云重叠少或无重叠，那么交换作用则很弱或没有交换作用。例如，一些稀土元素虽然具有自发磁化的倾向，但其 A 值很小，相邻原子间的自旋磁矩同向排列作用很弱，原子振动极易破坏这种同向排列，所以居里点很低，常在常

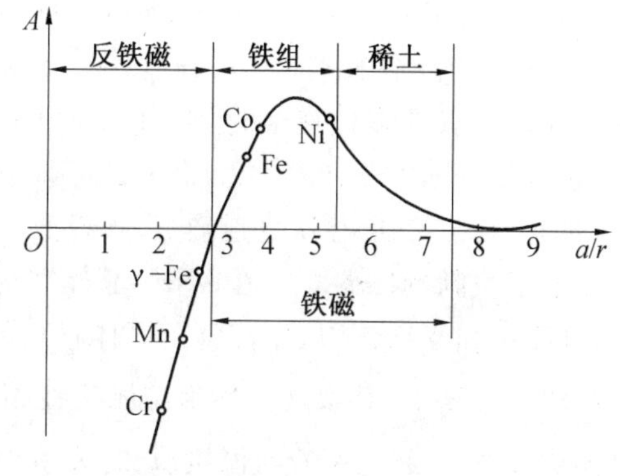

图 6.25 Bethe－Slater 曲线给出的 A 与 $\frac{a}{r}$ 的关系

温下表现为顺磁性。如果原子间距过小，即 $\frac{a}{r}<3$，则交换积分 $A<0$，那么相邻原子间电子反自旋平行排列时构成稳定物质的能量最低，则该物质具有反铁磁性特征。满足这一关系的物质有 γ－Fe、Mn 和 Cr 等。但是，如果通过合金化作用，改变这些物质的点阵常数，使得 $\frac{a}{r}>3$，便可得到铁磁性合金。例如，N 掺杂 Mn 后，Mn 点阵常数增大，则可变成铁磁体。实际上，贝特－斯莱特曲线存在着很多缺陷，曲线的一些结论与实验也存在一定偏差。

另外，交换作用产生的附加能量称为交换能，即

$$E_{ex}=-A\cos\varphi \tag{6.49}$$

式中 E_{ex}—— 交换能；

φ—— 相邻原子的两个电子自旋磁矩间的夹角；

A—— 交换积分。

式(6.49)说明，交换能的正负取决于 A 和 φ。当 $A>0$、$\varphi=0$ 时，E_{ex} 负值最大，相邻自旋磁矩同向平行排列能量最低，具有自发磁化特征，产生铁磁性；当 $A<0$、$\varphi=180^\circ$ 时，E_{ex} 也负值最大，相邻自旋磁矩反平行排列能量最低，产生反铁磁性。

综上所述，物质内部相邻原子的电子之间有一种来源于静电的相互交换作用，这种交换作用对系统能量的影响，迫使各原子的磁矩平行或反平行排列。铁磁性产生的条件是原子中存在未填满电子壳层，即要求原子的固有磁矩不为0，这为必要条件；点阵常数 a 与未填满电子壳层半径 r 之比大于3，即交换积分 $A>0$，即要求物质满足一定的晶体结构，这为充分条件。铁磁性物质的原子磁矩自发磁化按区域呈平行排列，其 $\chi\gg0$，通常在 $10\sim10^6$ 数量级。因此，在很小的外磁场作用下，物质就能被磁化到饱和。当温度高于居里点后，物质将由铁磁性转变为顺磁性，并满足如式(6.34)所示的居里－外斯定律。

6.3.2 反铁磁性和亚铁磁性

1. 反铁磁性

由前面的讨论已知，邻近原子的交换积分 $A<0$ 时，原子磁矩取反向平行排列时能量

最低。如果相邻原子磁矩相等，由于原子磁矩反平行排列，原子磁矩相互抵消，自发磁化强度 M_s 等于 0，这种特性被称为反铁磁性(antiferromagnetism)。研究发现，纯金属 α－Mn、Cr 等属于反铁磁性。还有许多金属氧化物，如 MnO、Cr_2O_3、CuO、NiO，以及某些铁氧体(如 $ZnFe_2O_4$)等也属于反铁磁性。以 MnO 为例，它是离子型陶瓷材料，由 Mn^{2+} 和 O^{2-} 组成。O^{2-} 的电子自旋磁矩和轨道磁矩全部抵消，因此没有净磁矩。而 Mn^{2+} 离子存在未成对 3d 电子贡献的净磁矩。在 MnO 晶体结构中，相邻 Mn^{2+} 离子的磁矩都成反向平行排列，结果磁矩相互抵消，从而使整个固体材料的总磁矩为 0。

反铁磁性物质无论在什么温度下，其宏观特性都与顺磁性相同，其磁化率χ 相当于通常强顺磁性物质磁化率的数量级。磁化率χ 与温度 T 的关系如图 6.26(b) 所示。从图 6.26(b) 中可以看到，温度很高时，χ 很小；温度逐渐降低，χ 逐渐增大；降至某一温度 T_N 后，χ 升至最大值；随后，再降低温度，χ 又减小。将χ 最大时的温度点称为奈耳温度(Néel temperature)或奈耳点，用 T_N 表示。这一指标是用法国物理学家奈耳(Louis Eugène Félix Néel，1904—2000)的名字命名的。奈尔因对反铁磁性和铁氧体磁性做出的贡献，于 1970 年获得诺贝尔物理学奖。奈耳点是物质反铁磁性转变为顺磁性的温度，有时也称为反铁磁物质的居里点。当温度升至奈耳点以上时，热振动的影响较大，此时反铁磁体与顺磁体有相同的磁化行为。反铁磁体的磁化率在奈耳点以下时常表现出微弱的磁场依赖性。在温度大于 T_N 时，反铁磁性物质的χ 也服从居里－外斯定理，即满足式(6.33)。需要注意的是，式(6.33)中的外斯常数 θ 与描述铁磁性物质的外斯常数不同，反铁磁体的 $\theta = T_P$，而铁磁体的 $\theta = -T_P$，满足式(6.34)，如图 6.26(a) 所示。表 6.2 给出了一些反铁磁体及其数据。

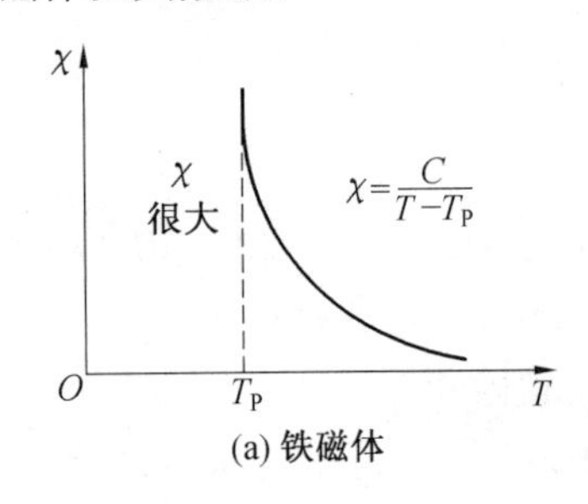

(a) 铁磁体

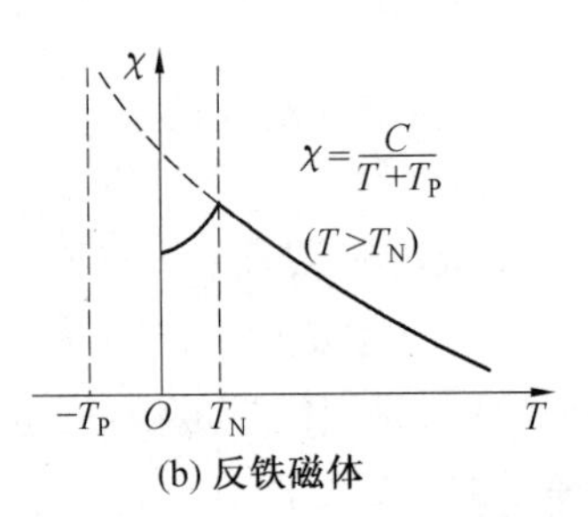

(b) 反铁磁体

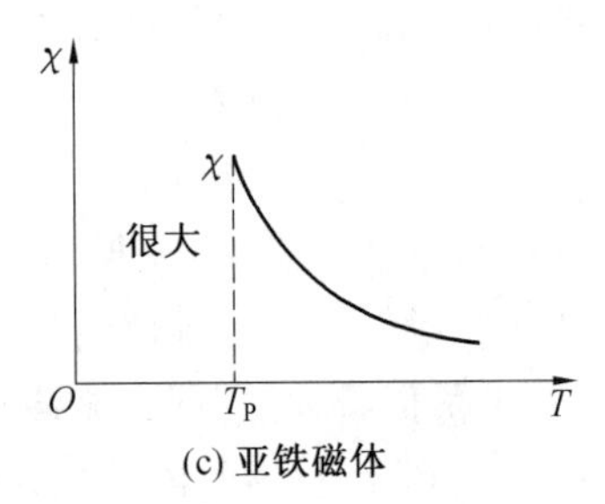

(c) 亚铁磁体

图 6.26　三种磁化状态的示意图

表 6.2　一些反铁磁体及其数据

物质	奈耳点 T_N/K	顺磁居里点 θ/K	θ/T_N	$\chi(0)/\chi(T_N)$	顺磁离子的晶格
Mn	122	－610	5.0	2/3	面心立方
MnS	165	－528	3.2	0.82	面心立方
MnSe	247	－748	～3	—	面心立方
MnTe	307	—	—	—	六角层
MnF_2	72	－113	1.57	0.76	体心正方

续表 6.2

物质	奈耳点 T_N/K	顺磁居里点 θ/K	θ/T_N	$\chi(0)/\chi(T_N)$	顺磁离子的晶格
FeF_2	79	117	1.48	0.72	体心正方
$FeCl_2$	23.5	48	2.0	<0.2	六角层
FeO	198	−570	2.9	0.8	面心立方
$CoCl_2$	24.9	38.1	1.53	~0.6	六角层
CoO	291	−280	—	—	面心立方
NiO	523 ~ 647	−2 470	~5	0.67	面心立方
$NiCl_2$	49.6	68.2	1.37	—	六角层
CrSb	725	~1 000	1.4	~0.25	六角层
Cr_2O_3	310	485	1.6	0.76	六角
$CrCl_2$	~40	−14.9	—	—	—
VCl_3	30	−30.1	—	—	—
$TiCl_2$	~100	—	—	—	—
$CuCl_2$	~70	−109	—	—	—
$\alpha-Fe_2O_3$	950	−2 000	—	六角	—
$\alpha-Mn$	95	—	—	—	复杂
$\gamma-Mn$	~390	—	—	—	面心四方
Cr	312	—	—	—	体心立方，单晶
Cr	~500	—	—	—	体心立方，粉末
$\gamma-Fe$	~40(~8)	—	—	—	面心立方
$MnAu_2$	363	—	—	—	—
Pt_3Fe	~100	—	—	—	—

在奈耳点附近普遍存在热膨胀、电阻、比热、弹性等反常现象。例如，图 6.27 给出了反铁磁体 MnO 和 Cr 的摩尔定压热容 $C_{p,m}$ 随温度的变化关系。从图 6.27 中可明显看出，在奈耳点附近摩尔定压热容发生明显的突变，这似乎表明反铁磁体在奈耳点有一个从磁无序到磁有序的二级相变。这些反常现象使反铁磁物质可能成为有实用意义的材料。例如，具有反铁磁性的 Fe－Mn 合金可作为恒弹性材料。

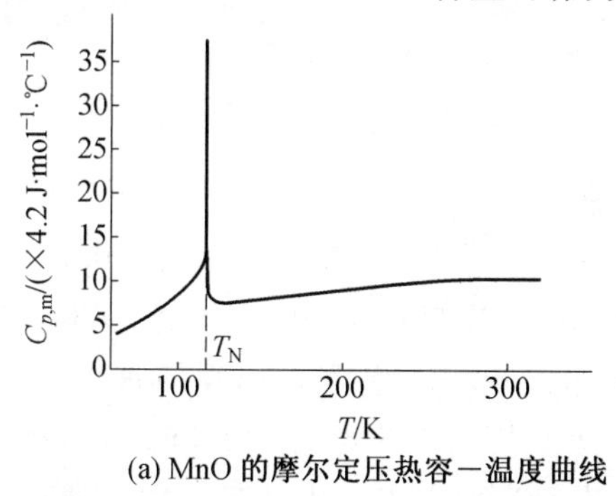

(a) MnO 的摩尔定压热容－温度曲线

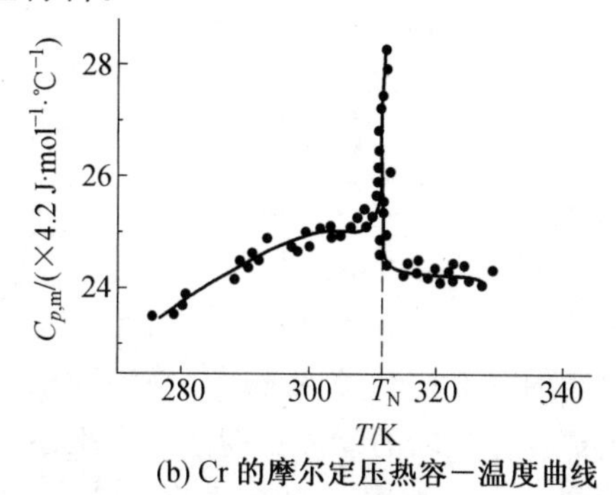

(b) Cr 的摩尔定压热容－温度曲线

图 6.27 反铁磁体 Mn 和 Cr 的摩尔定压热容随温度的变化关系

2. 亚铁磁性

亚铁磁性物质由磁矩大小不同的两种离子(或原子)组成,相同磁性的离子磁矩同向平行排列,而不同磁性的离子磁矩反向平行排列。由于两种离子的磁矩不相等,反向平行的磁矩就不能恰好抵消,二者之差表现为宏观磁矩,这就是亚铁磁性(ferrimagnetism)。图 6.26(c) 给出了亚铁磁性物质的磁化率随温度的变化关系。在磁有序转变点 T_P 以上,磁化率和温度的关系不遵循居里－外斯定理。亚铁磁体可以看作磁矩未抵消的反铁磁体,在磁有序转变点 T_P 以下的温区呈反铁磁性排列。但磁矩只是部分抵消,具有不等于 0 的自发磁化强度 M_s。亚铁磁性在宏观性能上与铁磁性类似,如高磁化率、易磁饱和、有磁滞现象等,区别在于亚铁磁性材料的饱和磁化强度比铁磁性的低。具有亚铁磁性的物质绝大部分是金属氧化物,是非金属磁性材料,一般称为铁氧体(ferrite)。

综上所述,为了清楚地表示顺磁体、铁磁体、反铁磁体和亚铁磁体的磁特征,图 6.28 给出了这 4 种物质的磁矩排列。从图 6.28 中可以看到,铁磁体由于自发磁化的作用,磁矩同向排列;反铁磁体相邻原子磁矩大小相等但反向平行排列,原子磁矩相互抵消,自发磁化强度为 0,呈现与顺磁体相同的宏观特性;亚铁磁体的相邻原子磁矩大小不等且反向平行排列,原子磁矩不能抵消,表现与铁磁体相似的宏观特性;直到温度高于居里点,热运动完全破坏了原子磁矩的规则取向,自发磁矩不存在,此时为顺磁性。

图 6.28　四类物质磁矩排列示意图

将上述所有磁性特征进行分类归纳,如图 6.29 所示。

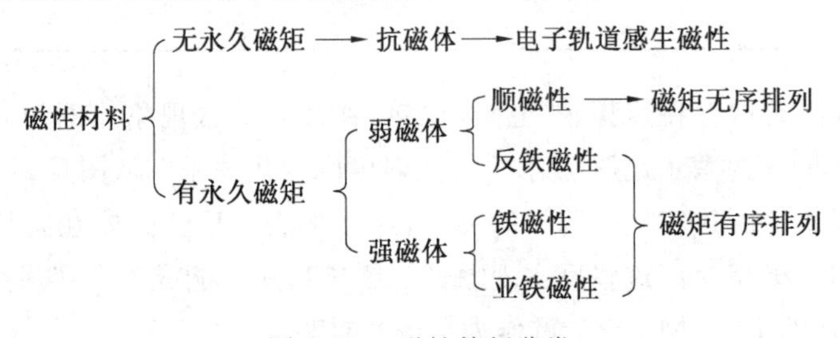

图 6.29　磁性特征分类

6.3.3　磁畴

外斯在其分子场理论中,将自发磁化并达到磁饱和状态的小区域称为磁畴。苏联物理学家朗道(Lev Davidovich Landau,1908—1968) 和利夫希茨(Evgeny Mikhailovich Lifshitz,1915—1985) 最早从理论上证明了铁磁体内部应该存在磁畴,后来的实验也证实了磁畴的存在。铁磁体之所以在即使很弱的外磁场作用下也能显示出强的磁化强度,都是内部存在磁畴的缘故。朗道因凝聚态,特别是液氦的先驱性理论,于 1962 年获得诺贝尔物理学奖。著名的"朗道十诫"记录了朗道对物理学的十大重要贡献。由于原子磁矩间的相互作用,晶体中相邻原子的磁偶极子会在一个较小的区域内排成一致的方向,从而形成一个较大的净磁矩。在未受到磁场作用时，未经外磁场磁化的(或处于退磁状态的)铁磁体，磁畴方向无规则，因而在整体上净磁化强度为0，宏观上并不显示磁性。这也说明，物质的磁畴不会仅以单畴的形式存在，而是由众多小的磁畴组成的。当给铁磁体施加外磁场时，磁畴顺着磁场方向转动，提高了材料内的磁感应强度。随着外磁场的加强，转到外磁场方向的磁畴越来越多，与外磁场同向的磁感应强度也越强，这说明材料被磁化了。

通常可用美国物理学家毕特(Francis Bitter，1902—1967)发明的毕特粉纹法(Bitter method)显示磁畴，即将试样表面适当处理后，敷上一层含有铁磁粉末的悬胶，然后在显微镜下进行观察，可看到图6.30所示的粉纹图。这时，由于铁磁粉末受到试样表面磁畴磁极的作用，聚集在磁畴的边界，从而形成铁磁粉末排列的图像。除此以外，还可采用磁光效应法(magneto-optical effect method)、电子全息法(electron holographic method)、扫描X射线显微术(scanning X-ray magnetic microscopy)、扫描电镜显微术(scanning electron microscopy)等观测磁畴。磁畴观测不但可以了解铁磁体内部磁畴分布，更重要的是，可以为磁化动力学研究、材料和器件的开发提供理论基础。

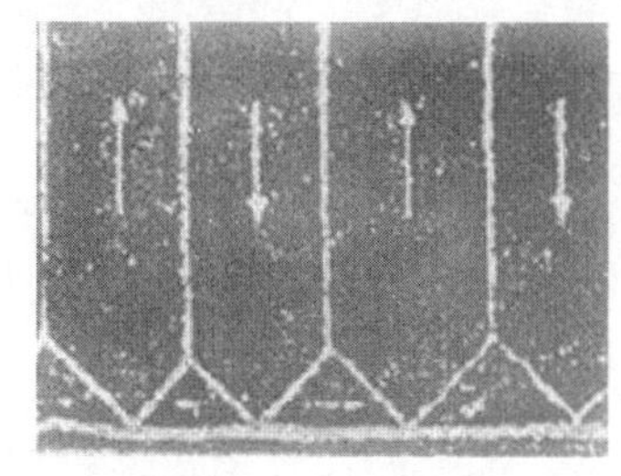
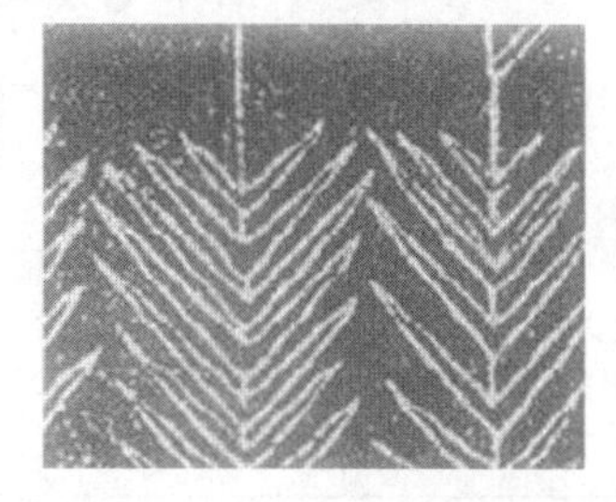

图6.30 Fe－Si合金单晶粉纹图

一个典型的磁畴宽度约为10^{-3} cm，体积约为10^{-9} cm^3。磁畴的大小、形状及其在铁磁体内的排列方式称为磁畴结构。其中，大而长的磁畴称为主畴，其自发磁化方向沿晶体易磁化方向；小而短的磁畴称为副畴，其磁化方向不定。

相邻磁畴的界限称为畴壁(domain wall)。畴壁是磁畴结构的重要组成部分，对磁畴的大小、形状以及相邻磁畴的关系均有重要影响。畴壁按其两侧磁化强度的方向可分为180°畴壁和90°畴壁，如图6.31所示。其中，将畴壁两侧磁畴的磁矩方向间成180°角的畴壁称为180°畴壁；将畴壁两侧磁畴的磁矩方向间成90°角、109°角或71°角的畴壁均称为90°畴壁。畴壁是相邻磁畴之间的一个过渡区，具有一定的厚度。磁畴的磁化方向在过渡区中逐步改变方向。若磁矩在转动过程中始终平行于畴壁平面，称为布洛赫畴壁(Bloch wall)，如图6.32所示。铁中这种畴壁壁厚大约为300个点阵常数。当铁磁体厚度减少到相当于二维的情况，即厚度为1～102 nm的薄膜时，畴壁的磁矩始终与薄膜表面平行，称为奈耳畴壁(Néel wall)，如图6.33所示。在图6.33中，铁磁体厚度为L，畴壁宽δ，且$\delta > L$。奈耳畴壁中的薄膜上下表面无磁荷，只在畴壁两侧产生磁荷，这也是奈耳畴壁与布洛赫畴壁的主要不同之处。

铁磁性物质中出现磁畴，以及在外磁场作用下引起磁畴结构的变化，都是满足平衡状态下自由能量最小化的结果。因此，了解磁畴结构及其在外磁场中的变化规律，处理与技术磁化过程相关的各种问题，探讨提高材料磁性能的途径，都必须掌握影响磁畴结构的相

布洛赫壁

(a) 180°磁畴壁

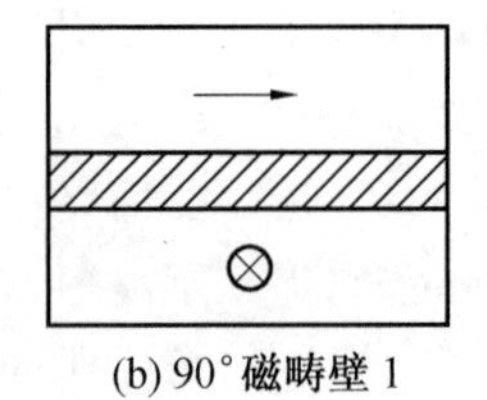

(b) 90°磁畴壁 1

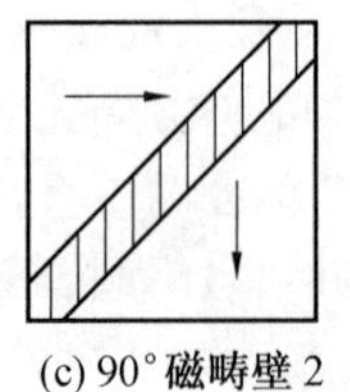

(c) 90°磁畴壁 2

图 6.31 磁畴壁的种类

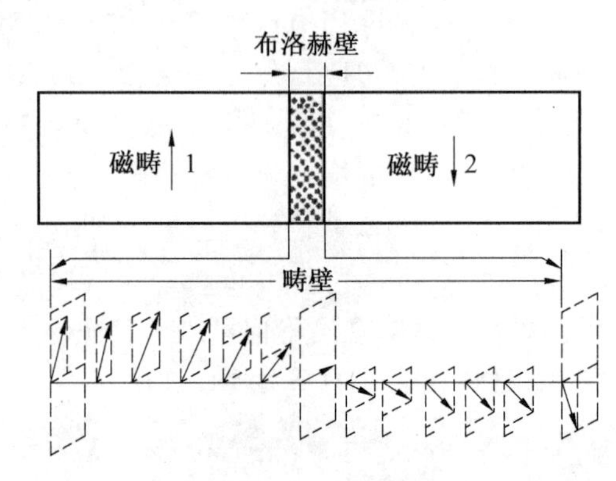

图 6.32 布洛赫畴壁

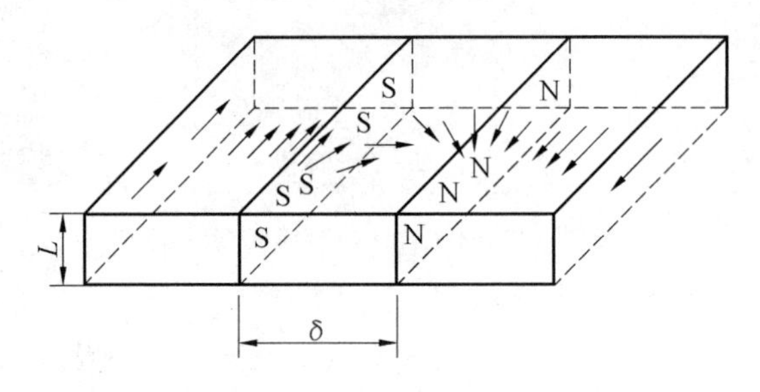

图 6.33 奈耳畴壁

关能量。与磁化状态有关的能量包括交换能 E_{ex}(exchange energy)、磁晶各向异性能 E_k(magnetocrystalline anisotropy energy)、退磁场能 E_d(demagnetizing energy)、磁弹性能 E_σ(magnetoelastic energy)和畴壁能 E_r(domain wall energy)。为了清楚地描述这些能量,表 6.3 对这些与磁化状态有关能量的描述进行了总结。

表 6.3 磁化状态有关能量的描述

名称	符号	相关因素	结果
交换能	E_{ex}	自发磁化	磁矩取向一致
磁晶各向异性能	E_k	易磁化方向	使 M_s 在易磁化轴上
退磁场能	E_d	形状各向异性	使总自由能增大
磁弹性能	E_σ	磁致伸缩	产生内应力
畴壁能	E_r	畴壁数量	畴壁越多,E_r 越大

畴壁能 E_r 与壁厚 N 的关系是交换能 E_{ex} 与磁晶各向异性能 E_k 相互竞争的结果,如图

6.34 所示。由于畴壁是相邻磁畴之间的一个过渡区，且磁化方向在过渡区中逐步转向，所以，原子磁矩逐渐转向比突然转向的交换能 E_{ex} 小，但仍然比原子磁矩同向排列的交换能 E_{ex} 大。因此，如果只考虑降低畴壁的交换能 E_{ex}，则畴壁的厚度 N 越大越好。但是，磁矩方向的逐渐改变，使原子磁矩偏离了易磁化方向，从而使磁晶各向异性能 E_k 增加，因此，E_k 倾向于壁厚 N 变小。综合 E_{ex} 和 E_k 与壁厚 N 之间的关系，壁厚能最小值对应的壁厚 N_0 就是平衡状态时畴壁的厚度。另外，原子磁矩的逐渐转向使各方向的伸缩变形受到限制，还产生了磁弹性能 E_σ。所以，畴壁的能量高于畴内的能量。

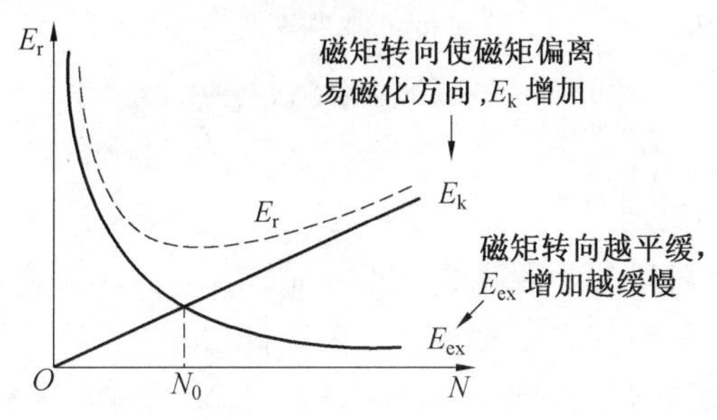

图 6.34　畴壁能与壁厚的关系

根据热力学平衡原理，稳定的磁畴结构一定与铁磁体内总自由能为极小值相对应。以铁磁单晶体为例，假设铁磁体无外磁场和外应力作用，自发磁化的取向应该由交换能 E_{ex}、磁晶各向异性能 E_k 和退磁场能 E_d 共同决定的总自由能为极小来决定。若交换能 E_{ex} 和磁晶各向异性能 E_k 都同时满足最小值条件，则自发磁化分布在铁磁体的一个易磁化方向上。但是，由于实际的铁磁体有一定的几何尺寸，自发磁化的一致排列必然在铁磁体表面上出现磁极而产生退磁场，这样就会因退磁场能 E_d 的存在而使铁磁体内的总能量增大，自发磁化的一致取向分布不再处于稳定状态。为了减小表面退磁场能 E_d，只有改变自发磁化分布状态。于是，在铁磁体内部分成许多自发磁化的小区域，每个小区域都成为磁畴。铁磁单晶体的单畴结构必然变成多畴结构。对于不同的磁畴，其自发磁化强度的方向各不相同。因此，铁磁体内都产生磁畴，实质是自发磁化平衡分布要满足能量最低原理的必然结果，而退磁场能 E_d 最小要求是磁畴形成的根本原因。

下面简单描述一下铁磁单晶体磁畴的产生过程(图 6.35)。磁体内的 E_{ex} 使晶体自发磁化至饱和，E_k 使磁化方向沿易磁化方向排列，此时能量最小，磁体表面形成磁极，如图 6.35(a) 所示。磁极的出现必然引起退磁，E_d 使能量增大。从能量的观点，只有形成多畴，比如分成两个或 4 个平行反向的自发磁化区域可以大大降低 E_d，如图 6.35(b) 所示。因此，降低 E_d 是分畴的动力。分畴出现会降低 E_d，但畴壁增多反而引起畴壁能 E_r 的增加。畴壁数目或磁畴尺寸的大小取决于由 E_d 的降低和 E_r 的增加共同决定的能量极小条件。为了进一步降低能量，往往形成图 6.35(c) 所示的封闭畴结构。该结构具有封闭磁通的作用，使 $E_d = 0$。但封闭畴结构与主轴的磁化方向不同，会引起磁致伸缩的不同，因而使 E_σ、E_k 增大。最终，只有当铁磁体内各种能量之和具有最小值时，才能形成稳定的平衡态磁畴结构。另外，铁磁体形成封闭畴后，对外不显磁性。

多晶体的晶界、第二相、晶体缺陷、夹杂、应力、成分的不均匀性等对磁畴结构都有显著的影响，因而实际晶体的磁畴结构十分复杂。

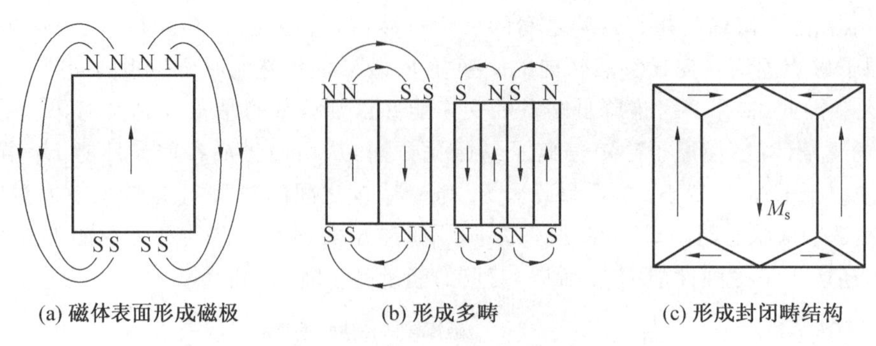

(a) 磁体表面形成磁极　　(b) 形成多畴　　(c) 形成封闭畴结构

图 6.35　铁磁单晶体中磁畴的产生过程

6.3.4　技术磁化

技术磁化是外加磁场把各个磁畴的磁矩方向转到外磁场方向的过程。这一过程包括磁化过程和反磁化过程两种方式。前者是磁性材料在外磁场作用下从磁中性状态发生磁体磁化状态变化,直至所有磁畴的磁化强度都取外磁场方向的磁饱和状态的过程。后者则是磁性材料从一个方向的饱和状态,加反向磁场,磁化到另一个方向的磁饱和状态的过程。技术磁化主要通过两种方式进行,即磁畴壁的迁移和磁畴的旋转。在磁化过程中,这两种方式单独起作用,也可能同时起作用。技术磁化的结果是出现磁化曲线和磁滞回线。

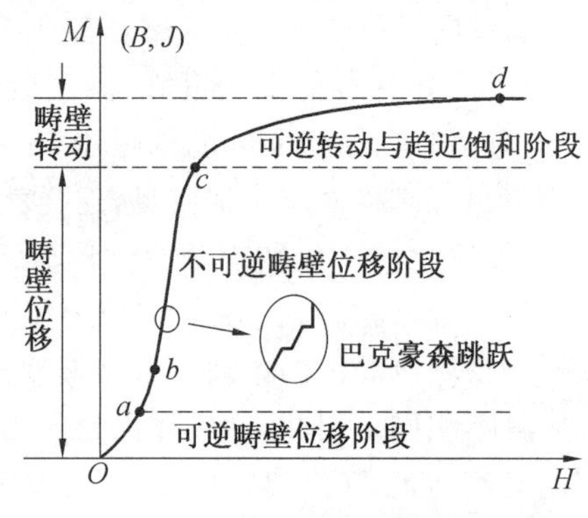

图 6.36　磁化曲线分区示意图

对磁化过程来说,铁磁性物质的磁化曲线基本可以分成三个阶段,即可逆畴壁位移阶段、不可逆畴壁位移阶段和可逆转动与趋近饱和阶段,如图6.36 所示。假如材料原始的退磁状态为封闭畴,未加磁场时,其磁化强度为 0,如 O 点。外加磁场后,自发磁化方向与外加磁场呈锐角的磁畴发生扩张,呈钝角的磁畴缩小,通过磁畴迁移完成,如曲线 Oa 段所示。此时,如果去除外加磁场,则磁畴结构和宏观磁化状态都将恢复到原始状态。这一阶段即为可逆畴壁位移阶段。如果继续增加磁场,与磁场呈钝角的磁畴瞬时转为呈锐角的易磁化方向,畴壁发生瞬时跳跃,宏观上则表现出剧烈的磁化,磁化强度迅速增加。这一阶段的畴壁移动是以不可逆的跳跃式进行的,称为巴克豪森跳跃(Barkhausen effect)。这是由德国物理学家巴克豪森(Heinrich Georg Barkhausen,1881—1956)率先从实验中发现的现象。这一阶段如曲线 ac 段所示,为不可逆畴壁位移阶段。在此阶段内,如果减弱磁场(如在 b 点),那么退磁曲线将偏离原来的磁化曲线 ab 段,而出现不可逆过程的特征。当所有磁矩变成易磁化方向后,磁矩逐渐转向与外磁场方向一致,如曲线 cd 段,并逐渐趋于磁饱和。在 d 点,磁化达到饱和。之后再继续增加外加磁场,磁体的磁化强度也不会提高。这一阶段称为可逆转动与趋近饱和阶段。

对于经过磁化处理的铁磁体,如果减弱外加磁场,那么铁磁体的磁化曲线将以新的路径行进,这就是反磁化过程。磁体在磁场中磁化一周,会形成磁化强度随磁场强度变化的闭合曲线,即磁滞回线,如图 6.13 所示。若在饱和磁场强度作用下得到磁滞回线,即为饱和磁滞回线。

在上述技术磁化过程的描述中,实际包含着两种机制,即畴壁迁移机制和磁畴旋转机制。

180°畴壁迁移模型如图6.37所示。未加磁场前,畴壁位于图中 a 点位置,畴壁左侧磁矩向上,右侧磁矩向下,并分别处于自发磁饱和状态。外加图6.37所示方向的磁场 H 后,由于左侧磁矩与外加磁场方向呈锐角,静磁能较低,畴壁从图 6.37 中的 a 位置向 b 位置移动。位于 ab 间区域的磁矩将按照图6.37所示方式发生转动,从原来的磁矩方向向下逐渐转变为方向向上,从而增加了磁场方向的磁化强度。从模型描述上可知,实际上,畴壁的迁移是通过磁矩方向的改变实现的。

磁畴旋转模型如图 6.38 所示。图 6.38 中的原始磁畴方向沿易磁化轴方向。当施加与易磁化轴方向呈 θ_0 的外加磁场 H 后,磁畴的元磁矩将向外加磁场方向旋转一个角度 θ。这是静磁能与磁晶各向异性能共同作用的结果。因为 M_s 方向转向磁场 H 方向,则降低了静磁能,但提高了磁晶各向异性能。两种能量抗衡的结果使 M_s 稳定在原磁化方向和磁场间总能量最小的 θ 角上。

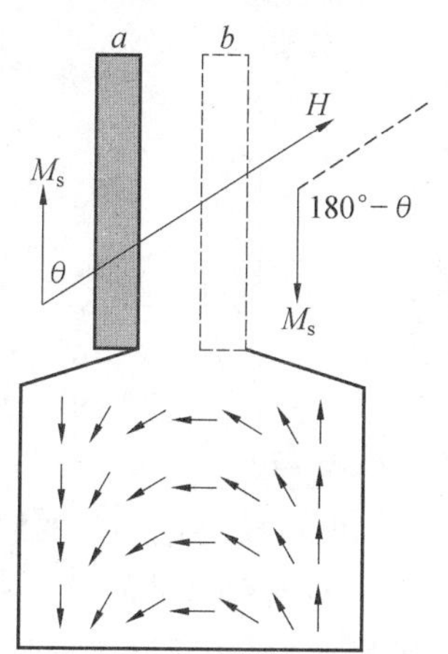

图 6.37 180°畴壁迁移模型示意图

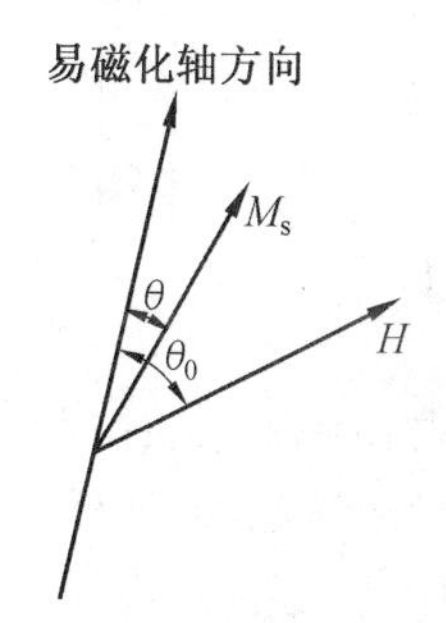

图 6.38 磁畴旋转模型示意图

技术磁化过程中,畴壁移动的动力来源于外加磁场的作用;而畴壁移动的阻力多种多样,主要包括磁体内部内应力的起伏分布和磁体组成的成分的不均匀性(如组元、杂质、缺陷、非磁性相等)。这些不均匀性引起磁体内能量的起伏变化,从而形成畴壁移动的阻力。下面简单介绍两种常见的描述畴壁移动阻力的模型,即内应力模型和掺杂模型。

晶体缺陷、位错等以及磁致伸缩和磁各向异性能产生第三种内应力。内应力在晶体中分布是不均匀的,应力在某些微观区域内较高,而在另一些微观区域内较低。在没有磁化时,畴壁处于应力较低的位置。在外磁场作用下,畴壁发生迁移。当磁畴由一个能谷迁移到另一个能谷时,畴壁的移动是不可逆的。要使畴壁返回原来位置必须施加一定的外磁场,这就是矫顽力 H_C。当磁场高于临界场 H_C 时,进入不可逆磁化过程,最大磁导率就发生在该阶段。此时畴壁常常发生跳跃式移动,在磁化曲线上表现出大的突变,即巴克豪森效应。磁体内应力的起伏分布与磁致伸缩作用产生不均匀的磁弹性能 E_σ。不均匀的

磁弹性能 E_σ 引起畴壁能 E_r 的变化，造成畴壁能密度的不同，这些都是畴壁移动的阻力。图 6.39 和图 6.40 分别给出了 180° 畴壁和 90° 畴壁的内应力分布模型。180° 畴壁和 90° 畴壁的移动阻力不同。对 180° 畴壁而言，相邻两磁畴的磁矩反向平行，磁弹性能 E_σ 基本不变，畴壁能 E_r 的变化（即畴壁能密度的变化）主要形成对 180° 畴壁移动的阻力。90° 畴壁移动时，磁弹性能 E_σ 变化较大，而畴壁本身的变化较小，因此磁弹性能 E_σ 的变化主要形成对 90° 畴壁移动的阻力。

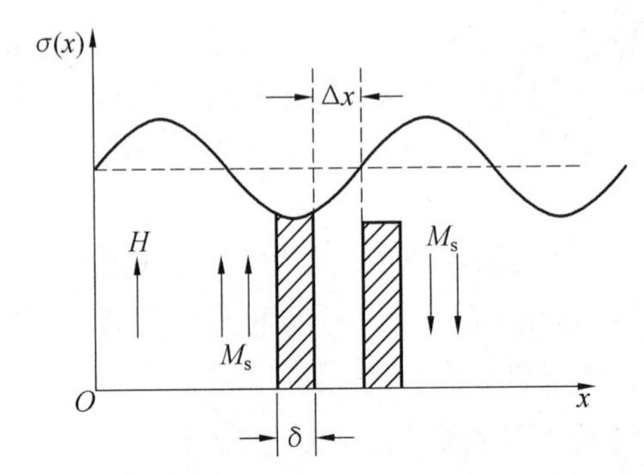

图 6.39　180° 畴壁位移和应力分布模型

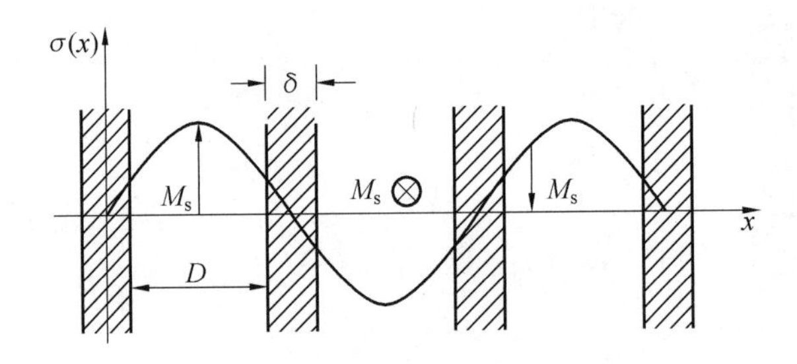

图 6.40　90° 畴壁的内应力分布模型

铁磁体内存在的杂质引起磁体内能量的起伏变化，也构成畴壁移动的阻力。这里的杂质主要是指弱铁磁相、非铁磁相、夹杂物和气孔。杂质对畴壁移动的作用主要有穿孔作用和退磁场作用。第一，在没有外磁场时，畴壁被杂质穿孔，减少了畴壁的总面积，降低了畴壁能，畴壁位于杂质直径最大处能量最小，这相当于杂质对磁畴起钉扎作用。当畴壁移动时，畴壁面积的变化会引起畴壁能的变化。如图 6.41 所示，畴壁从杂质直径最大处移动 Δx，杂质面积的减小引起额外的畴壁增加，从而引起畴壁能增加，这就形成了对畴壁位移的阻力作用。第二，畴壁移动时，杂质界面上自由磁极的分布将发生变化。如图 6.42 所示，畴壁位于杂质直径最大处时，畴壁左右两侧杂质表面具有相反的磁极，在杂质两侧存在相反的退磁场。畴壁移动并脱离杂质后，杂质表面的磁极统一，引起退磁场的变化，增加退磁能。这种磁极分布的变化将引起杂质周围的退磁场能变化，这也形成了畴壁位移的阻力作用。

6.3.5　影响铁磁性的因素

影响铁磁性的因素主要有两个方面：一方面是外部环境因素，如温度和应力等；另一方面是内部因素，主要与材料的组织、结构、成分等有关。其中，内部因素又分为组织不敏

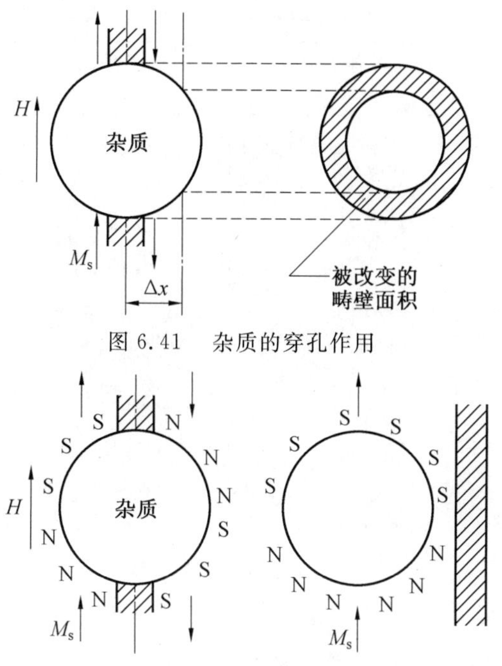

图 6.41　杂质的穿孔作用

图 6.42　杂质周围的退磁场

感参数和组织敏感参数。凡是与自发磁化有关的参数，都是组织不敏感参数，如饱和磁化强度 M_s、饱和磁致伸缩系数 λ_s、磁晶各向异性能常数 K、居里点 T_P 等。组织不敏感参数又常称为内禀参数(intrinsic parameters)，这些参数主要取决于材料的成分、原子结构、晶体结构、组成相的性质与相对量，与材料的组织形态几乎无关。凡是与技术磁化有关的参数都是组织敏感参数，如磁矫顽力 H_C、磁化率χ、磁导率 μ、剩磁感应强度 B_r 等。组织敏感参数通常和晶粒的大小、形状、分布等有关。

1. 温度的影响

温度对铁磁性的影响主要是：温度升高，原子热运动加剧，原子磁矩的无序排列倾向增大，造成饱和磁化强度 M_s 下降。当温度达到居里温度 T_P 时，M_s 降为 0，铁磁性转变为顺磁性。图 6.43 给出了部分铁磁体饱和磁化强度随温度的变化关系。表 6.4 给出了一些强磁物质的饱和磁化强度和居里温度。到目前为止，仅有四种金属元素在室温以上是铁磁性的，即 Fe、Co、Ni 和 Gd，具体参数见表 6.4 的前 4 个元素。

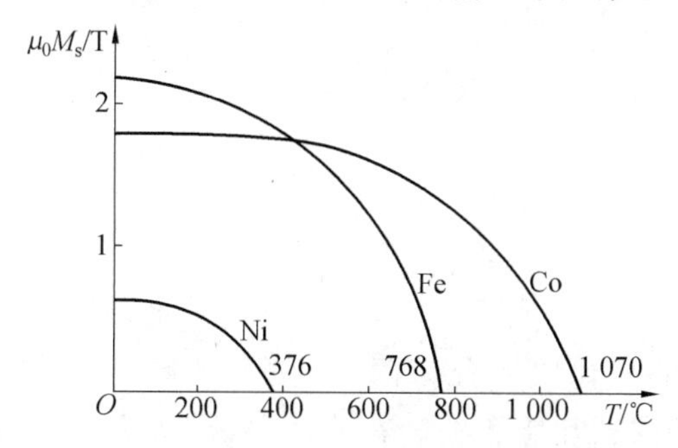

图 6.43　部分铁磁体饱和磁化强度随温度的变化关系

表 6.4　一些强磁物质的饱和磁化强度和居里温度

物质	M_s（室温）/（×10³ A·m⁻¹）	M_0（0 K）/（10³ A·m⁻¹）	T_P/K
Fe	1 707	1 743	1 043
Co	1 400	1 447	1 395
Ni	485	521	631
Gd	—	1 980	293
Dy	—	2 920	88
MnBi	620	680	630
Cu_2MnAl	430	(580)	603
CuMnIn	500	(600)	506
MnAs	670	870	318
MnB	147	—	533
Mn_4N	183	—	745
MnSb	710	—	587
CrTe	240	—	336
CrO_2	515	—	386
EuO	—	1 920	69
$MnFe_2O_4$	410	—	573
Fe_3O_4	480	—	858
$Y_3Fe_5O_{12}$	130	200	560

温度升高也会引起其他参量的减小，如饱和磁感应强度 B_s、剩余磁感应强度 B_r、矫顽力 H_C 和磁滞损耗 Q 等。图 6.44 给出了温度对铁磁性参数的影响规律。从图 6.44 中可以看到，除了 B_r 在 −200～20 ℃ 加热时稍有上升以外，其他参量均下降。Br 在低于室温下，随温度降低而降低的原因，与磁体在降温中，从磁晶各向异性（磁晶各同异性常数 $k_1>0$）向磁晶各向同性（$k_1=0$）转变，引起易磁化方向改变，进而发生部分退磁现象有关。

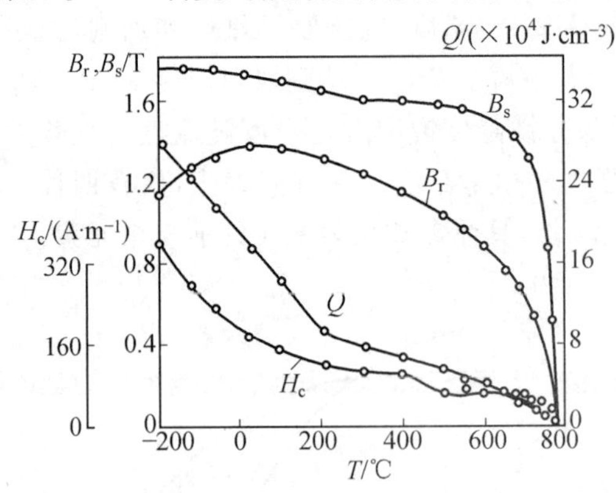

图 6.44　温度对铁磁性参数的影响

磁导率 μ 随温度的变化关系分为两种情况，如图 6.45 所示。在强磁场下（$H=320$ A/m），磁导率 μ 随温度升高单调下降；在弱磁场下（$H=24$ A/m），磁导率 μ 随温度升高单调递增，接近居里温度突然下降。造成这一现象的原因是，强磁场下，温度接近居里点时，由于饱和磁化强度显著下降，所以 μ 下降；弱磁场下，温度升高会引起应力松弛，因而利于磁化，μ 增高。当温度接近居里点时，同样由于饱和磁化强度显著下降，造成 μ 剧烈下降。

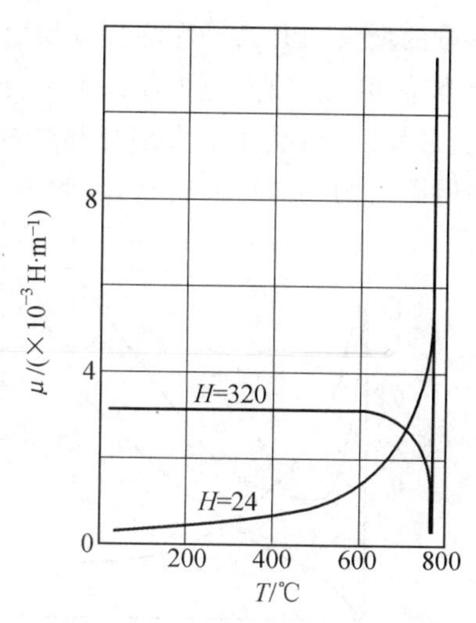

图 6.45 Fe 的磁导率与温度的关系

2. 弹性应力的影响

弹性应力对金属的磁化有显著影响。当应力方向与金属的磁致伸缩为同向时，则应力对磁化起促进作用，反之则起阻碍作用。图 6.46 和图 6.47 分别给出了拉伸和压缩对 Ni 磁化曲线的影响。由于 Ni 的磁致伸缩系数是负的，即沿磁场方向磁化时，Ni 在此方向缩短，因此拉伸应力阻碍磁化过程的进行，受力越大，磁化就越困难；压应力则正好相反，对 Ni 的磁化有利，使磁化曲线明显变陡。

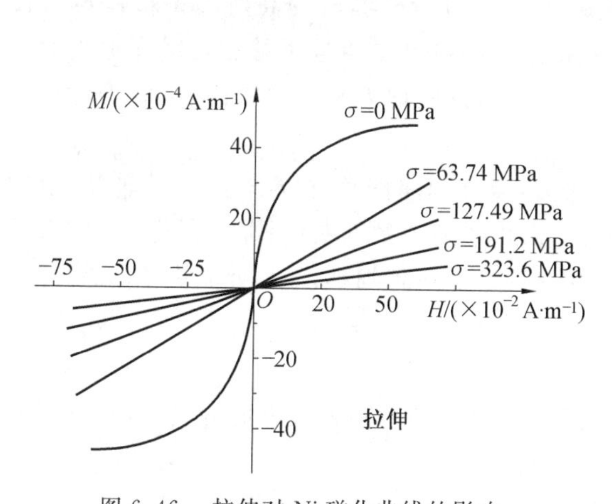

图 6.46 拉伸对 Ni 磁化曲线的影响

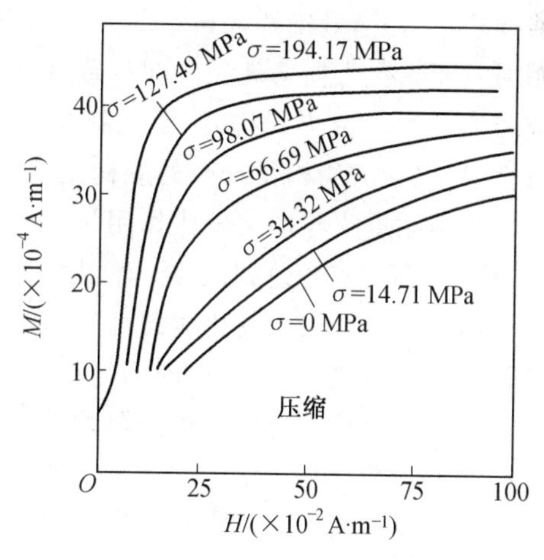

图 6.47 压缩对 Ni 磁化曲线的影响

3. 加工硬化和晶粒细化的影响

加工硬化会引起晶体点阵扭曲，晶粒破碎，内应力增加，不利于金属的磁化和退磁。图 6.48 给出了含 0.07%C 的铁丝经不同压缩变形后的铁磁性参量变化关系。变形后，材料内出现大量缺陷，这些点阵畸变和内应力的增加使畴壁移动阻力增大，也使磁畴转动困难，从而引起磁化难度增加，因此磁导率 μ_m 随变形量的增加而降低。而矫顽力 H_C 则正好相反，随压缩量的增大而增大。磁滞损耗 Q 也随压缩量的增大而增大。剩余磁感应强度 B_r 比较特殊，在临界变形量(5% ～ 7%) 发生以前，随变形量的增大而急剧下降；在临界变形量发生以后，则随变形量的增大而升高。在临界变形量以下，只有少数晶粒发生塑性变形，整个晶体应力状态比较简单，沿轴向应力状态有利于磁畴在退磁后反向可逆转动，从而使 B_r 降低。在临界变形量以上，晶体中大部分晶粒参与变形，应力状态复杂，内应力增加严重，不利于磁畴在退磁后的反向可逆转动，因此 B_r 随变形量的增大而增加。

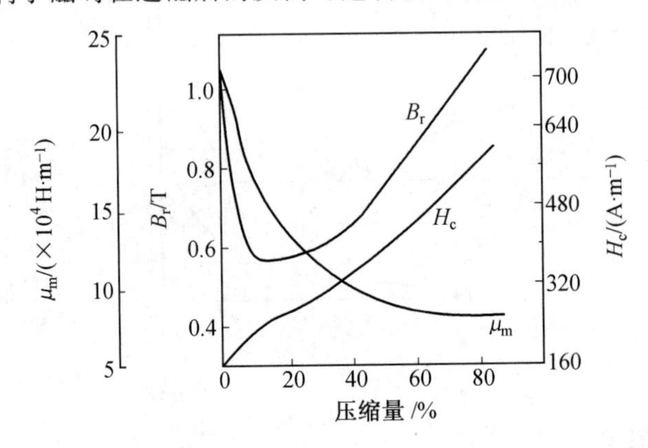

图 6.48　冷加工压缩变形对含 0.07%C 的铁丝的铁磁性的影响

另外，如果冷加工变形过程中，某些材料形成织构(texture)，则磁性会出现明显的方向性。如果冷加工轧制后，晶体内织构方向与易磁化方向同向，如果沿轧制方向磁化，则可以获得高的磁导率、高的饱和磁化强度和较低的磁滞损耗。但在垂直于轧制的方向上，磁学性能较差。冷轧硅钢片就是利用这一特点来提高其磁导率、饱和磁化强度，并降低磁滞损耗。另外，硅钢片在再结晶退火后形成〈110〉{001} 织构，称为高斯(Goss) 织构。使用时只要磁化方向与轧制方向一致，便能获得优良的磁性。当硅钢片在再结晶退火后形成〈100〉{001} 立方织构时，沿轧制方向和垂直轧制方向均为易磁化方向，可获得优良的磁性，所以立方织构是理想的织构。

再结晶退火与加工硬化作用相反。退火后，点阵扭曲恢复，晶粒长大呈等轴状，点缺陷、位错及亚结构恢复到正常状态，内应力消除，因此，磁性参数都恢复到加工硬化前的状态。

晶粒细化与加工硬化对磁性的影响作用相同。晶粒越细小，晶界处晶格扭曲越严重，晶粒边界阻碍磁化的进行，因而与加工硬化作用相同。

4. 合金成分及组织结构的影响

绝大多数合金元素的加入将降低饱和磁化强度。当不同金属组成合金时，随着成分的变化形成不同组织，合金的磁性也具有不同的规律。

(1) 固溶体。

铁磁性金属基体内添加顺磁或抗磁金属形成置换固溶体，饱和磁化强度会随着溶质原子浓度的增加而降低。图 6.49 给出了 Ni 中合金元素的质量分数对每个原子玻尔磁子数(单个自由电子在旋转时所产生的磁矩) 的影响。由于添加元素的外层电子进入了 Ni 基体原子未填满的 3d 轨道，导致 Ni 原子的玻尔磁子数减少，降低了基体原子磁矩，直至原子磁矩为 0,形成非铁磁性。

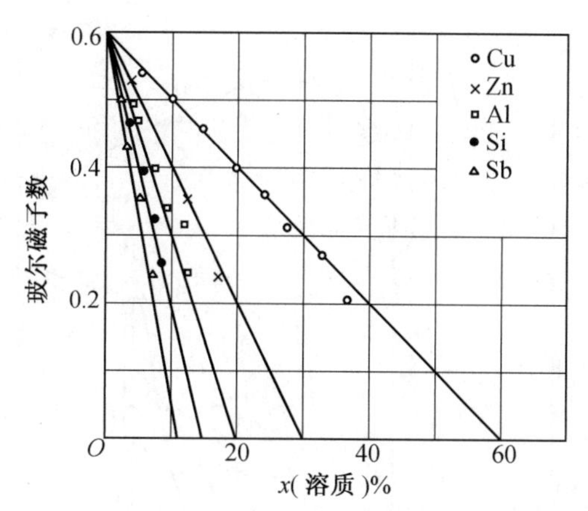

图 6.49 镍中合金元素的质量分数对每个原子玻尔磁子数的影响

如果铁磁性金属溶入强顺磁性组元,当溶质组元含量低时,M_s 增大,而含量高时则 M_s 降低。溶质是强顺磁过渡族金属,这种 d 壳层未填满的金属好像是潜在的铁磁体,在形成固溶体时,通过点阵常数的变化,使交换作用增强,对自发磁化有所增强。

两种铁磁性金属组成固溶体时,M_s 的变化较复杂,其大小不仅与合金的成分有关,而且还与温度有关。图 6.50 给出了 Ni 的质量分数对 Fe—Ni 合金磁性的影响。这里重点关注两个 Ni 的质量分数时的成分。在 Ni 的质量分数为 30% 时,Fe—Ni 合金发生由 α 到 γ 的相变,从而导致许多磁学特性发生变化。在 Ni 的质量分数为 78% 时,形成高导磁软磁材料坡莫合金(permalloy)。此时,饱和磁致伸缩系数 λ_s 和磁晶各向异性常数 K 趋于 0,具有最高的最大磁导率 μ_m 和初始磁导率 μ_i。

铁磁金属中溶入 C、N、O 等元素而形成间隙固溶体时,随着溶质原子质量分数的增加,H_C 增加,而 μ、B_r 降低。为了获得高的矫顽力,对于钢,必须将其淬火成马氏体,也就是获得以 α—Fe 为基的过饱和间隙固溶体。

固溶体有序化对合金磁性的影响很大。以 Ni—Mn 合金为例,图 6.51 给出了 Ni—Mn 合金的饱和磁化强度与 Mn 质量分数的关系。当合金淬火后处于无序状态时,饱和磁化强度沿曲线 2 变化。当 Mn 的质量分数小于 10% 时,饱和磁化强度略有升高;当 Mn 的质量分数大于 10% 时,饱和磁化强度单调递减;当 Mn 的质量分数达 25% 时,合金变成非铁磁性。如果将合金在 450 ℃ 下长时间退火使其充分有序化,形成有序 Ni_3Mn,那么饱和磁化强度沿曲线 1 变化。当 Mn 的质量分数为 25% 时,M_s 达极大值。

非铁磁性元素间也能形成铁磁性固溶体。例如,以 Mn、Cr 为基体形成某些固溶体时,由于其交换积分 A 为正值而呈铁磁性。Mn 与 As、Bi、B、C、H、N、P、S、Sn、O、Pt,Cr 与 Te、Pt、O、S 组成固溶体时就是这种情况。

综上所述,改善铁磁性材料磁导率的方法有:消除 Fe 中的杂质;形成粗晶粒;形成再结晶织构,即在再结晶时使晶体的易磁化轴〈100〉沿外磁场排列;磁场退火,形成磁织构。

(2) 形成化合物。

铁磁金属与顺磁或抗磁金属所组成的化合物和中间相,由于这些顺磁或抗磁金属的

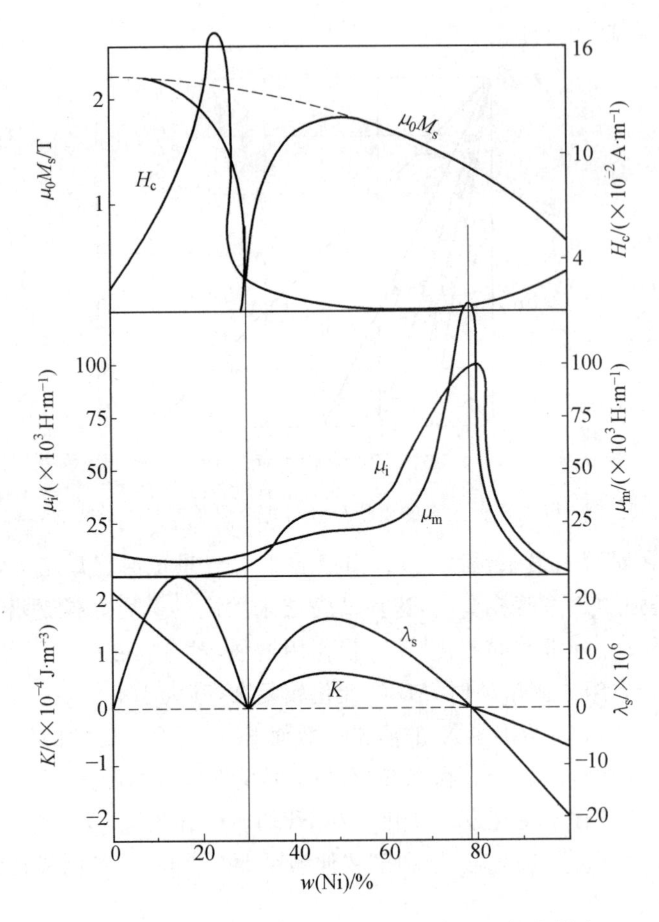

图 6.50　Ni 的质量分数对 Fe－Ni 合金磁性的影响

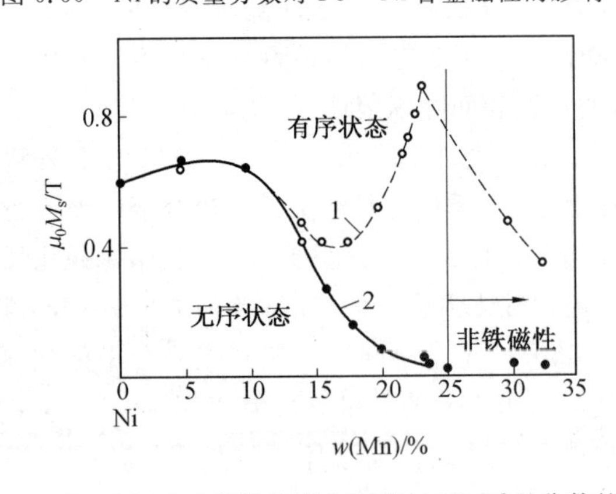

图 6.51　Ni－Mn 合金的饱和磁化强度与 Mn 质量分数的关系

4s 电子进入铁磁金属未填满的 d 壳层，因而铁磁金属 M_s 降低，呈顺磁性，如 Fe_7Mo_6、$FeZn_7$、Fe_3Au、Fe_3W_2、$FeSb_2$、NiAl、CoAl 等材料。铁磁金属与非金属所组成的化合物均呈亚铁磁性，即两相邻原子的自旋磁矩反向平行排列，而又没有完全抵消，如 Fe_3O_4、$FeSi_2$、FeS 等材料。而常见的 Fe_3C 和 Fe_4N 则为弱铁磁性。

(3) 多相合金。

在多相合金中，如果各相都是铁磁相，其饱和磁化强度由组成各相的磁化强度之和（相加定律）来决定，即

$$M_s = \sum_i M_i \frac{V_i}{V} = \sum_i M_i \varphi_i \tag{6.50}$$

式中 M_s—— 合金的饱和磁化强度；

M_i—— 合金中第 i 相的饱和磁化强度；

V—— 合金的体积；

V_i—— 合金中第 i 相的体积；

φ_i—— 合金中第 i 相的体积分数。

多相合金的居里点与铁磁相的成分、相的数目有关。合金中有几个铁磁相，就相应有几个居里点。图 6.52 给出了两种铁磁相组成的合金饱和磁化强度与温度的关系，这种曲线称为热磁曲线（thermomagnetic curve）。图 6.52 中的两个拐点，分别对应着两个铁磁相的居里点，即 T_{P1} 和 T_{P2}。其中，$\frac{m_1}{m_2} = \frac{V_1 M_1}{V_2 M_2}$。

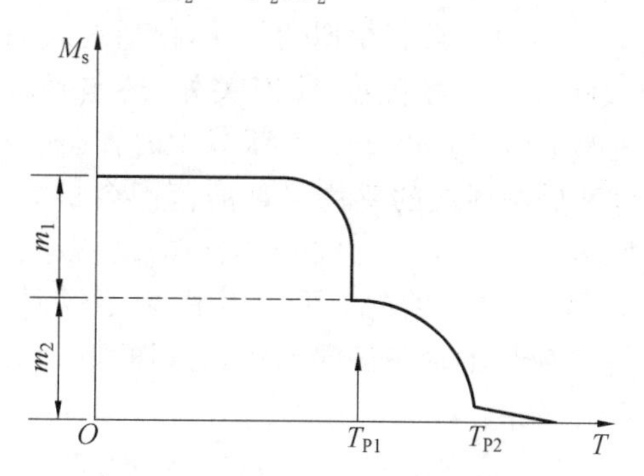

图 6.52 两种铁磁相组成的合金饱和磁化强度与温度的关系

多相合金的饱和磁致伸缩系数 λ_s 也是组织不敏感参数，因而也符合相加定律，即

$$\lambda_s = \sum_i \lambda_{si} \frac{V_i}{V} = \sum_i \lambda_{si} \varphi_i \tag{6.51}$$

式中 λ_s—— 合金的饱和磁致伸缩系数；

λ_{si}—— 合金中第 i 相的饱和磁致伸缩系数；

V—— 合金的体积；

V_i—— 合金中第 i 相的体积；

φ_i—— 合金中第 i 相的体积分数。

至于多相合金的组织敏感参数，则不满足相加定律，如矫顽力、磁化率等。

6.4 铁磁体的动态特性

前面关于铁磁体的磁性能内容反映的是磁性能在直流磁场下的表现，称为静态特性或准静态特性。此时考虑的是，在给定的磁场强度下，磁体从一个稳定磁化状态进入另一

个新的稳定磁化状态,不考虑这一建立过程的时间问题。但在许多实际应用中,磁体是在交变磁场作用下的磁化,此时需要考虑磁化的时间效应。在交变磁场作用下,铁磁体磁化状态的改变在时间上落后于交变磁场的变化。所以,任何一个稳定磁化状态的建立都需要一定的时间才能完成。通常,将磁性材料在交变磁场或脉冲磁场作用下的磁性能称为动态特性。

6.4.1 交流回线

交流磁化过程中,磁场强度 H 周期对称变化,磁感应强度 B 也随之周期性对称变化,变化一周构成的曲线称为交流磁滞回线或动态磁滞回线(dynamic magnetic hysteretic loop)。若交流幅值磁场强度 H_m 不同,则有不同的交流磁滞回线。图 6.53 中实线反映的就是不同 H_m 下的交流磁滞回线。其中,与交流幅值磁场强度 H_m 相对应的 B_m 称为幅值磁感应强度。当 H_m 增大到饱和磁场强度 H_s 时,交流磁滞回线面积不再增加,该回线称为极限交流磁滞回线,由此可以确定材料饱和磁感应强度 B_s、交流剩余磁感应强度 B_r,这种情况和静态磁滞回线相同,如图 6.53 所示。将不同交流磁滞回线顶点相连得到的轨迹就是交流磁化曲线,简称 B_m-H_m 曲线,如图 6.53 中虚线所示。

动态磁滞回线与静态磁滞回线具有相似的形状,但研究表明,动态磁滞回线具有如下特点:① 交流磁滞回线形状除与磁场强度 H 有关外,还与磁场变化的频率 f 和波形有关。② 一定频率下,交流幅值磁场强度 H_m 不断减少时,交流磁滞回线逐渐趋于椭圆形状。③ 当频率升高时,呈现椭圆回线的磁场强度的范围会扩大,且各磁场强度下回线的矩形比 B_r/B_m 会升高,如图 6.54 所示。④ 相同大小的磁场范围内,动态磁滞回线比静态磁滞回线包围的面积大。另外,在一般的实际应用中,弱磁场或高频率交变磁场通常采用椭圆磁滞回线来近似描写铁磁体的动态磁滞回线。这样可以使铁磁材料在交变磁场作用下的 H 和 B 的关系简单化。

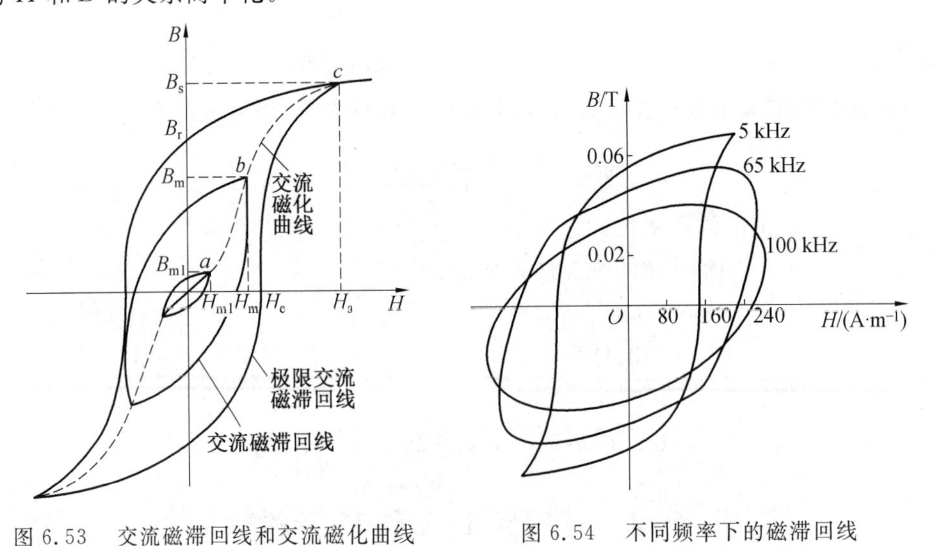

图 6.53 交流磁滞回线和交流磁化曲线

图 6.54 不同频率下的磁滞回线

6.4.2 复数磁导率

在交变磁场中磁化时,需考虑磁化状态改变所需要的时间,即应考虑 B 和 H 的相位差。在交流情况下，磁导率 μ 不仅要反映类似静态磁化的导磁能力的大小，而且要反映出 B 和 H 间的相位差，因此需要采用复数磁导率(complex magnetic permeability)。

设样品在弱交变磁场 H 磁化，并且 B 和 H 具有正弦波形，并以复数形式表示，B 与 H 存在的相位差为 δ，则

$$H = H_{\mathrm{m}} \mathrm{e}^{\mathrm{i}\omega t} \tag{6.52}$$

$$B = B_{\mathrm{m}} \mathrm{e}^{\mathrm{i}(\omega t - \delta)} \tag{6.53}$$

式中 H—— 交变磁场强度；

H_{m}—— 交流幅值磁场强度；

B—— 交变磁感应强度；

B_{m}—— 交流幅值磁感应强度；

ω—— 正弦交流波频率；

δ—— 相位差；

t—— 时间。

严格来说，B 实际表现为复杂的函数关系 $B(t)$，但仍然是时间的周期性函数。通常，将 $B(t)$ 按傅里叶级数展开后可发现，当 H 按正弦变化时，$B(t)$ 为非正弦变化，不同频率磁滞回线形状不同，B 与 H 间为非线性关系。如果在 $B(t)$ 中只考虑基波，即 $B(t)$ 按傅里叶级数展开后只与 H 呈线性关系的分量，$B(t)$ 的形式就是式(6.53)。根据式(6.52)和式(6.53)，在基波正弦下，可用复数表示交流磁化状态下的磁导率，即复数磁导率 $\tilde{\mu}$：

$$\begin{aligned}\tilde{\mu} &= \frac{B}{H} = \frac{B_{\mathrm{m}} \mathrm{e}^{\mathrm{i}(\omega t-\delta)}}{H_{\mathrm{m}} \mathrm{e}^{\mathrm{i}\omega t}} = \frac{B_{\mathrm{m}}}{H_{\mathrm{m}}} \mathrm{e}^{-\mathrm{i}\delta} \\ &= \frac{B_{\mathrm{m}}}{H_{\mathrm{m}}} \cos\delta - \mathrm{i}\frac{B_{\mathrm{m}}}{H_{\mathrm{m}}} \sin\delta = \mu_{\mathrm{m}} \cos\delta - \mathrm{i}\mu_{\mathrm{m}} \sin\delta = \mu' - \mathrm{i}\mu''\end{aligned} \tag{6.54}$$

从式(6.54)可以看出

$$\mu' = \frac{B_{\mathrm{m}}}{H_{\mathrm{m}}} \cos\delta \tag{6.55}$$

$$\mu'' = \frac{B_{\mathrm{m}}}{H_{\mathrm{m}}} \sin\delta \tag{6.56}$$

式中 μ'—— 弹性磁导率，与磁性材料中存储能量有关；

μ''—— 损耗磁导率(或黏滞磁导率)，与磁性材料磁化一周的损耗有关。

需要注意的是，有的参考书中给出的 μ' 和 μ'' 是相对磁导率的概念，但为了描述方便，通常也只用磁导率来进行叙述。与式(6.55)和式(6.56)给出的 μ' 和 μ'' 相差一个常量 μ_0。

复数磁导率 $\tilde{\mu}$ 是铁磁体在交流磁场磁化下磁性特征的一个物理量，具有一般复数的表达形式，同时反映 B 与 H 之间的振幅及相位关系。由于复数磁导率虚部 μ'' 的存在，因此 B 落后于 H，引起铁磁材料在动态磁化过程中不断消耗外加能量。

复数磁导率的模 $|\tilde{\mu}|$ 定义为

$$|\tilde{\mu}| = \sqrt{(\mu')^2 + (\mu'')^2} \tag{6.57}$$

$|\tilde{\mu}|$ 也称为总磁导率或振幅磁导率。

处于均匀交变磁场中的单位体积铁磁体，单位时间内，磁化一周的平均能量损耗(或

磁损耗功率密度）为

$$P_{耗}=\frac{1}{T}\oint H\mathrm{d}B=\frac{1}{T}\int_0^T H\mathrm{d}B=\frac{1}{2}\omega H_m B_m\sin\delta=\pi f\mu'' H_m^2 \tag{6.58}$$

式中　T—— 周期，$T=\frac{2\pi}{\omega}$；

　　f—— 外加交变磁场频率，$f=\frac{1}{T}=\frac{\omega}{2\pi}$。

将式(6.56)代入式(6.58)，则

$$P_{耗}=\pi f\mu'' H_m^2 \tag{6.59}$$

式(6.59)表明，单位体积铁磁体在单位时间内的平均能量损耗与复磁导率的虚部 μ'' 成正比，与外加交变磁场频率 f 成正比，与磁场峰值 H_m 的平方成正比。

同样，对一周内铁磁体储存的磁能密度 $W_{储能}$ 满足

$$W_{储能}=\frac{1}{2}HB=\frac{1}{T}\int_0^T H_m\sin\omega t\cdot B_m\sin(\omega t-\delta)\mathrm{d}t$$

$$=\frac{1}{2}H_m B_m\cos\delta=\frac{1}{2}\mu' H_m^2 \tag{6.60}$$

式(6.60)表明，磁能密度 W 与复磁导率的实部 μ' 成正比，与磁场峰值 H_m 的平方成正比。

定义铁磁体品质因数 Q 的概念，反映每秒能量的存储和能量损耗之比，即

$$Q=2\pi f\cdot\frac{铁磁体内的储能密度}{单位体积的损耗功率}=2\pi f\cdot\frac{W_{储能}}{P_{耗}}=\frac{\mu'}{\mu''} \tag{6.61}$$

式中　Q—— 品质因数，是反映铁磁物质内禀性质的物理量。

实际应用中，软磁材料要求具有高的磁导率和低的损耗，Q 值就常用来评价软磁材料在交流磁化时的能量存储和能量损耗的情况。

需要解释的是，磁滞回线所围面积很小的材料称为软磁材料(soft magnetic material)。这种材料的特点是磁导率较高，在交流下使用时磁滞损耗也较小，故常作电磁铁或永磁铁的磁轭以及交流导磁材料，如电工纯铁、坡莫合金、硅钢片、软磁铁氧体等都属于这一类。磁滞回线所围面积很大的材料称为硬磁材料(hart magnetic material)，其特征常常利用剩余磁感应强度 B_r 和矫顽力 H_C 这两个特定点数值表示。B_r 和 H_C 大的材料可作为永久磁铁使用。有时也用 BH 乘积的最大值 $(BH)_{max}$ 衡量硬磁材料的性能，称为最大磁能。硬磁材料的典型例子是各种磁钢合金和永久钡铁氧体。

B 相对于 H 落后的相位角 δ 可以代表材料磁损耗的大小，相位角 δ 的正切可称为磁损耗系数(或损耗角正切)，简称损耗因子，即

$$\tan\delta=\frac{\mu''}{\mu'}=Q^{-1} \tag{6.62}$$

式中　δ—— 损耗角；

　　$\tan\delta$—— 损耗因子。

这里需要注意的是，磁场 H_m 变化落后 90° 位相的分量 $B_m\sin\delta$ 或 μ'' 是由基波定义而来，因此，式(6.61)只适用于非线性不严重的弱磁场情况。

另外,常用比损耗系数$\frac{\tan\delta}{\mu'}$表示软磁材料的相对损耗,满足

$$\frac{\tan\delta}{\mu'}=\frac{1}{\mu'Q} \tag{6.63}$$

其中,$\mu'Q$ 也是表征软磁材料的技术指标。

综上所述,复数磁导率的实部与铁磁材料在交变磁场中储能密度有关,而其虚部却与材料在单位时间内损耗的能量有关。磁感应强度相对于磁场强度落后造成材料的磁损耗。

6.4.3 交变磁场作用下的能量损耗

在交变磁场作用下,铁磁体处于改变的 H 中,必须考虑时间效应。此时在交变场作用下,磁化状态趋于稳定需要一定的弛豫时间,而 B 落后于 H 相位差 δ,这就是动态磁化的时间效应。由于产生 B 落后于 H 相位差 δ 的原因不同,故此,动态磁化的时间效应表现为以下几类不同的现象:① 磁滞现象(magnetic hysteresis)。虽然在不可逆的静态磁化过程中也有磁滞现象,但磁化不随时间变化,而交变磁场中的磁化是动态的,有时间效应。② 涡流效应(eddying effect)。由于在磁化过程中,每一磁化强度的变化都会在其周围产生感应电流,这种电流在铁磁体内形成闭合回路,构成涡流,而涡流会导致磁化的时间滞后效应,成为相差 δ 的来源之一。③ 磁后效(magnetic aftereffect) 现象。铁磁材料在不同条件下,由于磁化过程本身或者热起伏的影响,引起内部磁结构或晶格结构的变化,称为磁后效。④ 磁导率的频散(frequency dispersion) 现象。在交变场作用下,铁磁体内的壁移与畴转受到各种不同性质的阻尼作用,因此在较高频率的交变场中,铁磁体的复数磁导率将随频率 f 而变化,这称为磁导率的频散现象。在交变场作用下,以上四种现象均会引起铁磁体中的能量耗损。

磁芯在不可逆交变磁化过程中所消耗的能量,统称铁芯损耗,简称铁损(iron loss)。它由磁滞损耗(hysteresis loss)W_h、涡流损耗(eddy current loss)W_e 和剩余损耗(residual loss)W_r 三部分组成,总的磁损耗为

$$W_m=W_h+W_e+W_r \tag{6.64}$$

式中 W_m—— 总磁损耗;

W_h—— 磁滞损耗;

W_e—— 涡流损耗;

W_r—— 剩余损耗。

动态磁滞回线包围的面积大小等于磁性材料的总磁损耗。动态磁滞回线的面积大小和形状与磁性器件所用的材料、交变磁场的大小、频率和振幅都有关。

1. 磁滞损耗

磁性材料在磁场强度不是很低、频率也不太高的交变磁场中进行磁化时,有不可逆磁化过程,存在 B 的变化落后于 H 的变化的磁滞现象。由磁滞现象引起的损耗称为磁滞损耗。如果只考虑磁滞损耗,磁滞回线的面积在数值上等于磁化一周的磁滞损耗:

$$W_h=\oint H\mathrm{d}B \tag{6.65}$$

在外加磁场很小时，铁磁体的磁化是可逆的，通常把这种磁场范围称为起始磁导率范围。如果超过起始磁导率范围，但所加的磁场振幅也不大，那么磁化一周得到的磁滞回线可以用解析式表达。英国物理学家瑞利勋爵(Lord Rayleigh，1842—1919)在1887年总结了弱磁场范围内的磁场强度H和磁感应强度B的变化规律，这一弱磁场范围称为瑞利区，即磁感应强度B低于其饱和值的1/10的区域，如图6.55所示，其中，$B_m < \frac{1}{10}B_s$。此时，磁化曲线的基本方程为

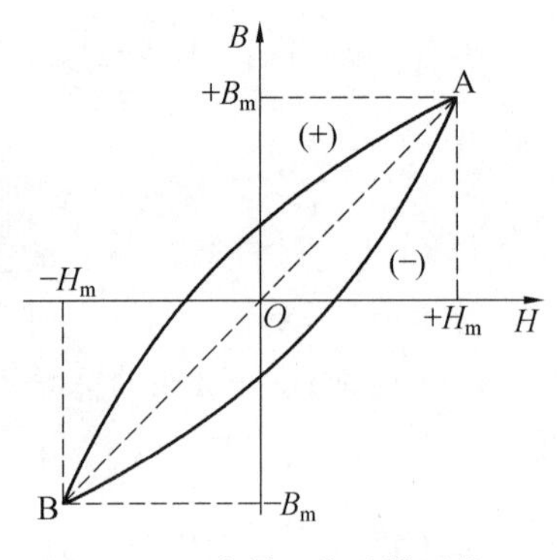

图6.55 瑞利区的磁滞回线

$$B = \mu_0(\mu_i + \eta H_m)H \pm \frac{\eta}{2}\mu_0(H_m^2 - H^2) \tag{6.66}$$

式中 μ_i—— 起始磁导率；

η—— 瑞利常数，与材料有关，表示磁化过程中不可逆部分的大小；

H_m—— 磁化振幅。

式(6.66)中，如图6.55所示，从$B \to A(-H_m \to +H_m)$的上升曲线取"−"；从$A \to B(+H_m \to -H_m)$的下降曲线取"+"。表6.5给出了一些铁磁物质的起始磁导率和瑞利常数。

表6.5 一些铁磁物质的起始磁导率和瑞利常数

物质	起始磁导率 $\mu_i/(H \cdot m^{-1})$	瑞利常数 η $/(A \cdot m^{-1})$
Fe	200	25
Co	70	0.13
Ni	220	3.1
Mo坡莫合金(Mo－permalloy)	2 000	4 300
超坡莫合金(Supermalloy)	10 000	150 000
45.25坡明伐合金(Perminvar)	400	0.001 3

由式(6.66)可求得铁磁体磁化一周单位体积中所消耗的磁滞损耗，即

$$W_h = \oint H\mathrm{d}B = \int_{B_m}^{-B_m} H\mathrm{d}B_{(+)} - \int_{-B_m}^{B_m} H\mathrm{d}B_{(-)} \approx \frac{4}{3}\mu_0 \eta H_m^3 \tag{6.67}$$

每秒内的磁滞损耗率为

$$P_h = fW_h \approx \frac{4}{3}\mu_0 \eta H_m^3 f \tag{6.68}$$

在只考虑基波时，动态磁化磁滞损耗就是静态磁化的磁滞损耗。通过减少剩磁或矫顽力、提高材料的起始磁导率，可以降低磁滞损耗。

2. 趋肤效应和涡流损耗

根据法拉第电磁感应定律(Faraday's law of electromagnetic induction),磁性材料交变磁化过程会产生感应电动势,因而会产生涡电流(eddy current)。涡电流实际是将导体放入变化的磁场中时,由于在变化的磁场周围存在涡旋的感生电场,感生电场作用在导体内的自由电荷上使电荷运动,形成垂直于磁通量的环形感应电流。感应电流的流线呈闭合的涡旋状,故称为涡电流。磁场变化越快,涡电流强度越大。涡电流在金属内流动时,释放焦耳热。铁磁体内的涡流使磁芯发热,造成能量损耗,称为涡流损耗。频率越高,材料的电阻越小,涡流损耗越大。由涡流产生的磁场强度大小是从磁体表面向内部逐渐增加的。铁磁体中心处涡流最强,表面涡流最弱。当外加磁场均匀时,铁磁体内部的实际磁场仍不均匀。因此,M和B也是不均匀的。它们的幅值从铁磁体表面向内逐渐减弱,这种现象称为趋肤效应(skin effect)。降低涡流损耗的有效途径是减小片状材料的厚度,提高材料的电阻率。例如,金属软磁材料通常要轧成薄带使用,从而减少涡流的作用。

3. 剩余损耗和磁导率减落

除磁滞损耗和涡流损耗以外的损耗就是剩余损耗。剩余损耗种类多样,但在一定频率范围内,一般只有某类剩余损耗起作用。在低频和弱磁场条件下,剩余损耗主要由磁后效损耗引起;在中频下主要由磁力共振引起剩余损耗;在高频下由畴壁共振引起剩余损耗;在超高频下则主要由自然共振引起剩余损耗。

在低频和弱磁场条件下,当磁场强度 H 发生突变时,相应的磁感应强度 B 不是立即发生变化达到稳定,而是需要若干时间才能稳定下来。如图 6.56 所示,在时间 $t=0$ 时,磁场强度突然变至 H_0。相应地,磁感应强度在突变的时刻瞬间上升至 B_0,然后随着时间的变化,缓慢上升到与 H_0 相应的平衡值 B_∞。其中 $B_N=B_\infty-B_0$,B_N 是磁感应强度的磁后效部分。这种磁感应强度(或磁化强度)随磁场强度变化的滞后现象就是磁后效(magnetic aftereffect)。如果反复磁化,那么每次都会出现时间的滞后。磁后效是一种现象。对一个宏观上磁性稳定的铁磁体,受外磁场(也可以是力或光等因素)扰动后,其畴壁能量和位置的变化需要经历一段时间才可达到稳定,宏观上表现为某些磁性参量(如磁化强度、初始磁导率、剩磁等)随时间的变化滞后于扰动因素的变化,这就是磁后效。但是,对不是由于磁化状态改变,而是由于材料结构变化(如原子、离子重排、析出等)导致的磁性弛豫,严格来说不属于磁后效,而是磁老化。这是由于这一现象不能用退磁、反复磁化等磁学方法恢复到初始状态。

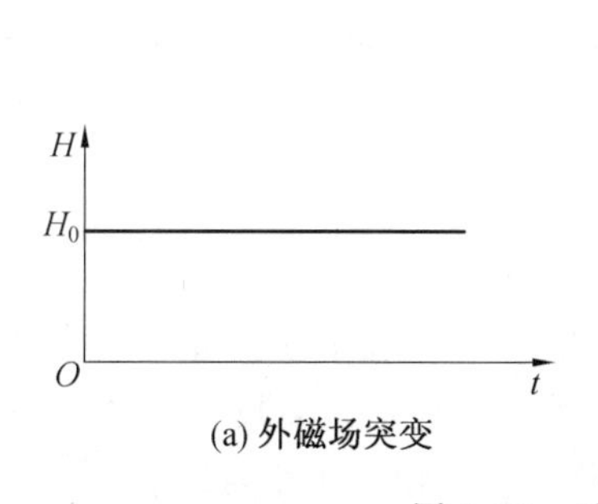

(a) 外磁场突变

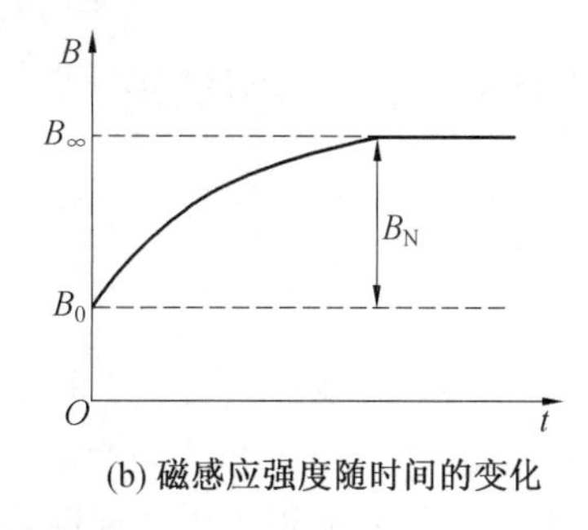

(b) 磁感应强度随时间的变化

图 6.56 磁后效示意图

描述磁后效进行所需时间的参量为弛豫时间 τ，许多实验结果表明，在弛豫期内满足

$$\frac{d(B-B_0)}{dt}=\frac{B_\infty-B}{\tau} \tag{6.69}$$

当外加磁场为恒定磁场时，B_N 为常数，则可求解式(6.69)得

$$B-B_0=B_N(1-e^{-\frac{t}{\tau}}) \tag{6.70}$$

由式(6.70)可知，$(B-B_0)$ 是随时间 t 成指数上升的。

通常，有两种不同磁后效机制的磁后效现象。一种重要的磁后效现象是由杂质原子扩散产生的感生各向异性引起的可逆后效，称为李希特(G. Richter)磁后效，也称为扩散磁后效。当铁磁体磁化时，为了满足能量最小化要求，某些电子或离子向稳定的位置做滞后于外磁场的扩散，使磁化强度逐渐趋于稳定值。例如，纯铁中的磁后效是由C原子的扩散引起的。未磁化时，C原子可均匀分布在体心立方的 $\alpha-Fe$ 的三种间隙位置上。当磁化时，C原子将向使自由能降低的有利间隙位置扩散，并逐渐形成新的稳定分布。C原子重新分布的结果使C原子在 $\alpha-Fe$ 的某一方向上择优扩散，引起成分各向异性。C原子扩散的同时使磁化强度也趋于稳定值。但C原子的扩散比外加磁场的变化滞后一定时间，从而引起磁后效。这种磁后效现象与温度和频率的关系密切相关。

另一种磁后效现象是由热起伏引起的不可逆磁后效，称为约旦(H. Jordan)磁后效或热起伏磁后效。当铁磁体磁化时，磁化强度首先达到某一亚稳定状态。但是由于热起伏的缘故，磁化强度将滞后达到新的稳定态。这种磁后效现象几乎与温度和磁化场的频率无关。例如，有一伸长单畴粒子，它先在正方向磁化，后来在反方向磁化。当使它反方向磁化的外加磁场小于临界值时，则磁化强度仍停留在正方向。但当该畴的体积足够小，温度足够高时，有可能由于热起伏使磁化强度越过位垒转到负方向。这样磁化强度由于热起伏的缘故，滞后达到了新的稳定态。

另外，磁导率的减落现象也是一种与磁后效有关的问题。磁性材料在经过磁中性(完全退磁)后，置于无机械、无热干扰的环境中，起始磁导率随时间推移而下降的现象称为磁导率的减落，简称减落(disaccomodation)。在实际应用中，往往希望减落现象越小越好，通常用减落系数 DA 来描述，即

$$DA=\frac{\mu_{i1}-\mu_{i2}}{\mu_{i1}}\times 100\% \tag{6.71}$$

式中　μ_{i1}——铁磁材料退磁后在 t_1 时测得的起始磁导率；

　　　μ_{i2}——铁磁材料退磁后在 t_2 时测得的起始磁导率。

为了衡量材料磁导率的减落程度，又可用减落因子(disaccomodation factor)DF 来表示，即

$$DF=\frac{\mu_{i1}-\mu_{i2}}{\mu_{i1}^2\lg\frac{t_2}{t_1}} \tag{6.72}$$

通常，为了方便起见，将 t_1 和 t_2 分别定义为10 min和100 min，并采用交流退磁使此磁体得到磁中性化。图6.57给出了Mn-Zn铁氧体的磁导率减落曲线。从图6.57中可以看到，减落对温度的变化很敏感。同时，减落对机械振动也很敏感。

磁导率减落主要是由铁磁材料中电子或离子的扩散后效造成的。电子或离子扩散后

效的弛豫时间为几分到几年，其激活能为几个电子伏特。由于磁性材料退磁时处于亚稳状态，随着时间推移，为使磁性体的自由能达到最小值，电子或离子将不断向有利的位置扩散，把畴壁稳定在势阱中。这往往导致磁中性化后，铁氧体材料的起始磁导率随时间而减落。当然时间要足够长，扩散才趋于完成，起始磁导率也就趋于稳定值。考虑到减落的机制，在使用磁性材料前应对材料进行老化处理，还要尽可能减少对材料的振动、机械冲击等。

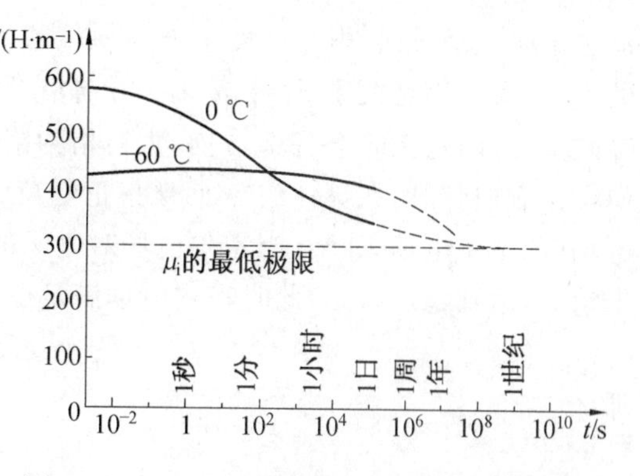

图 6.57 Mn－Zn 铁氧体的磁导率减落曲线

在高频段使用的铁磁性材料一般都具有高的电阻率，而且外加的交变磁场幅值很小。因此，前述的损耗都可以忽略，而影响复数磁导率的主要机制是自然共振和畴壁共振。这部分内容本书不加以叙述。

6.5 其他磁学效应及其应用

6.5.1 霍尔效应及其应用

霍尔效应(Hall effect)是磁电效应的一种，这一现象是美国物理学家霍尔(Edwin Herbert Hall,1855—1938)于1879年在研究金属的导电机制时发现的。将通有电流的导体(金属或半导体)放在均匀磁场中，如图6.58所示。在一个截面为矩形(厚度为d、宽度为b、长度为l)的导体上，沿x方向通有电流密度为J_x的电流；在z方向，存在一个与电流方向垂直的磁场，其磁感应强度为B；在同时垂直于电流x方向和磁场z方向的y方向，将产生霍尔电场E_H，这一现象就是霍尔效应。电流密度J_x、磁感应强度B和霍尔电场E_H之间满足

$$E_H = R_H \cdot J_x B \tag{6.73}$$

式中 R_H—— 霍尔系数，m^3/C。

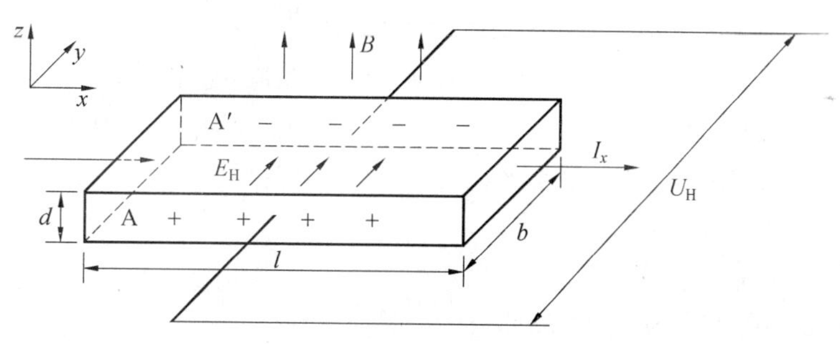

图 6.58 霍尔效应示意图

根据图6.58，某导体在x方向的通过的载流子带正电(如p型半导体)，x方向即为载

流子定向运动方向，电流密度 $J_x = nqv_x$。在垂直磁场 B_0 的作用下，载流子受洛伦兹力 F_L 的作用，大小满足关系 $F_L = qv_xB_0$，方向沿 $-y$ 方向(左手定则判断霍尔效应：磁力线垂直穿过掌心，四指指向电流 x 方向，大拇指为洛伦兹力 F_L 的方向)。载流子在 F_L 的作用下向 $-y$ 方向偏转，在导体的 A 面聚集正电荷、A' 面聚集负电荷，形成了沿 $+y$ 方向的横向电场(即霍尔电场 E_H)。当霍尔电场对电子的作用，即电场力 $F_e = qE_H$ 与 F_L 的作用相互抵消时，达到稳定状态，此时霍尔电场满足

$$F_e - F_L = qE_H - qv_xB_0 = 0 \tag{6.74}$$

那么

$$E_H = v_xB_0 = \frac{J_x}{nq}B_0 \tag{6.75}$$

该式与式(6.73)相比，则

$$R_H = \frac{1}{nq} \tag{6.76}$$

式中　n—— 单位体积内载流子的数量；

　　　q—— 载流子带电量。

这里需要说明的是，图6.58所示的例子中，载流子所受电场力 F_e 和洛伦兹力 F_L 方向相反，但载流子向 A 面聚集，使 F_e 逐渐变大，并逐渐阻碍载流子向 A 面聚集，最终造成 F_e 和 F_L 的平衡，也就形成了内建电压 U_H(即霍尔电势差)，这使得后来的载流子不会偏移，得以沿 x 方向顺利通过。

如果载流子是带负电的(如 n 型半导体)，由于载流子运动方向与电流方向相反，在 A 侧积累负电荷，A' 面聚集正电荷，形成的霍尔电场 E_H 方向沿 $-y$ 方向，即电场力 F_e 与霍尔电场 E_H 方向相反。当 F_e 与 F_L 达到平衡，形成霍尔电势差，此时的电势差方向从 A' 面指向 A 面。根据霍尔电势差的正负可以判断导体的载流子所带电荷的正负。图6.59给出了不同载流子对应的霍尔效应示意图。

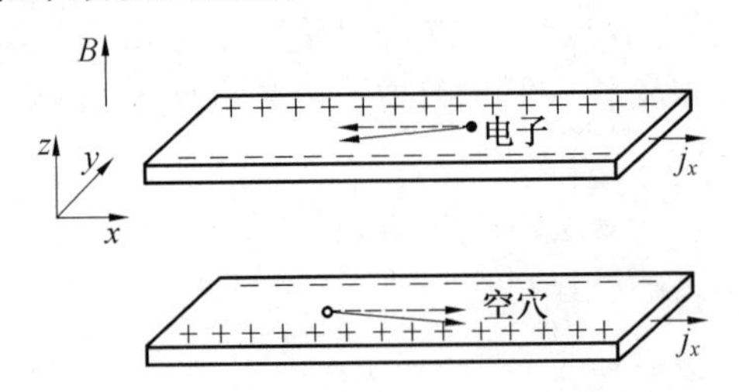

图6.59　不同载流子对应的霍尔效应示意图

在实验中，通过测量霍尔电势差 U_H 获得 R_H。由图6.59中导体的几何尺寸可知，$E_H = U_H/b$，$J_x = I_x/bd$，把这两个关系代入式(6.73)可得

$$U_H = E_Hb = R_H\frac{I_x}{d}B_0 \tag{6.77}$$

则

$$R_H = \frac{U_Hd}{I_xB_0} \tag{6.78}$$

根据霍尔效应制成的霍尔器件，在测量技术、自动化技术及信息处理等方面具有广泛应用。为了使霍尔效应较大，常选用迁移率高的半导体材料。这是由于迁移率高，在相同

电场和磁场作用下，载流子的洛伦兹力大，霍尔效应明显。例如，常选用锑化铟、砷化铟等Ⅲ～Ⅴ族化合物半导体或锗来做霍尔器件，它们的迁移率分别达到 7.8 m²/(V·s)、3 m²/(V·s) 和 3 800 cm²/(V·s)。这些器件一部分由单晶半导体片加工而成，另一些器件由多晶薄膜制成。器件一般有两对欧姆接触电极，接触面较大的一对为控制电流极，施以电流；接触面较小的一对称为霍尔电势极，用来测量霍尔电压。图 6.60 给出了薄膜型锑化铟霍尔器件的输出特性。

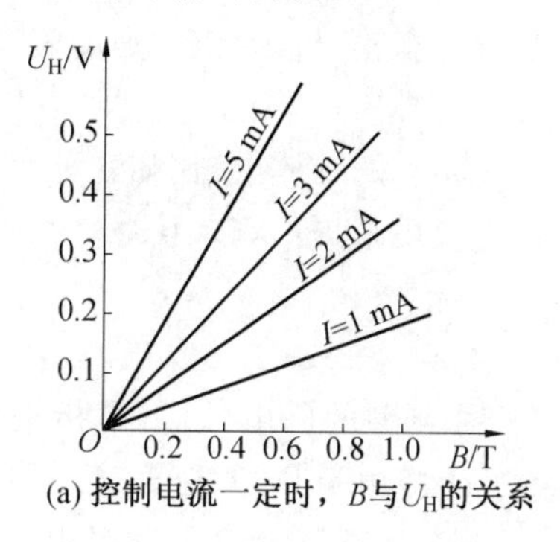

(a) 控制电流一定时，B与U_H的关系

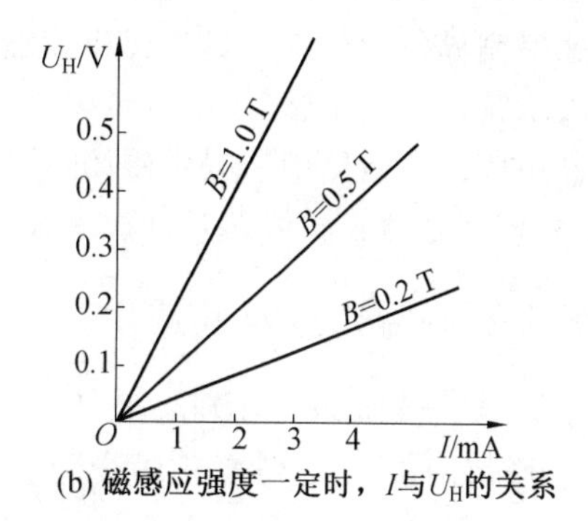

(b) 磁感应强度一定时，I与U_H的关系

图 6.60 薄膜型锑化铟霍尔器件输出特性

衡量霍尔器件主要有两个重要参数，即乘积灵敏度和磁灵敏度，这两个参数都与额定电流及磁场强度下U_H值成正比。在一定磁场下，提高工作电流I也可增大U_H，但I_C增大会产生较大的焦耳热，使器件温度上升，如果允许温升为ΔT，则U_H可表示为

$$U_H = BW\sqrt{\frac{2R_H\mu\Delta T \cdot k}{d}} \tag{6.79}$$

式中 W—— 霍尔器件用半导体晶片的宽度；

d—— 霍尔器件用半导体晶片的厚度；

B—— 磁感应强度；

R_H—— 霍尔系数；

μ—— 半导体的迁移率；

k—— 晶体的热导率。

由此可见，能隙较大、迁移率较高的半导体材料是比较合适用作霍尔器件的材料。常用材料包括 GaAs、InAsP、InSb、InAs、Ge、Si 等，其中，Si 是制造霍尔器件的主要材料。这些霍尔材料所制器件的主要特性见表 6.6。

表 6.6 半导体霍尔器件主要性能

材 料	霍尔电压温度系数 /%	工作温度范围 /℃
Ge	0.02 ～ 0.04	−20 ～ 60
Si	0.06 ～ 1.0	−100 ～ 200
InSb	−1.5 ～−2	—
GaAs	−0.06 ～ 0.01	≤150
InAsP	0.02	—

利用霍尔效应制成的传感器已经在日常生活中得以广泛应用，这主要得益于高强度的恒定磁体（比如钕铁硼）的发现，以及高增益集成电路的出现。霍尔传感器的工作原理为：以磁场为工作媒体，将物体的运动参量转变为数字电压的形式输出，使之具备传感和开关的功能。相比于传统的机电传感器，霍尔传感器具有很多独特的优点，比如，它只需要感受磁场的变化而不需要有直接的机械接触，因此非常稳定可靠。此外，霍尔信号对磁场的响应是瞬时的，因此可以精确控制、准确定位。根据功能和需求的不同，可以将霍尔效应传感器制成各种装置，比如，转速传感器（自行车车轮、齿轮、汽车速度表和里程表、发动机点火系统）、流速传感器、电流传感器和压力传感器等。霍尔传感器一般由永磁体和霍尔元件组成。永磁体用来提供磁场，可以安装在转动的物体上，比如各种齿轮或者车轮上；霍尔元件则是由半导体芯片和放大整形电路组成用来提供霍尔信号。

6.5.2 磁阻效应及其应用

磁阻效应（magnetoresistance effect）是另一种典型的磁电效应，是指某些金属或半导体的电阻值随外加磁场变化而变化的现象。最早由英国物理学家汤姆逊（William Thomson，即开尔文勋爵，Lord Kelvin，1824—1907）于1856年在铁和镍中首次发现。磁阻效应在原理上和霍尔效应紧密关联，都涉及带电粒子在磁场中的受力和运动。当外加磁场变化时，霍尔效应引发霍尔电压的变化，而磁阻效应则带来材料电阻的变化，两种效应同时存在。

磁阻效应的产生主要是由于金属或半导体的载流子在磁场中运动时，受到电磁场变化产生的洛伦兹力作用。当达到稳态时，某一速度（实际是载流子的平均运动速度）的载流子所受到的电场力与洛伦兹力相等，那么载流子在介质两端聚集产生霍尔电场。但载流子在导电时并不完全直线前进，而是不断和晶格中的原子发生碰撞（即散射），还存在载流子的无规则热运动、载流子间的相互碰撞等，进而造成载流子速度大小及方向的不同。通常，比平均运动速度慢的载流子将向电场力方向偏转，而比平均运动速度快的载流子则向洛伦兹力方向偏转，这种偏转导致载流子的漂移路径增加，或者说，沿外加电场方向运动的载流子数减少，从而使电阻增加。图6.61给出了霍尔效应和磁阻效应的对比图。

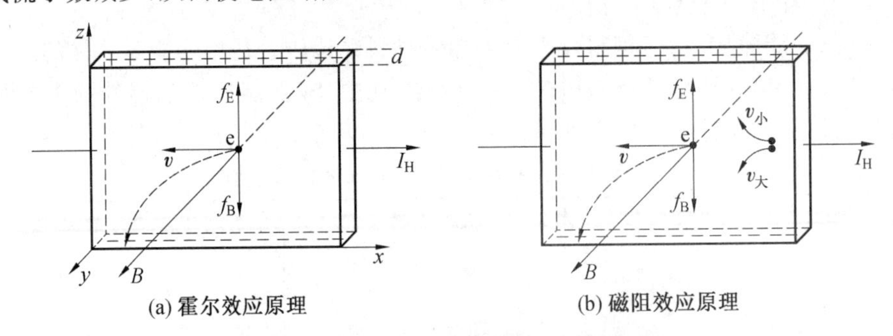

图6.61　霍尔效应和磁阻效应原理对比图

磁阻效应的大小通常用电阻率的相对改变来衡量，即

$$MR=\frac{\rho_B-\rho_0}{\rho_0} \tag{6.80}$$

式中 MR—— 磁阻的大小；

ρ_B—— 外加磁场下材料的电阻率；

ρ_0—— 未加磁场时材料的电阻率。

若测得的 MR 增大，即 $MR > 0$，则称为正磁阻效应；反之，若测得的 MR 减小，即 $MR < 0$，则称为负磁阻效应。基于电阻率和电阻的关系，通常也用电阻相对变化的百分比来表示磁阻，即

$$MR = \frac{R_B - R_0}{R_0} \times 100\% \tag{6.81}$$

式中 R_B—— 外加磁场下材料的电阻；

R_0—— 未加磁场时材料的电阻。

根据磁阻的大小，通常可以将磁阻效应分为常磁阻效应（Ordinary Magnetoresistance，OMR）、巨磁阻效应（Giant Magnetoresistance，GMR）和超巨磁阻效应（也称庞磁阻效应，Colossal Magnetoresistance，CMR）。根据磁阻效应的发生机理，也可分为各向异性磁阻效应（Anisotropic Magnetoresistance，AMR）、隧穿磁阻效应（Tunneling Magnetoresistance，TMR）等。表 6.7 给出了这几种磁阻效应的对比。

表 6.7 几种磁阻效应的对比

磁阻效应	磁阻大小	主要发现来源
OMR	< 10	普通的磁性和非磁性材料等
GMR	$10 \sim 80$	磁性多层膜和颗粒膜等
CMR	≈ 100	(La、Ca)MnO_3 氧化物等
AMR	不等	铁磁金属和合金等
TMR	巨大	磁隧道结和半导体隧穿结构等

针对磁阻效应的各向异性，1946 年，美国贝尔电话实验室（Bell Telephone Laboratories）的著名磁学家波佐思（Richard Milton Bozorth，1896—1981）首次用磁畴理论解释了铁镍合金的各向异性磁阻效应，并给出了各向异性磁电阻的定义式。流过各向异性磁阻材料的电流与磁化方向，也就是电流与磁畴方向的夹角 θ 为 0 °（即平行）时，电阻最大，夹角 θ 为 90 °（即垂直）时，电阻最小，并满足

$$R(\theta) = R_{\perp} \sin^2\theta + R_{/\!/} \cos^2\theta \tag{6.82}$$

式中 $R(\theta)$—— 外加磁场后材料的电阻；

$R_{\perp}$ —— 电流与磁化方向夹角为 90° 时的电阻；

$R_{/\!/}$ —— 电流与磁化方向夹角为 0° 时的电阻。

外加磁场与外加电场平行，称为横向磁阻效应；外加磁场与外加电场平行，称为纵向磁阻效应。

1988 年，法国国家科学研究中心的物理学家费尔（Albert Fert，1938— ）和德国尤利希研究中心的物理学家克鲁伯格（Peter Andreas Grünberg，1939—2018）分别发现了多层膜结构的巨磁电阻效应，并因在巨磁电阻效应的贡献，于 2007 年共同获得诺贝尔物理学奖。巨磁电阻效应是指由一个微弱的磁场变化可以在巨磁电阻系统中产生很大电阻

变化的现象。这一效应用于制造计算机磁盘，使单个硬盘的存储容量从数十兆字节迅速增长了数百万兆字节，扩大了数十万倍，在信息存储技术领域产生了革命性影响，极大地推动了磁阻效应的发展，也开辟了磁阻效应应用的新领域。目前，磁阻效应的应用已经遍布人们生活的各个方面，包括电脑的硬盘存储、磁传感器、磁力计、数控机床、工业自动化、医疗器械、机器人、GPS导航和磁敏器件等领域。

6.5.3 磁光效应及其应用

光与磁场中的物质，或光与铁磁性物质之间相互作用所产生的各种光学现象统称为磁光效应(magneto-optical effect)。这一现象与磁场作用下物质磁特性(如磁导率、磁化强度、磁畴等)变化引起光波在物质内的传输特性(如折射性、光强、相位、传输方向、偏振性等)发生改变有关。磁光效应主要有以下几种。

1. 法拉第效应

在磁场作用下，许多非旋光性物质显示出旋光性，这种现象称为法拉第效应(Faraday effect)，或称为磁致旋光效应。这一效应是英国物理学家、化学家麦法拉第(Michael Faraday，1791—1867)于1845年发现的，是光与原子磁矩作用而产生的现象。当一束线偏振光沿外加磁场方向通过置于磁场中的介质时，透射光的偏振化方向相对于入射光的偏振化方向发生偏转，这一现象就是法拉第效应。如图6.62所示，当磁场不是很强时，介质的透过光发生的法拉第旋转角 θ_F 与光波在介质中走过的路程(即样品长度 d)和介质中的磁感应强度在光的传播方向上的分量 B_H 成正比，即

$$\theta_F = VB_H d \tag{6.83}$$

式中 θ_F—— 法拉第旋转角；

d—— 介质长度；

B_H—— 沿光传播方向的磁感应强度；

V—— 韦尔代(Verdet)常数，是物质固有的比例系数，表征物质的磁光特性，与光频和温度有关。韦尔代常数是以法国物理学家韦尔代(Marcel Emile Verdet，1824—1866)的名字命名的。

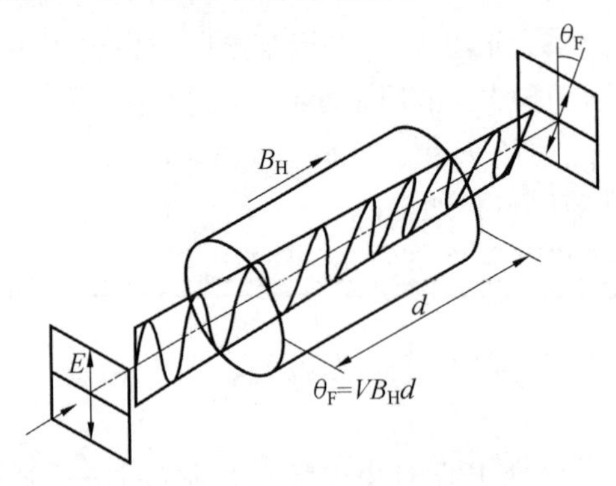

图6.62 法拉第效应

几乎所有的物质(包括气体、液体、固体)都有法拉第效应，但一般都不显著。不同物质法拉第旋转角的旋转方向不同。通常规定旋转方向与产生磁场的螺线管里电流方向一

致的称为正旋，或者当光的传播方向和磁场方向一致时，顺着光的传播方向，光波的偏振沿着顺时针为正旋，此时，$V>0$；反之叫负旋，即$V<0$。如果存在反射现象，即光通过介质后，被反射回来再次穿过介质，那么相当于作用了两次，旋转角度就会加倍。

法拉第效应的物理机制是：进入介质的一束沿着待施加磁场方向传播平面偏振光，可分解成两束等幅的、方向相反（即左旋和右旋）的圆偏振光。介质中受原子核束缚的电子在两圆偏振光的电矢量作用下，做稳态的圆周运动。施加磁场后，在这些电子上会引起洛伦兹力，洛伦兹力的方向由某一圆偏振光的旋转方向和磁场方向决定。因此，电子所受的力可以有两个不同值，轨道半径也有两个不同的值。也就是说，对于给定磁场会有两个电偶极矩、两个电极化率。磁场的作用使左旋偏振光和右旋偏振光的折射率不同。这一折射率的差异在本质上可归结为磁场作用下原子、分子能级和量子态的变化。这样，当光通过介质后，将产生不同的位相滞后，形成椭圆偏振，即平面偏振光透过介质后偏振面产生了转动。利用法拉第效应，可以观察磁性薄膜、六角铁氧体、亚铁磁石榴石和其他透明氧化物中的磁畴；还可制作一些有用的磁光器件，如旋转器、隔离器、环形器、调制器、锁定式开关等。

2. 磁光克尔效应

当一束偏振光入射到介质表面并发生反射时，若介质处于磁性状态，则反射光的偏振面会发生偏转，这就是磁光克尔效应（magneto－optical Kerr effect）。磁介质表面反射出的椭圆偏振光长轴相对于原来入射光的偏振方向转过的角度θ_K，称为克尔偏转角，如图6.63所示。磁光克尔效应是苏格兰物理学家克尔（John Kerr，1824—1907）于1877年发现的。这里的“磁光”克尔效应应当与第5章的“电光”克尔效应予以区分。磁光克尔效应的产生是由于磁场的存在破坏了反射光椭圆偏振的对称性，引起了入射平面偏振光中电矢量振动方向的改变。从铁磁体表面反射的椭圆偏振光，其长轴发生转动的大小与表面磁畴的磁化向量成分成正比。

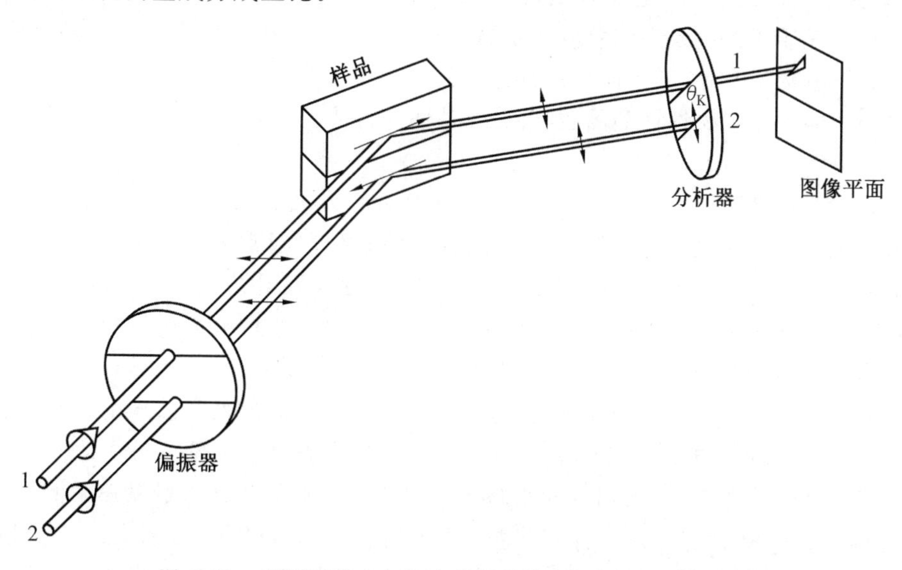

图6.63　利用磁光克尔效应进行磁体表面畴的观测原理

磁光克尔效应从铁磁体的磁化向量相对光的入射面和反射面又可分成三大类，如图 6.64 所示。(1) 极向(polar) 磁光克尔效应。磁化向量垂直反射面，但与入射面平行。在这种场合下，有最大的偏振面转动。(2) 纵向(longitudinal) 磁光克尔效应。磁化向量和入射面及反射面同时平行。纵向效应引起的偏振面转动比极向效应约小 5 倍。正入射时，转动为 0，入射角 60° 时，转动最大。(3) 横向(transversal) 磁光克尔效应。磁化向量和入射面垂直，但平行于反射面。在横向情况下，不出现偏振面的转动。横向效应的存在，仅仅是由于表面对入射平面内偏振光的反射系数的变化引起的，这一效应等效一个有效的偏转。极向和纵向克尔效应的磁致旋光都正比于磁化强度。

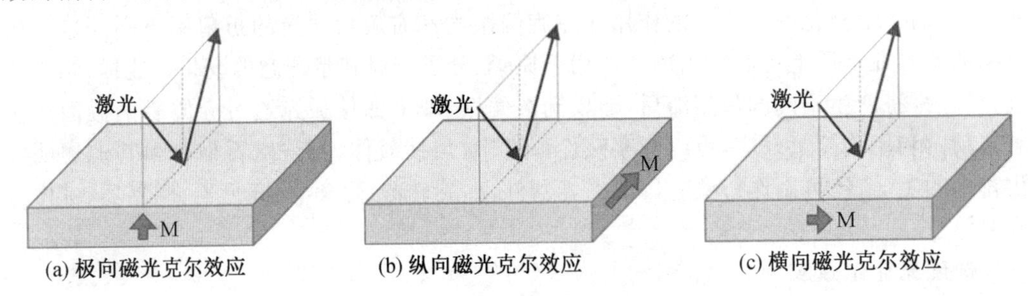

图 6.64　磁光克尔效应的三种模式

磁光克尔效应在技术上可实现表面非破坏性探测、有对介质磁性高的灵敏度，被广泛应用于科学领域中。磁光克尔效应最重要的应用是观察铁磁体的磁畴，一般可观察到表面深度为 10 ～ 20 nm 的磁畴，因此，最适合用于磁性薄膜的研究。1985 年，E. R. Moog 和S. D. Bader 在金 (100) 表面生长铁的薄膜实验中，提出了以"SMOKE(surface magneto-optic Kerr effect)"，即表面磁光克尔效应，研究原子层厚度(monolayer-range) 铁的超薄膜的思想，并成功绘制了铁薄膜的磁滞回线，建立了克尔转角与铁薄膜厚度的关系，并研究了在不同谱线下铁薄膜的磁光克尔信号，开启了磁光克尔效应用于表面磁学研究的大门。基于表面磁光克尔效应建立的实验系统是表面磁性研究中的一种重要手段，在磁性超薄膜的磁有序、磁各向异性、层间耦合、相变行为等方面具有重要的应用。应用该系统可以自动扫描磁性样品的磁滞回线，从而获得薄膜样品矫顽力、磁各异性等方面的信息。

磁光信息存储(magento-optical storage) 是近年发展起来的新技术，是对传统信息存储技术的革新。磁光信息存储是借助于磁光效应原理(通常为法拉第效应或极向克尔效应) 来实现信息的存储。磁光存储采用的介质，需要易磁化方向垂直于介质表面，还需要具有合适的磁参数(如居里温度、矫顽力、磁化强度等)，尽可能大的法拉第旋转角或克尔旋转角，以提高载噪比(Carrier to Noise Ratio，CNR)，低的介质噪声，较好的化学稳定性和热稳定性等。图 6.65 给出了磁光存储的原理示意图。磁性薄膜样品由均匀垂直磁化的小区域(即磁畴) 组成。若用图中所示的磁化强度矢量朝上朝下分别表示二进位制中的"1""0" 信号，那么，写入信息时来自于二极管激光器的激光束经聚焦后照到某一小区域[图 6.65(a) 中阴影区域]，并使其温度升至磁性膜的居里点(或抵消点)，当激光束移去后，靠外磁场 H 使受热区域的磁矢量重新取向。外场朝上对应于"1" 信息，朝下则为"0" 信息。为了不影响未被加热区域的磁矢量的取向，外场 H 要小于磁性膜的矫顽力值。信息读出则是利用极向克尔磁光效应，即当磁化矢量取向不同时，与之作用后的反射光的偏振面的转向恰好相反。这样在图6.65(b)中所示的信号光二极管上就能给出原来存入的信号。

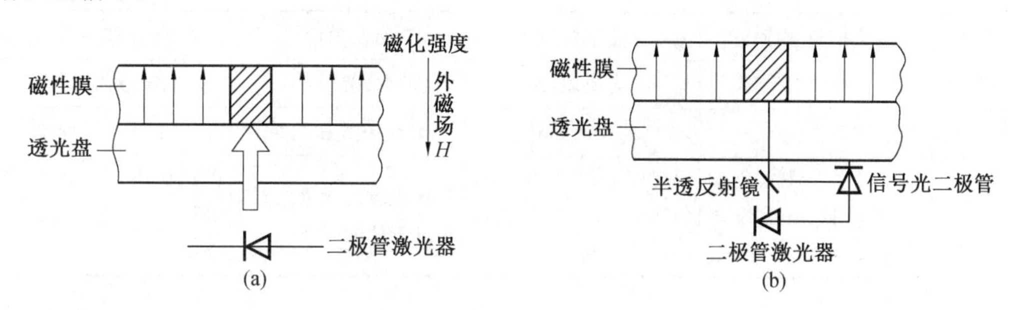

图6.65 磁光存储原理示意图

3. 塞曼效应

在磁场作用下，发光体的光谱线发生分裂的现象称为塞曼效应(Zeeman effect)。其中，一条谱线分裂为2条(顺磁场方向观察)或3条(垂直于磁场方向观察)的为正常塞曼效应；3条以上的为反常塞曼效应。塞曼效应是荷兰物理学家塞曼(Pieter Zeeman，1865—1943)于1896年发现的。塞曼因其发现的"塞曼效应"，和他的老师——荷兰理论物理学家H. 洛伦兹于1902年共同获得诺贝尔物理学奖，以表彰他们在磁场对光的效应研究中所做出的特殊贡献。塞曼效应的产生是由外磁场对电子的轨道磁矩和自旋磁矩的作用使发生能级分裂造成的，分裂的条数随能级的类别而不同。塞曼效应证实了原子磁矩的空间量子化，为研究原子结构提供了重要途径。利用塞曼效应可以测量电子的荷质比(电子的电荷量与其质量的比值)。在天体物理中，塞曼效应可以用来测量天体的磁场。

4. 磁致线性双折射效应

当光以不同于磁场方向通过置于磁场中的介质时，会出现像单轴晶体那样的双折射现象，即出现与磁场平行的偏振光的相位速度和垂直于磁场方向的线偏振光的相位速度不同的现象，称之为磁致线性双折射效应(magnetic birefringence)。磁致线性双折射效应包括科顿－穆顿效应(Cotton-Mouton effect)和瓦格特效应(Voigt effect)。通常把铁磁和亚铁磁介质中的磁致线双折射称为科顿－穆顿效应，反铁磁介质中的磁致线性双折射称为瓦格特效应。瓦格特效应是德国物理学家瓦格特(Woldemar Voigt，1850—1919)于1898年在气体中发现的。科顿－穆顿效应则首先于1901年由苏格兰物理学家克尔(John Kerr，1824—1907)在胶体溶液中发现，1907年，法国科学家科顿(Aimé Cotton，1869—1951)和穆顿(Henri Mouton，1869—1935)对此效应进行了详细研究。利用磁致双折射效应可以制作一种基于M－Z结构的隔离器。

表6.8对上述几种磁光效应进行了对比。

目前，常见的磁光晶体材料主要包括：正铁氧体(即稀土铁酸盐 $ReFeO_3$，Re为稀土元素)、稀土钼酸盐体系(主要有白钨矿型两倍钼酸盐 $ARe(MoO_4)_2$、三倍钼酸盐 $Re_2(MoO_4)_3$、四倍钼酸盐 $A_2Re_2(MoO_4)_4$ 和七倍钼酸盐($A_2Re_4(MoO_4)_7$，A为非稀土金属离子)、含铽铌酸盐、钇铁石榴石、含铽石榴石晶体(包括铽铝石榴石(TAG)、铽镓石榴石(TGG)和铽钪铝石榴石(TSAG)等)。表 6.9 给出了主要几种含铽石榴石晶体的性能对比数据。

表 6.8　磁光效应对比

类别	法拉第效应	克尔效应	塞曼效应	科顿－穆顿效应
作用对象	物质内部	物质表面	发光体	液体
变化	偏振面偏转	偏振面偏转	谱线条数和间距	产生双折射现象
应用	磁光开关、磁光调制器、量糖计、光线电流传感器等	磁光存储技术、研究材料表面、观察铁磁材料中的磁畴等	分析物质的元素组成、测量天体的磁场	得到物质中能级结构的信息、研究微弱磁性变化

表 6.9　主要几种含铽石榴晶体的性能对比

材料	波长为 505 ～ 1 300 nm 的透过率 /%	热导率 /($W \cdot m \cdot K^{-1}$)	韦尔代常数 /($rad \cdot m^{-1} \cdot T^{-1}$)		
			532 nm	632.8 nm	1 064 nm
TAG 晶体	＞80	7.4	—	163	—
TGG 晶体	＞80	7.4	196.5	138.2	42
TSAG 晶体	82.3	3.6	256.6	165.8	46.2
TAG 晶体	～60	6.5	—	179.8	—
TGG 晶体	～75	～4.94	181.7	129.8	41.6

6.6　磁性材料及其应用

磁滞回线所包围面积表示磁性材料在一个磁化和退磁周期中所消耗的能量,面积越大,表明消耗能量越多。磁滞回线的形状和面积决定了磁性材料的性能特征。通常,磁性材料根据矫顽力的大小可以分为软磁材料(soft magnetic materials)、硬磁材料(hard magnetic materials)和磁存储材料(magnetic storage materials)。图 6.66 给出了这三类材料实际使用量的分布情况。

6.6.1　软磁材料及其应用

软磁材料是指矫顽力小(一般认为 $H_C < 1\ 000$ A/m)、去掉磁场后基本不显示磁性的材料,其磁滞回线呈狭长形,如图 6.67(a) 所示。从图中可以看到,软磁材料的矫顽力和磁滞损耗很低,具有高的磁导率和高的饱和磁感应强度,在外加磁场很小的情况下即可达到磁饱和,并容易恢复到退磁状态。通常,衡量软磁材料的重要指标主要包括:最大磁导率 μ_m、初始磁导率 μ_i、饱和磁感应强度 B_s、铁损 P 等,根据这些指标可以确切说明材料的性能、质量和用途。根据软磁材料的这一磁特性可知,软磁材料适合用作交变磁场的器件,可减少磁滞损耗带来的损失。软磁材料自身需要减小各向异性、增加纯度以降低磁滞损耗;通过增加电阻率、减小芯片的厚度,以降低其涡流损耗。低的矫顽力使软磁材料的

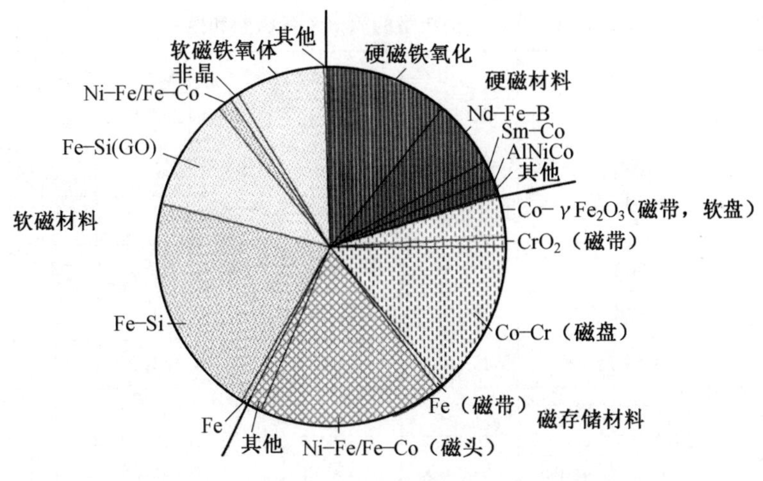

图 6.66　三类磁性材料使用量的分布情况

畴壁在磁场中很容易移动，因此要避免材料自身的缺陷和杂质等阻止畴壁运动的因素在材料内存在，也就是通过使用高纯原料、改善熔炼工艺条件和后加工过程等提高材料的均匀性。

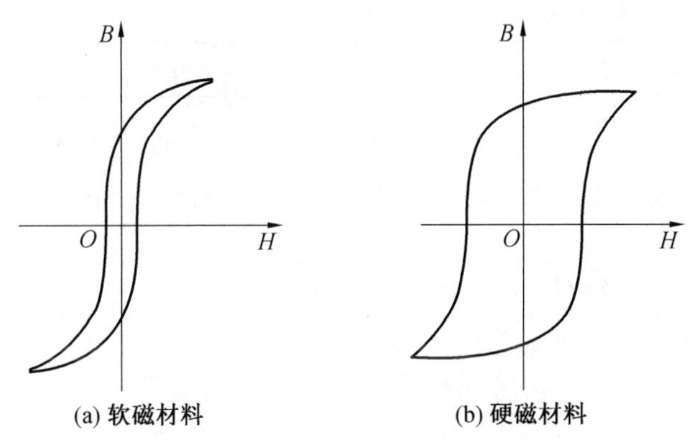

图 6.67　软磁材料和硬磁材料磁滞回线的比较

根据材质，软磁材料又可分为金属软磁材料和铁氧体软磁材料两大类。金属软磁材料主要包括纯铁、铁硅合金、铁镍合金和以它们为基础的非晶合金。铁氧体软磁材料主要包括锰锌铁氧体材料和镍锌铁氧体材料两大类。表 6.10 列出了一些典型的软磁材料和性能。

软磁材料的应用十分广泛。根据软磁材料用途的不同，大致可分为以下几个类型：

① 在恒定磁场中应用的软磁材料，如电磁铁、继电器所用的磁芯、磁导体等。它要求材料有高的磁导率及高的饱和磁感应强度，主要应用纯铁或铁硅合金。一般来说，工业上常见纯铁的矫顽力 H_C 为 70 ~ 90 A/m，最大磁导率在 5 000 ~ 10 000 之间。对铁而言，常通过降低碳含量获得低的矫顽力，比如，采用增加硅的含量或者用氢脱碳等方法实现低碳含量。硅的加入还可以提高电阻率，降低涡流损耗和磁滞损耗等。

表 6.10 一些典型的软磁工程材料和性能

名 称	成分 /%	相对磁导率		矫顽力 H_C /(A·m^{-1})	剩磁 B_r /T	最大磁感应强度 /T	电阻率 /(μΩ·cm)
		μ_i	μ_m				
工业纯钢	99.8Fe	150	5 000	80	0.77	2.14	10
低碳钢	99.5Fe	200	4 000	100	0.77	2.14	112
硅钢(无织构)	3Si 余 Fe	270	8 000	60	0.77	2.01	47
硅钢(织构)	3Si 余 Fe	1 400	50 000	7	1.2	2.01	50
4750 合金	48Ni 余 Fe	11 000	80 000	2	1.2	1.55	48
4－79 坡莫合金	4Mo79Ni 余 Fe	40 000	200 000	1	0.80	1.20	58
含钼超磁导率合金	5Mo80Ni 余 Fe	80 000	450 000	0.4	0.78	2.30	65
帕明杜尔铁钴系高磁导率合金	2V49Co 余 Fe	800	80 000	160	1.20	1.58	40
金属玻璃 2605－3	$Fe_{79}B_{16}Si_5$	800	30 000	8	0.30	0.40	125
MnZn 铁氧体	H5C2(日本 TDK 公司)	10 000	30 000	7	0.09	0.40	15×10^6
NiZn 铁氧体	K5(西门子)	290	30 000	80	0.25	0.33	20×10^{13}

② 磁屏蔽用软磁材料，它要求材料有高的磁导率，主要采用铁镍合金。铁镍合金在低磁场中具有高的磁导率、低饱和磁感应强度、很低的矫顽力和低损耗，并具有好的加工成型性能。

③ 电力工业用软磁材料，如发电机、电动机以及功率变压器所用的磁芯。这类材料主要工作于强交变磁场，要求材料磁化到饱和磁化强度的 70% ～ 80%，故要求材料的矫顽力 H_C 小，最大磁导率 μ_m 高、能量损耗低、饱和磁感应强度 B_s 高。由于这类材料的用量大，其成本也是一个重要因素。目前这类材料主要采用含硅量 3% ～ 4% 的铁硅合金。铁硅合金(即硅钢) 通常具有中高频铁损低、磁滞伸缩小、矫顽力小、磁导率高、饱和磁感应强度高和稳定性好等特点。其中，高硅硅钢特别适合作为中高频电动机、变压器以及电抗器的铁芯材料。

④ 电信工业用软磁材料，如天线棒、脉冲变压器及各种电感元件所用磁芯。这类材料主要工作于不同频率的弱交变磁场，因此，要求材料的矫顽力 H_C 小、起始磁导率 μ_i 高、能量损耗小。目前这类材料主要有坡莫合金(permalloy)、超坡莫合金(super permalloy)、铁钴合金(permendur) 和 Fe－Co－Ni 合金(perminvar) 等。在高频领域，除了应用上述合金的薄片外，更多的是使用软磁铁氧体，主要有 Mn－Zn 铁氧体、Ni－Zn 铁氧体以及少量的 Mg－Zn 铁氧体、Mg－Mn 铁氧体等。

近年来，非晶态软磁材料由于电阻率高、矫顽力低、耐腐蚀、机械性能好、低磁致伸缩等特点具有重要的应用价值。例如，铁基非晶合金材料应用于电机铁芯，可显著降低电机的铁损(iron loss)、提高电机效率，尤其对于铁损占主要部分的高速高频电机，如电动车驱动电机、高速主轴电机等，节能效果更好。

除此以外,软磁薄膜材料在促进电子器件的微型化、高频化、低损耗和低噪声等方面具有不可替代的优势,可在微波吸收器、磁性存储器、磁传感器和微电感器等器件中运用,也是磁学研究领域的热点之一。

6.6.2 硬磁材料及其应用

硬磁材料,也称永磁材料(permanent magnet materials),是指矫顽力大(一般认为 $H_C > 10^4$ A/m),难以磁化,且一旦磁化后去掉外磁场仍能长期保持强磁性的材料,其磁滞回线呈宽大型,如图 6.67(b) 所示。从图中可以看到,硬磁材料具有高的剩磁、高的矫顽力和高的饱和磁感应强度,且其磁化到饱和态时需要的外加磁场大。另外,硬磁材料磁滞回线包围的面积中,最大磁能积 $(BH)_{max}$ (maximum value of energy product) 是衡量磁体储存能量大小的重要参数之一,能全面反映硬磁材料的储磁能力。$(BH)_{max}$ 越大,在外磁场去掉后,单位面积所存储的磁能也越大,性能也越好,其直接的工业意义是磁能积越大,产生同样效果时所需磁材料越少。磁能积(energy product) 是退磁曲线上任意一点的 B 和 H 的乘积。而 $(BH)_{max}$ 在磁滞回线上可采用近似作图法获得:H_C 与 B_r 垂直线的交点 O' 与 O 的连线,在退磁曲线(磁滞回线坐标的第二象限部分)上的交点 P 所对应的 B_M 与 H_M,其乘积最大,也就最大磁能积 $(BH)_{max}$,具体作图方法如图 6.68 所示。$(BH)_{max}$ 是评价永磁体强度的最主要指标。根据 $(BH)_{max}$ 可确定各种永磁体的最佳形状。$(BH)_{max}$ 越高的永磁体,产生同样的磁场所需的体积越小;在相同体积下,$(BH)_{max}$ 越高的永磁体获得的磁场越强。如稀土永磁体的 $(BH)_{max}$ 约为 450 kJ/m^3,普通磁钢的 $(BH)_{max}$ 约为 8 kJ/m^3。通常,若永磁体的尺寸比取 $(BH)_{max}$ 的形状,则能保证永磁体单位体积的磁场能最大。

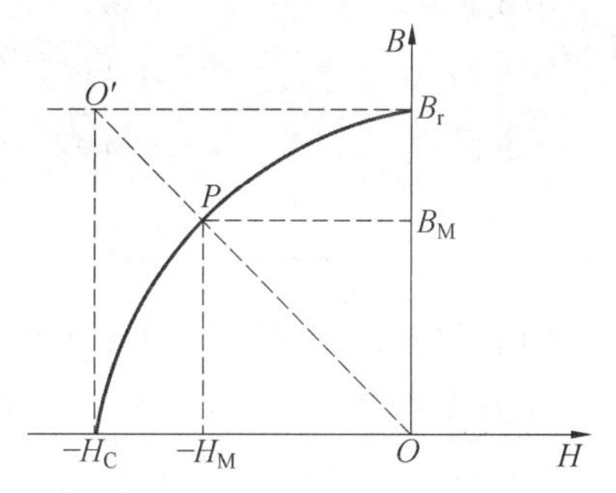

图 6.68 最大磁能积的作图方法

硬磁材料主要包括金属硬磁材料、铁氧体硬磁材料和稀土硬磁材料三大类。表 6.11 给出了一些见的硬磁材料的典型性能。

金属硬磁材料是发展较早的一类的主要以铁和铁族元素为组元的合金型硬磁材料,主要是指 Al-Ni-Co 和 Fe-Cr-Co 系两类,这一类材料温度稳定性高,居里温度可高达 890 ℃,在某些特殊器件上有着无法取代的地位。金属硬磁材料主要包括以下几类材料。淬火硬化磁钢,如高碳钢、铬钢、钨钢等,这是早期发展并应用的一类硬磁材料。其缺点是 H_C 不高、$(BH)_{max}$ 不大。脱溶硬化合金,如铝镍钴永磁合金,是一类性能优良、用途广泛的硬磁材料,其中 Alnico Ⅷ 的 B_r 可高达 1.35 T。超晶格材料,如 PtCo 合金、PtFe 合金、MnAl 合金等，其中 PtCo 合金具有很好的温度稳定性。微粉材料，如 MnBi 合金、FeCo 合金等，这类材料的特点是便于制造，但性能较差。

表 6.11 几种常见的硬磁材料的典型性能

材料	$B_r/(\times 10^{-4}\,T)$	$H_C/(\times 10^2\,A\cdot m^{-1})$	$(BH)_{max}/(\times 10^4\,J\cdot m^{-3})$
碳钢	9 000	40	0.16
铬钢	9 000	50	0.23
钨钢	9 800	48	0.20
钴钢	10 000	193	0.82
铝镍钴 Ⅱ	8 000	397	1.35
铝镍钴 Ⅴ	13 500	570	6.0
铝镍钴 Ⅷ	11 300	1 330	10.7
铂铁合金	5 800	1 250	2.4
锰铝合金	4 280	2 150	2.8
铂钴合金	6 400	3 800	7.3
钡铁氧体	2 100	1 400	0.8
锶铁氧体（晶粒取向）	4 000	1 700	2.9
钡铁氧体（晶粒取向）	4 000	1 540	2.9
$PrCo_5$	4 900	2 700	4.3
YCo_5	3 000	1 300	1.2
$SmCo_5$	9 800	12 000	24
$(Sm,Er)_2(Co,Cu,Fe)_{17}$	9 900	5 800	22
Nd－Fe－B	12 400	11 600	35.5

铁氧体硬磁材料主要有钡铁氧体和锶铁氧体，其主要的化学式为 $MO\cdot 6Fe_2O_3$，其中，M 为 Ba、Pb、Sr 等元素，由于其原料便宜、价格低廉、工艺简单，在 20 世纪 70 年代得以迅速发展。这一类材料的电阻率高，主要应用于微波和高频领域。但是，该类材料通常 B_r 和 $(BH)_{max}$ 不高，温度系数较大。

第三类稀土硬磁材料则是以过渡族金属元素（Fe、Co 等）与稀土元素 Re（Sm、Nd、Pr 等）所形成的金属间化合物为主的一类高性能永磁材料。从 20 世纪 60 年代开始，稀土硬磁材料经历了 $SmCo_5$、Sm_2Co_{17}、Nd－Fe－B 三代的发展。稀土永磁材料是现在已知的综合性能最高（矫顽力最高、磁能积最大）的一种永磁材料，比磁钢的磁性能高 100 多倍，比铁氧体、铝镍钴性能优越得多，比昂贵的铂钴合金的磁性能还高一倍。稀土永磁材料的使用，不仅促进了永磁器件向小型化发展，提高了产品的性能，而且促使某些特殊器件的产生。

硬磁材料的主要用途是制成永磁体，在一定的空间内产生恒定的磁场。与电流磁场相比，它所产生的磁场强度稳定、不需要电源、不发热、体积小，因此，被广泛应用于仪表、电信、电力、交通和生活用品。由于硬磁材料优异的性能，硬磁材料还在多个领域有着不可替代的地位。例如，将硬磁材料作为发动机、电机、磁存储器里的磁盘，生活中的传感器、话筒、开关等。除此之外，还有工业生产中的继电器，医疗方面的磁麻醉、磁疗等方面。

6.6.3 磁存储材料及其应用

从1899年丹麦工程师波尔逊(Valdemar Poulsen，1869—1942)发明钢丝录音机(magnetic wire recorder，又称为telegraphone)开始，磁记录/磁存储技术到现在已经有100多年的历史。在这一百多年中，从录音开始的磁记录技术，到随计算机技术发展起来的磁存储技术(如磁带装置、硬盘等)，再逐渐扩展到录像和数码等广阔的磁信息技术领域，磁记录/磁存储材料在当代信息社会中起着越来越广泛的作用。2015年，日本富士通胶片公司与美国IBM公司合作，在涂覆型磁带上以钡铁氧体作为记录介质，获得了123 Gb/in^{2}的磁记录密度，创造了当时全球最高的磁记录密度。磁记录技术也由传统的纵向磁记录方式(Longitudinal Magnetic Recording，LMR)，发展到现今成熟的垂直磁记录方式(Perpendicular Magnetic Recording，PMR)，硬盘面密度以惊人的速度提高。目前，研究人员还在努力研究新的磁存储方式，如倾斜磁记录(tilted magnetic recording，TMR)、图案化盘面记录(patterned recording，PM)和热辅助磁存储(heat－assisted magnetic recording，HAMR)等。

磁记录是一种电与磁的转换过程，所用的材料有的是软磁材料，有的是硬磁材料。

对磁记录而言，主要是利用磁性原理输入(写入)、记录、存储和输出(读出)声音、图像、数字等信息的技术。所需的磁记录介质通常由硬磁材料构成，其要求主要包括：具有硬磁特性，要求具有较高的剩磁B_r值，适当的矫顽力H_C值，磁滞回线接近矩形；磁层表面组织致密，厚薄均匀，平整光滑，无针孔麻点，能经受磁头碰撞和摩擦而不划伤表面；记录密度高；磁层越薄，记录密度越高；对周围环境的温度、湿度变化不敏感，无明显的加热退磁现象，能长期保持磁化状态；输出信号幅度大，分辨率高，噪声低；价格低廉，易于高效率生产等。这些性能的实现不但取决于磁性材料的特性，而且取决于生产工艺水平。其中，如何减少磁层厚度，是提高记录密度、扩大存储容量的关键环节之一。一般而言，磁层越薄，则垂直磁场越小，磁扩散面积越小，因此记录密度越高。目前，常用的磁记录介质主要有$\gamma-Fe_2O_3$系、CrO_2系、Fe－Co系和Co－Cr系材料。按形态分类，主要包括颗粒涂布型材料和连续薄膜型材料。颗粒涂布型材料的形态是一些针状的磁粉，其中，金属氧化物如$\gamma-Fe_2O_3$、Fe_3O_4和CrO_2等，金属微粒，如Fe、Co、Ni等。连续薄膜型材料主要是Co合金，包括：Co－Ni－P、Fe－Ni－Co、Co－P等，以及这些材料的不同比例的组合。

磁记录头(即磁头)的作用是既可将电脉冲信号转换成介质上的磁化状态，又可将介质上的磁化状态转换成电脉冲信号。由于要不断改变磁场方向，因此磁头需要采用软磁材料，其要求主要包括：具有软磁特性，即当外磁化场撤销后，立即回到未磁化状态；具有高的饱和磁化强度B_s，高的磁导率μ；低H_C值，以降低磁头的损失；低剩余磁化强度B_r，有利于抹除不需要的残余磁迹，并降低剩磁引起的噪声；高电阻率，可以降低铁芯的涡流损耗；高截止频率，以提高使用频率的上限；具有较好的热稳定性等。常用的磁头材料包括：合金材料，如坡莫合金、铁硅铝合金和非晶态合金等；铁氧体材料，如 Mn－Zn 锰锌铁氧体、Ni－Zn 镍锌铁氧体等。其中，坡莫合金机械加工性能好，矫顽力低，饱和磁化强度大，但电阻率低，耐磨性差，多用于磁带机磁头；非晶态合金软材料如钴铁、钴铁铌等具有很高的磁导率和磁化强度，矫顽力低，耐磨性好，多用于薄膜磁头和垂直记录磁头上；铁氧体材料电阻率高，耐磨，耐腐蚀，但磁导率和磁通密度不高，机械加工性能差，多用于软磁盘机和硬磁盘机磁头上。表 6.12 和表 6.13 给出了磁头用合金的磁性能和一些磁性薄膜记录介质的典型特性。

表 6.12　磁头用合金的磁性能

材　料	μ/1 kHz	H_C/(A·m^{-1}(Oe))	B/T(kG)	ρ/($\mu\Omega$·cm)	维氏硬度
4%Mo 坡莫合金	11 000	2.0(0.025)	0.8(8)	100	120
铝铁合金	4 000	3.0(0.038)	0.8(8)	150	290
铝硅铁合金	8 000	20(0.25)	0.8(10)	85	480

表 6.13　磁性薄膜记录介质的典型特性

材　料	淀积过程	取向状况	晶体结构	M/(kA·m^{-1})	H_C/(kA·m^{-1})	S,S*	K_{11}/(×10^5 J·m^{-3})
Co	OIE	IPA	hcp	1 100～1 400	60～120	…	4(块材)
	NIE,SP	IPI	hcp	1 100～1 400	30～60		
Fe	OIE	IPA	bcc	1 600	60～90	…	0.3～3.0
	SP	IPI	bcc	1 600	10		
Ni	OIE	IPA	fcc	400	20～28		
	SP	IPI	fcc	400			
Co－Ni	OIE	IPA	hcp－fcc	800～1 200	30～70		
Co－Fe	OIE	IPA	bcc	1 400～1 600	60～120	0.9,0.9	
Co－Sm	NIE(e)	IPA	非晶态	500～1 000	33～55	1.1	
Co－P	EL,EP	IPI	hcp	800～1 100	36～95	0.9,0.9	
Co－Re	SP	IPI	hcp－fcc	500～750	18～58	0.9,0.9	
Co－Pt	SP	IPI	hcp－fcc	800～1 400	60～140		
Co－Ni－P	EL,EP	IPI	hcp－fcc	600～1 000	40～120	0.8,0.8	
Co－(原子数分数为 30%)Ni：N_2	SP	IPI	hcp－fcc	650	80	0.95	
Co－Ni：O_2	OIE	IPA	hcp－fcc	300～400	80	0.7～0.8	
Co－Ni－Pt	SP	IPI	hcp－fcc	800～900	60～70	0.9,0.97	
Co－Ni－W	SP	IPI	hcp－fcc	450	30～50	0.8～0.8	

续表 6.13

材　料	淀积过程	取向状况	晶体结构	$M/(kA \cdot m^{-1})$	$H_C/(kA \cdot m^{-1})$	$S,S*$	$K_{11}/(\times 10^5 J \cdot m^{-3})$
Fe_3O_4	NIE,SP	IPI	I.S.	400	17 ~ 32		
$\gamma-Fe_2O_3:Co$	SP	IPI	I.S.	220 ~ 250	40 ~ 100	0.8,0.8	
$\gamma-Fe_2O_3:Co$	SP	IPI	I.S.	240	160	0.8,0.8	
Co-(原子数分数为18%)Cr	SP	⊥	hcp	300 ~ 550	80 ~ 100(⊥)	…	-1.0
Co-(原子数分数为20%)Cr	SP	⊥	hcp	400	65 ~ 95(⊥)	…	0.15
Co-(原子数分数为22%)Cr	SP	⊥	hcp	300 ~ 340	80 ~ 105(⊥)	…	0.4

注：OIE— 斜入射蒸镀；NIE— 垂直蒸镀；SP— 溅射；EL— 化学镀；EP— 电镀；IPA— 平面各向异性；IPI— 平面各向同性；⊥— 垂直膜面各向异性；hcp— 密排六方结构；fcc— 面心立方结构；bcc— 体心立方结构；IS— 反尖晶石结构。

除此以外，与磁存储技术相关的材料还包括：矩磁材料，即磁滞回线接近矩形和矫顽力低的磁性材料；磁泡材料，即在一定外加磁场作用下具有磁泡畴结构的磁性薄膜材料；磁光存储材料，即使光在磁场作用下改变其传输和反射方向的材料。这些材料在磁存储装置和器件等方面分别起到不同作用，以实现对信息的记录和存储。这些材料的具体特征和性能可查阅相关文献进行了解。

习　　题

1. 请说明以下基本物理概念：

磁感应强度、磁场强度、磁化率、磁导率、磁化强度、磁矩、抗磁性、顺磁性、反铁磁性、亚铁磁性、铁磁性、居里温度、饱和磁化强度、矫顽力、剩磁、磁化功、易磁化方向、磁晶各向异性能、磁晶各向异性常数、静磁能、磁场能、退磁能、磁致伸缩、磁致伸缩系数、磁弹性能、应力磁各向异性、自发磁化、磁畴、交换积分、交换能、奈尔温度、畴壁能、畴壁、技术磁化、巴克豪森跳跃、交流磁化曲线、最大磁能、磁损耗因子、铁损、趋肤效应、涡流损耗、磁滞损耗、剩余损耗、磁后效、霍尔效应、磁阻效应、法拉第效应、磁光克尔效应、塞曼效应、磁致线性双折射效应、最大磁能积

2. 给出 B、H、μ、M、χ、μ_r、μ_0 这几个符号的中文物理量名称，并写出这几个物理量间的关系表达式。

3. 什么是磁滞损耗？磁滞回线包围的面积代表什么含义？请在 $M(B)-H$ 磁滞回线中标出 M_s、B_s、H_C、M_r、B_r，并能给出相应的中文物理量名称。

4. 在 500 $A \cdot m^{-1}$ 的磁场中，一块软铁的相对磁导率为 2 800。请计算在此磁场强度下该软铁中的磁感应强度。($\mu_0 = 4\pi \times 10^{-7} H \cdot m^{-1}$)

5. 磁畴的出现是多种能量因素综合作用的结果，请写出与这些能量有关的因素，并分析磁畴结构产生的主要过程。

6. 铁磁性产生的两个条件是什么？与反铁磁性的差异在哪？

7. 抗磁性和顺磁性的差异是什么？

8. 绘出抗磁体、顺磁体、铁磁体、亚铁磁性材料、反铁磁性材料的磁化曲线，并说明产生这些特性的原因。

9. 什么是居里点和磁致伸缩？

10. 布洛赫畴壁和奈尔畴壁有什么差别？

11. 畴壁能和壁厚间有什么关系？为什么畴壁的能量高于畴内？

12. 解释铁磁性材料的膨胀反常原因。

13. 解释铁磁性材的技术磁化过程。

14. 请简要说明畴壁迁移和磁畴旋转。

15. 杂质对畴壁移动有哪些作用？请做简要说明。

16. 弹性应力对金属的磁化有什么影响？并请简要分析原因。

17. 动态磁滞回线有哪些特点？

18. 请指出引起铁磁体中能量损耗的几种现象。

19. 请简要解释两种磁后效机制。

20. 请简要说明硬磁材料和软磁材料的磁特性。

21. 图 6.69 给出了纯铁比热容随温度变化的实验曲线（实线），虚线为比热容的计算值，770 ℃ 为纯铁的居里点，请根据此图回答以下问题。

(1) 图 6.69 中 A_2、A_3、A_4 点处的相变分别属于哪类相变？并指出相变的特点。

(2) 在图 6.69 中 A_3 和 A_4 相变点附近示意性地绘出弹性模量随温度的变化，并指出原因。

(3) 若该材料属于磁不饱和状态，其弹性模量在低于居里点温度下，与磁饱和状态时的弹性模量相比有何不同，原因是什么？

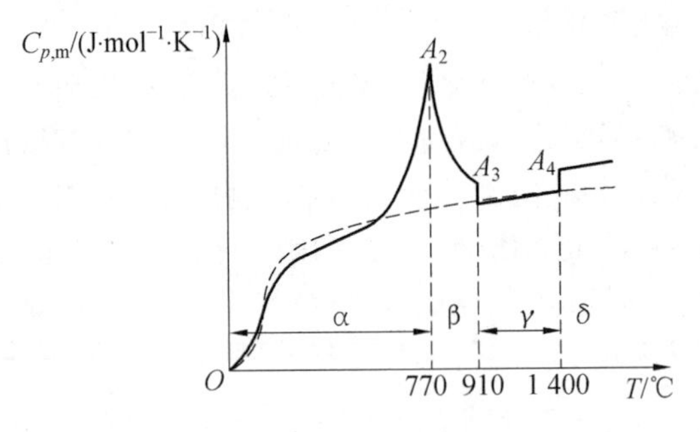

图 6.69 21 题图

22. 图 6.70 中曲线 1 表示某铁磁性材料热膨胀系数 α 随温度 T 的变化关系，曲线 2 表示正常材料的 α_1 随 T 的变化关系，T_0 是居里点，请回答以下问题。

(1) 请说明造成曲线 1 偏离正常膨胀的原因。

(2) 什么是居里点？若在此点附近发生二级相变，请在图中示意性绘出 T_0 附近热容随温度变化曲线，并解释其原因。

(3) 低于 T_0 时，该材料为什么出现铁磁性特征？并指出形成铁磁性的两个条件。

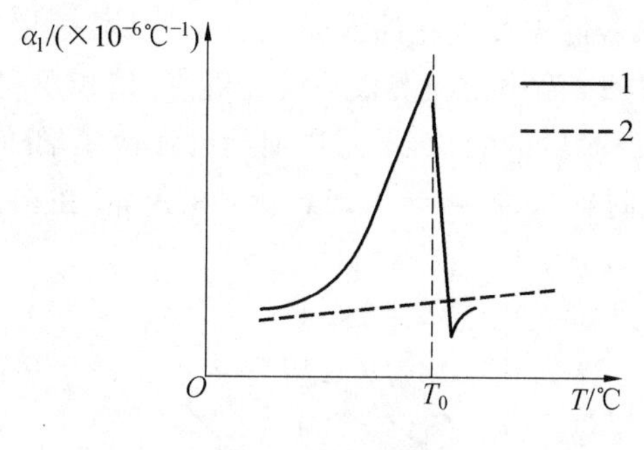

图 6.70　22 题图

23. 图 6.71 为铁电（或铁磁）材料极化（或磁化）随外电场（或磁场）变化的回线图，请在图中分别标出铁电（或铁磁材料）主要性能参数，并简要解释其主要含义。

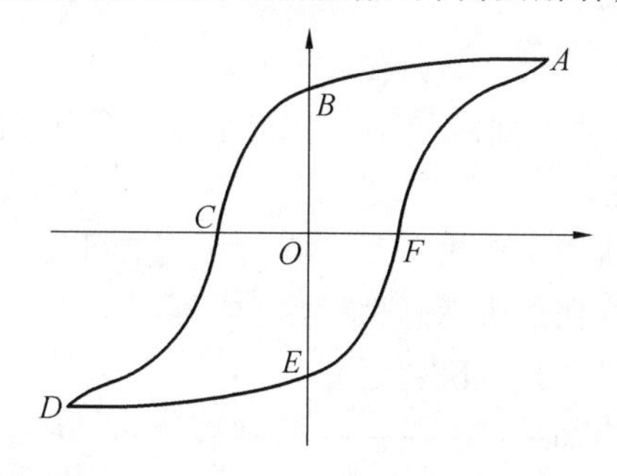

图 6.71　23 题图

24. 图 6.72 中实线是铁磁体的磁滞回线，虚线是 $\mu-H$ 的关系曲线，请根据此图回答以下问题。

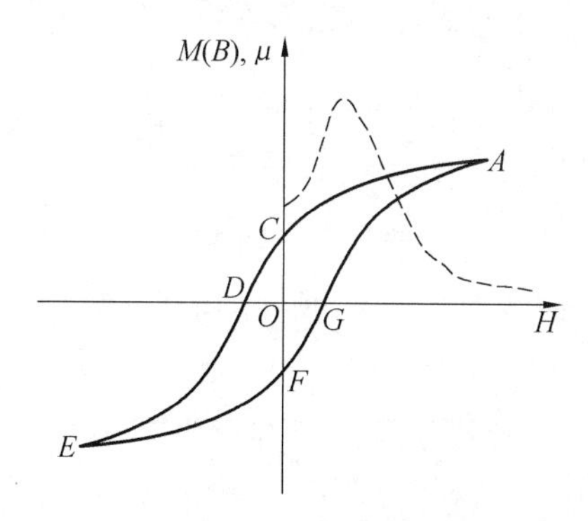

图 6.72　24 题图

(1) 在图 6.72 中标出 M_s、B_s、H_C、M_r、B_r、μ_m 的位置，并给出相应的中文物理量名称。

(2) 什么是磁滞现象？磁滞回线包围的面积代表什么含义？

(3) 给出 B、H、μ、M、χ、μ_r、μ_0 这几个符号的中文物理量名称，并写出相应的关系表达式。

25. 某材料的热膨胀实验曲线如图 6.73 所示，请回答以下几个问题。

(1) 由热膨胀曲线判断材料相变属于哪类相变，并说明材料的热容如何变化，请示意性地绘出相变温度附近热容随温度变化曲线。

(2) 若该材料为纯铁，T_0 温度对应奥氏体转变温度，请指出材料在 T_0 长度下降的原因，并预测弹性模量在升温阶段的变化，示意性地绘出弹性模量随温度变化曲线。

(3) 对实际的铁磁性材料来说，可能出现热膨胀的反常，主要的原因是什么？

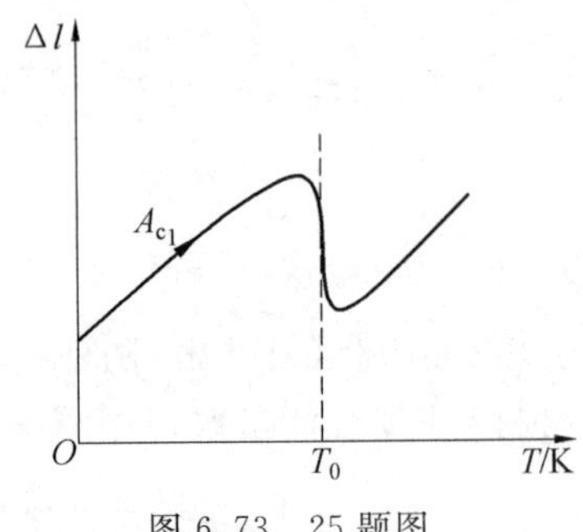

图 6.73 25 题图

26. 某铁磁性合金的热膨胀曲线如图 6.74 中曲线 1 所示，曲线 2 代表一般材料的膨胀曲线，请回答以下几个问题。

(1) 引起该材料膨胀曲线 1 偏离正常膨胀曲线 2 的可能原因是什么？

(2) 什么是居里温度？在图中示意性标出居里温度可能的位置，并说明原因。

(3) 请写出铁磁性材料的技术磁化过程。

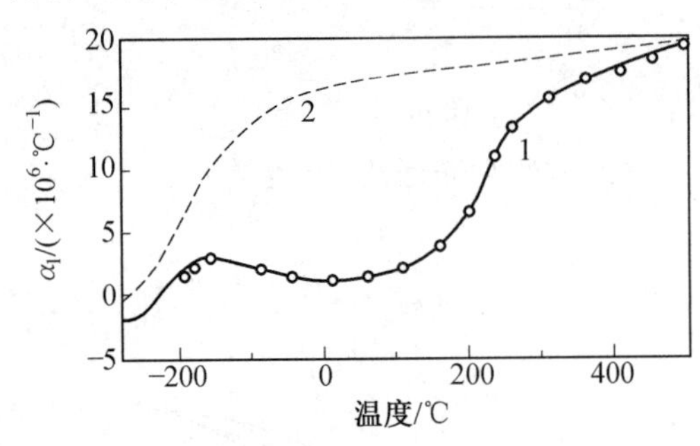

图 6.74 26 题图

27. 某磁性材料的磁化曲线如图 6.75 所示，请回答如下问题。

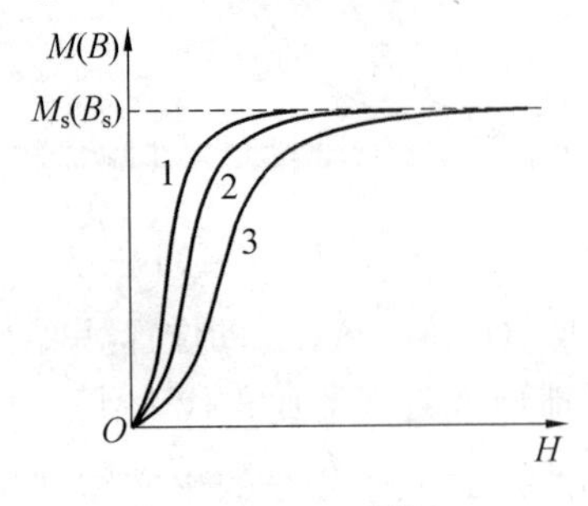

图 6.75 27 题图

(1) 请指出该磁性材料具有这种不同磁化曲线的两种可能性，并解释其原因。

(2) 针对曲线 1 ～ 3，在图中示意性绘出其磁导率随磁场强度的变化关系。

(3) 请解释铁磁性材料磁畴形成的原因。

28. 图 6.76 给出了某铁磁性材料热膨胀系数 α_l 随温度变化的实验曲线(实线)，虚线为正常材料的 α_l 数值，T_p 为该材料的居里点，请根据此图回答以下问题。

(1) 请说明造成曲线 1 偏离正常膨胀的原因。

(2) 什么是居里点 T_p？在 T_p 附近发生什么相变，有何特征？请在图中示意性绘出 T_p 附近热容随温度变化曲线，并解释其原因。

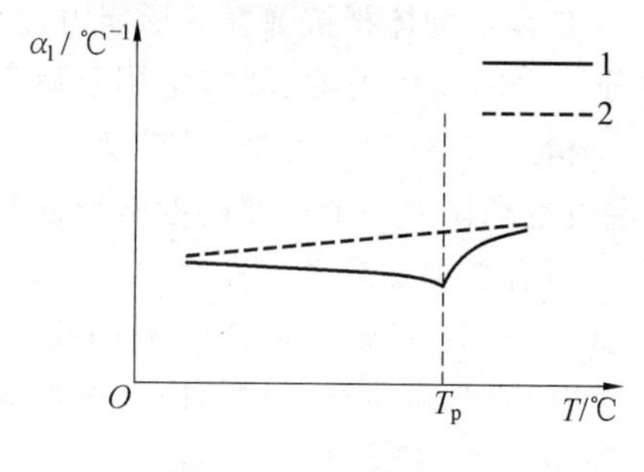

图 6.76　28 题图

第7章　材料的弹性与内耗

材料的弹性(elasticity)表现为材料在外力作用下发生形变，当外力去除后能恢复到原来大小和形状的性质。弹性理论在材料与结构设计中具有重要的地位，是材料选择和结构校核的重要理论基础。弹性模量是工程材料重要的性能参数。从宏观角度来说，弹性模量(elasticity modulus)是衡量物体抵抗弹性变形能力大小的指标；从微观角度来说，弹性模量是原子、离子或分子之间作用力的反映，常用于研究与原子间结合力有关的问题。在航空航天、机械制造、精密仪器、生物力学、材料设计、热力学与动力学、计算材料学等众多领域和学科中，弹性模量都作为一个重要的参数反映材料的特性。弹性模量的测定对研究各种材料的力学性质有着重要意义。在交变应力作用下，在弹性范围内还存在着非弹性行为，相关参量与时间有关，并产生内耗(internal friction)。内耗是材料微观作用的宏观表现。借助这一宏观表现，可进行与材料内部微观结构变化有关的理论分析，从而获得有意义的微观结构作用机理。

本章主要讲述引起材料弹性现象的物理本质，重点分析表征弹性的指标(即弹性模量)的影响因素，介绍弹性模量的测量与应用。同时，分析材料的弹性随时间变化的特征，介绍有关滞弹性和内耗的概念和机制，并讨论内耗在材料研究中的作用。

7.1　材料的弹性

7.1.1　弹性的表征及物理本质

1. 胡克定律

在弹性阶段，用于描述材料弹性的基础理论就是著名的胡克定律(Hooke's law)。该定律是英国著名物理学家胡克(Robert Hooke，1635—1703)提出的。胡克定律的描述是，固体材料受力之后，材料中的应力(stress)与应变(strain)之间呈线性关系，即

$$\sigma = E \cdot \varepsilon \tag{7.1}$$

$$\tau = G \cdot \gamma \tag{7.2}$$

$$p = K \cdot \frac{\Delta V}{V} \tag{7.3}$$

式中　σ——正应力；

ε——正应变；

E——弹性模量，也称杨氏模量(Young's modulus)，由英国物理学家托马斯·杨(Thomas Young，1773—1829)所得到的结果而命名，MPa；

τ——切应力；

γ——切应变；

G—— 切变模量(shear modulus);
p—— 体积压应力;
$\frac{\Delta V}{V}$—— 体积应变;
K—— 体积模量(bulk modulus)。

E、G 和 K 统称弹性模量,表征在应力作用下材料发生弹性变形的难易程度。弹性模量是选定机械零件材料的依据之一,是工程技术设计中常用的参数。表 7.1 给出了一些材料在常温下的弹性模量数据。

表 7.1 一些材料在常温下的弹性模量

材料名称	弹性模量 /MPa	材料名称	弹性模量 /MPa
低碳钢	2.0×10^5	尖晶石	2.4×10^5
低合金钢	$(2.0\sim2.2)\times10^5$	石英玻璃	0.73×10^5
奥氏体不锈钢	$(1.9\sim2.0)\times10^5$	氧化镁	2.1×10^5
铜合金	$(1.0\sim1.3)\times10^5$	氧化锆	1.9×10^5
铝合金	$(0.60\sim0.75)\times10^5$	尼龙	$(0.25\sim0.32)\times10^5$
钛合金	$(0.96\sim1.16)\times10^5$	聚乙烯	$(1.8\sim4.3)\times10^3$
金刚石	1.039×10^6	聚氯乙烯	$(0.1\sim2.8)\times10^3$
碳化硅	4.14×10^5	皮革	$120\sim400$
三氧化二铝	3.8×10^5	橡胶	$2\sim78$

在各向同性材料中,E、G 和 K 这三种模量之间还满足

$$G=\frac{E}{2(1+\mu)} \tag{7.4}$$

$$K=\frac{E}{3(1-2\mu)} \tag{7.5}$$

式中 μ—— 泊松比(Poisson's ratio),指材料在单向受拉或受压时,横向正应变与轴向正应变的绝对值的比值,是反映材料横向变形的弹性常数,由法国科学家泊松(Simon Denis Poisson,1781—1840) 最先发现并提出的。

对一各向同性长方体,如图 7.1 所示,各棱边平行于坐标轴,在垂直于 x 轴的两个面上受有均匀分布的正应力 σ_x,根据胡克定律,长方体在 x 轴的相对伸长,即 x 方向的应变 ε_x 可表示为

$$\varepsilon_x=\frac{\Delta L}{L}=\frac{\sigma_x}{E} \tag{7.6}$$

当长方体沿 x 轴伸长时,侧向 y 和 z 方向要发生图 7.1 所示的横向收缩。由泊松比的定义

$$\mu=-\frac{\varepsilon_y}{\varepsilon_x}=-\frac{\varepsilon_z}{\varepsilon_x} \tag{7.7}$$

那么,当长方体沿 x 轴伸长时,y 和 z 方向的应变 ε_y 和 ε_z 可写成

$$\varepsilon_y = -\mu\varepsilon_x = -\mu\frac{\sigma_x}{E} \tag{7.8}$$

$$\varepsilon_z = -\mu\frac{\sigma_x}{E} \tag{7.9}$$

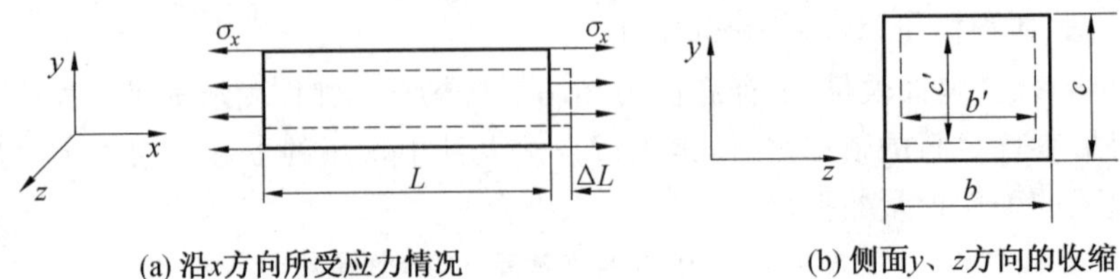

图 7.1 长方体受力形变示意图

仿照上述受 x 方向应力引起三个方向应变的描述方式，可分别写出受 y 和 z 方向应力，分别在三个方向引起的应变。若长方体各面同时受有均匀分布的正应力，那么将不同方向的应力在同一方向引起的应变量进行叠加，就可得到广义胡克定律，即

$$\begin{cases} \varepsilon_x = \dfrac{1}{E}[\sigma_x - \mu(\sigma_y + \sigma_z)] \\ \varepsilon_y = \dfrac{1}{E}[\sigma_y - \mu(\sigma_x + \sigma_z)] \\ \varepsilon_z = \dfrac{1}{E}[\sigma_z - \mu(\sigma_x + \sigma_y)] \end{cases} \tag{7.10}$$

如果研究的单元体各面都有剪应力的作用，那么任意两个相交面的夹角的改变都与相应的剪应力分量有关，相应的剪切广义胡克定律可写成

$$\begin{cases} \gamma_{xy} = \dfrac{\tau_{xy}}{G} \\ \gamma_{yz} = \dfrac{\tau_{yz}}{G} \\ \gamma_{zx} = \dfrac{\tau_{zx}}{G} \end{cases} \tag{7.11}$$

式中 τ_{ij}—— 切应力；

γ_{ij}—— 切应变。

其中，i 和 j 分别代表 x、y 或 z，并与上式切应力或切应变相对应。第一个下角标 i 对应着应力作用面的法线方向，第二个下角标 j 对应着应力作用方向。

对于各向异性材料，材料三个方向的参量 $E_x \neq E_y \neq E_z$，$\mu_{xy} \neq \mu_{yz} \neq \mu_{zx}$。通常，正应力和正应变(第一个下角标和第二个下角标相同) 只用单下标表示。

在单向受应力为 σ_x 时，y、z 两个方向的应变为

$$\varepsilon_{yx} = -\mu_{yx}\varepsilon_x = -\mu_{yx}\frac{\sigma_x}{E_x} = S_{21}\sigma_x \tag{7.12}$$

式中 S_{21}—— 弹性柔顺系数，满足关系：$S_{21} = -\dfrac{\mu_{yx}}{E_x}$。其中，$S$ 的第一个下角标表示应变方向，第二个下角标表示所受应力方向。

同理，可得

$$\varepsilon_{zx} = -\mu_{zx}\frac{\sigma_x}{E_x} = S_{31}\sigma_x \tag{7.13}$$

$$\varepsilon_x = \frac{\sigma_x}{E_x} = S_{11}\sigma_x \tag{7.14}$$

式中　S_{31}—— 弹性柔顺系数,满足关系:$S_{31} = -\frac{\mu_{zx}}{E_x}$;

S_{11}—— 弹性柔顺系数,满足关系:$S_{11} = \frac{1}{E_x}$。

综上所述,在受单向应力 σ_x 时,各方向上的应变可表示为

$$\begin{cases} \varepsilon_x = S_{11}\sigma_x \\ \varepsilon_{yx} = S_{21}\sigma_x \\ \varepsilon_{zx} = S_{31}\sigma_x \end{cases} \tag{7.15}$$

同理,在受单向应力 σ_y 和 σ_z 时,各方向上的应变可表示为

$$\begin{cases} \varepsilon_y = S_{22}\sigma_y \\ \varepsilon_{zy} = S_{32}\sigma_y \\ \varepsilon_{xy} = S_{12}\sigma_y \end{cases} \tag{7.16}$$

$$\begin{cases} \varepsilon_z = S_{33}\sigma_z \\ \varepsilon_{xz} = S_{13}\sigma_z \\ \varepsilon_{yz} = S_{23}\sigma_z \end{cases} \tag{7.17}$$

当同时受三个方向的正应力时,结合式(7.15) ~ (7.17) 的结论,在 x、y、z 方向的应变可写成

$$\begin{cases} \varepsilon_x = S_{11}\sigma_x + S_{12}\sigma_y + S_{13}\sigma_z \\ \varepsilon_y = S_{21}\sigma_x + S_{22}\sigma_y + S_{23}\sigma_z \\ \varepsilon_z = S_{31}\sigma_x + S_{32}\sigma_y + S_{33}\sigma_z \end{cases} \tag{7.18}$$

同时受三个方向的正应力及剪应力时,正应力对剪应变有影响,剪应力对正应变也有影响,那么 x、y、z 方向上的应变为

$$\begin{cases} \varepsilon_x = S_{11}\sigma_x + S_{12}\sigma_y + S_{13}\sigma_z + S_{14}\tau_{yz} + S_{15}\tau_{zx} + S_{16}\tau_{xy} \\ \varepsilon_y = S_{21}\sigma_x + S_{22}\sigma_y + S_{23}\sigma_z + S_{24}\tau_{yz} + S_{25}\tau_{zx} + S_{26}\tau_{xy} \\ \varepsilon_z = S_{31}\sigma_x + S_{32}\sigma_y + S_{33}\sigma_z + S_{34}\tau_{yz} + S_{35}\tau_{zx} + S_{36}\tau_{xy} \\ \gamma_{yz} = S_{41}\sigma_x + S_{42}\sigma_y + S_{43}\sigma_z + S_{44}\tau_{yz} + S_{45}\tau_{zx} + S_{46}\tau_{xy} \\ \gamma_{zx} = S_{51}\sigma_x + S_{52}\sigma_y + S_{53}\sigma_z + S_{54}\tau_{yz} + S_{55}\tau_{zx} + S_{56}\tau_{xy} \\ \gamma_{xy} = S_{61}\sigma_x + S_{62}\sigma_y + S_{63}\sigma_z + S_{64}\tau_{yz} + S_{65}\tau_{zx} + S_{66}\tau_{xy} \end{cases} \tag{7.19}$$

如果采用简化的求和表示法,把 x、y、z 用 1、2、3 代替,并把 yz(或 zy)、zx(或 xz)、xy(或 yx)分别以 4、5、6 代替(根据剪应力互等定理 $\tau_{ij} = \tau_{ji}$),那么式(7.19) 可以写成

$$\varepsilon_i = S_{ij}\sigma_j \tag{7.20}$$

式中　S_{ij}—— 柔度常数;

i,j—— 下角标标号,取值为 1 ~ 6。

同理,可以把应力写成用六个应变表达的函数,即

$$\sigma_i = C_{ij}\varepsilon_j \tag{7.21}$$

式中　C_{ij}—— 刚度常数；

i,j—— 下角标标号，取值为 1 ～ 6。

式(7.20) 和式(7.21) 就是广义胡克定律的一般关系式。其中，一般 $C_{ij} \neq S_{ij}^{-1}$。这两个常数统称为弹性常数。

根据倒顺关系(由弹性应变能导出) 有 $C_{ij} = C_{ji}$，$S_{ij} = S_{ji}$，那么独立弹性常数的数目就由 36 个减少至 21 个。晶体的对称性越强，独立弹性常数的数目越少。

2. 弹性的物理本质

弹性模量实际上反映了原子间作用力的大小，是相邻原子的平衡位置偏离量与相互间引力或斥力的度量。当材料未受力时，原子处于平衡位置，相邻原子间的引力和斥力相平衡，原子具有最低的势能。当材料受到不大的力时，原子克服作用力的影响，发生相对位移而偏离平衡位置，引起宏观应变。当外力去掉时，原子在作用力的影响下，又自发回到平衡位置，宏观应变消失。

与描述材料热膨胀的本质类似，下面采用双原子模型对弹性的物理本质进行解释，如图 7.2 所示。

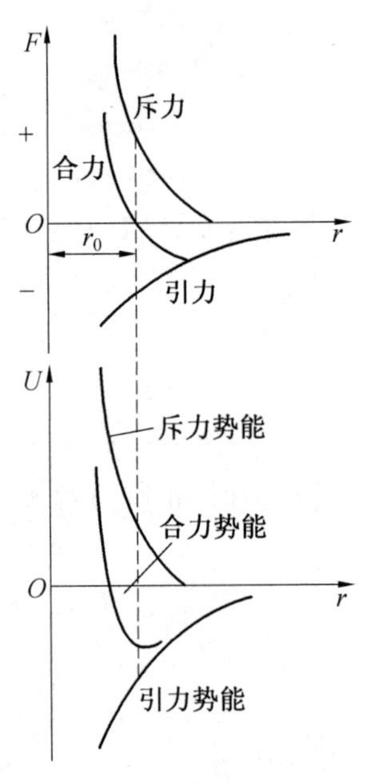

图 7.2　双原子模型的势能 $U(r)$ 及其相互作用力 $F(r)$ 与原子间距 r 的关系

在双原子模型中，固定一个原子不动，当另一个原子受到外界作用力时，从微观上将影响原子间相互作用的势能。对于一对相距为 r 的原子的势能 U 可以表示为

$$U(r) = -\frac{A}{r^n} + \frac{B}{r^m} \tag{7.22}$$

式中　$-\dfrac{A}{r^n}$—— 势能的相吸部分；

$\dfrac{B}{r^m}$—— 势能的相斥部分；

r—— 两原子间距离；

A、B、m、n—— 决定于材料成分和结构的常数，且 $m > n$，意义在于斥力对距离的变化更为敏感。

那么，势能 $U(r)$ 对 r 的一阶导数反映了原子间作用力 $F(r)$ 与 r 的关系，即

$$F(r) = -\frac{\mathrm{d}U(r)}{\mathrm{d}r} = -\frac{nA}{r^{n+1}} + \frac{mB}{r^{m+1}} \tag{7.23}$$

式中，负号表示力与位移方向相反。

当 $F(r) = 0$ 时，两原子间的平衡距离，即

$$r_0 = \left(\frac{mB}{nA}\right)^{\frac{1}{m-n}} \tag{7.24}$$

当无外力作用时，两原子间距离 $r = r_0$，此时引力和斥力平衡，合力为 0，势能最低，处于平衡状态。当受到压应力时，两原子间距离 $r < r_0$，此时斥力大于引力，合力为斥力；当受到拉应力时，两原子间距离 $r > r_0$，此时引力大于斥力，合力为引力；去掉外力后，原子又回到平衡位置。

与分析热膨胀的物理本质相似，将两原子间的势能 $U(r)$，在 $r = r_0$ 处展开成泰勒级数，即

$$U(r) = U(r_0) + \left(\frac{\mathrm{d}U}{\mathrm{d}r}\right)_{r_0} x + \frac{1}{2!}\left(\frac{\mathrm{d}^2U}{\mathrm{d}r^2}\right)_{r_0} x^2 + \frac{1}{3!}\left(\frac{\mathrm{d}^3U}{\mathrm{d}r^3}\right)_{r_0} x^3 + \cdots \tag{7.25}$$

式中 x—— 原子离开平衡位置的位移，$x = r - r_0$。

经分析可知，式(7.25)右侧第一项为常数，第二项 $\left(\frac{\mathrm{d}U}{\mathrm{d}x}\right)_{r_0} = 0$。如果忽略 x^3 以上的项，则式(7.25)成为

$$U(r) = U(r_0) + \frac{1}{2!}\left(\frac{\mathrm{d}^2U}{\mathrm{d}r^2}\right)_{r_0} (r - r_0)^2 \tag{7.26}$$

从式(7.26)可以看出，无论材料受到拉应力还是压应力，原子偏离平衡位置 r_0，都将引起势能 $U(r)$ 增加。这一结论可以实际反映材料的弹性特征。但实际上式(7.26)忽略了 x^3 以上的项，这一近似方式称为简谐近似(harmonic approximation)。

原子间作用力 $F(r)$ 满足

$$F(r) = -\frac{\mathrm{d}U(r)}{\mathrm{d}r} = -\left(\frac{\mathrm{d}^2U}{\mathrm{d}r^2}\right)_{r_0} (r - r_0) \tag{7.27}$$

将式(7.27)进一步分析，可发现

$$\frac{F(r)}{r - r_0} = -\left(\frac{\mathrm{d}^2U}{\mathrm{d}r^2}\right)_{r_0} = -\left[\frac{\mathrm{d}}{\mathrm{d}r}\left(\frac{\mathrm{d}U}{\mathrm{d}r}\right)\right]_{r_0} = \left(\frac{\mathrm{d}F}{\mathrm{d}r}\right)_{r_0} \tag{7.28}$$

由式(7.28)的关系可知，如果假设双原子键合作用的一微小力 $\mathrm{d}F$，产生一微小位移 $\mathrm{d}r$，在微位移不大时，$\frac{\mathrm{d}F}{\mathrm{d}r}$ 呈线性关系，即

$$\frac{\mathrm{d}F}{\mathrm{d}r} = \left(\frac{\mathrm{d}F}{\mathrm{d}r}\right)_{r_0} = E_{\mathrm{m}} \tag{7.29}$$

式中 E_{m}—— 微观弹性模量。

作用力曲线 $F(r)$ 在 r_0 处的斜率 E_{m} 对于一定的材料是常数。这一斜率实际反映的

就是材料在微观上的弹性模量，即微观弹性模量。对于宏观上的弹性模量$E=\frac{\sigma}{\varepsilon}$，在双原子模型中就相当于$E_m$或$\frac{dF}{dr}$。也就是说，物体宏观上发生的弹性变形，相当于微观上物体在外力作用下原子间距离产生可逆变化的结果。弹性模量E代表对原子间弹性位移的抗力，是反映原子间结合力大小的物理量。由于弹性取决于原子间结合力的性质，故此弹性模量是一个组织不敏感的参数。因而，凡是与原子间结合力有关的物理参量都可能与E有关。

7.1.2 弹性模量与其他物理参量的关系

1. 弹性模量与原子半径的关系

由于材料的弹性与原子间的结合力有关，所以弹性模量取决于材料原子的价电子数和原子半径的大小，即取决于原子的结构。元素周期表中原子外层的电子数呈周期变化。因此，室温下材料的弹性模量也相应地呈周期变化。对于金属元素，其弹性模量的大小与元素在周期表中的位置有关，其变化规律如图 7.3 所示。

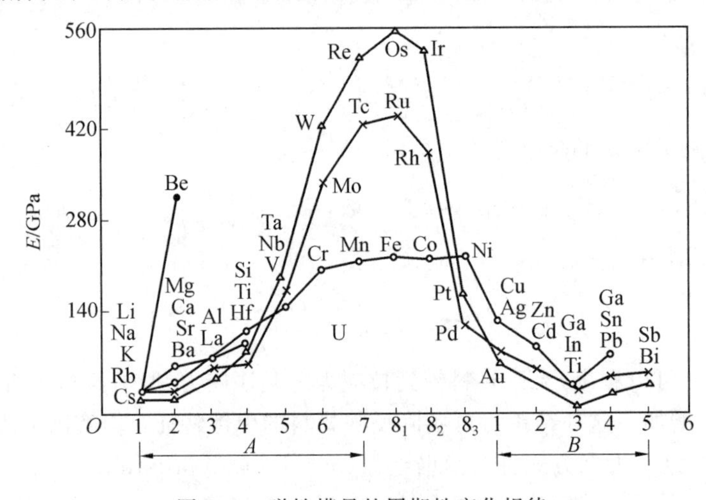

图 7.3 弹性模量的周期性变化规律

弹性模量E与原子间距a之间近似满足

$$E=\frac{K}{a^m} \tag{7.30}$$

式中 K,m—— 常数，与原子的类型有关。

式(7.30)表明，原子半径越大，原子间距也越大，相应的弹性模量E越小。图 7.4 给出了部分元素的原子半径周期性变化关系。根据这一关系可知，弹性模量E与原子序数之间的周期关系是：除过渡族外，同周期中，随着原子序数的增加，价电子数增多，原子半径减小，弹性模量增高；同一族元素，它们的价电子数相等，由于原子半径随着原子序数增加而增大，弹性模量减小。

2. 弹性模量与熔点的关系

弹性模量取决于原子间结合力大小。原子间结合力强，则需要较高的温度才能使原

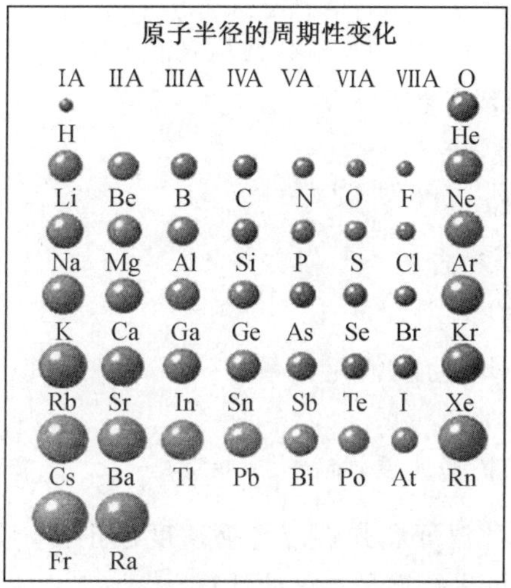

图 7.4　部分元素的原子半径周期性变化关系

子产生一定程度的热振动，足以破坏原子间结合力，导致熔化，表现为熔点高。例如，在 300 K 下，弹性模量 E 与熔点 T_m 间满足

$$E=\frac{100kT_m}{V_a} \tag{7.31}$$

式中　T_m—— 熔点；

V_a—— 原子体积或分子体积；

k—— 常数。

图 7.5 给出了弹性模量 E 与 kT_m/V_a 之间的关系。从图 7.5 中可以看出，其符合良好的线性关系。

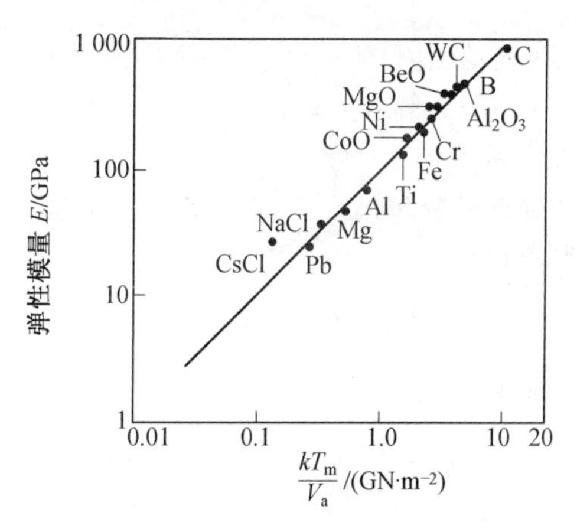

图 7.5　弹性模量 E 与 kT_m/V_a 之间的关系

3. 弹性模量与德拜温度的关系

由第 4 章可知，德拜温度 Θ_D 可用来表征原子间结合力的大小，Θ_D 越大，原子间结合力越高。弹性模量也可表征原子间结合力的大小，因此，这两个参量之间存在一定的关系，即

$$\Theta_D=\left(\frac{3N_A}{4\pi A}\right)^{\frac{1}{3}}\frac{h}{k_B}\rho^{\frac{1}{3}}c \tag{7.32}$$

式中 N_A—— 阿伏伽德罗常数；

k_B—— 玻耳兹曼常数；

h—— 普朗克常量；

A—— 相对原子量；

ρ—— 密度；

c—— 弹性波的平均速度，满足关系：$\frac{3}{c^3}=\frac{1}{c_1^3+c_\tau^3}$，其中，$c_1$、$c_\tau$ 分别代表纵向和横向弹性波的传播速度，且满足 $c_1=\sqrt{\frac{E}{\rho}}$，$c_\tau=\sqrt{\frac{G}{\rho}}$。

由式(7.32) 可知，德拜温度和弹性波传播速度成正比，弹性模量越大，德拜温度越高。因而，根据式(7.32) 可进行德拜温度的计算。

4. 弹性模量与线膨胀系数的关系

由材料的膨胀特征可知，所有纯金属由 0 K 到熔点的线膨胀量约为 2%，即满足关系式(4.94)。所以线膨胀系数 α_1 与熔点 T_m 有关，即熔点越高，线膨胀系数越小。根据熔点越高，弹性模量越大的关系，可得出弹性模量 E 越大，则线膨胀系数 α_1 越小，两者成反比关系。

7.1.3 弹性模量的影响因素

经上述分析不难理解，凡是影响原子间结合力的因素都会影响弹性模量。因此，在分析弹性模量变化规律的原因时，主要考虑这些因素对原子间结合力的影响。

1. 温度的影响

随着温度的升高，原子振动加剧，体积膨胀，原子间距增大，原子间相互作用力减弱，金属的弹性模量会降低，如图 7.6 所示。从图 7.6 中可以发现，弹性模量随温度的升高近似呈直线降低。

这里，式(7.30) 中的弹性模量 E 和原子间距 a 均是与温度 T 有关的函数，将式(7.30) 对温度 T 求一阶导数，则可得到

$$\frac{dE}{dT}+E\cdot\frac{m}{a}\cdot\frac{da}{dT}=0 \tag{7.33}$$

将式(7.33) 两边除以 E，则

$$\frac{1}{E}\cdot\frac{dE}{dT}+m\cdot\frac{1}{a}\cdot\frac{da}{dT}=0 \tag{7.34}$$

从式(7.34) 可以发现，第二项中的 $\frac{1}{a}\cdot\frac{da}{dT}$ 实际就是线膨胀系数 α_1，并且令 $\beta_E=\frac{1}{E}\cdot\frac{dE}{dT}$，那么式(7.34) 可写成

$$\beta_E+m\alpha_1=0 \tag{7.35}$$

式中 β_E—— 弹性模量温度系数，表示弹性模量随温度的变化。

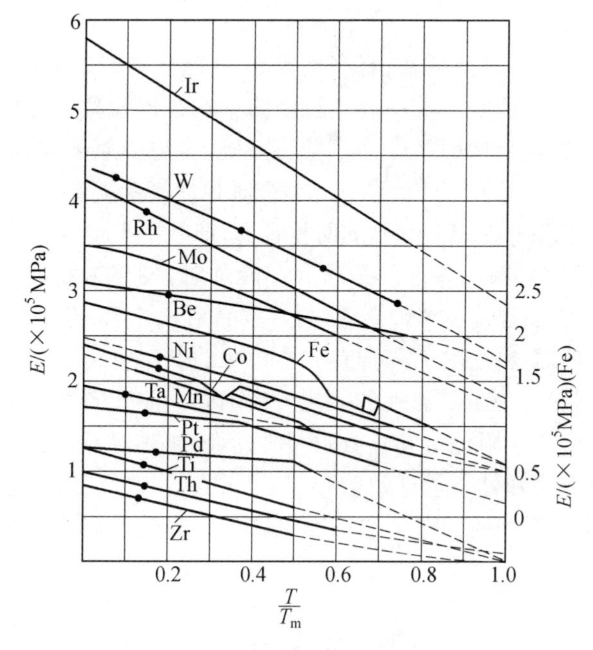

图 7.6　金属弹性模量与温度的关系

式(7.35)表明,不同金属与合金的热膨胀系数 α_1 与弹性模量温度系数 β_E 之间的比值是一定值,通常 $\left|\frac{\alpha_1}{\beta_E}\right|=0.04$,见表 7.2。

表 7.2　一些金属与合金的 $|\alpha_1/\beta_E|$ 值

材　料	$\alpha_1/\times10^{-5}$	$\beta_E/\times10^{-5}$	$\left\|\frac{\alpha_1}{\beta_E}\right\|/\times10^{-2}$
含 18%Cr、8%Ni 的奥氏体钢	1.6	−39.7	4.03
Fe−5%Ni 合金	1.05	−26.0	4.04
Fe	1.1	−27.0	4.01
磷青铜	1.7	−40.0	4.25
W	0.4	−9.5	4.11
Cu−30%Pb 合金	17.0	−42.0	4.05

当温度高于 $0.52T_m$ 时,弹性模量和温度之间不再是直线关系,而是呈指数关系,即

$$\frac{\Delta E}{E}\propto\exp\left(-\frac{Q}{RT}\right) \tag{7.36}$$

式中　Q——弹性模量效应的激活能,与空位生成能相近。

一般而言,低熔点轻金属和合金的 $|\beta_E|$ 较大,E 随温度升高而下降的幅度大;高熔点的耐热金属及其碳化物和耐热合金的 $|\beta_E|$ 较小,E 随温度升高而下降的幅度小。造成这一结果的原因与原子间结合力的大小有关。

另外,从图 7.6 可以看出,某些金属的弹性模量在某一温度处会发生突变,这是由金属发生相变引起的,如图 7.6 中的 Fe 和 Co。

2. 相变的影响

材料内部的相变，如多晶型转变、有序化转变、铁磁性转变以及超导态转变等，都会对弹性模量产生比较明显的影响。其中有些转变的影响在比较宽的温度范围发生，而另一些转变则在比较窄的温度范围引起弹性模量的突变，这是由原子在晶体学上的重构和磁的重构所造成的。图 7.7 给出了 Fe、Ni、Co 等金属弹性模量随温度的变化曲线。Fe 加热到 910 ℃ 时，将发生从 $\alpha-$Fe 到 $\gamma-$Fe 的相转变，即晶格类型由体心立方转变为面心立方，转变后点阵密度增大，因此弹性模量增大。冷却时，发生逆相变，使弹性模量降低。Co 也发生类似的转变，当温度从 480 ℃ 时的六方晶系 $\alpha-$Co 转变为立方晶系的 $\beta-$Co 时，弹性模量增大。但需要注意的是，加热和冷却时的变化曲线不重合。对处于磁饱和态和退火态的 Ni 而言，弹性模量随温度的变化关系不同。前者的弹性模量随温度增加而单调递减，在居里点(360 ℃)附近出现轻微的弯曲；后者加热到 190 ～ 200 ℃ 时弹性模量降到最低，之后随温度升高弹性模量开始上升，在居里点(360 ℃)附近达到最大值。在这之后，Ni 的弹性模量又重新开始下降。这一现象属于材料铁磁状态的弹性反常现象，后面会对此详细讨论。

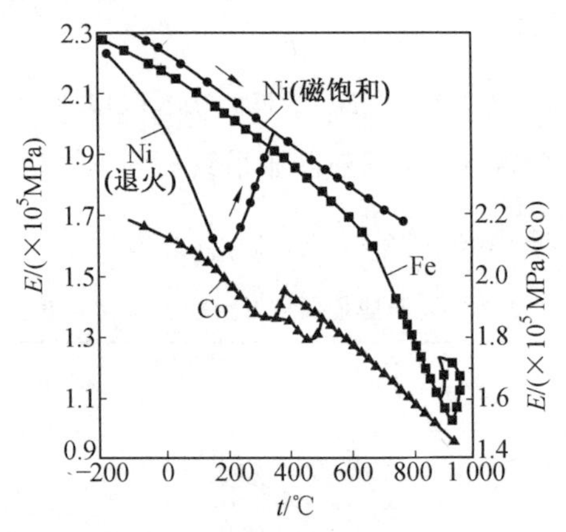

图 7.7　Fe、Ni、Co 等金属弹性模量随温度的变化

3. 固溶体的弹性模量

在固态完全互溶的情况下，某些二元固溶体的弹性模量浓度随原子浓度呈线性或近似线性变化，如 Ag－Au、Cu－Au、Cu－Pt 等。组成合金中的组元中如果含有过渡族金属，则合金的弹性模量与组元成分偏离直线关系，成为向上凸的曲线，如图 7.8 所示。这一现象与过渡族元素的 d 层电子未填满有关。

形成有限固溶体时，溶质对合金弹性模量的影响主要有三个方面：① 溶质原子加入造成点阵畸变，引起弹性模量降低。② 溶质原子阻碍位错线的弯曲和运动，削弱点阵畸变的影响，使弹性模量增加。③ 当溶质和溶剂原子间结合力比溶剂原子间结合力大时，会引起合金弹性模量的增加，反之降低。两金属构成有限固溶体时，弹性模量随溶质含量增加呈线性减小，且价数差越大，弹性模量减小越多，其弹性模量的变化可表示为

$$\Delta E = \pm c r_s - a r_s (\Delta Z)^2 \tag{7.37}$$

式中　ΔE—— 弹性模量的变化值；

r_s—— 溶质原子浓度；

ΔZ—— 溶质与溶剂价数差；

c 和 a—— 常数，溶质半径大于溶剂半径时，c 为负值。

式(7.37) 中的第一项表示由两组元半径不同引起的变化；第二项是由原子价不同引起的变化。图 7.9 给出了溶质组元含量对 Cu 基和 Ag 基固溶体弹性模量的影响。从图 7.9 中可以看出固溶体的弹性模量随溶质浓度的增加而降低，且原子价差 ΔZ 越大，ΔE 的变化也越大。

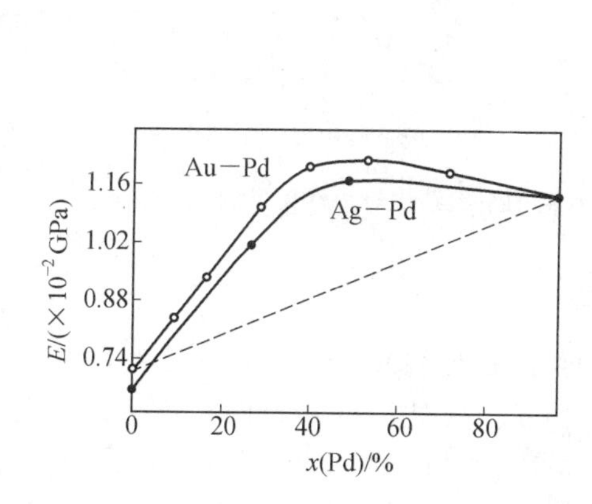

图 7.8 Ag－Pd 及 Au－Pd 合金成分对弹性模量的影响

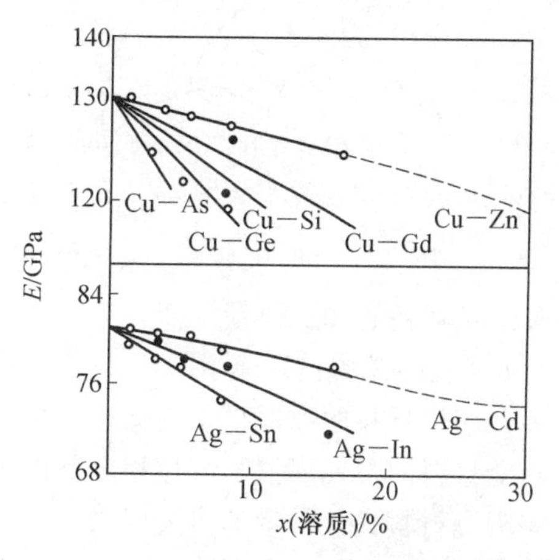

图 7.9 溶质组元含量对 Cu 基(上图)、Ag 基(下图) 固溶体弹性模量的影响

溶剂与溶质的原子半径差 ΔR 对合金的弹性模量也有影响。一般而言，溶剂与溶质原子半径差 ΔR 越大，合金弹性模量下降得也越多。当两组元原子价相近或相等且原子半径相差较大时满足

$$\frac{\mathrm{d}E}{\mathrm{d}r_s} \propto \Delta R \tag{7.38}$$

式中 r_s—— 溶质原子浓度；

ΔR—— 原子半径差。

另外，当合金中溶入使合金熔点降低的元素时，根据弹性模量与熔点成正比的关系可知，合金的弹性模量也降低。

4. 晶体结构的影响

共价键、离子键和金属键都有较高的弹性模量。无机非金属材料大多数由共价键或离子键，以及两种键合共同作用方式构成，因而有较高的弹性模量。金属及其合金为金属键结合，也有较高的弹性模量。而高分子聚合物分子之间为分子键结合，分子键结合力较弱，因此高分子聚合物的弹性模量较低。

材料的弹性模量一方面取决于键合方式，另一方面还与晶体结构密切相关。同种金属点阵结构不同，弹性模量也不同。弹性模量变化的基本规律是：如果点阵原子排列得比较致密，弹性模量增加；单晶材料在不同晶体学方向上弹性模量呈各向异性，沿排列最致密的晶向弹性模量最高；多晶材料的弹性模量为各晶粒的统计平均值，表现为伪各向同性；如果多晶材料内存在织构，那么弹性模量表现为各向异性；非晶态材料(如玻璃、非晶态金属与合金等) 的弹性模量为各向同性。图 7.10 给出了 Ni42CrTiAl 合金经冷轧和退

火后形成的织构对弹性模量的影响。从图 7.10 中可以看到,沿轧制形成织构的方向弹性模量最高,与轧制方向成 45° 的方向弹性模量最低。

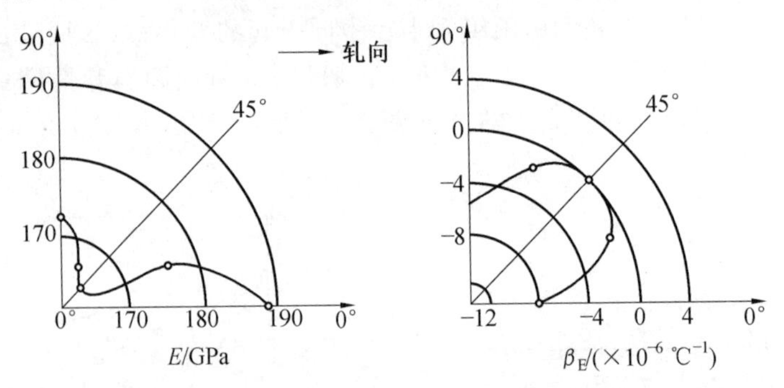

图 7.10 Ni42CrTiAl 合金经冷轧和退火后的组织结构对弹性模量的影响

5. 无机材料的弹性模量

(1) 多孔陶瓷的弹性模量。

多孔陶瓷材料的弹性模量要低于致密的同类陶瓷材料的弹性模量。图 7.11 给出了一些陶瓷材料的弹性模量与孔体积分数的关系曲线。从图 7.11 中可以明显看出,气孔率是影响陶瓷材料弹性模量的重要因素,气孔率越高,弹性模量下降得越快。通常,材料的应力和应变在很大程度上取决于气孔的形态和分布。可采用半经验公式进行多孔陶瓷弹性模量的计算,即

$$E = E_0(1 - b\varphi_{气孔}) \tag{7.39}$$

式中 b—— 微孔形状因子;

$\varphi_{气孔}$—— 微孔体积浓度(气孔率);

E_0—— 无孔状态时的弹性模量。

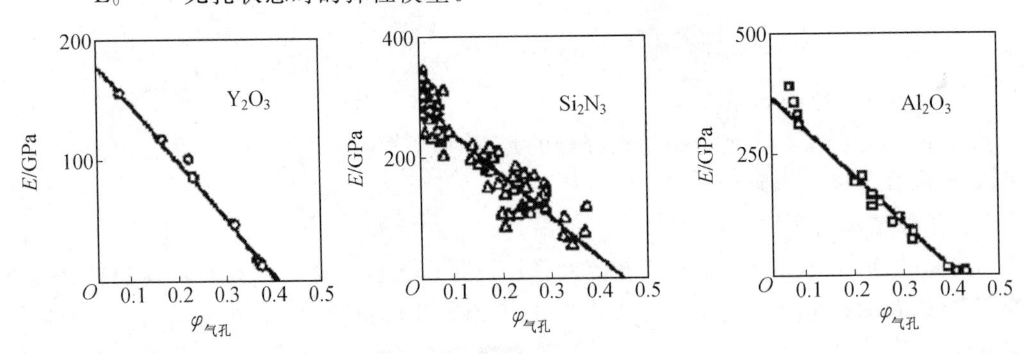

图 7.11 一些陶瓷材料的弹性模量与孔体积分数的关系

(2) 双向陶瓷的弹性模量。

弹性模量决定于原子间结合力,因键型和键能对组织状态不敏感,故通过热处理来改变材料弹性模量是极有限的。但是,对于不同组元构成的复合材料的弹性模量而言,可以通过调整成分形成复相陶瓷,从而改变弹性模量。

在二元系统中,总的弹性模量可用混合定律来描述。图 7.12 给出了两相片层相间的复相陶瓷材料三明治结构模型。

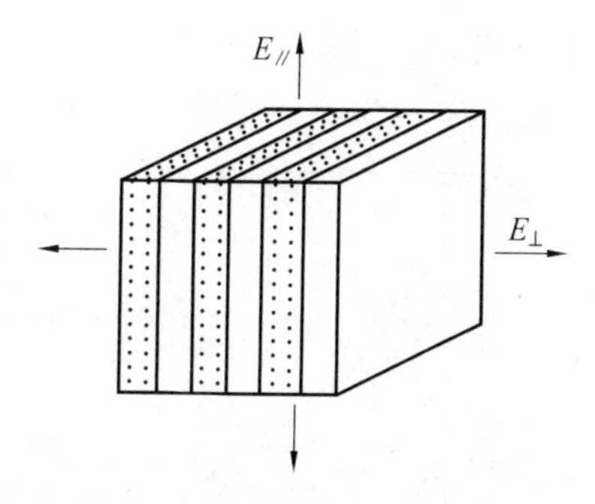

图 7.12　三明治结构复相陶瓷

按照 Voigt 模型，假设两相应变相同，即沿平行层面拉伸时，复合材料的弹性模量为

$$E_{/\!/}=\varphi_1 E_1+\varphi_2 E_2 \tag{7.40}$$

式中　$E_{/\!/}$ —— 沿平行层面拉伸时复合材料的弹性模量；

E_1、E_2 —— 两相各自的弹性模量；

φ_1、φ_2 —— 两相的体积分数。

另一模型由 Reuss 提出，假定两相的应力相同，即垂直于层面拉伸时，复合材料的弹性模量为

$$E_{\perp}=\frac{E_1 E_2}{\varphi_1 E_2+\varphi_2 E_1} \tag{7.41}$$

式中　$E_{\perp}$ —— 沿垂直层面拉伸时复合材料的弹性模量；

E_1、E_2 —— 两相各自的弹性模量；

φ_1、φ_2 —— 两相的体积分数。

7.1.4　金属与合金的弹性反常

前面介绍处于磁饱和态与退火态 Ni 的弹性模量随温度变化关系（图 7.7）时，已经提到了材料铁磁状态的弹性反常现象。在居里点以下，铁磁性材料未磁化时的弹性模量比饱和磁化后的弹性模量低，这一现象就是弹性的铁磁性反常，也称 ΔE 效应。弹性反常通常是由于材料在一定温度范围内发生额外的尺寸或体积变化所造成的。

当温度低于居里点 T_P 时，铁磁体的弹性模量 E 可以表示为

$$E=E_P-\Delta E=E_P-(\Delta E_\lambda+\Delta E_\omega+\Delta E_A) \tag{7.42}$$

式中　E_P —— 顺磁弹性模量；

ΔE_λ —— 由力致线性伸缩引起的弹性模量变化；

ΔE_ω —— 由力致体积伸缩引起的弹性模量变化；

ΔE_A —— 由自发体积伸缩引起的弹性模量变化。

由式（7.42）可以看出，铁磁体实测的弹性模量 E 由 E_P 和 ΔE 两部分组成。其中，E_P 是由 $T>T_P$ 温度范围外推 $E-T$ 曲线到 $T<T_P$ 温度范围，假定材料不发生磁化强度变化而得到的弹性模量。图 7.13 中的虚线就表示 E_P（E_P 指温度小于 T_P 范围的值）随温度的变化关系。由于 E_P 随温度的升高而降低，而减小的值可以由 ΔE 效应随温度的变化来补偿。这样就会出现铁磁体实测的弹性模量 E 随温度的变化很小，甚至增加的情况，进而

表现出弹性反常。对于不同的材料，ΔE 效应的分量 ΔE_λ、ΔE_ω 和 ΔE_A 在 ΔE 效应中的贡献不同，可导致材料的 E 随 T 的反常表现出不同的特征。

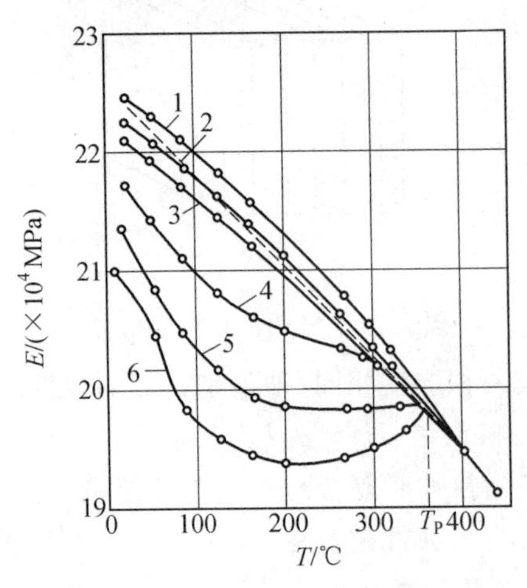

图 7.13 Ni 的 $E-T$ 曲线

1—45 757 A·m^{-1}；2—8 435 A·m^{-1}；3—3 263 A·m^{-1}；4—796 A·m^{-1}；5—477 A·m^{-1}；6—0 A·m^{-1}

(1) ΔE_λ 效应。

当弹性应力作用于处在退磁状态的铁磁体时，将引起磁畴磁矩的重新取向，此过程伴随着铁磁体尺寸的附加应变，称为力致线性伸缩。对于未被磁化(或退磁状态)的铁磁体来说，由于自身存在自发磁化，磁畴取向排列封闭。铁磁体在拉应力作用下发生弹性变形时，除了由拉应力引起的正常弹性应变 ε_e 外，还存在由于畴壁移动和磁矩转动造成磁畴磁矩重新取向引起的附加应变 ε_λ，该应变与铁磁体的磁致伸缩有关。不论铁磁体的磁致伸缩系数正负与否，在拉应力下，都有附加应变 $\varepsilon_\lambda > 0$。那么，拉应力引起的总应变为 $\varepsilon = \varepsilon_e + \varepsilon_\lambda$。

在退磁状态下的弹性模量 E_0 根据胡克定律满足

$$E_0 = \frac{\sigma}{\varepsilon} = \frac{\sigma}{\varepsilon_e + \varepsilon_\lambda} \tag{7.43}$$

式中 E_0—— 退磁状态下的弹性模量；

ε—— 实测的应变；

σ—— 实测的应力。

如果铁磁体已经处于磁饱和状态，此时铁磁体的磁矩已经在外磁场作用下沿磁场定向取向，所以不存在磁畴磁矩的重新取向，$\varepsilon_\lambda = 0$。此时磁饱和状态下的弹性模量 E_S 满足

$$E_S = \frac{\sigma}{\varepsilon} = \frac{\sigma}{\varepsilon_e} \tag{7.44}$$

如果用 ΔE_λ(称为 ΔE_λ 效应) 表示铁磁体分别在磁饱和状态和退磁状态的弹性模量之差，即

$$\Delta E_\lambda = E_S - E_0 = \frac{\sigma}{\varepsilon_e} - \frac{\sigma}{\varepsilon_e + \varepsilon_\lambda} = \frac{\sigma\varepsilon_\lambda}{\varepsilon_e(\varepsilon_e + \varepsilon_\lambda)} \tag{7.45}$$

不难看出，ΔE_λ 效应使铁磁体的弹性模量降低。由于 ΔE_λ 效应是由畴壁移动和磁矩转动造成的，因此，所有影响畴壁移动和磁矩转动的因素都会影响 ΔE_λ。从图 7.13 给出的 Ni 的 $E-T$ 曲线可以看出，在 $T < T_P$ 时，Ni 在退磁状态($H=0$) 下的弹性模量比在磁饱和($H = 4.58 \times 10^4$ A/m) 时的弹性模量低，出现弹性反常现象。当温度升高，在 150 ～ 350 ℃ 范围内，Ni 退磁状态($H=0$) 时的弹性模量随着温度的升高逐渐升高，这与 ΔE_λ 效应减小有关。值得注意的是，在磁饱和状态下，Ni 的弹性模量随温度升高呈线性下降，弹性反常基本消失，这说明 Ni 的弹性模量反常主要是 ΔE_λ 的贡献，ΔE_ω 和 ΔE_A 的贡献很小。另外，处于不同磁场下的 Ni，其弹性反常与磁场强度有关，如图 7.13 中实线 1 ～ 6 所示，磁场强度越高，ΔE_λ 效应越不明显，弹性反常越弱。当温度高于 T_P 时，弹性模量与温度的关系又恢复到正常状态。因此，当 ΔE_λ 效应的贡献占主要地位时，可采用磁化到饱和的方法，消除铁磁材料的弹性反常。

(2)ΔE_ω 效应和 ΔE_A 效应。

对于有些合金，即使当其处于磁饱和状态，其弹性模量随温度的关系也具有反常的现象，这主要与 ΔE_ω 和 ΔE_A 效应有关，也称为弹性因瓦效应(invar effect，invar 为 invariability 的缩写)。具有这种特征的材料就是因瓦合金(invar alloy)。图 7.14 给出了含量为(42%Ni+58%Fe) 因瓦合金弹性模量与温度的关系。从图 7.14 中可以发现，当材料处于磁饱和状态($H = 4.58 \times 10^4$ A/m) 时的弹性模量与处于退磁状态($H=0$) 时的弹性模量均随温度的升高而升高。因此，这类合金的弹性反常主要与 ΔE_ω 和 ΔE_A 效应有关。

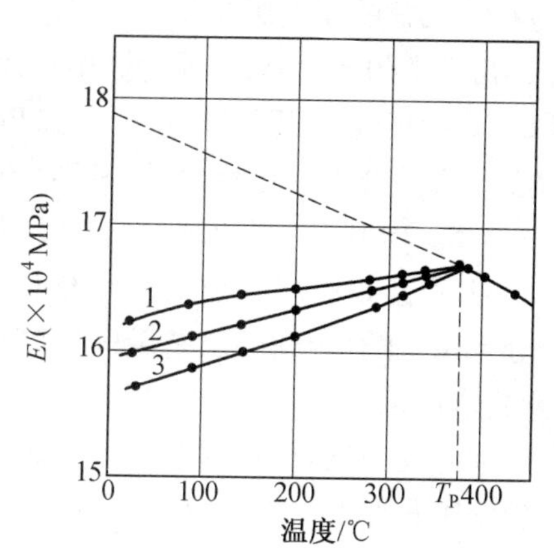

图 7.14 (42%Ni + 58%Fe) 因瓦合金弹性模量与温度的关系

1—45 757 A·m^{-1}；2—3 183 A·m^{-1}；3—0 A·m^{-1}

当铁磁体上作用一弹性应力时，除了产生由外力引起磁畴磁矩重新取向的 ΔE_λ 效应以外，外力还可能使磁畴的饱和磁化强度 M_s 发生变化，这与磁畴内自旋磁矩进一步取向有关，这一变化称为 ΔM_s 效应。通常，ΔM_s 效应很小，但对于因瓦合金而言则较大。在拉应力作用下，$\Delta M_s > 0$，导致铁磁体产生附加的体积增加，这一现象称为力致体积伸缩，从而引起弹性模量的降低，称为 ΔE_ω 效应。

当铁磁体从高于居里点冷却到低于居里点时产生自发磁化，自发磁化强度为 M_s。这一过程中伴随着体积的变化，称为自发体积磁致伸缩。通常，一般的铁磁体自发体积磁致伸缩很小，但对于因瓦合金而言则较大。这种由于自发磁化伴随体积反常膨胀引起额外的应变，造成弹性模量的降低，称为 ΔE_A 效应。

ΔE_ω 和 ΔE_A 效应是铁磁体的磁畴磁矩绝对值大小变化引起额外的体积变化，前者由外加弹性应力引起，后者由温度变化引起。这两个效应对因瓦合金来说都很大，因此可产生弹性模量的反常，通称弹性因瓦效应。与主要由 ΔE_λ 效应起作用的铁磁体不同，正是由于 ΔE_ω 和 ΔE_A 效应的明显贡献，使处于磁饱和状态的因瓦合金也存在弹性反常现象。要完全消除这一铁磁材料的弹性反常，只有使用 8×10^8 A/m 数量级的强磁场强度进行磁化才足够。

(3) 艾林瓦效应。

对一般的金属或合金而言，正常情况下，其弹性模量随温度的升高而降低，即弹性模量温度系数 $\beta_E<0$。但还存在一类特殊合金，在一定温度范围内，其弹性模量不随温度变化或变化很小，即弹性模量温度系数 β_E 接近于 0 或很小，这类合金称为恒弹性合金，或艾林瓦合金(elinvar alloy)。这一弹性模量不随温度变化或变化很小的现象称为艾林瓦效应(elinvar effect)。由于这一描述源于英文 elasticity invariable，即弹性不变，因而得名为 elinvar。艾林瓦效应是因瓦效应的一个方面，它的产生也与上述 ΔE 效应有关。如果一类材料存在 ΔE 效应，通过选择一定的合金成分和热处理制度，那么由材料自身随温度升高引起弹性模量降低的正常变化，与由温度升高引起 ΔE 效应消失导致弹性模量升高的反常变化，两者相互补偿并抵消，就会实现弹性模量在一定温度范围内恒定不变的现象。这也是弹性模量温度系数 β_E 反常的原因所在。

艾林瓦效应首先在具有因瓦反常的 Fe－Ni 二元合金中被发现。随后，在其他铁磁性合金(如多元 Fe－Ni 合金、Co－Fe 系合金)、反铁磁性合金(如 Fe－Mn 合金、Cr 基合金)、顺磁性合金(如 Nb 基合金、Nb－Ti 系合金)、化合物(如 SiO_2、CoO、TeO_2 等)和非晶材料(如 Fe－B、Fe－P、Fe－Si－B 等)均发现了艾林瓦效应。艾林瓦效应与因瓦效应一样，是材料科学研究的重要内容。艾林瓦效应有重要的应用价值，是研制恒弹性合金的基础。在具有艾林瓦效应的合金系中，用合金化和工艺手段可以对材料的 $E-T$ 关系进行调整，从而获得满足各种性能要求的恒弹性合金。随着仪器仪表工业的发展，恒弹性合金得到了广泛的应用。特别在航天航空领域，更是对它提出了更高的要求，使它逐步发展成为现代科学技术中不可缺少的一种重要的功能材料。

7.2 材料的滞弹性

7.2.1 滞弹性的力学描述

对于一个理想弹性体，如果应变对应力变化的反应完全及时，那么应力和应变之间的关系将完全遵守胡克定律，如图 7.15 中直线段所示，这也就是说应力和应变的变化随时都保持相同的相位。理想弹性体的这一变形过程是单值性的可逆变形，此时应力与应变一一对应。

实际上,材料在变形过程中,其内部存在着各种微观的“非弹性”过程,即使对满足胡克定律的材料的弹性也是不完全的。材料在弹性范围内出现的应变落后于应力的非弹性现象称为滞弹性(anelasticity)。如果对材料施加单向循环载荷,由于应变落后于应力,在加载过程中,弹性不完整性使得相同应力下实际产生的应变量低于理想弹性体产生的应变量,导致加载时的应力－应变曲线实际位于理想弹性体的应力－应变曲线上方,如图7.15中曲线段所示;同样,在卸载过程中,相同卸载应力下实际释放的应变量也低于理想弹性体产生的应变量,使卸载时的应力－应变曲线实际位于理想弹性体的应力－应变曲线下方。因而,其结果使得加载线和卸载线不重合,形成一个封闭的滞后回线,称为弹性滞后环。反向加载和卸载过程也会产生同样的弹性滞后环。如果在正反两个方向施加交变循环载荷,并且加载速率较快,那么就会出现图7.15中虚线所示的弹性滞后环。这个环的面积相当于交变载荷下不可逆的能量消耗,称为循环韧性。

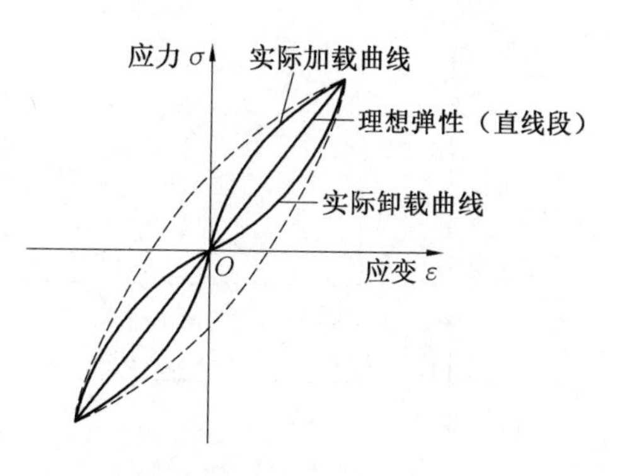

图7.15 理想弹性体和非理想弹性体的应力－应变关系

弹性的不完整性破坏了载荷与变形间的单值关系,呈现出应变落后于应力的滞后现象。此时的应变不仅与应力有关,而且与时间有关。图7.16为滞弹性过程的示意图。图7.16(a)为恒应力情况。如果对某材料在 t_0 时刻突然施加一拉应力 σ_0,那么该材料在该时刻产生一瞬时应变 ε_0。保持拉应力 σ_0 不变,该材料在一定时间内还会继续产生新的补充应变 $\varepsilon(t)$。这种现象称为弹性蠕变(elastic creep)。那么,在弹性范围内受拉应力 σ_0 作用所产生的总应变为

$$\varepsilon_\infty = \varepsilon_0 + \varepsilon(t) \tag{7.46}$$

式中 ε_0—— 瞬时应变;

$\varepsilon(t)$—— 补充应变;

ε_∞—— 总应变。

同样,去除拉应力后,材料的应变也不会立即消失,而是先消失一部分,然后再随着时间的延长逐渐恢复到原状,这一过程称为弹性后效(elastic aftereffect)。弹性蠕变和弹性后效现象都是弹性范围内的非弹性现象,称为应变弛豫(strain relaxation)。

另外一种滞弹性过程为恒应变情况,如图7.16(b)所示。如果突然加载后要保持应变 ε_0 不变,那么施加的应力就要从瞬时应力 σ_0 逐渐松弛到平衡应力 σ_∞。这一弹性范围内保持恒应变的非弹性现象称为应力弛豫(stress relaxation),也称为应力松弛。同样的,如果要实现某一瞬间应变量归0并维持始终为0,那么必须施加反向的应力,并逐渐减缓应力才能实现。

通常可采用标准线性固体力学模型(standard linear solid model)来描述固体的滞弹性行为,如图7.17所示。该模型也称为齐纳模型(Zener model),是美国物理学家齐纳(Clarence Melvin Zener,1905—1993)提出的。齐纳最著名的研究成果是齐纳二极管(Zener diode),即利用二极管的反向齐纳击穿原理(the breakdown of electrical

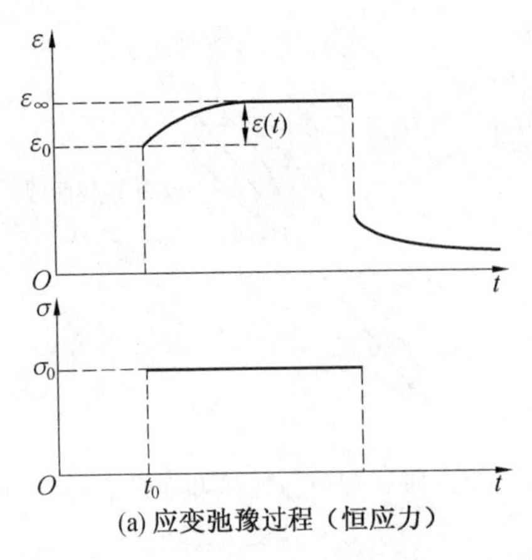

(a) 应变弛豫过程（恒应力）

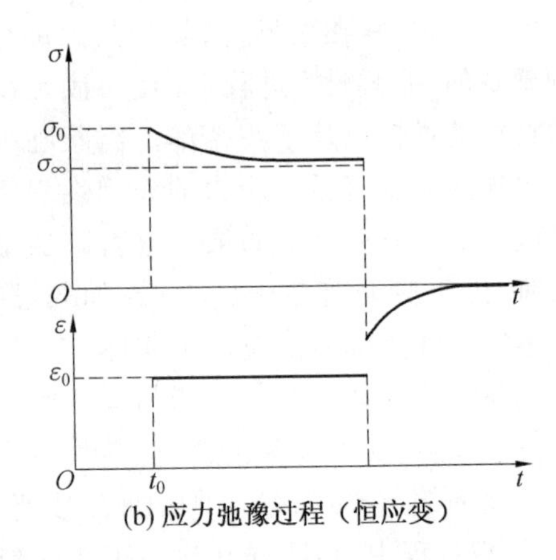

(b) 应力弛豫过程（恒应变）

图 7.16　滞弹性过程示意图

insulators) 制成的稳压二极管。标准线性固体力学模型由一个弹性元件与另一个弹性元件串联一个黏性元件后构成的并联形式组成。图 7.17 中,用弹簧表示满足胡克定律的理想弹性元件;用充满黏性液体的黏壶(dashpot)来表示符合牛顿流动定律的黏性元件。这两种元件的组合可作为标准线性固体的力学模型。

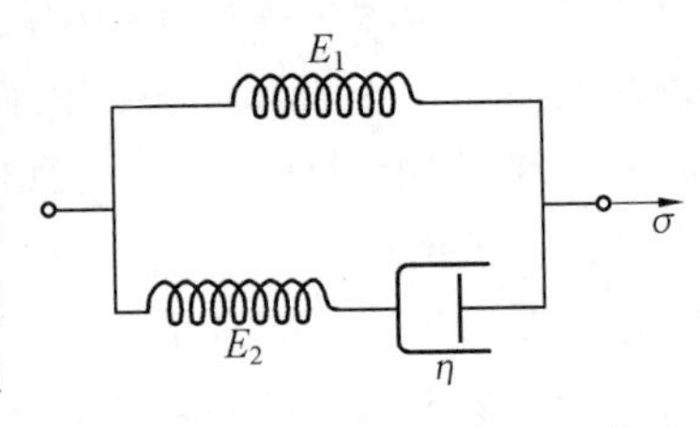

图 7.17　标准线性固体力学模型示意图

需要解释的是,符合牛顿流动定律的黏性元件实际反映的是一种黏性(viscosity) 特征,如图 7.17 中下方右侧的黏壶模型示意图。对于理想黏性液体(即牛顿流体),其应力 — 应变行为服从牛顿流动定律,也就是满足应力 σ 正比于应变速率$\dfrac{d\varepsilon}{dt}$,即

$$\sigma = \eta \frac{d\varepsilon}{dt} \tag{7.47}$$

式中　σ—— 应力;

ε—— 应变;

t—— 时间;

η—— 黏度,Pa · s。

通常高分子材料或高聚物(包括高分子固体、熔体及浓溶液等) 的力学响应总是或多或少地表现为弹性(满足胡克定律) 与黏性(满足牛顿流动定律) 相结合的特性,这种特性称之为黏弹性(viscoelasticity)。黏弹性的本质是由于聚合物分子运动具有松弛特性。

可以证明,标准线性固体的应力 — 应变方程为

$$\sigma + \tau_\varepsilon \dot{\sigma} = E_R(\varepsilon + \tau_\sigma \dot{\varepsilon}) \tag{7.48}$$

式中　E_R—— 弛豫模量;

τ_ε—— 在恒应变下应力弛豫到接近平衡值的时间,称为应力弛豫时间;

τ_σ—— 在恒应力下应变弛豫到接近平衡值的时间,称为应变弛豫时间;

$\dot{\sigma}$—— 应力对时间的变化率,满足关系:$\dot{\sigma} = \dfrac{d\sigma}{dt}$;

$\dot{\varepsilon}$—— 应变对时间的变化率，满足关系：$\dot{\varepsilon}=\frac{\mathrm{d}\varepsilon}{\mathrm{d}t}$。

对实际弹性体，在弹性范围内，由于其内部存在原子扩散、位错运动、各种畴及其运动等耗散能量因素，因此应变不仅与应力有关，而且还与时间有关。材料的滞弹性有多种表现形式，主要与受力大小和作用频率有关。在大应力(10 MPa 以上)和低频应力条件下(即静态应用条件下)，滞弹性表现为弹性后效、弹性滞后、弹性模量随时间延长而降低以及应力松弛等四方面；在小应力(1 MPa 以下)和高频应力条件下(即动态应用时)，滞弹性表现为应力循环中外界能量的损耗，有内耗、振幅对数衰减等。

下面利用标准线性固体力学模型对恒应力下的应变弛豫和恒应变下的应力弛豫这两种滞弹性行为进行讨论。

(1) 在恒应力下的应变弛豫曲线如图 7.16(a) 所示，可由式(7.48) 求解。在应力保持恒定时，式(7.48) 左侧应力对时间的变化率 $\dot{\sigma}$ 为 0。那么，当 $t=0$ 时，$\sigma=\sigma_0$，则式(7.48) 可写成

$$\tau_\sigma\dot{\varepsilon}+\varepsilon=\frac{\sigma_0}{E_R} \tag{7.49}$$

对式(7.49) 进行求解，并代入初始条件：$t=0$，$\varepsilon=\varepsilon_0$，可得到应变随时间变化的方程为

$$\varepsilon(t)=\frac{\sigma_0}{E_R}+\left(\varepsilon_0-\frac{\sigma_0}{E_R}\right)\mathrm{e}^{-\frac{t}{\tau_\sigma}} \tag{7.50}$$

根据式(7.50) 可知，当 $t\to\infty$ 时，

$$\varepsilon(\infty)=\frac{\sigma_0}{E_R} \tag{7.51}$$

式(7.51) 就是恒应力 σ_0 作用下滞弹性材料最后趋于平衡的应变值 $\varepsilon(\infty)$。

可以发现，当 $t=\tau_\sigma$ 时，结合式(7.50) 与式(7.51) 可得

$$\varepsilon(\tau_\sigma)-\varepsilon(\infty)=\frac{\varepsilon_0-\varepsilon(\infty)}{\mathrm{e}} \tag{7.52}$$

该式表示，在 $t=\tau_\sigma$ 时，弛豫应变 $\varepsilon(\tau_\sigma)$ 与最终应变 $\varepsilon(\infty)$ 的差是开始偏离值($\varepsilon_0-\varepsilon(\infty)$) 的 1/e。因此，$\tau_\sigma$ 的物理意义实际反映了恒应力作用下蠕变过程的速度。

(2) 与应变弛豫类似，图 7.16(b) 所示的恒应变下的应力弛豫曲线同样可由式(7.48) 进行求解。在应变保持恒定时，式(7.48) 右侧应变对时间的变化率 $\dot{\varepsilon}$ 为 0。那么，当 $t=0$ 时，$\varepsilon=\varepsilon_0$，式(7.48) 可写成

$$\tau_\varepsilon\dot{\sigma}+\sigma=E_R\varepsilon_0 \tag{7.53}$$

对式(7.53) 进行求解，并代入初始条件：$t=0$，$\sigma=\sigma_0$，可得到应力随时间变化的方程为

$$\sigma(t)=E_R\varepsilon_0+(\sigma_0-E_R\varepsilon_0)\,\mathrm{e}^{-\frac{t}{\tau_\varepsilon}} \tag{7.54}$$

当 $t\to\infty$ 时，式(7.54) 可写成

$$\sigma(\infty)=E_R\varepsilon_0 \tag{7.55}$$

式(7.55) 就是维持恒应变 ε_0 的弛豫完全的应力 $\sigma(\infty)$。

同样可以发现，当 $t=\tau_\varepsilon$ 时，结合式(7.54) 与式(7.55) 可得

$$\sigma(\tau_\varepsilon)-\sigma(\infty)=\frac{\sigma_0-\sigma(\infty)}{\mathrm{e}} \tag{7.56}$$

同样可以看出，在 $t=\tau_\varepsilon$ 时，弛豫应力 $\sigma(\tau_\varepsilon)$ 与最终应力 $\sigma(\infty)$ 的差是开始偏离值 $(\sigma_0-\sigma(\infty))$ 的 $1/\mathrm{e}$。与 τ_σ 的物理意义类似，τ_ε 的物理意义是实际反映在恒应变作用下应力弛豫的快慢。

(3) 具有滞弹性的物体不服从胡克定律，应力与应变间无一一对应关系。如果还用胡克定律来描述这种物体的弹性行为，则弹性模量就不再是常数，而是时间的函数。

材料的加载方式有两种极端的形式。一种是加载速度极快，也就是瞬时应力 σ_0 产生瞬时应变 ε_0。此时，由于外力做功产生的热量来不及与外界环境交换，而形成绝热条件加载。因此，相应的绝热条件加载下的弹性模量可记为

$$E_u=\frac{\sigma_0}{\varepsilon_0} \tag{7.57}$$

式中　E_u—— 未弛豫模量，又称绝热弹性模量。

那么，在恒应力或恒应变条件下，单向快速加载或卸载时，应变弛豫或应力弛豫来不及产生，此时的弹性模量就是 E_u，如图 7.18 所示。

另一种是加载速度缓慢。此时，外力做功产生的热量可与外界环境充分交换，因而形成等温条件加载。相应的等温条件加载下的弹性模量就是 E_R，称为弛豫模量或等温弹性模量，如图 7.18 所示。在恒应力应变弛豫下，E_R 是恒应力与平衡应变的比值，如式(7.51) 所示；在恒应变应力弛豫下，E_R 是弛豫完全的应力与恒应变的比值，如式(7.55) 所示。应力弛豫下，如图 7.18(b) 所示，快速加载时，要保持 ε_0 不变，则必须使材料处于高应力(σ_0) 状态；而在等温条件下，保持同样的 ε_0 不变，则只需要较低应力(σ_∞)。因此在高温条件下，应力弛豫更显著。很显然，未弛豫模量 E_u 大于弛豫模量 E_R。对于一般的弹性合金，E_u 与 E_R 相差不超过 0.5%，如果没有特殊要求，可认为 E_u 与 E_R 相同。

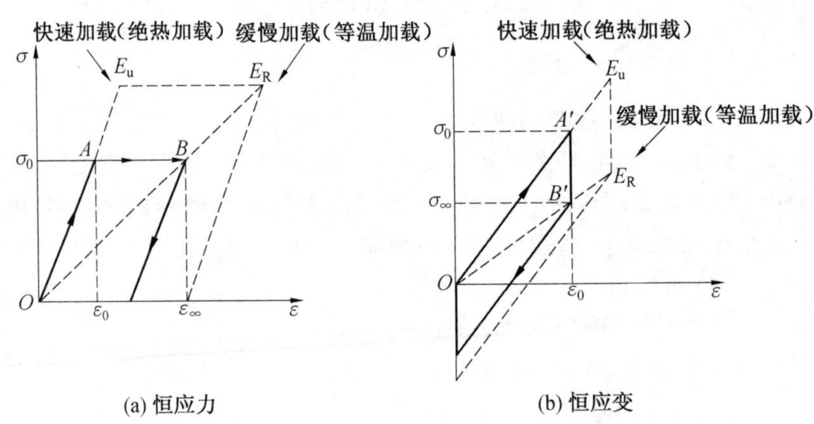

图 7.18　恒应力和恒应变加载与去载过程中应力－应变关系示意图

另外，未弛豫模量 E_u、弛豫模量 E_R 与应力弛豫时间 τ_σ、应变弛豫时间 τ_ε 之间还存在一定的关系，即

$$\frac{E_u}{E_R}=\frac{\tau_\sigma}{\tau_\varepsilon} \tag{7.58}$$

实际测定材料的弹性模量时，加载速率往往介于绝热加载和等温加载之间，材料既不能完全绝热，也不可能完全等温。因此，实际测定的弹性模量 E 往往介于 E_u 和 E_R 之间，并满足大小关系 $E_u > E > E_R$。此时的弹性模量 E 称为动力弹性模量。同时，引入模量亏损(modulus defect)这个参量来表征材料因滞弹性而引起的弹性模量的下降，即

$$\frac{\Delta E}{E}=\frac{E_u-E}{E} \tag{7.59}$$

式中 $\frac{\Delta E}{E}$—— 模量亏损。

模量亏损滞弹性体的弹性模量不再是常数。与模量亏损关系最为紧密的物理量是内耗。

7.2.2 弹性模量的测试方法

弹性模量的测试方法可以分为静态法和动态法。所谓的静态法就是常规的力学性能测试方法，即测定材料在给定应力下的应变量，并根据胡克定律计算得到材料的弹性模量。但静态法受测试载荷大小、加载速率等因素的影响，无法很真实地反映材料内部结构变化，并且脆性材料微弱的弹性阶段，也使静态法测试遇到很大困难。

1. 动态法测试原理

与静态法相比，动态法测定弹性模量更为精确，能准确反映材料微小变形时的物理特性。动态法测定时，若加载频率很高，则可认为是瞬时加载，即可视为绝热条件下测定；静态法相对动态法而言，加载频率很低，则可视为等温条件下测定。通常，静态法测定的结果较动态法低，并且这两种方法获得的弹性模量之间存在如下关系：

$$\frac{1}{E_i}-\frac{1}{E_a}=\frac{\alpha_l^2 T}{c\rho} \tag{7.60}$$

式中 E_i—— 等温条件下(静态法)测得的弹性模量；

E_a—— 绝热条件下(动态法)测得的弹性模量；

ρ—— 密度；

c—— 定压质量热容；

α_l—— 线膨胀系数；

T—— 温度。

动态法的测试原理主要是基于共振原理，即试样受迫振动时，当外加应力的变化频率与试样固有频率相等，则引起试样共振，通过测定试样的固有振动频率或声波在试样中的传播速度，以此获得材料的弹性模量。根据振动方程可知，弹性模量与试样的固有振动频率平方成正比，满足关系

$$E=K_1 f_l^2 \tag{7.61}$$

$$G=K_2 f_\tau^2 \tag{7.62}$$

式中 E—— 弹性模量，MPa；

G—— 切变模量，MPa；

f_l—— 纵向振动固有振动频率，Hz；

f_τ—— 扭转振动固有振动频率，Hz；

K_1、K_2—— 与试样尺寸、密度有关的常数。

根据激发试样振动模式的不同,能够获得不同力学状态下的参量。图 7.19 给出了激发试样纵向、扭转、弯曲振动的原理图。

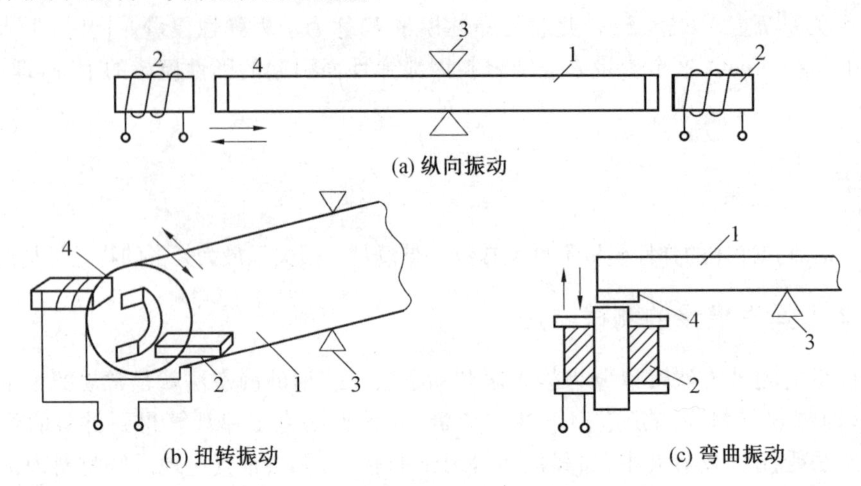

图 7.19 激发试样纵向、扭转、弯曲振动原理图

1— 试样;2— 电磁转换器;3— 支点;4— 铁磁性金属片

图 7.19(a) 表示纵向振动共振法的测试方法,获得拉-压交变应力,可以测定材料的弹性模量 E。实验中,利用一个换能器对试样激发纵向振动,另一个换能器接收来自试样的纵向振动。当激发的振动频率等于试样的固有频率,则在接收端可以观察到最大振幅。可根据下式计算得到弹性模量

$$E = 4\rho l^2 f_l^2 \tag{7.63}$$

式中 E—— 弹性模量,MPa;

ρ—— 密度,g/cm^3;

l—— 试样长度,mm;

f_l—— 纵向振动固有振动频率,Hz。

图 7.19(b) 表示扭转振动共振法的测试方法,获得切向交变应力,可以测定材料的切变模量 G。实验中,利用一个换能器产生扭转力矩,另一个换能器接收来自试样的扭转振动。同样,当激发的扭转频率等于试样的固有频率,则在接收端可以观察到最大振幅。可根据下式计算得到切变模量

$$G = 4\rho l^2 f_\tau^2 \tag{7.64}$$

式中 G—— 切变模量,mm;

f_τ—— 扭转振动固有振动频率,Hz。

图 7.19(c) 表示弯曲振动共振法的测试方法,使试样产生弯曲振动,接收换能器接收到试样的弯曲振动,测出试样弯曲振动共振频率 $f_{弯}$,可根据下式计算得到弯曲弹性模量

$$E_{弯} = 1.262\rho \frac{l^4 f_{弯}{}^2}{d^2} \tag{7.65}$$

式中 $E_{弯}$ —— 弯曲弹性模量,MPa;

ρ—— 密度,g/cm^3;

l—— 试样长度,mm;

d—— 试样直径，mm；

$f_{弯}$ —— 弯曲振动固有振动频率，Hz。

在高温下，考虑到试样的热膨胀效应，高温弹性模量的计算可用下式表示，即

$$E=\frac{4\rho l^2 f_l^2}{1+\alpha_l T} \tag{7.66}$$

$$G=\frac{4\rho l^2 f_\tau^2}{1+\alpha_l T} \tag{7.67}$$

$$E_{弯}=1.262\times\frac{\rho l^4 f_{弯}^2}{d^2(1+\alpha_l T)} \tag{7.68}$$

式中 α_l—— 线膨胀系数，℃；

T—— 温度，℃。

2. 悬丝耦合共振法测定弹性模量

按照国家标准 GB/T 22315—2008《金属材料 弹性模量和泊松比试验方法》，金属材料弹性模量的动态测试方法主要采用悬丝耦合共振测定方法。该方法是弯曲共振法的一种，具有振幅较大、共振易判别，支撑影响易排除，振动长度易精确判定，且具有较宽的温度适用范围等优点，该方法的装置示意图如图 7.20 所示。

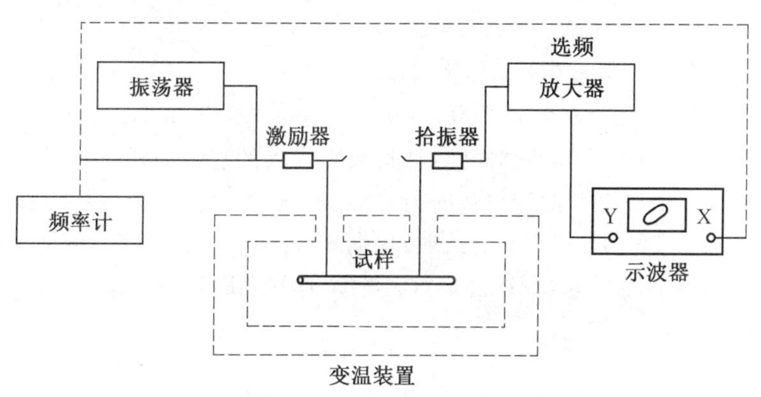

图 7.20 共振检测装置示意图

测试时，音频振荡器发出交变信息并传给激发换能器（激励器），频率计用于测量振动周期，激发换能器通过悬丝把转换成的机械振动传给试样，由此驱使试样产生弯曲振动。在试样的另一端通过悬丝把试样的机械振动传给接收换能器（拾振器），再由接收换能器把机械振动转换成电信号，通过放大器，由示波仪将振动图形显示出来，或可由毫伏表给出数字显示。通过调整音频振荡器的输出频率，使输出频率与试样的固有频率相同，这样试样便处于共振状态，此时，在示波仪上将观察到最大振幅。试样还可置于加热炉内，满足不同温度下数据的额测量。该测试推荐的测试试样长度为 120 ～ 180 mm，对圆棒、管的外径为 4 ～ 8 mm，长度为直径的 30 倍。对矩形杆试样，厚度为 1 ～ 4 mm，宽度为 5 ～ 10 mm。

根据式(7.65) 可计算得到试样的弹性模量。通常，还可将式(7.65) 中的试样密度 ρ 用其他物理量来表征，则

圆棒状试样：

$$E=1.6067\times10^{-9}\left(\frac{l}{d}\right)^{3}\frac{m}{d}f_{弯}^{2}T_{1} \tag{7.69}$$

圆管试样：

$$E=1.6067\times10^{-9}\frac{l^{3}m}{d_{1}^{4}-d_{2}^{4}}f_{弯}^{2}T_{1} \tag{7.70}$$

矩形截面试样：

$$E=0.9465\times10^{-9}\left(\frac{l}{h}\right)^{2}\frac{m}{b}f_{弯}^{2}T_{1} \tag{7.71}$$

式中 E—— 弹性模量，MPa；
l—— 试样长度，mm；
d—— 圆棒直径，mm；
d_1—— 圆管外径，mm；
d_2—— 圆棒内径，mm；
m—— 试样质量，g；
h—— 矩形截面的高度，mm；
b—— 矩形截面的宽度，mm；
d—— 圆棒直径，mm；
$f_{弯}$ —— 弯曲振动固有振动频率，Hz；
T_1—— 试样共振时的修正系数，可从国家标准 GB/T 22315—2008 中查询。

如果将悬丝的端点与试样两侧固定，且其两固定点的连线为通过试样轴线水平面的对角线，则试样将同时具有弯曲和扭转的振动形式。这种悬丝的方法可以在一个试样上同时测出弹性模量 E 和切变模量 G。此时，根据式(7.64)，将试样密度 ρ 用其他物理量来代替，则可写出 G 满足的关系(下述公式对应的 G 的单位是 GPa)

圆棒状试样：

$$G=5.093\times10^{-9}\frac{l}{d^{2}}mf_{\tau}^{2} \tag{7.72}$$

圆管试样：

$$G=5.093\times10^{-9}\frac{ml}{d_{1}^{2}-d_{2}^{2}}f_{\tau}^{2} \tag{7.73}$$

矩形截面试样：

$$G=4.00\times10^{-9}\frac{l}{b}\frac{m}{h}Rf_{\tau}^{2} \tag{7.74}$$

式中 R—— 形状因子，查阅国家标准 GB 2105—1991 可获得相关数据。

7.3 内耗及其产生机理

一个自由振动的物体，即使与外界完全隔离，其机械振动也会逐渐衰减，并最后停止下来，这说明振动能逐渐地被消耗掉了。如果是强迫振动，则外界必须不断供给固体能量，才能维持振动。这种使机械能耗散变为热能的现象称为内耗(internal friction)。在工程中用到的阻尼本领(damping capacity),或者高频振动下用到的超声衰减(ultrasonic attenuation),都是内耗的同义词。物体在振动中的这种能量损耗是由物体的内部原因引起的,这种内部原因往往与物体的缺陷形式和变化有关。因此,通过观测机械振动的变化或衰减情况,可用来揭示物体内部的微观状态及运动变化。通常,研究内耗主要有两方面的意义:① 用内耗值评价材料的阻尼本领,寻求适合工程应用的、有特殊阻尼性能的新材料。② 把内耗测试作为一种工具,了解内耗与金属成分、组织和结构之间的关系,是分析材料微观成分及组织结构的重要手段。

根据我国科学家葛庭燧(1913—2000)的分类,从产生内耗的机制看,固体材料中的内耗主要分为三种类型,即滞弹性内耗(anelastic internal friction)、静滞后内耗和阻尼共振型内耗。本节主要介绍滞弹性内耗的相关知识。

7.3.1 滞弹性内耗

1. 内耗与滞弹性的关系

滞弹性是弹性范围内的非弹性行为。由于应变的滞后,材料在适当频率的振动应力即交变载荷下,就会出现振动的阻尼现象。由滞弹性产生的内耗称为滞弹性内耗。

假设滞弹性行为是在一个应力和应变都以简单的正弦曲线规律变化下发生,如图 7.21 所示。应力的变化满足

$$\sigma = \sigma_0 \sin \omega t \tag{7.75}$$

式中 σ—— 应力;

σ_0—— 应力曲线的振幅;

ω—— 振动的角频率;

t—— 时间。

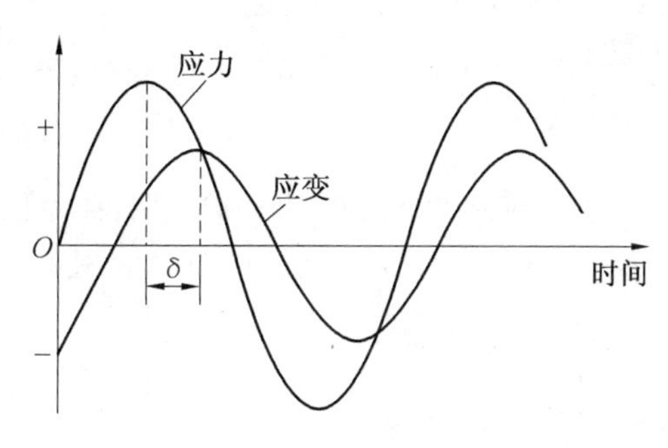

图 7.21 周期应力和应变与时间的关系

应变落后于应力,应力和应变之间存在一个相位差 δ,应变的变化满足

$$\varepsilon = \varepsilon_0 \sin(\omega t - \delta) \tag{7.76}$$

式中 ε—— 应变;

ε_0—— 应变曲线的振幅;

δ—— 相位差。

如果应力变化一个周期,应力 − 应变曲线便形成一个封闭的滞后回线(hysteresis loop),如图 7.22 所示。回线中所包围的面积就代表振动一周所产生的能量损耗。回线

的面积越大，则能量损耗也越大。回线面积的大小取决于应力与应变之间的相位差 δ。当相位差为 0 时，材料相当于理想弹性体，回线的形状为一条直线，此时不产生损耗。而在一般情况下，应力与应变之间的相位角不为 0，并且相位角越大，回线面积越大，内耗也越大。回线面积的大小还与角频率 ω 有关。这里讨论两种极端情况。如果 $\omega=0$，相当于等温加载，应力与应变保持单值函数关系，滞后回线的面积为 0，内耗为 0；如果 $\omega\to\infty$，相当于绝热加载，应力与应变也保持单值函数关系，滞后回线的面积为 0，内耗也为 0。这两种极端情况如图 7.22 中的 a、b 线段所示。

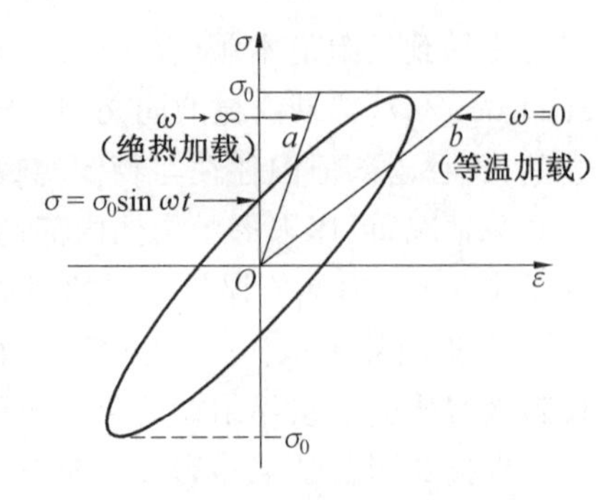

图 7.22　应力－应变回线

2. 内耗的度量

内耗是材料内部的内耗源在应力作用下行为的本质反映。当材料在应力作用下，从一个平衡状态进入另一个平衡状态时，其过程往往是一个弛豫过程，是材料内部的内耗源通过自我调节实现的。这一弛豫过程需要一定的时间完成，即在一段弛豫时间内完成，同时需要越过一定的势垒，即需要外界提供一定的激活能实现势垒的跨越。这就造成了应变落后于应力的现象。

内耗的基本度量是振动一周在单位弧度上的相对能量损耗。通常，样品的内耗 Q^{-1} 定义为

$$Q^{-1}=\frac{1}{2\pi}\cdot\frac{\Delta W}{W} \tag{7.77}$$

式中　ΔW—— 振动一周的能量损耗；

W—— 最大振动能。

这里，将 $\frac{\Delta W}{W}$ 称为能量衰减率，并且可以发现内耗 Q^{-1} 为无量纲的物理量。

以图 7.21 所示的应力和应变均为正弦波的形式为例，样品振动一周消耗的能量 ΔW 就是应力－应变回线的面积，结合式(7.75) 和式(7.76) 的关系可得

$$\Delta W=\oint\sigma\mathrm{d}\varepsilon=\int_0^{2\pi}\sigma_0\sin\omega t\cdot\varepsilon_0\mathrm{d}[\sin(\omega t-\delta)]=\pi\sigma_0\varepsilon_0\sin\delta \tag{7.78}$$

样品振动一周的最大振动能为

$$W=\frac{1}{2}\sigma_0\varepsilon_0 \tag{7.79}$$

根据内耗的一般定义，将式(7.78) 和式(7.79) 代入式(7.77)，则

$$Q^{-1}=\frac{1}{2\pi}\cdot\frac{\Delta W}{W}=\sin\delta \tag{7.80}$$

当相位差 δ 很小时，式(7.80) 可近似写成

$$Q^{-1}=\sin\delta\approx\tan\delta\approx\delta \tag{7.81}$$

式(7.81) 表明，这个内耗取决于应力与应变之间的相位差 δ。通常，这个相位差 δ 都很小，所以也常用 $\tan\delta$ 来表示内耗。但是，由于 δ 过小，往往不易精确测量。

在实际测量时，常采用自由衰减振动时的振幅对数减缩量(对数衰减率)δ 来确定内耗。在试样做自由振动时，振动振幅将逐渐衰减，如图 7.23 所示。此时产生的对数衰减率 δ 等于相邻振幅之比的自然对数，即

$$\delta = \ln \frac{A_n}{A_{n+1}} \tag{7.82}$$

式中 n—— 振动次数；

A_n—— 第 n 周期的振幅；

A_{n+1}—— 第$(n+1)$ 周期的振幅。

由于振动的能量与振动振幅平方成正比，因此

$$\frac{\Delta W}{W} = \frac{A_n^2 - A_{n+1}^2}{A_{n+1}^2} = \frac{(A_n + A_{n+1})(A_n - A_{n+1})}{A_{n+1}^2} \approx 2\ln \frac{A_n}{A_{n+1}} = 2\delta \tag{7.83}$$

对比内耗 Q^{-1} 的定义，则可得到

$$Q^{-1} = \frac{1}{2\pi} \cdot \frac{\Delta W}{W} = \frac{\delta}{\pi} = \frac{1}{\pi} \ln \frac{A_n}{A_{n+1}} \tag{7.84}$$

当试样在受迫振动时，内耗可用共振频率(resonance frequency) 表示，即

$$Q^{-1} = \tan \delta = \frac{1}{\sqrt{3}} \cdot \frac{\Delta f_{0.5}}{f_0} \tag{7.85}$$

式中 f_0—— 共振频率；

$\Delta f_{0.5}$—— 共振峰半高宽。

图 7.24 给出了共振峰曲线示意图。从图 7.24 中可以看到，共振频率 f_0 对应的振幅为最大值 $A_{\max}$，振幅最大值 $A_{\max}$ 的一半分别对应的频率为 f_1 和 f_2。那么，$\Delta f_{0.5}$ 就是 f_1 和 f_2 之间的频率差。

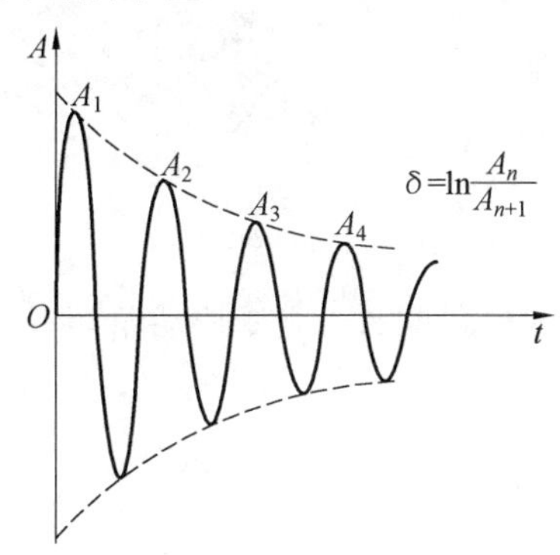

图 7.23 扭摆式内耗仪绘制的振幅对数衰减曲线

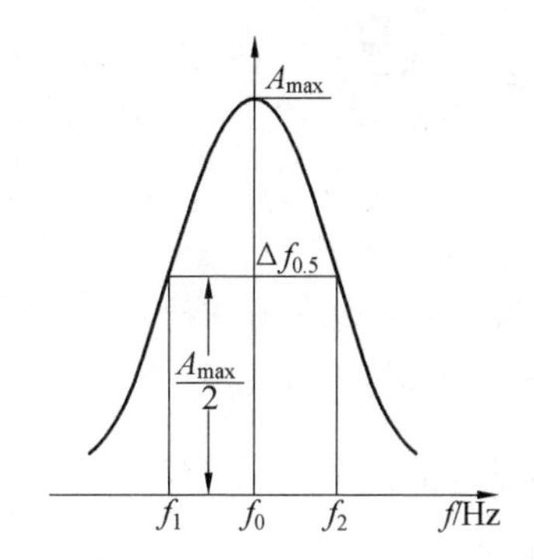

图 7.24 共振峰曲线示意图

3. 内耗峰及内耗谱

对滞弹性内耗来说，应力与应变间的关系应满足标准线性固体方程，也就是满足式(7.48)的函数关系，即 $\sigma + \tau_\varepsilon \dot{\sigma} = E_R(\varepsilon + \tau_\sigma \dot{\varepsilon})$。当材料承受周期性交变应力时，由于应变落后于应力，在一定条件下必然产生内耗。

这里，设应力满足关系 $\sigma = \sigma_0 e^{i\omega t}$，应变落后应力相位差 δ，并满足关系 $\varepsilon = \varepsilon_0 e^{i(\omega t - \delta)}$。将应力与应变函数关系代入式(7.48)，可得

$$(1 + i\omega\tau_\varepsilon)\sigma = E_R(1 + i\omega\tau_\sigma)\varepsilon \tag{7.86}$$

由式(7.86)可得复弹性模量 $\widetilde{E}$ 的表达式,即

$$\widetilde{E}=\frac{\sigma}{\varepsilon}=E_{\mathrm{R}}\left[\frac{1+\omega^{2}\tau_{\varepsilon}\tau_{\sigma}}{1+\omega^{2}\tau_{\varepsilon}^{2}}+\mathrm{i}\,\frac{1+\omega^{2}\tau_{\varepsilon}\tau_{\sigma}}{1+\omega^{2}\tau_{\varepsilon}^{2}}\right] \tag{7.87}$$

式(7.87)中的复弹性模量 $\widetilde{E}$ 是由实数部分 $\mathrm{Re}(\widetilde{E})$ 和虚数部分 $\mathrm{Im}(\widetilde{E})$ 组成的。

首先关注式(7.87)的实数部分 $\mathrm{Re}(\widetilde{E})$。根据未弛豫模量 E_{u}、弛豫模量 E_{R}、应力弛豫时间 τ_{ε}、应变弛豫时间 τ_{σ} 之间的关系 $\frac{E_{\mathrm{u}}}{E_{\mathrm{R}}}=\frac{\tau_{\sigma}}{\tau_{\varepsilon}}$,并令 $\tau=\sqrt{\tau_{\sigma}\tau_{\varepsilon}}$,可得

$$\mathrm{Re}(\widetilde{E})=E_{\mathrm{R}}\cdot\frac{1+\omega^{2}\tau_{\varepsilon}\tau_{\sigma}}{1+\omega^{2}\tau_{\varepsilon}^{2}}=E_{\mathrm{u}}-\frac{E_{\mathrm{u}}-E_{\mathrm{R}}}{1+\omega^{2}\tau^{2}} \tag{7.88}$$

式中 τ——平均弛豫时间。

如果定义 $\Delta_{\mathrm{E}}=\frac{E_{\mathrm{u}}-E_{\mathrm{R}}}{\sqrt{E_{\mathrm{u}}\cdot E_{\mathrm{R}}}}$ 为弛豫强度,则式(7.88)可近似写成

$$\mathrm{Re}(\widetilde{E})\approx E_{\mathrm{u}}\left(1-\Delta_{\mathrm{E}}\,\frac{1}{1+\omega^{2}\tau^{2}}\right) \tag{7.89}$$

这里,把实数部分 $\mathrm{Re}(\widetilde{E})$ 称为动力模量,也称动态模量。$\mathrm{Re}(\widetilde{E})$ 是仪器实际测得的模量。

对虚数部分 $\mathrm{Im}(\widetilde{E})$ 而言,根据式(7.87),虚数部分的表达式为

$$\mathrm{Im}(\widetilde{E})=E_{\mathrm{R}}\cdot\frac{\omega(\tau_{\sigma}-\tau_{\varepsilon})}{1+\omega^{2}\tau_{\varepsilon}^{2}} \tag{7.90}$$

内耗 Q^{-1} 为虚数部分 $\mathrm{Im}(\widetilde{E})$ 与实数部分 $\mathrm{Re}(\widetilde{E})$ 之比,并结合弛豫强度 Δ_{E}、$\tau=\sqrt{\tau_{\sigma}\tau_{\varepsilon}}$ 以及 $\frac{E_{\mathrm{u}}}{E_{\mathrm{R}}}=\frac{\tau_{\sigma}}{\tau_{\varepsilon}}$ 的关系,可得到内耗 Q^{-1} 的表达式,即

$$Q^{-1}=\tan\delta=\frac{\mathrm{Im}(\widetilde{E})}{\mathrm{Re}(\widetilde{E})}=\frac{\omega(\tau_{\sigma}-\tau_{\varepsilon})}{1+\omega^{2}\tau_{\varepsilon}\tau_{\sigma}}\approx\Delta_{\mathrm{E}}\,\frac{\omega\tau}{1+(\omega\tau)^{2}} \tag{7.91}$$

由式(7.91)可以看出,滞弹性内耗 Q^{-1} 只与弛豫强度 Δ_{E}、应变振动角频率 ω 和平均弛豫时间 τ 有关,与振幅无关。

根据式(7.89)和式(7.91)可以发现,动力模量 $\mathrm{Re}(\widetilde{E})$ 和内耗 Q^{-1} 是 $\omega\tau$ 乘积的函数。将内耗 Q^{-1}、动力模量 $\mathrm{Re}(\widetilde{E})$ 对 $\omega\tau$ 作图,可以得到图7.25所示的结果。从图7.25中可以看到,在 $\omega\tau=1$ 时,内耗具有最大值 $Q_{\max}^{-1}$。

下面,根据式(7.89)和式(7.91),对内耗、动力模量与 $\omega\tau$ 间的关系进行讨论。

当 $\omega\rightarrow\infty$(即 $\omega\tau\gg1$,$\frac{1}{\omega}\ll\tau$)时,可以发现 $Q^{-1}\rightarrow0$,$\mathrm{Re}(\widetilde{E})\rightarrow E_{\mathrm{u}}$。此时,由于振动周期 $\frac{1}{\omega}$ 远小于弛豫时间 τ,意味着应力的变化非常快,以至于材料来不及发生弛豫过程,也就是实际上在振动的一个周期内不发生弛豫,这相当于绝热加载,因而物体的行为接近完全弹性体(理想弹性体),内耗为0。

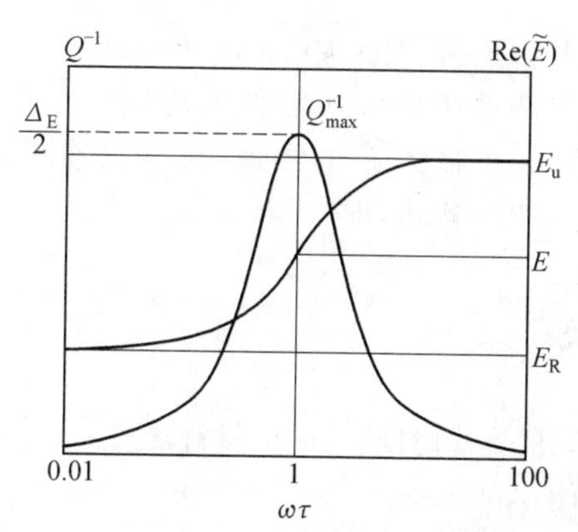

图 7.25 内耗、动力模量与 $\omega\tau$ 的关系曲线

当 $\omega \to 0$(即 $\omega\tau \ll 1, \frac{1}{\omega} \gg \tau$)时,同样可以发现 $Q^{-1} \to 0$,$\mathrm{Re}(\widetilde{E}) \to E_R$。此时,由于振动周期$\frac{1}{\omega}$远大于弛豫时间 τ,意味着应力的变化非常慢,每个瞬时应变都有足够的时间完全产生,接近平衡值,这相当于等温加载。此时,也就是应力和应变同步变化,应力和应变组成的回线趋于一条直线,但斜率较低,内耗也为 0。

上述 $\omega \to \infty$ 和 $\omega \to 0$ 这两种极限情况的应力和应变关系如图 7.22 中的 a、b 直线段。而处于这两种极限情况之间的应力和应变关系则构成如图 7.22 所示的椭圆形回线。

当 $\omega\tau = 1$ 时,应力和应变回线面积最大,此时内耗达到最大值,即 $Q^{-1}_{max} = \frac{\Delta_E}{2}$,称为内耗峰。由此可见,弛豫强度 Δ_E 代表了内耗峰的高度。相应地,$\mathrm{Re}(\widetilde{E}) = \frac{E_u + E_R}{2} = E$,如图 7.25 所示。

实际上,在 $\omega\tau = 1$ 处出现的内耗峰,往往对应着材料弛豫过程中某特定的滞弹性内耗机制。这些过程的弛豫时间是材料的常数,每一过程都有自己特有的弛豫时间。因此,改变加载的频率 ω 测量内耗,则可在 $Q^{-1} - \omega$ 的曲线上得到一系列的内耗峰。这些内耗峰的组合称为内耗谱。内耗谱上的每个内耗峰将对应不同的内耗机制,图 7.26 给出了金属室温下的内耗谱示意图。通过实验获得内耗谱,则可对引起内耗的微观机制进行讨论。

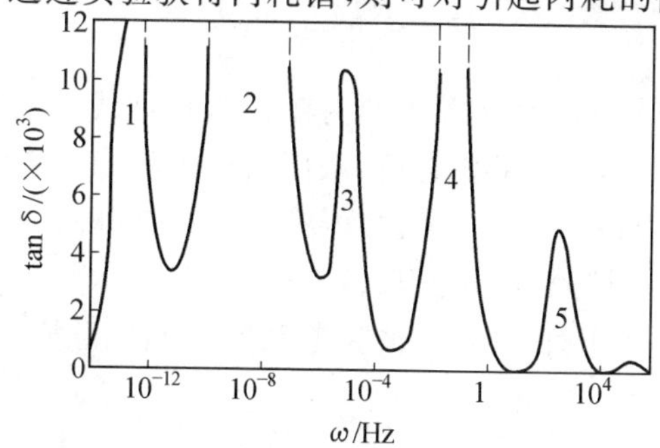

图 7.26 金属室温下的内耗谱示意图

1— 置换式固溶体原子对引起的内耗;2— 晶界内耗;3— 孪晶内耗;4— 间隙原子应力感生微扩散引起的内耗;5— 横向热流内耗

若弛豫过程通过原子扩散进行，则弛豫时间 τ 可以理解为受力材料从一个平衡状态过渡到另一个平衡状态内部原子调整所需要的时间。阿伦尼乌斯关系(Arrhenius equation) 反映了弛豫时间 τ 和温度 T 的关系，由瑞典物理学家阿伦尼乌斯(Svante August Arrhenius，1859—1927) 提出，即

$$\tau = \tau_0 e^{\frac{H}{RT}} \tag{7.92}$$

式中 T—— 热力学温度；

τ—— 弛豫时间；

τ_0—— 绝对零度时的弛豫时间，是一个材料常数；

H—— 扩散激活能；

R—— 气体常数。

从式(7.92) 可以看出，弛豫时间 τ 随着温度 T 的升高而减少。也就是温度越高，材料越容易从一个平衡状态过渡到另一个平衡状态。根据弛豫时间与温度的关系可知，改变温度，同样能得到内耗谱。显然，得到内耗谱有两种方法：一是改变频率 ω，得到 $Q^{-1}-\omega$ 的关系曲线；另一种是改变温度 T，得到 $Q^{-1}-T$ 的关系曲线。实际上，如果改变频率测量内耗困难，则往往利用改变温度的方法，可同样得到和改变频率相同的效果。

当出现内耗峰的时候，由于此时 $\omega\tau=1$，则式(7.92) 满足

$$\tau = \tau_0 e^{\frac{H}{RT}} = \frac{1}{\omega} \tag{7.93}$$

如果选用两个不同频率(ω_1 和 ω_2) 测量 $Q^{-1}-T$ 的关系，那么在出现内耗峰的时候，$\omega_1\tau_1=\omega_2\tau_2=1$。又根据式(7.93) 可知，$\omega_1\tau_1=\omega_1\tau_0 e^{\frac{H}{RT_1}}$，$\omega_2\tau_2=\omega_2\tau_0 e^{\frac{H}{RT_2}}$，则

$$\omega_1\tau_0 e^{\frac{H}{RT_1}} = \omega_2\tau_0 e^{\frac{H}{RT_2}} \tag{7.94}$$

式中 T_1、T_2—— 在频率 ω_1 和 ω_2 下，内耗峰分别对应的温度。

由式(7.94) 可得

$$\ln\frac{\omega_1}{\omega_2} = \frac{H}{R}\left(\frac{1}{T_1}-\frac{1}{T_2}\right) \tag{7.95}$$

根据式(7.95) 可以求出扩散激活能 H，即

$$H = \frac{RT_1T_2}{T_2-T_1}\ln\frac{\omega_2}{\omega_1} \tag{7.96}$$

图 7.27 给出了某材料不同频率测得的内耗 — 温度曲线。从图 7.27 中可以看到，相同频率、不同温度时，将获得不同的内耗值，从而出现内耗峰。不同频率获得的内耗曲线形状相同，但频率越高，内耗峰值出现的温度越高。从内耗峰位置可确定温度 T_1 和 T_2，从而可根据式(7.96) 求出扩散激活能 H。

另外，在周期应力作用下，间隙原子的扩散系数 D 与间隙原子所处点阵类型、弛豫时间有关，可以表示为

$$D = K\frac{a^2}{\tau} \tag{7.97}$$

式中 D—— 间隙原子的扩散系数；

a—— 点阵常数；

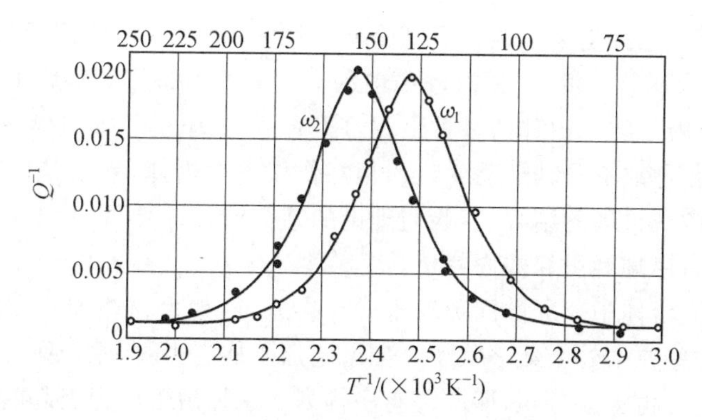

图 7.27　不同频率测得的内耗－温度曲线

($\omega_1 = 1.2$ Hz;$\omega_2 = 4.57$ Hz)

$\bar{\tau}$—— 原子跳动一次的平均时间；

K—— 与点阵类型和配位数有关的几何参数。

对于体心立方，$K=\dfrac{1}{24}$，体心立方的间隙原子 $\bar{\tau}=\dfrac{3}{2}\tau$；对于面心立方，$K=\dfrac{1}{12}$，面心立方的间隙原子 $\bar{\tau}=\tau$。当 $\omega\tau=1$ 时，出现内耗峰，则扩散系数 D 可根据下式求出，即

$$D=Ka^2\omega \tag{7.98}$$

需要注意的是，式(7.98)使用时，要注意不同晶格类型下 $\bar{\tau}$ 与 τ 的转换关系。因此，对体心立方间隙固溶体，有

$$D=\frac{1}{36}a^2\omega \tag{7.99}$$

对面心立方间隙固溶体，有

$$D=\frac{1}{12}a^2\omega \tag{7.100}$$

在扩散系数 D 和扩散激活能 H 确定之后，可根据扩散方程 $D=D_0 e^{-\frac{H}{RT}}$，利用作图法，可构建 $\ln D-\dfrac{1}{T}$ 的直线拟合关系。该直线的截距即为扩散常数 D_0。例如，碳在 $\alpha-Fe$ 中的 $H=83\ 600$ J/mol，而 $D_0=0.02$ cm/s。在 $-35\sim800$ ℃，D 变化可达 14 个数量级。

4. 滞弹性内耗的要素

由上述分析可知，滞弹性内耗的特征是内耗 Q^{-1} 与应力水平或应变振幅无关，与振动频率及温度有关，并且无永久变形。这是因为，当振幅增大时，振动一周损耗的能量 ΔW 增大，但最大振动能 W 也同步增大，所以 $\dfrac{\Delta W}{W}$ 不改变。滞弹性内耗主要与以下几个要素有关：① 内耗源。固体内部的各类点缺陷、线缺陷、面缺陷的运动变化以及它们之间的相互作用。② 外加应力。内耗峰与应力的频率有关。③ 弛豫时间。弛豫时间依赖于温度，并且不同的内耗源有不同的弛豫时间。④ 激活能。不同的内耗源所需的激活能不同。⑤ 测量温度。实验证明内耗峰还与温度有关。

7.3.2　内耗产生的机制

如前所述，我们已知物体内部存在着大量的内耗源，不同内耗源在某一振动频率下会

引起最大的内耗值，也就是某一频率下对应着内耗峰，且内耗峰的位置与弛豫时间有关，即满足 $\omega\tau=1$。从现象上说，机械振动中内耗产生的原因是应变落后于应力。从本质上讲，内耗产生的原因与物体内部的各种微观过程有关，如原子的排列状态、电子分布状态、材料内部结构和各种缺陷及其运动变化的相互作用等。因此，弄清楚内耗产生的机制对实现宏观现象与微观机理的结合、实验与理论的结合至关重要。

1. 间隙原子有序排列引起的内耗

对于溶解在固溶体中孤立的间隙原子或置换原子，如果这些原子在溶剂点阵内呈无规律分布，那么这些原子处于无序状态。如果施加外加应力时，原子所处位置的能量出现差异，这些原子将发生重新分布，即产生有序排列。这种由于应力引起的原子偏离无序状态分布的过程称为应力感生有序。应力感生有序过程往往引起内耗。

以 $\alpha-Fe$ 为例，说明体心立方点阵中间隙原子的应力感生有序引起内耗的机制。图 7.28 给出了斯诺克机制模型。该模型是由荷兰科学家斯诺克(Jacobus Louis Snoek，1902—1950) 提出的，图 7.28 中的间隙原子(实心圆点)是碳原子，通常处于铁原子晶胞的棱边或面心处。当晶体没有受力时，间隙碳原子在这些位置上是统计均匀分布的，即在 x、y、z 位置的间隙原子各占 1/3，处于无序分布状态。如果沿 z 方向施加拉应力，那么原子间距在 z 方向上伸长，而在 x 和 y 方向上缩短。此时，沿 z 方向上的间隙位置能量比其他方向低，碳原子便从受压的方向跳到 z 方向的位置上，从而降低晶体的弹性变形能。碳原子跳动的结果是破坏了原子的无序分布状态，使碳原子沿 z 方向(拉应力方向)择优分布，即出现了溶质原子的应力感生有序化。溶质原子的有序化是通过微扩散过程来实现的，对应于应力产生的应变就有弛豫现象。当晶体在该方向受到交变应力作用时，间隙原子在这些位置来回跳动，且应变落后于应力，由此产生滞弹性行为，从而引起内耗。当交变应力频率很高时，间隙原子来不及跳动，也就不产生弛豫过程，所以不产生内耗。当交变应力频率很低时，间隙原子有足够时间完成跳动，应力应变完全同步，此时接近静态完全弛豫过程，应力和应变滞后回线面积为 0，也不产生内耗。

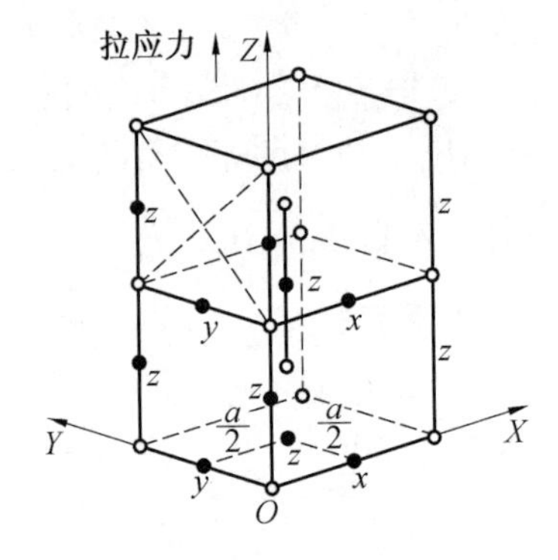

图 7.28 斯诺克机制模型

在一定的温度下，由间隙原子在体心立方点阵中应力感生微扩散产生的内耗峰与溶质原子的浓度成正比，浓度越大，内耗峰越高。

2. 位错引起的内耗

位错是金属中很重要的内耗源。位错内耗的特征是其强烈地依赖于冷加工程度。对于退火的纯金属，即使轻微的变形也可使其内耗增加数倍。相反退火可使金属内耗显著下降。另外，中子辐照所产生的点缺陷扩散到位错线附近，将阻碍位错运动，也可显著减少内耗。位错运动的形式不同，由此所产生的内耗也具有不同的机制。本章只介绍背底内耗。

在进行内耗分析时，不管内耗曲线是否有内耗峰出现，都存在一定的背底内耗，如图 7.29 所示。图 7.29 中的曲线 abc 表示内耗峰，虚线 ac 以下的内耗即为背底内耗。

背底内耗与位错密度及应变振幅有关。试样的加工状态不同,引起的位错密度不同,往往引起背底内耗不同。图 7.30 为缩减量 $\delta(\delta=\pi Q^{-1})$ 与应变振幅 ε 曲线示意图。从图 7.30 中可以看出,在低振幅下,缩减量不受振幅的影响。当振幅超过临界值后,缩减量随着振幅的增大而增大。因此,缩减量 δ 可以分为两部分,即低振幅下与振幅无关的缩减量 δ_{I}(也称背景内耗)和高振幅下与振幅有关的缩减量 δ_{H}。因此,总的缩减量 δ 为

$$\delta=\delta_{\mathrm{I}}+\delta_{\mathrm{H}} \tag{7.101}$$

式中 δ_{I}—— 与振幅无关的缩减量,也称背景内耗;

δ_{H}—— 与振幅有关的缩减量;

δ—— 总缩减量。

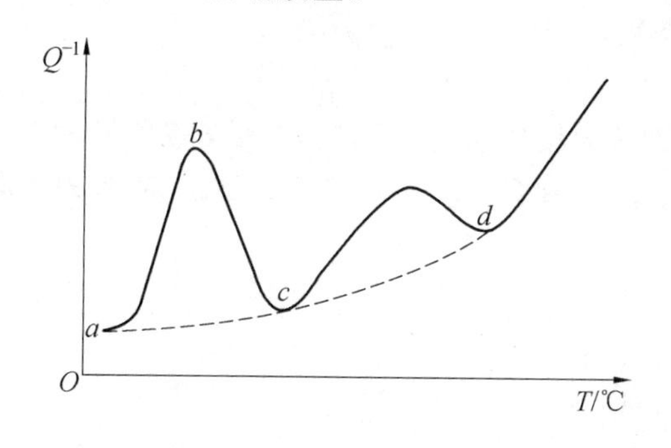

图 7.29 背底内耗

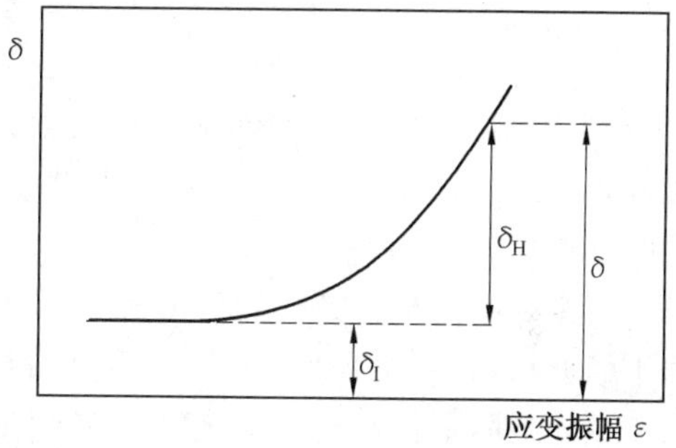

图 7.30 $\delta-\varepsilon$ 曲线示意图

若内耗对冷加工敏感,可以肯定这种内耗与位错有关。其中,δ_{H} 部分与振幅有关而与频率无关,可以认为是静滞后型内耗;δ_{I} 与振幅无关而与频率有关,但温度的影响没有滞弹性内耗那么敏感。背底内耗中 δ_{H} 的出现完全是由于金属内部的位错阻尼行为,即被认为是由位错脱钉过程所引起的,这一机制称为位错线阻尼共振能量损耗机制,即 K-G-L 理论(Koehler-Granato-Lücke theory)。该理论是由美国物理学家寇勒(James Stark Koehler,1914—2006)首先提出,随后由美国理论物理学家格拉纳托(Andrew Vincent Granato,1926—2015)和德国科学家吕克(Kurt Lücke,1921—2001)进一步完善。

K-G-L 理论模型如图 7.31 所示。图 7.31 中,L_{N} 为晶体中位错线的平均长度,位错线两端由不可动的点缺陷(如位错的网络结点或析出相的粒子)所钉扎,称为强钉扎。强钉扎不可脱钉。L_{C} 为点缺陷(如杂质原子、空位等)钉扎时的平均长度,称为弱钉扎。弱钉扎在受力时可以脱钉。在外加交变应力不大时,位错段 L_{C} 做"弓出"往复运动。应变振幅越大,位错线"弓出"加剧。这一运动过程中要克服阻尼力,因而引起内耗,如图7.31(a)~7.31(c) 所示。当外加应力增加到脱钉应力时,弱钉可被位错抛脱。脱钉时,一般在最长的位错线段两端所产生的脱钉力最大,通常脱钉从最长的位错线段开始。一旦脱钉开始,便会产生比原先更长的位错线段,所引起的脱钉力更大,于是脱钉就像雪崩一样连续进行,直至网络结点间的钉扎全部脱开为止,如图 7.31(d) 所示。继续增加应力,位错段 L_{N} 继续弓出,如图 7.31(e) 所示。当外加应力减小时,位错段 L_{N} 做弹性收缩,最后重新被钉扎,如图 7.31(f) 和图 7.31(g) 所示。

为了更形象地说明位错运动的特征,可利用图 7.32 所示的位错脱钉与再钉扎过程的应力-应变曲线进行进一步说明。当应力很小时,位错线受力"弓出",如图 7.31(b) 所

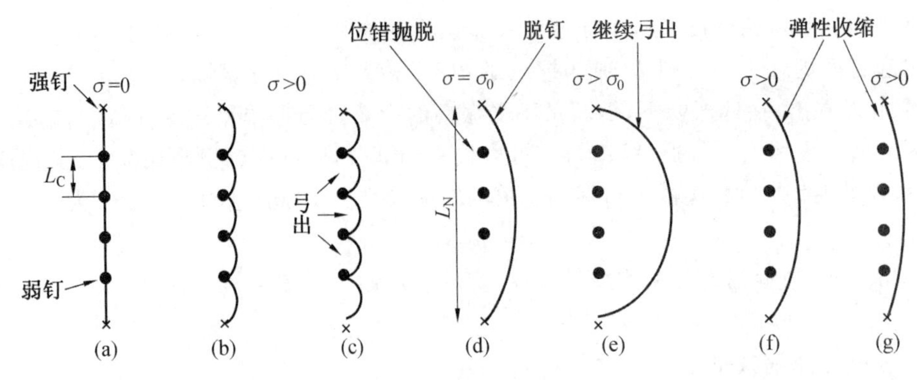

图 7.31　位错钉扎模型

·— 杂质钉扎；×— 网络钉扎；L_N— 强钉间距；L_C— 弱钉间距

示，相当于图 7.32 中 ab 段对应的应变量。当应力增加到 σ_0 时，位错线于 c 点脱钉。当位错开始脱钉后，如图 7.31(d) 所示，相当于图 7.32 中的 cd 段，应变迅速增加，直到外力减小时，应力－应变曲线沿 fga 减小。

需要说明的是，在脱钉前，位错段 L_C 在交变应力下做振动，需要克服阻力，从而产生内耗。这种由于做强迫阻尼振动而引起的内耗是阻尼共振型内耗。阻尼共振型内耗与振幅无关，但与频率有关，并且内耗峰对温度变化较不敏感。在脱钉与缩回的过程中，位错的运动情况与脱钉前的阻尼振动不同，对应的应力－应变曲线包含一个滞后回线，引起静滞后内耗。其大小相当于图 7.32 中 $\triangle acd$ 的面积，与频率无关。这里，所谓的静滞后，指的是弹性范围内与加载速率无关、应变变化落后于应力的行为，也属于弹性范围内的非弹性现象。静滞后的产生是在加载时同一载荷下具有不同的应变量，完全除去载荷后有永久变形产生，只有当反向加载时才能回复到零应变。一般来说，静滞后回线不是线性关系，其内耗与振幅有关、与频率无关，这也往往被认为是静滞后内耗的特性。

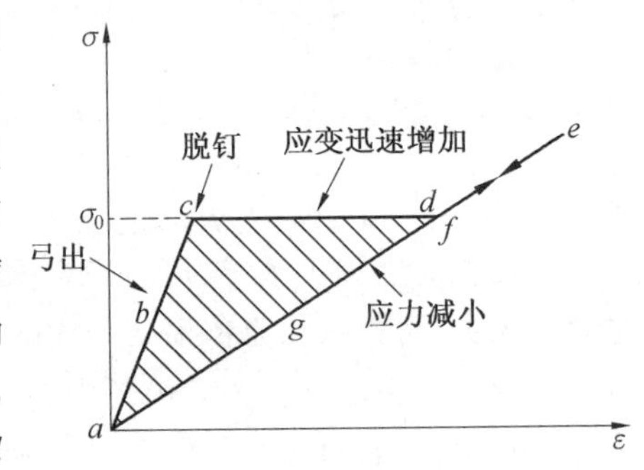

图 7.32　位错脱钉与再钉扎过程的应力－应变曲线

K－G－L 理论应用于高纯材料，这是由于这些材料中大多数溶质原子聚集在位错线上，在位错之间的区域内可认为没有溶质原子或其他缺陷。

通常，有少量的杂质原子存在时能够钉扎位错，使 δ_I 和 δ_H 均减小。

轻度的加工硬化使位错密度增大，因此 δ_I 和 δ_H 也相应增大。但位错密度过大会减小位错段 L_N 的长度，因而可以抵消位错密度增大造成的影响。若网络结点很密，L_N 比杂质钉扎的 L_C 还小，脱钉过程就不能进行了。

温度对于缩减量的影响有两个方面：① 温度升高促进位错线容易从钉扎点脱钉，所以在缩减量和应变振幅的关系曲线上，拐折点对应的临界振幅随温度升高向较低振幅处偏移。② 位错线上杂质原子的平均浓度取决于温度。温度升高，杂质原子的平均浓度降低，L_C 增大，从而导致 δ_I 和 δ_H 增大。

淬火处理能将金属中高温时的空位冻结，淬火温度越高、速度越快，淬火后金属中的空位浓度越大。这些空位聚集到位错线上钉扎位错，使 L_C 减小，从而导致 δ_I 和 δ_H 都减小。

与内耗机制有关的内容还包括置换原子应力感生有序内耗、晶界内耗，以及热弹性内耗和磁弹性内耗等。相关内容读者可查阅相关文献，本书不再赘述。

7.3.3 内耗的测试方法

内耗的测试按测量时外加交变应力的频率与被测量系统（包括试样和惯性元件）共振频率的关系可分为三种基本类型：即低频下的低频扭摆法、中频下的共振棒法和高频下的超声脉冲回波法。

1. 低频扭摆法——葛氏扭摆

扭摆法是我国物理学家葛庭燧在20世纪40年代创建的。他利用自行设计的测量内耗和切变模量的装置，成功测定并研究了一系列金属和合金的内耗现象，被国际上命名为葛氏扭摆法（the torsion pendulum method）。该测试装置的示意图如图7.33所示。丝状试样2上端悬挂在夹头1上，试样下端固定在与惯性元件（竖杆、横杆以及横杆两端的重块）为一体的下夹头上。重块沿横杆的移动可以在一定范围内调整摆的固有频率。为了消除试样横向运动对实验带来的影响，摆的下端置于一个盛有阻尼油10的容器中。为了进行不同温度下的内耗测量，试样安装在管状炉中。测量时，用电磁激发装置9使试样连同转动惯性系统形成扭转力矩，引起摆动，使其处于自由振动状态，并借助于光源7和标尺8将每次摆动的偏转记录下来。由于振动能量在材料内部消耗使振幅不断减小，因此，可以得到一条振幅随时间的衰减曲线。随后，可根据衰减曲线上振幅的缩减量确定内耗。衰减曲线和衰减频率 δ 的计算如图7.23和式(7.82)所示。该测试所用试样一般为丝状或片状，试样直径0.7～1 mm，长300 mm，扭摆摆动频率范围在0.5～15 Hz，试样扭转变形振幅 $10^{-7} \sim 10^{-4}$，由于试样附加轴向拉伸应力，测量温度不宜过高。

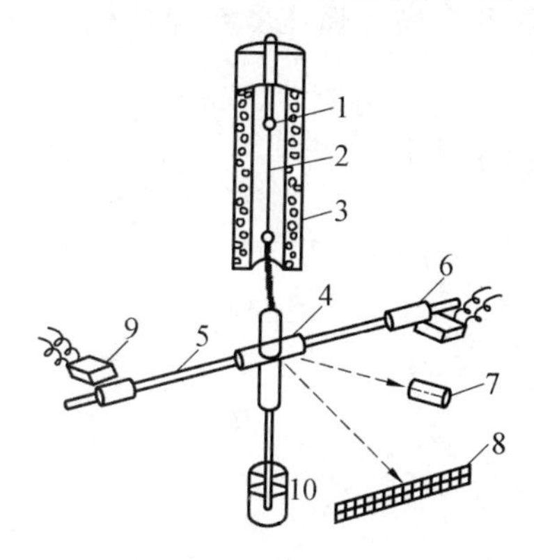

图7.33 扭摆法测内耗装置图

1—夹头；2—丝状试样；3—加热炉；4—反射镜；5—转动惯性系统；6—砝码；7—光源；8—标尺；9—电磁激发装置；10—阻尼油

2. 中频下内耗的测量 —— 共振棒法

中频下内耗的测量通常采用共振棒法，所用装置就是上述悬丝耦合共振法测定弹性模量时所用的装置，如图 7.20 所示，测试过程也一样，测试的频率范围一般为 $10^2 \sim 10^5$ Hz。利用共振棒法测定内耗时，通常建立共振峰或记录振幅衰减曲线。获得的衰减曲线及衰减频率 δ 的计算也同样如图 7.23 和式(7.82)所示。当然，测试试样如果放置到炉体内，则可进行不同温度下的内耗测量。

3. 高频下内耗的测量 —— 超声脉冲回波法

在高频(兆频)范围内，可用超声波脉冲回波法来测量材料的内耗。这种方法是利用压电晶片在试样一端产生超声短波脉冲，测量穿过试样到达第二个晶片或返回到脉冲源晶片时脉冲振幅在试样中的衰减。测试中，高频发生器在共振频率把脉冲发给石英晶片，晶片把脉冲转换成机械振动，通过过渡层传递给试样。过渡层的物质与压电石英和待研究材料的声阻相匹配，在试样中发生往复的超声波。超声波在试样两端经受多次反射直至完全消耗。利用同一个压电传感器来接收这些信号，并可将这些信号经过一定的放大加以记录。同时，在示波器上可显示一系列随时间衰减的可见脉冲。回波信号振幅的相对降低，表征了在研究介质中的超声波阻尼。在该方法中，由于超声波工作频率很宽，测量灵敏度很高且试样的安排灵活，可以在相当宽的频率范围内测量阻尼与频率的依赖关系。但由于超声脉冲法的应变振幅很小，不能用来测量与振幅相关的效应。

另外，基于超声波脉冲，也可以获得试样的弹性模量等数据。通过测定超声波在试样内的传播时间 τ 和试样长度 L，获得超声波速度 c，即

$$c = \frac{2L}{\tau} \tag{7.102}$$

式中 c—— 超声波速度；

L—— 试样长度；

τ—— 超声波传播时间。

根据超声波纵向传播速度和横向传播速度与弹性模量的关系，可获得下列材料性能数据

$$E = \left[3 - \frac{1}{(c_l/c_\tau)^2 - 1}\right]\rho c_l^2 \tag{7.103}$$

$$G = \rho c_\tau^2 \tag{7.104}$$

$$\mu = \frac{1}{2}\left[\frac{(c_l/c_\tau)^2 - 2}{(c_l/c_\tau)^2 - 1}\right] \tag{7.105}$$

式中 E—— 弹性模量；

G—— 切变模量；

μ—— 泊松比；

c_l—— 纵向弹性波的传播速度；

c_τ—— 横向弹性波的传播速度；

ρ—— 试样密度。

习　题

1. 请说明以下基本物理概念：

弹性模量、胡克定律、弹性模量温度系数、ΔE效应(弹性反常)、弹性因瓦效应、艾林瓦效应、滞弹性、循环韧性、应变弛豫、应力弛豫、标准线性固体力学模型、黏弹性、绝热加载、等温加载、弛豫模量(等温弹性模量)、未弛豫模量(绝热弹性模量)、动力弹性模量、模量亏损、内耗、动力模量(动态模量)、内耗谱、滞弹性内耗、应力感生有序

2. 何谓材料的弹性？弹性模量的物理意义是什么？哪些因素影响材料的弹性模量？

3. 用双原子模型解释弹性的物理本质，并指出该模型解释热膨胀和弹性这两种物理现象时的差异。

4. 请写出用于描述二元系统中弹性模量的混合定律。

5. 什么是金属与合金的弹性反常(ΔE 效应)？

6. 何谓理想弹性体？实际弹性体在弹性范围内存在哪些非弹性现象？什么是材料的内耗现象？

7. 请简要解释弹性加载中的两种极限情况，并说明其对内耗是否有影响？

8. 如何理解弛豫模量和未弛豫模量之间的关系？

9. 请给出分别处于退磁状态和磁饱和状态下的铁磁性材料弹性模量随温度变化的关系，并对其进行解释。

10. 请解释恒弹性合金(如艾林瓦合金)的弹性模量随温度变化较小的原因。

11. 测量弹性模量的静态法和动态法有什么差别？获得的弹性模量数据有何差异？

12. 滞弹性内耗有何特征？为何在 $Q^{-1}-T$ 谱线中会出现 Q^{-1} 峰？

13. 请指出得到内耗谱的两种方法，并请做简要说明。

14. 以 $\alpha-Fe$ 为例，能说明体心立方结构点阵中间隙原子(如碳原子)的应力感生有序造成内耗的原因。

15. 请简要说明位错钉扎产生内耗的过程。

16. 请简要说明滞弹性内耗与静滞后内耗的特性。

17. 请给出 3 种物理性能滞后的现象，并解释滞后现象出现的原因。

18. 请给出 5 个可用来描述原子间结合力的物理量，并给出这些物理量之间的关系。

19. 图 7.34 为某铁磁性合金弹性模量(E)与温度(T)的变化关系示意图，请回答以下问题。

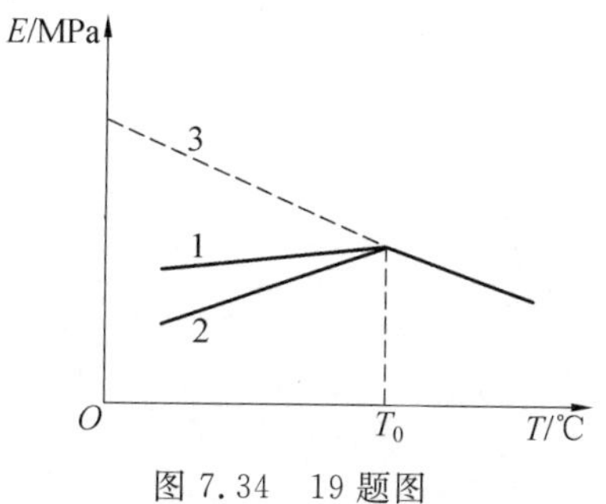

图 7.34　19 题图

(1) 在 T_0 以下，请分析造成曲线 1 和 2 的 E 随 T 的升高而增加的可能原因。

(2) 考虑不同磁场下 E 与 T 的关系，请指出 1 和 2 哪条曲线所处磁场强度高？该合金在什么情况下可能出现如图中虚线 3 所示 E 随 T 变化关系？

(3) 温度高于 T_0 后造成 E 随 T 变化关系的原因是什么？

(4) 低于 T_0 时，铁磁性产生的原因是什么？并指出形成铁磁性的两个条件。

20. 铁磁性材料在退磁态下的弹性模量 E 比饱和磁化状态下的弹性模量低，如图7.35所示，请简要解释其原因。

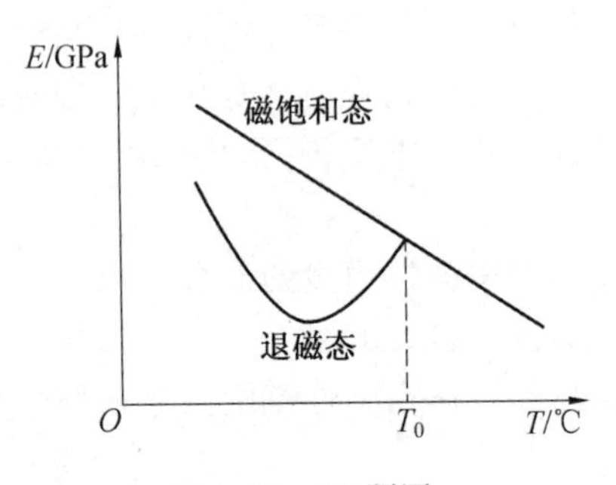

图 7.35　20 题图

21. 图 7.36 为某类固溶体合金电阻率随成分的变化关系，请回答如下问题。

(1) 请简要说明图中两条电阻率曲线出现的可能原因。

(2) 对成分为 50% 组成时的这两种合金，请绘图推断其热膨胀系数 α 随温度 T 可能的变化关系，并解释其原因。

(3) 请用双原子模型解释弹性和热膨胀的理论差异。

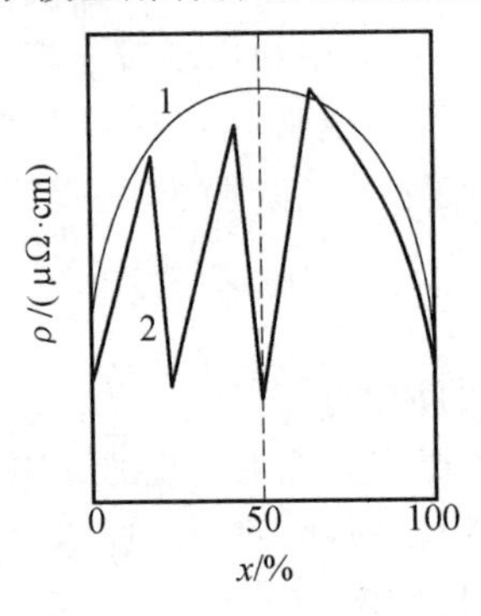

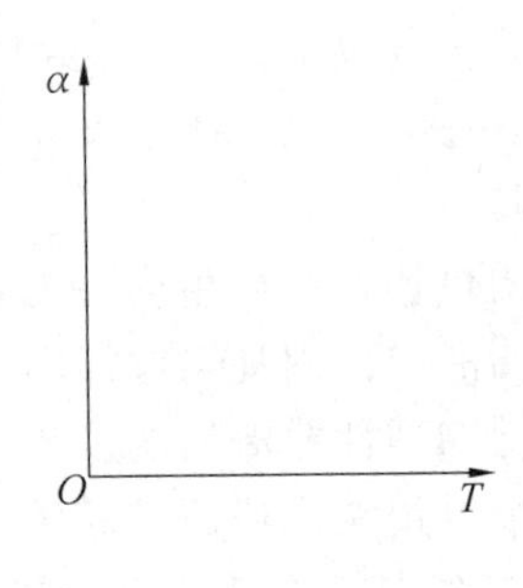

图 7.36　21 题图

参考文献

[1] 李见. 材料科学基础[M]. 北京:冶金工业出版社,2000.

[2] 曾谨言. 量子力学(卷 I)[M]. 北京:科学出版社,2007.

[3] 钱伯初. 量子力学[M]. 北京:电子工业出版社,1998.

[4] 黄昆. 固体物理学[M]. 北京:高等教育出版社,1998.

[5] 胡安,章维益. 固体物理学[M]. 北京:高等教育出版社,2005.

[6] 闫守胜. 固体物理基础[M]. 3 版. 北京:北京大学出版社,2011.

[7] 泰基尔 C. 固体物理导论[M]. 项金钟,吴兴惠,译. 8 版. 北京:化学工业出版社,2015.

[8] 曹天元. 量子物理史话——上帝掷骰子吗? [M]. 沈阳:辽宁教育出版社,2011.

[9] 格利宾 J R. 寻找薛定谔的猫——量子物理和真实性[M]. 张广才,译. 海口:海南出版社,2009.

[10] 马东亮. 费米一狄拉克分布的研究[J]. 大学物理实验,2008,12(4):49-53.

[11] 程光熙. 拉曼布里源散射——原理及应用[M]. 北京:科学出版社,2001.

[12] 王宁,董刚,杨银堂,等. 考虑晶粒尺寸效应的超薄(10~50 nm)Cu 电阻率模型研究[J]. 物理学报,2012,61(1):1-8.

[13] ASHCROFT N W, MERMIN N D. Solid state physics[M]. Philadlphia: Saunder College Publishing, 1967.

[14] MYERS H P. Introductory solid state physics[M]. 2nd ed. London: Taylor & Francis Ltd., 1997.

[15] GROSSO G, PARRAVICINI G P. Solid state physics[M]. 2nd ed. Oxford: Elsevier Ltd., 2014.

[16] 易明芳. 关于固体物理能带理论中布里渊区的注记[J]. 安庆师范学院学报(自然科学版),2005,11(4):75-77.

[17] 冯端,师昌绪,刘治国. 材料科学导论[M]. 北京:化学工业出版社,2002.

[18] 王矜奉. 固体物理教程[M]. 6 版. 济南:山东大学出版社,2008.

[19] 陈纲,廖理几,郝伟. 晶体物理学基础[M]. 北京:科学出版社,2007.

[20] 冯端. 金属物理学(第 1 卷):结构与缺陷[M]. 北京:科学出版社,1998.

[21] 冯端. 金属物理学(第 2 卷):相变[M]. 北京:科学出版社,2000.

[22] 钟维烈. 铁电体物理学[M]. 北京:科学出版社,1996.

[23] 田莳. 材料物理性能[M]. 北京:北京航空航天大学出版社,2004.

[24] 陈騑騢. 材料物理性能[M]. 北京:机械工业出版社,2006.

[25] 关振铎,张中太,焦金生. 无机材料物理性能[M]. 北京:清华大学出版社,2005.

[26] 连法增. 材料物理性能[M]. 沈阳:东北大学出版社,2005.

[27] 熊兆贤.材料物理导论[M].北京:科学出版社,2001.
[28] 宗祥福,翁渝民.材料物理基础[M].上海:复旦大学出版社,2001.
[29] 付华,张光磊.材料性能学[M].北京:北京大学出版社,2010.
[30] 吴其胜.材料物理性能[M].上海:华东理工大学出版社,2006.
[31] 马如璋,蒋民华,徐祖雄.功能材料学概论[M].北京:冶金工业出版社,1999.
[32] 龙毅.材料物理性能[M].长沙:中南大学出版社,2009.
[33] 刘强,黄新友.材料物理性能[M]. 北京:化学工业出版社,2009.
[34] 陈树川.材料物理性能[M]. 上海:上海交通大学出版社,1999.
[35] 李言荣,恽正中.材料物理学概论[M].北京:清华大学出版社,2001.
[36] 邱成军,王元化,王义杰.材料物理性能[M].哈尔滨:哈尔滨工业大学出版社,1999.
[37] 周玉.陶瓷材料学[M].北京:科学出版社,2004.
[38] 王从曾.材料性能学[M].北京:北京工业大学出版社,2001.
[39] 张帆,周伟敏.材料性能学[M].上海:上海交通大学出版社,2009.
[40] 刘恩科,朱秉升,罗晋生.半导体物理学[M]. 7 版.北京:电子工业出版社,2008.
[41] 胡正飞,严彪,何国求.材料物理概论[M].北京:化学工业出版社,2009.
[42] 曲远方.生物陶瓷材料的物理性能[M].北京:冶金工业出版社, 2007.
[43] 李名复.半导体物理学[M].北京:科学出版社,1991.
[44] 晁月盛,张艳辉.功能材料物理[M].沈阳:东北大学出版社, 2006.
[45] 冯计民.红外光谱在微量物证分析中的应用[M].北京:化学工业出版社,2010.
[46] 杨世铭,陶文铨.传热学[M].4 版.北京:高等教育出版社,2006.
[47] 李椿,章立源,钱尚武.热学[M].2 版. 北京:高等教育出版社,2008.
[48] 崔忠圻,刘北兴.金属学与热处理原理[M].哈尔滨:哈尔滨工业大学出版社,1998.
[49] 戴道生,钱昆明.铁磁学:上册[M].北京:科学出版社,1998.
[50] 钟文定.铁磁学:中册[M].北京:科学出版社,1998.
[51] 廖绍彬.铁磁学:下册[M].北京:科学出版社,1998.
[52] 铁摩辛柯 S P,古地尔 J N.弹性理论[M].徐芝纶,译.3 版.北京:高等教育出版社,2013.
[53] 刘瑞堂,刘文博,刘锦云.工程材料力学性能[M].哈尔滨:哈尔滨工业大学出版社,2001.
[54] 王德尊.金属力学性能[M].哈尔滨:哈尔滨工业大学出版社,1993.
[55] 李甲科.大学物理[M].西安:西安交通大学出版社,2008.
[56] 葛庭燧.固体内耗理论基础:晶界弛豫与晶界结构[M].北京:科学出版社,2000.
[57] 刘波涛.立方结构纯金属及其合金的弹性模量计算[D].厦门:厦门大学材料科学与工程系,2013.
[58] FROST H J, ASHBY M F. Deformation mechanism maps: the plasticity and creep of metals and ceramics[M]. Oxford: Pergamon Press, 1982.
[59] 张文春.Fe-Ni-Co 合金的微结构及其因瓦效应研究[D].南宁:广西大学物理科学与工程技术学院,2013.

[60] 侯利锋. Fe—Ni 基恒弹性合金效相变过程及性能的研究[D]. 太原:太原理工大学,2004.
[61] 谭延昌. 金属材料物理性能测量及研究方法[M]. 北京:冶金工业出版社,1989.
[62] SERWAY R A,JEWETT J W. Physics for scientists and engineers with modern physics[M]. 9th ed. Boston:Cengage Learning,2014.
[63] CALLISTER W D,RETHWISCH D G. Materials science and engineering: an introduction[M]. 8th ed. Hoboken:John Wiley & Sons Inc. ,2010.
[64] 田强,涂情云. 凝聚态物理学进展[M]. 北京:科学出版社,2005.
[65] 时东陆,周午纵,梁维耀. 高温超导应用研究[M]. 上海:上海科学技术出版社,2008.
[66] HARDOUIN DUPARC O B M . The preston of the guinier-preston zones. Guinier[J]. Metallurgical and Materials Transactions A, 2010, 41A(8), 1873-1882.
[67] 姜菊生,许金泉. 金属材料疲劳损伤的电阻研究法[J]. 机械强度,1999,21(3):232-234.
[68] 刘英,李宝成,张金娥. 高纯金属分析技术[C]. 全国有色金属理化检验学术报告会论文集,2012,(8):104-115.
[69] 梁静,李延超,林小辉,等. 高纯金属检测技术应用[J]. 中国钼业,2019, 4(1):5-8.
[70] 张良莹,姚熹. 电介质物理[M]. 西安:西安交通大学出版社,2008.
[71] 金维芳. 电介质物理学[M]. 2 版. 北京:机械工业出版社,1997.
[72] 方俊鑫,殷之文. 电介质物理学[M]. 北京:北京科学教育出版社,1989.
[73] 陈季丹,刘子玉. 电介质物理学[M]. 西安:西安交通大学出版社,1982.
[74] 刘艳琼. 昂萨格何以能成为跨学科创新大师? [J]. 自然辩证法通讯,2016,38(1):153-158.
[75] ROEPSCH J A, GORMAN B P, MUELLER D W, et al. Dielectric behavior of triethoxyfluorosilane aerogels[J]. Journal of Non-Crystalline Solids, 2004, 336(1): 53-58.
[76] HO P S, LEU J, LEE W W. Low dielectric constant materials for IC applications [M]. Berlin Heidelberg: Springer-Verlag 2003.
[77] HUANG X Y, ZHI C Y. Polymer nanocomposites: electrical and thermal properties[M]. Switzerland: Springer International Publishing, 2016.
[78] HUFF H R, GILMER DC. High dielectric constant materials: VLSI MOSFET applications[M]. Berlin Heidelberg: Springer-Verlag, 2005.
[79] 关旭东. 硅集成电路工艺基础[M]. 北京:北京大学出版社,2003.
[80] 贝润鑫,陈文欣,张艺,等. 低介电常数聚酰亚胺薄膜的研究进展[J]. 绝缘材料,2016,49(8):1-11.
[81] 黄伟平,曾钫,赵建青,等. 低介电常数高分子材料[J]. 合成材料老化与应用,2008,37(2):39-43.
[82] 张盼盼. 低介电常数聚酰亚胺薄膜的制备及性能研究[D]. 哈尔滨:哈尔滨工业大学,2018.

[83] 孙春莲,张靓,张明顺,等. 巨介电材料的研究进展[J]. 电镀与精饰,2019,41(12):30-34.

[84] 李玉超,付雪连,战艳虎,等. 高介电常数、低介电损耗聚合物复合电介质材料研究进展[J]. 材料导报 A,2017,31(8):18-23.

[85] 卢鹏荐,王一龙,孙志刚,等. 高介电常数、低介电损耗的聚合物基复合材料[J]. 化学进展,2010,22(8):1619-1625.

[86] 孙明霞. PLT 热释电薄膜材料的研究[D]. 成都:电子科技大学,2006.

[87] A century offerroelectricity[J]. Nature Materials, 2020, 19: 129(社论 editorial).

[88] 沈兴. 差热、热重分析与非等温固相反应动力学[M]. 北京:冶金工业出版社,1995.

[89] 波普 M I,尤德 M D. 差热分析:DTA 技术及其应用指导[M]. 王世华,杨红征,译. 北京:北京师范大学出版社,1982.

[90] 陈镜泓,李传儒. 热分析及其应用[M]. 北京:科学出版社,1985.

[91] 刘振海. 热分析导论[M]. 北京:化学工业出版社,1991.

[92] 赵新华,张山鹰. 超低热膨胀材料研究进展[J]. 稀有金属与硬质合金,1998,(9):31-37.

[93] 殷海荣,吕承珍,李慧,等. 先进负热膨胀材料的最新研究进展[J]. 中国陶瓷,2008,4(9):14-17.

[94] 王聪,孙莹,王蕾,等. 反常热膨胀功能材料的研究进展[J]. 中国材料进展,2015,34(7-8):497-501.

[95] 王献立,付林杰,许坤. 负热膨胀材料的研究及应用[J]. 信息记录材料,2018,19(12):38-39.

[96] 蔡方硕,黄荣进,李来风. 负热膨胀材料研究进展[J]. 科技导报,2008,26(12):84-88.

[97] 赵新华. 热致收缩化合物[J]. 化学通报,1998,(11):19-24.

[98] 高其龙. 非氧基框架结构负热膨胀化合物合成及机理研究[D]. 北京:北京科技大学,2018.

[99] 王慧. 负热膨胀材料 β-$Cu_2V_2O_7$ 和 $Cu_{1.5}Mg_{0.5}V_2O_7$ 的制备、结构及热缩机理研究[D]. 郑州:郑州大学,2019.

[100] 常大虎. 几种典型材料负热膨胀与性能调控的理论研究[D]. 郑州:郑州大学,2017.

[101] 温永春,王聪,孙莹. 具有负膨胀性能的磁性材料[J]. 物理,2007,36(9):720-725.

[102] 黄荣进. 掺杂改性锰铜基氮化物负热膨胀材料低温热物性研究[D]. 北京:中国科学院研究生院,2009.

[103] 高敏,张景韶,ROWE DM. 温差电转换及其应用[M]. 北京:兵器工业出版社,1996.

[104] 吴国强,胡剑峰,罗鹏飞,等. 低晶格热导率热电材料[J]. 自然杂志,2019,41(6):444-452.

[105] 施剑林,冯涛. 无机光学透明材料——透明陶瓷[M]. 上海:上海科学普及出版社,

2008.
[106] 米晓云,孙秀刚. Al_2O_3纳米粉体及透明陶瓷[M]. 长春:吉林大学出版社,2012.
[107] 多布文斯卡亚,李托维诺夫,皮斯奇克. 蓝宝石材料、制造与应用[M]. 张明福,译. 北京:科学出版社,2013.
[108] 刘晏. 提高激光陶瓷透明度的机理和技术研究[D]. 西安:西安电子科技大学,2014.
[109] 马维红. 高性能 Nd:YAG 激光透明陶瓷的制备及激光实验[D]. 西安:西安电子科技大学,2015.
[110] 王波. Nd:YAG 激光陶瓷特性及关键技术研究[D]. 西安:西安电子科技大学,2015.
[111] 李江,陈肖朴,寇华敏,等. 石榴石闪烁材料的研究进展[J]. 硅酸盐学报. 2018,46(1):116-126.
[112] 钱康. 铪酸锶闪烁陶瓷的制备及其性能研究[D]. 上海:上海师范大学,2019.
[113] 曹茂庆. 新型氧化物闪烁陶瓷的制备与性能优化[D]. 上海:上海应用技术大学,2017.
[114] NIKL M, VEDDA A, LAGUTA V V. Single-crystal scintillation materials // Springer Hand book of Crystal Growth[M]. Springer Berlin Heidelberg, 2010: 1663-1700.
[115] 杨章富,李利敬,张力强,等. α-Sialon 透明陶瓷的研究进展[J]. 材料导报 A,2016,30(12):19-22.
[116] 卢帅,周有福,苏明毅,等. 透明 AlON 陶瓷的研究进展与展望[J]. 现代技术陶瓷,2017,38(2):85-95.
[117] 石坚波. AlON 透明陶瓷研究进展[J]. 江苏陶瓷,2015,48(2):13-15.
[118] 陈凤. AlON 透明陶瓷的研究进展[J]. 湖北理工学院学报,2019,35(3):58-62.
[119] 魏春城. 尖晶石型 AlON 透明陶瓷的制备与表征[D]. 淄博:山东理工大学,2008.
[120] 于淼. 荧光物质对受激拉曼散射的影响[D]. 长春:长春理工大学,2010.
[121] 黄德修,刘雪峰. 半导体激光器及其应用[M]. 北京:国防工业出版社,1999.
[122] 黄德修. 半导体光电子学[M]. 北京:电子工业出版社,2013.
[123] 曹跃祖. 声光效应原理及应用[J]. 物理与工程,2000,10(5): 46-47.
[124] 雅里夫 A. 光电子学导论[M]. 李宗琦,译. 北京:科学出版社,1983.
[125] 陈军. 光学电磁理论[M]. 北京:科学出版社,2005.
[126] 樊美公,姚建年,佟振合. 分子光化学与光功能材料科学[M]. 北京:科学出版社,2009.
[127] 姜寿亭,李卫. 凝聚态磁性物理[M]. 北京:科学出版社,2003.
[128] 何开元. 功能材料导论[M]. 北京:冶金工业出版社,2000.
[129] 冯端. 固体物理学大辞典[M]. 北京:高等教育出版社,1995.
[130] 章春香,殷海荣,刘立营. 磁光材料的典型效应及其应用[J]. 磁性材料及器件,2008,39(3):8-11.

[131] 金志强. 磁光克尔效应及其探测[D]. 杭州:浙江大学,2015.
[132] 张昊天,窦仁勤,张庆礼,等. 磁光晶体的研究进展及应用[J]. 人工晶体学报,2020,49(2):346-357.
[133] MOOG E R , BADER S D. Smoke signals from ferromagnetic monolayers: p(1×1) Fe/Au(100)[J]. Superlattices and Microstructures, 1985, 1(6): 543-552.
[134] 钱栋梁. 一种完整测量磁光克尔效应和法拉第效应的方法[J]. 光学学报,1999,19(4):474-480.
[135] 马廷钧. 磁光效应与磁光存储[J]. 大学物理,1997,16(3):44-46.
[136] 冯睿. 基于磁光光子晶体的光隔离器[D]. 哈尔滨:哈尔滨工业大学,2011.
[137] CULLITY B D, GRAHAM C D. Introduction to magnetic materials[M]. 2nd ed. Hoboken, New Jersey: John Wiley & Sons, Inc. , 2009.
[138] 于景侠,霍中生,郭袁俊,等. 霍尔效应与磁阻效应的理论和实验融合教学研究[J]. 大学物理,2018,37(10):30-35.
[139] 庞正鹏. pn 结磁阻效应的研究[D]. 兰州:兰州大学,2018.
[140] BOZORTH R M. Magnetoresistance and domain theory of iron-nickel alloys[J]. Physical Review, 1946, 70(11-12): 923-932.
[141] SMIT J. Magnetoresistance of ferromagnetic metals and alloys at low temperatures[J]. Physica, 1951, 17(6): 612-627.
[142] 邵鹏程. 高 Fe 含量 Fe—B—P 系非晶合金制备及软磁性能研究[D]. 济南:山东大学,2019.
[143] 马天勇. 负磁晶各向异性常数合金软磁薄膜的取向生长及高频磁性调控[D]. 兰州:兰州大学,2019.
[144] 耿冰,马桂荣. 磁信息材料的特点与应用[J]. 电大理工,2007,233(4):11-15.
[145] 成洪甫,高召顺,王栋樑,等. 超高密度磁记录介质的研究进展[J]. 材料导报:综述篇,2010,24(7):335-39.
[146] 冯小源,郭继花,黄致新. 热辅助记录——新型超高密度记录方式的原理与研究进展[J]. 磁性材料及器件,2009,40(5):1-3.
[147] COEY J M D, HINDS G. Magnetic electrodeposition[J]. Journal of Alloys and Compounds,2001,326:238-245.
[148] COEY J M D. Magnetic materials[J]. Journal of Alloys and Compounds,2001,326:2-6.
[149] 许鲁江,孙颖莉,姜龙涛,等. Alnico 8 磁钢的磁稳定性研究[J]. 导航定位与授时,2017,4(1):94-97.
[150] TINGSUI G. Development of the torsion pendulum and early research on grain boundary relaxation and the cold-work internal friction peak[J]. Journal of Alloys and Compounds, 1994,211-212:7-15.